De Gruyter Studium

Kosmol · Optimierung und Approximation

Peter Kosmol

Optimierung und Approximation

2., überarbeitete und erweiterte Auflage

De Gruyter

Prof. Dr. Peter Kosmol
Mathematisches Seminar
Christian-Albrechts-Universität zu Kiel
Ludewig-Meyn-Straße 4
24118 Kiel
E-Mail: kosmol@math.uni-kiel.de

2010 Mathematics Subject Classification: 41-01, 49-01.

ISBN 978-3-11-021814-5

e-ISBN 978-3-11-021815-2

Bibliografische Information der Deutschen Nationalbibliothek

Die Deutsche Nationalbibliothek verzeichnet diese Publikation in der Deutschen
Nationalbibliografie; detaillierte bibliografische Daten sind im Internet
über http://dnb.d-nb.de abrufbar.

Satz: Da-TeX Gerd Blumenstein, Leipzig, www.da-tex.de
Druck und Bindung: AZ Druck und Datentechnik GmbH, Kempten
∞ Gedruckt auf säurefreiem Papier

Printed in Germany

www.degruyter.com

Vorwort

Die von Leonhard Euler 1744 formulierte Aufgabe „Curven zu finden, denen eine Eigenschaft im höchsten oder geringsten Grade zukommt" (siehe [Eu]) stellt noch heute das Grundproblem der Optimierungstheorie in Funktionenräumen dar. In der modernen Analysis werden die Funktionen als Punkte eines Vektorraumes aufgefasst; dies ermöglicht einerseits eine geometrische Anschauung, andererseits stehen die Methoden der Linearen Algebra und, mit dem Begriff der Richtungsableitung, ein Differentialkalkül zur Verfügung.

Die Optimierungstheorie in Funktionenräumen ist der natürliche Rahmen zur Behandlung von Aufgaben aus der Approximationstheorie, der Steuerungstheorie und der Statistik, die oft bei Anwendungen in den Natur- und Wirtschaftswissenschaften entstehen. Sie hat David Hilbert gemeint, als er in seinem berühmten Vortrag um die Jahrhundertwende als Problem 23 „Die Weiterführung der Methoden der Variationsrechnung" forderte.

Der vorliegende Text will eine Reihe solcher Aufgaben behandeln. Die notwendigen funktionalanalytischen Hilfsmittel werden jeweils dann entwickelt, wenn sie zur Lösung des Problems erforderlich sind.

Da die Funktionenräume auf natürliche Weise zu normierten Räumen führen, werden diese als theoretischer Rahmen für den Aufbau der Optimierungstheorie gewählt.

Der Eulersche Begriff der Variation bekommt durch die rechtsseitige Richtungsableitung eine anschauliche und zugleich präzise Interpretation (siehe Abschnitt 4.1).

Aber – mit den Worten von Karl Weierstraß: „Mit diesen Bemerkungen soll zugleich auf die Schwierigkeit hingewiesen werden, von der sich die Variationsrechnung auch heute noch nicht vollständig hat befreien lassen. Man schließt in der Regel bei den analytischen Untersuchungen der Variationsrechnung folgendermaßen: Wenn die durch die vorgelegte Aufgabe geforderte analytische Größe existiert, so muß sie gewisse, aus den Bedingungen der Aufgabe folgende Eigenschaften besitzen; hierdurch erhält man notwendige Bedingungen für die gesuchte Größe. Nun muß aber noch nachträglich gezeigt werden, daß die so gefundene Größe auch wirklich die sämtlichen Forderungen der Aufgabe befriedigt. Die Unterlassung dieses Nachweises läßt manche Lösungen von Aufgaben der Variationsrechnung unzulänglich erscheinen."

Einen natürlichen Ausweg aus dieser Schwierigkeit eröffnete am Anfang dieses Jahrhunderts der Begriff der konvexen Funktion. Für sie nämlich liefert der Eulersche Zugang eine notwendige und zugleich hinreichende Bedingung und gibt damit die Möglichkeit zu zeigen „daß die so gefundene Größe auch wirklich die sämtlichen Forderungen der Aufgabe befriedigt". Dies wird in dem Charakterisierungssatz in Abschnitt 4.2 ausgesprochen.

Da die meisten auf natürliche Weise entstehenden Optimierungsprobleme zu konvexen Funktionen führen, liefert dieser Satz ein starkes Hilfsmittel, weite Teile der Optimierungstheorie von einem einheitlichen Gesichtspunkt aus darzustellen. Dies geschieht für die Approximationstheorie, Variationsrechnung und die Theorie der optimalen Steuerung im Kapitel 5 und wird im Kapitel 15 an dem Fundamentallemma der Testtheorie illustriert.

Die moderne Auffassung der Funktionen als Punkte eines Vektorraumes stellt einen Rahmen für geometrische Anschauungen und Methoden zur Verfügung. So lässt sich die Aufgabe, eine Minimallösung k_0 einer Funktion f auf einer Teilmenge K eines Vektorraumes X zu finden, durch das folgende Bild veranschaulichen.

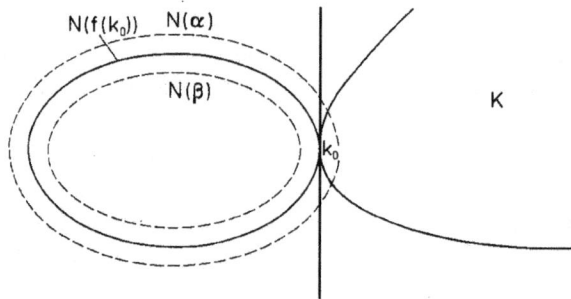

Die Niveaulinien der Funktion f haben den angedeuteten Verlauf, wenn f eine eindeutige globale (d. h. auf ganz X bezogene) Minimallösung x_0 außerhalb von K besitzt (liegt x_0 in K, so reduziert sich das Problem auf das Aufsuchen einer globalen Minimallösung). Da $f(k_0)$ der Minimalwert auf K ist, enthalten die Niveaulinien für kleinere Werte keinen Punkt aus K. Andererseits kann die Niveaulinie $N(f(k_0))$ nicht ins Innere von K hineinreichen, da sonst auch Niveaulinien für kleinere Werte die Menge K treffen würden, was der Minimalität von k_0 widerspricht. Die Niveaulinie $N(f(k_0))$ und die Menge K „stützen" sich also in k_0. Die analytische Bestimmung der Minimallösung k_0 mittels Ableitungen entspricht geometrisch der Konstruktion der N und K trennenden Hyperebene H.

Diese geometrische Vorgehensweise ist bereits von Pierre de Fermat vor der Entwicklung der Differentialrechnung bei Optimierungsaufgaben benutzt worden (Tangenten-Bestimmung).

Wird die Suche nach der Minimallösung k_0 durch die Suche nach der dazugehörigen trennenden Hyperebene ersetzt, so kommt man zu einer anderen Aufgabe. Da die Hyperebenen den affinen Funktionalen entsprechen, führt das zu Aufgaben in Dualräumen (duale Aufgaben). Hierfür liefert der Trennungssatz von Mazur (geometrische Version des Satzes von Hahn-Banach), der für konvexe Mengen die Existenz von trennenden Hyperebenen sichert, ein zentrales Beweismittel. Deswegen erweisen sich die dualen Aufgaben als lösbar, selbst wenn die ursprüngliche Aufgabe keine Lösung besitzt.

Die Lösbarkeit von dualen Aufgaben erlaubt uns auch einen Zugang zu Existenzaussagen dadurch, dass man die vorliegende Aufgabe als die duale einer anderen auffasst (siehe Abschnitt 12.4).

Ein besonders wirkungsvolles Verfahren, duale Aufgaben zu bilden, liefert die Methode der Lagrange-Multiplikatoren (Abschnitt 4.5; 4.7; Kapitel 13 und 14).

Bei einigen Anwendungen werden maßtheoretische Begriffe benutzt, deren Kenntnis aber keine Voraussetzung für den optimierungstheoretischen Teil sind. Sie erlauben eine einheitliche Behandlung von Approximationsaussagen (diskrete und kontinuierliche) und eröffnen einen Zugang zu vielen in der Praxis relevanten Problemen. Vorausgesetzt wird in diesem Buch eine zweisemestrige Mathematikvorlesung im Rahmen eines Studiums der Mathematik, Informatik, der Natur-, Ingenieur- oder der Wirtschaftswissenschaften.

Im ersten Kapitel werden lineare Programmierungsaufgaben behandelt. Diese Klasse von Optimierungsaufgaben hat besonders breiten Eingang in viele Anwendungen aus den Wirtschafts- und Ingenieurwissenschaften gefunden, und sie erlaubt eine einheitliche Behandlung mit einem sehr effizienten Berechnungsverfahren, dem sogenannten Simplexalgorithmus. Am Ende des ersten Kapitels wird zum ersten mal die Bedeutung von dualen Aufgaben sichtbar.

Eine Vertiefung dieser Fragestellung kann durch den Übergang zu den Abschnitten 14.2–14.7 erfolgen, in denen semiinfinite lineare Optimierungsaufgaben behandelt werden.

Im zweiten Kapitel wird der begriffliche Rahmen für die allgemeine Optimierungstheorie aufgebaut. Neben dem Begriff der Richtungsableitung besitzen hier die Abschnitte über konvexe Mengen und konvexe Funktionen eine besondere Bedeutung. Mit dem Satz von Weierstraß werden die ersten optimierungstheoretischen Existenzaussagen gewonnen. Am Ende des zweiten Kapitels erfolgen die ersten Stabilitätsaussagen für den besonders einfachen Fall der monotonen Konvergenz.

Die optimierungstheoretischen Grundlagen werden im Kapitel 4 entwickelt. Leser, die sich für die Variationsrechnung und die Theorie der optimalen Steuerung interessieren, sollten die Lektüre mit den Abschnitten 5.2 und 5.3 fortsetzen. Für die Theorie der optimalen Steuerung ist der Lagrange-Ansatz von zentraler Bedeutung.

Interessiert in erster Linie die Approximationstheorie, so sollten die Abschnitte 5.1, 5.3–8.2 gelesen werden. Steht die Dualitätstheorie im Vordergrund, so ist es möglich, direkt nach Kapitel 4 mit den Kapiteln 11–14 fortzufahren.

Im Kapitel 9 wird die Abhängigkeit des Extremalwertes und der Lösungen eines Optimierungsproblems von der Änderung der Daten des Problems untersucht (Stabilitätsbetrachtungen). Das zentrale mathematische Mittel ist eine Verallgemeinerung des Prinzips der gleichmäßigen Beschränktheit von Banach-Steinhaus auf konvexe Funktionen, die man folgendermaßen aussprechen kann: „Eine punktweise beschränkte Familie stetiger konvexer Funktionen auf einer offenen Teilmenge eines Banachraumes ist gleichgradig stetig".

Bei der Behandlung von Optimierungsaufgaben wird oft das Ausgangsproblem durch eine Folge von Optimierungsaufgaben ersetzt. Ist die approximierende Folge festgelegt, so sind hier meistens nur gewisse Lösungen des Ausgangsproblems erreichbar. Sie erweisen sich oft als Lösungen einer zweistufigen Optimierungsaufgabe. Im Kapitel 10 findet man Methoden, die zum jeweiligen approximierenden Ansatz das Finden einer dazugehörigen zweistufigen Aufgabe erlauben.

Im Kapitel 11 werden Trennungssätze behandelt. Sie stellen die zentralen Aussagen zur Herleitung von Dualitätssätzen und erlauben zugleich die Benutzung der geometrischen Anschauung zur Lösung von Optimierungsaufgaben.

Im Kapitel 12 wird ein Zugang zu dualen Aufgaben über den Satz von Fenchel beschrieben. Im Kapitel 13 erfolgt eine Verallgemeinerung der Lagrange-Methode auf konvexe Optimierungsaufgaben in normierten Räumen, die im Kapitel 14 Grundlage zur Konstruktion von dualen Aufgaben ist. Die Rolle der Optimierungstheorie in der Statistik wird im Kapitel 15 am Fundamentallemma der Testtheorie illustriert.

Die im Kapitel B behandelte Theorie der Differentialgleichungen für stückweise stetig differenzierbare Funktionen wird bei den Steuerungsaufgaben benötigt.

Die numerischen Aspekte der Optimierung stehen nicht im Vordergrund dieses Buches. Sie werden ausführlich dargestellt in [K6]. Dem Teubner Verlag danke ich für die freundliche Erlaubnis, einige Textpassagen aus der Einführung dieses Buches übernehmen zu können.

Mein besonderer Dank gilt Herrn Joachim Gomoletz, der mich von der ersten bis zur vorliegenden Version des Textes unterstützt hat. Für zahlreiche Hinweise und Korrekturen danke ich den Hörern meiner Vorlesungen und meinen Diplomanden, ganz besonders: H. Dählmann, A.-K. Främbs, J. Gerdes, M. Goetzke, U. Heyne, I. Höhrmann, R. Krebs, A. Schmidt, R. Schulz, A. Sprecher, L. Theesen, S. Thielk und H.-H. Thomsen. Von vielen Kollegen und Freunden erhielt ich wertvolle Anregungen, insbesondere von Günter Bamberg, Ortwin Emrich, Fritz Groß und Karsten Johnsen. Den Mitarbeitern des Verlages danke ich für die konstruktive, angenehme und geduldige Zusammenarbeit.

Kiel, im Juni 1991   *Peter Kosmol*

Vorwort zur zweiten Auflage

Die wesentliche Ergänzung dieser Auflage besteht in der Methode der punktweisen Minimierung zur Behandlung von Variationsaufgaben und Aufgaben der optimalen Steuerung. Orientiert am Carathéodoryschen Königsweg in die Variationsrechnung werden hier mit elementaren Mitteln klassische Variationsaufgaben behandelt, wobei der Nachweis der Optimalität (hinreichende Optimalitätsbedingungen) im Vordergrund steht. Es wird eine Reihe klassischer Aufgaben wie z. B. die der Kettenlinie, die des harmonischen Oszillators, die der Wurfparabel, die der Dido-Probleme, der geodätischen Linien, des Rotationskörpers größten Volumens bei vorgegebener Länge des Meridians und diskrete Variationsaufgaben behandelt.

Die hier behandelte Methode der punktweisen Minimierung resultiert aus regelmäßigen Vorlesungen über Variationsrechnung und optimale Steuerung, die vom Autor am Mathematischen Seminar der Christian-Albrechts-Universität zu Kiel in den Jahren 1995 bis 2007 gehalten wurden. Dieser Ansatz war auch die Grundlage für eine Reihe von Diplom- und Staatsexamensarbeiten am Mathematischen Seminar.

Mein besonderer Dank gilt Susanne Vireau, die mich bei der Entstehung und Gestaltung der gesamten neuen Version unterstützt hat.

Herrn Hermann König, der die Methode der punktweisen Minimierung in seine Vorlesungen und Seminare für Studierende des Lehramtes für Gymnasien aufgenommen hat, danke ich für viele anregende Gespräche über Variationsrechnung. Meinem Freund Günter Bamberg danke ich für konstruktive Vorschläge und die Möglichkeit, in den von ihm geleiteten Workshops in Sion mehrmals und ausführlich über die Thematik sprechen zu können. Für die ständige wissenschaftliche Begleitung danke ich meinem Freund Dieter Müller-Wichards.

Dem Verlag De Gruyter danke ich für die geduldige und konstruktive Zusammenarbeit und die vortreffliche Ausstattung des Buches.

Kiel, im November 2009   *Peter Kosmol*

Inhaltsverzeichnis

Kapitel 1

Einführung: Beispiele für Optimierungs- und Approximationsaufgaben

1.1 Optimierungsaufgaben in Funktionenräumen

B1) Das Brachistochronenproblem

In den Ideenkreis der mathematischen Optimierung gehört die Variationsrechnung, die im 17. Jahrhundert ihre Anfänge nahm. Historisch gesehen steht am Anfang dieser Disziplin das von Johann Bernoulli gestellte Brachistochronen-Problem. Bernoulli veröffentlichte dieses Problem im Juni 1696 auf Seite 269 der Acta Eruditorum, Leipzig, unter dem Titel „Einladung zur Lösung eines neuen Problems". Er schrieb (Zitat nach einer Übersetzung von P. Stäckel, siehe [Ber]):

> „Wenn in einer verticalen Ebene zwei Punkte A und B gegeben sind, soll man dem beweglichen Punkte M eine Bahn AMB anweisen, auf welcher er von A ausgehend vermöge seiner eigenen Schwere in kürzester Zeit nach B gelangt.
>
> Damit Liebhaber solcher Dinge Lust bekommen, sich an die Lösung dieses Problems zu wagen, mögen sie wissen, daß es nicht, wie es scheinen könnte, bloße Speculation ist und keinen praktischen Nutzen hat. Vielmehr erweist es sich sogar, was man kaum glauben sollte, auch für andere Wissenszweige, als die Mechanik, sehr nützlich. Um einem voreiligen Urtheile entgegenzutreten, möge noch bemerkt werden, daß die gerade Linie A B zwar die kürzeste zwischen A und B ist, jedoch nicht in kürzester Zeit durchlaufen wird. Wohl aber ist die Curve AMB eine den Geometern sehr bekannte, die ich angeben werde, wenn sie nach Verlauf dieses Jahres kein anderer genannt hat."

Im Januar 1697 wiederholte Bernoulli die Aufgabenstellung genauer in einer in Gröningen herausgegebenen Ankündigung:

> „Zwei gegebene Punkte, welche verschiedenen Abstand vom Erdboden haben und nicht senkrecht übereinander liegen, sollen durch eine Curve verbunden werden, auf welcher ein beweglicher Körper vom oberen Punkt ausgehend vermöge seiner eigenen Schwere in kürzester Zeit zum unteren Punkte gelangt.
>
> Der Sinn dieser Aufgabe ist der: unter den unendlich vielen Curven, welche die beiden Punkte verbinden, soll diejenige ausgewählt werden, längs welcher, wenn sie durch die entsprechend gekrümmte sehr dünne Röhre ersetzt wird, ein hineingelegtes und freigelassenes Kügelchen, seinen Weg von einem zum anderen Punkte in kürzester Zeit durchmißt.
>
> Da nunmehr keine Unklarheit übrig bleibt, bitten wir alle Geometer dieser Zeit insgesammt inständig, daß sie sich fertig machen, daß sie daran gehen, daß sie

alles in Bewegung setzen, was sie in dem letzten Schlupfwinkel ihrer Methoden verborgen halten."

B2) Steuerung der Winkelgeschwindigkeit eines Motors

Die Winkelgeschwindigkeit ω eines Gleichstrommotors, der durch eine veränderliche Spannung u gesteuert wird, genügt der Differentialgleichung

$$\dot{\omega}(t) + \omega(t) = u(t).$$

Die Anfangsgeschwindigkeit $\omega(0)$ und die Anfangsposition $x(0)$ seien beide 0. Zum Zeitpunkt 1 soll der Motor die Position $x(1) = 1$ und $\omega(1) = 0$ erreicht haben, wobei die benötigte Energie $\int_0^1 (u(t))^2 dt$ minimal sei.

B3) Maximierung der Entropie – das Jaynes-Prinzip

Nach dem aus der Physik bekannten Jaynes-Prinzip (siehe [Jay]) wird bei einer unbekannten Verteilung (Massenverteilung, Wahrscheinlichkeitsverteilung usw.) als Schätzung diejenige Verteilung empfohlen, die (bzw. deren Dichte) unter allen in Frage kommenden (den geforderten Bedingungen genügenden) Verteilungen die größte Entropie besitzt.

Aufgabe. Maximiere die Entropie $E(x) := \int_{-1}^{1} x(t) \ln x(t) dt$ unter allen $x \in S := \{y \in C[-1,1] \mid y(t) \geq 0$ für alle $t \in [-1,1]\}$ mit dem vorgegebenen ersten und zweiten Moment

$$\int_{-1}^{1} x(t)dt = 1, \qquad \int_{-1}^{1} tx(t)dt = \gamma \in (-1,1).$$

B4) Eindimensionale Raketensteuerung

Ein Schienenfahrzeug soll von einer Station zu einer anderen fahren, was mit einem Treibstoffverbrauch verbunden ist. Unter Vernachlässigung der Feinheiten (Reibung, Widerstand usw.) wollen wir das zweite Newtonsche Gesetz benutzen und die Bewegung in dem Zeitintervall $[0, \tau]$ mit der Gleichung

$$\ddot{z}(t) = u(t) \quad \text{für alle } t \in [0, \tau] \tag{$*$}$$

beschreiben. Dabei bezeichnet $z(t)$ die bis zu dem Zeitpunkt t zurückgelegte Strecke und $u(t)$ (bis auf Maßstabsänderung) die aufgewendete Kraft, die nur begrenzt,

$$|u(t)| \leq 1 \quad \text{für alle } t \in [0, \tau], \tag{$**$}$$

eingesetzt werden kann.

In der Ausgangsstation soll das Fahrzeug zum Zeitpunkt 0 und in der Endstation β zum Zeitpunkt τ sein. In beiden Orten soll die Geschwindigkeit Null betragen. Die Steuerung kann nur durch einen Vorwärts- oder Rückwärtsantrieb erfolgen (Raketensteuerung). Als Optimalitätskriterium wird die Minimierung des Treibstoffverbrauchs gewählt, d. h.:

Minimiere $\displaystyle\int_0^\tau |u(t)|\,dt$ unter den Nebenbedingungen $(*)$ und $(**)$.

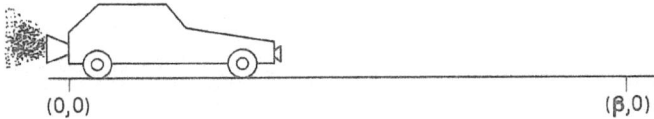

(0,0)   (β,0)

Berechne eine Lösung für $\tau = 3$ und $\beta = 1$!

B5) Ein Investitionsproblem

Sei die Zeit $\tau > 0$ fest vorgegeben. Ein Produzent stellt ein Mittel her. Ein Teil des hergestellten Mittels kann durch Reinvestition (Allokation) zur Steigerung der Produktionskapazität benutzt werden (z. B. durch Verkauf und anschließenden Erwerb von weiteren Produktionsmitteln). Der Rest wird konsumiert.

Für $t \in [0, \tau]$ bezeichnen

$$\left.\begin{array}{l} x_P(t) \;-\text{ die Produktionsrate} \\ x_I(t) \;-\text{ die Reinvestitionsrate} \\ x_C(t) \;-\text{ die Konsumrate} \end{array}\right\} \quad \text{zur Zeit } t.$$

Es gilt dann für alle $t \in [0, \tau]$

$$x_P(t) = x_I(t) + x_C(t).$$

Durch geschicktes Reinvestieren möchte man einen maximalen Gesamtkonsum $\int_0^\tau x_C(t)\,dt$ erreichen.

B6) Newton-Aufgabe

Man bestimme denjenigen Rotationskörper, der bei Bewegung längs der Rotationsachse in einer Flüssigkeit oder einem Gas den kleinsten Widerstand im Vergleich zu einem beliebigen Körper gleicher Länge und Breite hat.

1.2   Aufgaben in $\mathbb{R}^n$

B7)

Bezeichne $\mathbb{R}_+^n := \{x = (x_1, \ldots, x_n) \mid x_i \geq 0, i \in \{1, \ldots, n\}\}$. Die Entropie-Funktion (Information)

$$x = (x_1, \ldots, x_n) \mapsto f(x) := \sum_{i=1}^n x_i \ln x_i, \qquad (1.2.1)$$

(mit der stetigen Ergänzung $0 \ln 0 := 0$) soll auf der Menge $\{x \in \mathbb{R}_+^n \mid \sum_{i=1}^n x_i = 1\}$ maximiert werden.

B8a)

Sei ein Punkt $z \in \mathbb{R}^n$ und ein Teilraum V in $\mathbb{R}^n$ vorgegeben. Man bestimme einen Punkt $v = (v_1, \ldots, v_n) \in V$ mit der kleinsten Abweichung zu z, wobei die Abweichung durch eine der folgenden zwei Auslegungen erklärt sei:

$$d(z, v) := \max \left\{ |z_j - v_j| \mid j \in \{1, \ldots, n\} \right\} \qquad (1.2.2)$$

$$d(z, v) := \sum_{j=1}^n |z_j - v_j|. \qquad (1.2.3)$$

Ist der Teilraum V von den m Vektoren $v_1, \ldots, v_m$ erzeugt, d.h. $V = \{v = \sum_{i=1}^m \alpha_i v_i \mid \alpha_i \in \mathbb{R}\}$, dann entsprechen die obigen Aufgaben den folgenden Minimierungsaufgaben:

Diskrete Čebyšev-Approximation

$$\text{Minimiere } f(\alpha) := \max \left\{ |z_j - \sum_{i=1}^m \alpha_i v_{ij}| \mid j \in \{1, \ldots, n\} \right\} \text{ auf ganz } \mathbb{R}^m, \quad (1.2.4)$$

wobei $\alpha = (\alpha_1, \ldots, \alpha_m)$ und v_{ij} die j-te Komponente von v_i bezeichnet.

Approximation im Mittel

$$\text{Minimiere } f(\alpha) := \sum_{j=1}^n |z_j - \sum_{i=1}^m \alpha_i v_{ij}| \text{ auf ganz } \mathbb{R}^m. \qquad (1.2.5)$$

B8b)

Die folgende Fragestellung ist analog zu (1.2.4) und (1.2.5).

Sei auf dem reellen Intervall $[a, b]$ eine stetige Funktion $z \colon [a, b] \to \mathbb{R}$ und ein von m stetigen Funktionen $v_1, \ldots, v_m \colon [a, b] \to \mathbb{R}$ erzeugter Teilraum V gegeben.

Gesucht wird eine Funktion $v \in V$, die z möglichst gut annähert, wobei dies in einer der folgenden Bedeutungen gemeint ist:

$$\text{Minimiere } f(\alpha) := \max \left\{ |z(t) - \sum_{i=1}^{m} \alpha_i v_i(t)| \mid a \leq t \leq b \right\} \text{ auf ganz } \mathbb{R}^m, \quad (1.2.6)$$

$$\text{minimiere } f(\alpha) := \int_a^b |z(t) - \sum_{i=1}^{m} \alpha_i v_i(t)| dt \text{ auf ganz } \mathbb{R}^m. \quad (1.2.7)$$

Bei (1.2.6) spricht man von der *besten Čebyšev-Approximation* und bei (1.2.7) von der *besten Approximation im Mittel*.

1.3 Lineare Programmierungsaufgaben

Hier wird eine lineare Funktion auf $\mathbb{R}^n$ bzgl. einer Teilmenge des $\mathbb{R}^n$ optimiert, die als Lösungsmenge von endlich vielen linearen Ungleichungen und Gleichungen beschrieben ist.

B9) Produktionsplanung

In einer Fabrik können drei verschiedene Produkte unter Verwendung von vier Produktionsmitteln, die beschränkt verfügbar sind (Kapazitäten) hergestellt werden. Die zur Herstellung einer Einheit des jeweiligen Produktes benötigten Produktionsmittel und der Gewinn je Einheit eines Produktes sind in der folgenden Tabelle angegeben.

Produktionsmittel/ Produkte	I	II	III	Kapazitäten
1	1	3	2	30
2	4	2	1	25
3	3	4	4	45
4	2	3	5	50
Gewinn/ Einheit	5	8	4	

Man versucht nun die Mengen x_1, x_2, x_3 der herzustellenden Produkte so zu bestimmen, dass der Gewinn maximal wird. Das führt zu der Aufgabe:

$$\text{Maximiere } f(x) = 5x_1 + 8x_2 + 4x_3$$

unter den Nebenbedingungen

$$\begin{aligned}
x_1 + 3x_2 + 2x_3 &\leq 30 \\
4x_1 + 2x_2 + 2x_3 &\leq 25 \\
3x_1 + 4x_2 + 4x_3 &\leq 45 \\
2x_1 + 3x_2 + 5x_3 &\leq 50 \\
x_1 \geq 0, \quad x_2 \geq 0, \quad x_3 &\geq 0.
\end{aligned}$$

Diese Klasse von Optimierungsaufgaben hat besonders breiten Eingang in viele Anwendungen aus den Wirtschafts- und Ingenieurwissenschaften gefunden. Die Ursache dafür ist, dass sehr viele konkrete Probleme in diese Aufgabenklasse fallen, die dann einheitlich mit einem sehr effizienten Berechnungsverfahren behandelt werden können. Die hier benötigten Aussagen lassen sich mit elementaren mathematischen Mitteln erreichen, und sie werden gleich am Anfang des ersten Kapitels behandelt. Vorher wollen wir noch kurz auf einen Zusammenhang zwischen den linearen und nichtlinearen Aufgaben eingehen. Man kann oft eine nichtlineare Aufgabe durch sukzessive Berechnung einer linearen Aufgabe lösen. Bei manchen schwierigen Aufgaben kann man die lineare Programmierung zur Berechnung einer Näherungslösung benutzen.

Dies soll jetzt an den Aufgaben (1.2.6) und (1.2.7) illustriert werden. Mit einer Umformung werden zunächst die Aufgaben (1.2.4) und (1.2.5) (diskrete Versionen von (1.2.6) und (1.2.7)) als Aufgaben der linearen Programmierung dargestellt.

Führt man den Wert $f(\alpha)$ als eine neue Variable ein, d. h. $\alpha_{n+1} := f(\alpha)$; dann ist (1.2.4) äquivalent zu der folgenden linearen Programmierungsaufgabe:

$$\text{Minimiere } \alpha_{n+1} \qquad (1.3.1)$$

unter den Nebenbedingungen

$$-\alpha_{n+1} \leq z_j - \sum_{i=1}^{m} \alpha_i v_{ij} \leq \alpha_{n+1} \quad \text{für } j \in \{1, \dots, n\}. \qquad (1.3.2)$$

Schreibt man eine reelle Zahl r in der Form $r = u - v$, wobei $u := \max\{r, 0\}$ und $v := -\min\{r, 0\}$ ist, so gilt $|r| = u + v$. Damit ist (1.2.5) äquivalent zu:

$$\text{Minimiere } \sum_{j=1}^{n} (u_j + v_j) \qquad (1.3.3)$$

unter den Nebenbedingungen: Für $j \in \{1, \dots, n\}$ gelte

$$z_j - \sum_{i=1}^{m} \alpha_i v_{ij} = u_j - v_j, \quad u_j \geq 0,\ v_j \geq 0. \qquad (1.3.4)$$

Um jetzt eine Näherungsaufgabe für (1.2.6) zu bekommen, kann man n Punkte $t_1, \dots, t_n$ in $[a, b]$ wählen und die Aufgabe (1.3.1)–(1.3.2) mit

$$z_j := z(t_j) \quad \text{und} \quad v_{ij} := v_i(t_j) \qquad (1.3.5)$$

benutzen.

Bei (1.2.7) können wir das Integral durch eine Riemannsche Summe annähern. Sei jetzt $t_j := j(b - a)/n$ für $1 \leq j \leq n$ und z_j, v_{ij} wie in (1.3.5). Dann kann man die Aufgabe (1.3.3)–(1.3.4) zur Bestimmung einer Näherungslösung für (1.2.7) benutzen (der konstante Faktor $(b - a)/n$, mit dem f in (1.2.5) zu multiplizieren ist, ändert nicht die Lösungen von (1.2.5)). Später werden wir sehen, dass man die Approximationsaufgaben (1.2.6) und (1.2.7) auf das Lösen eines nichtlinearen Gleichungssystems zurückführen kann. Die Näherungslösungen kann man als Startwert bei der numerischen Behandlung (siehe [K6]) dieses Gleichungssystems nehmen.

Bemerkung 1.3.1. Mit den obigen Umformulierungen lassen sich die Aufgaben der besten Čebyšev-Approximation und der Approximation im Mittel als lineare Optimierungsaufgaben mit unendlich vielen Nebenbedingungen schreiben. Derartige Aufgaben werden semiinfinite lineare Optimierungsaufgaben genannt (siehe Kapitel 14).

1.4 Restringierte Optimierungsaufgaben. Ergänzungsmethode

Ergänzungsmethode. *Sei M eine beliebige Menge, $f : M \to \mathbb{R}$ eine Funktion und S eine Teilmenge von M. Sei $\Lambda : M \to \mathbb{R}$ eine Funktion, die auf S konstant ist. Dann gilt:*

Ist ein $x_0 \in S$ eine Minimallösung der Funktion

$$f + \Lambda$$

auf ganz M, so ist x_0 eine Minimallösung von f auf S.

Beweis. Für $x \in S$ gilt

$$f(x_0) + \Lambda(x_0) \leq f(x) + \Lambda(x) = f(x) + \Lambda(x_0). \qquad \square$$

Der Sinn der Ergänzungsmethode ist, die zu minimierende Funktion f auf der globalen Menge M durch eine andere Funktion zu ersetzen, die auf der *Restriktionsmenge S* bis auf eine Konstante mit f übereinstimmt, aber deren globale Minimallösung in S liegt. Wünschenswert ist es, dass die globale Minimallösung der veränderten Funktion einfach zu bestimmen ist.

Dieser einfache Ansatz zur Behandlung von restringierten Aufgaben, der eine Fortsetzung der von Euler und Langrange benutzten Methode ist, erlaubt eine breite Wahl von Ergänzungen und ermöglicht damit eine einheitliche Betrachtung einer großen Zahl historisch gewachsener Ansätze, die insbesondere in der Variationsrechnung benutzt werden. Eine besonders prägnante Ergänzung wird mit dem Hilbertschen Integral entstehen. Häufig geht die Ergänzung mit einem regularisierenden Effekt (Konvexität, Existenz von globalen Minimallösungen, Glättung) für die ergänzte Funktion einher, deren globale Minimallösungen ja gerade zur Lösung der ursprünglichen restringierten Aufgabe nach der Ergänzungsmethode zu bestimmen sind.

Definition 1.4.1 (Minimallösung und Minimalwert). Bezeichne $\overline{\mathbb{R}} := \mathbb{R} \cup \{-\infty, \infty\}$. Sei C eine beliebige Menge und $f : C \to \overline{\mathbb{R}}$.

a) Für die leere Menge $\emptyset$ sei $\inf f(\emptyset) := +\infty$.

b) Sei $\inf f(C) = \inf\{f(x) \mid x \in C\} \in \overline{\mathbb{R}}$.

Mit $M(f, C) := \{x \in C \mid f(x) = \inf f(C)\}$ bezeichnen wir die *Menge der Minimallösungen von f auf C*

c) Der *Minimalwert von f auf C* wird durch $\inf f(C)$ erklärt.

d) Analog zu b) und c) wird eine *Maximallösung* und ein *Maximalwert von f auf C* definiert.

e) Für ein $r \in \mathbb{R}$ wird

$$S_f(r) := \{x \in C \mid f(x) \leq r\}$$

die *zu r gehörige Niveaumenge* genannt.

Bemerkung 1.4.1. Die Aufgabe „maximiere f auf C" kann man stets durch „minimiere $-f$ auf C" ersetzen.

1.5 Minimierung bzgl. zweier Variablen. Sukzessive Minimierung

Um die Minimierung bzgl. zweier Variablen durchzuführen, halten wir zunächst eine Variable fest und minimieren bzgl. der anderen. Das folgende Lemma beschreibt diesen Vorgang.

Für Funktionen, die bei einer festgehaltenen Variablen als Funktion der anderen Variablen erklärt werden, wollen wir die folgende Schreibweise mit einem Punkt benutzen.

Schreibweise mit einem Punkt

Seien U, V, W beliebige Menge und $f : U \times V \to W$. Wird ein $v \in V$ festgehalten, dann bezeichne $f(\cdot, v) : U \to W$ die Funktion auf U bzgl. der ersten Variablen, die durch

$$u \mapsto f(u, v)$$

erklärt ist. Analog wird für ein festgehaltenes $u \in U$ die Funktion $f(u, \cdot)$ erklärt.

Lemma 1.5.1 (über sukzessive Minimierung). *Seien U, V beliebige Mengen und $f : U \times V \to \mathbb{R}$.*

Bei jedem festgehaltenem $u \in U$ besitze die Funktion $f(u, \cdot) : V \to \mathbb{R}$ eine Minimallösung $v(u)$ und sei u^* eine Minimallösung der Funktion

$$u \mapsto g(u) := f(u, v(u)).$$

Dann ist das Paar $(u^*, v(u^*))$ eine Minimallösung von f auf $U \times V$.

Beweis. Direkt aus der Definition einer Minimallösung folgt für alle $(u, v) \in U \times V$:

$$f(u, v) \geq f(u, v(u)) = g(u) \geq g(u^*) = f(u^*, v(u^*)). \qquad \square$$

Insbesondere erlaubt diese Methode zweidimensionale Optimierungsaufgaben als Hintereinanderführung von eindimensionalen Optimierungsaufgaben zu behandeln.

Beispiel. Minimiere auf $\mathbb{R}^2$ die Funktion

$$f(u, v) = u^2 + v^2 - uv - u.$$

Um das obige Lemma anwenden zu können, sei $U = V = \mathbb{R}^2$. Bei festem $u \in \mathbb{R}$ haben wir jetzt den tiefsten Punkt der Parabel

$$v \mapsto v^2 - uv + u^2 - u$$

zu bestimmen. Dieser Punkt ist (in Abhängigkeit von u) gegeben durch

$$v(u) = \frac{u}{2}.$$

Das Einsetzen in f ergibt die Funktion

$$g : \mathbb{R} \to \mathbb{R}, \quad g(u) = f(u, v(u)) = \frac{u^2}{4} - \frac{u^2}{2} + u^2 - u.$$

Wieder haben wir den tiefsten Punkt einer Parabel zu bestimmen; dieser Punkt ist in

$$u^* = \frac{2}{3}.$$

Nach dem Lemma ist das Paar

$$\left(\frac{2}{3}, v\left(\frac{2}{3} \right) \right) = \left(\frac{2}{3}, \frac{1}{3} \right)$$

eine Minimallösung von f auf $\mathbb{R}$.

Diese sukzessive eindimensionale Minimierung kann man auch bei Teilmengen eines kartesischen Produktes zweier Mengen anwenden, wie zum Beispiel bei der Minimierung der obigen Funktion auf einer Kreisscheibe. Das Ausformulieren ist nur etwas aufwendiger. Der obige Beweis vom Lemma 1.5.1 kann direkt übernommen werden.

Bemerkung. Seien U, V beliebige Mengen, W eine Teilmenge von $U \times V$ und $f : W \to \mathbb{R}$. Sei

$$U_0 := \{ u \in U \,|\, \exists v \in V : (u, v) \in W \}$$

und zu jedem $u \in U_0$ sei

$$V_u := \{ v \in V \,|\, (u, v) \in W \}.$$

Zu jedem $u \in U$ sei $v(u)$ eine Minimallösung von $f(u, \cdot)$ auf V_u und u^* sei eine Minimallösung von $u \mapsto g(u) := f(u, v(u))$ auf U_0.

Dann ist $(u^*, v(u^*))$ eine Minimallösung von f auf W.

Kapitel 2
Lineare Programmierung

2.1 Einführung

Bezeichnung. Seien $x = (x_1, \ldots, x_n)$ und $y = (y_1, \ldots, y_n)$ aus $\mathbb{R}^n$ (siehe Abschnitt 3.11). Wir schreiben $x \geq y$, wenn für alle $i \in \{1, \ldots, n\}$ gilt: $x_i \geq y_i$.

Unter einer Aufgabe der linearen Programmierung verstehen wir die Optimierung einer linearen Funktion unter endlich vielen linearen Nebenbedingungen.

Für eine $m \times n$ Matrix A, $c \in \mathbb{R}^n$ und $b \in \mathbb{R}^m$ lautet die Aufgabe:

P1)
$$\text{Maximiere die Zielfunktion } \langle c, x \rangle$$
$$\text{unter den Nebenbedingungen } Ax \leq b \text{ und } x \geq 0.$$

Die Menge $S := \{x \in \mathbb{R}^n \mid Ax \leq b, \ x \geq 0\}$ heißt *Restriktionsmenge*.

Bemerkung 2.1.1. Nebenbedingungen, die als Gleichungen vorkommen, kann man folgendermaßen in Ungleichungen umformen:

i)
$$\langle a_i, x \rangle = b_i, \quad i \in \{1, \ldots, l\}$$

ist äquivalent zu

ii)
$$\langle a_i, x \rangle \leq b_i, \quad -\left\langle \sum_{i=1}^{l} a_i, x \right\rangle \leq -\sum_{i=1}^{l} b_i.$$

Außerdem kann man jede Variable ohne Vorzeichenbeschränkung als Differenz zweier nichtnegativer schreiben.

Für die Aufgaben der linearen Programmierung ist von G. Dantzig ein Algorithmus entwickelt worden [Dan], der sich als besonders effizient erwiesen hat.

Dieser sogenannte *Simplexalgorithmus* beginnt mit einer kanonischen Form einer linearen Programmierungsaufgabe, auf die P1) unter der Voraussetzung $b \geq 0$ jetzt transformiert wird.

2.2   Kanonische Form einer linearen Programmierungsaufgabe (KFP)

Durch die Einführung von zusätzlichen Variablen $x_{n+1}, \ldots, x_{n+m}$, den sog. *Schlupf-variablen*, lässt sich die Aufgabe P1) umformen in die äquivalente Aufgabe:

Maximiere $\langle c, x \rangle$ unter den Nebenbedingungen:

$$a_{j1}x_1 + a_{j2}x_2 + \ldots + a_{jn}x_n + x_{n+j} = b_j, \ j \in \{1, \ldots, m\}, \ x \geq 0, \quad (2.2.1)$$

wobei $a_j = (a_{j1} \ldots a_{jn})$ die j-te Zeile von A bezeichnet.

Offenbar ist $(x_1, \ldots, x_n, x_{n+1}, \ldots, x_{n+m})$ genau dann eine Lösung von (2.2.1), wenn $(x_1, \ldots, x_n)$ eine Lösung von P1) ist. Außerdem stimmen die Maximalwerte der Aufgaben überein. Das lineare Programm (2.2.1) heißt in *zulässiger kanonischer Form (KFP)* dargestellt, wenn $b \geq 0$ ist.

Für den Simplexalgorithmus ist die folgende Umformulierung der Aufgabe (KFP) wichtig. Es wird ein größtes $z \in \mathbb{R}$ derart gesucht, dass das mit Hilfe der Zielfunktion erweiterte Gleichungssystem

$$a_{j1}x_1 + a_{j2}x_2 + \ldots + a_{jn}x_n + x_{n+j} = b_j, \quad j \in \{1, \ldots, m\} \quad (2.2.2)$$

und

$$-c_1x_1 - c_2x_2 - \ldots - c_nx_n + z = 0 =: z_0 \quad (2.2.3)$$

eine nichtnegative Lösung besitzt.

Mit $(0, b, 0)$ ist eine nichtnegative Lösung von (2.2.2)–(2.2.3) gegeben.

Durch elementare Umformungen, die die Lösungsmenge des LGS (2.2.2) und (2.2.3) nicht ändern, gewinnt man aus (A, I) eine neue $m \times (n + m)$-Matrix, bei der m Spalten die m Einheitsvektoren des $\mathbb{R}^m$ sind und an der man die Auflösbarkeit von (2.2.2) und (2.2.3) mit einem größeren (nicht kleineren) z_0 erkennt.

Die Hauptidee des Simplexalgorithmus besteht darin, das Gleichungssystem so umzuformen, dass sich einerseits die Lösungsmenge nicht ändert und andererseits das gesuchte maximale z und eine dazugehörige Lösung an der rechten Seite des erweiterten Gleichungssystems sofort ablesbar ist.

Für den Fall, dass gleich am Anfang alle c_i ($i \in \{1, \ldots, n\}$) nicht positiv sind, ist $z = 0$ das größte z, für das das Gleichungssystem (2.2.2)–(2.2.3) eine Lösung mit $x_i \geq 0$ für $i \in \{1, \ldots, n + m\}$ besitzt, wobei eine Lösung durch $(\underbrace{0, \ldots, 0}_{n\text{-mal}}, b_1, \ldots, b_m, 0)$

gegeben ist.

Denn für jede andere Lösung $(x_1, \ldots, x_{m+n}, z)$ ist wegen $x \geq 0$ und $c \leq 0$ auch der Wert

$$z = \sum_{i=1}^{n} c_i x_i \leq 0.$$

Aus der Linearen Algebra ist bekannt, dass die folgenden elementaren Operationen die Lösungsmenge nicht ändern:

1. Multiplikation einer Gleichung mit einer Zahl $\neq 0$.

2. Addition eines Vielfachen einer Gleichung zu einer anderen.

Damit das veränderte System wieder in die kanonische Form gebracht werden kann, soll eine Änderung der Indizierung der Variablen x_i, $i \in \{1, \dots, n + m\}$, (Variablentausch) zugelassen werden.

Mit der neuen Indizierung der Variablen und der Kennzeichnung der neuen Koeffizienten durch Querstrich kommt man dann zu dem Gleichungssystem (die Variablen jetzt neu indiziert):

$$
\begin{aligned}
\overline{a}_{11}x_1 \; + \; \overline{a}_{12}x_2 \; + \; \dots \; + \; \overline{a}_{1n}x_n \; + \; x_{n+1} \; &= \; \overline{b}_1 \\
\overline{a}_{21}x_1 \; + \; \overline{a}_{22}x_2 \; + \; \dots \; + \; \overline{a}_{2n}x_n \; + \; x_{n+2} \; &= \; \overline{b}_2 \\
&\;\;\vdots \\
\overline{a}_{m1}x_1 \; + \; \overline{a}_{m2}x_2 \; + \; \dots \; + \; \overline{a}_{mn}x_n \; + \; x_{n+m} \; &= \; \overline{b}_m \\
-\overline{c}_1 x_1 \; - \; \overline{c}_2 x_2 \; - \; \dots \; - \; \overline{c}_n x_n \; + \quad z \;\;\; &= \; \overline{z}_0.
\end{aligned}
\tag{2.2.4}
$$

Bei der Umformulierung wird darauf geachtet, dass $\overline{b}_i \geq 0$ bleibt, damit wir die zulässige kanonische Form behalten, denn dann haben wir das folgende

Optimalitätskriterium

(i) Ist $\overline{c}_i \leq 0$ für alle $i \in \{1, \dots, n\}$, so ist $\overline{z}_0$ der größte Wert für z, so dass das Gleichungssystem (2.2.4) eine Lösung x mit $x_i \geq 0$ ($i \in \{1, \dots, n + m\}$) besitzt. Durch $(0, \dots, 0, \overline{b}_1, \dots, \overline{b}_m, \overline{z}_0)$ ist eine Lösung von (2.2.4) und damit bis auf Indizierung eine der (KFP) gegeben.

(ii) Insbesondere ist bis auf Indizierung $(0, \dots, 0, \overline{b}_1, \dots, \overline{b}_m)$ eine Lösung der Optimierungsaufgabe (2.2.1) mit dem Maximalwert $\overline{z}_0$.

(iii) Durch Streichen der Schlupfvariablen erhalten wir eine Lösung des Ausgangsproblems P1).

Beweis. (i) Es ist für jede andere Lösung $(x_1, \dots, x_{n+m}, z)$ von (2.2.4) mit $x_i \geq 0$, $i \in \{1, \dots, n + m\}$, der Wert $z = \sum_{i=1}^{n} \overline{c}_i x_i + \overline{z}_0 \leq \overline{z}_0$.

Da die Umformung so durchgeführt wurde, dass jede Lösung der (KFP) bis auf Indizierung einer Lösung von (2.2.4) entspricht (und umgekehrt), folgt (i).

(ii) gilt offensichtlich nach Konstruktion der (KFP) aus (2.2.2), und

(iii) folgt aus der Äquivalenz von P1) und (KFP).   □

Für die weitere Behandlung schreiben wir das Gleichungssystem (2.2.4) aus (KFP) in der Matrixschreibweise mit $\overline{A} = (\overline{a}_{ij})$, $i \in \{1, \dots, m\}$, $j \in \{1, \dots, n\}$, I die $m \times m$-Einheitsmatrix, $x = (x_1, \dots, x_{n+m})$, $\overline{b} = (\overline{b}_1, \dots, \overline{b}_m)$, $\overline{c} = (\overline{c}_1, \dots, \overline{c}_n)$ als

$$
\begin{pmatrix} \overline{A} & I & 0 \\ -\overline{c}^{\top} & 0 & 1 \end{pmatrix} \begin{pmatrix} x \\ z \end{pmatrix} = \begin{pmatrix} \overline{b} \\ \overline{z}_0 \end{pmatrix}.
\tag{2.2.5}
$$

Im Fall $\overline{c} \leq 0$, ist $\overline{b}$ eine Maximallösung von P1).

Ist nun ein $\overline{c}_{j*} > 0$ ($j^* \in \{1, \ldots, n\}$), so kann man für jedes $\lambda \in \mathbb{R}_{\geq 0}$ eine Lösung $\left(\begin{smallmatrix} x_\lambda \\ \overline{z}_0 + \lambda \overline{c}_{j*} \end{smallmatrix}\right)$ des Gleichungssystems (G1.4), bei der die z-Komponente $(\overline{z}_0 + \lambda \overline{c}_{j*})$ nicht kleiner als $\overline{z}_0$ ist, angeben:

$$x_\lambda := (0, \ldots, \lambda, 0, \ldots, 0, (\overline{b}_1 - \lambda \overline{a}_{1j*}), \ldots, (\overline{b}_m - \lambda \overline{a}_{mj*})), \qquad (2.2.6)$$

wobei λ an der j^*-ten Stelle steht. Dann ist

$$\begin{pmatrix} \overline{A} & I & 0 \\ -\overline{c}^\top & 0 & 1 \end{pmatrix} \begin{pmatrix} x_\lambda \\ \overline{z}_0 + \lambda \overline{c}_{j*} \end{pmatrix} = (\overline{b}, -\lambda \overline{c}_{j*} + \overline{z}_0 + \lambda \overline{c}_{j*}) = (\overline{b}, \overline{z}_0). \qquad (2.2.7)$$

Es sind nur Lösungen mit nicht negativen Komponenten $x_{\lambda,i}$, $i \in \{1, \ldots, n+m\}$, von Interesse. Sind alle $\overline{a}_{ij*} \leq 0$, so besteht für jedes $\lambda \geq 0$ der Vektor x_λ nur aus nicht negativen Komponenten (auch nach der Änderung der Indizierung). Damit erhält man für alle $\lambda \in \mathbb{R}_{\geq 0}$ Punkte, die in der Restriktionsmenge der (KFP) liegen und für die gilt

$$(\overline{z}_0 + \lambda \overline{c}_{j*}) \to \infty \quad \text{mit } \lambda \to \infty, \qquad (2.2.8)$$

d. h. die Zielfunktion der Aufgabe ist auf der Restriktionsmenge nicht beschränkt (die Aufgabe ist nicht lösbar). Hat andererseits die j^*-te Spalte von $\overline{A}$ einige positive Komponenten, so ist es klar, wie λ zu wählen ist, um die größte Zunahme des Wertes der Zielfunktion in der (KFP) zu erreichen und die Nichtnegativität der rechten Seite zu garantieren. Nämlich durch

$$\overline{\lambda} := \frac{\overline{b}_k}{\overline{a}_{kj*}} = \min \left\{ \frac{\overline{b}_i}{\overline{a}_{ij*}} \mid \overline{a}_{ij*} > 0, i \in \{1, \ldots, m\} \right\}. \qquad (2.2.9)$$

Bezeichnung. Die j^*-te Spalte wird *Pivotspalte* und die k-te Zeile *Pivotzeile* genannt. Das Element $\overline{a}_{kj*}$ heißt *Pivotelement* .

Diese Überlegungen führen zu dem Simplex-Algorithmus.

2.3   Simplex-Algorithmus

Ausgehend von dem Tableau:
$$\begin{array}{ccc} A & I & b \\ -c^\top & 0 & 0 \end{array},$$

erzeugen wir eine Folge von Tableaus der Gestalt

$$\begin{array}{ccc} D & I & v \\ u & 0 & \delta \end{array},$$

wobei $D := (d_{ij})$ eine $m \times n$-Matrix, I die $m \times m$ Einheitsmatrix, $v = (v_1 \ldots \ldots v_m)^\top$ eine Spaltenmatrix mit nicht negativen Komponenten, $u = (u_1 \ldots u_n)$ eine Zeilenmatrix und $\delta \in \mathbb{R}$ ist.

Die Iteration ist durch die folgenden Vorschriften bestimmt.

(1°) Wähle j^* mit $u_{j^*} < 0$. Falls kein solches j^* existiert, dann Stop (vgl. Optimalitätskriterium).

(2°) Ist für alle $i \in \{1, \ldots, m\}$: $d_{ij^*} \leq 0$, dann Stop. Die Aufgabe ist unbeschränkt (vgl. (2.2.8)).

(3°) Wähle $k \in \{1, \ldots, m\}$, so dass $d_{kj^*} > 0$ und $\overline{\lambda} := \frac{v_k}{d_{kj^*}} = \min\{\frac{v_i}{d_{ij^*}} \mid i \in \{1, \ldots, m\}, \ d_{ij^*} > 0\}$.

(4°) Teile die Pivotzeile des Tableaus durch d_{kj^*} und addiere ein Vielfaches der Pivotzeile derart zu den anderen des Tableaus, dass die Pivotspalte des Tableaus zu einem k-ten Einheitsvektor wird.

(5°) Tausche die Pivotspalte (jetzt k-ter Einheitsvektor) gegen die $(n + k)$-te Spalte (die k-ter Einheitsvektor war) des Tableaus und gehe zu (1°). Die Komponenten des Vektors v liefern bis auf die Reihenfolge die Komponenten des gesuchten Lösungsvektors. Um die richtige Zuordnung zu rekonstruieren, muss man das Tauschen in (4°) in einem Indexvektor festhalten.

Andererseits braucht man die im Tableau auftretenden Einheitsvektoren bei der Berechnung nicht zu speichern. Das liefert das sog. *reduzierte Tableau*. Bei konkreten Rechnungen kann man folgendermaßen vorgehen:

Man starte mit dem Ausgangstableau:

	1	2	...	n-1	n	
n+1						
⋮			A_{mn}			b
n+m						
			$-c^{\top}$			0

Man führe die Schritte (1°), (2°) und (3°) durch und erzeuge eine Folge von Tableaus der Gestalt:

	L	
K	D	v
	u	δ

Dabei sind D, v, u, δ wie oben und K und L Indexvektoren mit m bzw. n Komponenten.

Im Schritt (4°) setzen wir (Nachfolger mit Querstrich):

(1)
$$\overline{d}_{kj} = \frac{d_{kj}}{d_{kj^*}} \quad \text{für} \quad j \neq j^* \quad \text{und} \quad \overline{d}_{kj^*} = \frac{1}{d_{kj^*}}$$

(2)
$$\overline{v}_k = \frac{v_k}{d_{kj^*}}$$

(3)
$$\overline{d}_{ij} = d_{ij} - d_{ij^*}\overline{d}_{kj} \quad \text{für } i \neq k \text{ und } j \neq j^*$$

(4)
$$\overline{d}_{ij^*} = -d_{ij^*}\overline{d}_{kj^*} \quad \text{für } i \neq k$$

(5)
$$\overline{v}_i = v_i - d_{ij^*}\overline{v}_k \quad \text{für } i \neq k$$

(6)
$$\overline{u}_j = u_j - \overline{d}_{kj} \cdot u_{j^*} \quad \text{für } j \neq j^* \text{ und } \overline{u}_{j^*} = -\overline{d}_{kj^*} \cdot u_{j^*}$$

(7)
$$\overline{\delta} = \delta - \overline{v}_k \cdot u_{j^*}$$

(8)   Tausche die j-te Komponente von L gegen die k-te Komponente von K.

Die Variablen, deren Indizes in K sind, werden *Basisvariablen* genannt.

Zusammenfassend lassen sich die Operationen im Simplex-Tableau wie folgt beschreiben:

1) Ersetze das Pivotelement durch 1/Pivotelement.

2) Multipliziere den Rest der Pivotzeile mit 1/Pivotelement (alt).

3) Multipliziere den Rest der Pivotspalte mit -1/Pivotelement.

4) Alle anderen Elemente, bis auf Indexvektoren, ändern sich nach der folgenden Rechteckregel:
$$\overline{d}_{ij} = d_{ij} - \frac{d_{kj}d_{ij^*}}{d_{kj^*}}$$

Aber mit der Schreibweise aus (1)–(7) hat man weniger Operationen durchzuführen.

Bemerkung 2.3.1. Erfolgt ein Abbruch in (1°), so wird eine optimale Lösung der (KFP) wie folgt ermittelt: Für alle Indizes l, die in L vorkommen, wird $x_l := 0$ gesetzt. Steht in der j-ten Komponente von K die Zahl p, so gilt $x_p := v_j$. Die ersten n Komponenten dieser Lösung der (KFP) liefern eine Lösung von P1) (Weglassen der Schlupfvariablen).

Bemerkung 2.3.2 (Endlichkeit des Algorithmus). Die aktuelle Lösung $\overline{x}$ (eindeutig, da durch die Einheitsmatrix festgelegt) kann auch als die Lösung des folgenden Teilsystems angesehen werden:

Man betrachtet die zu den Indizes aus K gehörenden m Spalten als eine Teilmatrix A_0 von A und löst das lineare Gleichungssystem $A_0 x = b$.

Diese Lösung ist also nur durch den Indexvektor K vollständig bestimmt. Gibt es keine Wiederholungen bei dem Indexvektor K der Basisvariablen, so werden bei dem Simplexalgorithmus nur endlich viele Austauschschritte durchgeführt.

Der Austauschschritt $(4°)$ muss leider nicht immer zu einer echten Abnahme führen, da in $(3°)$ v_k Null sein kann. Da dann auch $\bar{\lambda}$ Null ist, ändert sich bei diesem Austauschschritt die aktuelle Lösung nicht, und es erfolgt lediglich ein Austausch der Basisvariablen. Es besteht daher die Möglichkeit des Kreisens („cycling") im Simplex-Algorithmus. (Für ein konkretes Beispiel siehe [Dan] S. 262).

Für praktische Zwecke kann man den Simplex-Algorithmus in der obigen Form benutzen. Es gibt Regeln, die das Kreisen verhindern und damit die Endlichkeit des Algorithmus erzwingen (siehe [Dan], [Schr], [Bl]).

Bei den Punkten $(1°)$ und $(3°)$ ist die Wahl der Indizes j^* und k nicht eindeutig festgelegt. In beiden Fällen kann es mehrere Indizes geben, die die geforderten Bedingungen erfüllen. Die folgende Regel von Bland (Kleinstindex-Regel) garantiert die gewünschte Endlichkeit:

In $(1°)$ wird der kleinste Index j^* mit $u_{j*} < 0$ gewählt, und $(3°)$ wird im folgenden Sinne ausgelegt: Gibt es mehrere Indizes k, die die Bedingung in $(3°)$ erfüllen, so nimmt man denjenigen, bei dem die dazugehörige Komponente des Indexvektors K am kleinsten ist.

Um den Rechenaufwand klein zu halten, erweist sich oft die folgende Regel für $(1°)$ als günstig. Wähle j^* so, dass das dazugehörige $u_{j*} < 0$ am kleinsten ist (siehe [Dan]).

Als eine Anwendung betrachten wir jetzt die Aufgabe B9) aus der Einführung, in der es galt, eine optimale Produktionsplanung zu erstellen.

Wir bekommen hier die folgenden Tableaus:

	1	2	3	
4	1	3	2	30
5	4	2	1	25
6	3	4	4	45
7	2	3	5	50
	−5	−8	−4	0

	1	4	3	
2	$\frac{1}{3}$	$\frac{1}{3}$	$\frac{1}{3}$	10
5	$\frac{10}{3}$	$-\frac{2}{3}$	$-\frac{1}{3}$	5
6	$\frac{5}{3}$	$-\frac{4}{3}$	$\frac{4}{3}$	5
7	1	−1	3	20
	$-\frac{7}{3}$	$\frac{8}{3}$	$\frac{4}{3}$	80

	5	4	3	
2	−0.1	0.4	0.7	9.5
1	0.3	−0.2	−0.1	1.5
6	−0.5	−1	1.5	2.5
7	−0.3	−0.8	3.1	18.5
	0.7	2.2	1.1	83.5

Dies führt zu der Lösung $(1.5, 9.5, 0)$ mit dem Maximalwert 83.5. Falls die Ganzzahligkeit der Lösung nicht verlangt wird, ist damit eine optimale Lösung bestimmt.

2.4 Der allgemeine Fall

Ohne die Voraussetzung $b \geq 0$ kann jede lineare Programmierungsaufgabe in der Form geschrieben werden:

P1) Maximiere cx auf $S := \{x \in \mathbb{R}^n \mid Ax \leq b$ und $x \geq 0\}$,

wobei c eine $1 \times n$-Zeilenmatrix, $b \in \mathbb{R}^m$ und A eine $m \times n$-Matrix ist.

Bemerkung 2.4.1. Nebenbedingungen, die als Gleichungen vorkommen, kann man mit Bemerkung 2.1.1 in Ungleichungen umformen, wobei die Multiplikation mit -1 in i) erlaubt, dass in ii) lediglich eine Ungleichung mit negativer rechter Seite vorkommt.

Bei der (KFP) lieferte der Punkt $(0, b)$ einen zulässigen Punkt (wegen der Voraussetzung $b \geq 0$) und dieser wurde als Startpunkt für den Simplexalgorithmus genommen.

Bei P1) weiß man nicht einmal, ob P1) zulässige Punkte besitzt. Einen Ausweg aus dieser Schwierigkeit bietet die sog. Zweiphasenmethode . In der ersten Phase wird eine Ersatzaufgabe in der kanonischen Form behandelt, mit der man entscheiden kann, ob S nichtleer ist, und deren Lösungen zur Konstruktion eines Startpunktes für die Simplexmethode bzgl. P1) dienen können.

Mit dem Begriff der lexikographischen Ordnung kann man aber stets eine Modifikation des Simplexverfahrens angeben, die auch im allgemeinen Fall P1) sofort die zulässige kanonische Form zu benutzen erlaubt. Man kommt also nur mit einer Phase aus, um eine Lösung von P1) zu bestimmen (falls P1) lösbar ist). Im Verfahren wird dann auch erkannt, ob P1) zulässig bzw. lösbar ist. Man benutzt hier die Idee der M-Methode.

Die M-Methode

Die Nebenbedingung $Ax \leq b$ von P1) kann man als $A_1 x \leq b_1$, $A_2 x \geq b_2$ mit $b_1 \geq 0$ und $b_2 > 0$ schreiben. Dabei ist A_1 eine $m_1 \times n$-Matrix und A_2 eine $m_2 \times n$-Matrix. Durch die Einführung von neuen Variablen (künstlichen Variablen) wird das Problem P1) in das folgende äquivalente Problem umgeformt:

$\tilde{P}$) Maximiere cx
auf $Q := \{(x, w) \in \mathbb{R}^n \times \mathbb{R}^{m_2} \mid$
$(x, w) \geq 0, A_1 x \leq b_1, A_2 x - w = b_2\}$.

Dabei schreibt man $Ax \leq b$ wieder als $A_1 x \leq b_1$ und $A_2 x \geq b_2$ mit $b_1 \geq 0$ und $b_2 > 0$. Es stellt sich heraus, dass diese Aufgabe für hinreichend große $M \in \mathbb{R}$ durch die Aufgabe:

PM) Maximiere $f_M(x) := cx + M\mathbf{1}(A_2 x - w)$
auf $R := \{(x, w) \geq 0 \mid A_1 x \leq b_1, A_2 x - w \leq b_2\}$,

ersetzt werden kann, wobei $\mathbf{1}$ der Zeilenvektor mit allen Komponenten 1 der Dimension m_2 ist. Beweistechnisch wird darauf nach der Angabe des Algorithmus eingegangen. Mit einem gewissen Aufwand kann man eine hinreichende Größe für M berechnen, aber die lexikographische Ordnung erlaubt, dieses zu umgehen ([Schr]).

Man stellt sich dabei vor, dass man im Simplexalgorithmus die Koeffizienten der letzten Zeile (im Tableau der Vektor (u, δ)) von der Gestalt $\alpha M + \beta$ mit einem *unbekannten* M rechnet. Analog zu den komplexen Zahlen kann man die Zahl $\alpha M + \beta$ als ein Element $\binom{\alpha}{\beta} \in \mathbb{R}^2$ auffassen.

Definition 2.4.1 (der lexikographischen Ordnung auf $\mathbb{R}^2$). Es wird jetzt eine Ordnung auf $\mathbb{R}^2$ gewählt, die der Anordnung der Wörter in einem Lexikon entspricht. Zunächst wird der erste Buchstabe verglichen und bei Gleichheit der zweite usw.
Seien $(\alpha_1, \beta_1), (\alpha_2, \beta_2) \in \mathbb{R}^2$.
Es ist $(\alpha_1, \beta_1) \leq_l (\alpha_2, \beta_2)$, wenn $[(\alpha_1 < \alpha_2)$ oder $(\alpha_1 = \alpha_2$ und $\beta_1 \leq \beta_2)]$.
Weiter heißt $(\alpha_1, \beta_1) <_l (\alpha_2, \beta_2)$, wenn $[(\alpha_1, \beta_1) \leq_l (\alpha_2, \beta_2)$ und $(\alpha_1, \beta_1) \neq (\alpha_2, \beta_2)]$.

Bemerkung 2.4.2. $(\alpha, \beta) \geq_l (0, 0) \Leftrightarrow \exists M_0 \in \mathbb{R} \, \forall M \geq M_0 : \alpha M + \beta \geq 0$.

Beweis. „$\Rightarrow$": Für $\alpha > 0$ wähle $M_0 = \frac{-\beta}{\alpha}$ und für $\alpha = 0$ wähle M_0 beliebig.
„$\Leftarrow$": Aus $\alpha M + \beta \geq 0$ für alle $M \geq M_0$ folgt $\alpha \geq 0$. Im Fall $\alpha = 0$ ist $\beta \geq 0$. $\square$

Den hier benutzten Ansatz wollen wir jetzt aus Sicht der Ergänzungsmethode (s. Kapitel 1.4) betrachten. Als Ergänzung wird hier

$$\Lambda(x, w) := M\mathbf{1}(A_2 x - w)$$

benutzt, die offensichtlich konstant auf Q ist.

Anschließend wird $f_M(x, w) = cx + \Lambda(x, w)$ auf der Obermenge R von Q maximiert. Gelingt es den Parameter M so zu wählen, dass die dazugehörige Minimallösung von F_M auf R bereits in Q liegt, so hat man eine Maximallösung der Aufgabe $\tilde{P}$ gefunden.

Dies erreicht man hier folgendermaßen:

Bei endlich vielen Abfragen im Sinne der lexikographischen Ordnung gibt es mit Bemerkung 2.4.2 ein $M_0 \in \mathbb{R}_{>0}$ derart, dass für alle $M \geq M_0$ die berechnete Lösung von f_M auf R ist. Mit dem folgenden Beweis von Satz 2.4.1 (Teil a) $\Rightarrow$) erkennt man, dass diese Lösung in Q liegen muss, falls Q nicht leer ist (s. auch Penalty-Methode, Kapitel 4.4).

Für das reduzierte Starttableau nimmt man jetzt

	1	...	$n + m_2$		
$n + m_2 + 1$					
$\vdots$		A_1		0	b_1
$\vdots$		A_2		-1	b_2
$n + m + m_2$					
		$-\mathbf{1}A_2$		1	
		$-c$		0	

Die Abfrage (1°) des Simplexalgorithmus wird im Sinne der lexikographischen Ordnung durchgeführt, d. h. statt (1°) haben wir 1'): Wähle j^* mit $\binom{\alpha_{j^*}}{\beta_{j^*}} <_l 0$. Falls kein solches j^* existiert, dann Stop.

Eine einfache Realisierung der Abfrage 1') bekommt man folgendermaßen. Bei allen vorkommenden $\binom{\alpha_j}{\beta_j}$ wird zunächst ein $\alpha_{j*} < 0$ gesucht. Sind dann bereits für alle $j \in J := \{1, \ldots, n + m_2\}$ die Zahlen $\alpha_j \geq 0$, so wird anschließend das neue j^* durch die Wahl eines Vektors $\binom{0}{\beta_{j*}}$ mit $\beta_{j*} < 0$ festgelegt ($\binom{\alpha_j}{\beta_j}$ mit $\beta_j < 0$ und $\alpha_j > 0$ dürfen nicht berücksichtigt werden, siehe Bemerkung 2.4.3). Sind bei einem Zyklus alle α_j für $j \in J$ nichtnegativ, so bleiben sie im weiteren Verlauf unverändert. Die Addition in der α-Zeile entfällt.

Dieses führt zu der

Bemerkung 2.4.3. Hat man bei der Berechnung erreicht, dass alle $\alpha_j \geq 0$ ($j \in J$) sind, so kann man das Tableau auf die Spalten reduzieren, in denen $\alpha_j = 0$ ist, denn andere Spalten können nicht mehr als Pivotspalten gewählt werden. Die α-Zeile wird gestrichen. Mit diesem reduzierten Tableau rechnet man weiter, bis alle $\beta_j \geq 0$ sind.

Satz 2.4.1. *Bricht das oben beschriebene Verfahren im Punkt* 1') *mit dem aktuellen Vektor* (x^*, w^*) *ab, so gilt:*

a) *Genau dann ist die Aufgabe* P1) *zulässig (d. h.* $S \neq \emptyset$), *wenn* $A_2 x^* - w^* = b_2$ *gilt.*

b) *Ist* $A_2 x^* - w^* = b_2$, *so ist* x^* *eine Maximallösung von* P1).

Beweis. Für alle $i \in J$ sei $\binom{\alpha_i}{\beta_i} \geq_l 0$. Mit Bemerkung 2.3.2 existiert ein $M_0 \in \mathbb{R}$ derart, dass $\alpha_i M + \beta_i \geq 0$ für alle $M \geq M_0$ und alle $i \in J$ gilt. Für alle diese M ist nach dem Optimalitätskriterium (x^*, w^*) eine Lösung von PM).

b) Ist $A_2 x^* - w^* = b_2$, so ist dann offenbar (x^*, w^*) eine Lösung von max$\{cx - M\mathbf{1}b_2 \mid x, w \geq 0, A_1 x \leq b_1, A_2 x - w = b_2\}$. Da $M\mathbf{1}b_2$ eine Konstante ist, ist (x^*, w^*) auch eine Lösung von $\tilde{P}$) und damit x^* eine Lösung von P1).

a) „⇐": Folgt direkt aus b).

a) „⇒": Sei nun $A_2 x^* - w^* < b_2$. Dann kann $\tilde{P}$) (damit auch P1)) keinen zulässigen Punkt besitzen. Denn für so einen Punkt (x', w') würde für M größer als ein M^*

gelten: $cx' + M\mathbf{1}(A_2x' - w') = cx' + M\mathbf{1}b_2 > cx^* + M\mathbf{1}(A_2x^* - w^*)$, was der Maximalität von (x^*, w^*) für $M \geq M_0$ widersprechen würde. $\qquad\qquad$ □

Satz 2.4.2. *Bricht das Verfahren bei* 2°) *ab, dann gilt:*

    i) *Das Ausgangsproblem* P1) *besitzt keine Maximallösung.*

   ii) *Ist in* P1) *die Restriktionsmenge Q nichtleer, so ist die Zielfunktion auf Q nicht beschränkt.*

Beweis. Sei

$$
\begin{array}{c|c|c}
 & L & \\
\hline
K & D & v \\
\hline
 & u & \delta \\
\end{array}
$$

mit $u = \binom{\alpha_i}{\beta_i}_{i \in I}$ und $\delta = \binom{\delta_1}{\delta_2}$ das aktuelle Tableau.

Sei $\binom{\alpha_{j*}}{\beta_{j*}} <_l 0$ und für alle $i \in J : d_{ij*} \leq 0$. Analog zu Bemerkung 2.4.3 existiert ein $M_1 \in \mathbb{R}$, so dass $\alpha_{j*}M + \beta_{j*} < 0$ für alle $M \geq M_1$ gilt. Wie bei (7) aus Kapitel 2.3 ist dann für alle $\lambda \geq 0$ und alle $M \geq M_1$ der Vektor $x_\lambda := (0, \ldots, \lambda, \ldots, 0, (v_1 - \lambda d_{1j*}), \ldots, (v_m - \lambda d_{mj*}))$, wobei λ an j^*-ter Stelle steht, bis auf eine Permutation (die die Umstellung der Spalten im nichtreduzierten Tableau rückgängig macht und an (K, L) ablesbar ist) der Variablen ein zulässiger Punkt von PM) mit dem Wert

$$\delta_1 M + \delta_2 - \lambda(\alpha_j^* M + \beta_{j*}) \overset{\lambda \to \infty}{\longrightarrow} \infty. \tag{2.4.1}$$

Damit ist für alle $M \geq M_1$ die Aufgabe PM) unbeschränkt und es gibt Vektoren $(\overline{x}, \overline{w})$ bzw. $(\hat{x}, \hat{w})$ in $\mathbb{R}^{n+m_2}$ so, dass $(\overline{x}, \overline{w}) + \lambda(\hat{x}, \hat{w})$ für alle $\lambda > 0$ ein zulässiger Punkt von PM) ist, d. h.

$$A_1\overline{x} + \lambda A_1\hat{x} \leq b_1 \quad \text{und} \quad (A_2\overline{x} - \overline{w}) + \lambda(A_2\hat{x} - \hat{w}) \leq b_2.$$

Division der Ungleichungen durch λ und der Grenzübergang mit $\lambda \to \infty$ liefert

$$A_1\hat{x} \leq 0 \quad \text{und} \quad A_2\hat{x} - \hat{w} \leq 0. \tag{2.4.2}$$

Sei $M \geq M_1$. Nach (2.4.1) gilt für die Zielfunktion in PM)

$$c(\overline{x} + \lambda\hat{x}) + M\mathbf{1}[A_2(\overline{x} + \lambda\hat{x}) - (\overline{w} + \lambda\hat{w})] = \delta_1 M + \delta_2 - \lambda(\alpha_{j*}M + \beta_{j*}) \overset{\lambda \to \infty}{\longrightarrow} \infty, \tag{2.4.3}$$

woraus

$$c\hat{x} + M\mathbf{1}(A_2\hat{x} - \hat{w}) > 0 \tag{2.4.4}$$

folgt. Da (2.4.4) für alle $M \geq M_1$ gilt, muss wegen (2.4.2)

$$A_2\hat{x} - \hat{w} = 0 \qquad\qquad (2.4.5)$$

sein.

Die Eigenschaft (2.4.3) liefert mit (2.4.5)

$$\lambda c\hat{x} \longrightarrow \infty \quad \text{mit } \lambda \to \infty. \qquad\qquad (2.4.6)$$

Sei $(x', w') \in Q$ ein zulässiger Punkt von $\tilde{\text{P}}$). Mit (2.4.2) und (2.4.5) ist für alle $\lambda \in \mathbb{R}_+$ $(x', w') + \lambda(\hat{x}, \hat{w})$ zulässig für $\tilde{\text{P}}$). Aus (2.4.6) folgt

$$c(x' + \lambda\hat{x}) \longrightarrow \infty \quad \text{mit } \lambda \to \infty. \qquad\qquad (2.4.7)$$

Dies bedeutet die Unbeschränktheit von $\tilde{\text{P}}$), die zur Unbeschränktheit von P1) äquivalent ist. $\qquad\qquad\qquad\qquad\qquad\qquad\qquad\qquad\qquad\qquad\qquad\qquad\qquad\qquad\square$

Beispiel 1. Für $c = (0, 1)$, $A = (1, 1)$, $b = -1$ ist $Q = \emptyset$ und PM) unbeschränkt.

Als eine Anwendung soll jetzt eine Mischungsaufgabe betrachtet werden.

Beispiel 2 (Mischungsaufgaben). Es seien m Mischungen $\{M_i\}_1^m$ gegeben, die aus den n Stoffen $\{S_j\}_1^n$ zusammengesetzt sind. Eine Einheit der Mischung M_i enthalte a_{ij} Einheiten des Stoffes S_j. Dabei werden die Mischungen mit der gleichen Einheit E und für $j \in \{1, \dots, n\}$ der Stoff S_j mit der Einheit E_j gemessen. Aus den Mischungen $\{M_i\}_1^m$ soll eine neue Mischung erzeugt werden. Seien I, J beliebige Teilmengen der Indexmenge $\{1, \dots, n\}$. Eine Einheit E der neuen Mischung enthalte von jedem Stoff S_i für $i \in I$ mindestens b_i Einheiten und von jedem Stoff S_j mit $j \in J$ höchstens b'_j Einheiten. Die Kosten pro Einheit der Mischung M_i seien durch c_i gegeben. Unter Einhaltung der genannten Bedingungen wird eine kostenminimale Lösung gesucht. Bezeichnet x_i den Anteil der Mischung M_i bei der neuen Mischung, so erhalten wir die Aufgabe:

$$\text{Minimiere } \sum_{i=1}^{m} c_i x_i$$

unter den Nebenbedingungen

$$\sum_{i=1}^{m} a_{ij} x_i \geq b_j \quad \text{für } j \in I$$

$$\sum_{i=1}^{m} a_{ij} x_i \leq b'_j \quad \text{für } j \in J$$

$$\sum_{i=1}^{m} x_i = 1 \quad \text{und} \quad x = (x_1, \dots, x_m) \geq 0.$$

Zahlenbeispiel

$$\text{Minimiere } cx = 5x_1 + 2x_2 + x_3$$

unter den Nebenbedingungen

$$3x_1 + x_2 + 6x_3 \geq 2$$
$$4x_1 + 2x_2 + x_3 \geq 2 \tag{2.4.8}$$
$$x_1 + x_2 + x_3 = 1.$$

Mit der Umformung $x_3 = 1 - x_1 - x_2 \geq 0$ bekommen wir die folgende äquivalente Aufgabe (ohne Konstante 1 in der Zielfunktion):

$$\text{Minimiere } 4x_1 + x_2 \text{ bzw. maximiere } -4x_1 - x_2$$

unter den Nebenbedingungen

$$3x_1 + 5x_2 \leq 4$$
$$x_1 + x_2 \leq 1$$
$$3x_1 + x_2 \geq 1 \tag{2.4.9}$$
$$x \geq 0.$$

Mit den obigen Bezeichnungen ist hier

$$A_1 = \begin{pmatrix} 3 & 5 \\ 1 & 1 \end{pmatrix}, \quad A_2 = (3\ 1), \quad b_1 = \begin{pmatrix} 4 \\ 1 \end{pmatrix}, \quad b_2 = 1.$$

Wir bekommen die ersten zwei Tableaus

	1	2	3	
4	3	5	0	4
5	1	1	0	1
6	3	1	−1	1
	−3	−1	1	0
	4	1	0	0

	6	2	3	
4	−1	4	1	3
5	$-\frac{1}{3}$	$\frac{2}{3}$	$\frac{1}{3}$	$\frac{2}{3}$
1	$\frac{1}{3}$	$\frac{1}{3}$	$-\frac{1}{3}$	$\frac{1}{3}$
	1	0	0	1
	$-\frac{4}{3}$	$-\frac{1}{3}$	$\frac{4}{3}$	$-\frac{4}{3}$

Die Reduktion nach Bemerkung 2.4.3 liefert die Tableaus

	2	3	
4	4	1	3
5	$\frac{2}{3}$	$\frac{1}{3}$	$\frac{2}{3}$
1	$\frac{1}{3}$	$-\frac{1}{3}$	$\frac{1}{3}$
	$-\frac{1}{3}$	$\frac{4}{3}$	$-\frac{4}{3}$

	4	3	
2	$\frac{1}{4}$	$\frac{1}{4}$	$\frac{3}{4}$
5	$-\frac{1}{6}$	$\frac{1}{6}$	$\frac{1}{6}$
1	$-\frac{1}{12}$	$-\frac{5}{12}$	$\frac{1}{12}$
	$\frac{1}{12}$	$\frac{17}{12}$	$-\frac{13}{12}$

Mit Satz 2.4.1 ergibt sich die Lösung $x_1 = 1/12$, $x_2 = 3/4$ und $w = 0$. Damit ist $(1/12, 3/4, 1/6)$ eine Lösung der Ursprungsaufgabe (2.4.8).

Auch die folgende Klasse von Aufgaben kann man mit dem obigen Algorithmus behandeln, Aber die Koeffizientenmatrix besteht hier nur aus den Elementen 0 und 1, was auch spezielle Ansätze erlaubt.

Beispiel 3 (Transportprobleme). Es wird hier eine kostengünstigste Transportvariante eines Gutes von den Herstellungs- zu den Bedarfsorten gesucht. Seien $H_1, \ldots, H_k$ die Herstellungsorte und $B_1, \ldots, B_l$ die Bedarfsorte. Am Herstellungsort H_i seien h_i Einheiten des Gutes vorhanden, und am Bedarfsort B_j werden b_j Einheiten benötigt. Die Transportkosten von H_i nach B_j seien proportional zur transportierten Menge x_{ij}, wobei die Transportkosten einer Einheit c_{ij} betragen. Dies führt zu der Aufgabe:

$$\text{Minimiere} \quad \sum_{i=1}^{l} \sum_{j=1}^{k} c_{ij} x_{ij}$$

unter den Nebenbedingungen: Für alle $i \in \{1, \ldots l\}$ und alle $j \in \{1, \ldots, k\}$ gelte

$$\sum_{j=1}^{k} x_{ij} \leq h_i, \quad \sum_{i=1}^{l} x_{ij} \geq b_j, \quad x_{ij} \geq 0.$$

Bisher haben wir den Simplexalgorithmus nur aus der Sicht der Umformungen von linearen Gleichungssystemen betrachtet. Mit dem Begriff der dualen Aufgabe kommt man zu einer allgemeinen Sicht des Simplexalgorithmus, die unter anderem erkennen lässt, dass im Verfahren eine zweite Aufgabe der linearen Programmierung gelöst wird. Außerdem führt das Bilden der dualen Aufgabe oft direkt zu einer kanonischen Standardform (KFP) ohne Einführung von Schlupfvariablen.

2.5 Duale und schwach duale Aufgaben

Definition 2.5.1. Seien T, S beliebige Mengen und $h \colon T \to \mathbb{R}$, $g \colon S \to \mathbb{R}$ Funktionen. Die Optimierungsaufgaben:

(P)   Minimiere h auf T,

(D)   Maximiere g auf S,

heißen *schwach dual*, falls

$$\inf\{h(t) \mid t \in T\} \geq \sup\{g(s) \mid s \in S\} \tag{$*$}$$

ist. Sie heißen *dual* (auch *stark dual* genannt), falls in $(*)$ das Gleichheitszeichen gilt (d. h. die Werte der Aufgaben stimmen überein).

Ist S nicht leer und gilt ($*$), so liefert $g(s)$ für jedes $s \in S$ eine untere Schranke für den Minimalwert von (P). Ist umgekehrt T nichtleer, so ergibt $h(t)$ für jedes $t \in T$ eine obere Schranke für den Maximalwert von (D).

Die Menge T (bzw. S) wird auch als *Restriktionsmenge* bezeichnet. Jeder Punkt, der in der Restriktionsmenge liegt, wird *zulässig* für die Optimierungsaufgabe genannt.

Beispiel 1. Sei B eine $m \times n$-Matrix, $b \in \mathbb{R}^m$, $c \in \mathbb{R}^n$.

Zu der Aufgabe:

$$\text{Minimiere } \langle c, x \rangle \text{ auf } T := \{ x \in \mathbb{R}^m \mid Bx \geq b \}$$

ist die folgende Aufgabe:

$$\text{Maximiere } \langle b, y \rangle \text{ auf } S := \{ y \in \mathbb{R}^n \mid B^\top y = c, \ y \geq 0 \}$$

schwach dual.

Beweis. Für alle $x \in T$ und alle $y \in S$ gilt: $\langle c, x \rangle = \langle B^\top y, x \rangle = \langle y, Bx \rangle \geq \langle y, b \rangle$. $\square$

Bemerkung 2.5.1. Ist ein Paar (P), (D) von schwach dualen Optimierungsaufgaben gegeben, so kann man zur Bestimmung einer Minimallösung von (P) (bzw. (D)) so vorgehen: Man finde zulässige Punkte sowohl für (P) als auch für (D) derart, dass die zugehörigen Werte der jeweiligen Zielfunktion gleich sind.

In diesem Zusammenhang wollen wir im nächsten Abschnitt den Simplexalgorithmus neu interpretieren. Dafür ist der folgende Gleichgewichtssatz besonders gut geeignet. Sei A eine $m \times n$-Matrix, $c \in \mathbb{R}^n$, $b \in \mathbb{R}^m$.

Satz 2.5.1 (Gleichgewichtssatz). *Für die beiden Aufgaben*

$$(\text{LP}) \quad \begin{matrix} \min \langle c, x \rangle \\ Ax \geq b \end{matrix} \qquad und \qquad (\text{LD}) \quad \begin{matrix} \max \langle y, b \rangle \\ A^\top y = c \\ y \geq 0 \end{matrix}$$

gilt:

Ist x zulässig für (LP) *und y zulässig für* (LD), *so folgt*

$$\langle c, x \rangle = \langle y, b \rangle \Leftrightarrow \langle y, Ax - b \rangle = 0 \Leftrightarrow y_i (Ax - b)_i = 0 \quad \text{für alle } i \in \{1, \ldots, m\}. \tag{2.5.1}$$

Beweis. „$\Leftarrow$": $\langle b, y \rangle = \langle Ax, y \rangle = \langle x, A^\top y \rangle = \langle x, c \rangle$.

„$\Rightarrow$": $0 = \langle x, c \rangle - \langle b, y \rangle = \langle x, A^\top y \rangle - \langle b, y \rangle = \langle Ax - b, y \rangle$.

Da y und $(Ax - b)$ nur nichtnegative Komponenten haben, folgt auch $y_i (Ax - b)_i = 0$ für alle $i \in \{1, \ldots, m\}$. $\square$

Bemerkung 2.5.2. Aus $\langle c, x \rangle = \langle b, y \rangle$ folgt aus der schwachen Dualität, dass x eine Minimallösung von (LP) und y eine Maximallösung von (LD) ist. Der Gleichgewichtssatz in obiger Form beinhaltet keine Existenzaussage. Später werden wir den Dualitätssatz der linearen Programmierung beweisen, der aus der Zulässigkeit beider Aufgaben auf die Existenz optimaler Lösungen und die Gleichheit der Optimalwerte zu schließen erlaubt.

Nach Beispiel 1 sind im Folgenden die Aufgaben P_1) und D_1) schwach dual:

$$P_1) \quad \begin{aligned} \min\, & cx \\ & Ax \geq b \\ & x \in \mathbb{R}^n,\ Ix = x \geq 0 \end{aligned} \qquad D_1) \quad \begin{aligned} \max\, & (b, 0)^\top y \\ & (A^\top, I)y = c^\top \\ & y \in \mathbb{R}^{n+m},\ y \geq 0 \end{aligned}$$

Bemerkung 2.5.3. Ist in P_1) $c \geq 0$, so besitzt die schwach duale Aufgabe D_1) die kanonische Form KFP) aus Abschnitt 2.2.

Wir wollen jetzt sehen, dass beim Anwenden des Simplexalgorithmus auf die duale Aufgabe D_1) auch die Ausgangsaufgabe P_1) gelöst wird. Wir haben hier das nichtreduzierte (bzw. reduzierte) Starttableau

$$\begin{array}{cc} A^\top & I & c^\top \\ -b^\top & 0 & 0 \end{array} \quad \text{bzw.}$$

K			L			
	1	2	...	m-1	m	
m+1						
⋮			$A^\top$			$c^\top$
n+m						
			$-b^\top$			0

für den Simplexalgorithmus bzgl. D_1).

Bestimmung einer Lösung der primalen Aufgabe P_1) aus dem Endtableau der dualen D_1)

Endet der Simplexalgorithmus (bzgl. D_1) in (1°), so kann man an dem Endtableau auch eine Lösung von P_1) erkennen. Dafür betrachten wir die letzte Zeile des nichtreduzierten Tableaus, bei dem wir auch keine Umstellung der Spalten durchführen (d. h. die entstehenden Einheitsvektoren bleiben auf ihrem Platz). Da bei jedem Austauschschritt eine Linearkombination der Zeilen $\{z_i\}_{i=1}^n$ von $(A^\top, I)$ zu der letzten Zeile addiert wird, entsteht im Endtableau in der letzten Zeile ein Ausdruck $\sum_{i=1}^n x_i z_i - (b, 0)^\top$ mit nichtnegativen Komponenten. Anders gesagt, der Koeffizientenvektor $x = (x_1, \ldots, x_n)$ ist ein zulässiger Punkt von P_1).

Endet der Simplexalgorithmus in (1°), so ist die aktuelle Lösung y eine Lösung von D_1) und damit insbesondere zulässig für D_1).

Für das Paar (x, y) gilt auch die Gleichgewichtsbedingung

$$\left(\sum_{i=1}^n x_i z_i - (b, 0)^\top \right) y = 0,$$

denn für $j \in L$ ist $y_j = 0$ und für $j \in K$ ist die j-te Komponente des Differenzvektors $d := \sum_{i=1}^{n} x_i z_i - (b, 0)^\top$ Null, da die dazugehörigen Ungleichungen hier als Gleichungen erfüllt sind. Nach dem Gleichgewichtssatz ist x eine Minimallösung von P_1). Da die letzten n Komponenten von z_i (i-te Zeile von $(A^\top, I)$) den i-ten Einheitsvektor ergeben, ist x_i die $(m + i)$-te Komponente des Differenzvektors d, d. h. die letzte Zeile des nichtreduzierten Endtableaus hat die Gestalt $(-\bar{b}, x)^\top$. In dem reduzierten Endtableau ist eine Lösung von P_1) wie folgt gegeben.

Bestimmung einer dualen Lösung aus dem reduzierten Tableau

Eine Lösung von P_1) (schwach dual zu D_1) aus dem reduzierten Endtableau (mit Stop in (1°)) erhält man wie folgt:

Sei $i \in \{1, \ldots, n\}$.

a) Ist $m + i \in K$, so gilt $x_i = 0$.

b) Steht in der j-ten Komponente von L der Index $m + i$, so gibt die j-te Komponente der untersten Zeile den Wert von x_i an.

Zur Illustration betrachten wir wieder die Mischungsaufgabe aus Abschnitt 2.4 (Zahlenbeispiel).

Wird (2.4.9) als P1)-Aufgabe geschrieben, so folgt

$$A^\top = \begin{pmatrix} -3 & -1 & 3 \\ -5 & -1 & 1 \end{pmatrix},$$

$-b = (4, 1, -1)$ und $c = (4, 1)$. Für die duale Aufgabe D_1) bekommen wir die folgenden Tableaus.

	1	2	3	
4	-3	-1	3	4
5	-5	-1	-1	1
	4	1	-1	0

	1	2	5	
4	12	2	-3	1
3	-5	-1	1	1
	-1	0	1	1

	4	2	5	
1	$\frac{1}{12}$	$\frac{2}{12}$	$-\frac{3}{12}$	$\frac{1}{12}$
3	$\frac{5}{12}$	$-\frac{2}{12}$	$-\frac{3}{12}$	$\frac{17}{12}$
	$\frac{1}{12}$	$\frac{2}{12}$	$\frac{9}{12}$	$\frac{13}{12}$

Mit a) und b) ist $(\frac{1}{12}, \frac{3}{4})$ eine Lösung von (2.4.9) und mit $x_1 + x_2 + x_3 = 1$ ist $(\frac{1}{12}, \frac{3}{4}, \frac{1}{6})$ eine Lösung der gestellten Mischungsaufgabe. Der Minimalwert ist $\frac{13}{12}$.

Angewandt auf die duale Aufgabe D_1) kann der Simplexalgorithmus wie folgt gedeutet werden: Man berechnet eine Folge von zulässigen Basislösungen für die duale Aufgabe und eine der Wahl der Basisvariablen entsprechenden Folge von Kandidaten für die primale Aufgabe, bis ein primal zulässiger Punkt erreicht wird. Diese Vorgehensweise soll allgemein als *Simplexmethode* bezeichnet werden (siehe Abschnitt 14.2). Zur Illustration betrachten wir im Folgenden die Simplexmethode in $\mathbb{R}^2$.

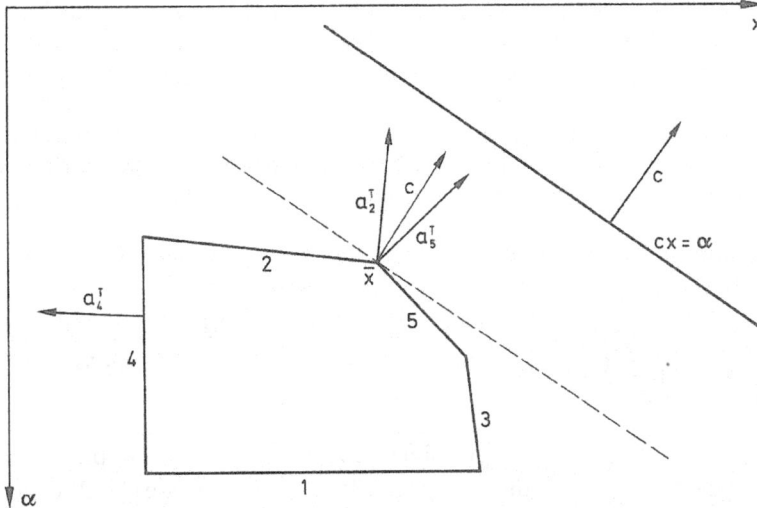

Geometrische Interpretation der Simplexmethode in $\mathbb{R}^2$

Die primale Aufgabe (LP) mit $m \geq n$ besitzt die folgende geometrische Interpretation. Bezeichnet für $i \in \{1, \ldots, m\}$ a_i den i-ten Zeilenvektor von A, so soll die lineare Funktion $x \mapsto \langle c, x \rangle$ auf dem Durchschnitt $S := \bigcap_{i=1}^{m} H_i$ der Halbräume $H_i := \{x \in \mathbb{R}^n \mid a_i x \leq b_i\}$ minimiert werden. Für $n = 2$ erhalten wir das folgende Bild, da die Vektoren $a_i^{\top}$ ($i \in \{1, \ldots, m\}$) senkrecht zu den Geraden $\{x \mid a_i x = b_i\}$ (im Bild mit i nummeriert) sind. Man sucht dann nach dem kleinsten $\alpha \in \mathbb{R}$, so dass die Gerade $G_\alpha := \{x \in \mathbb{R} \mid \langle c, x \rangle = \alpha\}$ die Menge S noch berührt. Ein so bestimmtes α ist dann der Minimalwert und die dazugehörigen Berührungspunkte $\overline{x}$ (d. h. $\overline{x} \in G_\alpha \cap S$) die gesuchten Minimallösungen. Bei der dualen Aufgabe (LD) werden die Vektoren $\{a_i^{\top} \mid i \in \{1, \ldots, m\}\}$ als Spaltenvektoren betrachtet, und es gilt nun eine Darstellung des Vektors c (Zielvektor in (LP)) in der Form

$$c = \sum_{i=1}^{n} y_i a_i^{\top} \qquad (2.5.2)$$

mit $y_i \geq 0$ so zu finden, dass $\sum_{i=1}^{m} y_i b_i$ maximal ist.

Im Bild ($n = 2$) gilt es, zwei Vektoren a_k, a_l aus $\{a_1, \ldots, a_5\}$ zu wählen. Den Gleichgewichtssatz kann man im Bild folgendermaßen interpretieren. Hat man zwei Vektoren a_k, a_l ($k, l \in \{1, \ldots, 5\}$) gefunden, so dass die Geraden $\{a_k x = b_k\}$, $\{a_l x = b_l\}$ sich in einem Punkt $\overline{x}$ aus S schneiden (d. h. $\overline{x}$ zulässig für (LP)) und der von $\{a_k, a_l\}$ erzeugte Kegel CK := $\{x \mid x = \alpha a_k + \beta a_l, \alpha, \beta \in \mathbb{R}_+\}$ den Vektor c enthält, so ist x bereits eine Minimallösung der Aufgabe (LP). Denn die zu k und l

gehörenden Ungleichungen sind als Gleichungen erfüllt und $c \in CK(\{a_k, a_l\})$ garantiert die Existenz von $y_k, y_l \in \mathbb{R}_+$ mit $c = y_k a_k + y_l a_l$. Setzt man jetzt $y_i = 0$ für $i \in \{1, \ldots, 5\} \backslash \{k, l\}$, so gilt die Gleichgewichtsbedingung (2.5.1). Im Bild besitzt das Paar (a_2, a_5) diese Eigenschaft.

Bemerkung 2.5.4. Dieses Vorgehen lässt sich auf den allgemeinen Fall übertragen, in dem Vektoren $\{a_{i1}, \ldots, a_{in}\} \subset \{a_1, \ldots, a_m\}$ (bzw. $\subset \{a(t) \mid t \in T\}$) gesucht werden, so dass die dazugehörenden n Hyperebenen sich in einem Punkt $\overline{x}$ aus S schneiden und c in dem von diesen n Vektoren erzeugten Kegel liegt. Der Vektor $\overline{x}$ ist dann eine Lösung von (LP).

Definition 2.5.2. Eine n-elementige Index-Teilmenge $\tau = \{t_1, \ldots, t_n\}$ von $T := \{1, \ldots, m\}$ heißt *Basismenge*, wenn die Aufgabe (LD) eine Lösung $y = (y_1, \ldots, y_m)$ besitzt, so dass $y_j \geq 0$ für $j \in \tau$ und $y_j = 0$ sonst gilt, und die Vektoren $\{a_j\}_{j \in \tau}$ linear unabhängig sind. Das Paar (τ, y) heißt *Basislösung*.

Die Simplexmethode besitzt am obigen Bild die folgende Interpretation: Mit den obigen Bezeichnungen bilden die Indizes $\{2, 3\}$ eine Basismenge ($\{1, 2\}$ dagegen nicht) ($c \in CK(\{a_2, a_3\})$). Aber der Schnittpunkt x_1 der dazugehörigen Geraden liegt nicht in S. x_1 erfüllt die Nebenbedingungen $1, 2, 3$ und 4, aber nicht 5. Damit wird 5 in die Basismenge aufgenommen. Da $c \in CK(\{a_2, a_5\})$ und $c \notin CK(\{a_3, a_5\})$ lautet die neue Basismenge $\{2, 5\}$. Der Schnittpunkt der dazugehörigen Geraden liegt in S und liefert damit die gesuchte Minimallösung von der dazugehörigen (LP)-Aufgabe.

Für weitere Behandlung linearer Optimierungsaufgaben siehe Abschnitt 14.2.

Kapitel 3

Konvexe Mengen und konvexe Funktionen

3.1 Metrische Räume

Definition 3.1.1. Sei $X \neq \emptyset$ eine Menge und $d: X \times X \to \mathbb{R}$ eine Abbildung mit folgenden Eigenschaften:

M1) $\forall x, y \in X : d(x, y) = 0$ genau dann, wenn $x = y$.

M2) $\forall x, y \in X : d(x, y) = d(y, x)$.

M3) $\forall x, y, z \in X : d(x, y) \leq d(x, z) + d(z, y)$ (Dreiecksungleichung) .

Die Abbildung d heißt dann *Metrik (auf X)* und das Paar (X, d) *metrischer Raum* .

Beispiele. 1) $X = \mathbb{R}, d(x, y) := |x - y|$.

2) $X = \mathbb{R}^n, d(x, y) := \sqrt{\sum_{i=1}^{n}(x_i - y_i)^2}$ (euklidischer Abstand) .

3) $X = \mathbb{R}^n, d(x, y) := \max_{1 \leq i \leq n} |x_i - y_i|$ oder $d(x, y) := \sum_{i=1}^{n} |x_i - y_i|$.

4) Sei X der Vektorraum der stetigen Funktionen auf dem kompakten Intervall $[a, b]$ und

$$d(x, y) := \max_{a \leq t \leq b} |x(t) - y(t)|.$$

Definition 3.1.2. Sei (X, d) ein metrischer Raum, $x_0 \in X$ und $r \in \mathbb{R}$. Dann heißt die Menge

$$K(x_0, r) := \{x \in X \mid d(x, x_0) < r\}$$

offene Kugel mit dem *Mittelpunkt* x_0 und dem *Radius* r (bzgl. der Metrik d).

Sei U eine Teilmenge von X. Ein Punkt $u \in U$ heißt *innerer Punkt* von U, falls ein $\alpha > 0$ mit $K(u, \alpha) \subset U$ existiert. $U \subset X$ heißt *offene Menge* , wenn jeder Punkt aus U ein innerer Punkt von U ist.

Definition 3.1.3. Sei $x \in X$. Eine Teilmenge U von X heißt *Umgebung* von x, falls eine offene Menge V existiert mit $x \in V \subset U$. $A \subset X$ heißt *abgeschlossen*, falls das Komplement A^c offen ist.

Definition 3.1.4. Eine Folge $(x_k)_{k \in \mathbb{N}}$ in einem metrischen Raum X heißt *gegen ein* $x \in X$ *konvergent* , wenn die Zahlenfolge $(d(x_k, x))_{k \in \mathbb{N}}$ eine Nullfolge ist.

Dafür benutzen wir die Bezeichnungen $x = \lim_k x_k$ oder $x_k \overset{k \to \infty}{\longrightarrow} x$.

Da das Komplement einer abgeschlossenen Menge offen ist, folgt aus der Definition
der Konvergenz die

Bemerkung. Sei A eine abgeschlossene Teilmenge von X und $(x_k)_{k \in \mathbb{N}}$ eine Folge
in A, die gegen x_0 konvergiert. Dann gilt $x_0 \in A$.

Definition 3.1.5. Sei K eine Teilmenge des metrischen Raumes X.
Das *Innere von K* ist

$$\operatorname{Int} K := \{x \in K \mid x \text{ ist ein innerer Punkt von } K\},$$

und der *Abschluss* von K wird durch

$$\overline{K} := \{x \in X \mid \text{es existiert eine Folge } (x_k)_{k \in \mathbb{N}} \text{ in } K \text{ mit } x = \lim_k x_k\}$$

erklärt.
Ein Punkt $x \in X$ heißt *Randpunkt* von K, wenn $x \in K \setminus \operatorname{Int} K$ ist.

Definition 3.1.6. Seien X, Y metrische Räume und M eine Teilmenge von X. Die
Abbildung $F \colon X \to Y$ heißt *stetig in* $x \in M$, wenn für jede gegen x konvergente Folge
$(x_k)_{k \in \mathbb{N}}$ in M, die Folge $(F(x_k))_{k \in \mathbb{N}}$ gegen $F(x)$ konvergiert.

Bezeichnung. $C(X, Y) := \{f \colon X \to Y \mid f \text{ stetig}\}$ und $C(X) := C(X, \mathbb{R})$.

Definition 3.1.7. Eine Teilmenge K eines metrischen Raumes X heißt *kompakt*, wenn
jede Folge in K eine in K konvergente Teilfolge besitzt.

Satz 3.1.1. *Seien X, Y metrische Räume, $F \colon X \to Y$ stetig und K eine kompakte
Teilmenge von X. Dann ist die Bildmenge $F(K)$ kompakt in Y.*

Beweis. Sei $(F(x_n))_{n \in \mathbb{N}}$ eine Folge in $F(K)$. Da K kompakt ist, besitzt $(x_n)_{n \in \mathbb{N}}$
eine gegen ein $x \in K$ konvergente Teilfolge $(x_{n_j})_{j \in \mathbb{N}}$. Aus der Stetigkeit von F folgt
$F(x_{n_j}) \xrightarrow{j} F(x)$.   □

Satz 3.1.2 (Satz von Weierstraß). *Eine stetige Funktion $f \colon K \to \mathbb{R}$ auf einer kompakten Menge K nimmt den maximalen und den minimalen Wert an.*

Beweis. Nach Satz 3.1.1 ist $f(K)$ eine kompakte Menge in $\mathbb{R}$. Damit ist
$\sup f(K) \in f(K)$ und $\inf f(K) \in f(K)$.   □

Aufgaben. Seien (X, d), (Y, ρ) metrische Räume. Man zeige:

1) Eine Folge in X ist genau dann gegen ein $x_0 \in X$ konvergent, wenn jede ihrer
Teilfolgen eine gegen x_0 konvergente Teilfolge besitzt.

2) Ein Punkt $x \in A$, $A \subset X$ ist genau dann Randpunkt von A, wenn x sowohl Grenzwert einer Folge in A als auch Grenzwert einer Folge in $X \setminus A$ ist.

3) Eine Metrik ist stets nichtnegativ, d. h. für alle $x, y \in X$ gilt:

$$d(x, y) \geq 0.$$

4) Die Menge $\mathbb{R}$ der reellen Zahlen werde durch Hinzunahme zweier Punkte, die mit $-\infty$ und ∞ bezeichnet werden, zur Menge $\overline{\mathbb{R}}$ erweitert. Beweisen Sie (i), dass über die (bijektive) Funktion

$$g : \overline{\mathbb{R}} \to [-1, 1], \quad g(x) := \begin{cases} \frac{x}{1+|x|} & \text{für } x \in \mathbb{R} \\ -1 & \text{für } x = -\infty \\ +1 & \text{für } x = +\infty \end{cases}$$

durch

$$d : \overline{\mathbb{R}} \times \overline{\mathbb{R}} \to \mathbb{R}, \quad d(x, x') := |g(x) - g(x')|$$

eine Metrik auf $\overline{R}$ definiert wird, und beschreiben Sie (ii) für jedes $r > 0$ die Kugel $K(+\infty, r)$ um $+\infty$ mit Radius r in $\overline{\mathbb{R}}$.

5) Zeigen Sie, dass auf der Menge $C[a, b] := \{f : [a, b] \to \mathbb{R} \mid f \text{ stetig}\}$ durch

$$d(f, g) := \max_{a \leq t \leq b} |f(t) - g(t)|$$

$$d_p(f, g) := \left(\int_a^b |f(t) - g(t)|^p dt \right)^{1/p}, \quad p \in \{1, 2\}$$

Metriken definiert werden. Weiter zeige man, dass $L : C[a, b] \to \mathbb{R}$ mit $L(f) := \int_a^b f(t)dt$ bezüglich dieser Metriken stetig ist.

6) Seien (X, d), (Y, ρ) metrische Räume. Eine Funktion $f : X \to Y$ ist genau dann stetig in $x_0 \in X$, wenn zu jedem $\varepsilon > 0$ ein $\delta > 0$ existiert, so dass für alle x mit $d(x_0, x) < \delta$ gilt: $\rho(f(x), f(x_0)) < \varepsilon$.

3.2 Normierte Räume

Im gesamten Text wird der Begriff „Vektorraum" als ein Vektorraum über dem Körper der reellen Zahlen, auf dem die übliche Metrik mit Hilfe des Absolutbetrages (siehe Abschnitt 3.1, Beispiel 1) eingeführt ist, benutzt.

3.2.1 Definition und Beispiele

Definition 3.2.1. Sei X ein Vektorraum. Dann heißt eine Abbildung

$$\| \cdot \| : X \to \mathbb{R}$$

Norm (auf X), wenn sie folgende Eigenschaften hat:

N1) $\forall x \in X : \|x\| = 0$ genau dann, wenn $x = 0$.

N2) $\forall \alpha \in \mathbb{R}, x \in X : \|\alpha x\| = |\alpha|\|x\|$ (positive Homogenität).

N3) $\forall x, y \in X : \|x + y\| \leq \|x\| + \|y\|$.

Das Paar $(X, \|\cdot\|)$ heißt *normierter Raum*.

Bemerkung 3.2.1. Sei $(X, \|\cdot\|)$ ein normierter Raum und $d : X \times X \to \mathbb{R}$ durch

$$d(x, y) := \|x - y\|$$

erklärt. Dann ist d eine Metrik auf X.

Diese Metrik heißt die von $\|\cdot\|$ *erzeugte Metrik*.

Beispiele. 1) $(\mathbb{R}, |\cdot|)$.

2) $X = \mathbb{R}^n$, $\|x\| := \sqrt{\sum_{i=1}^{n} |x_i|^2}$ (euklidische Norm), mit dem Skalarprodukt $\langle x, y \rangle := \sum_{i=1}^{n} x_i y_i$ ist also $\|x\| = \langle x, x \rangle^{\frac{1}{2}}$. Direkt aus der Definition folgt die Parallelogrammgleichung: $\|x + y\|^2 + \|x - y\|^2 = 2(\|x\|^2 + \|y\|^2)$.

3) $X = \mathbb{R}^n$ und $p \in [1, \infty)$ und $\|x\| := \sqrt[p]{\sum_{i=1}^{n} |x_i|^p}$ (siehe Kapitel 3.7).

4) Sei T eine kompakte Teilmenge des $\mathbb{R}^n$ und $X = \{x : T \to \mathbb{R} \mid x \text{ stetig}\}$. Dann ist durch $\|x\| := \max_{t \in T} |x(t)|$ eine Norm auf X erklärt. Für diesen normierten Raum wird die Bezeichnung $C(T)$ benutzt.

3.2.2 Dualraum eines normierten Raumes

Definition 3.2.2. Die Gesamtheit aller stetigen Funktionale auf dem normierten Raum X sei

$$X^* := \{u : X \to \mathbb{R} \mid u \text{ linear und stetig}\}.$$

Vermöge

$$(\alpha u_1 + \beta u_2)(x) := \alpha u_1(x) + \beta u_2(x) \quad \text{für } \alpha, \beta \in \mathbb{R}; \, u_1, u_2 \in X^*; \, x \in X$$

ist X^* ein Vektorraum über $\mathbb{R}$. Mit

$$u \mapsto \|u\| := \sup\{u(x) \mid x \in X, \|x\| \leq 1\} \qquad (3.2.1)$$

wird X^* zu einem normierten Raum (Aufgabe). Den *Dualraum* X^* eines normierten Raumes X wollen wir stets mit (3.2.1) als normierten Raum auffassen.

Definition 3.2.3. Seien X, Y normierte Räume. Die Menge der stetigen linearen Abbildungen von X nach Y bezeichnen wir mit $L(X, Y)$. Mit $A \mapsto \|A\| := \sup\{\|Ax\| \mid x \in X, \|x\| \leq 1\}$ wird $L(X, Y)$ zu einem normierten Raum.

Unter dem *algebraischen Dualraum* X' eines Vektorraumes X verstehen wir die Menge

$$X' := \{u : X \to \mathbb{R} \mid u \text{ linear}\}.$$

Analog zu X^* wird X' als Vektorraum aufgefasst.

Definition 3.2.4. Sei X ein Vektorraum und $U \subset X$. Ein $x_0 \in U$ heißt *algebraisch innerer Punkt* von U, wenn es zu jedem $y \in X$ ein $\alpha \in \mathbb{R}_{>0}$ mit $[x_0 - \alpha y, x_0 + \alpha y] \subset U$ gibt. Eine Teilmenge V heißt *algebraisch offen*, wenn jeder Punkt aus V ein algebraisch innerer Punkt von V ist.

3.2.3 Geometrische Deutung linearer Funktionale. Hyperebenen

Ein zentrales Anliegen dieser Abhandlung ist die Einbeziehung der geometrischen Anschauung bei der Darstellung der optimierungstheoretischen Inhalte. Die Auffassung der Funktionen als Punkte eines Vektorraumes stellt einen Rahmen für geometrische Anschauungen und Methoden zur Verfügung. Aus dem Wunsch, diese dann analytisch zu behandeln, resultiert die Verbindung zu der Sprache der Funktionalanalysis. Eines der hier benutzten Hilfsmittel ist die Identifikation der Hyperebenen mit linearen Funktionalen.

Definition 3.2.5. Sei X ein Vektorraum, $u \in X' \backslash \{0\}$ und $\alpha \in \mathbb{R}$. Dann heißt die Menge

$$H = \{x \in X \mid u(x) = \alpha\}$$

eine *Hyperebene* in X.

Wir wollen nun die Hyperebenen als spezielle affine Teilräume beschreiben.

Definition 3.2.6. Sei X ein Vektorraum, seien A, B Teilmengen von X und $x \in X$. Dann bezeichne

$$x + A := \{x + a \mid a \in A\} \quad \text{und} \quad A + B := \{a + b \mid a \in A, b \in B\}.$$

Die Teilmenge A von X heißt ein *affiner Teilraum*, wenn sie sich als Translation eines Teilraumes von X darstellen lässt, d. h.

$$A = x_0 + V,$$

wobei $x_0 \in X$ und V ein Teilraum von X ist. Man definiert $\dim A := \dim V$.

Satz 3.2.1. *Eine Hyperebene H in X ist ein affiner Teilraum derart, dass für ein $y \in X \backslash H$ der gesamte Raum X die folgende Darstellung hat:*

$$X = \{ry + h \mid r \in \mathbb{R}, \ h \in H\}.$$

(Man sagt auch: Eine Hyperebene ist ein affiner Teilraum der Kodimension 1.)

Beweis. Sei H eine Hyperebene, d.h. für ein $u \in X' \backslash \{0\}$ und $\alpha \in \mathbb{R}$ ist $H = \{x \mid u(x) = \alpha\}$. Da $u \neq 0$ ist, gibt es ein $y \in X$ mit $u(y) \neq 0$. Für ein $x \in X$ sei $r = \frac{u(x) - \alpha}{u(y)}$ und $h = x - ry$. Dann gilt $u(h) = \alpha$, d.h. $h \in H$ und $x = ry + h$. H ist ein affiner Teilraum, denn mit $u \neq 0$ existiert ein $y \in X$ mit

$u(y) = r \neq 0$. Für $z = \frac{\alpha}{r}y$ und $H_0 := \{x \in X \mid u(x) = 0\}$ gilt $H = H_0 + z$. Für alle $h_0 \in H_0$ ist $h_0 + z \in H$, und für alle $h \in H$ gilt $(h-z)+z \in H$ mit $h-z \in H_0$. $\square$

Bemerkung 3.2.2. In einem normierten Raum ist eine Hyperebene $\{x \mid u(x) = \alpha\}$ genau dann abgeschlossen, wenn $u \in X'$ stetig ist (d. h. $u \in X^*$).

Beweis. Übungsaufgabe. $\square$

3.3 Konvexe Mengen

Im Folgenden sei X stets ein (reeller) Vektorraum.

Definition 3.3.1. Seien $x, y \in X$. Dann versteht man unter der *(abgeschlossenen) Verbindungsstrecke*

$$[x, y] := \{z \mid \exists \lambda \in \mathbb{R} : 0 \leq \lambda \leq 1 \quad \text{und} \quad z = \lambda x + (1 - \lambda)y\}.$$

Als *offene Verbindungsstrecke von x und y* wird die Menge

$$(x, y) := \{z \mid \exists \lambda \in \mathbb{R} : 0 < \lambda < 1 \quad \text{und} \quad z = \lambda x + (1 - \lambda)y\}$$

bezeichnet.

Die Mengen

$$(x, y] := \{z \mid \exists \lambda \in \mathbb{R} : 0 < \lambda \leq 1 \quad \text{und} \quad z = \lambda x + (1 - \lambda)y\}$$

bzw.

$$[x, y) := \{z \mid \exists \lambda \in \mathbb{R} : 0 \leq \lambda < 1 \quad \text{und} \quad z = \lambda x + (1 - \lambda)y\}$$

heißen *links* bzw. *rechts halboffene Verbindungsstrecken von x und y*.

Eine Teilmenge K von X heißt *konvex*, wenn für alle Punkte $x, y \in K$ die Verbindungsstrecke $[x, y]$ von x und y in K liegt.

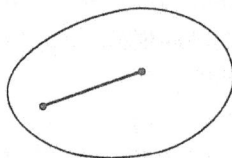   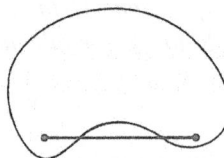

konvex   nicht konvex

Gewiss ist der gesamte Vektorraum, wie auch jeder seiner Teilräume, eine konvexe Teilmenge von X. Auch sind alle oben aufgeführten Verbindungsstrecken konvexe Teilmengen von X.

Es gilt:

Bemerkung. Sei K eine konvexe Teilmenge von X, $x_1, \ldots, x_n$ endlich viele Punkte aus K und $\lambda_1, \ldots, \lambda_n$ reelle Zahlen mit $\lambda_1, \ldots, \lambda_n \geq 0$ und $\lambda_1 + \ldots + \lambda_n = 1$.
Dann ist die Konvexkombination $\lambda_1 x_1 + \ldots + \lambda_n x_n \in K$.

Beweis. Der Beweis wird durch Induktion nach der Anzahl der Punkte geführt. Ist $n = 2$, liegen also nur zwei Punkte aus K vor, so folgt die Behauptung unmittelbar aus der Definition einer konvexen Menge. Es sei nun $n \in \mathbb{N}$ mit $n \geq 2$ derart, dass die Aussage bereits für je n Punkte aus K richtig ist. Seien nun $x_1, \ldots, x_n, x_{n+1}$ Punkte aus K und $\lambda_1, \ldots, \lambda_n, \lambda_{n+1}$ reelle Zahlen mit $\lambda_1, \ldots, \lambda_n, \lambda_{n+1} \geq 0$ und $\lambda_1 + \ldots + \lambda_n + \lambda_{n+1} = 1$. Es kann nun o. B. d. A. angenommen werden, dass $\lambda := \lambda_1 + \ldots + \lambda_n > 0$ ist, da andernfalls die Aussage trivialerweise gilt. Dann ist aber $\lambda + \lambda_{n+1} = 1$ und $\frac{1}{\lambda}(\lambda_1 + \ldots + \lambda_n) = 1$, so dass mit der Induktionsannahme folgt:

$$\lambda_1 x_1 + \ldots + \lambda_{n+1} x_{n+1} = \lambda \left(\sum_{k=1}^{n} (\lambda_k/\lambda) x_k \right) + \lambda_{n+1} x_{n+1} \in K. \qquad \square$$

Da der Durchschnitt über eine nichtleere Menge konvexer Teilmengen von X offenbar wieder konvex ist und es zu jeder Teilmenge von X eine konvexe Obermenge (nämlich X) gibt, ist die folgende Definition sinnvoll.

Definition 3.3.2. Sei A eine Teilmenge von X. Dann versteht man unter der *konvexen Hülle von A* die Menge $\text{Conv}(A) := \bigcap \{K \mid A \subset K \subset X \text{ und } K \text{ ist konvex}\}$.

Der Beweis der folgenden Aussagen sei dem Leser als Übungsaufgabe empfohlen.

Satz 3.3.1. *Sei A eine Teilmenge von X. Dann gilt für die konvexe Hülle von A:*
$\text{Conv}(A) = \{x \mid \exists n \in \mathbb{N}_0 \; \exists \lambda_1, \ldots, \lambda_n \in \mathbb{R} \; \exists x_1, \ldots, x_n \in A \colon \lambda_1, \ldots, \lambda_n \geq 0,$
$\lambda_1 + \ldots + \lambda_n = 1 \text{ und } x = \lambda_1 x_1 + \ldots + \lambda_n x_n\}$.

Die konvexe Hülle einer Menge A ist also die Menge aller Konvexkombinationen, die man mit Elementen aus A bilden kann.

Satz 3.3.2. *Seien A, B Teilmengen von X. Dann gilt:*

1) $\text{Conv}(A)$ *ist die bzgl. $\subset$ kleinste konvexe Obermenge von A.*

2) *Aus $A \subset B$ folgt $\text{Conv}(A) \subset \text{Conv}(B)$.*

3) $\text{Conv}(\text{Conv}(A)) = \text{Conv}(A)$.

3.3.1   Das Innere und der Abschluss konvexer Mengen

In einem normierten Raum überträgt sich die Konvexität einer Teilmenge auf das Innere und den Abschluss dieser Teilmenge.

Satz 3.3.3. *Sei $(X, \| \cdot \|)$ ein normierter Raum und K eine konvexe Teilmenge von X. Dann gilt:*

  1) *Für alle $x \in \text{Int}(K)$, $y \in K$ und $\alpha \in \mathbb{R}$ mit $0 < \alpha < 1$ gilt:*

$$\alpha x + (1 - \alpha)y \in \text{Int}(K).$$

  2) *Das Innere von K und der Abschluss von K sind konvex.*

Beweis. Zu 1): Sei U eine Nullumgebung derart, dass $x + U \subset K$. Dann ist αU auch eine Nullumgebung, und es gilt

$$\alpha x + (1 - \alpha)y + \alpha U = \alpha(x + U) + (1 - \alpha)y \subset K.$$

Zu 2): Dass das Innere von K konvex ist, folgt sofort aus 1), wenn man beachtet, dass für alle $x, y \in K$ gilt: $[x, y] = \{x\} \cup (x, y) \cup \{y\}$.

Dass der Abschluss von K konvex ist, erkennt man folgendermaßen:

Seien $x, y \in \overline{K}$ und $(x_k)_{k \in \mathbb{N}}$, $(y_k)_{k \in \mathbb{N}}$ Folgen in K mit $x = \lim_k x_k$ und $y = \lim_k y_k$. Für ein $\lambda \in [0, 1]$ und alle $k \in \mathbb{N}$ gilt: $(\lambda x_k + (1 - \lambda)y_k) \in K$ und damit

$$\lambda x + (1 - \lambda)y = \lim_k(\lambda x_k + (1 - \lambda)y_k) \in \overline{K}. \qquad \square$$

3.3.2   Linear beschränkte Mengen

Definition 3.3.3. Eine Teilmenge S eines Vektorraumes heißt *bzgl. eines Punktes $x_0 \in S$ linear beschränkt*, wenn für alle $y \in S$

$$\{\alpha \in \mathbb{R}_+ \mid (1 - \alpha)x_0 + \alpha y \in S\}$$

beschränkt ist. S heißt *linear beschränkt*, falls S bzgl. eines Punktes $x_0 \in S$ linear beschränkt ist.

Satz 3.3.4. *Eine konvexe, abgeschlossene und linear beschränkte Teilmenge K von $\mathbb{R}^n$ ist beschränkt.*

Beweis. O. B. d. A. sei K bzgl. 0 linear beschränkt. Angenommen, K ist nicht beschränkt. Dann gibt es eine Folge $(x_n)_{n \in \mathbb{N}}$ in K mit $\|x_n\| \to \infty$.

Für große n ist $s_n := \frac{x_n}{\|x_n\|}$ aus K. Sei $(s_{n_i})_{i \in \mathbb{N}}$ eine gegen $\overline{s}$ konvergente Teilfolge von (s_n). Da K linear beschränkt ist, gibt es ein $\alpha_0 \in \mathbb{R}_+$ mit $\alpha_0 \overline{s} \notin K$. Für große n ist aber $\alpha_0 s_n \in K$ und, da K abgeschlossen ist, folgt ein Widerspruch. $\qquad \square$

Beispiel. Die Teilmenge $K := \{(x, y) \in \mathbb{R}^2 \mid x > 0, y > 0, y \leq \frac{x}{1+x}\} \cup \{(0,0)\}$ ist bezüglich $(0,0)$ linear beschränkt, aber nicht beschränkt. K ist nicht abgeschlossen.

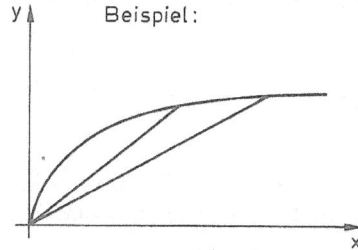

3.4 Strikter Trennungssatz in $\mathbb{R}^n$

In dem euklidischen Raum $\mathbb{R}^n$ gilt:

Satz 3.4.1. *In jeder nichtleeren, konvexen und abgeschlossenen Teilmenge K von $\mathbb{R}^n$ existiert genau ein Element minimaler Norm.*

Beweis. Zur Existenz: Sei $(x_n)_{n \in \mathbb{N}}$ eine Folge in K mit $(\|x_n\|)_{n \in \mathbb{N}} \to \inf\{\|x\| \mid x \in K\} =: \alpha$. Sei nun $\varepsilon > 0$. Dann gilt für hinreichend große $n, m \in \mathbb{N}$ nach der Parallelogrammgleichung:

$$\left\|\frac{x_n - x_m}{2}\right\|^2 = \frac{1}{2}\|x_n\|^2 + \frac{1}{2}\|x_m\|^2 - \left\|\frac{x_n + x_m}{2}\right\|^2 \leq \frac{\alpha^2 + \varepsilon}{2} + \frac{\alpha^2 + \varepsilon}{2} - \alpha^2 = \varepsilon,$$

d. h. $(x_n)_{n \in \mathbb{N}}$ ist eine Cauchy-Folge, die (aufgrund der Vollständigkeit von $\mathbb{R}^n$) gegen ein $\overline{x} \in K$ konvergiert. Es gilt also auch $(\|x_n\|)_{n \in \mathbb{N}} \to \|\overline{x}\|$, d. h. $\alpha = \|\overline{x}\|$.

Zur Eindeutigkeit: Seien $x, y \in K$ mit $\|x\| = \|y\| = \alpha$. Dann gilt $\frac{x+y}{2} \in K$ und

$$\alpha^2 \leq \left\|\frac{x+y}{2}\right\|^2 = \frac{1}{2}\|x\|^2 + \frac{1}{2}\|y\|^2 - \left\|\frac{x-y}{2}\right\|^2 = \alpha^2 - \left\|\frac{x-y}{2}\right\|^2.$$

Damit ist $\|x - y\|^2 = 0$, d. h. $x = y$. □

Definition 3.4.1. Zwei Teilmengen K_1, K_2 von $\mathbb{R}^n$ lassen sich *trennen*, wenn ein $u \in \mathbb{R}^n \setminus \{0\}$ und ein $\alpha \in \mathbb{R}$ derart existieren, dass

$$\langle u, x_1 \rangle \leq \alpha \leq \langle u, x_2 \rangle \quad \text{für alle } x_1 \in K_1 \text{ und } x_2 \in K_2,$$

bzw. *strikt trennen*, wenn

$$\sup\{\langle u, x \rangle \mid x \in K_1\} < \inf\{\langle u, x \rangle \mid x \in K_2\}$$

gilt.

Es gilt:

Satz 3.4.2 (Strikter Trennungssatz in $\mathbb{R}^n$). *Man kann eine konvexe und abgeschlossene Menge von einem Punkt, der außerhalb dieser Menge liegt, stets durch eine Hyperebene strikt trennen.*

Zur Vereinfachung der Schreibweise sei der zu trennende Punkt zunächst der Nullpunkt:

Satz 3.4.3. *Sei K eine konvexe Teilmenge von $\mathbb{R}^n$ und $0 \notin \overline{K}$. Dann kann man $\{0\}$ und $\overline{K}$ strikt trennen. Es gilt sogar für das Element a minimaler Norm in $\overline{K}$:*

$$\langle a, k \rangle \geq \|a\|^2 > 0 \quad \text{für alle } k \in \overline{K}. \tag{$*$}$$

Beweis. Nach Satz 3.4.1 existiert das Element minimaler Norm a in $\overline{K}$, und für alle $k \in \overline{K}$ und $t \in (0, 1]$ gilt (siehe Abschnitt 3.3.1):

$$(1 - t)a + tk \in \overline{K}$$

und damit

$$\|a\|^2 \leq \|a + t(k - a)\|^2 = \langle a + t(k - a), a + t(k - a) \rangle = \|a\|^2 + 2t \langle a, k - a \rangle + t^2 \|k - a\|^2.$$

Division durch $2t$ ergibt

$$\|a\|^2 - \frac{t}{2} \|k - a\|^2 \leq \langle a, k \rangle.$$

Der Grenzübergang für $t \to 0$ liefert die Behauptung. □

Beweis des strikten Trennungssatzes. Sei $K \subseteq \mathbb{R}^n$ konvex, $x \notin \overline{K}$ ein Punkt, und sei $k_0 \in \overline{K}$ derart, dass $k_0 - x$ das Element minimaler Norm der konvexen Menge $\overline{K} - x$ ist.

Die Bedingung $(*)$ heißt dann für $a := k_0 - x$:

$$\langle a, k - x \rangle \geq \|a\|^2 \quad \text{bzw.} \quad \langle a, k \rangle \geq \langle a, x \rangle + \|a\|^2,$$

und mit Satz 3.4.3 erhält man den strikten Trennungssatz. □

3.5 Satz von Carathéodory

Satz 3.5.1 (Satz von Carathéodory). *Es sei A eine Teilmenge eines endlich-dimensionalen Vektorraumes X und $n = \dim(X)$. Dann gibt es zu jedem Element $x \in \mathrm{Conv}(A)$ bereits $n + 1$ Zahlen $\lambda_1, \ldots, \lambda_{n+1} \in [0, 1]$ und $n + 1$ Punkte $x_1, \ldots, x_{n+1} \in A$ mit $\lambda_1 \ldots + \lambda_{n+1} = 1$ und $x = \lambda_1 x_1 + \ldots + \lambda_{n+1} x_{n+1}$.*

Der Satz von Carathéodory besagt also, dass man zur Darstellung eines Elementes der konvexen Hülle einer Teilmenge eines n-dimensionalen Vektorraumes mit $n + 1$ Punkten dieser Teilmenge auskommt.

Beweis. Sei $x \in \mathrm{Conv}(A)$. Dann gibt es ein $m \in \mathbb{N}_0$, reelle Zahlen $\lambda_1, \ldots, \lambda_m \in [0, 1]$ und Punkte $x_1, \ldots, x_m \in A$ mit $\lambda_1 + \ldots + \lambda_m = 1$ und $x = \lambda_1 x_1 + \ldots + \lambda_m x_m$.

Ist $m \leq n + 1$, so ist nichts mehr zu zeigen.

Ist $m > n + 1$, so soll gezeigt werden, dass sich x bereits als Konvexkombination von $m - 1$ Punkten aus A schreiben lässt, woraus dann letztlich die Behauptung folgt.

Für alle $k \in \{1, \ldots, m - 1\}$ sei $y_k := x_k - x_m$. Da $m > n + 1$ und $n = \dim(V)$ ist, ist das Vektortupel $(y_1, \ldots, y_{m-1})$ linear abhängig; es gibt also ein vom Nulltupel verschiedenes Zahlentupel $(\alpha_1, \ldots, \alpha_{m-1})$ mit $\alpha_1 y_1 + \ldots + \alpha_{m-1} y_{m-1} = 0$.

Setzt man $\alpha_m := -(\alpha_1 + \ldots + \alpha_{m-1})$, so gilt $\alpha_1 + \ldots + \alpha_m = 0$ und

$$\alpha_1 x_1 + \ldots + \alpha_m x_m = 0. \tag{$*$}$$

Da nicht alle Zahlen $\alpha_1, \ldots, \alpha_m$ Null sind, gibt es einen Index, er heiße k_0, mit $\alpha_{k_0} > 0$, der noch zusätzlich so gewählt werden kann, dass

$$\frac{\lambda_k}{\alpha_k} \geq \frac{\lambda_{k_0}}{\alpha_{k_0}}$$

für alle $k \in \{1, \ldots, m\}$ mit $\alpha_k > 0$ gilt. Damit gilt dann für alle $k \in \{1, \ldots, m\}$:

$$\lambda_k - \alpha_k \frac{\lambda_{k_0}}{\alpha_{k_0}} \geq 0$$

und

$$\sum_{k=1}^{m} \left(\lambda_k - \alpha_k \frac{\lambda_{k_0}}{\alpha_{k_0}} \right) = 1.$$

Multipliziert man $(*)$ mit $-\frac{\lambda_{k_0}}{\alpha_{k_0}}$ und addiert $x = \sum_{k=1}^{m} \lambda_k x_k$ hinzu, so ergibt sich

$$x = \sum_{k=1}^{m} \left(\lambda_k - \alpha_k \frac{\lambda_{k_0}}{\alpha_{k_0}} \right) x_k.$$

Da $(\lambda_{k_0} - \frac{\alpha_{k_0} \lambda_{k_0}}{\alpha_{k_0}}) = 0$ ist, wurde x als Konvexkombination von $m - 1$ Elementen aus A dargestellt. $\square$

3.6   Konvexe Funktionen

Der zweite zentrale Begriff ist der der konvexen Funktion, der eng mit dem der konvexen Menge zusammenhängt. Sei X ein Vektorraum.

Definition 3.6.1. Sei K eine konvexe Teilmenge von X und $f \colon K \to (-\infty, \infty]$ eine Funktion.

1) f heißt *konvex*, wenn für alle $x, y \in K$ und für alle $\lambda \in [0, 1]$ gilt:

$$f(\lambda x + (1 - \lambda)y) \leq \lambda f(x) + (1 - \lambda)f(y).$$

2) Die Menge $\operatorname{dom}(f) := \{x \in K \mid f(x) \in \mathbb{R}\}$ heißt *Endlichkeitsbereich von f*.

3) f heißt *eigentliche konvexe Funktion*, wenn f konvex und $\operatorname{dom}(f)$ nichtleer ist.

4) $g \colon K \to [-\infty, \infty)$ heißt *konkav*, wenn $-g$ konvex ist.

Man kann jede konvexe Funktion zu einer konvexen Funktion fortsetzen, die auf dem gesamten Vektorraum definiert ist.

Bemerkung 3.6.1. Sei K eine konvexe Teilmenge von X. Eine Funktion $f \colon K \to (-\infty, \infty]$ ist genau dann konvex, wenn die Fortsetzung

$$\overline{f} \colon X \to (-\infty, \infty], \quad x \mapsto \overline{f}(x) := \begin{cases} f(x), & x \in K \\ \infty, & x \notin K \end{cases}$$

konvex ist, und es gilt: $\operatorname{dom}(f) = \operatorname{dom}(\overline{f})$.

Ist K eine Teilmenge von X, so heiße die Funktion

$$\iota_K \colon X \to (-\infty, \infty], \quad x \mapsto \iota_K(x) := \begin{cases} 0, & x \in K \\ \infty, & x \notin K \end{cases}$$

Indikatorfunktion von K. Offenbar ist $\operatorname{dom}(\iota_K) = K$.

Bemerkung 3.6.2. Eine Teilmenge K von X ist genau dann konvex, wenn die zugehörige Indikatorfunktion ι_K konvex ist.

Ein anderer Zusammenhang konvexer Funktionen mit konvexen Mengen zeigt sich, wenn man den Begriff des „Epigraphen" einführt.

Definition 3.6.2. Sei K eine Menge und $f \colon K \to (-\infty, \infty]$ eine Funktion. Unter dem *Epigraphen von f* versteht man die Menge

$$\operatorname{Epi}(f) := \{(x, r) \in K \times \mathbb{R} \mid f(x) \leq r\}.$$

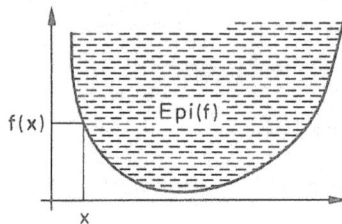

Der Epigraph enthält also alle Punkte aus $K \times \mathbb{R}$, die auf dem Endlichkeitsbereich von f über dem Graphen von f liegen. Die Projektion von Epi(f) auf die erste Komponente ist dom(f).

Mit diesem Begriff erhält man die folgende Charakterisierung konvexer Funktionen, die auf den Ideen von Johan Ludvig William Valdemar Jensen (1859–1925) beruht [Je].

Satz 3.6.1. *Sei K eine konvexe Teilmenge von X und $f : K \to (-\infty, \infty]$ eine Funktion. Dann sind die folgenden Aussagen zueinander äquivalent:*

1) *f ist konvex.*

2) *Epi(f) ist eine konvexe Teilmenge von $X \times \mathbb{R}$.*

3) *f erfüllt die Jensensche Ungleichung, d. h., für alle $n \in \mathbb{N}$, für alle $x_1, \ldots, x_n \in K$ und für alle $\lambda_1, \ldots, \lambda_n \in \mathbb{R}$ mit $\lambda_1, \ldots, \lambda_n > 0$ und $\lambda_1 + \ldots + \lambda_n = 1$ gilt:*

$$f\left(\sum_{k=1}^{n} \lambda_k x_k\right) \le \sum_{k=1}^{n} \lambda_k f(x_k).$$

Beweis. Die genannten Voraussetzungen seien erfüllt.

1) $\Rightarrow$ 2): Seien $(x, r), (y, s) \in$ Epi(f), und sei $\lambda \in [0, 1]$. Dann gilt, da f konvex ist: $f(\lambda x + (1 - \lambda)y) \le \lambda f(x) + (1 - \lambda)f(y) \le \lambda r + (1 - \lambda)s$, d. h.:

$$\lambda(x, r) + (1 - \lambda)(y, s) = (\lambda x + (1 - \lambda)y, \lambda r + (1 - \lambda)s) \in \text{Epi}(f).$$

2) $\Rightarrow$ 3): Sei $n \in \mathbb{N}$, und seien $x_1, \ldots, x_n \in K$, $\lambda_1, \ldots, \lambda_n \in \mathbb{R}$ mit $\lambda_1, \ldots, \lambda_n \ge 0$ und $\lambda_1 + \ldots + \lambda_n = 1$.

Ist für ein $k \in \{1, \ldots, n\}$ der Funktionswert $f(x_k) = \infty$, so ist die Jensensche Ungleichung offenbar trivialerweise erfüllt.

Es sei also $f(x_1), \ldots, f(x_n) \in \mathbb{R}$. Die Punkte $(x_1, f(x_1)), \ldots, (x_n, f(x_n))$ liegen dann in Epi(f). Da Epi(f) nach Voraussetzung konvex ist, ist auch

$$\left(\sum_{k=1}^{n} \lambda_k x_k, \sum_{k=1}^{n} \lambda_k f(x_k)\right) = \sum_{k=1}^{n} \lambda_k (x_k, f(x_k)) \in \text{Epi}(f),$$

also gilt: $f\left(\sum_{k=1}^{n} \lambda_k x_k\right) \le \sum_{k=1}^{n} \lambda_k f(x_k)$.

3) $\Rightarrow$ 1) ist offensichtlich. $\qquad\qquad\qquad\qquad\qquad\qquad\qquad\qquad\qquad\qquad\qquad$ $\square$

Offenbar sind alle konstanten und alle linearen Funktionale auf einem Vektorraum konvex. Aus gegebenen konvexen Funktionen lassen sich neue konstruieren. Es sei K eine konvexe Teilmenge von X.

(1) Seien $\alpha_1, \ldots, \alpha_n \in \mathbb{R}_+$ und $f_1, \ldots, f_n : K \to \mathbb{R}$ konvexe Funktionen. Dann ist auch $\alpha_1 f_1 + \ldots + \alpha_n f_n$ eine konvexe Funktion.

Speziell sind also affine Funktionen, d. h. Summen aus linearen und konstanten Funktionen konvex.

Außerdem ist in jedem normierten Raum $(X, \|\cdot\|)$ die Norm $\|\cdot\|\colon X \to \mathbb{R}$ eine konvexe Funktion. Denn für alle $\alpha \in [0, 1]$ und alle $x, y \in X$ gilt:

$$\|\alpha x + (1 - \alpha)y\| \leq \|\alpha x\| + \|(1 - \alpha)y\| = \alpha\|x\| + (1 - \alpha)\|y\|.$$

(2) Sei $f\colon K \to \mathbb{R}$ eine konvexe Funktion, C eine konvexe Obermenge von $f(K)$ und $g\colon C \to \mathbb{R}$ eine konvexe und monoton wachsende Funktion.
Dann ist $g \circ f\colon K \to \mathbb{R}$ konvex.
Denn für alle $x, y \in K$ und $\lambda \in [0, 1]$ gilt:

$$(g \circ f)(\lambda x + (1 - \lambda)y) = g(f(\lambda x + (1 - \lambda)y))$$

$$\text{(da } f \text{ konvex und } g \text{ monoton wachsend ist)}$$

$$\leq g(\lambda f(x) + (1 - \lambda)f(y)) \quad \text{(da } g \text{ konvex ist)}$$

$$\leq \lambda g(f(x)) + (1 - \lambda)(g(f(y)))$$

$$= \lambda(g \circ f)(x) + (1 - \lambda)(g \circ f)(y).$$

Beispiel. In einem normierten Raum $(X, \|\cdot\|)$ ist $f(x) := \|x\|^2$ konvex.

(3) Ist φ eine affine Abbildung von X in einen weiteren Vektorraum Y und $f\colon Y \to \mathbb{R}$ eine konvexe Funktion, so ist $f \circ \varphi\colon X \to \mathbb{R}$ konvex.
Da φ affin ist, gibt es eine lineare Abbildung $A\colon X \to Y$ und einen Vektor $y_0 \in Y$ derart, dass für alle $x \in X$ gilt: $\varphi(x) = A(x) + y_0$. Damit gilt für alle $x_1, x_2 \in X$ und $\lambda \in [0, 1]$:

$$(f \circ \varphi)(\lambda x_1 + (1 - \lambda)x_2) = f(A(\lambda x_1 + (1 - \lambda)x_2) + y_0) \quad \text{(da } A \text{ linear ist)}$$

$$= f(\lambda A(x_1) + (1 - \lambda)A(x_2) + y_0)$$

$$= f(\lambda(A(x_1) + y_0) + (1 - \lambda)(A(x_2) + y_0))$$

$$= f(\lambda\varphi(x_1) + (1 - \lambda)\varphi(x_2))$$

$$\leq \lambda f(\varphi(x_1)) + (1 - \lambda)f(\varphi(x_2))$$

$$= \lambda(f \circ \varphi)(x_1) + (1 - \lambda)(f \circ \varphi)(x_2).$$

3.6.1   Stetigkeit konvexer Funktionen in $\mathbb{R}^n$

Satz 3.6.2. *Jede konvexe Funktion f auf dem euklidischen Raum $\mathbb{R}^n$ ist stetig.*

Beweis (siehe [K6] S. 8). Teil a) Wir zeigen zunächst: f ist in 0 stetig.
Sei $V := \left\{ x \in \mathbb{R}^n \mid \sum_{i=1}^{n} |x_i| < 1 \right\}$. Für $x = (x_1, \ldots, x_n) \in V$ ist

$$x = \sum_{i=1}^{n} x_i e_i = \sum_{i=1}^{n} |x_i| \operatorname{sign} x_i e_i + \left(1 - \sum_{i=1}^{n} |x_i|\right) \cdot 0.$$

Daraus und aus der Konvexität von f folgt für alle $x \in V$

$$f(x) \leq \sum_{i=1}^{n} |x_i| f(\operatorname{sign} x_i e_i) + \left(1 - \sum_{i=1}^{n} |x_i|\right) f(0)$$

$$\leq \max(\{f(e_i)\}_1^n \cup \{f(-e_i)\}_1^n \cup \{f(0)\}) =: M_0 < \infty,$$

da auf der rechten Seite das Maximum über endlich viele Zahlen gebildet wird. Für alle $x \in V$ ist also:

$$f(x) - f(0) \leq M_0 - f(0) =: M.$$

Für alle $0 < \alpha < 1$ und alle $x \in U$ gilt

$$f(\alpha x) = f(\alpha x + (1-\alpha) \cdot 0) \leq \alpha f(x) + (1-\alpha) f(0) = \alpha(f(x) - f(0)) + f(0). \tag{3.6.1}$$

Sei $0 < \varepsilon < M$ vorgegeben und $U := \frac{\varepsilon}{M} V$, d. h. zu jedem $y \in U$ existiert ein $x \in V$ mit $y = \frac{\varepsilon}{M} x$, woraus

$$f(y) - f(0) = f\left(\frac{\varepsilon}{M} x\right) - f(0) \leq \frac{\varepsilon}{M}(f(x) - f(0)) \leq \varepsilon \tag{3.6.2}$$

folgt.

Mit $2f(0) = 2f(\frac{y-y}{2}) \leq f(y) + f(-y)$ folgt aus 2)

$$f(0) - f(y) \leq f(-y) - f(0) \leq \varepsilon. \tag{3.6.3}$$

Da $U = \frac{\varepsilon}{M} V$ die euklidische Kugel $K(0, \frac{\varepsilon}{\sqrt{n}M})$ enthält, bedeuten (3.6.2) und (3.6.3) die Stetigkeit von f an der Stelle 0.

Teil b) Sei $x_0 \in X$ und $\overline{f}(x) := f(x + x_0)$. $\overline{f}$ ist offenbar konvex und nach Teil a) in 0 stetig, was die Stetigkeit von f in x_0 bedeutet. $\qquad \square$

Folgerung. *Jede lineare Abbildung A von $\mathbb{R}^n$ in einen normierten Raum X ist stetig.*

Beweis. Sei $x_0 \in \mathbb{R}^n$. Die Funktion $f: \mathbb{R}^n \to \mathbb{R}$ mit $f(x) := \|Ax - Ax_0\|$ ist konvex und nach Satz 3.6.2 stetig, d. h., aus $x_k \to x_0$ folgt $f(x_k) = \|Ax_k - Ax_0\| \to f(x_0) = 0$. $\qquad \square$

3.6.2 Äquivalenz der Normen in $\mathbb{R}^n$

Wir beweisen jetzt, dass die Begriffe *offen*, *abgeschlossen*, *kompakt* und *stetig* (topologische Eigenschaften) in $\mathbb{R}^n$ unabhängig von der Wahl der Norm sind. Denn es gilt der

Satz 3.6.3 (Normäquivalenzsatz). *Zwei beliebige Normen $\|\cdot\|$ und $\|\cdot\|'$ sind auf $\mathbb{R}^n$ äquivalent, d. h. es gibt Konstanten $0 \le \alpha \le \beta$ derart, dass für alle $x \in \mathbb{R}^n$ gilt:*

$$\alpha\|x\|' \le \|x\| \le \beta\|x\|'. \tag{3.6.4}$$

Vor dem Beweis betrachten wir eine geometrische Deutung dieses Satzes. Die Normäquivalenz besitzt die folgende geometrische Interpretation: Die linke Seite besagt, dass die Kugel $\{x \mid \|x\|' \le \frac{1}{\alpha}\}$ die Einheitskugel K bzgl. $\|\cdot\|$ enthält, während die Kugel $\{x \mid \|x\|' \le \frac{1}{\beta}\}$ in K enthalten ist. So gilt z. B. in $\mathbb{R}^n$ für die l_1-Norm $\|x\|_1 := \sum_{i=1}^{n} |x_i|$ und die euklidische Norm $\|x\|_2 := \sqrt{\sum_{i=1}^{n} |x_i|^2}$

$$\|x\|_2 \le \|x\|_1 \le \sqrt{n}\|x\|_2. \tag{3.6.5}$$

Die linke Ungleichung folgt aus $\sum_{i=1}^{n} x_i^2 \le (\sum_{i=1}^{n} |x_i|)^2$ und die rechte mit der Cauchy-Schwarzschen Ungleichung (siehe Abschnitt 5.1.2)

$$\sum_{i=1}^{n} |x_i| = \sum_{i=1}^{n} (\operatorname{sign} x_i) x_i \le \sqrt{\sum_{i=1}^{n} 1} \sqrt{\sum_{i=1}^{n} |x_i|^2}.$$

Beweis des Normäquivalenzsatzes. Offenbar genügt es zu zeigen, dass eine beliebige Norm $\|\cdot\|'$ auf $\mathbb{R}^n$ äquivalent zu der euklidischen Norm $\|\cdot\|$ ist. Als konvexe Funktion ist $\|\cdot\|'$ in $(\mathbb{R}^n, \|\cdot\|)$ stetig, d. h. zu $\varepsilon = 1$ existiert ein $\alpha > 0$, so dass für x mit $\|x\| \le \alpha$ gilt: $\|x\|' \le 1$. Damit ist für alle $x \in \mathbb{R}^n \setminus \{0\}$

$$\left\| \frac{\alpha x}{\|x\|} \right\|' \le 1 \quad \text{bzw.} \quad \alpha\|x\|' \le \|x\|.$$

Als stetige Funktion besitzt $\|\cdot\|'$ auf der kompakten euklidischen Einheitssphäre S eine Minimallösung y (siehe Abschnitt 3.1). Damit ist für alle $x \in \mathbb{R}^n \setminus \{0\}$

$$\left\| \frac{x}{\|x\|} \right\|' \ge \|y\|'.$$

Für $\beta := \frac{1}{\|y\|'} < \infty$ ist also $\|x\| \le \beta\|x\|'$. $\qquad\qquad\square$

Der folgende Satz besagt, dass stetige konvexe Funktionen auf beschränkten Teilmengen eines normierten Raumes einen endlichen Minimalwert besitzen. Dabei heißt eine Teilmenge eines normierten Raumes *beschränkt*, wenn sie in einer Kugel enthalten ist.

Satz 3.6.4. *Sei K eine konvexe Teilmenge eines normierten Raumes X und $f: K \to \mathbb{R}$ eine stetige konvexe Funktion. Dann ist f auf jeder beschränkten Teilmenge B von K nach unten beschränkt.*

Beweis. Sei $a > 0$ und $x_0 \in K$. Da f stetig ist, gibt es eine Kugel $K(x_0, r)$ mit dem Radius $r \in (0, 1)$ so, dass für alle $x \in K(x_0, r)$

i)
$$f(x) > f(x_0) - a$$

gilt. Sei $M > 1$ derart, dass $K(x_0, M) \supset B$. Sei $y \in B$ beliebig gewählt und $z = (1 - \frac{r}{M})x_0 + \frac{r}{M}y$. Dann folgt

ii)
$$\|z - x_0\| = \frac{r}{M}\|y - x_0\| < r$$

d. h. $z \in K(x_0, r)$. Da f konvex ist, gilt

$$f(z) \leq \left(1 - \frac{r}{M}\right) f(x_0) + \frac{r}{M} f(y).$$

Damit und i), ii) ist

$$f(y) \geq -\frac{M}{r}\left(1 - \frac{r}{M}\right) f(x_0) + \frac{M}{r} f(z)$$
$$\geq \left(1 - \frac{M}{r}\right) f(x_0) + \frac{M}{r}(f(x_0) - a) =: c. \qquad \square$$

3.7 Minkowski-Funktional

In diesem Abschnitt wollen wir eine Methode kennenlernen, die konvexen Mengen konvexe Funktionen zuordnet. Sie geht auf Minkowski zurück, dessen Beiträge von fundamentaler Bedeutung für die konvexe Analysis sind.

Sei X ein Vektorraum.

Definition 3.7.1. Sei $f: X \to \mathbb{R}$ eine Funktion.

1) f heißt *positiv homogen*, wenn für alle $\alpha \in \mathbb{R}_{\geq 0}$ und für alle $x \in X$ gilt:

$$f(\alpha x) = \alpha f(x).$$

2) f heißt *subadditiv*, wenn für alle $x, y \in X$ gilt:

$$f(x + y) \leq f(x) + f(y).$$

3) f heißt *superadditiv*, wenn für alle $x, y \in X$ gilt:

$$f(x + y) \geq f(x) + f(y).$$

4) f heißt *sublinear (superlinear)*, wenn f positiv homogen und subadditiv (*super-additiv*) ist.

5) f heißt *Halbnorm*, wenn f sublinear und symmetrisch ist, d. h. für alle $x \in X$ ist $f(x) = f(-x)$.

Bemerkung. Sei $f: X \to \mathbb{R}$ eine positiv homogene Funktion. f ist genau dann konvex, wenn f sublinear ist.

Beweis. Sei f positiv homogen.

„$\Rightarrow$": Ist f konvex, so folgt mit der positiven Homogenität für alle $x, y \in X$:

$$f(x + y) = f\left(2 \cdot \left(\frac{1}{2}x + \frac{1}{2}y\right)\right) = 2 \cdot f\left(\frac{1}{2}x + \frac{1}{2}y\right)$$

$$\leq 2 \cdot \left(\frac{1}{2}f(x) + \frac{1}{2}f(y)\right) = f(x) + f(y).$$

„$\Leftarrow$": Seien $x, y \in X$ und $\lambda \in [0, 1]$. Dann gilt, da f sublinear ist:

$$f(\lambda x + (1 - \lambda)y) \leq f(\lambda x) + f((1 - \lambda)y) = \lambda f(x) + (1 - \lambda) f(y). \qquad \square$$

Eine Teilmenge K von X heißt *symmetrisch*, wenn für alle $x \in X$ gilt: $x \in K \Rightarrow -x \in K$.

Satz 3.7.1. *Sei K eine konvexe Teilmenge von X, die 0 als algebraisch inneren Punkt besitzt. Dann definiert das Minkowski-Funktional $q: X \to \mathbb{R}$, das durch*

$$q(x) := \inf\{\alpha > 0 \mid x \in \alpha K\}$$

erklärt ist, eine positiv homogene und subadditive Funktion auf X. Ist K zusätzlich symmetrisch, dann ist q eine Halbnorm. Ist außerdem K bzgl. 0 linear beschränkt, dann ist q eine Norm auf X.

Beweis. (1) q ist positiv homogen. Denn für $\beta > 0$ ist genau dann $x \in \alpha K$, wenn $\beta x \in \beta \alpha K$.

(2) Da K konvex ist, gilt für $\alpha, \beta > 0$:

$$\alpha K + \beta K = (\alpha + \beta)\left(\frac{\alpha}{\alpha + \beta}K + \frac{\beta}{\alpha + \beta}K\right) \subset (\alpha + \beta)K,$$

also gilt für $x, y \in X$

$$q(x) + q(y) = \inf\{\alpha > 0 \mid x \in \alpha K\} + \inf\{\beta > 0 \mid y \in \beta K\}$$

$$= \inf\{\alpha + \beta \mid x \in \alpha K \quad \text{und} \quad y \in \beta K\}$$

$$\geq \inf\{\alpha + \beta \mid x + y \in (\alpha + \beta)K\} = q(x + y).$$

(3) Ist K symmetrisch, dann gilt für $\alpha > 0$: Genau dann ist $\alpha x \in K$, wenn $-\alpha x = \alpha(-x) \in K$. Damit ist $q(x) = q(-x)$.

(4) Sei $x \neq 0$ und K bzgl. 0 linear beschränkt. Dann gibt es ein $\alpha_0 > 0$ derart, dass für alle $\alpha \geq \alpha_0$ gilt: $\alpha x \notin K$, d. h. $q(x) \geq \frac{1}{\alpha_0} > 0$. $\qquad \square$

Zur Illustration des Satzes wollen wir jetzt die l^p-Norm in $\mathbb{R}^n$ ($p \geq 1$) einführen. Die Dreiecksungleichung für diese Norm ist die bekannte Minkowski-Ungleichung, die man hier als einfache Folgerung bekommt.

Die Funktion $f \colon \mathbb{R}^n \to \mathbb{R}$ mit

$$x \mapsto f(x) := \sum_{i=1}^{n} |x_i|^p$$

ist konvex (siehe Abschnitt 3.6). Damit ist die Niveaumenge

$$K := \{x \mid f(x) \leq 1\}$$

eine konvexe Teilmenge des $\mathbb{R}^n$, die 0 als algebraisch inneren Punkt enthält.

Für $c_0 := \sqrt[p]{\sum_{i=1}^{n} |x_i|^p}$ ist $f(\frac{x}{c_0}) = 1$. Für das Minkowski-Funktional q von K gilt also:

$$q(x) = \inf\left\{c > 0 \mid f\left(\frac{x}{c}\right) \leq 1\right\} = \sqrt[p]{\sum_{i=1}^{n} |x_i|^p}.$$

Nach Satz ist die Funktion $x \mapsto \sqrt[p]{\sum_{i=1}^{n} |x_i|^p}$ eine Norm. Insbesondere gilt für alle $x, y \in \mathbb{R}^n$ die Minkowski-Ungleichung

$$\sqrt[p]{\sum_{i=1}^{n} |x_i + y_i|^p} \leq \sqrt[p]{\sum_{i=1}^{n} |x_i|^p} + \sqrt[p]{\sum_{i=1}^{n} |y_i|^p}.$$

Die hier vorliegende Norm wird die l^p-Norm in $\mathbb{R}^n$ genannt. Denn eine direkte Übertragung auf Reihen führt uns zu den l^p-Räumen.

Definition 3.7.2. Sei p eine reelle Zahl $1 \leq p < \infty$. Der Raum l^p besteht aus allen Folgen $(\xi_i)_{i \in \mathbb{N}}$ in $\mathbb{R}$, für die

$$\sum_{i=1}^{\infty} |\xi_i|^p < \infty.$$

Die Norm eines Elementes $x = (\xi_i)_{i \in \mathbb{N}}$ aus l^p ist dann durch

$$\|x\|_p = \left(\sum_{i=1}^{\infty} |\xi_i|^p\right)^{1/p}$$

erklärt.

Die Eigenschaften einer Norm prüft man wie oben, indem man den oberen Summationsindex n durch ∞ ersetzt. Der Raum der beschränkten Folgen in $\mathbb{R}$ wird mit l^∞ bezeichnet. Die Norm ist hier durch

$$\|x\|_\infty := \sup\{|\xi_i| \mid i \in \mathbb{N}\}$$

gegeben. Eine Verallgemeinerung des Ansatzes führt zu den L^p- und Orliczräumen und wird in Abschnitt 5.1 behandelt.

Aufgaben. 1) Sei F eine Familie konvexer Funktionen und $g(x) := \sup\{f(x) \mid f \in F\}$. Dann gilt: Epi $g = \bigcap_{f \in F}$ Epi f.

2) (a) Sei K eine konvexe Teilmenge eines reellen Vektorraumes X, seien $f_i \colon K \to [0, \infty), i \in \{1, \ldots, n\}$, konvexe Funktionen, und sei $F \colon [0, \infty)^n \to \mathbb{R}$ eine konvexe und monoton wachsende Funktion, wobei letzteres bedeutet, dass für alle $x, y \in [0, \infty)^n$ gilt: $(x_i \leq y_i$ für alle $i \in \{1, \ldots, n\}) \Rightarrow F(x_1, \ldots, x_n) \leq F(y_1, \ldots, y_n)$. Dann ist auch die zusammengesetzte Funktion

$$g \colon K \to \mathbb{R}, \quad g(x) := F(f_1(x), \ldots, f_n(x))$$

konvex.

(b) Ist zusätzlich die folgende Bedingung erfüllt, so ist g sogar strikt konvex:
Alle f_i sind strikt konvex, und F ist streng monoton wachsend (s. Definition 3.17.1).

3) Sei X ein normierter reeller Vektorraum und K eine konvexe Teilmenge von X. Dann ist die Abstandsfunktion

$$d_K \colon X \to \mathbb{R}, \quad d_K(x) := \inf\{\|x - k\| \mid k \in K\}$$

konvex und stetig.

3.8   Richtungsableitung

Definition 3.8.1. Sei X ein Vektorraum, U eine Teilmenge von X, Y ein normierter Raum, $F \colon U \to Y$ eine Abbildung, $x_0 \in U$ und $z \in X$. Dann heißt F in x_0 in *Richtung z differenzierbar* (bzw. *Gâteaux-differenzierbar*), wenn es ein $\varepsilon > 0$ mit $[x_0 - \varepsilon z, x_0 + \varepsilon z] \subset U$ gibt und der Grenzwert

$$F'(x_0, z) := \lim_{t \to 0} \frac{F(x_0 + tz) - F(x_0)}{t} \tag{3.8.1}$$

in Y existiert. $F'(x_0, z)$ heißt die *Ableitung* (bzw. *Gâteaux-Ableitung*) von F in x_0 in Richtung z. F heißt in x_0 *Gâteaux-differenzierbar*, wenn F in x_0 in jeder Richtung $z \in X$ differenzierbar ist. Die Abbildung $F'(x_0, \cdot) \colon X \to Y$ heißt *Gâteaux-Ableitung* von F in x_0.

Rechtsseitige und linksseitige Richtungsableitung

Wird bei (3.8.1) nur $[x_0, x_0 + \varepsilon z] \subset U$ (bzw. $[x_0, x_0 - \varepsilon z] \subset U$) verlangt und $\lim_{t \to 0}$ durch $\lim_{t \downarrow 0}$ (bzw. $\lim_{t \uparrow 0}$) ersetzt, so sprechen wir von der *rechtsseitigen* (bzw. *linksseitigen*) *Richtungsableitung* und benutzen die Bezeichnung

$$F'_+(x_0, z) \quad \text{bzw.} \quad F'_-(x_0, z). \tag{3.8.2}$$

Für Funktionen F mit Werten in $\overline{\mathbb{R}}$ wollen wir bei (3.8.2) in den Stellen $x_0 \in U$ mit $F(x_0) \in \mathbb{R}$ für die Grenzwerte auch ∞ bzw. $-\infty$ zulassen.

Definition 3.8.2. Seien X, Y Vektorräume. Eine Abbildung $A: X \to Y$ heißt *homogen* (bzw. *positiv homogen*), wenn für alle $x \in X$ und alle $\alpha \in \mathbb{R}$ (bzw. $\alpha \in \mathbb{R}_+$) gilt:

$$A(\alpha x) = \alpha A(x).$$

Bemerkung 3.8.1. Offenbar ist $F'(x_0, \cdot): X \to Y$ eine homogene Abbildung, die aber nicht immer linear zu sein braucht.

Offensichtlich gilt:

Bemerkung 3.8.2. Sei X ein Vektorraum, U eine Teilmenge von X, $f: U \to [-\infty, \infty]$ eine Funktion, $x_0 \in U$ mit $f(x_0) \in \mathbb{R}$ und $z \in X$.

(1) f ist genau dann in x_0 in Richtung z linksseitig Gâteaux-differenzierbar, wenn f in x_0 in Richtung $-z$ rechtsseitig Gâteaux-differenzierbar ist, und es gilt: $f'_-(x_0, z) = -f'_+(x_0, -z)$.

(2) f ist genau dann in x_0 in Richtung z Gâteaux-differenzierbar, wenn f in x_0 in Richtung z rechts- und linksseitig Gâteaux-differenzierbar ist und $f'_+(x_0, z) = f'_-(x_0, z)$ gilt. In diesem Fall ist $f'(x_0, z) = f'_+(x_0, z) = f'_-(x_0, z)$.

3.9 Differenzierbarkeitseigenschaften konvexer Funktionen: Monotonie des Differenzenquotienten

Der folgende Satz stellt einige wichtige Differenzierbarkeitseigenschaften konvexer Funktionen zusammen.

Satz 3.9.1. *Sei X ein Vektorraum, U eine konvexe Teilmenge von X, $f: U \to \mathbb{R}$ eine konvexe Funktion, x_0 ein algebraisch innerer Punkt von U. Dann gelten die folgenden Aussagen:*

1) *Monotonie des Differenzenquotienten: Für $z \in X$ sei $I_z := \{\lambda \in \mathbb{R}_{>0} \mid x_0 + \lambda z \in U\}$ und*

$$\varphi: I_z \to \mathbb{R}, \quad \lambda \mapsto \varphi(\lambda) := \frac{f(x_0 + \lambda z) - f(x_0)}{\lambda}.$$

Dann ist φ monoton wachsend auf I_z.

2) *f ist in x_0 in allen Richtungen $z \in X$ rechts- und linksseitig Gâteaux-differenzierbar.*

3) *Für alle $x \in U$ gilt die Subgradientenungleichung:*

$$f'_+(x_0, x - x_0) \le f(x) - f(x_0).$$

4) *Ist f eine endliche Funktion, d. h., ist $f(U) \subset \mathbb{R}$, so gilt:*

    (a) *Die Abbildung $f'_+(x_0, \cdot): X \to \mathbb{R}$ ist sublinear.*

    (b) *Die Abbildung $f'_-(x_0, \cdot): X \to \mathbb{R}$ ist superlinear.*

    (c) *Für alle $z \in X$ gilt: $f'_-(x_0, z) \leq f'_+(x_0, z)$.*

    (d) *Ist f in x_0 Gâteaux-differenzierbar, so ist die Gâteaux-Ableitung $f'(x_0, \cdot): X \to \mathbb{R}$ linear.*

Beweis. Die genannten Voraussetzungen seien erfüllt.

1) Man setze

$$h: I_z \cup \{0\} \to \mathbb{R}, \quad t \mapsto h(t) := f(x_0 + tz) - f(x_0).$$

Dann ist h konvex mit $h(0) = 0$, und für alle $s, t \in I_z$ mit $0 < s \leq t$ gilt:

$$h(s) = h\left(\frac{s}{t}t + \frac{t-s}{t}0\right) \leq \frac{s}{t}h(t) + \frac{t-s}{t}h(0) = \frac{s}{t}h(t),$$

also $\varphi(s) = \frac{h(s)}{s} \leq \frac{h(t)}{t} = \varphi(t)$.

2) Die rechtsseitige Gâteaux-Differenzierbarkeit folgt direkt aus 1); die linksseitige dann mit Bemerkung 3.8.2

3) Da $x \in U$ ist, folgt $1 \in I_{x-x_0} = \{\lambda \in \mathbb{R}_{>0} \mid x_0 + \lambda(x - x_0) \in U\}$, wegen 1) und 2) also $f'_+(x_0, x - x_0) \leq \varphi(1) = f(x) - f(x_0)$.

4) Zunächst ist zu zeigen, dass für alle $z \in X$ die rechtsseitige Gâteaux-Ableitung ein Element aus $\mathbb{R}$ ist. Sei also $z \in X$. Da x_0 ein algebraisch innerer Punkt von U ist, existiert ein $\varepsilon \in \mathbb{R}_{>0}$ mit $[x_0 - \varepsilon z, x_0 + \varepsilon z] \subset U$.

Da der Differenzenquotient nach 1) monoton wachsend ist, gilt:

$$f'_+(x_0, z) \leq \frac{f(x_0 + \varepsilon z) - f(x_0)}{\varepsilon} < \infty.$$

Da f konvex ist, gilt für alle $t \in (0, 1]$:

$$f(x_0) = f\left(\frac{1}{1+t}(x_0 + t\varepsilon z) + \frac{t}{1+t}(x_0 - \varepsilon z)\right)$$

$$\leq \frac{1}{1+t}f(x_0 + t\varepsilon z) + \frac{t}{1+t}f(x_0 - \varepsilon z),$$

also:

$$f(x_0) + tf(x_0) = (1+t)f(x_0) \leq f(x_0 + t\varepsilon z) + tf(x_0 - \varepsilon z),$$

$$tf(x_0) - tf(x_0 - \varepsilon z) \leq f(x_0 + t\varepsilon z) - f(x_0),$$

also: $-\infty < \frac{f(x_0) - f(x_0 - \varepsilon z)}{\varepsilon} \leq \frac{f(x_0 + t\varepsilon z) - f(x_0)}{t\varepsilon} \to f'_+(x_0, z)$, womit $f'_+(x_0, z) \in \mathbb{R}$.

(a) Es ist die positive Homogenität und die Subadditivität von $f'_+(x_0, \cdot)$ zu zeigen.
Zur positiven Homogenität: Sei $z \in X$ und $\alpha \in \mathbb{R}_{>0}$.
Ist $\alpha = 0$, so ist $f'_+(x_0, 0 \cdot z) = 0 = 0 \cdot f'_+(x_0, z)$.
Ist $\alpha \neq 0$, so gilt:

$$f'_+(x_0, \alpha z) = \lim_{\lambda \downarrow 0} \frac{f(x_0 + \lambda \alpha z) - f(x_0)}{\lambda}$$

$$= \alpha \cdot \lim_{\lambda \downarrow 0} \frac{f(x_0 + \lambda \alpha z) - f(x_0)}{\lambda \alpha} = \alpha f'_+(x_0, z).$$

Zur Subadditivität: Seien $z_1, z_2 \in X$. Dann gilt aufgrund der Konvexität von f:

$$f'_+(x_0, z_1 + z_2) = \lim_{\lambda \downarrow 0} \frac{f(x_0 + \lambda(z_1 + z_2)) - f(x_0)}{\lambda}$$

$$= \lim_{\lambda \downarrow 0} \frac{1}{\lambda} \cdot \left(f\left(\frac{1}{2}(x_0 + 2\lambda z_1) + \frac{1}{2}(x_0 + 2\lambda z_2) \right) - f(x_0) \right)$$

$$\leq \lim_{\lambda \downarrow 0} \frac{1}{\lambda} \cdot \left(\frac{1}{2}(f(x_0 + 2\lambda z_1) + f(x_0 + 2\lambda z_2)) - f(x_0) \right)$$

$$= \lim_{\lambda \downarrow 0} \frac{f(x_0 + 2\lambda z_1) - f(x_0)}{2\lambda} + \lim_{\lambda \downarrow 0} \frac{f(x_0 + 2\lambda z_2) - f(x_0)}{2\lambda}$$

$$= f'_+(x_0, z_1) + f'_+(x_0, z_2).$$

(b) folgt aus (a) mit 1) und Bemerkung 3.8.2.

(c) Sei $z \in X$. Dann gilt:

$$0 = f'_+(x_0, z - z) \leq f'_+(x_0, z) + f'_+(x_0, -z),$$

also $f'_-(x_0, z) = -f'_+(x_0, -z) \leq f'_+(x_0, z)$.

(d) Nach (a) und (b) ist $f'(x_0, \cdot)$ additiv und positiv homogen. Die Homogenität für $\alpha \in \mathbb{R}_{<0}$ erhält man aus $f'(x_0, \alpha z) = f'_-(x_0, \alpha z) = -f'_+(x_0, -\alpha z) = (-\alpha)(-f'_+(x_0; z)) = \alpha f'(x_0; z)$. $\qquad\square$

Für Gâteaux-differenzierbare Funktionen gilt das folgende Konvexitätskriterium:

Satz 3.9.2. *Sei X ein Vektorraum, U eine konvexe Teilmenge von X, die nur aus algebraisch inneren Punkten besteht und $f : U \to \mathbb{R}$ eine Funktion, die in jedem Punkt von U Gâteaux-differenzierbar ist. Dann sind äquivalent:*

1) *f ist konvex.*

2) *Für alle $x \in U$ ist $f'(x, \cdot) : X \to \mathbb{R}$ linear, und für alle $x_0, x \in U$ gilt die Subgradientenungleichung*

$$f'(x_0, x - x_0) \leq f(x) - f(x_0).$$

Beweis. Die genannten Voraussetzungen seien erfüllt.

1) $\Rightarrow$ 2) ergibt sich aus Satz 3.9.1, 3), 4)(d).

2) $\Rightarrow$ 1) Seien $x_1, x_2 \in U$ und $\lambda \in [0, 1]$. Dann ist $x_0 := \lambda x_1 + (1 - \lambda)x_2 \in U$, und es gilt:

$$
\begin{aligned}
0 &= f'(x_0, \lambda(x_1 - x_0) + (1 - \lambda)(x_2 - x_0)) \\
&= \lambda f'(x_0, x_1 - x_0) + (1 - \lambda)f'(x_0, x_2 - x_0) \\
&\leq \lambda(f(x_1) - f(x_0)) + (1 - \lambda)(f(x_2) - f(x_0)) \\
&= \lambda f(x_1) + (1 - \lambda)f(x_2) - f(x_0),
\end{aligned}
$$

also

$$
f(\lambda x_1 + (1 - \lambda)x_2) \leq \lambda f(x_1) + (1 - \lambda)f(x_2),
$$

d. h., f ist konvex. $\square$

Differenzierbarkeit auf Strecken und Konvexität

Nach Definition ist eine Funktion $f: K \to \mathbb{R}$ auf einer konvexen Teilmenge K eines Vektorraumes X genau dann konvex, wenn f auf jeder Strecke in K konvex ist. Dies erlaubt, die für Funktionen von $\mathbb{R}$ nach $\mathbb{R}$ bekannten Beschreibungen der Konvexität direkt zu übertragen.

Satz 3.9.3. *Sei für jedes Paar $(x, y) \in K \times K$ die Funktion $\Phi_{xy}: [0, 1] \to \mathbb{R}$ durch*

$$
(x, y) \mapsto \Phi_{xy}(\alpha) := f(x + \alpha(y - x))
$$

erklärt. Dann gelten:

1) *Für alle $x, y \in K$ sei Φ_{xy} stetig differenzierbar. Genau dann ist $f: K \to \mathbb{R}$ konvex, wenn Φ'_{xy} für alle x, y eine monoton nichtfallende Funktion auf $[0, 1]$ ist.*

2) *Für alle $x, y \in K$ sei Φ_{xy} zweimal stetig differenzierbar. Genau dann ist $f: K \to \mathbb{R}$ konvex, wenn Φ''_{xy} für alle $x, y \in K$ auf $[0, 1]$ nichtnegativ ist.*

Beweis. Es ist $F: K \to \mathbb{R}$ genau dann konvex, wenn für jedes $x, y \in K$ die Funktion Φ_{xy} konvex ist. $\square$

Aufgabe. Sei $X := C[a, b]$ der Vektorraum aller stetigen reellwertigen Funktionen auf $[a, b]$. Berechnen Sie die Richtungsableitung folgender Funktionen $f: X \to \mathbb{R}$ (in jedem Punkt $u \in X$):

(a) $f(u) = \int_a^b e^t u(t)dt$

(b) $f(u) = \int_a^b |u(t)|^3 dt$

(c) $f(u) = \int_a^b K(u(t))dt$ mit $K: \mathbb{R} \to \mathbb{R}$ stetig differenzierbar.

3.10 Fréchet-Differenzierbarkeit

Definition 3.10.1. Seien X, Y normierte Räume, U eine offene Teilmenge von X und $F: U \to Y$ eine Abbildung.

1) F heißt *Fréchet-differenzierbar im Punkte* $x \in U$, falls eine lineare und stetige Abbildung $A: X \to Y$ existiert, so dass gilt:

$$\lim_{\|h\| \to 0; \|h\| \neq 0} \frac{\|F(x+h) - F(x) - A(h)\|}{\|h\|} = 0.$$

A heißt das *Fréchet-Differential* von F an der Stelle x und wird mit $F'(x)$ oder $DF(x)$ bezeichnet.

2) Ist F in jedem Punkt aus U Fréchet-differenzierbar, so heißt F *Fréchet-differenzierbar* und die Abbildung

$$F': U \to L(X, Y), \quad x \mapsto F'(x)$$

heißt *Fréchet-Ableitung* von F.

3) Ist F Fréchet-differenzierbar und die Fréchet-Ableitung $F': U \to L(X, Y)$ stetig, so heißt F *stetig differenzierbar*. Dafür benutzen wir die Abkürzung $F \in C^{(1)}(U, Y)$. Im Falle $Y = \mathbb{R}$ wird $C^{(1)}(U) := C^{(1)}(U, \mathbb{R})$ gesetzt. Im gesamten Text wird das Wort „differenzierbar" im Sinne der Fréchet-Differenzierbarkeit benutzt.

Bemerkung. Seien X, Y normierte Räume, U eine offene Teilmenge von X und $F: U \to Y$ Fréchet-differenzierbar in $x \in U$. Dann gilt:

1. Das Fréchet-Differential ist eindeutig bestimmt.

2. F ist in x Gâteaux-differenzierbar und für alle $h \in X$ gilt:

$$F'(x, h) = F'(x)(h).$$

Beweis. Übungsaufgabe. $\square$

Somit gelten die hier vorkommenden Sätze über Gâteaux-differenzierbare Funktionen auch für Fréchet-differenzierbare Funktionen. Es gilt die untenstehende Kettenregel (siehe [Lu]).

Satz 3.10.1 (Kettenregel). *Seien X, Y, Z normierte Räume, $U \subset X$ und $V \subset Y$ offen. Seien $f: U \to Y$ und $g: V \to Z$ Abbildungen mit $f(U) \subset V$. Ist f in $x \in U$ und g in $y := f(x) \in V$ Fréchet-differenzierbar, dann ist auch die Komposition $h := g \circ f: U \to Z$ in $x \in U$ Fréchet-differenzierbar, und es gilt:*

$$h'(x) = g'(f(x)) \circ f'(x).$$

Beispiel. Seien X, Y normierte Räume. $U \subset X$ offen und $F: U \to Y$ differenzierbar. Ist für $x, h \in X$ das Intervall $(x - h, x + h)$ in U enthalten, so ist die Abbildung $g : (-1, 1) \to Y$ mit $t \mapsto g(t) := F(x + th)$ differenzierbar, und es gilt

$$g'(t) = F'(x + th)(h).$$

Beweis. Die Abbildung $\varphi : (-1, 1) \to U$ mit $t \mapsto x + th$ ist offensichtlich Fréchet-differenzierbar, und für alle $t \in (-1, 1)$ gilt

$$\varphi'(t) = \lim_{\alpha \to 0} \frac{x + (t + \alpha)h - (x + th)}{\alpha} = h.$$

Aus $g = F \circ \varphi$ folgt mit der Kettenregel die Behauptung. $\square$

3.11 Differentialrechnung in $\mathbb{R}^n$. Matrix und Operatorschreibweise

Mit wird der Vektorraum aller n-Tupel $(x_1, \ldots, x_n)$ mit reellen Zahlen $x_i \in \mathbb{R}$ als Komponenten bezeichnet, in dem die Addition und skalare Multiplikation komponentenweise erklärt sind. Wird der Vektor $x = (x_1, \ldots, x_n)$ als Matrix aufgefasst, so versteht man darunter immer die $n \times 1$-Spaltenmatrix

$$x = \begin{pmatrix} x_1 \\ \vdots \\ x_n \end{pmatrix}$$

und unter $x^\top$ die transponierte $1 \times n$-Zeilenmatrix $(x_1 \ldots x_n)$. Mit e_i bezeichnen wir die Einheitsvektoren (Koordinatenvektoren)

$$e_1 = (1, 0, \ldots, 0), \quad \ldots, \quad e_n = (0, \ldots, 0, 1). \tag{3.11.1}$$

Für $x, y \in \mathbb{R}^n$ ist

$$\langle x, y \rangle := x^\top y = \sum_{i=1}^{n} x_i y_i. \tag{3.11.2}$$

Zwei Vektoren heißen *orthogonal*, wenn $\langle x, y \rangle = 0$ ist. Wenn nicht anders vermerkt, so wird stets als Norm in $\mathbb{R}^n$ die euklidische Norm $\|x\| = \sqrt{\langle x, x \rangle}$ genommen. Für diese Norm gilt die *Cauchy-Schwarzsche Ungleichung* (siehe Abschnitt 5.1.2):

$$|\langle x, y \rangle| \leq \|x\| \cdot \|y\| \quad \text{für alle } x, y \in \mathbb{R}^n. \tag{3.11.3}$$

Bekanntlich kann eine lineare Abbildung von $\mathbb{R}^n$ in $\mathbb{R}^m$ mit einer $m \times n$-Matrix (m Zeilen und n Spalten) im folgenden Sinne identifiziert werden: Das Anwenden dieser linearen Abbildung auf ein Element aus dem $\mathbb{R}^n$ entspricht der Multiplikation dieser Matrix mit diesem Element. Die Matrix-Interpretation einer linearen Abbildung von $\mathbb{R}^n$ in $\mathbb{R}^m$ wird in dem gesamten Text benutzt. Konsequenterweise werden wir auch bei der Anwendung einer linearen Abbildung $A : X \to Y$, zwischen den normierten Räumen X und Y, auf ein Element $x \in X$ manchmal die Klammern weglassen, d. h.

$$Ax := A(x). \tag{3.11.4}$$

Sei $U \subset \mathbb{R}^n$ offen und $F : U \to \mathbb{R}^m$ in $x_0 \in U$ differenzierbar (Fréchet-differenzierbar) und F habe die Komponentendarstellung

$$F(x) = (F_1(x_1, \ldots, x_n), \ldots, F_m(x_1, \ldots, x_n))$$

für alle $x = (x_1, \ldots, x_n) \in U$.

Dann existiert für alle $i \in \{1, \ldots, m\}$ und $j \in \{1, \ldots, n\}$ die partielle Ableitung $\frac{\partial F_i}{\partial x_j}(x)$ (d. h. die Ableitung von F_i in x in Richtung e_j).

Fasst man die partiellen Ableitungen in der sogenannten *Jacobi-Matrix*

$$J(x) = \left(\frac{\partial F_i}{\partial x_j}(x) \right), \quad i \in \{1, \ldots, m\},\ j \in \{1, \ldots, n\} \tag{3.11.5}$$

zusammen, so gilt für alle $x \in \mathbb{R}^n$

$$F'(x)(h) = J(x) \cdot h. \tag{3.11.6}$$

Im obigen Sinne wird also $F'(x)$ mit $J(x)$ identifiziert.

Im Sonderfall $m = 1$ ist F eine Abbildung von $U \subset \mathbb{R}^n$ in $\mathbb{R}$. Hier kann der Zeilenindex weggelassen werden. Wir schreiben kurz: $f : U \to \mathbb{R}$ mit $x \mapsto f(x) = f(x_1, \ldots, x_n)$. Die Ableitung in einem Punkt $x \in U$ ist dann die Zeilenmatrix

$$f'(x) = \left(\frac{\partial f(x)}{\partial x_1} \ \cdots \ \frac{\partial f(x)}{\partial x_n} \right).$$

Der Vektor, dessen zugehörige Spaltenmatrix

$$\nabla f(x) := (f'(x))^{\top} \tag{3.11.7}$$

ist, heißt *Gradient* von f an der Stelle x. Es gilt mit Abschnitt 3.10 für alle $h \in \mathbb{R}^n$:

$$f'(x, h) = f'(x)(h) = f'(x)h = \nabla f(x)^{\top} h = \langle \nabla f(x), h \rangle. \tag{3.11.8}$$

Falls die partiellen Ableitungen zweiter Ordnung von f in x existieren, so heißt $H(x) := (\frac{\partial^2 f}{\partial x_j \partial x_i}(x))_{i,j \in \{1, \ldots, n\}}$ die *Hesse-Matrix* von f in x.

Integral matrixwertiger Funktionen

Für eine stetige Matrix-Funktion $A = (a_{ij})_{n \times m}$ auf $[a, b]$ wird das Integral elementenweise erklärt, d. h. $\int_a^b A(t)dt = (\int_a^b a_{ij}(t)dt)_{n \times m}$.

3.12   Monotone und positiv definite Abbildungen

Sei U eine algebraisch offene Teilmenge des Vektorraumes X und X' der Vektorraum aller linearen Funktionale auf X.

Definition 3.12.1. Eine Abbildung $A: U \to X'$ heißt *monoton auf U*, wenn für alle $x_1, x_2 \in U$ gilt $(A(x_1) - A(x_2))(x_1 - x_2) \geq 0$.

Es gilt der

Satz 3.12.1. *Sei U konvex und* $f: U \to \mathbb{R}$ *Gâteaux-differenzierbar. Genau dann ist* f *konvex, wenn für alle* $x \in U$ *das Gâteaux-Differential* $f'(x, \cdot)$ *linear und die Gâteaux-Ableitung* $f': U \to X'$ *monoton ist.*

Beweis. Sei f konvex. Nach den Sätzen 3.9.1 und 3.9.2 gilt für alle $x_1, x_2 \in U$

$$-\langle f'(x_1, \cdot) - f'(x_2, \cdot), x_1 - x_2 \rangle = f'(x_1, x_2 - x_1) + f'(x_2, x_1 - x_2)$$
$$\leq f(x_2) - f(x_1) + f(x_1) - f(x_2) = 0,$$

d. h. f' ist monoton auf U. Für die andere Richtung wird zum Nachweis der Konvexität Satz 3.9.2 benutzt. Es seien $x_0, x \in U$. Dann existiert für $h = x_0 - x$ ein $\beta > 0$ mit $[x - \beta h, x + \beta h] \subset U$. Nach Beispiel in Abschnitt 3.10 und dem Mittelwertsatz (in $\mathbb{R}$) existiert ein $\alpha \in (0, 1)$ mit

$$f(x_0) - f(x) = f'(x + \alpha h, h).$$

Aus der Monotonie von f' und $f'(x_0, \cdot)$, $f'(x_0 + \alpha h, \cdot) \in X'$ folgt

$$\alpha(f(x_0) - f(x)) = f'(x + \alpha h, \alpha h) - f'(x, \alpha h) + f'(x, \alpha h)$$
$$\geq f'(x, \alpha h) = \alpha f'(x, h),$$

d. h. $f(x_0) - f(x) \geq f'(x, x_0 - x)$. $\qquad\qquad\square$

Aufgabe. Sei $Q \in L(\mathbb{R}^n)$ symmetrisch und $f: \mathbb{R}^n \to \mathbb{R}$ durch $x \mapsto f(x) := \frac{1}{2}x^\top Q x$ erklärt. Dann gilt $f' = Qx$.

Definition 3.12.2. Sei $(X, \|\cdot\|)$ ein normierter Raum, X^* der Raum $L(X, \mathbb{R})$ aller stetigen, linearen Funktionale auf $(X, \|\cdot\|)$.

Eine Abbildung $B \in L(X, X^*)$ heißt *positiv definit* (bzw. *positiv semidefinit*), wenn für alle $x \in X$ gilt:

$$\langle Bx, x \rangle > 0 \quad (\text{bzw.} \quad \langle Bx, x \rangle \geq 0).$$

Mit diesen Begriffen lässt sich das folgende Kriterium formulieren:

Satz 3.12.2. *Sei $(X, \|\cdot\|)$ ein normierter Raum, U eine offene und konvexe Menge in $(X, \|\cdot\|)$ und $f : U \to \mathbb{R}$ eine Funktion.*

Ist f zweimal stetig Fréchet-differenzierbar auf U, so ist f genau dann konvex, wenn für alle $x_0 \in U$ die zweite Fréchet-Ableitung in x_0 $D^2 f(x_0) \in L(X, X^*)$ positiv semidefinit ist.

Beweis. „$\Rightarrow$": Sei $x_0 \in U$ und $x \in X$. Dann betrachte man die Funktion

$$\varphi : \{t \in \mathbb{R} \mid x_0 + tx \in U\} \to \mathbb{R}, \quad t \mapsto \varphi(t) := f(x_0 + tx).$$

φ ist konvex, zweimal stetig differenzierbar mit $\varphi'' \geq 0$.

Also gilt $\langle D^2 f(x_0)x, x \rangle = \varphi''(0) \geq 0$, d.h., $D^2 f(x_0)$ ist positiv semidefinit.

„$\Leftarrow$": Seien $x_1, x_2 \in U$. Nach dem Mittelwertsatz existiert ein $\xi \in (0, 1)$ mit $\langle Df(x_2) - Df(x_1), x_2 - x_1 \rangle = \langle D^2 f(x_1 + \xi(x_2 - x_1))(x_2 - x_1), x_2 - x_1 \rangle$. Da $D^2 f(x_1 + \xi(x_2 - x_1))$ positiv semidefinit ist, gilt

$$\langle Df(x_2) - Df(x_1), x_2 - x_1 \rangle \geq 0,$$

d.h., Df ist monoton auf U. Mit Satz 3.12.1 folgt, dass f konvex ist. $\square$

Ist X endlich-dimensional, so lässt sich der zweiten Fréchet-Ableitung von f in x_0 eine symmetrische Matrix – die sogenannte Hessesche Matrix – zuordnen, an der man oftmals nach dem folgenden Kriterium von Hurwitz die positive Definitheit ablesen kann.

3.13   Ein Kriterium für positive Definitheit einer Matrix

Für das Nachprüfen der Konvexität einer zweimal stetig differenzierbaren Funktion können wir bzgl. der Hesse-Matrix das folgende Kriterium benutzen (siehe [KMW1]):

Satz 3.13.1. *Sei $Q \in L(\mathbb{R}^{n \times m})$ eine symmetrische Matrix der Gestalt*

$$Q = \begin{pmatrix} A & C^\top \\ C & D \end{pmatrix},$$

wobei $A \in L(\mathbb{R}^n)$, $C \in L(\mathbb{R}^m, \mathbb{R}^n)$, $D \in L(\mathbb{R}^m)$ und D positiv definit sind. Dann ist Q genau dann positiv (bzw. semi-)definit, wenn

$$A - C^\top D^{-1} C$$

positiv (bzw. semi-) definit ist.

Beweis. Sei $f : \mathbb{R}^n \times \mathbb{R}^m \to \mathbb{R}$ erklärt durch

$$(p, q) \mapsto f(p, q) := \begin{pmatrix} p \\ q \end{pmatrix}^\top \begin{pmatrix} A & C^\top \\ C & D \end{pmatrix} \begin{pmatrix} p \\ q \end{pmatrix} = p^\top A p + 2 q^\top C^\top p + q^\top D q.$$

Die konvexe Minimierung (siehe Satz 4.2.3) bzgl. q in Abhängigkeit von p liefert $2Dq = -2Cp$ und damit

$$q(p) = -D^{-1} C p.$$

Dies eingesetzt in f ergibt:

$$g(p) := f(p, q(p)) = p^\top A p - 2 p^\top C^\top D^{-1} C p + p^\top C^\top D^{-1} C p$$
$$= p^\top (A - C^\top D^{-1} C) p.$$

Nach Voraussetzung ist $A - C^\top D^{-1} C$ positiv (bzw. semi-) definit und damit $g(p) > 0$ für $p \neq 0$ (bzw. $g(p) \geq 0$ im positiv semidefiniten Fall). Für $p = 0$ und $q \neq 0$ ist offensichtlich $f(p, q) > 0$.

Andererseits sei Q positiv (semi-)definit. Dann ist 0 die einzige (eine) Minimallösung von f. Damit hat g den Punkt 0 als einzige (eine) Minimallösung, d.h. $A - C^\top D^{-1} C$ ist positiv (semi-) definit. □

Analog folgt

Satz 3.13.2. *Sei $Q \in L(\mathbb{R}^{n \times m})$ eine symmetrische Matrix der Gestalt*

$$Q = \begin{pmatrix} A & C^\top \\ C & D \end{pmatrix},$$

wobei $A \in L(\mathbb{R}^n)$, $C \in L(\mathbb{R}^m, \mathbb{R}^n)$, $D \in L(\mathbb{R}^m)$ und A positiv definit sind. Dann ist Q genau dann positiv (bzw. semi-)definit, wenn

$$D - C A^{-1} C^\top$$

positiv (bzw. semi-) definit ist.

Beweis. Analog zum obigen Satz, wobei hier zunächst die Minimierung bzgl. p in Abhängigkeit von q durchgeführt wird. □

Das folgende Kriterium von Hurwitz erlaubt die positive Definitheit einer symmetrischen Matrix an der Positivität aller Hauptdeterminanten zu erkennen.

Satz 3.13.3 (Kriterium von Hurwitz). *Eine symmetrische reelle Matrix $A = (a_{ij})_{i,j\in\{1,\ldots,n\}}$ ist genau dann positiv definit, d. h., die Abbildung B, die jedem $x \in \mathbb{R}^n$ die lineare Abbildung*

$$y \mapsto \langle Ax, y\rangle : \mathbb{R}^n \to \mathbb{R}$$

zuordnet, ist positiv definit, wenn für alle $k \in \{1, \ldots, n\}$ gilt:

$$\det((a_{ij})_{i,j\in\{1,\ldots,k\}}) = \det\begin{pmatrix} a_{1,1} & a_{1,2} & \ldots & a_{1,k} \\ a_{2,1} & a_{2,2} & \ldots & a_{2,k} \\ \vdots & & & \vdots \\ a_{k,1} & & \ldots & a_{k,k} \end{pmatrix} > 0.$$

Satz 3.13.4 (Kriterium von Hurwitz). *Eine symmetrische reelle Matrix $A = (a_{ij})_{i,j\in\{1,\ldots,n\}}$ ist genau dann positiv definit, d. h., die Abbildung B, die jedem $x \in \mathbb{R}^n$ die lineare Abbildung $y \mapsto \langle Ax, y\rangle : \mathbb{R}^n \to \mathbb{R}$ zuordnet, ist positiv definit, wenn für alle $k \in \{1, \ldots, n\}$ gilt: $\det((a_{ij})_{i,j\in\{1,\ldots,k\}}) > 0$.*

Ist $X = \mathbb{R}$, so reduziert sich die Frage der positiven Semidefinitheit darauf, ob die zweite Ableitung der Funktion ≥ 0 ist.

Beispiel. Sei $f:[0,1] \to \mathbb{R}$ eine konvexe Funktion. Dann sind für alle $n \in \mathbb{N}$ die Bernstein-Polynome

$$B_n(f,\cdot):[0,1] \to \mathbb{R}, \quad x \mapsto B_n(f,x) := \sum_{i=0}^{n} f\left(\frac{i}{n}\right)\binom{n}{i}x^i(1-x)^{n-i}$$

konvex, da für alle $x \in [0,1]$ gilt:

$$B_n'(f,x) = n\sum_{i=0}^{n-1}\left(-f\left(\frac{i}{n}\right) + f\left(\frac{i+1}{n}\right)\right)\binom{n-1}{i}x^i(1-x)^{n-i-1},$$

$$B_n''(f,x) = n(n-1)\sum_{i=0}^{n-2}\left(f\left(\frac{i+2}{n}\right) - 2f\left(\frac{i+1}{n}\right)\right.$$
$$\left. + f\left(\frac{i}{n}\right)\right)\binom{n-2}{i}x^i(1-x)^{n-i-2} \geq 0.$$

Denn aufgrund der Konvexität von f gilt:

$$f\left(\frac{i+1}{n}\right) \leq \frac{1}{2}f\left(\frac{i+2}{n}\right) + \frac{1}{2}f\left(\frac{i}{n}\right).$$

Da sich reellwertige stetige Funktionen auf $[0, 1]$ als gleichmäßiger Limes der zugehörigen Bernsteinpolynome schreiben lassen (siehe Abschnitt 7.5) gilt:

Korollar. *Jede konvexe, stetige Funktion* $f : [0, 1] \to \mathbb{R}$ *lässt sich als gleichmäßiger Limes konvexer Polynome darstellen.*

3.14   inf-konvexe Funktionen

Die folgende Klasse von Funktionen wird eine herausragende Rolle beim Hamiltonschen Zugang zur Variationsrechnung spielen (s. Abschnitt 6.6, 6.7). Dieser ist mit der sukzessiven Minimierung aus Abschnitt 1.5 verbunden. Entsteht hier eine Hintereinanderausführung von konvexen Minimierungsaufgaben, so führt das Nullsetzen der Ableitung zu hinreichenden Optimalitätsbedingungen.

Bezeichnung. Für eine Menge A und $f : A \to \mathbb{R}$ bezeichne $\inf_A f(a) := \inf\{f(a) | a \in A\}$.

Lemma 3.14.1 (inf-inf Lemma). *Seien A, B nichtleere Mengen und $f : A \times B \to \mathbb{R}$ nach unten beschränkt. Dann gilt*

$$\inf_{A \times B} f(a, b) = \inf_A \inf_B f(a, b) = \inf_B \inf_A f(a, b).$$

Beweis. Sei $m := \inf_{A \times B} f(a, b)$ und $\varepsilon > 0$. Es ist $m > -\infty$. Dann gibt es ein

$$(u, v) \in A \times B \quad \text{mit } f(u, v) \leq m + \varepsilon.$$

Weiter gilt

$$f(u, v) \geq \inf\{f(u, b) | b \in B\} \geq m \quad \text{und} \quad f(u, v) \geq \inf\{f(a, v) | a \in A\} \geq m.$$

Da für alle $a \in A$ und alle $b \in B$

$$\inf\{f(a, b) | a \in A\} \geq m \quad \text{und} \quad \inf\{f(a, b) | b \in B\} \geq m$$

gilt, ist

$$\inf_A \inf_B f(a, b) \geq m \quad \text{und} \quad \inf_B \inf_A f(a, b) \geq m.$$

Damit folgt

$$m + \varepsilon \geq f(u, v) \geq \inf_A \inf_B f(a, b) \geq m$$

und

$$m + \varepsilon \geq f(u, v) \geq \inf_B \inf_A f(a, b) \geq m.$$

Die Behauptung folgt, da ε beliebig klein gewählt werden kann. $\square$

Definition 3.14.1. Seien X, Y zwei Vektorräume und K eine konvexe Teilmenge von $X \times Y$. Bezeichne

$$X_K := \{x \in X \mid \exists y \in Y : (x, y) \in K\}. \tag{3.14.1}$$

Eine Funktion $f : K \to \mathbb{R}$ mit $\inf f(K) > -\infty$ heißt *y-inf-konvex*, wenn für jedes $x \in X_K$ sowohl $f(x, \cdot)$ auf $K(x) := \{y \in Y \mid (x, y) \in K\}$ wie auch

$$x \mapsto \varphi(x) = \inf\{f(x, y) \mid y \in K(x)\} \tag{3.14.2}$$

auf X_K konvex sind.

Analog wird Y_K und die x-inf-Konvexität definiert.

Die Funktion $f \colon K \to \mathbb{R}$ heißt *inf-konvex*, wenn f y-inf-konvex oder x-inf-konvex ist.

Bemerkung. Das entscheidende Merkmal der inf-konvexen Funktionen ist, dass man hier die Minimierung in zwei Variablen als sukzessive konvexe Minimierung in einer Variablen durchführen kann.

Satz 3.14.1. *Sei* $K \subset X \times Y$ *und* $f : K \to \mathbb{R}$ *konvex und* $\inf f(K) > -\infty$. *Dann ist* f *inf-konvex.*

Es ist f *sowohl x-inf konvex, wie auch y-inf-konvex.*

Beweis. Zunächst beweisen wir den Satz für den einfachen Fall $K = I \times J$, wobei $I \subset X, J \subset Y$ konvex sind. Wir zeigen, dass f y-inf-konvex ist. Der Nachweis der x-inf-Konvexität ist analog.

Seien $x_1, x_2 \in I$ und $\alpha \in [0, 1]$. Dann gilt

$$
\begin{aligned}
\varphi(\alpha x_1 + (1 - \alpha)x_2) &= \inf\{f(\alpha x_1 + (1 - \alpha)x_2, y) \mid y \in J\} \\
&\leq \inf\{f(\alpha x_1 + (1 - \alpha)x_2, \alpha y_1 + (1 - \alpha)y_2) \mid y_1, y_2 \in J)\} \\
&= inf\{f(\alpha(x_1, y_1) + (1 - \alpha)(x_2, y_2)) \mid y_1, y_2 \in J\} \\
&\leq \inf\{\alpha f(x_1, y_1) + (1 - \alpha)f(x_2, y_2) \mid y_1, y_2 \in J\} \\
&= \inf\{\alpha f(x_1, y_1) \mid y_1 \in J\} + \inf\{(1 - \alpha)f(x_2, y_2) \mid y_2 \in J\} \\
&= \alpha\varphi(x_1) + (1 - \alpha)\varphi(x_2).
\end{aligned}
$$

Für allgemeine konvexe Mengen K gilt mit $x_1, x_2 \in X_K$ und $\alpha \in [0, 1]$

$$
\begin{aligned}
&\varphi(\alpha x_1 + (1 - \alpha)x_2) \\
&\quad = \inf\{f(\alpha x_1 + (1 - \alpha)x_2, y) \mid y \in K(\alpha x_1 + (1 - \alpha)x_2)\} \\
&\quad \leq \inf\{f(\alpha x_1 + (1 - \alpha)x_2, \alpha y_1 + (1 - \alpha)y_2) \mid y_1 \in K(x_1), y_2 \in K(x_2)\} \\
&\quad \leq \inf\{\alpha f(x_1, y_1) + (1 - \alpha)f(x_2, y_2) \mid y_1 \in K(x_1), y_2 \in K(x_2)\} \\
&\quad = \inf\{\alpha f(x_1, y_1) \mid y_1 \in K(x_1)\} + \inf\{(1 - \alpha)f(x_2, y_2) \mid y_2 \in K(x_2)\} \\
&\quad = \alpha\varphi(x_1) + (1 - \alpha)\varphi(x_2),
\end{aligned}
$$

also ist φ eine konvexe Funktion. $\qquad\square$

Beispiel 1. Sei $X = Y = \mathbb{R}$, $K = \mathbb{R}^2$ und $f\colon \mathbb{R}^2 \to \mathbb{R}$ durch $(x, y) \mapsto f(x, y) :=$ $(1 + \sin x) y^2$. Dann ist f nicht konvex, aber inf-konvex (y-inf-konvex). Denn für jedes $x \in \mathbb{R}$ ist $y \mapsto f(x, y)$ konvex und für alle $x \in R$ ist

$$\varphi(x) := \inf\{f(x, y) \mid y \in \mathbb{R}\} = 0.$$

Bemerkung. Bei einer inf-konvexen Funktion $f : K \to \mathbb{R}$ kann die Minimierung als Hintereinanderausführung konvexer Minimierungen erfolgen.

Beweis. Sei f y-inf-konvex. Es gilt

$$\inf\{f(x, y) \mid (x, y) \in K\} = \inf\{\inf\{f(x, y) \mid y \in K(x)\} \mid x \in X_K\}.$$

Für x-inf-konvexe Funktionen erfolgt der Beweis analog. $\qquad\square$

Beispiel 2. Die Dido-Aufgabe, die einer der ältesten Optimierungsaufgaben ist, führt auf natürliche Weise zu inf-konvexen Funktionen (s. [K13]).

Ein einfacher Spezialfall dieser Funktionen wollen wir mit dem folgenden Beispiel illustrieren.

Minimiere

$$f(p, q) := -p\sqrt{1 - q^2} + \frac{1}{2}p^2$$

auf $S := \mathbb{R}_{>0} \times (-1, 1)$.

Bei festgehaltenem $p \in \mathbb{R}_{>0}$ ist die Funktion

$$q \mapsto \varphi(q) := -p\sqrt{1 - q^2} \tag{3.14.3}$$

auf $(-1, 1)$ strikt konvex. Denn für alle $q \in (-1, 1)$ gilt

$$\varphi''(q) = \frac{p}{\sqrt{(1 - q^2)^3}} > 0.$$

Das Nullsetzen der Ableitung von φ führt auf die Gleichung

$$\frac{pq}{\sqrt{1 - q^2}} = 0.$$

Damit ist 0 für jedes $p \in \mathbb{R}_{>0}$ die Minimallösung von (3.14.3).

Das Einsetzen der Minimallösung in f liefert

$$f(p, 0) = -p + \frac{1}{2}p^2.$$

Dies ist eine strikt konvexe Funktion, die 1 als Minimallösung auf $\mathbb{R}_{>0}$ besitzt. Damit ist $(1, 0)$ eine Minimallösung von f auf S.

Die Funktion ist nicht konvex. Denn die Determinante der Hesse-Matrix

$$(p,q) \mapsto \det \begin{pmatrix} 1 & \frac{q}{\sqrt{1-q^2}} \\ \frac{q}{\sqrt{1-q^2}} & \frac{p}{\sqrt{(1-q^2)^3}} \end{pmatrix} = \frac{p}{\sqrt{(1-q^2)^3}} - \frac{q^2}{1-q^2}$$

ist bei festgehaltenem $q \in (-1, 1)$ für kleine p negativ. Durch das Vertauschen der Reihenfolge der sukzessiven Minimierung stellt man fest, dass f sowohl x- als auch y-infkonvex ist.

Die zentrale Eigenschaft konvexer Funktionen liegt darin, dass sie hinreichende Optimalitätsbedingungen liefern. Insbesondere bei der Optimierung auf offenen konvexen Teilmengen in $\mathbb{R}^n$ führt das Nullsetzen der partiellen Ableitungen zu einer globalen Minimallösung. Diese Eigenschaft lässt sich auf stetig differenzierbare inf-konvexe Funktionen übertragen, wenn man die Regularität der zweiten partiellen Ableitung $f_{yy}(x^*, y^*)$ an der vorliegenden Nullstelle (x^*, y^*) von (f_x, f_y) voraussetzt.

Satz 3.14.2. *Seien X, Y Banachräume und K eine offene konvexe Teilmenge von $X \times Y$. Sei $f : K \to \mathbb{R}$ y-inf-konvex, zweimal stetig differenzierbar und (x^*, y^*) eine Nullstelle von (f_x, f_y). Sei $f_{yy}(x^*, y^*)$ invertierbar. Dann ist (x^*, y^*) eine Minimallösung von f auf K.*

Beweis. Nach dem Satz über implizite Funktionen angewandt auf f_y existiert ein $\varepsilon > 0$ und eine stetig differenzierbare Funktion g auf der offenen Kugel $B := B(x^*, \varepsilon)$ in X, so dass für alle $x \in B$ gilt

$$(x, g(x)) \in K, \quad g(x^*) = y^* \quad \text{und} \quad f_y(x, g(x)) = 0. \tag{3.14.4}$$

Da f inf-konvex ist, ist für jedes $x \in B$ die Funktion $f(x, \cdot)$ auf $K(x) = \{y \in Y \mid (x, y) \in K\}$ konvex. Mit (3.14.4) ist $g(x)$ die Minimallösung von $f(x, \cdot)$ auf $K(x)$. Damit ist für alle $x \in B$

$$\varphi(x) = f(x, g(x)).$$

Wegen $(f_x, f_y)(x^*, y^*) = 0$ ist

$$\varphi'(x^*) = f_x(x^*, y^*) + f_y(x^*, y^*)g'(x^*) = 0.$$

Da φ auf ganz X_K (s. 3.14.4)) konvex ist, ist x^* eine Minimallösung von φ auf X_K und (x^*, y^*) eine Minimallösung von f auf K. $\square$

Die inf-konvexen Funktionen werden im Weiteren wichtig sein und wir wollen jetzt an einigen Beispielen den Unterschied zu konvexen Funktionen verdeutlichen.

Beispiel 3. Sei $L : \mathbb{R}^2_{>0} \to \mathbb{R}$ erklärt durch

$$L(p,q) = \frac{1}{p} + \frac{p}{q} + q. \tag{3.14.5}$$

Diese Funktion ist nicht konvex. Denn die Hesse-Matrix ist

$$\begin{pmatrix} \frac{2}{p^3} & -\frac{1}{q^2} \\ \\ -\frac{1}{q^2} & \frac{2p}{q^3} \end{pmatrix}$$

und besitzt die Determinante $\frac{4p}{p^3 q^3} - \frac{1}{q^4}$.

Diese ist bei festem $p > 0$ für kleine q negativ.

Die Funktion L ist aber inf-konvex (p-inf-konvex). Denn die Minimierung bzgl. p auf $\mathbb{R}_{>0}$ in Abhängigkeit von q führt auf die Gleichung

$$-\frac{1}{p^2} + \frac{1}{q} = 0$$

und damit $p = \sqrt{q}$. Eingesetzt in (3.14.5) entsteht auf $\mathbb{R}_{>0}$ die konvexe Funktion

$$q \mapsto g(q) := \frac{1}{\sqrt{q}} + \frac{\sqrt{q}}{q} + q = q + \frac{2}{\sqrt{q}}.$$

Damit ist L p-inf-konvex.

Wir bemerken noch, dass die p-inf-konvexe Funktion nicht q-inf-konvex ist. Denn die Minimierung bzgl. q in Abhängigkeit von p führt auf

$$\frac{p}{q^2} = 1$$

und damit

$$q = \sqrt{p}.$$

Eingesetzt in (3.14.5) erhalten wir die Funktion

$$p \mapsto \frac{1}{p} + 2\sqrt{p},$$

die nicht konvex (auf $\mathbb{R}$) ist. Denn die zweite Ableitung lautet

$$\frac{2}{p^3} - \frac{1}{2p^{\frac{3}{2}}}.$$

Diese ist für große p negativ.

Beispiel 4. Sei I ein Intervall in $\mathbb{R}$ und $g : I \to \mathbb{R}$ eine beliebige Funktion und $L : I \times \mathbb{R}$ erklärt durch

$$L(p,q) := (q - g(p))^2. \tag{3.14.6}$$

Dann ist L inf-konvex (q-inf-konvex). Denn die Minimierung bzgl. q in Abhängigkeit von p der konvexen Funktion $L(p, \cdot)$ liefert

$$q = g(p).$$

Dies eingesetzt in (3.14.6) führt auf die Funktion $h : I \to \mathbb{R}$, die identisch Null und damit konvex ist. Analog ist die Funktion

$$(p,q) \mapsto (p - g(q))^2$$

p-inf-konvex.

Das folgende Beispiel resultiert aus der Behandlung der Rotationsfläche kleinster Oberfläche.

Beispiel 5. Sei $C > 0$ und $L : (C, \infty) \times \mathbb{R} \to \mathbb{R}$ erklärt durch

$$L(p,q) = p\sqrt{1+q^2} - q\sqrt{p^2 - C^2}. \tag{3.14.7}$$

Diese Funktion ist nicht konvex. Denn für $q = -1$ ist

$$g(p) := L(p,1) = p\sqrt{2} + \sqrt{p^2 - C^2}$$

und für alle $p \in (C, \infty)$ ist

$$g''(p) = \frac{-C^2}{\sqrt{(p^2 - C^2)^3}} < 0.$$

Jetzt minimieren wir auf $\mathbb{R}$ bzgl. q in Abhängigkeit von p, d. h. bei festem $p \in (C, \infty)$ wird die Funktion

$$L(p, \cdot) : \mathbb{R} \to \mathbb{R}$$

minimiert. Bei festgehaltenem $p > 0$ ist $L(p, \cdot)$ konvex und das Nullsetzen der partiellen Ableitung von (3.14.7) bzgl. q ergibt die hinreichende Optimalitätsbedingung

$$\frac{pq}{\sqrt{1+q^2}} = \sqrt{p^2 - C^2}$$

und damit

$$p^2 q^2 = (1 + q^2)(p^2 - C^2)$$

bzw.

$$q = \frac{\sqrt{p^2 - C^2}}{C}.$$

Dies eingesetzt in (3.14.7) ergibt mit

$$\sqrt{1+q^2} = \sqrt{\frac{C^2 + p^2 - C^2}{C^2}} = \frac{p}{C}$$

die Funktion

$$\varphi : (C, \infty) \to \mathbb{R}, \quad \varphi(p) := \frac{p^2}{C} - \frac{\sqrt{p^2 - C^2}\sqrt{p^2 - C^2}}{C} = \frac{p^2 - p^2 + C^2}{C} = C.$$

Damit ist φ konstant C und insbesondere konvex.

Die Funktion L ist also auf $(C, \infty) \times \mathbb{R}$ inf-konvex.

Das nächste Beispiel soll auf die folgende wichtige Eigenschaft aufmerksam machen. Bereits die Addition einer linearen Funktion kann aus einer nicht inf-konvexen Funktion eine inf-konvexe Funktion machen.

Natürlich kann auch umgekehrt die Addition einer linearen Funktion die Inf-Konvexität zerstören.

Beispiel 6. Sei $f(x, y) := (2 + \sin x)y^2 - 2y$ und $g(x, y) := 2y$. Dann ist f nicht inf-konvex und $f + g$ inf-konvex.

Beweis. Übungsaufgabe (s. Beispiel 1). $\square$

3.15   Satz von Weierstraß

Bei der Behandlung von Existenzfragen der Optimierung hat der folgende Satz von Weierstraß zentrale Bedeutung.

Definition 3.15.1. Sei X ein metrischer Raum und $f : X \to \overline{\mathbb{R}}$. f heißt *unterhalbstetig* (bzw. *oberhalbstetig*), wenn für jedes $r \in \mathbb{R}$ die Niveaumenge $S_f(r) = \{x \in X \mid f(x) \le r\}$ (bzw. $\{x \in X \mid f(x) \ge r\}$) abgeschlossen ist.

Bemerkung. Das Supremum unterhalbstetiger Funktionen ist unterhalbstetig.

Beweis. Sei M eine Menge unterhalbstetiger Funktionen auf X und $f^*(x) := \sup\{f(x) \mid f \in M\}$. Aus $S_{f^*}(r) = \bigcap_{f \in M} S_f(r)$ folgt die Abgeschlossenheit von $S_{f^*}(r)$. $\square$

Satz 3.15.1 (Satz von Weierstraß). *Sei K eine nichtleere kompakte Teilmenge eines metrischen Raumes X und $f : K \to \mathbb{R}$ eine unterhalbstetige Funktion. Dann besitzt f in K eine Minimallösung.*

Beweis. Sei K eine kompakte Menge und $(x_n)_{n \in \mathbb{N}}$ eine Folge in K mit $f(x_n) \overset{n}{\to} \inf f(K) =: \alpha$. Sei $(x_{n_i})_{i \in \mathbb{N}}$ eine gegen $\overline{x}$ konvergente Teilfolge und $r > \alpha$. Es existiert ein $n_0 \in \mathbb{N}$, so dass für alle $n_i \geq n_0$ gilt: $f(x_{n_i}) \leq r$. Da $\{x \in X \mid f(x) \leq r\}$ abgeschlossen ist, folgt $f(\overline{x}) \leq r$. Damit gilt $f(\overline{x}) \leq r$ für alle $r > \alpha$, d. h. $\overline{x}$ ist eine Minimallösung von f auf K. $\qquad \square$

Aufgabe. Sei X ein metrischer Raum und $f \colon X \to \mathbb{R}$. Dann sind die folgenden Aussagen äquivalent.

a) f ist unterhalbstetig (bzw. oberhalbstetig).

b) Zu jedem $x_0 \in X$ und zu jedem $\varepsilon > 0$ existiert ein $\delta > 0$, so dass für alle x aus der Kugel $K(x_0, \delta)$ gilt:

$$f(x) \geq f(x_0) - \varepsilon \quad (\text{bzw.} \quad f(x) \leq f(x_0) + \varepsilon).$$

c) Für jedes $x \in X$ und für jede gegen x konvergente Folge $(x_k)_{k \in \mathbb{N}}$ in X gilt:

$$\varliminf_{k \to \infty} f(x_k) \geq f(x) \quad (\text{bzw.} \quad \varlimsup_{k \to \infty} f(x_k) \leq f(x)).$$

d) Der Epigraph von f ist abgeschlossen in $X \times \mathbb{R}$.

3.16 Existenzaussagen in endlich-dimensionalen Räumen

Folgerung 3.16.1. *Sei S eine nichtleere, abgeschlossene Teilmenge eines endlich-dimensionalen normierten Raumes X, und sei $f \colon X \to \mathbb{R} \cup \{\infty\}$ eine unterhalbstetige Funktion, die nicht konstant ∞ auf S ist und für die für alle $r \in \mathbb{R}$ die Menge $S \cap S_f(r)$ beschränkt ist. Dann besitzt f auf S eine Minimallösung.*

Beweis. Sei $x_0 \in S$ mit $r_0 := f(x_0) < \infty$. Dann gilt offenbar

$$\inf\{f(x) \mid x \in S\} = \inf\{f(x) \mid x \in S \cap S_f(r_0)\}.$$

Da f unterhalbstetig ist, ist $S \cap S_f(r_0)$ abgeschlossen und beschränkt, also nach dem Satz von Bolzano-Weierstraß kompakt. Der Satz von Weierstraß liefert dann die Behauptung. $\qquad \square$

Insbesondere gilt:

Folgerung 3.16.2. *Sei S eine nichtleere, abgeschlossene Teilmenge eines endlich-dimensionalen normierten Raumes. Dann existiert in S ein Element minimaler Norm.*

Definition 3.16.1. Sei A eine Teilmenge eines metrischen Raumes (X, d) und $x \in X$. Ein Element $a_0 \in A$ heißt eine *beste Approximation* von x bzgl. A, wenn für alle $a \in A$

$$d(x, a_0) \leq d(x, a).$$

Aus der Folgerung 3.16.2 ergibt sich direkt die

Folgerung 3.16.3. *Sei X ein endlich-dimensionaler normierter Raum und S eine abgeschlossene Teilmenge von X. Dann besitzt jeder Punkt $x \in X$ eine beste Approximation bzgl. S.*

Aufgabe. Sei $f : \mathbb{R}^n \to \mathbb{R} \cup \{+\infty\}$ unterhalbstetig und konvex mit $f(0) \neq \infty$. Zeigen Sie die Äquivalenz der folgenden Aussagen:

(1) Es existiert ein $r \in \mathbb{R}$, für das die Niveaumenge $S_f(r) := \{x \in \mathbb{R}^n \mid f(x) \leq r\}$ nichtleer und beschränkt ist.

(2) Für alle $r \in \mathbb{R}$ ist $S_f(r)$ beschränkt.

(3) Für alle $x \in \mathbb{R}^n \setminus \{0\}$ gilt: $f(\alpha x) \to \infty$ für $\alpha \to \infty$.

(4) Für jede nichtleere abgeschlossene Teilmenge A des $\mathbb{R}^n$ mit $\inf f(A) < \infty$ ist die Menge $M(f, A)$ der Minimallösungen von f auf A nichtleer und beschränkt (Hinweis siehe Abschnitt 3.3.2).

Oftmals interessiert man sich auch für die Eindeutigkeit der Minimallösung. Im Folgenden soll eine Klasse konvexer Funktionen angegeben werden, die die Eindeutigkeit der Minimallösung garantiert.

3.17   Eindeutige Lösbarkeit von Optimierungsaufgaben

Definition 3.17.1. Sei K eine konvexe Teilmenge eines Vektorraumes, und sei $f : K \to \mathbb{R}$ eine konvexe Funktion.

1) f heißt *strikt konvex*, wenn für alle $x_1, x_2 \in K$ mit $x_1 \neq x_2$ gilt:

$$f\left(\frac{x_1 + x_2}{2}\right) < \frac{1}{2} f(x_1) + \frac{1}{2} f(x_2).$$

2) f heißt *wesentlich strikt konvex*, wenn für alle $x_1, x_2 \in K$ mit $x_1 \neq x_2$ aus $f(x_1) = f(x_2)$ folgt:

$$f\left(\frac{x_1 + x_2}{2}\right) < \frac{1}{2} f(x_1) + \frac{1}{2} f(x_2).$$

3) Ein normierter Raum $(X, \|\cdot\|)$ heißt *strikt normiert* (bzw. die Norm heißt *strikt konvex*), wenn die Abbildung $\|\cdot\| : X \to \mathbb{R}$ eine wesentlich strikt konvexe Funktion ist.

Satz 3.17.1. *Sei K eine konvexe Teilmenge eines Vektorraumes. Dann sind für eine konvexe Funktion $f: K \to \mathbb{R}$ folgende Aussagen äquivalent:*

1) *f ist wesentlich strikt konvex.*

2) *Auf jeder konvexen Teilmenge K' von K besitzt f höchstens eine Minimallösung.*

3) *Auf jeder Strecke S besitzt f höchstens eine Minimallösung.*

Beweis. 1) $\Rightarrow$ 2): Es sei f wesentlich strikt konvex, und seien $k_1, k_2 \in K' \subseteq K$ mit $f(k_1) = f(k_2) = \inf f(K')$. Dann folgt $k_1 = k_2$.

2) $\Rightarrow$ 3) ist die Spezialisierung auf Strecken.

3) $\Rightarrow$ 1): f sei nicht wesentlich strikt konvex. Dann gibt es $x_1, x_2 \in K$ mit $x_1 \neq x_2$ und $r := f(x_1) = f(x_2)$, so dass $f(\frac{x_1+x_2}{2}) \geq r$. Dann gilt aufgrund der Konvexität von f für alle $x \in [x_1, x_2] : f(x) = r$, d. h. f hat auf der Strecke $[x_1, x_2]$ mehrere Minimallösungen. $\qquad\square$

Folgerung. *In einem strikt normierten Raum besitzt jede konvexe Teilmenge höchstens ein Element minimaler Norm.*

Aufgabe. Ein normierter Raum $(X, \| \cdot \|)$ ist genau dann strikt normiert, wenn $\| \cdot \|^2$ eine strikt konvexe Funktion ist.

3.18 Stabilität bei monotoner Konvergenz

Bei der Behandlung von Optimierungsaufgaben wird oft das Ausgangsproblem durch eine Folge von approximierenden Aufgaben ersetzt.

Dies erfordert Untersuchungen über die Abhängigkeit des Extremalwertes und der Lösungen eines Optimierungsproblems von der Änderung der Daten des Problems (siehe [DFS], [Kr2]).

Die dazugehörigen Sätze nennt man Stabilitätssätze der Optimierungstheorie. Diese Fragestellung wird im Kapitel 9 behandelt.

Der besonders einfache und ergiebige Fall der monotonen Konvergenz wird hier vorgezogen und zur Berechnung der rechtsseitigen Richtungsableitung der Maximum-Norm benutzt.

Definition 3.18.1. Sei T ein metrischer Raum. Für eine Folge $(M_n)_{n \in \mathbb{N}}$ von Teilmengen von T bezeichne

$$\varlimsup_{n \to \infty} M_n := \left\{ y \in T \mid \exists n_1 < n_2 < \dots \text{ mit: } y_{n_i} \in M_{n_i}, \ y = \lim_{i \to \infty} y_{n_i} \right\}.$$

Eine Folge von Funktionen $(f_n: T \to \overline{\mathbb{R}})_{n \in \mathbb{N}}$ heißt *unterhalbstetig* (bzw. *oberhalbstetig*) *konvergent* gegen $f: T \to \overline{\mathbb{R}}$, wenn $(f_n)_{n \in \mathbb{N}}$ punktweise gegen f konvergiert und für jede konvergente Folge $(x_n)_{n\in\mathbb{N}}$ in T mit $\lim x_n = x$ gilt:

$$\varliminf_{n\to\infty} f_n(x_n) \geq f(x) \quad (\text{bzw.} \quad \varlimsup_{n\to\infty} f_n(x_n) \leq f(x)).$$

Eine unmittelbare Folgerung aus der Definition ist der

Satz 3.18.1. *Sei T ein metrischer Raum und die Funktionenfolge $(f_n\colon T \to \overline{\mathbb{R}})_{n\in\mathbb{N}}$ konvergiere unterhalbstetig gegen $f\colon T \to \overline{\mathbb{R}}$. Dann gilt*

$$\varlimsup_{n\to\infty} M(f_n, T) \subset M(f, T).$$

Beweis. Sei $\overline{x} \in \varlimsup_{n\to\infty} M(f_n, T)$, d. h. $\overline{x} = \lim_{i\to\infty} x_{n_i}$ mit $x_{n_i} \in M(f_{n_i}, T)$. Für ein beliebiges $x \in T$ gilt

$$f_{n_i}(x_{n_i}) \leq f_{n_i}(x).$$

Aus der unterhalbstetigen Konvergenz folgt

$$f(\overline{x}) \leq \varliminf_{i\to\infty} f_{n_i}(x_{n_i}) \leq \varliminf_{i\to\infty} f_{n_i}(x) = f(x). \qquad \square$$

Der Satz von Dini (siehe [Ke], S. 239) besitzt die folgende einseitige Variante (siehe [K4] und [K6]).

Satz 3.18.2. *Sei T ein metrischer Raum und $(f_n\colon T \to \overline{\mathbb{R}})_{n\in\mathbb{N}}$ eine monotone Folge unterhalbstetiger Funktionen, die punktweise gegen eine unterhalbstetige Funktion $f\colon T \to \overline{\mathbb{R}}$ konvergiert. Dann ist die Konvergenz unterhalbstetig.*

Beweis. Sei $x_n \to x_0$ und $(f_n)_{n\in\mathbb{N}}$ monoton fallend, so folgt $f_n(x_n) \geq f(x_n)$ und damit

$$\varliminf_n f_n(x_n) \geq \varliminf f(x_n) \geq f(x_0).$$

Sei nun (f_n) monoton wachsend und $k \in \mathbb{N}$. Dann gilt

$$\varliminf_n (f_n(x_n))_{n=1}^{\infty} = \varliminf_n (f_n(x_n))_{n=k}^{\infty} \geq \varliminf_n (f_k(x_n))_{n=k}^{\infty} \geq f_k(x_0).$$

Damit gilt für alle $k \in \mathbb{N}$

$$\varliminf_n (f_n(x_n)) \geq f_k(x_0).$$

Aus der punktweisen Konvergenz der Folge $(f_k(x_0))_{k=1}^{\infty}$ gegen $f(x_0)$ folgt die Behauptung. $\qquad \square$

Bemerkung 3.18.1. Ist die Konvergenz von (f_n) monoton wachsend, so braucht man die Unterhalbstetigkeit von f nicht vorauszusetzen. Denn das Supremum unterhalbstetiger Funktionen ist unterhalbstetig. Ein analoger Satz gilt offensichtlich für oberhalbstetige Funktionen und oberhalbstetige Konvergenz.

Definition 3.18.2. Seien X, Y metrische Räume. Eine Folge $(f_n)_{n \in \mathbb{N}}$ von Funktionen von X in Y heißt *stetig gegen die Funktion $f : X \to Y$ konvergent*, falls für alle konvergenten Folgen $(x_n)_{n \in \mathbb{N}}$ in X die Implikation

$$x_n \to x_0 \Rightarrow f_n(x_n) \to f(x_0)$$

gilt. (Insbesondere ist $(f_n)_{n \in \mathbb{N}}$ punktweise konvergent.)

Als Folgerung erhalten wir den

Satz 3.18.3 (Satz von Dini). *Sei X ein metrischer Raum und $(f_n : X \to \mathbb{R})_{n \in \mathbb{N}}$ eine monotone Folge stetiger Funktionen, die punktweise gegen eine stetige Funktion $f : X \to \mathbb{R}$ konvergiert. Dann ist die Konvergenz stetig. Ferner konvergiert $(f_n)_{n \in \mathbb{N}}$ auf jeder kompakten Teilmenge K von X gleichmäßig gegen f.*

Beweis. Der erste Teil ergibt sich unmittelbar aus Satz 3.18.2 und Bemerkung 3.18.1. Der zweite Teil der Behauptung folgt mit dem folgenden Lemma. $\square$

Mit diesen Notationen können wir den folgenden Satz beweisen.

Satz 3.18.4 (Stabilitätssatz). *Sei X ein metrischer Raum, $S \subset X$ und $(s_n)_{n \in \mathbb{N}}$ eine Folge nichtleerer Teilmengen von X mit $\overline{\lim} \, S_n \supset S$.*

Die Folge $(f_n : X \to \mathbb{R})_{n \in \mathbb{N}}$ konvergiere stetig gegen $f : X \to \mathbb{R}$. Für jedes $n \in \mathbb{N}$ sei x_n eine Minimallösung von f_n auf S_n.

Dann ist jeder Häufungspunkt von $(x_n)_{n \in \mathbb{N}}$, der in S liegt, eine Minimallösung von f auf S.

Beweis. Sei $(x_m)_{m \in \mathbb{N}}$ eine gegen $x^* \in S$ konvergente Teilfolge von $(x_n)_{n \in \mathbb{N}}$ und $x \in S$. Nach Voraussetzung existiert eine Folge $(y_n \in S_n)_{n \in \mathbb{N}}$ mit $\overline{\lim}_{n \in \mathbb{N}} \, y_n = x$. Es gilt

$$f_m(x_m) \le f_m(y_m).$$

Die stetige Konvergenz impliziert

$$f(x^*) = \lim_{m \to \infty} f_m(x_m) \le \lim_{m \to \infty} f_m(y_m) = f(x). \qquad \square$$

Lemma 3.18.1 (siehe auch Abschnitt 9.3). *Seien X, Y metrische Räume, $f : X \to Y$ stetig und $(f_n : X \to Y)_{n \in \mathbb{N}}$ eine Folge stetiger Funktionen.*

Genau dann konvergiert $(f_n)_{n \in \mathbb{N}}$ stetig gegen f, wenn $(f_n)_{n \in \mathbb{N}}$ auf jeder kompakten Teilmenge K von X gleichmäßig konvergiert.

Beweis. „$\Rightarrow$": Angenommen, es gibt eine kompakte Teilmenge K von X, auf der $(f_n)_{n\in\mathbb{N}}$ nicht gleichmäßig gegen f konvergiert. Dann gilt:

$$\exists\varepsilon > 0 \; \forall n \in \mathbb{N} \; \exists k_n \geq n \; \exists x_{k_n} \in K : \quad d(f_{k_n}(x_{k_n}), f(x_{k_n})) \geq \varepsilon.$$

Die Folge $(k_n)_{n\in\mathbb{N}}$ besitzt eine streng monoton wachsende Teilfolge $(i_n)_{n\in\mathbb{N}}$ derart, dass $(x_{i_n})_{n\in\mathbb{N}}$ gegen ein $\overline{x} \in K$ konvergiert. Dies führt zu dem Widerspruch

$$\varepsilon \leq d(f_{i_n}(x_{i_n}), f(x_{i_n})) \leq d(f_{i_n}(x_{i_n}), f(\overline{x})) + d(f(x_{i_n}), f(\overline{x})) \to 0.$$

„$\Leftarrow$": Sei $(x_n)_{n\in\mathbb{N}}$ eine gegen x konvergente Folge in X. Dann ist die Menge $K := \{x_n\}_{n\in\mathbb{N}} \cup \{x\}$ kompakt. Da $(f_n)_{n\in\mathbb{N}}$ auf K gleichmäßig konvergiert und f stetig ist, folgt

$$d(f_n(x_n), f(x_n)) < \varepsilon \quad \text{und} \quad d(f(x_n), f(x)) < \varepsilon.$$

Mit der Dreiecksungleichung folgt

$$d(f_n(x_n), f(x_n)) \leq d(f_n(x_n), f(x_n)) + d(f(x_n), f(x)) < 2\varepsilon. \qquad \square$$

Bemerkung 3.18.2. Eine punktweise konvergente Folge $(f_n)_{n\in\mathbb{N}}$ konvergiert unterhalbstetig gegen f, wenn die folgende Bedingung (∗) erfüllt ist:

(∗) Es existiert eine Nullfolge $(\alpha_n)_{n\in\mathbb{N}}$ in $\mathbb{R}$ derart, dass $f_n + \alpha_n \geq f$ und f unterhalbstetig ist.

Dies bedeutet die gleichmäßige Konvergenz von unten auf dem gesamten Raum.

Aber nicht einmal für kompakte Mengen T ist die unterhalbstetige Konvergenz mit der Bedingung (∗) äquivalent. Dies zeigt das

Beispiel 1. Sei $T = [0, 1]$, $t \mapsto f_n(t) := -t^n$. Die Konvergenz ist nicht gleichmäßig von unten, aber nach Satz 3.18.2 ist die Konvergenz unterhalbstetig.

Die Sätze 3.18.1 und 3.18.2 liefern die folgende Stabilitätsaussage (siehe [K4] und [K6]).

Satz 3.18.5 (Stabilitätssatz der monotonen Konvergenz). *Sei $(f_n : T \to \overline{\mathbb{R}})_{n\in\mathbb{N}}$ eine Folge unterhalbstetiger Funktionen, die monoton gegen eine unterhalbstetige Funktion $f : T \to \overline{\mathbb{R}}$ punktweise konvergiert. Dann gilt*

$$\varlimsup_{n\to\infty} M(f_n, T) \subset M(f, T).$$

Ist die Funktionenfolge monoton fallend, dann konvergieren die Werte der Optimierungsaufgaben (f_n, T) gegen den Wert von (f, T), d. h.

$$\inf f_n(T) \overset{n\to\infty}{\longrightarrow} \inf f(T). \tag{∗}$$

Ist T zusätzlich eine kompakte Menge, dann ist $\varlimsup_{n\to\infty} M(f_n, T) \neq \emptyset$ und die Konvergenz der Werte ist auch für monoton wachsende Funktionenfolgen gewährleistet.

Beweis. Nach den Sätzen 3.18.1 und 3.18.2 bleibt nur (∗) zu zeigen. Sei (f_n) monoton fallend. Die Folge $r_n := \inf f_n(T)$ ist auch monoton fallend und damit gegen ein $r_0 \in \overline{\mathbb{R}}$ konvergent.

Ist $r_0 = -\infty$ oder $r_0 = \infty$, so gilt (∗). Sei $r_0 \in \mathbb{R}$ und $r_0 > \inf f(T)$. Dann gibt es ein $x_0 \in T$ mit $f(x_0) < r_0$. Aus der punktweisen Konvergenz folgt $f_n(x_0) \overset{n\to\infty}{\longrightarrow} f(x_0)$ und damit der Widerspruch $r_0 = \liminf_{n\to\infty} f_n(T) \leq f(x_0) < r_0$.

Sei jetzt (f_n) wachsend und T kompakt. Sei $x_n \in M(f_n, T)$ und (x_{n_i}) eine gegen $\overline{x}$ konvergente Teilfolge von (x_n). Nach dem ersten Teil des Satzes ist $\overline{x} \in M(f, T)$. Nach Satz 3.18.2 ist die Konvergenz unterhalbstetig und damit gilt

$$\lim_{i\to\infty} f_{n_i}(x_{n_i}) \geq f(\overline{x}) = \inf f(T).$$

Da (f_n) monoton wachsend ist, folgt die Behauptung. □

Beispiel 2. Sei $T = \mathbb{R}_-$ und $f_n(t) := e^{\frac{t}{n}}$. Dann konvergiert (f_n) monoton gegen die Funktion identisch 1, aber

$$\inf f_n(T) = 0 \not\longrightarrow 1.$$

Bemerkung 3.18.3. Mit dem Stabilitätssatz der monotonen Konvergenz bekommen wir eine formale Ähnlichkeit zu dem aus der Integrationstheorie bekannten Satz über monotone Konvergenz, der die Vertauschbarkeit von Limes und Integral erlaubt. Bei Optimierungsaufgaben darf man dann Limes und inf (bzw. sup) vertauschen. Sogar die Differentiation unter dem inf- (bzw. sup-)Zeichen ist erlaubt. Dies soll jetzt an dem Beispiel der Maximum-Norm illustriert werden.

Rechtsseitige Richtungsableitung der Maximum-Norm

Satz 3.18.6. *Sei T ein kompakter metrischer Raum und $C(T)$ der Raum der stetigen Funktionen von T nach $\mathbb{R}$. Für die Funktionen $f, g \colon C(T) \to \mathbb{R}$ mit*

$$f(x) := \max_{t\in T} |x(t)| \quad \text{(Maximum-Norm)},$$

$$g(x) := \max_{t\in T} x(t)$$

und $h \in C(T)$, $x \in C(T)\backslash\{0\}$ gilt:

$$f'_+(x, h) = \max\{h(t)\, \mathrm{sign}\, x(t) \mid t \in T \quad \text{und} \quad |x(t)| = f(x)\}$$

bzw.

$$g'_+(x, h) = \max\{h(t) \mid t \in T \quad \text{und} \quad g(x) = x(t)\}.$$

Beweis. Aus der Monotonie des Differenzenquotienten konvexer Funktionen und dem Stabilitätssatz der monotonen Konvergenz folgt

$$\lim_{\alpha\downarrow0} \frac{\max_{t\in T}|x(t)+\alpha h(t)| - f(x)}{\alpha}$$

$$= \max_{t\in T}\lim_{\alpha\downarrow0} \frac{|x(t)+\alpha h(t)| - |x(t)| + |x(t)| - f(x)}{\alpha} \tag{3.18.1}$$

$$= \max\left\{\lim_{\alpha\downarrow0} \frac{|x(t)+\alpha h(t)| - |x(t)|}{\alpha} \mid t \in T \quad \text{und} \quad f(x) = |x(t)|\right\}$$

$$= \max\{h(t)\operatorname{sign} x(t) \mid t \in T \quad \text{und} \quad |x(t)| = f(x)\}.$$

Denn für alle $t \in T$ mit $|x(t)| < f(x)$ ist der Limes in (3.18.1) gleich $-\infty$. Analog wird g'_+ berechnet. $\qquad\square$

Eine Anwendung des Satzes von Dini führt zu einer Erweiterung des Riemann-Integrals.

3.19   Eine Erweiterung des Riemann-Integrals

Viele konkrete Anwendungen führen auf natürliche Art zu Integralen von Funktionen mit Singularitäten. Ein Beispiel hierfür ist bereits das von Johann Bernoulli 1696 gestellte Brachistochronen-Problem (siehe Abschnitt 5.2), das man als den Anfang der Optimierungstheorie in Funktionenräumen ansehen kann.

Wir wollen jetzt eine einfache Erweiterung des Riemannschen Integral-Begriffes einführen, die uns die Vertauschbarkeit von Limes und Integral auch ohne die Lebesguesche Maßtheorie (Satz über monotone Konvergenz) erlauben wird. Für einen allgemeinen derartigen Zugang siehe [F2], S. 72.

Die jetzt folgenden Begriffe sind besonders gut bei der Berechnung der rechtsseitigen Richtungsableitung konvexer Funktionen (in der Form eines Integrales) verwendbar. Denn die unten vorkommenden monotonen Folgen entstehen bei der Bildung der Differenzenquotienten konvexer Funktionen (siehe Abschnitt 3.9). Seien nun $a, b \in \mathbb{R}$ und $a < b$.

Es soll jetzt das Riemann-Integral auf Funktionen, die man als punktweisen Limes monotoner Folgen in $C[a, b]$ darstellen kann, erweitert werden. Sei $UC[a, b] := \{u : [a, b] \to (-\infty, \infty] \mid$ es existiert $(x_k)_{k\in\mathbb{N}}$ in $C[a, b]$ mit $x_k \uparrow u$ punktweise$\}$ und $VC[a, b] := \{v : [a, b] \to [-\infty, \infty) \mid$ es existiert $(y_k)_{k\in\mathbb{N}}$ in $C[a, b]$ mit $y_k \downarrow v$ punktweise$\}$.

Um ein Integral in $UC[a, b]$ bzw. $VC[a, b]$ zu erklären, ist das folgende Lemma von zentraler Bedeutung.

Lemma 3.19.1. *Seien* $(x_k)_{k \in \mathbb{N}}$ *und* $(z_k)_{k \in \mathbb{N}}$ *monoton steigende (bzw. fallende) Folgen in* $C[a,b]$, *so dass für alle* $t \in [a,b]$

$$\lim_k x_k(t) = \lim_k z_k(t)$$

ist (Limes in $\overline{\mathbb{R}}$). *Dann gilt*

$$\lim_k \int_a^b x_k(t)dt = \lim_k \int_a^b z_k(t)dt. \tag{3.19.1}$$

Beweis. Sei $i \in \mathbb{N}$ fest gewählt, und für alle $k \in \mathbb{N}$ sei $z_k^* \in C[a,b]$ durch $z_k^*(t) := \inf\{x_i(t), z_k(t)\}$ erklärt. Sei $t \in [a,b]$. Aus $\lim_k z_k(t) \geq x_i(t)$ und z_k monoton steigend folgt $z_k^*(t) \uparrow x_i(t)$.

Nach dem Satz von Dini konvergiert z_k^* gegen x_i gleichmäßig auf $[a,b]$.

Damit ist

$$\left| \int_a^b z_k^*(t)dt - \int_a^b x_i(t)dt \right| \leq \int_a^b |z_k^*(t) - x_i(t)|dt \tag{3.19.2}$$

$$\leq (b-a)\max\{|z_k^*(t) - x_i(t)| \mid t \in [a,b]\} \overset{k}{\to} 0$$

d. h.

$$\lim_k \int_a^b z_k^*(t)dt = \int_a^b x_i(t)dt.$$

Wegen $z_k^*(t) \leq z_k(t)$ für alle $t \in [a,b]$ folgt für alle $i \in \mathbb{N}$

$$\beta := \lim_k \int_a^b z_k(t)dt \geq \lim_k \int_a^b z_k^*(t)dt = \int_a^b x_i(t)dt \tag{3.19.3}$$

und damit $\beta \geq \alpha := \lim_i \int_a^b x_i(t)dt$.

Durch Vertauschen von (x_k) und (z_k) folgt $\beta \leq \alpha$. Der Fall monoton fallender Folgen wird analog behandelt. $\qquad\qquad\square$

Das obige Lemma erlaubt die folgende Definition des Integrals in $UC[a,b]$ (bzw. $VC[a,b]$).

Definition 3.19.1. Für $u \in UC[a,b]$ (bzw. $VC[a,b]$) sei

$$\mu(u) := \lim_i \int_a^b x_i(t)dt,$$

wobei $(x_i)_{i \in \mathbb{N}}$ irgendeine Folge in $C[a,b]$ mit $x_i \uparrow u$ ist.

Bemerkung 3.19.1. Mit dem Satz von Dini folgt wie in 2), dass für jedes $u \in C[a,b]$ bereits $\mu(u) = \int_a^b u(t)dt$ gilt.

Damit stimmt μ auf $C[a,b]$ mit dem Riemann-Integral überein. Deshalb ist die folgende Schreibweise für $u \in UC[a,b] \cup VC[a,b]$ gerechtfertigt:

$$\int_a^b u(t)dt := \mu(u).$$

Direkt aus der Definition des Integrals folgt die

Bemerkung 3.19.2. Sei $(x_i)_{i \in \mathbb{N}}$ eine monoton steigende (bzw. fallende) Folge stetiger Funktionen, die punktweise konvergiert (in $(-\infty, \infty]$ bzw. $[-\infty, \infty)$). Dann gilt

$$\lim_i \int_a^b x_i(t)dt = \int_a^b \lim_i x_i(t)dt.$$

Kapitel 4

Notwendige und hinreichende Optimalitätsbedingungen

Ziel dieses Abschnittes ist es, einige notwendige und hinreichende Bedingungen für das Vorliegen einer Minimallösung reellwertiger Funktionen zu formulieren. Die Definitionsbereiche werden Teilmengen eines Vektorraumes sein.

4.1 Notwendige Optimalitätsbedingungen

Für das Vorliegen einer Minimallösung einer Gâteaux-differenzierbaren Funktion kann man eine notwendige Bedingung angeben, die zu der aus der reellen Analysis wohlbekannten notwendigen Bedingung völlig analog ist. Diese Sicht gehört zu den mathematischen Errungenschaften, die mit der Entwicklung der Variationsrechnung verbunden ist (Variation entlang einer Strecke).

Satz 4.1.1. *Sei U eine Teilmenge eines Vektorraumes X und $f : U \to \mathbb{R}$ besitze in $x_0 \in U$ eine Minimallösung.*

Ist für ein $z \in X$ und ein $\varepsilon > 0$ die Strecke $(x_0 - \varepsilon z, x_0 + \varepsilon z)$ in U enthalten und f in x_0 in Richtung z differenzierbar, so gilt:

$$f'(x_0, z) = 0.$$

Beweis. Die Funktion $g : (-\varepsilon, \varepsilon) \to \mathbb{R}$ mit $t \mapsto g(t) := f(x_0 + tz)$ hat in 0 eine Minimallösung. Damit und mit Definition 3.8.1 gilt:

$$0 = g'(0) = f'(x_0, z). \qquad \square$$

Folgerung 4.1.1. *Sei V ein Teilraum des Vektorraumes X, $y_0 \in X$ und $f : y_0 + V \to \mathbb{R}$ eine in $x_0 \in y_0 + V$ in allen Richtungen $z \in V$ differenzierbare Funktion.*

Ist $x_0 \in M(f, y_0 + V)$, so ist für alle $z \in V$: $f'(x_0, z) = 0$.

Denn sei $h : V \to \mathbb{R}$ durch $h(v) := f(y_0 + v)$ erklärt, so gilt: $h'(v, z) = f'(y_0 + v, z)$.

Ist speziell $V = X$ und $x_0 \in M(f, X)$, so ist für alle $z \in X$: $f'(x_0, z) = 0$.

Folgerung 4.1.2. *Sei $U \subset \mathbb{R}^n$ und x^* ein innerer Punkt von U. Ist x^* eine Minimallösung von f in U und f in x^* partiell differenzierbar, dann gilt für alle $i \in \{1, \ldots, n\}$:*

$$\frac{\partial f}{\partial x_i}(x^*) := f'(x^*, e_i) = 0.$$

Bemerkung (Notwendige Optimalitätsbedingungen zweiter Ordnung). Sei X ein normierter Raum, $U \subset X$ offen und $f \in C^{(2)}(U)$. Ist x^* eine Minimallösung von f bzgl. einer Teilmenge K von U und ist $[x^* - z, x^* + z] \subset K$ für ein $z \in X$, so ist 0 eine Minimallösung der Funktion $g : [-1, 1] \to \mathbb{R}$ mit $t \mapsto g(t) := f(x^* + tz)$.

Damit und mit der Kettenregel bekommen wir die folgende notwendige Optimalitätsbedingung:

$$0 \leq g''(0) = ((f''(x^*)z)z).$$

4.2   Hinreichende Optimalitätsbedingungen: Charakterisierungssatz der konvexen Optimierung

Die Idee der Variationen entlang einer Strecke, die L. Euler erlaubte, „Kurven zu finden, denen eine Eigenschaft im höchsten oder geringsten Grade zukommt" (siehe [Eu]), führte in Abschnitt 4.1 zu einer abstrakten notwendigen Bedingung für Minimallösungen einer Funktion, die auf einem Vektorraum definiert ist. Der erst am Anfang des 20. Jahrhunderts gefundene Begriff einer konvexen Funktion sorgt zusammen mit der Idee der Variationen für einen einfachen und eleganten Zugang in die Optimierungstheorie. Sie ist von zentraler Bedeutung. Dies soll im Kapitel 5 illustriert werden.

Satz 4.2.1 (Charakterisierungssatz der konvexen Optimierung). *Sei K eine konvexe Teilmenge des Vektorraumes X und $f : K \to \mathbb{R}$ eine konvexe Funktion. Ein $x_0 \in K$ ist genau dann eine Minimallösung von f auf K, wenn für alle $x \in K$ gilt:*

$$f'_+(x_0, x - x_0) \geq 0. \tag{4.2.1}$$

Beweis. Sei x_0 eine Minimallösung von f auf K. Für $x \in K$ und $t \in (0, 1]$ ist $x_0 + t(x - x_0) = tx + (1 - t)x_0 \in K$ und damit

$$\frac{f(x_0 + t(x - x_0)) - f(x_0)}{t} \geq 0.$$

Der Grenzübergang mit t gegen 0 ist wegen der Monotonie des Differenzenquotienten konvexer Funktionen erlaubt und liefert (4.2.1). Andererseits folgt aus (4.2.1) mit Satz 3.9.1, 3) für alle $x \in K$

$$f(x) - f(x_0) \geq f'_+(x_0, x - x_0) \geq 0, \quad \text{d. h.} \quad x_0 \in M(f, K). \qquad \square$$

Als Folgerung erhalten wir den

Satz 4.2.2. *Sei V ein Teilraum des Vektorraumes X und $f : V \to \mathbb{R}$ eine Gâteaux-differenzierbare konvexe Funktion. Genau dann ist ein $x_0 \in M(f, V)$, wenn für alle $v \in V$*

$$f'(x_0, v) = 0 \tag{4.2.2}$$

gilt.

Beweis. Mit Satz 4.1.1 ist (4.2.2) notwendig und nach dem Charakterisierungssatz hinreichend, da mit $v \in V$ auch $(v + x_0) \in V$ ist. □

Als weitere Folgerung erhalten wir den

Satz 4.2.3. *Sei U eine offene konvexe Teilmenge des $\mathbb{R}^n$ und $f : U \to \mathbb{R}$ eine konvexe differenzierbare Funktion. Genau dann ist $x^* \in U$ eine Minimallösung von f auf U, wenn $\nabla f(x^*) = 0$ gilt.*

Beweis. Folgt aus Folgerung 4.1.2 und dem Charakterisierungssatz der konvexen Optimierung, da für alle $h \in \mathbb{R}^n$

$$f'(x^*, h) = \nabla f(x^*) \cdot h = 0$$

gilt (s. (3.11.8)). □

4.3 Lokale Minimallösungen

Definition 4.3.1. Sei X ein Vektorraum, $U \subset X$ und $x_0 \in U$. U heißt *algebraische Umgebung* von x_0, wenn x_0 ein algebraisch innerer Punkt von U ist.

Definition 4.3.2. Sei X ein Vektorraum, $S \subset X$, $x_0 \in S$ und $f : S \to \mathbb{R}$ eine Abbildung. x_0 heißt eine *algebraisch lokale Minimallösung* von f auf S, wenn es eine algebraische Umgebung U von x_0 in X derart gibt, dass x_0 eine Minimallösung von f auf $U \cap S$ ist.

Definition 4.3.3. Sei X ein metrischer Raum, $S \subset X$, $x_0 \in S$ und $f : S \to \mathbb{R}$ eine Abbildung. x_0 heißt eine *lokale Minimallösung* von f auf S, wenn es eine Umgebung U von x_0 in X derart gibt, dass x_0 eine Minimallösung von f auf $U \cap S$ ist.

Bemerkung 4.3.1. Sei X ein normierter Raum, $S \subset X$ und $f : S \to \mathbb{R}$ eine Abbildung. Dann ist jede lokale Minimallösung von f auf S eine algebraisch lokale Minimallösung von f auf S.

Lemma 4.3.1. *Sei X ein Vektorraum, $S \subset X$ eine konvexe Teilmenge und $f : S \to \mathbb{R}$ eine konvexe Funktion. Dann ist eine algebraisch lokale Minimallösung von f auf S auch stets eine Minimallösung von f auf S.*

Beweis. Sei x_0 eine algebraisch lokale Minimallösung von f auf S. Sei $y \in S$. Dann gibt es ein $\lambda \in (0, 1]$, so dass x_0 eine Minimallösung von f auf $[x_0, x_0 + \lambda(y - x_0)]$

ist. Folglich gilt

$$f(x_0) \leq f(x_0 + \lambda(y - x_0)) = f(\lambda y + (1 - \lambda)x_0)$$
$$\leq \lambda f(y) + (1 - \lambda)f(x_0) = f(x_0) + \lambda(f(y) - f(x_0)),$$

also $f(y) - f(x_0) \geq 0$. $\qquad\qquad\qquad\qquad\qquad\qquad\qquad\qquad\qquad\square$

Mit Abschnitt 3.12 bekommen wir die folgende hinreichende Bedingung für eine lokale Minimallösung.

Satz 4.3.1. *Es seien $U \subset \mathbb{R}^n$, x^* ein innerer Punkt von U und $f : U \to \mathbb{R}$ in x^* zweimal stetig differenzierbar. Es gelte:*

a) *$f'(x^*) = 0$.*

b) *$f''(x^*)$ ist positiv definit.*

Dann ist x^* eine lokale Minimallösung von f auf U.

Beweis. Da $f''(x^*)$ positiv definit ist, gibt es eine offene Kugel K um x^*, auf der f'' positiv definit ist.

Dies folgt aus der Stetigkeit der Determinanten-Abbildung $A \mapsto \det(A)$ und dem Kriterium von Hurwitz. Nach Abschnitt 3.12 ist f auf K konvex. Aus dem Charakterisierungssatz (Satz 4.2.1) folgt die Behauptung. $\qquad\qquad\qquad\square$

Bemerkung 4.3.2. Sei a) aus Satz 4.3.1 erfüllt. Nach obigen Betrachtungen ist das folgende hinreichende Kriterium für eine lokale Minimallösung allgemeiner als b):

$$\text{„}f \text{ ist in einer Umgebung von } x^* \text{ konvex“.} \qquad\qquad (*)$$

Da aus b) bereits die strikte Konvexität von f in einer Kugel um x^* folgt, kann b), im Gegensatz zu $(*)$, nur bei isolierten (eindeutigen) lokalen Minimallösungen benutzt werden.

Die Bedingung $(*)$ ist außerdem in beliebigen normierten Räumen hinreichend für eine lokale Minimallösung, aber nicht die Bedingung b) im Sinne der positiven Definitheit aus Abschnitt 3.12 (d. h. für alle $h \in X$ und $\varphi_h(t) := f(x^* + th)$ gilt $\varphi_h''(0) > 0$). Dies sieht man an dem folgenden

Gegenbeispiel. Sei $X := l^2$ und $f(x) := \sum_{j=1}^{\infty}(j^{-1}x_j^2 - x_j^4)$. Für $x^* = 0$ und $\varphi_h(t) := f(th)$ gilt $\varphi_h'(t) = \sum_{j=1}^{\infty}(2j^{-1}th_j^2 - 4t^3h_j^4)$ und $\varphi_h''(0) = \sum_{j=1}^{\infty}2j^{-1}h_j^2$. Damit ist $f'(0, h) = \varphi_h(0) = 0$ für alle $h \in X$ und $\varphi_h''(0) > 0$ für $h \neq 0$, aber 0 ist in keiner Kugel um 0 eine Minimallösung von f. Denn zu jedem $\varepsilon > 0$ gibt es ein $j \in \mathbb{N}$ derart, dass für den j-ten Einheitsvektor e_j gilt: $f(\varepsilon e_j) = j^{-1}\varepsilon^2 - \varepsilon^4 < 0$.

4.4 Restringierte Optimierungsaufgaben: Penalty-Methode

Sei X ein normierter Raum und $f: X \to \mathbb{R}$ unterhalbstetig. Dann soll f auf einer Teilmenge S von X minimiert werden. Hierbei wird von *restringierten Optimierungsaufgaben* gesprochen. Die Menge S heißt *Restriktionsmenge*.

Die Idee der Penalty-Methode besteht darin, die restringierte Aufgabe durch eine Folge nichtrestringierter Aufgaben zu ersetzen. Zu diesem Zweck wählt man eine Funktion (Penalty-Funktion)

$$g: X \to \mathbb{R}_+$$

mit $g(x) = 0$ für $x \in S$ und $g(x) > 0$ für $x \in X \setminus S$. Man macht nun den folgenden Ansatz.

Sei $(\lambda_n)_{n \in \mathbb{N}}$ eine Folge positiver Zahlen mit $\lambda_n \to \infty$. Für $n \in \mathbb{N}$ sei

$$f_n := f + \lambda_n g.$$

Es gilt der

Satz 4.4.1. *Seien* $g: X \to \mathbb{R}_+$, $f: X \to \mathbb{R}$ *unterhalbstetige Funktionen. Sei* $S = \{x \in X \mid g(x) = 0\}$, *und sei für jedes* $n \in \mathbb{N}$ *das Element* $x_n \in X$ *eine Minimallösung von*

$$f + \lambda_n g$$

auf ganz X. *Dann ist jeder Häufungspunkt von* $(x_n)_{n \in \mathbb{N}}$ *eine Minimallösung von* f *auf der Restriktionsmenge* S.

Beweis. Sei $\overline{x}$ ein Häufungspunkt von $(x_n)_{n \in \mathbb{N}}$ und $(x_{n_i})_{i \in \mathbb{N}}$ eine Teilfolge von $(x_n)_{n \in \mathbb{N}}$, die gegen $\overline{x}$ konvergiert. Zunächst wird gezeigt, dass $\overline{x} \in S$ ist.

Für alle $x \in S$ und $i \in \mathbb{N}$ ist

$$f(x_{n_i}) + \lambda_{n_i} g(x_{n_i}) \leq f(x) + \lambda_{n_i} g(x) = f(x),$$

also auch

$$\frac{1}{\lambda_{n_i}} f(x_{n_i}) + g(x_{n_i}) \leq \frac{1}{\lambda_{n_i}} f(x).$$

Da f, g unterhalbstetig sind, gelten: $\underline{\lim}_{i \to \infty} f(x_{n_i}) \geq f(\overline{x})$ und $\underline{\lim}_{i \to \infty} g(x_{n_i}) \geq g(\overline{x})$. Damit gilt auch

$$0 = \lim_{i \to \infty} \left(\frac{1}{\lambda_{n_i}} f(x) \right) \geq \underline{\lim_{i \to \infty}} \left(\frac{1}{\lambda_{n_i}} f(x_{n_i}) + g(x_{n_i}) \right) \geq g(\overline{x}) \geq 0,$$

also $g(\overline{x}) = 0$, d. h. $\overline{x} \in S$.

Es bleibt zu zeigen, dass $\overline{x}$ eine Minimallösung von f auf S ist. Für alle $x \in S$ und $i \in \mathbb{N}$ gilt:

$$f(x_{n_i}) \leq f(x_{n_i}) + \lambda_{n_i} g(x_{n_i}) \leq f(x).$$

Der Übergang zum Limes inferior liefert wegen der Unterhalbstetigkeit von f

$$f(\overline{x}) \leq \varliminf_{i \to \infty} f(x_{n_i}) \leq f(x),$$

also $\overline{x} \in M(f, S)$. □

Beispiel. Zu minimieren ist die Funktion

$$f : \mathbb{R}^2 \to \mathbb{R}, \quad (x, y) \mapsto f(x, y) := x^2 + y^2$$

unter der Nebenbedingung $x + y = 1$. Die Restriktionsmenge S ist also $S = \{(x, y) \in \mathbb{R}^2 \mid x + y = 1\}$. Man betrachte die Penalty-Funktion

$$g : \mathbb{R}^2 \to \mathbb{R}_+, \quad (x, y) \mapsto g(x, y) := (x + y - 1)^2.$$

Dann gilt $S = \{(x, y) \in \mathbb{R}^2 \mid g(x, y) = 0\}$. Für jedes $n \in \mathbb{N}$ sei

$$f_n := f + ng.$$

(Die Folge $(\lambda_n)_{n \in \mathbb{N}}$ ist also die Folge $(n)_{n \in \mathbb{N}}$.)

Gleichungen zur Berechnung der Minimallösung (x_n, y_n) von f_n auf $\mathbb{R}^2$ erhält man durch das Nullsetzen der partiellen Ableitungen von f_n.

$$2x_n + 2n(x_n + y_n - 1) = 0$$
$$2y_n + 2n(x_n + y_n - 1) = 0.$$

Hieraus erhält man $x_n = y_n = \frac{n}{1 + 2n}$. (x_n, y_n) ist Minimallösung von f_n auf $\mathbb{R}^2$, da f_n konvex ist. Es gilt $(x_n, y_n)_{n \in \mathbb{N}} \to \left(\frac{1}{2}, \frac{1}{2}\right)$. Damit ist $\left(\frac{1}{2}, \frac{1}{2}\right)$ eine gesuchte Lösung.

Optimierung bei Gleichungs- und Ungleichungsrestriktionen

Wird die Restriktionsmenge S durch m Gleichungen

$$g_i(x) = 0, \quad i \in \{1, \ldots, m\}$$

und p Ungleichungen

$$h_j(x) \leq 0, \quad j \in \{1, \ldots, p\}$$

beschrieben, so bietet sich der folgende Ansatz für die Penalty-Funktion an:

$$g := \sum_{i=1}^{m} g_i^2 + \sum_{j=1}^{p} (h_j)_+^2, \quad \text{wobei} \quad (h_j)_+^2(x) := \begin{cases} h_j^2(x) & \text{falls } h_j(x) \geq 0 \\ 0 & \text{sonst} \end{cases}.$$

Bezeichnung. Ein Punkt, der in der Restriktionsmenge einer restringierten Optimierungsaufgabe liegt, wird auch *zulässig* (für diese Aufgabe) genannt.

Aufgabe. Seien $f, g_1, \ldots, g_m$ stetige Funktionen auf einem metrischen Raum T und $S = \{x \in T \mid g_i(x) \leq 0, i \in \{1, \ldots, m\}\}$. Sei x_n eine Minimallösung von

$$f_n := f + \frac{1}{n} \sum_{i=1}^{m} \exp(ng_i) = f + \frac{1}{n} \sum_{i=1}^{m} (\exp(g_i)^n) \quad \text{auf } T.$$

Dann ist jeder Häufungspunkt der Folge $(x_n)_{n \in \mathbb{N}}$ eine Minimallösung von f auf S.

4.5 Lagrange-Methode

Die folgende Idee von Lagrange hat eine fundamentale Bedeutung in der Optimierungstheorie gewonnen (siehe [K6]).

Sei M eine beliebige Menge und $f, g \colon M \to \mathbb{R}$ beliebige Funktionen. Die Suche nach einer Minimallösung von f auf M auf der Restriktionsmenge $S = \{x \in M \mid g(x) = 0\}$ kann man im Sinne der Ergänzungsmethode aus Abschnitt 1.4 realisieren:

Man finde ein $\lambda \in \mathbb{R}$ derart, dass ein Element $x_0 \in S$ die Funktion $f + \lambda g$ auf M (nicht restringiert) minimiert und die Lösung der Gleichung $g(x) = 0$ ist. Offenbar gilt dann für alle $x \in S$ die Ungleichung

$$f(x_0) = f(x_0) + \lambda g(x_0) \leq f(x) + \lambda g(x) = f(x).$$

Dieser Ansatz lässt sich unmittelbar auf mehrere Nebenbedingungen übertragen und führt zu der folgenden hinreichenden Bedingung für Lösungen restringierter Optimierungsaufgaben.

Lemma 4.5.1 (Lagrange-Lemma für Gleichungen). *Sei* $f \colon M \to \mathbb{R}$, $g = (g_1, \ldots, g_m) \colon M \to \mathbb{R}^m$ *und* $S = \{x \in M \mid g(x) = 0 \in \mathbb{R}^m\}$.

Sei $\lambda \in \mathbb{R}^m$ *derart, dass ein* $x_0 \in S$ *eine Minimallösung der Funktion*

$$f + \sum_{i=1}^{m} \lambda_i g_i$$

auf M ist.

Dann ist x_0 eine Minimallösung von f auf S.

Beweis. Für $x \in S$ gilt:

$$f(x_0) = f(x_0) + \langle \lambda, g(x_0) \rangle \leq f(x) + \langle \lambda, g(x) \rangle = f(x). \qquad \square$$

Das Lagrange-Lemma liefert eine allgemeine hinreichende Bedingung für Minimallösungen restringierter Aufgaben, die auch in Funktionenräumen verwendbar ist. Joseph Louis Lagrange (1736–1813) hat seine Methode bereits bei Variationsaufgaben benutzt. Bei der Verwendung des Lagrange-Lemmas in $\mathbb{R}^m$ beachte man die folgende

Bemerkung 4.5.1. Sei U eine Teilmenge von $\mathbb{R}^n$, und seien $f: \mathbb{R}^n \to \mathbb{R}$, $g = (g_1, \ldots, g_m): \mathbb{R}^n \to \mathbb{R}^m$ differenzierbar. Nach dem Lagrange-Lemma gilt es ein $\lambda = (\lambda_1, \ldots, \lambda_m) \in \mathbb{R}^m$ so zu finden, dass für einen Punkt $x = (x_1, \ldots, x_n) \in \mathbb{R}^n$ gilt:

i) x erfüllt die geforderten Nebenbedingungen, d. h.

$$g_j(x) = 0 \quad \text{für } j \in \{1, \ldots, m\}. \tag{4.5.1}$$

ii) x ist eine globale Minimallösung der Funktion $f_\lambda := f + \sum_{j=1}^m \lambda_j g_j$.

Eine notwendige Bedingung für das Erfüllen der Bedingung ii) ist nach Folgerung 4.1.2 $f'_\lambda(x) = 0$. Das führt zu den zusätzlichen n Gleichungen

$$\frac{\partial f}{\partial x_i}(x) + \sum_{j=1}^m \lambda_j \frac{\partial g_j}{\partial x_i}(x) = 0 \quad \text{für } i \in \{1, \ldots, n\}. \tag{4.5.2}$$

Mit (4.5.1) und (4.5.2) bekommen wir ein System von $n + m$ Gleichungen (im allgemeinen nichtlinear) für die $n + m$ Unbekannten $(x_1, \ldots, x_n, \lambda_1, \ldots, \lambda_m)$. Aber durch das Auffinden einer Lösung $(x_1^*, \ldots, x_n^*, \lambda_1^*, \ldots, \lambda_m^*)$ von (4.5.1) und (4.5.2) bekommen wir im Falle $x^* \in U$ nur einen Kandidaten für eine Minimallösung von f auf $S := \{x \in U \mid g(x) = 0\}$.

Denn es gilt noch zu prüfen, ob $(x_1^*, \ldots, x_n^*)$ eine Minimallösung der Funktion $f_{\lambda*} := f + \sum_{j=1}^m \lambda_j^* g_j$ auf $\mathbb{R}^n$ ist.

Ist die zu dem berechneten λ^* gehörige Funktion $f_{\lambda*}$ konvex, dann ist (siehe Abschnitt 4.2) x^* eine Minimallösung von $f_{\lambda*}$ und mit dem Lagrange-Lemma auch eine Minimallösung von f auf S. Bei zweimal stetig differenzierbaren Funktionen garantiert die positive Definitheit von $f''_{\lambda*}(x^*)$, dass x^* eine lokale Minimallösung von f auf S ist (siehe Satz 4.3.1).

Zur Illustration des Ansatzes soll jetzt gezeigt werden, dass die Gleichverteilung die größte Entropie besitzt.

Die Entropie-Funktion (Information)

$$f: \mathbb{R}_+^n \to \mathbb{R}, \quad x = (x_1, \ldots, x_n) \mapsto f(x) := -\sum_{i=1}^n x_i \ln x_i,$$

(mit der stetigen Ergänzung $0 \ln 0 := 0$) soll auf der Menge $\{x \in \mathbb{R}_+^n \mid \sum_{i=1}^n x_i = 1\}$ maximiert werden.

Lösung. Die Funktion $-f$ ist konvex. Dies folgt aus der Monotonie der Ableitung von $s \mapsto s \ln s$ in $(0, \infty)$. Damit ist für jedes $\lambda \in \mathbb{R}$ die Funktion

$$f_\lambda(x) := -f(x) + \lambda \left(\sum_{i=1}^{n} x_i - 1 \right)$$

konvex und in Int $\mathbb{R}_+^n$ stetig differenzierbar. Ein $\overline{x} \in$ Int $\mathbb{R}_+^n$ ist genau dann eine Minimallösung von f_λ auf $\mathbb{R}_+^n$, wenn die partiellen Ableitungen in $\overline{x}$ verschwinden, d. h.

$$\ln x_i + 1 + \lambda = 0 \quad \text{für alle } i \in \{1, \ldots, n\}. \tag{$*$}$$

Setzt man $x_i = \frac{1}{n}, i \in \{1, \ldots, n\}$ und $\lambda = \ln n - 1$, so ist $(*)$ erfüllt. Nach Lagrange-Lemma ist die Gleichverteilung $(\frac{1}{n}, \ldots, \frac{1}{n})$ eine Lösung der Aufgabe.

In dem letzten Beispiel war die zu minimierende Funktion f konvex und die Nebenbedingungen waren durch affine Funktionen gegeben. In so einem Fall ist für jede Lösung $(x_1^*, \ldots, x_n^*, \lambda_1^*, \ldots, \lambda_n^*)$ des Gleichungssystems (4.5.1) und (4.5.2) der Punkt $(x_1^*, \ldots, x_n^*)$ eine Lösung der Ausgangsaufgabe

„Minimiere f auf $S := \{x \mid g_i(x) = 0, i \in \{1, \ldots, m\}\}$“.

Denn die Funktion $f + \sum_{i=1}^{m} \lambda_i^* g_i$ ist konvex. Viele natürlich entstehende Aufgaben besitzen diese Gestalt. Manchmal führen leichte Umformungen zu derartigen Aufgaben.

Beispiel 1. Maximiere die Fläche eines Rechtecks bei vorgegebenem Umfang 1: Maximiere $f(x_1, x_2) = x_1 \cdot x_2$ unter den Nebenbedingungen $2x_1 + 2x_2 = 1$, $x_1 > 0$, $x_2 > 0$. Aufgrund der strengen Monotonie des Logarithmus, kann man statt f die Funktion $h(x_1, x_2) := \ln x_1 + \ln x_2$ maximieren oder die konvexe Funktion $-h$ minimieren.

Beispiel 2. Minimiere $f: \mathbb{R}^3 \to \mathbb{R}, (x, y, z) \mapsto x^2 + y + z$ unter den Nebenbedingungen $x^2 + y^2 + z^2 = 1$ und $x + y + z = 1$.

Nach dem Lagrange-Lemma suchen wir $\lambda_1, \lambda_2 \in \mathbb{R}$, so dass für eine Minimallösung (x^*, y^*, z^*) von f auf S gilt:

(1) $2x^* + \lambda_1 2x^* + \lambda_2 = 0$

(2) $1 + \lambda_1 2y^* + \lambda_2 = 0$

(3) $1 + \lambda_1 2z^* + \lambda_2 = 0$

und

(4) $x^{*2} + y^{*2} + z^{*2} = 1$

(5) $x^* + y^* + z^* = 1$.

Aus (2) und (3) folgt: $2\lambda_1(y^* - z^*) = 0$.

Fall 1: $\lambda_1 \neq 0$. Dann ist $y^* = z^*$ und aus (4), (5) ergeben sich zwei Lösungen:

$$(x_1^*, y_1^*, z_1^*) = (1, 0, 0) \quad \text{mit } f(x_1^*, y_1^*, z_1^*) = 1,$$

$$(x_2^*, y_2^*, z_2^*) = \left(-\frac{1}{3}, \frac{2}{3}, \frac{2}{3}\right) \quad \text{mit } f(x_2^*, y_2^*, z_2^*) = \frac{13}{9}.$$

Fall 2: $\lambda_1 = 0$. Dann ist $\lambda_2 = -1$ und $x^* = \frac{1}{2}$ und aus (4), (5) ergeben sich zwei weitere Lösungen:

$$(x_3^*, y_3^*, z_3^*) = \left(\frac{1}{2}, \frac{1}{4}(1 + \sqrt{5}), \frac{1}{4}(1 - \sqrt{5})\right) \quad \text{mit } f(x_3^*, y_3^*, z_3^*) = \frac{3}{4}$$

$$(x_4^*, y_4^*, z_4^*) = \left(\frac{1}{2}, \frac{1}{4}(1 - \sqrt{5}), \frac{1}{4}(1 + \sqrt{5})\right) \quad \text{mit } f(x_4^*, y_4^*, z_4^*) = \frac{3}{4}.$$

Die zu den Lagrange-Multiplikatoren $\lambda_1 = 0$, $\lambda_2 = -1$ aus Fall 2 gehörige Lagrange-Funktion ist konvex, also sind nach dem Lagrange-Lemma (x_3^*, y_3^*, z_3^*) und (x_4^*, y_4^*, z_4^*) Minimallösungen von f auf S.

Das Lagrange-Lemma erlaubt manchmal die Zurückführung unendlich-dimensionaler Aufgaben in Funktionenräumen auf das Lösen nichtlinearer Gleichungen in dem euklidischen Raum $\mathbb{R}^n$. Dies soll jetzt an dem Jaynes-Prinzip (siehe [Jay]) illustriert werden. Hier wird bei einer unbekannten Verteilung (Massenverteilung, Wahrscheinlichkeitsverteilung usw.) als Schätzung diejenige Verteilung empfohlen, die (bzw. deren Dichte) unter allen in Frage kommenden (den geforderten Bedingungen genügenden) Verteilungen die größte Entropie besitzt.

Beispiel 3. Maximiere die Entropie $E(x) := -\int_{-1}^{1} x(t) \ln x(t) dt$ unter allen $x \in S := \{y \in C[-1, 1] \mid y(t) \geq 0 \text{ für alle } t \in [-1, 1]\}$ mit dem vorgegebenen ersten und zweiten Moment

1)
$$\int_{-1}^{1} x(t) dt = 1$$

und

2)
$$\int_{-1}^{1} t x(t) dt = \gamma \in (-1, 1).$$

Lösungsansatz. Seien $f, g_1, g_2 : S \rightarrow \mathbb{R}$ durch $f := -E$, $g_1(x) := \int_{-1}^{1} \left(x(t) - \frac{1}{2}\right) dt$, $g_2 := \int_{-1}^{1} \left(t x(t) - \frac{\gamma}{2}\right) dt$ erklärt.

Nach dem Lagrange-Lemma genügt es, einen Vektor $\lambda = (\lambda_1, \lambda_2) \in \mathbb{R}^2$ und ein $x \in S$ zu finden, so dass x eine Minimallösung der Funktion

$$f_\lambda = f + \lambda_1 g_1 + \lambda_2 g_2$$

auf S ist.

Offenbar ist S eine konvexe Teilmenge von $C[-1, 1]$ und für jedes $\lambda \in \mathbb{R}^2$ ist f_λ eine konvexe Funktion, denn die Funktionen g_1, g_2 sind affin. Nach dem Charakterisierungssatz 4.2.1 ist ein $x_\lambda \in S$ genau dann Minimallösung von f_λ (λ fest), wenn für alle $y \in S$ gilt:

3) $$(f_\lambda)'_+(x_\lambda, y - x_\lambda) \geq 0.$$

Sei $\Phi(x(t)) := x(t) \ln x(t) + \lambda_1 x(t) + \lambda_2 t x(t) - \frac{1}{2}(\lambda_1 + \lambda_2 \gamma)$. Dann gilt mit den Abschnitten 3.9 und 3.19

$$(f_\lambda)'_+(x, h) = \lim_{\alpha \to 0} \int_{-1}^1 \frac{(\Phi(x(t) + \alpha h(t)) - \Phi(x(t)))}{\alpha} dt$$

$$= \int_{-1}^1 (1 + \ln x(t) + \lambda_1 + \lambda_2 t) h(t) dt,$$

wobei $\ln 0 := -\infty$ und das Integral auf der rechten Seite im Sinne von Abschnitt 3.19 zu verstehen ist. Dann ist 3) auf jeden Fall erfüllt, wenn für alle $t \in [-1, 1]$ gilt:

4) $$1 + \ln x_\lambda(t) + \lambda_1 + \lambda_2 t = 0,$$

d. h.

5) $$x_\lambda(t) = e^{-1 - \lambda_1 - \lambda_2 t}.$$

Gelingt es, jetzt den Vektor $\lambda \in \mathbb{R}^2$ so zu bestimmen, dass

6) $$g_1(x_\lambda) = g_2(x_\lambda) = 0$$

gilt, dann haben wir eine Lösung der gestellten Aufgabe gefunden. Mit dem Ansatz $x(t) = e^{\alpha + \beta t}$ führt 1) und 2) für $\gamma = 0$ zu $\alpha^* = -\ln 2$ und $\beta^* = 0$. Für $\beta \neq 0$ folgt

7) $$1 = \int_{-1}^1 x(t) dt = e^\alpha \beta^{-1}(e^\beta - e^{-\beta})$$

8) $$\gamma = \int_{-1}^1 t x(t) dt = e^\alpha \beta^{-1}(e^\beta + e^{-\beta} - \beta^{-1}(e^\beta - e^{-\beta})).$$

Multiplikation von 7) mit γ und Gleichsetzen von 7) und 8) liefert die Gleichung

9) $$\gamma = -\beta^{-1} + (1 + e^{-2\beta})/(1 - e^{-2\beta}).$$

Da die rechte Seite von 9) mit $\beta \to \infty$ (bzw. $-\infty$) gegen 1 (bzw. -1) und bei $\beta \to 0$ gegen 0 strebt, besitzt die Gleichung 9) für jedes $\gamma \in (-1, 1) \setminus \{0\}$ eine Lösung $\beta^* \in \mathbb{R}$. Eingesetzt in 7) führt dieses β^* zu einem α^*. Mit $\lambda = (-1 - \alpha^*, -\beta^*)$ liefert 5) die gesuchte Lösung (eindeutig, da $s \mapsto s \ln s$ auf $\mathbb{R}_+$ strikt konvex ist).

Beispiel 4. Bestimmen Sie den Radius und die Höhe einer 1 Liter Blechdose in der Zylinderform, bei der am wenigsten Blech verbraucht wird.

Lösung. Minimiere $f(r, h) := 2\pi r^2 + 2\pi r h$ unter der Nebenbedingung

$$g(r, h) := \pi r^2 h - 1 = 0 \quad \text{mit } (r, h) \in U := \mathbb{R}^2_+.$$

Die Gleichungen (4.5.1) und (4.5.2) ergeben

$$4\pi r + 2\pi h + \lambda 2\pi r h = 0$$

$$2\pi r + \lambda \pi r^2 = 0$$

$$\pi r^2 h - 1 = 0.$$

Dies führt zu der Lösung $r^* = (2\pi)^{-1/3}$, $h^* = 2(2\pi)^{-1/3}$, $\lambda^* = -\frac{2}{r}$. Die Funktion $f_{\lambda^*} = f + \lambda^* g$ ist aber nicht konvex und das Lagrange-Lemma liefert noch nicht den vollständigen Nachweis der Minimalität von (r^*, h^*).

Wir geben jetzt eine Erweiterung der Lagrange-Methode an, die eine einfache Lösung der obigen Aufgabe erlaubt und viele neue Ansätze zur Behandlung restringierter Optimierungsaufgaben möglich macht. Bei der Lagrange-Methode ist die Zurückführung einer restringierten auf eine nichtrestringierte Optimierungsaufgabe mit der Erhöhung der Anzahl der Variablen verbunden. Die jetzt folgende Erweiterung kann zu einer nichtrestringierten Optimierungsaufgabe mit einer reduzierten Anzahl der Variablen führen.

4.5.1   Variable Lagrange-Multiplikatoren

Mit Hilfe der Ergänzungsmethode bekommen wir den folgenden Ansatz zur Behandlung von Optimierungsaufgaben mit Gleichheitsrestriktionen.

Variable Lagrange-Multiplikatoren

Für $m \in \mathbb{N}$ sei $g = (g_1, \ldots, g_m) : M \to \mathbb{R}^m$ und $S = \{x \in M \mid g(x) = 0\}$. Für eine Funktion $\lambda : M \to \mathbb{R}^m$ mit

$$x \mapsto \lambda(x) = (\lambda_1(x), \ldots, \lambda_m(x))$$

wird

$$\Lambda(x) := \sum_{i=1}^{m} \lambda_i(x) g_i(x)$$

gesetzt.

Im Beispiel 4) können wir z. B. für $M := \mathbb{R}^2_+$ den folgenden variablen Lagrange-Multiplikator $\lambda : M \to \mathbb{R}$ mit

$$(r, h) \mapsto \lambda(r, h) := -\frac{2}{r}$$

benutzen. Das führt zu

$$\Lambda(r, h) = -\frac{2}{r}(\pi r^2 h - 1)$$

bzw.

$$f(r, h) + \Lambda(r, h) = 2\pi r^2 + 2\pi rh - 2\pi rh + \frac{2}{r} = 2\pi r^2 + \frac{2}{r}.$$

Die Funktion $f + \Lambda : \mathbb{R}_+^2 \to \mathbb{R}$ ist konvex.

Die Differentiation führt zu der Gleichung

$$4\pi r - \frac{2}{r^2} = 0.$$

Damit ist $((2\pi)^{-1/3}, h)$ für jedes $h \in \mathbb{R}_+$ eine Minimallösung von $f + \Lambda$ auf M. Der Punkt $(r, h) = ((2\pi)^{-1/3}, 2(2\pi)^{-1/3})$ erfüllt auch die geforderte Nebenbedingung und ist nach der Ergänzungsmethode eine Lösung der gestellten Aufgabe.

Zur weiteren Illustration soll noch eine besonders einfache Aufgabe genommen werden.

Beispiel 5. Maximiere die Fläche eines Rechtecks bei vorgegebenem Umfang 1. Dies führt zu:

$$\text{Minimiere} \quad f(x_1, x_2) := -x_1 x_2$$

unter den Nebenbedingungen

$$g(x_1, x_2) = 2x_1 + 2x_2 - 1 = 0, \quad x_1, x_2 > 0.$$

Lösung. Mit $M := \mathbb{R}$ und $\Lambda(x) := \frac{1}{2}x_1(2x_1 + 2x_2 - 1)$ ist $f(x) + \Lambda(x) = x_1^2 - \frac{1}{2}x_1$ eine konvexe Funktion, die für jedes $x_2 \in \mathbb{R}$ in $(\frac{1}{4}, x_2)$ eine Minimallösung besitzt. Da $(x_1, x_2) = (\frac{1}{4}, \frac{1}{4})$ auch die Nebenbedingungen erfüllt, ist $(\frac{1}{4}, \frac{1}{4})$ eine gesuchte Lösung.

Für Anwendungen der variablen Lagrange-Multiplikatoren in der Wirtschaftstheorie s. [O].

4.5.2 Lagrange-Lemma bei Gleichungen und Ungleichungen

Es wird die folgende Aufgabe betrachtet.

Sei M eine Menge, und seien $f: M \to \mathbb{R}$, $g: M \to \mathbb{R}^m$, $h: M \to \mathbb{R}^p$ Abbildungen. Die Funktion f ist auf der Restriktionsmenge

$$S := \{x \in M \mid g(x) = 0 \quad \text{und} \quad h(x) \le 0\} \quad \text{zu minimieren.}$$

Es gilt das

Lemma 4.5.2 (Lagrange-Lemma für Gleichungen und Ungleichungen). *Seien $\lambda \in \mathbb{R}^m$ und $\alpha \in \mathbb{R}^p_{\geq 0}$ derart, dass ein $x_0 \in \overline{S} := \{x \in S \mid \langle \alpha, h(x) \rangle = 0\}$ eine Minimallösung der Funktion*

$$f + \sum_{i=1}^m \lambda_i g_i + \sum_{j=1}^p \alpha_j h_j$$

auf M ist.
   Dann ist x_0 eine Minimallösung von f auf S.

Beweis. Für $x \in S$ gilt dann

$$f(x_0) = f(x_0) + \langle \lambda, g(x_0) \rangle + \langle \alpha, h(x_0) \rangle \leq f(x) + \langle \lambda, g(x) \rangle + \langle \alpha, h(x) \rangle \leq f(x). \quad \square$$

Bemerkung 4.5.2. Das Lemma von Lagrange lässt sich mit analoger Argumentation auf Aufgaben mit unendlich vielen Restriktionen übertragen (siehe Abschnitt 13.6).

Definition 4.5.1. Die Zahlen $\lambda_1, \ldots, \lambda_m \in \mathbb{R}$ und $\alpha_1, \ldots, \alpha_p \in \mathbb{R}_+$ heißen *Lagrange-Multiplikatoren*. Die Funktion $L \colon M \times \mathbb{R}^n \times \mathbb{R}^p_+ \to \mathbb{R}$

$$(x, \lambda, \alpha) \to L(x, \lambda, \alpha) := f(x) + \sum_{i=1}^m \lambda_i g_i(x) + \sum_{j=1}^p \alpha_j h_j(x)$$

heißt *Lagrange-Funktion*.
   Ist im Lagrange-Lemma die Lagrange-Funktion auf einer offenen Menge $M \subset \mathbb{R}^n$ differenzierbar, so erhält man die folgende notwendige Bedingung für eine Minimallösung x^* der Lagrange-Funktion auf S:

$$g_j(x^*) = 0, \quad j \in \{1, \ldots, m\}; \quad \alpha_i h_i(x^*) = 0, \quad i \in \{1, \ldots, p\}$$
$$f'(x^*) + \langle \lambda, g'(x^*) \rangle + \langle \alpha, h'(x^*) \rangle = 0.$$

Diese Gleichungen werden *Kuhn-Tucker Gleichungen* genannt.

Bemerkung 4.5.3. Nach Mangasarian (siehe [Ma]) sind für $i \in \{1, \ldots, p\}$ die Nebenbedingungen

$$\alpha_i \geq 0, \quad h_i(x^*) \leq 0, \quad \alpha_i h_i(x^*) = 0 \tag{4.5.3}$$

genau dann erfüllt, wenn die folgende Gleichung

$$(h_i(x^*) + \alpha_i)^2 + h_i(x^*)|h_i(x^*)| - \alpha_i|\alpha_i| = 0 \tag{4.5.4}$$

gilt. Dies prüft man direkt nach. Damit kann man (4.5.3) bei Berechnungen durch (4.5.4) ersetzen.

Das daraus resultierende Gleichungssystem kann man z.B. mit dem Broyden-Verfahren (s. [K6]) behandeln. Bei hochdimensionierten Aufgaben wird hier das matrixfreie Newton-Verfahren empfohlen (s. [K6]).

Beispiel 6. Minimiere $x^2 + 2xy + y^2 - 10x - 10y$ unter den Nebenbedingungen $x^2 + y^2 \leq 2, 3x + y \leq 4$. Mit dem Lagrange-Lemma suchen wir eine Minimallösung (x^*, y^*) von f auf der Restriktionsmenge $\mu_1, \mu_2 \in \mathbb{R}_{\geq 0}$ mit

(1) $2x + 2y - 10 + 2\mu_1 x + 3\mu_2 = 0$

(2) $2x + 2y - 10 + 2\mu_1 y + \mu_2 = 0$

und

(3) $\mu_1(x^2 + y^2 - 2) = 0$

(4) $\mu_2(3x + y - 4) = 0$.

Lösung. Fall 1: $\mu_1 = 0, \mu_2 = 0$. (1) bzw. (2) ergibt $y = 5 - x$, was der ersten Restriktion widerspricht:

$$\frac{25}{2} \leq x^2 + (5 - x)^2 \leq 2.$$

Fall 2: $\mu_1 > 0, \mu_2 = 0$. Aus (1) und (2) folgt $x = y$. Aus (3) folgt $x^2 + y^2 - 2 = 0$. Es ergeben sich zwei Lösungen:

$$(x, y) = (1, 1) \quad \text{mit} \quad \mu_1 = 3, \quad (x, y) \quad \text{ist ein regulärer Punkt.}$$

$$(x, y) = (-1, -1) \quad \text{mit} \quad \mu_1 = -7 < 0.$$

Fall 3: $\mu_1 = 0, \mu_2 > 0$. Widerspruch zu (1) und (2).

Fall 4: $\mu_1 > 0, \mu_2 > 0$. Aus (3) und (4) folgen

$$x^2 + y^2 - 2 = 0,$$
$$3x + y - 4 = 0.$$

Es ergeben sich zwei Lösungen:

$$(x, y) = (1, 1) \quad \text{mit} \quad \mu_2 = 0,$$
$$(x, y) = (1.4, -0.2).$$

Aus (1) und (2) ergibt sich $\mu_2 = -1.6\mu_1$.

Somit ist $(x, y, \mu_1, \mu_2) = (1, 1, 3, 0)$ einzige Lösung der Kuhn-Tucker-Gleichungen. Da die zu den nicht-negativen Lagrange-Multiplikatoren 3 und 0 gehörige Lagrange-Funktion konvex ist, ist nach dem Lagrange-Lemma $(1, 1)$ die gesuchte Lösung.

Aufgaben. 1) Bestimmen Sie Maxima und Minima der Funktion $f(x, y, z) = 2x^2 + y^2 + z$ auf dem Schnitt des Halbraumes $x + 2y + 3z \leq 0$ mit der Hyperebene $2x + y - z = 1$.

2) Für $x = (x_1, x_2) \in \mathbb{R}^2$ sei $f(x) = x_1^3 + x_2^2 - 4x_1 - 6x_2$. Man zeige, dass f auf der Halbebene $H := \{x \in \mathbb{R}^2 \mid x_1 \geq 0\}$ konvex ist und löse die konvexe Optimierungsaufgabe (f, S) mit $S := \{(x_1, x_2) \in \mathbb{R}^2 \mid x_1 \geq 0, x_2 \geq 2, 3x_1 + 2x_2 \leq 10\}$.

3) Maximiere $f(x, y) = 14x - x^2 + 6y - y^2 + 7$ unter den Nebenbedingungen $x + y \leq 2$ und $x + 2y \leq 3$.

4) Bestimmen Sie (falls vorhanden) Minima und Maxima der Funktion $f : \mathbb{R}^3 \to \mathbb{R}$, $f(x, y, z) := xy + yz + xz$ auf der Restriktionsmenge $S := \{(x, y, z) \in \mathbb{R}^3 \mid x + y + z = 3\}$.

5) Man untersuche das folgende „Allokationsproblem": Maximiere die Funktion

$$f : [0, \infty)^n \to \mathbb{R}, \quad f(x) := \sum_{k=1}^{n} \ln(kx_k + 1/k) = \sum_{k=1}^{n} f_k(x_k)$$

auf der Restriktionsmenge

$$S := \left\{ x = (x_1, \ldots, x_n) \in [0, \infty)^n \mid \sum_{k=1}^{n} x_k = 1 \right\}.$$

Man berechne die Maximallösungen für $n = 2$ und $n = 3$.

4.6   Satz von Kuhn-Tucker

Die Frage nach der Existenz von Lagrange-Multiplikatoren ist nicht einfach zu beantworten. Ein Existenzbeweis wird unter geeigneten Regularitätsbedingungen meistens mit Hilfe des Satzes über implizite Funktionen gewonnen. Eine andere Möglichkeit entsteht durch das Benutzen der Penalty-Methode.

Es wird die folgende Aufgabe betrachtet: Sei U eine offene Teilmenge von $\mathbb{R}^n$, und seien $f : U \to \mathbb{R}$, $g = (g_1, \ldots, g_m) : U \to \mathbb{R}^m$, $h = (h_1, \ldots, h_p) : U \to \mathbb{R}^p$ stetig differenzierbare Abbildungen. Die Funktion f ist auf der Restriktionsmenge

$$S := \{x \in U \mid g(x) = 0 \quad \text{und} \quad h(x) \leq 0\}$$

zu minimieren.

Definition 4.6.1. Sei $x \in S$.

1) $J(x) := \{j \in \{1, \ldots, p\} \mid h_j(x) = 0\}$

2) x heißt *regulär* bzgl. S, falls $\{g_i'(x) \mid i \in \{1, \ldots, m\}\} \cup \{h_j'(x) \mid j \in J(x)\}$ unabhängig ist.

Die Nebenbedingungen $h_j(x) \le 0$ mit $j \in J(x)$ heißen *aktiv in x*, die anderen Ungleichungsbedingungen heißen *inaktiv in x*.

Der folgende Satz von Kuhn-Tucker soll aus dem Penalty-Ansatz hergeleitet werden.

Satz 4.6.1 (Satz von Kuhn-Tucker). *Sei x^* eine Minimallösung von f auf S, die regulär bzgl. S ist.*
Dann existieren $\lambda \in \mathbb{R}^m$ und $\mu \in \mathbb{R}^p_+$ derart, dass

$$f'(x^*) + \langle \lambda, g'(x^*) \rangle + \langle \mu, h'(x^*) \rangle = 0$$

und

$$\mu_j h_j(x^*) = 0 \quad \text{für } j \in \{1, \dots, p\}$$

gelten.

Im Beweis wird die folgende Hilfsaussage benutzt.

Lemma 4.6.1. *Sei $A_0 \in L(\mathbb{R}^n, \mathbb{R}^n)$ invertierbar.*

a) *Dann gibt es eine Umgebung in $L(\mathbb{R}^n, \mathbb{R}^n)$ von A_0, die nur invertierbare lineare Abbildungen enthält.*

b) *Ist $(A_n)_{n \in \mathbb{N}}$ eine Folge von invertierbaren linearen Abbildungen, die in $L(\mathbb{R}^n, \mathbb{R}^n)$ gegen A_0 konvergiert, so konvergiert $(A_n^{-1})_{n \in \mathbb{N}}$ gegen A_0^{-1}.*

Beweis. Genau dann ist A_0 invertierbar, wenn $\det(A_0) \ne 0$.

(1) Da $A \mapsto \det(A) = \sum_\pi \text{sign}(\pi) a_{1\pi(1)} \dots a_{n\pi(n)}$ stetig ist, ist das Urbild von $\mathbb{R} \backslash \{0\}$ unter $\det$ offen.

(2) Sei $B := A^{-1}$. Dann gilt für alle $i, j \in \{1, \dots, n\}$

$$b_{ij} = \frac{\det(a_1, \dots, a_{i-1}, e_j, a_{i+1}, \dots, a_n)}{\det(A)},$$

woraus die Behauptung aufgrund der Stetigkeit von $\det$ folgt. $\square$

Beweis von Satz 4.6.1. Der Satz wird zunächst für den Spezialfall bewiesen, dass x^* die einzige Minimallösung von f auf S ist, d.h. für alle $x \in S \backslash \{x^*\}$: $f(x^*) < f(x)$.

Sei $r \in \mathbb{R}_{>0}$ mit $\overline{K}(x^*, r) \subset U$. Dann ist x^* auch einzige Minimallösung von f auf der kompakten Menge $M := S \cap \overline{K}(x^*, r)$. Für $k \in \mathbb{N}$ sei x_k eine Minimallösung der Funktion

$$f_k := f + k \left(\sum_{j=1}^m g_j^2 + \sum_{j=1}^p (h_j)_+^2 \right)$$

auf $\overline{K}(x^*, r)$. Da $\overline{K}(x^*, r)$ kompakt ist, enthält $(x_k)_{k \in \mathbb{N}}$ eine konvergente Teilfolge $(x_{k_i})_{i \in \mathbb{N}}$. Da x^* auch die einzige Minimallösung von f auf M ist, konvergiert $(x_{k_i})_{i \in \mathbb{N}}$ nach Satz 4.4.1 gegen x^*.

Ab einem $i_0 \in \mathbb{N}$ liegen alle x_{k_i} in Int $K(x^*, r)$, und es gilt für alle $j \notin J(x^*)$

$$(h_j(x_{k_i}))_+ = 0.$$

Damit gilt für $i \geq i_0$:

$$f'(x_{k_i}) + 2k_i \left(\sum_{j=1}^{m} g_j(x_{k_i}) g_j'(x_{k_i}) + \sum_{j \in J(x^*)} (h_j(x_{k_i}))_+ h_j'(x_{k_i}) \right) = 0. \quad (4.6.1)$$

O. B. d. A. sei $J(x^*) = \{1, \ldots, q\}$ mit $0 \leq q \leq p$ (falls $J(x^*) = \emptyset$, so ist $q = 0$). Sei

$$a: U \to \mathbb{R}^m \times \mathbb{R}_{\geq 0}^q, \quad x \mapsto a(x) := (g_1(x), \ldots, g_m(x), (h_1(x))_+, \ldots, (h_q(x))_+)$$

und

$$A: U \to L(\mathbb{R}^n, \mathbb{R}^{m+q}), \quad x \mapsto A(x) := (g_1'(x), \ldots, g_m'(x), h_1'(x), \ldots, h_q'(x)).$$

Dann lässt sich (4.6.1) in

$$f'(x_{k_i}) + 2k_i a(x_{k_i}) A(x_{k_i}) = 0 \quad (4.6.2)$$

umformulieren. Da x^* regulärer Punkt bzgl. S ist, besitzt $A(x^*)$ den Rang $m + q$. Also ist $A(x^*)A(x^*)^\top$ eine invertierbare $(m+q) \times (m+q)$-Matrix. Nach dem Lemma 4.6.1 ist $A(x_{k_i})A(x_{k_i})^\top$ für genügend große i invertierbar, und es gilt:

$$-f'(x_{k_i}) A(x_{k_i})^\top (A(x_{k_i}) A(x_{k_i})^\top)^{-1} = 2k_i a(x_{k_i}) \in \mathbb{R}^m \times \mathbb{R}_{\geq 0}^q.$$

Die rechte Seite konvergiert nach dem Lemma gegen den Vektor

$$\alpha := -f'(x^*) A(x^*)^\top (A(x^*) A(x^*)^\top)^{-1} \in \mathbb{R}^m \times \mathbb{R}_{\geq 0}^q.$$

Setzt man $\lambda := (\alpha_1, \ldots, \alpha_m)$ und $\mu := (\alpha_{m+1}, \ldots, \alpha_{m+q}, 0, \ldots, 0) \in \mathbb{R}^p$, so folgt aus (4.6.2)

$$f'(x^*) + \lambda g'(x^*) + \mu h'(x^*) = 0 \quad \text{und} \quad \mu_j h_j(x^*) = 0 \quad \text{für } j \in \{1, \ldots, p\}.$$

Der allgemeine Fall, dass x^* eine Minimallösung ist, wird auf den Spezialfall, dass x^* einzige Minimallösung ist, zurückgeführt. Sei x^* eine Minimallösung von f auf S, so ist x^* die einzige Minimallösung von

$$\overline{f}: U \to \mathbb{R}, \quad x \mapsto \overline{f}(x) := f(x) + \|x - x^*\|^2$$

auf S. Es gilt $\overline{f}'(x^*) = f'(x^*)$, womit die Behauptung aus dem soeben Bewiesenen folgt. $\qquad \square$

4.7 Satz über Lagrange-Multiplikatoren

Ist die Restriktionsmenge nur durch Gleichungen beschrieben, so ergibt sich als direkte Folgerung aus dem Satz von Kuhn-Tucker der klassische

Satz 4.7.1 (Satz über die Lagrange-Multiplikatoren). *Sei U eine offene Teilmenge des $\mathbb{R}^n$, und seien $f: U \to \mathbb{R}$, $g = (g_1, \ldots, g_m): \mathbb{R}^n \to \mathbb{R}^m$ stetig differenzierbare Abbildungen. Ist x_0 eine Minimallösung von f auf $S := \{x \in U \mid g(x) = 0\}$ und Rang $g'(x_0) = m$, so existiert ein Vektor $(\lambda_1, \ldots, \lambda_m) \in \mathbb{R}^m$ mit*

$$f'(x_0) + \sum_{i=1}^{m} \lambda_i g_i'(x_0) = 0.$$

Auch dann, wenn die Aufgabe „minimiere f auf S" eine Minimallösung besitzt, braucht diese Lösung der Regularitätsbedingung nicht zu genügen. Um die wichtige Frage: „Ist unter den Lösungen des Gleichungssystems (4.5.1) und (4.5.2) auch eine Lösung der gestellten Aufgabe (f, S)?" zu beantworten, muss man die Existenz einer regulären Minimallösung x_0 von (f, S) (d. h. Rang $g'(x_0) = m$) nachweisen. Dies erweist sich oft als kompliziert.

Im eindimensionalen Fall entspricht die Regularitätsbedingung der Forderung $g'(x_0) \neq 0$. Diese ist manchmal auf natürliche Weise gegeben.

Beispiel. Sei f eine beliebige stetige Funktion, die auf der Einheitssphäre zu minimieren (maximieren) ist. Dann sind alle Punkte aus der Restriktionsmenge $S := \{x \mid g(x) = \sum_{i=1}^{n} x_i^2 - 1\}$ regulär, da $g'(x) = (2x_1, \ldots, 2x_n) \neq 0$ für alle $x \in S$ ist.

4.8 Zurückführung von Ungleichungsrestriktionen auf Gleichungsrestriktionen

Eine weitere Möglichkeit zur Behandlung von Ungleichungsrestriktionen ist die Zurückführung auf Gleichungsrestriktionen durch Einfügen neuer Variablen in der folgenden Form (Bezeichnungen wie in Abschnitt 4.6):

Minimiere $f(x)$ unter den Restriktionen

$$g(x) = 0, \quad h_1(x) + z_1^2 = 0, \quad \ldots \quad h_p(x) + z_p^2 = 0.$$

Setze für $z = (z_1, \ldots, z_p) \in \mathbb{R}^p$,

$$\overline{f} : U \times \mathbb{R}^p \to \mathbb{R}, \quad (x, z) \mapsto \overline{f}(x, z) = f(x),$$

$$\overline{g} : U \times \mathbb{R}^p \to \mathbb{R}^m, \quad (x, z) \mapsto \overline{g}(x, z) = g(x), \quad \text{und}$$

$$\overline{h} : U \times \mathbb{R}^p \to \mathbb{R}^p, \quad (x, z) \mapsto \overline{h}(x, z) = (h_1(x) + z_1^2, \ldots, h_p(x) + z_p^2).$$

Dann ist obiges Problem äquivalent zu:

Minimiere $\overline{f}(x, z)$ unter den Restriktionen $\overline{g}(x, z) = 0$ und $\overline{h}(x, z) = 0$.

Diese Aufgabe können wir nun mit der Methode der Lagrange-Multiplikatoren behandeln.

Beispiel (vgl. Abschnitt 4.5, Beispiel 6). Minimiere $x^2 + 2xy + y^2 - 10x - 10y$ unter den Nebenbedingungen $x^2 + y^2 + z^2 = 2$ und $3x + y + w^2 = 4$.

Nach dem Lagrange-Lemma suchen wir $\lambda_1, \lambda_2 \in \mathbb{R}$ mit

$$2x + 2y - 10 + 2\lambda_1 x + 3\lambda_2 = 0$$

$$2x + 2y - 10 + 2\lambda_1 y + \lambda_2 = 0$$

$$2\lambda_1 z = 0$$

$$2\lambda_2 w = 0.$$

Dieses Gleichungssystem hat die beiden Lösungen

(a) $\qquad (x, y, z, w, \lambda_1, \lambda_2) = (1, 1, 0, 0, 3, 0) \quad$ mit $f(x, y) = -16$

(b) $\quad (x, y, z, w, \lambda_1, \lambda_2) = (1.4, -0.2, 0, 0, -3.8, 6.08) \quad$ mit $f(x, y) = -10.56$.

Wieder ist die zu $\lambda = (3, 0)$ (Fall a) gehörige Lagrange-Funktion konvex, so dass nach dem Lagrange-Lemma $(1, 1, 0, 0)$ eine Minimallösung ist.

4.9   Penalty-Lagrange-Methode (Augmented Lagrangian Method)

Wir betrachten die folgende Aufgabe:

Für die offene Teilmenge U von $\mathbb{R}^n$ und die differenzierbaren Funktionen $f: U \to \mathbb{R}$, $g: U \to \mathbb{R}^m$ soll f auf $\{x \in U \mid g(x) = 0\}$ minimiert werden. Macht man hier den Penalty-Ansatz

$$f_k = f + k \sum_{j=1}^{m} g_j^2,$$

so zeigte sich im Beweis des Satzes von Kuhn-Tucker, dass die Folge $(2k g(x_k))_{k \in \mathbb{N}}$ gegen den (falls eindeutig) Lagrange-Multiplikatoren-Vektor $\lambda = (\lambda_1, \dots, \lambda_m)$ konvergiert, wobei x_k für jedes $k \in \mathbb{N}$ eine Minimallösung von f_k auf $\mathbb{R}^n$ ist. Somit lassen sich die Werte dieser Folge als Approximationen für λ ansehen. Dies legt folgendes Verfahren nahe.

Für jedes $c \in \mathbb{R}$ sei

$$L_c: \mathbb{R}^n \times \mathbb{R}^m \to \mathbb{R}, \quad (x, \lambda) \mapsto L_c(x, \lambda) := f(x) + \lambda^\top g(x) + \frac{1}{2} c \|g(x)\|^2$$

die sogenannte „augmented" Lagrange-Funktion. Hierbei wird c *Penalty-Parameter* und λ *Multiplikatoren-Vektor* genannt. Sei λ_k ein Multiplikatoren-Vektor und c_k ein Penalty-Parameter, und sei x_k eine Minimallösung von $L_{c_k}(\cdot, \lambda_k)$ auf $\mathbb{R}^n$. Dann setze man

$$\lambda_{k+1} := \lambda_k + c_k g(x_k)$$

und wähle ein $c_{k+1} \geq c_k$ und wiederhole den Prozess. Dieses Verfahren ist oft numerisch günstig. Für eine eingehendere Diskussion siehe ([Be], [He]).

Kapitel 5

Anwendungen des Charakterisierungssatzes der konvexen Optimierung in der Approximationstheorie und der Variationsrechnung

In diesem Kapitel soll der Charakterisierungssatz der konvexen Optimierung als einheitlicher Zugang zu klassischen Aussagen der Approximationstheorie und der Variationsrechnung dienen (siehe auch Abschnitt 15.3). Fragen nach einer „besten Näherung" (beste Approximation) entstehen in vielen Lebensbereichen, und Approximationsaufgaben gehören zu den ältesten Aufgaben der Mathematik. Der Begriff „beste Approximation" erfordert eine Präzisierung, die meistens mit einem Abstandsbegriff (Metrik) erfolgt.

Einer der wichtigsten Abstandsbegriffe ist durch den Euklidischen Abstand gegeben. Bald wollte man nicht nur Punkte in der Ebene oder im Raum durch ausgewählte Punkte annähern, sondern auch Kurven (Funktionen) durch andere approximieren. Die Übertragung des Euklidischen Abstandes auf Funktionen führte zu dem Abstand im quadratischen Mittel (Approximation in Prähilberträumen). Bei der Approximation bzgl. dieser Metrik liefert der Charakterisierungssatz einen besonders einfachen Zugang zur Beschreibung und Berechnung von besten Approximationen (Projektionssatz, Gramsche Matrix). Eine besondere Vereinfachung bei der Approximation im quadratischen Mittel entsteht dadurch, dass das Quadrat der Abstandsfunktion differenzierbar ist und eine lineare Ableitung besitzt.

Viele Fragestellungen der Technik, der Naturwissenschaft, der Wirtschaftstheorie und der Statistik führen zu Approximationsaufgaben bzgl. der maximalen Abweichung (Čebyšev-Approximation) und der Abweichung im Mittel (L_1-Approximation). Dies sind Aufgaben mit einer nicht-differenzierbaren Abstandsfunktion, was die Behandlung dieser Aufgaben erschwert. Diese Funktionen sind aber konvex und besitzen damit rechtsseitige Richtungsableitungen. Das Einsetzen der Richtungsableitungen im Charakterisierungssatz führt zu den klassischen Sätzen der Čebyšev-Approximation und der Approximation im Mittel.

Der Charakterisierungssatz gehört zu den mathematischen Errungenschaften, die mit der Entwicklung der Variationsrechnung verbunden sind. Die folgende Sicht verdeutlicht diesen Zusammenhang. Sei x_0 eine Minimallösung einer Funktion f auf der Restriktionsmenge K. Bewegt man sich von x_0 in Richtung eines Punktes in K auf einer Strecke (Variation entlang einer Strecke), so sind die Funktionswerte (lokal) nichtfallend. Dies führt zur Nichtnegativität der Richtungsableitung für alle Richtungen in S.

Man benutzt in diesem Zusammenhang auch das Wort *Variationsungleichung* (siehe Kapitel 10). In der Variationsrechnung führt dies zu der Euler-Lagrange Gleichung, die die zentrale notwendige (für konvexe Aufgaben auch hinreichende) Bedingung für eine Lösung ist.

Aber die von Johann Bernoulli 1696 gestellte Aufgabe der Brachistochrone, die man als den Anfang der Variationsrechnung bezeichnen kann, erfüllt nicht die hier üblichen Regularitätsbedingungen.

Eine elementare Transformation erlaubt die Zurückführung dieser Aufgabe auf eine konvexe Optimierungsaufgabe. Der Charakterisierungssatz liefert eine einfache Lösung des Problems.

5.1 Approximation in Prä-Hilberträumen

5.1.1 Prä-Hilberträume

Unter einem (reellen) *Prä-Hilbertraum* versteht man ein Paar $(X, \langle \cdot, \cdot \rangle)$, bestehend aus einem $\mathbb{R}$-Vektorraum X und einer Abbildung

$$\langle \cdot, \cdot \rangle \colon X \times X \to \mathbb{R},$$

die die folgenden Eigenschaften besitzt:

S1) $\langle \cdot, \cdot \rangle$ ist *bilinear*, d. h., für alle $x \in X$ sind die Abbildungen $\langle \cdot, x \rangle \colon X \to \mathbb{R}$, $\langle x, \cdot \rangle \colon X \to \mathbb{R}$ linear.

S2) $\langle \cdot, \cdot \rangle$ ist *symmetrisch*, d. h., für alle $x, y \in X$ gilt: $\langle x, y \rangle = \langle y, x \rangle$.

S3) $\langle \cdot, \cdot \rangle$ ist *positiv definit*, d. h., für alle $x \in X \setminus \{0\}$ gilt: $\langle x, x \rangle > 0$.

Eine Abbildung $\langle \cdot, \cdot \rangle$, die die Eigenschaften S1), S2), S3) besitzt, heißt *Skalarprodukt*.

5.1.2 Cauchy-Schwarzsche Ungleichung

Sei $(X, \langle \cdot, \cdot \rangle)$ ein Prä-Hilbertraum. Dann gilt für alle $x, y \in X$:

$$\langle x, y \rangle^2 \leq \langle x, x \rangle \cdot \langle y, y \rangle.$$

Beweis. Seien x, y Elemente des Prä-Hilbertraumes $(X, \langle \cdot, \cdot \rangle)$. Ist $y = 0$, so ist $\langle x, y \rangle = 0 = \langle y, y \rangle$.

Sei also $y \neq 0$. Dann gilt zunächst für alle $\lambda \in \mathbb{R}$:

$$0 \leq \langle x + \lambda y, x + \lambda y \rangle = \langle x, x \rangle + 2\lambda \langle x, y \rangle + \lambda^2 \langle y, y \rangle.$$

Für $\lambda = -\frac{\langle x, y \rangle}{\langle y, y \rangle}$ gilt demnach insbesondere

$$0 \le \langle x, x \rangle - \frac{\langle x, y \rangle^2}{\langle y, y \rangle},$$

woraus die Behauptung folgt. $\square$

Das Gleichheitszeichen in der Cauchy-Schwarzschen Ungleichung gilt offenbar genau dann, wenn die Vektoren x, y linear abhängig sind.

5.1.3   Skalarprodukt-Norm

Auf jedem Prä-Hilbertraum $(X, \langle \cdot, \cdot \rangle)$ ist auf natürliche Weise eine Norm durch

$$\| \cdot \| : X \to \mathbb{R}, \quad x \mapsto \|x\| := \sqrt{\langle x, x \rangle}$$

gegeben. (Zum Nachweis der Dreiecksungleichung verwende man die Cauchy-Schwarzsche Ungleichung.)

5.1.4   Parallelogrammgleichung

Durch direktes Nachrechnen zeigt man sofort die Parallelogrammgleichung. Sei $(X, \langle \cdot, \cdot \rangle)$ ein Prä-Hilbertraum. Dann gilt für alle $x, y \in X$:

$$\|x + y\|^2 + \|x - y\|^2 = 2(\|x\|^2 + \|y\|^2).$$

5.1.5   Beispiele für Prä-Hilberträume

(1) $\mathbb{R}^n$ mit $\langle x, y \rangle := \sum_{i=1}^n x_i y_i$ für $x = (x_1, \ldots, x_n)$, $y = (y_1, \ldots, y_n) \in \mathbb{R}^n$.

(2) $C[a, b]$ mit $\langle x, y \rangle := \int_a^b x(t)y(t)dt$ für $x, y \in C[a, b]$.

(3) Für eine stetige Funktion $\omega : [a, b] \to \mathbb{R}$, die bis auf endlich viele Stellen positiv ist, der Raum $C[a, b]$ mit

$$\langle x, y \rangle_\omega := \int_a^b x(t)y(t)\omega(t)dt \quad \text{für } x, y \in C[a, b].$$

5.1.6   Differenzierbarkeit und Approximationssatz

Bedeutsam für die Approximation in Prä-Hilberträumen ist die Tatsache, dass das Quadrat der Norm differenzierbar ist und eine besonders einfache Ableitung besitzt. Es gilt der

Satz 5.1.1. *Sei* $(X, \langle \cdot, \cdot \rangle)$ *ein Prä-Hilbertraum und* $x_0 \in X$. *Dann ist die Funktion*

$$f : X \to \mathbb{R}, \quad x \mapsto f(x) := \|x - x_0\|^2$$

strikt konvex und differenzierbar in jedem $x \in X$ *mit der Ableitung*

$$f'(x) = 2\langle x - x_0, \cdot \rangle.$$

Beweis. Da $\| \cdot \|$ konvex ist, ist f ebenfalls konvex. Für $x_1, x_2 \in X$ mit $x_1 \neq x_2$ gilt nach der Parallelogrammgleichung:

$$
\begin{aligned}
f\left(\frac{x_1 + x_2}{2}\right) &= \left\| \frac{x_1 - x_0}{2} + \frac{x_2 - x_0}{2} \right\|^2 \\
&= 2\left\| \frac{x_1 - x_0}{2} \right\|^2 + 2\left\| \frac{x_2 - x_0}{2} \right\|^2 - \left\| \frac{x_1 - x_0}{2} - \frac{x_2 - x_0}{2} \right\|^2 \\
&= \frac{1}{2}f(x_1) + \frac{1}{2}f(x_2) - \left\| \frac{x_1 - x_2}{2} \right\|^2 < \frac{1}{2}f(x_1) + \frac{1}{2}f(x_2),
\end{aligned}
$$

also ist f strikt konvex.

Seien $x, h \in X$. Dann gilt für alle $\alpha \in \mathbb{R} \backslash \{0\}$:

$$
\begin{aligned}
\frac{f(x + \alpha h) - f(x)}{\alpha} &= \frac{\langle x + \alpha h - x_0, \ x + \alpha h - x_0 \rangle - \langle x - x_0, \ x - x_0 \rangle}{\alpha} \\
&= \frac{2\langle x - x_0, \alpha h \rangle + \langle \alpha h, \alpha h \rangle}{\alpha} = 2\langle x - x_0, h \rangle + \alpha\langle h, h \rangle.
\end{aligned}
$$

Damit gilt für die Gâteaux-Ableitung von f in x in Richtung h:

$$f'(x, h) = 2\langle x - x_0, h \rangle.$$

Da $2\langle x - x_0, \cdot \rangle$ eine stetige, lineare Abbildung von X nach $\mathbb{R}$ ist, zeigt sich, dass f in x sogar differenzierbar mit dieser Abbildung als Ableitung ist. $\square$

Aus dem Charakterisierungssatz der konvexen Optimierung (siehe Abschnitt 4.2) ergibt sich sofort durch Anwendung auf die Funktion $1/2\| \cdot -x_0\|^2$ eine Charakterisierung bester Approximation in Prä-Hilberträumen. Die Eindeutigkeit einer besten Approximation ist dabei nach Abschnitt 3.17 durch die strikte Konvexität dieser Funktion gewährleistet.

Satz 5.1.2 (Approximationssatz). *Sei* K *eine konvexe Teilmenge eines Prä-Hilbertraumes* $(X, \langle \cdot, \cdot \rangle)$ *und* $x \in X$. *Ein Element* $x_0 \in K$ *ist genau dann die beste Approximation von* x *bzgl.* K, *wenn für alle* $k \in K$ *gilt:*

$$\langle x_0 - x, k - x_0 \rangle \geq 0.$$

5.1.7   Projektionssatz

Für die beste Approximation bzgl. eines Teilraumes eines Prä-Hilbertraumes folgt aus Satz 4.2.2 und Abschnitt 5.1.6 der

Satz 5.1.3 (Projektionssatz). *Sei K ein Teilraum des Prä-Hilbertraumes $(X, \langle \cdot, \cdot \rangle)$ und $x \in X$. Ein Element $x_0 \in K$ ist genau dann die beste Approximation von x bzgl. K, wenn für alle $k \in K$ gilt:*

$$\langle x_0 - x, k \rangle = 0.$$

Gilt in einem Prä-Hilbertraum $(X, \langle \cdot, \cdot \rangle)$ für zwei Vektoren $x, y \in X$

$$\langle x, y \rangle = 0,$$

so heißen x, y *orthogonal* zueinander. Man schreibt $x \perp y$.

Mit diesem Begriff gewinnt die Aussage des Projektionssatzes folgende einfache geometrische Bedeutung:

x_0 ist genau dann die beste Approximation von x bzgl. K, falls der Differenzvektor $x_0 - x$ zu allen Vektoren des Teilraumes K orthogonal ist.

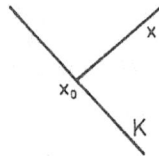

5.1.8   Gramsche Matrix

Für endlich-dimensionale Teilräume reduziert sich die Bestimmung der besten Approximation auf das Lösen eines linearen Gleichungssystems.

Satz 5.1.4 (Satz über die Gramsche Matrix). *Sei K ein endlich-dimensionaler Teilraum des Prä-Hilbertraumes $(X, \langle \cdot, \cdot \rangle)$, und sei $\{x_1, \ldots, x_n\}$ eine Basis von K. Genau dann ist das Element $\sum_{i=1}^{n} \alpha_i x_i$ die beste Approximation von $x \in X$ bzgl. K, wenn für alle $j \in \{1, \ldots, n\}$ gilt:*

$$\langle x, x_j \rangle = \sum_{i=1}^{n} \alpha_i \langle x_i, x_j \rangle.$$

Die Matrix $(\langle x_i, x_j \rangle)_{i,j \in \{1,\ldots,n\}}$ heißt Gramsche Matrix.

Beweis. Nach dem Projektionssatz ist $x_0 := \sum_{i=1}^{n} \alpha_i x_i$ genau dann die beste Approximation von x bzgl. K, wenn für alle $k \in K$ gilt: $\langle x - x_0, k \rangle = 0$, also wenn für alle $j \in \{1, \ldots, n\}$ gilt:

$$\langle x, x_j \rangle = \sum_{i=1}^{n} \alpha_i \langle x_i, x_j \rangle. \qquad \square$$

Als einfaches Beispiel soll zu der Funktion $x\colon [0, 1] \to \mathbb{R}$, $t \mapsto x(t) := t^2$, eine lineare Funktion auf $[0, 1]$ ermittelt werden, die im quadratischen Mittel von x am wenigsten abweicht. Dieser Aufgabe wird der Prä-Hilbertraum $(C[0, 1], \langle \cdot, \cdot \rangle)$, wobei $\langle u, v \rangle := \int_a^b u(t)v(t)dt$ für $u, v \in C[0, 1]$ sei, zugrunde gelegt. Die Funktionen x_1, x_2 mit $x_1(t) = 1$ und $x_2(t) = t$ für alle $t \in [0, 1]$ bilden eine Basis des Teilraumes K aller linearen Funktionen. Es entsteht das folgende lineare Gleichungssystem:

$$\int_0^1 t^2 \cdot 1 \, dt = \alpha_1 \cdot \int_0^1 1 \cdot 1 \, dt + \alpha_2 \int_0^1 t \cdot 1 \, dt$$

$$\int_0^1 t^2 \cdot t \, dt = \alpha_1 \cdot \int_0^1 1 \cdot t \, dt + \alpha_2 \cdot \int_0^1 t \cdot t \, dt$$

aus dem sich die gesuchte lineare Funktion

$$x_0 \colon [0, 1] \to \mathbb{R}, \quad t \mapsto x_0(t) = -\frac{1}{6} x_1(t) + 1 \cdot x_2(t) = -\frac{1}{6} + t$$

ergibt.

In diesem Rahmen lässt sich auch zeigen, dass der Erwartungswert einer quadratinte-grierbaren Funktion x gerade die beste L^2-Approximation von x bzgl. des Teilraumes der konstanten Funktionen ist.

Sei $(X, \langle \cdot, \cdot \rangle)$ ein Prä-Hilbertraum, und seien $x_1, \ldots, x_n$ Punkte in X. Dann soll der Punkt $\overline{x} \in X$ bestimmt werden, für den die Summe der Abstandsquadrate

$$f \colon X \to \mathbb{R}, \quad x \mapsto f(x) := \sum_{i=1}^n \|x - x_i\|^2$$

minimal wird, also der *Schwerpunkt* von $\{x_1, \ldots, x_n\}$.

Nach Abschnitt 5.1.6 ist f strikt konvex und in jedem $x \in X$ differenzierbar mit der Ableitung

$$f'(x) = 2 \cdot \sum_{i=1}^n \langle x - x_i, \cdot \rangle.$$

$\overline{x}$ ist also genau dann die Minimallösung von f, wenn gilt: $\sum_{i=1}^n \langle \overline{x} - x_i, \cdot \rangle = 0$, d. h.:

$$\overline{x} = \frac{1}{n} \sum_{i=1}^n x_i.$$

5.1.9 Fourierreihen

Bemerkung 5.1.1. Besonders einfach fällt die Matrix aus, wenn die Basis von K eine *Orthonormalbasis* bildet, d. h. wenn

$$\langle x_i, x_j \rangle = \begin{cases} 1 & \text{für } i = j \\ 0 & \text{für } i \neq j \end{cases}$$

gilt. In diesem Fall ist die Gramsche Matrix gerade die Einheitsmatrix, und die beste Approximation von x ist

$$x_0 = \sum_{i=1}^{n} \alpha_i x_i, \quad \text{wobei} \quad \alpha_i = \langle x, x_i \rangle \quad \text{ist.}$$

Der folgende Satz gibt ein Verfahren an, wie aus einer gegebenen Menge von linear unabhängigen Vektoren eine Menge von orthonormalen Vektoren konstruiert werden kann.

Satz 5.1.5 (Gram-Schmidt). *Seien* $\{x_i\}_1^m$ *linear unabhängige Vektoren in einem Prä-Hilbertraum* X. *Dann existiert eine Menge von orthonormalen Vektoren* $\{e_i\}$ *derart, dass für jedes* $n \le m$ *gilt:*

$$\text{span}\{x_1, \ldots, x_n\} = \text{span}\{e_1, \ldots, e_n\}.$$

Beweis. Induktion über n.

Für $n = 1$ sei $e_1 := \frac{x_1}{\|x_1\|}$, der offensichtlich den gleichen Teilraum erzeugt wie x_1.

Für $n = 2$ sei $z_2 := x_2 - \langle x_2, e_1 \rangle e_1$ und $e_2 := \frac{z_2}{\|z_2\|}$. Dann ist $e_2 \perp e_1$ und $e_2 \ne 0$, da x_2 und e_1 linear unabhängig sind. Weiter erzeugen e_1 und e_2 den gleichen Teilraum wie x_1 und x_2, da x_2 als Linearkombination von e_1 und e_2 dargestellt werden kann.

Für $n > 2$ sei $z_n := x_n - \sum_{i=1}^{n-1} \langle x_n, e_i \rangle e_i$ und $e_n := \frac{z_n}{\|z_n\|}$. Die Behauptung gelte für $i < n$. Dann ist $e_n \perp e_i$ für alle $i < n$. Außerdem sind nach Induktionsannahme die Vektoren $e_1, \ldots, e_{n-1}, x_n$ linear unabhängig und somit $e_n \ne 0$. Hieraus folgt unmittelbar, dass $e_1, \ldots, e_n$ den gleichen Teilraum erzeugen wie $x_1, \ldots, x_n$, da $x_n \in \text{span}\{e_1, \ldots, e_n\}$ und nach Induktionsvoraussetzung $\text{span}\{e_1, \ldots, e_{n-1}\} = \text{span}\{x_1, \ldots, x_{n-1}\}$ gilt. $\square$

Beispiel 1. Sei $X = C[-1, 1]$. Die linear unabhängigen Monome $x_i(t) := t^{i-1}$, $i \in \{1, \ldots, n\}$ erzeugen den n-dimensionalen Teilraum der Polynome vom Grad $\le n - 1$. Die Anwendung des Gram-Schmidt Verfahrens liefert hier

$$e_k(t) = \sqrt{\frac{2k+1}{2}} P_k(t), \quad k = 0, 1, \ldots, n-1,$$

wobei P_k gerade die *Legendre-Polynome*

$$P_k(t) = \frac{(-1)^k}{2^k \cdot k!} \frac{d^k}{dt^k} \{(1 - t^2)^k\}$$

sind.

Orthonormalsysteme. Fourierreihen

Definition 5.1.1. Eine Folge $(e_k)_{k \in \mathbb{N}_0}$ in einem Prä-Hilbertraum X heißt ein *Orthonormalsystem*, falls für alle $n \in \mathbb{N}_0$ die Vektoren $\{e_0, \dots, e_n\}$ eine Orthonormalbasis bilden. Für ein Orthonormalsystem $(e_k)_{k \in \mathbb{N}_0}$ wollen wir die Reihe $\sum_{i=0}^{\infty} \langle x, e_i \rangle e_i$, d. h. die Folge der Partialsummen $\left(\sum_{i=0}^{n} \langle x, e_i \rangle e_i\right)_{n \in \mathbb{N}_0}$, betrachten. Die Koeffizienten $\langle x, e_i \rangle$ heißen *Fourier-Koeffizienten* und die Reihe $\sum_{i=0}^{\infty} \langle x, e_i \rangle e_i$ *Fourierreihe* von x bzgl. des Orthonormalsystems $(e_k)_{k \in \mathbb{N}_0}$.

Ist auf X eine Norm festgelegt (z. B. die Skalarprodukt-Norm), so kann man untersuchen, ob die Reihe (d. h. die Folge der Partialsummen) gegen x konvergiert. Denn nach Bemerkung 5.1.1 sind die n-ten Partialsummen $\sum_{i=0}^{n} \langle x, e_i \rangle e_i$ die besten Approximationen von x bzgl. des von $\{e_0, \dots, e_n\}$ erzeugten Teilraumes.

Das für uns wichtigste Beispiel ist durch das Orthonormalsystem

$$\left\{ \frac{1}{\sqrt{2\pi}}, \; \frac{1}{\sqrt{\pi}} \cos t, \; \frac{1}{\sqrt{\pi}} \sin t, \; \dots, \; \frac{1}{\sqrt{\pi}} \cos(kt), \; \frac{1}{\sqrt{\pi}} \sin(kt), \; \dots \right\}$$

in dem Raum $C[0, 2\pi]$ (bzw. $C[-\pi, \pi]$) mit dem Skalarprodukt $\langle f, g \rangle := \int_0^{2\pi} f(t)g(t)dt$ gegeben. In Übereinstimmung mit der üblichen Schreibweise setzen wir für eine Funktion $g \in C[0, 2\pi]$ und $k \in \mathbb{N}$

$$a_0 = \frac{1}{\pi} \int_0^{2\pi} g(t)dt, \; a_k = \frac{1}{\pi} \int_0^{2\pi} g(t) \cos(kt)dt, \; b_k = \frac{1}{\pi} \int_0^{2\pi} g(t) \sin(kt)dt.$$

Als Fourierreihe von g (an der Stelle t) erhalten wir

$$\frac{a_0}{2} + \sum_{n=1}^{\infty} (a_n \cos nt + b_n \sin nt).$$

Beispiel 2. Sei $X = C[-\pi, \pi]$ und $g(t) = |t|$. Dann gilt $a_0 = \frac{1}{\pi} \int_{-\pi}^{\pi} |t|dt = \pi$. Für $k \in \mathbb{N}$ ist

$$a_k = \frac{1}{\pi} \int_{-\pi}^{\pi} |t| \cos(kt)dt = \frac{2}{\pi} \int_0^{\pi} t \cos(kt)dt$$

$$= \frac{2}{\pi k^2}[(-1)^k - 1] = \begin{cases} 0 & \text{für gerades } k \\ \frac{-4}{\pi k^2} & \text{für ungerades } k \end{cases}$$

$$b_k = \frac{1}{\pi} \int_{-\pi}^{\pi} |t| \sin(kt)dt = \frac{1}{\pi} \int_0^{\pi} t \sin(kt)dt - \frac{1}{\pi} \int_0^{\pi} t \sin(kt)dt = 0.$$

Die Fourierreihe der Betragsfunktion lautet also

$$\frac{\pi}{2} - \frac{4}{\pi} \left(\frac{\cos t}{1^2} + \frac{\cos 3t}{3^2} + \frac{\cos 5t}{5^2} + \dots \right).$$

Satz 5.1.6. *Sei* $f \in C[0, 2\pi]$ *mit* $f(0) = f(2\pi)$. *Dann konvergiert die Fourierreihe von* f *im quadratischen Mittel gegen* f.

Beweis. Nach dem II. Satz von Weierstraß (siehe Abschnitt 7.5) existiert eine Folge von trigonometrischen Polynomen $(T_n)_{n \in \mathbb{N}}$ derart, dass Grad $T_n = n$ und $\max_{0 \le t \le 2\pi} |f(t) - T_n(t)| \stackrel{n \to \infty}{\longrightarrow} 0$ gilt. Da die n-te Partialsumme F_n von f die beste Approximation von f im quadratischen Mittel ist, folgt

$$\int_0^{2\pi} (f(t) - F_n(t))^2 dt \le \int_0^{2\pi} (f(t) - T_n(t))^2 dt \le 2\pi \max_{0 \le t \le 2\pi} |f(t) - T_n(t)|^2 \stackrel{n \to \infty}{\longrightarrow} 0,$$

d. h. F_n konvergiert im quadratischen Mittel gegen f.   □

So wie bei dem Raum der stetigen Funktionen kann man auch den Raum der stückweise stetigen Funktionen zu einem Prä-Hilbertraum machen.

Definition 5.1.2. Seien $a, b \in \mathbb{R}$ mit $a < b$. Eine Funktion $g : [a, b] \to \mathbb{R}$ heißt *stückweise stetig*, falls eine Zerlegung

$$a = t_0 < t_1 < \ldots < t_n = b$$

von $[a, b]$ existiert, so dass $g|_{(t_{i-1}, t_i)}$ für $i \in \{1, \ldots, n\}$ stetig ist und für alle $t \in (a, b)$ die Grenzwerte

$$g(t_+) := \lim_{s \downarrow 0} g(t + s), \quad g(t_-) = \lim_{s \uparrow 0} g(t + s)$$

bzw. $g(a_+)$ und $g(b_-)$ existieren.

Eine stetige Funktion f heißt *stückweise stetig differenzierbar*, falls eine Zerlegung $a = t_0 < t_1 < \ldots < t_m = b$ existiert, so dass $f|_{[t_{i-1}, t_i]}$ für $i \in \{1, \ldots, m\}$ stetig differenzierbar ist.

Sei $S[a, b] := \{f : [a, b] \to \mathbb{R} \mid f$ stückweise stetig$\}$.

Mit dem Skalarprodukt

$$\langle f, g \rangle := \int_a^b f(t) g(t) dt$$

ist $S[a, b]$ offensichtlich ein Prä-Hilbertraum.

Für stückweise stetig differenzierbare periodische Funktionen kann man sogar die gleichmäßige Konvergenz der dazugehörigen Fourierreihen beweisen. Es gilt der (siehe [Fo], S. 199)

Satz 5.1.7. *Sei* $f \in C[0, 2\pi]$ *mit* $f(0) = f(2\pi)$ *eine stückweise stetig differenzierbare Funktion. Dann konvergiert die Fourierreihe von* f *gleichmäßig auf* $[0, 2\pi]$ *gegen* f.

Über die punktweise Konvergenz der Fourierreihen stückweise stetiger Funktionen gibt der folgende Satz von Dirichlet Auskunft (siehe [E-L], S. 108).

Satz 5.1.8 (Satz von Dirichlet). *Ist* $g \in S[-\pi, \pi]$ *(bzw. gleichmäßiger Limes von Treppenfunktionen) und existieren für alle* $t \in [-\pi, \pi]$ *die rechts- und linksseitigen Ableitungen* $g'_+(t)$, $g'_-(t)$, *so konvergiert die Fourierreihe von* g *in jedem Punkt* $t \in (-\pi, \pi)$ *gegen das arithmetische Mittel* $\frac{g(t_-) + g(t_+)}{2}$, *bzw. für* t *mit* $|t| = \pi$ *gegen* $\frac{g(-\pi_+) + g(\pi_-)}{2}$. *Ist* g *also stetig in* $t \in (-\pi, \pi)$, *so konvergiert die Fourier-Reihe gegen* $g(t)$.

Fragt man jetzt nach der Klasse von Funktionen auf dem Intervall $[a, b]$, die im Sinne der Konvergenz im quadratischen Mittel als Grenzwerte von Fourier-Reihen darstellbar sind, so kommt man zu dem Raum $L^2[a, b]$ der im Quadrat Lebesgue-integrierbaren Funktionen.

Die oben gestellte Frage ist mit dem Begriff der Vollständigkeit eines normierten Raumes verbunden.

5.1.10 Vollständigkeit. Banach- und Hilberträume. L^p-Räume und Orliczräume

Definition 5.1.3. Sei (X, d) ein metrischer Raum. Eine Folge $(x_k)_{k \in \mathbb{N}}$ heißt *Cauchy-Folge*, wenn

$$\forall \varepsilon > 0 \quad \exists k_\varepsilon \; \forall k, m \geq k_\varepsilon : d(x_k, x_m) < \varepsilon.$$

Ein metrischer Raum (X, d) heißt *vollständig*, wenn in ihm jede Cauchy-Folge konvergiert.

Ein normierter Raum $(X, \| \cdot \|)$, der in der von der Norm $\| \cdot \|$ erzeugten Metrik vollständig ist, heißt *Banachraum*.

Ein Prä-Hilbertraum, der bzgl. der Skalarprodukt-Norm vollständig ist, heißt *Hilbertraum*.

Alle Beispiele für normierte Räume aus Abschnitt 3.2.1 sind Banachräume, denn in 2) und 3) reduziert sich die Konvergenz auf die komponentenweise Konvergenz in dem vollständigen Raum $\mathbb{R}$. Zu Beispiel 4) vgl. A.2. Damit ist der Raum $\mathbb{R}^n$ mit dem gewöhnlichen Skalarprodukt (siehe Abschnitt 5.1.5 (1)) ein Hilbertraum.

Mit dem Minkowski-Funktional sollen jetzt die für Anwendungen wichtigen L^p-Räume und Orliczräume eingeführt werden.

Sei (T, Σ, σ) ein Maßraum. Auf dem Vektorraum der σ-messbaren reellwertigen Funktionen auf T wird die folgende Relation eingeführt. Zwei Funktionen heißen äquivalent, falls sie sich nur auf einer σ-Nullmenge unterscheiden. Sei E der Vektorraum der Äquivalenzklassen (Quotientenraum).

Ferner sei $\Phi \colon \mathbb{R} \to \mathbb{R} \cup \{\infty\}$ eine nicht identisch verschwindende, symmetrische, konvexe Funktion mit $\Phi(0) = 0$ (*Youngsche Funktion*).

Bemerkung 5.1.2. Die Menge

$$L^\Phi(\sigma) := \left\{ x \in E \mid \text{es existiert ein } \alpha > 0 \text{ mit } \int_T \Phi(\alpha x) d\sigma < \infty \right\}$$

ist ein Teilraum von E.

Beweis. Sei $\beta \in \mathbb{R} \setminus \{0\}$ und $\int_T \Phi(\alpha x) d\sigma < \infty$. Dann ist $\int_T \Phi(\frac{\alpha}{|\beta|} \beta x) d\sigma < \infty$. Seien $x_1, x_2 \in L^\Phi(\sigma)$ und $\alpha_1, \alpha_2 > 0$ derart, dass für $i \in \{1, 2\}$

$$\int_T \Phi(\alpha_i x_i) d\sigma < \infty.$$

Da Φ monoton auf $\mathbb{R}_+$, symmetrisch und konvex ist, folgt für $\alpha = \min\{\alpha_1, \alpha_2\}$:

$$\int_T \Phi\left(\frac{\alpha}{2}(x_1 + x_2)\right) d\sigma \leq \frac{1}{2} \int_T \Phi(\alpha x_1) d\sigma + \frac{1}{2} \int_T \Phi(\alpha x_2) d\sigma < \infty. \qquad \square$$

Bemerkung 5.1.3. Die Menge

$$K := \left\{ x \in L^\Phi(\sigma) \mid \int_T \Phi(x) d\sigma \leq 1 \right\}$$

ist konvex und symmetrisch. K besitzt 0 als algebraisch inneren Punkt und ist bzgl. 0 linear beschränkt.

Satz 5.1.9. *Durch*

$$x \mapsto \|x\| := \inf\left\{ c > 0 \mid \int_T \Phi\left(\frac{x}{c}\right) d\sigma \leq 1 \right\}$$

ist eine Norm auf $L^\Phi(\sigma)$ erklärt.

Definition 5.1.4. Der Raum $(L^\Phi(\sigma), \|\cdot\|)$ heißt *Orliczraum* (siehe [K-R, Tu]). Der zu der Funktion $\Phi(s) = |s|^p$, $1 \leq p < \infty$, gehörige Raum heißt $L^p(\sigma)$-*Raum*. Wie in Abschnitt 3.7 erhält man hier die Norm

$$\|x\|_p = \sqrt[p]{\int_T |x(t)|^p d\sigma(t)}.$$

Der aus der Funktion

$$\Phi(s) = \begin{cases} 0 & \text{für } |s| \leq 1 \\ \infty & \text{sonst} \end{cases}$$

resultierende Raum wird mit $L^\infty(\sigma)$ bezeichnet.

Sei im Folgenden Φ auf $\mathbb{R}_+$ linksseitig stetig, d. h. aus $0 \leq s_n \uparrow s_0$ folgt $\Phi(s_n) \uparrow$ $\Phi(s_0)$, wobei ∞ als Wert eingeschlossen ist.

Bemerkung 5.1.4. Aus $\int_T \Phi(\frac{x}{a})d\sigma = 1$ folgt $\|x\|_\Phi = a$, denn aus der Konvexität von Φ und $\Phi(0) = 0$ folgt für $0 < a' < a$:

$$\int_T \Phi\left(\frac{a}{a'}\frac{x}{a}\right) d\sigma \geq \frac{a}{a'} \int_T \Phi\left(\frac{x}{a}\right) d\sigma > 1.$$

Bemerkung 5.1.5. Sei $x \in E$ und $y \in L^\Phi(\sigma)$. Dann folgt aus $|x(t)| \leq y(t)$ σ-fast überall, $x \in L^\Phi(\sigma)$ und $\|x\|_\Phi \leq \|y\|_\Phi$.

Diese Eigenschaft wird *Monotonie der Norm* genannt.

Lemma 5.1.1. *Sei $0 \leq x_n \uparrow x$ und $x_n \in L^\Phi(\sigma)$ für alle $n \in \mathbb{N}$. Dann gilt entweder $x \in L^\Phi(\sigma)$ und $\|x_n\|_\Phi \to \|x\|_\Phi$ oder $\|x_n\|_\Phi \to \infty$.*

Beweis. Sei $\varepsilon > 0$ und $\beta := \sup\{\|x_n\|_\Phi \mid n \in \mathbb{N}\} < \infty$. Dann gilt für alle $n \in \mathbb{N}$:

$$\int_T \Phi\left(\frac{x_n}{\beta + \varepsilon}\right) d\sigma \leq 1.$$

Da Φ linksseitig stetig ist, konvergiert $\Phi(\frac{x_n}{\beta+\varepsilon})$ punktweise gegen $\Phi(\frac{x}{\beta+\varepsilon})$. Nach dem Satz über die monotone Konvergenz ist

$$1 \geq \sup_n \int_T \Phi\left(\frac{x_n}{\beta + \varepsilon}\right) d\sigma = \int_T \Phi\left(\frac{x}{\beta + \varepsilon}\right) d\sigma, \quad \text{d. h.} \quad x \in L^\Phi(\sigma)$$

und $\beta + \varepsilon \geq \|x\|_\Phi$ und somit $\beta \geq \|x\|_\Phi$.

Sei andererseits $0 < \beta_1 < \beta$. Dann existiert ein $n_0 \in \mathbb{N}$, so dass für $n > n_0$ $\|x_n\|_\Phi > \beta_1$ ist, d. h.

$$\int_T \Phi\left(\frac{x_n}{\beta_1}\right) d\sigma > 1$$

und aus der Monotonie des Integrals

$$\int_T \Phi\left(\frac{x}{\beta_1}\right) d\sigma > 1,$$

d. h. $\|x\|_\Phi \geq \beta_1$. $\qquad\qquad\qquad\qquad\qquad\qquad\qquad\qquad\qquad\qquad\qquad\qquad\square$

Satz 5.1.10. *$L^\Phi(\sigma)$ ist ein Banachraum.*

Beweis. Sei $(x_n)_{n \in \mathbb{N}}$ eine Cauchy-Folge in $L^\Phi(\sigma)$, d. h. $\lim_{n,m \to \infty} \|x_n - x_m\|_\Phi = 0$. Dann existiert eine Teilfolge $(y_k)_{k \in \mathbb{N}}$ von $(x_n)_{n \in \mathbb{N}}$ mit

$$\sum_{k=1}^\infty \|y_{k+1} - y_k\|_\Phi < \infty.$$

Sei $z_n(\cdot) := |y_1(\cdot)| + \sum_{k=1}^n |y_{k+1}(\cdot) - y_k(\cdot)| \in L^\Phi(\sigma)$. Nach dem Lemma ist $z := \lim_{n \to \infty} z_n \in L^\Phi(\sigma)$ $(z(t) := \lim_{n \to \infty} z_n(t))$ und damit

$$\sum_{k=1}^\infty |y_{k+1}(\cdot) - y_k(\cdot)|$$

fast überall konvergent (endlich) und folglich auch

$$\sum_{k=1}^\infty (y_{k+1}(\cdot) - y_k(\cdot)). \qquad \square$$

Der Hilbertraum L^2

Für $p = 2$ (bzw. $\Phi(s) = s^2$) erhalten wir den wichtigen Spezialfall $L^2(\sigma)$, der mit dem Skalarprodukt $(x, y) \mapsto \int_T x(t)y(t)d\sigma(t)$ ein Hilbertraum ist.

Auch bei Existenzfragen spielt die Vollständigkeit eine wichtige Rolle.

Setzt man die Vollständigkeit voraus, liegt also ein Hilbertraum vor, so kann man die Existenz von besten Approximationen garantieren.

5.1.11   Existenzsatz

Satz 5.1.11. *Zu jeder nichtleeren, konvexen und abgeschlossenen Teilmenge K eines Hilbertraumes existiert genau ein Element minimaler Norm. Es gilt sogar: Jede minimierende Folge in K konvergiert gegen dieses Element. (Man sagt: Die Approximationsaufgabe ist stark lösbar.)*

Beweis. Sei $(x_n)_{n \in \mathbb{N}}$ eine Folge in K mit $(\|x_n\|)_{n \in \mathbb{N}} \to \inf\{\|x\| \mid x \in K\} =: \alpha$. Sei nun $\varepsilon > 0$. Dann gilt für hinreichend große $n, m \in \mathbb{N}$ nach der Parallelogrammgleichung:

$$\left\|\frac{x_n - x_m}{2}\right\|^2 = \frac{1}{2}\|x_n\|^2 + \frac{1}{2}\|x_m\|^2 - \left\|\frac{x_n + x_m}{2}\right\|^2 \leq \frac{\alpha^2 + \varepsilon}{2} + \frac{\alpha^2 + \varepsilon}{2} - \alpha^2 = \varepsilon,$$

d. h. $(x_n)_{n \in \mathbb{N}}$ ist eine Cauchy-Folge, die (aufgrund der Vollständigkeit) gegen ein $\overline{x} \in K$ konvergiert.

Es gilt also auch: $(\|x_n\|)_{n \in \mathbb{N}} \to \|\overline{x}\|$, d. h.: $\alpha = \|\overline{x}\|$. $\qquad \square$

5.1.12 Stetigkeit der metrischen Projektion

Satz 5.1.12. *Sei K eine nichtleere, konvexe und abgeschlossene Teilmenge eines Hilbertraumes X. Dann ist die metrische Projektion P, die jedem Element $x \in X$ die beste Approximation von x bzgl. K zuordnet, stetig.*

Beweis. Sei $x \in X$, und sei $(x_n)_{n \in \mathbb{N}}$ eine Folge mit $(x_n)_{n \in \mathbb{N}} \to x$. Es gilt

$$\| P(x_n) - x \| \leq \| P(x_n) - x_n \| + \| x_n - x \| \leq \| P(x) - x_n \| + \| x_n - x \| \to \| P(x) - x \|,$$

d. h. $(P(x_n))_{n \in \mathbb{N}}$ ist eine minimierende Folge für $\inf\{\| y - x \| \mid y \in K\}$. Aus dem Satz folgt also $(P(x_n))_{n \in \mathbb{N}} \to P(x)$. $\qquad\Box$

Folgerung. *Da auf einem endlich-dimensionalen Raum alle Normen äquivalent sind, ist die metrische Projektion auf jedem endlich-dimensionalen strikt normierten Raum stetig.*

5.1.13 Trennungssätze in Hilberträumen

Als einfache Folgerungen aus dem Approximationssatz ergeben sich die folgenden wichtigen *Trennungssätze*.

Definition 5.1.5. Zwei Teilmengen K_1, K_2 eines Prä-Hilbertraumes $(H, \langle \cdot, \cdot \rangle)$ lassen sich *trennen* (*strikt trennen*), wenn ein $a \in H \setminus \{0\}$ mit

$$\inf\{\langle a, x \rangle \mid x \in K_1\} \geq \sup\{\langle a, x \rangle \mid x \in K_2\}$$

$$(\inf\{\langle a, x \rangle \mid x \in K_1\} > \sup\{\langle a, x \rangle \mid x \in K_2\})$$

existiert.

Es gilt dann:

Satz 5.1.13 (Strikter Trennungssatz in Hilberträumen). *Sei K eine konvexe Teilmenge eines Hilbertraumes $(H, \langle \cdot, \cdot \rangle)$ und $x_0 \notin \overline{K}$. Dann kann man $\overline{K}$ und $\{x_0\}$ strikt trennen. Es gilt sogar: Für $a := P(x_0) - x_0$ ist $a \neq 0$ und für alle $x \in \overline{K} : \langle a, x \rangle \geq \langle a, x_0 \rangle + \| a \|^2$.*

Beweis. Sei o. B. d. A. K eine nichtleere, konvexe Teilmenge von H. Dann gibt es genau eine beste Approximation k_0 von $x_0 \in H \setminus \overline{K}$ bzgl. der konvexen, abgeschlossenen Menge $\overline{K}$. Nach dem Approximationssatz ist für alle $x \in \overline{K}$:

$$0 \leq \langle k_0 - x_0, x - k_0 \rangle = \langle k_0 - x_0, x - x_0 + x_0 - k_0 \rangle$$

$$= \langle k_0 - x_0, x - x_0 \rangle + \langle k_0 - x_0, x_0 - k_0 \rangle.$$

Setzt man $a := k_0 - x_0$. Dann gilt $a \neq 0$ und $0 \leq \langle a, x \rangle - \langle a, x_0 \rangle - \|a\|^2$, also $\langle a, x \rangle \geq \langle a, x_0 \rangle + \|a\|^2$. $\qquad\qquad\qquad\qquad\qquad\qquad\qquad\qquad\qquad\qquad\qquad$ □

Aus diesem Trennungssatz folgt auch die Existenz von Stützhyperebenen in $\mathbb{R}^r$.

Korollar. *Sei K eine konvexe, abgeschlossene Teilmenge des $\mathbb{R}^r$ und x_0 ein Randpunkt von K. Dann gibt es ein $a \in \mathbb{R}^r \setminus \{0\}$ derart, dass für alle $x \in K$ gilt: $\langle a, x \rangle \geq \langle a, x_0 \rangle$.*

Die Menge $\{x \in \mathbb{R}^r \mid \langle a, x \rangle = \langle a, x_0 \rangle\}$ heißt *Stützhyperebene* von K in x_0.

Beweis. Sei x_0 ein Randpunkt der konvexen, abgeschlossenen Menge K. Dann gibt es eine Folge $(x_n)_{n \in \mathbb{N}}$ in $\mathbb{R}^r \setminus K$ mit $(x_n)_{n \in \mathbb{N}} \to x_0$. Für die Folge $(a_n)_{n \in \mathbb{N}} := (P(x_n) - x_n)_{n \in \mathbb{N}}$, wobei $P(x_n)$ die metrische Projektion von x_n bzgl. K ist, gilt nach dem strikten Trennungssatz:

$$\forall x \in K : \langle a_n, x \rangle \geq \langle a_n, x_n \rangle + \|a_n\|^2,$$

also

$$\forall x \in K : \left\langle \frac{a_n}{\|a_n\|}, x \right\rangle \geq \left\langle \frac{a_n}{\|a_n\|}, x_n \right\rangle.$$

Da die Einheitssphäre in $\mathbb{R}^r$ kompakt ist, besitzt die Folge $(\frac{a_n}{\|a_n\|})_{n \in \mathbb{N}}$ einen Häufungspunkt a mit $\|a\| = 1$, so dass für alle $x \in K$ gilt:

$$\langle a, x \rangle \geq \langle a, x_0 \rangle. \qquad\qquad\qquad\qquad\qquad\qquad\qquad □$$

Ähnlich wie im endlich-dimensionalen Fall kann man die Bestimmung der besten Approximation bzgl. endlich-codimensionaler Teilräume auf das Lösen eines linearen Gleichungssystems zurückführen.

5.1.14 Lineare endlich-codimensionale Approximation

Satz 5.1.14. *Sei $(X, \langle \cdot, \cdot \rangle)$ ein Prä-Hilbertraum, und sei $\{y_i \mid i \in \{1, \ldots, n\}\}$ eine endliche, linear unabhängige Menge in X. Für $c \in \mathbb{R}^n$ sei*

$$S := \{u \in X \mid \forall i \in \{1, \ldots, n\} : \langle y_i, u \rangle = c_i\}.$$

Ist $a \in \mathbb{R}^n$ die eindeutige Lösung des linearen GLS $Gx = c$, wobei G die Gramsche Matrix der $\{y_1, \ldots, y_n\}$ ist, so ist $u_0 = \sum_{j=1}^n a_j y_j$ das Element minimaler Norm in S.

Beweis. Sei $a \in \mathbb{R}^n$ mit $Ga = c$, d. h. für alle $i \in \{1, \ldots, n\}$ ist

$$\sum_{j=1}^n a_j \langle y_i, y_j \rangle = c_i.$$

Für $u_0 = \sum_{j=1}^{n} a_j y_j$ und $i \in \{1, \dots, n\}$ gilt:

$$\langle y_i, u_0 \rangle = \sum_{j=1}^{n} a_j \langle y_i, y_j \rangle = c_i,$$

d. h. $u_0 \in S$. Sei $u \in S$. Dann gilt:

$$\langle u_0, u - u_0 \rangle = \sum_{j=1}^{n} a_j \langle y_j, u \rangle - \sum_{j=1}^{n} a_j \langle y_j, u_0 \rangle$$

$$= \sum_{j=1}^{n} a_j c_j - \sum_{j=1}^{n} a_j c_j = 0,$$

d. h. u_0 ist das Element minimaler Norm in S. $\qquad\square$

5.1.15 Eine Anwendung in der Steuerungstheorie

Als Anwendung behandeln wir ein Problem der linearen Kontrolltheorie.

Sei $T > 0$. Sei A (bzw. B) eine stetige Abbildung, die jedem $t \in [0, T]$ eine reelle $(n \times n)$-Matrix $A(t)$ (bzw. einen Vektor $B(t) \in \mathbb{R}^n$) zuordnet. Gesucht werden $x \in (C[0, T])^n$ und eine stückweise stetig differenzierbare Funktion $u \in S[0, T]$ (siehe Abschnitt 5.1.9), so dass für vorgegebene $x_0, x_T \in \mathbb{R}^n$ gilt:

1) $\quad \forall t \in [0, T] : \dot{x}(t) = A(t)x(t) + B(t)u(t) \quad$ und $\quad x(0) = x_0,\ x(T) = x_T$

(1) im Sinne der rechtsseitigen Ableitung) und derart, dass

$$\int_0^T (u(t))^2 dt$$

minimal ist.

Physikalisch geht es darum, eine durch 1) beschriebene Bewegungsbahn mit festem Anfangs- und Endpunkt mit Hilfe einer Steuerungsfunktion u so zu steuern, dass der „Energieaufwand" minimiert wird.

Angenommen, es gibt eine Steuerungsfunktion $u \in S[0, T]$, für die das Randwertproblem 1) lösbar ist. Dann haben die Lösungen (in Abhängigkeit von u) die folgende Gestalt:

$$x_u(t) = \Phi(t) \left(x_0 + \int_0^t (\Phi(s))^{-1} B(s)u(s) ds \right),$$

wobei Φ eine Fundamentalmatrix der Differentialgleichung 1) ist, d. h.

$$\dot{\Phi}(t) = A(t)\Phi(t), \quad \Phi(0) = E_n \quad (E_n \text{ die } (n \times n)\text{-Einheitsmatrix})$$

(siehe Satz B.8). Sei $(y_1(s), \ldots, y_n(s)) := \Phi(T)(\Phi(s))^{-1}B(s)$ und $c := x_T - \Phi(T)x_0$. Dann entsteht die folgende Optimierungsaufgabe:

$$\text{Minimiere } \|u\|^2 = \int_0^T (u(t))^2 dt$$

$$\text{auf } S := \{u \in S[0, T] \mid \forall i \in \{1, \ldots, n\} : \langle y_i, u \rangle = c_i\}.$$

Ist $\{y_1, \ldots, y_n\}$ linear unabhängig, so hat nach dem vorangehenden Satz die Lösung u_0 dieses Problems die Form

$$u_0 = \sum_{i=1}^n a_i y_i,$$

wobei $a = (a_1, \ldots, a_n)$ die eindeutige Lösung des linearen Gleichungssystems

$$\sum_{i=1}^n a_i \langle y_i, y_j \rangle = c_j, \quad j \in \{1, \ldots, n\}$$

ist.

Ist $\{y_1, \ldots, y_n\}$ nicht linear unabhängig, so kann man sich, da Lösbarkeit angenommen wurde, auf eine maximale linear unabhängige Teilmenge von $\{y_1, \ldots, y_n\}$ beschränken.

Beispiel ([Lu]). Die Winkelgeschwindigkeit ω eines Gleichstrommotors, der durch eine veränderliche Spannung u gesteuert wird, genügt der Differentialgleichung

$$\dot{\omega}(t) + \omega(t) = u(t).$$

Die Anfangsgeschwindigkeit $\omega(0)$ und die Anfangsposition $x(0)$ seien beide 0. Zum Zeitpunkt 1 soll der Motor die Position $x(1) = 1$ und $\omega(1) = 0$ erreicht haben, wobei die benötigte Energie $\int_0^1 (u(t))^2 dt$ minimal sei.

Die Differentialgleichung lässt sich leicht lösen, und für die Endgeschwindigkeit gilt:

$$\omega(1) = \int_0^1 e^{t-1} u(t) dt.$$

Da $\dot{x}(t) = \omega(t)$, also $\dot{\omega}(t) + \dot{x}(t) = u(t)$ gilt, ist also $1 = x(1) = x(1) - x(0) = -\omega(1) + \omega(0) + \int_0^1 u(t)dt = \int_0^1 u(t)dt$. Seien $y_1, y_2 : [0, 1] \to \mathbb{R}$ mit $y_1(t) := e^{t-1}$, $y_2(t) := 1 - e^{t-1}$ für alle $t \in [0, 1]$. Die Restriktionsmenge ist

$$S := \{u \in S[0, 1] \mid \langle y_1, u \rangle = 0, \ \langle y_2, u \rangle = 1\},$$

wobei $S[0, 1]$ der Raum der stückweise stetigen Funktionen auf $[0, 1]$ ist. Mit Satz 5.1.14 hat die Lösung u die Gestalt $u(t) = a_1 + a_2 e^t$. Die Bestimmung der Konstanten ergibt

$$u(t) = \frac{1}{3 - e}(1 + e - 2e^t).$$

5.1.16   Endlich-codimensionale Approximation bei Ungleichungen

1)   Approximation bei nichtnegativen Koeffizienten

Als Anwendung des Approximationssatzes soll nun eine Aufgabe mit Restriktionen an die Koeffizienten behandelt werden (siehe [Lu], S. 71).

Sei $y_1, \ldots, y_n$ eine linear unabhängige Menge von Vektoren in einem Prä-Hilbertraum $(X, \langle \cdot, \cdot \rangle)$. Sei $x \in X$. Dann wird die beste Approximation von x bzgl. des Kegels

$$K := \left\{ \sum_{i=1}^n \alpha_i y_i \mid i \in \{1, \ldots, n\} : \alpha_i \in \mathbb{R}_{\geq 0} \right\}$$

gesucht. Die Beschränkung auf nichtnegative Koeffizienten α_i kommt häufig bei physikalischen oder ökonomischen Problemen vor. Der Kegel ist abgeschlossen (siehe Satz 14.2.3). Nach Abschnitt 5.1.11 existiert genau eine Lösung x_0 der Aufgabe. Zu x_0 gibt es $\alpha_1^0, \ldots, \alpha_n^0 \in \mathbb{R}_{\geq 0}$ mit $x_0 = \alpha_1^0 y_1 + \ldots + \alpha_n^0 y_n$, und mit Abschnitt 5.1.6 gilt für alle $k \in K$:

$$\langle x - x_0, k - x_0 \rangle \leq 0.$$

Betrachtet man für $i \in \{1, \ldots, n\}$ den Vektor $k := x_0 + y_i \in K$, so folgt:

$$\langle x - x_0, y_i \rangle \leq 0.$$

Betrachtet man für $i \in \{1, \ldots, n\}$ mit $\alpha_i^0 > 0$ den Vektor $k := x_0 - \alpha_i^0 y_i \in K$, so folgt:

$$\langle x - x_0, y_i \rangle \geq 0.$$

Damit gilt für alle $i \in \{1, \ldots, n\}$:

$$\langle x - x_0, y_i \rangle \leq 0,$$

und Gleichheit liegt vor, falls $\alpha_i^0 > 0$ ist. Sei G die Gramsche Matrix von $y_1, \ldots, y_n$, und für $i \in \{1, \ldots, n\}$ sei $c_i := \langle x, y_i \rangle$. Der Vektor $z := G\alpha^0 - c$ mit $\alpha^0 := (\alpha_1^0, \ldots, \alpha_n^0)$ und $c := (c_1, \ldots, c_n)$ hat nichtnegative Komponenten, und es gilt für alle $i \in \{1, \ldots, n\}$:

$$\alpha_i^0 z_i = 0.$$

2)   Endlich-codimensionale Approximation

Satz 5.1.15. *Sei $(X, \langle \cdot, \cdot \rangle)$ ein Prä-Hilbertraum, und sei $\{y_1, \ldots, y_n\}$ eine endliche linear unabhängige Menge in X. Für $c \in \mathbb{R}^n$ sei*

$$S := \{u \in X \mid \forall i \in \{1, \ldots, n\} : \langle y_i, u \rangle \geq c_i\}.$$

Dann gilt:

(a) *Es existiert genau ein Element minimaler Norm in S.*

(b) *Ein $u_0 \in S$ ist genau dann ein Element minimaler Norm in S, wenn es ein a $\geq$ 0 gibt mit $u_0 = \sum_{j=1}^n a_j y_j$, Ga $\geq$ c und $a_i = 0$ für alle $i \in \{1, \ldots, n\}$ mit $\langle u_0, y_i \rangle > c_i$, wobei G die Gramsche Matrix der $y_1, \ldots, y_n$ sei.*

Beweis. Wir behandeln zunächst die folgende endlich-dimensionale Approximations-aufgabe.

Man betrachte einen Vektor $x = \sum_{i=1}^n \alpha_i y_i$, für den für alle $i \in \{1, \ldots, n\}$ gilt: $\langle x, y_i \rangle = c_i$ und dessen beste Approximation $u_0 = \sum_{i=1}^n a_i y_i$ bezüglich des Kegels

$$K := \left\{ \sum_{i=1}^n b_i y_i \mid \forall i \in \{1, \ldots, n\} : b_i \geq 0 \right\}.$$

Nach Abschnitt 1) ist diese Aufgabe eindeutig lösbar und für $a := (a_1, \ldots, a_n)$ gilt: $Ga \geq c, a \geq 0$ und $\langle x - u_0, y_i \rangle = 0$ für $i \in \{1, \ldots, n\}$ mit $a_i > 0$. Der Vektor u_0 ist auch ein Element minimaler Norm in S. u_0 erfüllt die Voraussetzung des Approximationssatzes, da für alle $u \in S$ gilt:

$$\langle u_0, u - u_0 \rangle = \sum_{i=1}^n a_i \langle y_i, u \rangle - \sum_{i=1}^n a_i \langle y_i, u_0 \rangle$$

$$\geq \sum_{i=1}^n a_i c_i - \sum_{i=1}^n a_i \langle u_0, y_i \rangle$$

$$= \sum_{i=1}^n a_i \langle x - u_0, y_i \rangle$$

$$= 0. \qquad \square$$

Aufgaben. 1) Auf der Fläche $H = \{(x, y, z) \in \mathbb{R}^3 \mid 3x + y + z = 1\}$ ist der Punkt mit kleinstem Euklidischen Abstand zum Ursprung zu bestimmen.

2) Man minimiere die Funktion

$$f : P_2 \to \mathbb{R}, \quad f(p) := \int_0^1 |e^t - p(t)|^2 dt$$

auf dem Vektorraum

$$P_2 := \{p : \mathbb{R} \to \mathbb{R} \mid \text{Es ex. } a_0, a_1, a_2 \in \mathbb{R} \text{ mit } p(t) = a_0 + a_1 t + a_2 t^2 \text{ für alle } t \in \mathbb{R}\}$$

der reellen Polynome vom Grad ≤ 2.

3) Man finde unter den (reellen) Polynomen $p \in P_3$ (d. h. höchstens 3. Grades) mit $\int_0^1 p(t)dt = 0$ die Minimallösung der Funktion

$$f \colon P_3 \to \mathbb{R}, \quad f(p) := \int_0^1 |e^t - p(t)|^2 dt.$$

4) Orthonormalisieren Sie im Prä-Hilbertraum $C[-1, 1]$ mit dem Standard-Skalarprodukt

$$\langle f, g \rangle := \int_{-1}^1 f(t)g(t)dt \quad (f, g \in C[-1, 1])$$

mittels des Gram-Schmidt-Verfahrens die durch $p_k(t) := t^k$ ($k \in \{0, 1, 2, 3, 4\}$) definierte Standardbasis $(p_0, p_1, p_2, p_3, p_4)$ des Vektorraums P_4 der (reellen) Polynome vom Grade ≤ 4.

5) Bestimmen Sie im Prä-Hilbertraum $C[-1, 1]$ mit dem üblichen Skalarprodukt (wie in Aufgabe 3) die beste Approximation der Sinusfunktion

$$\sin \colon [-1, 1] \to \mathbb{R}, \quad t \mapsto \sin(t)$$

bzgl. des Teilraumes P_2 der Polynome vom Grade ≤ 2.

6) Lösen Sie das folgende „Kontrollproblem":
Minimiere $f \colon S[0, 1] \to \mathbb{R}$, $f(u) := \int_0^1 u(t)^2 dt$ auf

$$S := \{u \in S[0, 1] \mid \text{Es ex. ein } x \colon [0, 1] \to \mathbb{R} \text{ stückweise zweimal stetig diff. mit}$$

$$x''(t) = u(t), \, x(0) = x'(0) = 0, \, x(1) = 2\}.$$

5.2 Variationsrechnung

In den Ideenkreis der mathematischen Optimierung gehört die Variationsrechnung, die im 17. Jahrhundert ihre Anfänge nahm. Historisch gesehen steht am Anfang dieser Disziplin das von Johann Bernoulli gestellte Brachistochronen-Problem (siehe Einführung).

5.2.1 Variationsaufgaben mit festen Endpunkten

Betrachtet werden zunächst die sogenannten „*Variationsaufgaben mit festen Endpunkten*". Diese Variationsaufgaben haben die folgende Form:
 Seien $a, b, \alpha, \beta \in \mathbb{R}$ mit $a < b$, und sei

$$L \colon \mathbb{R} \times \mathbb{R} \times [a, b] \to \mathbb{R}$$

stetig und bzgl. der beiden ersten Komponenten stetig partiell differenzierbar. Dann wird von dem Funktional

$$f \colon C^{(1)}[a, b] \to \mathbb{R}, \quad y \mapsto f(y) := \int_a^b L(y(t), \dot{y}(t), t)dt$$

eine Minimallösung auf der Menge

$$S := \{y \in C^{(1)}[a,b] \mid y(a) = \alpha, \quad y(b) = \beta\}$$

gesucht.

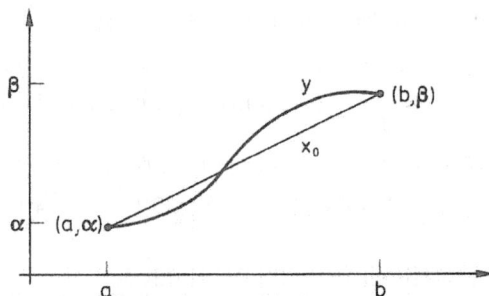

Betrachtet man den Teilraum

$$V := \{v \in C^{(1)}[a,b] \mid v(a) = v(b) = 0\}$$

von $C^{(1)}[a,b]$ und die Funktion

$$x_0 : [a,b] \to \mathbb{R}, \quad t \mapsto x_0(t) := \frac{\beta - \alpha}{b - a} \cdot (t - a) + \alpha$$

(x_0 ist die Verbindungsstrecke der Punkte $(a, \alpha), (b, \beta)$) aus $C^{(1)}[a,b]$, so erkennt man, dass S der affine Teilraum $x_0 + V$ ist:

$$S = x_0 + V.$$

f ist also auf dem affinen Teilraum $x_0 + V$ zu minimieren.

Da unter den genannten Voraussetzungen f in jedem Punkt $y \in S = x_0 + V$ in allen Richtungen $v \in V$ Gâteaux-differenzierbar ist, lässt sich Folgerung 4.1.1 anwenden.

5.2.2   Der Ansatz über die Richtungsableitung

Eine notwendige Bedingung dafür, dass $y_0 \in x_0 + V$ eine Minimallösung von f auf $x_0 + V$ ist, ist, dass für alle $v \in V$ gilt:

$$f'(y_0, v) = 0.$$

Diese Bedingung soll nun etwas näher untersucht werden.

Sei $y \in x_0 + V$. Dann betrachte man zu jedem $v \in V$ die Funktion

$$\varphi_v : \mathbb{R} \to \mathbb{R}, \quad \xi \mapsto \varphi_v(\xi) := f(y + \xi v) = \int_a^b L(y(t) + \xi v(t), \dot{y}(t) + \xi \dot{v}(t), t)dt.$$

Offenbar ist

$$\varphi_v'(0) = f'(y, v).$$

Andererseits lässt sich die Differentiation und die Integration vertauschen, (siehe [Fo], S. 84):

$$\varphi_v'(\xi) = \int_a^b (D_1 L(y(t) + \xi v(t), \dot{y}(t) + \xi \dot{v}(t), t) \cdot v(t) + D_2 L(y(t)$$

$$+ \xi v(t), \dot{y}(t) + \xi \dot{v}(t), t) \cdot \dot{v}(t)) dt,$$

wobei $D_1 L, D_2 L$ die partiellen Ableitungen von L nach der ersten, zweiten Variablen bedeuten (denn der Integrand ist die Ableitung von $g(t, \xi) := L(y(t) + \xi v(t), \dot{y}(t) + \xi \dot{v}(t), t)$ nach ξ, was aus $g(t, \xi + \alpha) - g(t, \xi) = [g(t, \xi + \alpha) - L(y(t) + \xi v(t), \dot{y}(t) + (\xi + \alpha)\dot{v}(t), t)] + [L(y(t) + \xi v(t), \dot{y}(t) + (\xi + \alpha)\dot{v}(t), t) - g(t, \xi)]$ durch Anwendung des Mittelwertsatzes auf die eckigen Klammern bzgl. $D_1 L$ bzw. $D_2 L$ folgt).

Ist $y_0 \in x_0 + V$ nun eine Minimallösung von f auf $x_0 + V$, so gilt für alle $v \in V$:

$$0 = f'(y_0, v) = \varphi_v'(0),$$

also

$$\int_a^b (D_1 L(y_0(t), \dot{y}_0(t), t) \cdot v(t) + D_2 L(y_0(t), \dot{y}_0(t), t) \cdot \dot{v}(t)) dt = 0. \qquad (5.2.1)$$

Um diese notwendige Bedingung noch etwas umformulieren zu können, benötigt man das

Lemma 5.2.1 (Lemma von Dubois-Reymond). *Seien $a, b \in \mathbb{R}$ mit $a < b$, und sei $\Psi: [a, b] \to \mathbb{R}$ eine stetige Funktion. Für alle $v \in C^{(1)}[a, b]$ mit $v(a) = v(b) = 0$ gelte*

$$\int_a^b \Psi(t) \dot{v}(t) dt = 0.$$

Dann ist Ψ konstant.

Beweis. Die genannten Voraussetzungen seien erfüllt. Setzt man $c := \frac{1}{b-a} \int_a^b \Psi(t) dt$, so folgt

$$\int_a^b (\Psi(t) - c) dt = \int_a^b \Psi(t) dt - c \int_a^b dt$$

$$= \int_a^b \Psi(t) dt - \frac{1}{b-a} \int_a^b \Psi(t) dt \cdot (b - a) = 0.$$

Für die Funktion

$$v: [a, b] \to \mathbb{R}, \quad t \mapsto v(t) := \int_a^t (\Psi(\tau) - c) d\tau$$

gilt für alle $t \in [a, b]$

$$\dot{v}(t) = \Psi(t) - c$$

und $v(a) = 0 = v(b)$. Nun folgt

$$\int_a^b (\Psi(t) - c)^2 dt = \int_a^b (\Psi(t) - c) \cdot \dot{v}(t) dt$$

$$= \int_a^b \Psi(t)\dot{v}(t) dt - c \int_a^b \dot{v}(t) dt$$

$$\left(\text{nach Voraussetzung ist} \quad \int_a^b \Psi(t)\dot{v}(t) dt = 0 \right)$$

$$= 0 - c(v(b) - v(a)) = 0,$$

d. h., für alle $t \in [a, b]$ ist $\Psi(t) = c$. □

Eine Modifizierung des Lemmas von Dubois-Reymond stellt die folgende Aussage dar.

Lemma 5.2.2. *Seien $a, b \in \mathbb{R}$ mit $a < b$, und seien $\Phi, \Psi: [a, b] \to \mathbb{R}$ stetige Funktionen. Für alle $v \in C^{(1)}[a, b]$ mit $v(a) = v(b) = 0$ gelte:*

$$\int_a^b (\Phi(t)v(t) + \Psi(t)\dot{v}(t)) dt = 0.$$

Dann ist Ψ differenzierbar, und es gilt: $\dot{\Psi} = \Phi$.

Beweis. Die genannten Voraussetzungen seien erfüllt. Man betrachte die Funktion

$$A: [a, b] \to \mathbb{R}, \quad t \mapsto A(t) := \int_a^t \Phi(\tau) d\tau.$$

Sei $v \in C^{(1)}[a, b]$ mit $v(a) = v(b) = 0$.
  Durch partielle Integration erhält man dann

$$\int_a^b \Phi(t)v(t) dt = A(b)v(b) - A(a)v(a) - \int_a^b A(t)\dot{v}(t) dt$$

$$= 0 - \int_a^b A(t)\dot{v}(t) dt$$

$$= - \int_a^b A(t)\dot{v}(t) dt.$$

Nach Voraussetzung ist

$$\int_a^b \Phi(t)v(t)dt = -\int_a^b \Psi(t)\dot{v}(t)dt,$$

also

$$\int_a^b \Psi(t)\dot{v}(t)dt = \int_a^b A(t)\dot{v}(t)dt,$$

woraus

$$\int_a^b (\Psi(t) - A(t))\dot{v}(t)dt = 0$$

folgt.

Das Lemma von Dubois-Reymond besagt nun, dass $\Psi - A$ konstant ist. Es gibt also ein $c \in \mathbb{R}$ derart, dass für alle $t \in [a,b]$ gilt:

$$\Psi(t) = c + A(t).$$

Da A nach dem Hauptsatz der Differential- und Integralrechnung differenzierbar ist mit der Ableitung Φ, ist auch Ψ differenzierbar, und es gilt: $\dot{\Psi} = \Phi$. □

5.2.3 Euler-Lagrange-Gleichung

Kehren wir zu (5.2.1) zurück. Setzt man

$$\Phi: [a,b] \to \mathbb{R}, \quad t \mapsto \Phi(t) := D_1 L(y_0(t), \dot{y}_0(t), t)$$

und

$$\Psi: [a,b] \to \mathbb{R}, \quad t \mapsto \Psi(t) := D_2 L(y_0(t), \dot{y}_0(t), t),$$

so folgt unter den vorliegenden Voraussetzungen aus Lemma 5.2.2, dass Ψ differenzierbar ist mit $\dot{\Psi} = \Phi$, d. h., für alle $t \in [a,b]$ gilt:

$$\frac{d}{dt} D_2 L(y_0(t), \dot{y}_0(t), t) = D_1 L(y_0(t), \dot{y}_0(t), t). \tag{5.2.2}$$

Eine Minimallösung y_0 von f auf S muss also dieser Differentialgleichung genügen, die man als *Euler-Lagrangesche Differentialgleichung* bezeichnet.

Schreibt man etwas altertümlich $L_y := D_1 L$ und $L_{\dot{y}} := D_2 L$, so gewinnt die Euler-Lagrangesche Differentialgleichung die klassische Form:

$$\frac{d}{dt} L_{\dot{y}} = L_y.$$

Diese Schreibweise hat den Vorteil, dass sie unabhängig ist von der Reihenfolge der Komponenten, in die $y(t)$, $\dot{y}(t)$ bzw. t eingesetzt werden.

Bezeichnung. Eine Lösung von (5.2.2) heißt *Extremale*.

Zusammenfassend lässt sich festhalten:

Satz 5.2.1 (über die Euler-Lagrangesche Differentialgleichung). *Seien* $a, b, \alpha, \beta \in \mathbb{R}$ *mit* $a < b$, *und sei* $L: \mathbb{R} \times \mathbb{R} \times [a, b] \to \mathbb{R}$ *wie in Abschnitt 5.2.1. Sei* $S := \{y \in C^{(1)}[a, b] \mid y(a) = \alpha, y(b) = \beta\}$ *und*

$$f: C^{(1)}[a, b] \to \mathbb{R}, \quad y \mapsto f(y) := \int_a^b L(y(t), \dot{y}(t), t)\,dt.$$

Ist $y_0 \in S$ *eine Minimallösung von* f *auf* S, *so erfüllt* y_0 *die Euler-Lagrangesche Differentialgleichung:*

$$\frac{d}{dt} D_2 L(y_0(t), \dot{y}_0(t), t) = D_1 L(y_0(t), \dot{y}_0(t), t) \quad \text{für alle } t \in [a, b].$$

Die Euler-Lagrangesche Differentialgleichung ist also eine notwendige Bedingung für das Vorliegen einer Minimallösung und soll auch zum Ausdruck bringen, dass in der Lösung y_0 die Funktion $t \mapsto D_2 L(y_0(t), \dot{y}_0(t), t)$ stetig differenzierbar ist.

Als Beispiel soll das Problem behandelt werden, zwischen zwei gegebene Punkte der Ebene eine Kurve kleinster Länge zu legen.

Seien $a, b, \alpha, \beta \in \mathbb{R}$ mit $a < b$ und $S := \{y \in C^{(1)}[a, b] \mid y(a) = \alpha, y(b) = \beta\}$. Gesucht wird nun ein $y \in S$, das die Bogenlänge

$$f: C^{(1)}[a, b] \to \mathbb{R}, \quad y \mapsto f(y) := \int_a^b \sqrt{1 + (\dot{y}(t))^2}\,dt$$

auf S minimiert. Für die Lagrange-Funktion

$$L: \mathbb{R} \times \mathbb{R} \times [a, b] \to \mathbb{R}, \quad (p, q, t) \mapsto L(p, q, t) := \sqrt{1 + q^2}$$

ist

$$f(y) = \int_a^b L(y(t), \dot{y}(t), t)\,dt \quad \text{für alle } y \in C^{(1)}[a, b].$$

Für L soll nun die Euler-Lagrangesche Differentialgleichung aufgestellt werden.

Für alle $(p, q, t) \in \mathbb{R} \times \mathbb{R} \times [a, b]$ ist

$$D_1 L(p, q, t) = 0, \quad D_2 L(p, q, t) = \frac{q}{\sqrt{1 + q^2}},$$

also lautet die Euler-Lagrangesche Differentialgleichung:

$$\frac{d}{dt} \frac{\dot{y}}{\sqrt{1 + \dot{y}^2}} = 0,$$

d. h. $\dfrac{\dot{y}}{\sqrt{1+\dot{y}^2}}$ ist auf $[a,b]$ konstant. Es gibt also ein $c \in \mathbb{R}$ so, dass für alle $t \in [a,b]$

gilt $\dfrac{\dot{y}(t)}{\sqrt{1+(\dot{y}(t))^2}} = c$. Somit ist für alle $t \in [a,b]$

$$(\dot{y}(t))^2 = c^2(1 + (\dot{y}(t))^2) = c^2 + c^2(\dot{y}(t))^2$$

bzw.

$$|\dot{y}(t)| = \sqrt{\frac{c^2}{1-c^2}} =: d'.$$

Lösungen dieser Differentialgleichungen sind Strecken der Form

$$y\colon [a,b] \to \mathbb{R}, \quad t \mapsto y(t) := dt + e$$

mit $d, e \in \mathbb{R}$. Als Lösung des Problems kommt also nur eine Strecke $y \in S$ in Frage. Der einzige Kandidat für die Minimallösung von f auf S ist daher die Verbindungsstrecke von (a, α) und (b, β):

$$y\colon [a,b] \to \mathbb{R}, \quad t \mapsto y(t) := \frac{\beta - \alpha}{b - a}(t - a) + \alpha.$$

5.2.4 Vereinfachungen der Euler-Lagrange-Gleichung

Es kann vorkommen (wie im obigen Beispiel), dass die Lagrange-Funktion L von einer der drei Variablen unabhängig ist. In diesen Fällen vereinfacht sich die Euler-Lagrangesche Differentialgleichung. Die drei möglichen Fälle sollen hier kurz zusammengestellt werden:

(1) L hängt nicht von der 1. Variablen ab.
Dann ist $D_1 L = 0$, also $\frac{d}{dt} D_2 L = 0$. Es gibt dann ein $c \in \mathbb{R}$ mit

$$D_2 L = c.$$

(2) L hängt nicht von der 2. Variablen ab.
Dann ist $D_2 L = 0$, also

$$D_1 L = 0.$$

(3) L hängt nicht von der 3. Variablen ab.
Dann ist $D_3 L = 0$, und nach der Kettenregel folgt für $y \in C^{(2)}[a,b]$:

$$\frac{d}{dt}\left(L(y(\cdot), \dot{y}(\cdot), \cdot) - \dot{y}(\cdot) D_2 L(y(\cdot), \dot{y}(\cdot), \cdot)\right)$$

$$= D_1 L \cdot \dot{y} + D_2 L \cdot \ddot{y} + D_3 L - \ddot{y} D_2 L - \dot{y}\frac{d}{dt} D_2 L$$

$$= D_1 L \cdot \dot{y} - \dot{y}\frac{d}{dt} D_2 L$$

$$\left(\text{nach der Euler-Lagrangeschen Differentialgleichung ist } \frac{d}{dt} D_2 L = D_1 L\right)$$

$$= D_1 L \cdot \dot{y} - \dot{y} D_1 L = 0.$$

Damit erhält man die folgende notwendige Bedingung für das Erfüllen der Euler-Lagrange-Gleichung:

Für ein $C \in \mathbb{R}$ und für alle $t \in [a, b]$ gelte:

$$L(y(t), \dot{y}(t), t) - \dot{y}(t) \cdot D_2 L(y(t), \dot{y}(t), t) = C.$$

Diese Gleichung wird als *Euler-Regel-II* bezeichnet.

5.2.5   Die *n*-dimensionale Euler-Lagrange-Gleichung

Seien $a, b \in \mathbb{R}$ mit $a < b, \alpha, \beta \in \mathbb{R}^n$, $L: \mathbb{R}^n \times \mathbb{R}^n \times [a, b] \to \mathbb{R}$ stetig und nach den ersten beiden Komponenten stetig partiell differenzierbar, $f: C^{(1)}([a, b], \mathbb{R}^n) \to \mathbb{R}$ gegeben durch

$$y \mapsto f(y) := \int_a^b L(y_1(t), \ldots, y_n(t), \dot{y}_1(t), \ldots, \dot{y}_n(t), t) dt,$$

$S := \{x \in C^{(1)}([a, b], \mathbb{R}^n) \mid x(a) = \alpha, x(b) = \beta\}$.

S ist ein affiner Teilraum von $C^{(1)}([a, b], \mathbb{R}^n)$, denn es gilt $S = V + x_0$, wobei $V := \{x \in C^{(1)}([a, b], \mathbb{R}^n) \mid x(a) = 0, x(b) = 0\}$ ein Teilraum ist und x_0 die direkte Verbindungsstrecke von (a, α) und (b, β).

Die *n*-dimensionale Variationsaufgabe mit festen Endpunkten lautet damit:

Minimiere f auf dem affinen Teilraum S.

Ist y eine Minimallösung von f auf S, so muss nach Folgerung 4.1.1 für alle $u \in V_k := \{v \in V \mid v = (0, \ldots, 0, v_k, 0, \ldots, 0), \ v_k: [a, b] \to \mathbb{R}\}$ und für alle $k \in \{1, \ldots, n\}$ gelten:

$$
\begin{aligned}
0 = f'(y, u) &= \lim_{\alpha \to 0} \frac{1}{\alpha}(f((y_1, \ldots, y_n) + \alpha(0, \ldots, u_k, \ldots, 0)) - f(y_1, \ldots, y_n)) \\
&= \lim_{\alpha \to 0} \frac{1}{\alpha} \int_a^b (L(y_1, \ldots, (y_k + \alpha u_k), \ldots, y_n, \dot{y}_1, \ldots, (\dot{y}_k + \alpha \dot{u}_k), \ldots, \dot{y}_n, t) \\
&\qquad - L(y_1, \ldots, \dot{y}_n, t)) dt \\
&= \int_a^b \lim_{\alpha \to 0} \frac{1}{\alpha}(L(y_1, \ldots, (y_k + \alpha u_k), \ldots, y_n, \dot{y}_1, \ldots, (\dot{y}_k + \alpha \dot{u}_k), \ldots, \dot{y}_n, t) \\
&\qquad - L(y_1, \ldots, \dot{y}_n, t)) dt \\
&= \int_a^b (L_{y_k} u_k + L_{\dot{y}_k} \dot{u}_k) dt.
\end{aligned}
$$

Setzt man $L_{y_k} = \Phi$ und $L_{\dot{y}_k} = \Psi$ und wendet Lemma 5.2.2 an, so folgt als notwendige Bedingung für eine Minimallösung

$$\frac{d}{dt} L_{\dot{y}_k} - L_{y_k} = 0 \quad \text{für alle } k \in \{1, \ldots, n\}.$$

Aufgabe (Hamiltonsches Prinzip). Wir betrachten ein mechanisches System mit m Freiheitsgraden, welches durch die (verallgemeinerten) Lagekoordinaten $q = (q^1, \ldots, q^m)$ beschrieben werde. Das Problem der Mechanik besteht darin, den Zustand $q(t)$ des Systems zur Zeit t zu bestimmen, unter der Voraussetzung, dass er zu einer Zeit t_0 bekannt ist, d. h. q als Funktion von t bei bekannten $q(t_0)$ zu bestimmen.

Zeigen Sie den folgenden *Energieerhaltungssatz*:

Es seien die kinetische und potentielle Energie durch $T(q, \dot{q}, t) := \frac{1}{2}\langle A\dot{q}, \dot{q}\rangle$ mit einer symmetrischen $m \times m$ Matrix A, $t \in [t_0, t_1]$ und $U(q, t) = U_0(q)$ gegeben.

Sei $L := T - U$ die Lagrange-Funktion und $E := T + U$.

Dann ist längs jeder Lösung der Euler-Lagrange-Gleichung die Energie konstant, d. h. die Energie ist eine Konstante der Bewegung, die nach dem *Hamiltonschen Prinzip* entlang einer Extremalen des *Wirkungsintegrals*

$$f(q) := \int_{t_0}^{t_1} L(q(t), \dot{q}(t), t)dt$$

abläuft.

Das Hamiltonsche Prinzip kann man als eine Präzisierung der Aussage von Johann Bernoulli „denn die Natur pflegt auf die einfachste Art zu verfahren" (siehe [Ber]) ansehen.

5.2.6 Lokale Minimallösungen

Der Satz über die Euler-Lagrangesche-Differentialgleichung ist nicht nur bei globalen Minimallösungen bzgl. S (wie in Abschnitt 5.2.3) anwendbar. Es genügt, dass der Punkt y_0 im folgenden Sinne eine *algebraisch lokale Minimallösung* ist.

Zu jedem $v \in V$ existiert ein $\varepsilon > 0$ derart,

dass y_0 eine Minimallösung von f auf $[y_0 - \varepsilon v, y_0 + \varepsilon v]$ ist. (5.2.3)

Beweis. Es gilt dann, wie in Abschnitt 5.2.2, $\varphi_v'(0) = f'(y_0, v) = 0$ und der Beweis der Euler-Lagrange Gleichung aus Abschnitt 5.2.2 und 5.2.3 kann übernommen werden. $\square$

Das Wort „lokale Minimallösung" ist erst nach der Wahl einer Norm in dem betrachteten Raum sinnvoll.

In dem Raum $C^{(1)}[a, b]$ kann man verschiedene Normen wählen. Zwei Normen sind hier von besonderer Bedeutung. Da der Raum $C^{(1)}[a, b]$ ein Teilraum von $C[a, b]$ ist, bekommen wir mit der Norm $\|x\|_0 := \max\{|x(t)| \mid t \in [a, b]\}$ einen natürlichen Zugang, lokale Minimallösungen zu definieren.

Definition 5.2.1.   i) Ein Punkt $x_0 \in S$ heißt eine *starke lokale Minimallösung*, wenn ein $\varepsilon > 0$ existiert, so dass für alle $x \in S$ mit $\|x - x_0\|_0 < \varepsilon$ für das Variationsfunktional f gilt:

$$f(x_0) \leq f(x). \tag{5.2.4}$$

ii) Ersetzt man oben die Norm $\|.\|_0$ durch die Norm $\|x\|_1 := \max\{\|x\|_0, \|\dot{x}\|_0\}$, so spricht man von einer *schwachen lokalen Minimallösung*.

In beiden Fällen liegt eine algebraisch lokale Minimallösung vor.

Die Worte „stark" und „schwach" bringen zum Ausdruck, dass die ε-Kugel $\{x \in S \mid \|x - x_0\|_0 < \varepsilon\}$ die Kugel $\{x \in S \mid \|x - x_0\|_1 < \varepsilon\}$ als eine echte Teilmenge enthält. Damit wird über eine größere Menge minimiert.

Ist eine Extremale aus S keine globale Minimallösung, so wird man versuchen, sie als starke oder schwache lokale Minimallösung zu deuten. Das dies nicht immer gelingt, sollen die folgenden Beispiele zeigen.

Beispiel 1. Minimiere $\int_0^1 \dot{x}^2(t) + x^2(t)dt$ auf $\{x \in C^{(1)}[0, 1] \mid x(0) = x(1) = 0\}$.

Die Euler-Lagrange Gleichung lautet $\ddot{x}(t) = x(t)$. Die einzige Lösung dieser Gleichung (Extremale), die den Randbedingungen genügt, ist $x^*(t) \equiv 0$. Es liegt offensichtlich eine globale Minimallösung vor.

Beispiel 2. Minimiere $\int_0^1 \dot{x}^3(t)dt$ auf $S := \{x \in C^{(1)}[0, 1] \mid x(0) = 0, x(1) = 1\}$.

Aus $\frac{d}{dt}(3\dot{x}^2) = 0$ folgt, dass $x^*(t) = t$ die einzige Extremale aus S ist.

Wir zeigen jetzt, dass x^* eine schwache lokale Minimallösung ist.

Für alle v mit $v(0) = v(1) = 0$ gilt:

$$f(x^* + v) = \int_0^1 \left(\frac{d}{dt}(t + v(t))\right)^3 dt$$

$$= f(x^*) + 3\int_0^1 \dot{v}(t)dt + \int_0^1 (3\dot{v}^2(t) + \dot{v}^3(t))dt$$

$$= f(x^*) + \int_0^1 (3\dot{v}^2(t) + \dot{v}^3(t))dt.$$

Ist $\|v\|_1 \leq 3$, so gilt $|\dot{v}(t)| \leq 3$ (für alle $t \in [0, 1]$) und damit $|\dot{v}(t)|^3 = |\dot{v}(t)|\dot{v}^2(t) \leq 3\dot{v}^2(t)$. Daraus folgt

$$3\dot{x}^2(t) + \dot{x}^3(t) \geq 0,$$

was $f(x^*) \leq f(x^* + v)$ impliziert, und das bedeutet: x^* ist eine schwache lokale Minimallösung der gestellten Aufgabe. Andererseits ist x^* keine starke lokale Minimallösung, denn für die Folge $(x_n)_{n \in \mathbb{N}}$ mit $t \mapsto x_n(t) = t - \frac{1}{n}\ln(1 + n^2 t)$ gilt:

$$\|x_n - x^*\|_0 = \max_{0 \leq t \leq 1}\left|\frac{1}{n}\ln(1 + n^2 t)\right| = \frac{1}{n}\ln(1 + n^2) \overset{n \to \infty}{\longrightarrow} 0,$$

und

$$f(x_n) = \int_0^1 \dot{x}_n^3(t)dt = \int_0^1 \left(1 - \frac{n}{1 + n^2 t}\right)^3 dt$$

$$= \int_0^1 \left(1 - \frac{3n}{1 + n^2 t} + \frac{3n^2}{(1 + n^2 t)^2} - \frac{n^3}{(1 + n^2 t)^3}\right) dt$$

$$= 1 - \frac{3}{n} \ln(1 + n^2 t)|_0^1 - \frac{3}{1 + n^2 t}|_0^1 + \frac{n}{2(1 + n^2 t)^2}|_0^1$$

$$= 1 - \frac{3}{n} \ln(1 + n^2) - \frac{3}{1 + n^2} + 3 + \frac{n}{2(1 + n^2)^2} - \frac{n}{2}.$$

Damit konvergiert $f(x_n)$ gegen $-\infty$ für $n \to \infty$.

Das folgende Beispiel ist von Weierstraß und wurde von ihm bei der Kritik der Riemannschen Begründung des Dirichlet-Prinzips benutzt.

Beispiel 3. Minimiere $f(x) = \int_0^1 t^2 \dot{x}^2(t)dt$ auf $S := \{x \in C^{(1)}[0, 1] \mid x(0) = 0,$ $x(1) = 1\}$.

Bei dieser Aufgabe erfüllt keine Extremale die geforderten Randbedingungen und f besitzt keine Minimallösung auf S. Die Euler-Lagrange Gleichung lautet hier

$$\frac{d}{dt}(2t^2 \dot{x}) = 0$$

und besitzt die allgemeine Lösung $x(t) = Ct^{-1} + D$ mit $C, D \in \mathbb{R}$. Damit liegt keine Extremale in S.

Außerdem gilt $f(x_n) \to 0$ für die Folge $(x_n)_{n \in \mathbb{N}}$ mit $x_n(t) = \frac{\arctan(nt)}{\arctan n}$, aber aus $f(x) = 0$ und $x \in C^{(1)}[0, 1]$ folgt $x = 0$.

Mit einer analogen Argumentation kann man leicht einsehen, dass auch keine stetige und stückweise stetig differenzierbare Funktion mit den vorgegebenen Randbedingungen das Funktional f minimieren kann.

5.2.7 Restringierte Variationsaufgaben

Bei vielen natürlich entstehenden Variationsaufgaben soll die Minimierung nur auf einer Teilmenge von S erfolgen (zum Beispiel über nichtnegative Funktionen aus S). Wir sprechen dann von *restringierten Variationsaufgaben*. Zu derartigen Aufgaben gehört auch das Problem der Brachistochrone und die Aufgaben aus der Optik, die wir in Abschnitt 5.2.10 bzw. 5.2.11 behandeln.

Restringierte Variationsaufgaben

Sei K eine Teilmenge von $C^{(1)}[a, b]$, $S = \{x \in C^{(1)}[a, b] \mid x(a) = \alpha, x(b) = \beta\}$ und U eine offene Menge in $\mathbb{R}^2$ derart, dass $\{(x(t), \dot{x}(t)) \mid x \in K, t \in [a, b]\} \subset U$ gilt. Es sei $L: U \times [a, b] \to \mathbb{R}$ stetig, bzgl. der ersten Komponente stetig partiell differenzierbar und

$$f(x) := \int_a^b L(x(t), \dot{x}(t), t) dt.$$

Die Bedingung (5.2.3) wird jetzt folgendermaßen abgeändert, wobei

$$V = \{x \mid x(a) = 0, \ x(b) = 0\}$$

ist.

> Zu jedem $v \in V$ existiert ein $\varepsilon > 0$ derart, dass $[x_0 - \varepsilon v, x_0 + \varepsilon v] \subset K$ gilt
>
> und x_0 eine Minimallösung von f auf $[x_0 - \varepsilon v, x_0 + \varepsilon v]$ ist.   (5.2.5)

Eine direkte Übertragung des Beweises aus Abschnitt 5.2.2 und 5.2.3 führt zum

Satz 5.2.2. *Sei $x_0 \in K$ derart, dass (5.2.5) gilt. Dann gilt die Euler-Lagrange Gleichung*

$$\frac{d}{dt} L_{\dot{x}}(x_0(t), \dot{x}_0(t), t) = L_x(x_0(t), \dot{x}_0(t), t) \quad \textit{für alle } t \in [a, b].$$

Konvexe Variationsaufgaben

Die Euler-Lagrangesche Differentialgleichung stellt im Falle einer bzgl. der beiden ersten Variablen konvexen Lagrange-Funktion sogar eine hinreichende Bedingung für das Vorliegen einer Minimallösung dar, denn es gilt:

Satz 5.2.3. *Es seien die Voraussetzungen des Satzes über die Euler-Lagrangesche Differentialgleichung erfüllt. Für alle $t \in [a, b]$ sei die Funktion*

$$L(.,.,t) : \mathbb{R}^2 \to \mathbb{R}$$

konvex. Dann ist $y_0 \in S$ genau dann eine Minimallösung von f auf S, wenn y_0 der Euler-Lagrangeschen Differentialgleichung genügt.

Beweis. Es seien $\Phi(t) = L_y(y_0(t), \dot{y}_0(t), t)$ und $\Psi(t) = L_{\dot{y}}(y_0(t), \dot{y}_0(t), t)$ für $t \in [a, b]$. Mit der Euler-Lagrange Gleichung $\Phi - \dot{\Psi} = 0$ und der partiellen Integration folgt für alle $v \in V$ (siehe Abschnitt 5.2.2)

$$0 = \int_a^b (\Phi - \dot{\Psi})v = \int_a^b (\Phi v + \Psi \dot{v}) - \Psi v \mid_a^b = \int_a^b (\Phi v + \Psi \dot{v}) = f'(y_0, v). \quad (5.2.6)$$

Nach dem Charakterisierungssatz der konvexen Optimierung in Abschnitt 4.2 genügt es zu zeigen, dass das Funktional

$$f : C^{(1)}[a,b] \to \mathbb{R}$$

$$y \mapsto f(y) := \int_a^b L(y(t), \dot{y}(t), t)dt$$

konvex ist.

Da L nach Voraussetzung für jedes feste t als Funktion der beiden ersten Variablen konvex ist, gilt für alle $t \in [a,b]$ und für alle $\lambda \in [0,1]$, $y_1, y_2 \in C^{(1)}[a,b]$:

$$L(\lambda y_1(t) + (1-\lambda)y_2(t), \lambda \dot{y}_1(t) + (1-\lambda)\dot{y}_2(t), t)$$
$$\leq \lambda L(y_1(t), \dot{y}_1(t), t) + (1-\lambda)L(y_2(t), \dot{y}_2(t), t).$$

Integration liefert aufgrund der Monotonie des Integrals

$$f(\lambda y_1 + (1-\lambda)y_2)$$

$$= \int_a^b L(\lambda y_1(t) + (1-\lambda)y_2(t), \lambda \dot{y}_1(t) + (1-\lambda)\dot{y}_2(t), t)dt \tag{5.2.7}$$

$$\leq \lambda \int_a^b L(y_1(t), \dot{y}_1(t), t)dt + (1-\lambda) \int_a^b L(y_2(t), \dot{y}_2(t), t)dt$$

$$= \lambda f(y_1) + (1-\lambda)f(y_2).$$

Also ist f konvex. $\qquad\qquad\qquad\qquad\qquad\qquad\qquad\qquad\qquad\qquad\qquad \square$

Bemerkung. Der obige Satz lässt sich offensichtlich auf n-dimensionale Aufgaben übertragen. Mit den Voraussetzungen aus Abschnitt 5.2.5 und der Konvexität von $L(\cdot, \cdot, t) \colon \mathbb{R}^{2n} \to \mathbb{R}$ ist die Euler-Lagrange Gleichung eine notwendige und hinreichende Bedingung für eine Minimallösung.

5.2.8 Hinreichende Optimalitätsbedingungen

Die Modellierungsversuche von naturwissenschaftlichen Vorgängen führen sehr oft auf Variationsaufgaben, die im Sinne von Abschnitt 5.2.7 restringiert sind.

Seien f, K, U und S wie in Abschnitt 5.2.7. Zur Ermittlung einer Minimallösung x_0 wird man auch hier meistens die Euler-Lagrange Gleichung ansetzen, deren Bestehen aber nicht notwendig ist, wenn x_0 nicht der Bedingung (5.2.5) genügt (Randpunkt von K). Für konvexe Aufgaben steht uns dann der Charakterisierungssatz der konvexen Optimierung zur Verfügung.

Lemma 5.2.3. *Die Mengen K, U seien konvex, und für alle $t \in [a,b]$ sei $L(.,.,t)\colon U \to \mathbb{R}$ konvex. Ferner sei für ein $x_0 \in K$ die Funktion $t \mapsto$*

$L_{\dot{x}}(x_0(t), \dot{x}_0(t), t)$ *stetig differenzierbar. Genau dann ist x_0 eine Minimallösung von f auf K, wenn für alle $x \in K$ gilt:*

$$\int_a^b \left[L_x(x_0(t), \dot{x}_0(t), t) + \frac{d}{dt} L_{\dot{x}}(x_0(t), \dot{x}_0(t), t) \right] (x(t) - x_0(t)) dt \geq 0. \quad (5.2.8)$$

Beweis. Nach (5.2.6) ist $f: K \to \mathbb{R}$ konvex. Mit Voraussetzung und (5.2.7) ist $f'(x_0, x - x_0)$ durch das Integral in (5.2.8) gegeben. Aus dem Charakterisierungssatz der konvexen Optimierung folgt die Behauptung.   □

Der direkt aus dem Lemma folgende Satz ist für konkrete Anwendungen von zentraler Bedeutung.

Satz 5.2.4. *Seien f und K konvex. Dann gilt:*
Ist $x^* \in K$ eine Extremale von f, so ist x^* eine Minimallösung von f auf K.

Man kann auch direkt den Charakterisierungssatz der konvexen Optimierung und lediglich die Definition der Richtungsableitung zum Nachweis der Optimalität benutzen. Dabei sind auch nichtdifferenzierbare Lagrange-Funktionen zugelassen.

Beispiel. Minimiere

$$\int_{-1}^{1} [|\dot{x}(t)| + \dot{x}^2(t) - 4x(t)] dt$$

auf der Menge

$$S = \{x \in C^{(1)}[-1, 1] \mid x(-1) = x(1) = 1, \ x \geq 0\}.$$

Seien $x, y \in S, h = y - x$. Da der Differenzenquotient konvexer Funktionen monoton ist, dürfen im folgenden Limes und Integral vertauscht werden. Es gilt:

$$f'_+(x, h) = \lim_{\alpha \to 0} \int_{-1}^{1} \frac{|\dot{x} + \alpha \dot{h}| + (\dot{x} + \alpha \dot{h})^2 - 4(x + \alpha h) - |\dot{x}| - \dot{x}^2 + 4x}{\alpha}$$

$$= \int_{\{\dot{x} < 0\}} -\dot{h} + \int_{\{\dot{x} > 0\}} \dot{h} + \int_{\{\dot{x} = 0\}} |\dot{h}| + \int_{-1}^{1} (2\dot{x}\dot{h} - 4h).$$

Aus $h(-1) = h(1) = 0$ und $\int_{-1}^{1} \dot{x}\dot{h} = \dot{x}h \mid_{-1}^{1} - \int_{-1}^{1} \ddot{x}h = -\int_{-1}^{1} \ddot{x}h$ folgt für $x^*(t) := -t^2$:

$$f'_+(x^*, h) = h(0) - h(1) + h(0) - h(-1) + \int_{-1}^{1} (4h - 4h) = 2h(0) = 2y(0) \geq 0.$$

Damit ist x^* eine Minimallösung von f auf S.

5.2.9   Variationsaufgaben mit Singularitäten

Der obige Ansatz erlaubt auch, konvexe Aufgaben mit Singularitäten zu behandeln. Wir erinnern daran, dass bei der Herleitung der Euler-Lagrange Gleichung die Voraussetzungen so gewählt wurden, dass alle Integranden stetige Funktionen auf dem kompakten Intervall $[a, b]$ sind. Die Ableitungen in den Endpunkten a und b sind als rechtsseitige bzw. linksseitige Ableitungen zu nehmen. Dieses verdeutlicht das folgende Beispiel von Hilbert.

Beispiel. Minimiere

$$\int_0^1 \sqrt[3]{t^2}\dot{x}^2(t)dt$$

auf

$$S_0 := \{x \in C^{(1)}[0, 1] \mid x(0) = 0, \quad x(1) = 1\}.$$

Die Euler-Lagrange Gleichung lautet:

$$\frac{d}{dt}(2\sqrt[3]{t^2}\dot{x}) = 0.$$

Die allgemeine Lösung ist durch $C\sqrt[3]{t} + D$ gegeben, wobei die Funktion $x_0(t) = \sqrt[3]{t}$ wegen $x_0(0) = 0$ und $x_0(1) = 1$ die Nebenbedingungen erfüllt. Die Funktion x_0 ist aber nicht aus $C^{(1)}[0, 1]$, da sie im Nullpunkt keine endliche rechtsseitige Ableitung besitzt. Mit einer Verallgemeinerung von Satz 5.2.4 werden wir sehen, dass x_0 sogar eine globale Minimallösung auf der S_0 enthaltenden Menge

$$S_1 := \{x \in C[0, 1] \mid x \text{ auf } (0, 1] \text{ stetig differenzierbar}, x(0) = 0, x(1) = 1\}$$

ist. Die Schwierigkeiten der Integration auf S_1 können durch den Übergang zu dem Lebesgue-Integral beseitigt werden.

Sei nun K eine konvexe Teilmenge von

$$S := \{x \in C[a, b] \cap C^{(1)}(a, b] \mid x(a) = \alpha, \ x(b) = \beta\}$$

und U eine offene, konvexe Menge in $\mathbb{R}^2$ derart, dass für alle $t \in (a, b]$ und $x \in K$ gilt: $(x(t), \dot{x}(t)) \in U$. Sei $L: U \times (a, b] \to \mathbb{R}$ stetig partiell differenzierbar und sei für alle $t \in [a, b]$ die Funktion $L(.,.,t): U \to \mathbb{R}$ konvex. Außerdem sei für alle $x \in K$ die Funktion $t \mapsto L(x(t), \dot{x}(t), t)$ Lebesgue-integrierbar (endliches Integral). Dann gilt der

Satz 5.2.5. *Sei $x^* \in K \cap C^{(2)}(a, b]$ eine Extremale von $f(x) := \int_a^b L(x(t), \dot{x}(t), t)dt$ auf $(a, b]$ und die Funktion $t \mapsto \psi(t) := L_{\dot{x}}(x^*(t), \dot{x}^*(t), t)$ auf $(a, b]$ beschränkt. Dann ist x^* eine Minimallösung von f auf K.*

Beweis. Es gilt f auf K zu minimieren. Die Funktion f und die Menge K sind konvex (siehe (5.2.7)). Nach dem Charakterisierungssatz für Minimallösungen konvexer Funktionen (s. Kapitel 4.2) ist eine notwendige und hinreichende Bedingung für eine Minimallösung z von f auf S, dass für alle $s \in S$ gilt:

$$f'_+(z, s - z) \geq 0. \tag{5.2.9}$$

Die Monotonie des Differenzenquotienten konvexer Funktionen (siehe Satz 3.9.1) erlaubt hier, Limes und Integral zu vertauschen ([Ru] S. 243). Somit gilt für $s \in S$ und $h = s - z$ (in $(a, b]$ darf die Kettenregel benutzt werden):

$$f'_+(z, h) = \int_a^b (D_1 L(z(t), \dot{z}(t), t)h(t) + D_2 L(z(t), \dot{z}(t), t)\dot{h}(t))dt. \tag{5.2.10}$$

Sei $\varphi(t) := D_1 L(z(t), \dot{z}(t)t)$, und für ein $s \in S$ sei $h := s - z$. Seien $V := \varphi h + \psi \dot{h}$, $V^+ := \max\{V, 0\}$, $V^- := -\min\{V, 0\}$, $(\alpha_n)_{n \in \mathbb{N}}$ eine monotone Nullfolge in $[0, a]$ und

$$\chi_{[\alpha_n, b]}(t) := \begin{cases} 1 & \text{für } t \in [\alpha_n, b] \\ 0 & \text{für } t \in [a, \alpha_n) \end{cases}.$$

Mit der Definition des Lebesgue-Integrals (siehe [W-Z] S. 72) und dem Satz über monotone Konvergenz (siehe [Ru] S. 243, [W-Z] S. 32) angewandt auf V^+ mit $(V^+ \chi_{[\alpha_n, b]})_{n \in \mathbb{N}}$ und V^- mit $(V^- \chi_{[\alpha_n, b]})_{n \in \mathbb{N}}$ erhalten wir

$$\int_a^b V(t)dt = \int_a^b V^+(t)dt - \int_a^b V^-(t)dt$$

$$= \lim_{n \to \infty} \int_{\alpha_n}^b V^+(t)dt - \lim_{n \to \infty} \int_{\alpha_n}^b V^-(t)dt = \lim_{n \to \infty} \int_{\alpha_n}^b V(t)dt,$$

da V auf $(a, b]$ stetig ist. Mit der partiellen Integration erhält man für $z \in C^{(2)}(a, b]$:

$$f'_+(z, h) = \int_a^b (\varphi h + \psi \dot{h}) = \lim_{\alpha \to a} \int_\alpha^b (\varphi h + \psi \dot{h}) = \lim_{\alpha \to a} (-\psi(\alpha)h(\alpha) + \int_a^b (\varphi - \dot{\psi})h).$$

Da ψ auf $(a, b]$ beschränkt ist, folgt mit $\lim_{\alpha \to 0} h(\alpha) = 0$ auch

$$\lim_{\alpha \to 0} (\psi(\alpha)h(\alpha)) = 0.$$

Damit ist

$$f'_+(z, h) = \int_a^b (\varphi - \dot{\psi})h.$$

Die Euler-Lagrange Gleichung $\varphi = \dot{\psi}$ impliziert

$$f'_+(z, s - z) = 0$$

für alle $s \in K$. Mit (5.2.9) folgt die Behauptung. $\qquad \square$

Angewandt auf das Beispiel von Hilbert, bleibt zum Nachweis der Optimalität von $x_0(t) = \sqrt[3]{t}$ die Beschränktheit von $\psi(t) := L_{\dot{x}}(x_0(t), \dot{x}_0(t), t)$ auf $(0, 1]$ zu zeigen. Dies ist erfüllt, da

$$\psi(t) = 2\sqrt[3]{t^2}\dot{x}_0(t) = 2\sqrt[3]{t^2} \cdot \frac{1}{3} \cdot \sqrt[3]{t^{-2}} = \frac{2}{3}$$

für alle $t \in (0, 1]$ ist.

Mit diesem Satz können wir auch das Problem der Brachistochrone lösen.

5.2.10 Eine Lösung des Brachistochronenproblems

Es soll jetzt auf das eingangs von J. Bernoulli gestellte Brachistochronenproblem (siehe [K5]) eingegangen werden (s. auch Abschnitt 6.4.2). Zunächst soll dieses Problem mathematisch formuliert werden.

Eine Herleitung des Variationsfunktionals für das Problem der Brachistochrone

Seien $(0, 0)$ und (a, b) mit $a, b > 0$ die Koordinaten des Anfangs- und des Endpunktes der gesuchten Kurve.

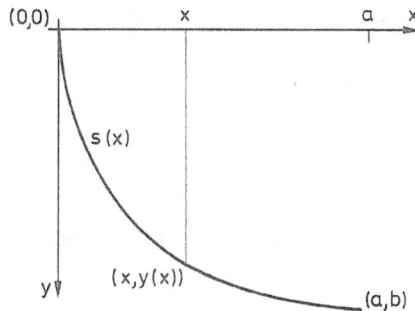

Sei m die Masse des Körpers, x die horizontale Entfernung vom Nullpunkt, $y(x)$ die Höhe, v seine Geschwindigkeit im Punkt $(x, y(x))$ und g die Erdbeschleunigung. Unter der Annahme einer Anfangsgeschwindigkeit 0 und unter Vernachlässigung der Reibung erhält man, ausgehend von dem Energieerhaltungssatz:

$$\frac{1}{2}mv^2 = mgy(x)$$

$$v = \sqrt{2gy(x)}. \qquad (5.2.11)$$

Für die Länge des zurückgelegten Weges $s(x)$ von $(0, 0)$ bis $(x, y(x))$ gilt

$$s(x) = \int_0^x \sqrt{1 + y'(t)^2}\,dt$$

und damit

$$\frac{ds(x)}{dx} = \sqrt{1 + y'(x)^2}. \tag{5.2.12}$$

Sei t die Zeit, die der Körper braucht, um von $(0,0)$ bis $(x, y(x))$ zu gelangen. Die horizontale Entfernung ist eine streng monoton wachsende Funktion der Zeit: $t \mapsto x(t)$. Für die Geschwindigkeit im Zeitpunkt t, gilt also auch

$$v(t) = \frac{ds(x(t))}{dt} = \frac{ds}{dx} \cdot \frac{dx(t)}{dt}.$$

Mit (5.2.11) und (5.2.12) folgt

$$\frac{dx(t)}{dt} = \sqrt{\frac{2gy(x(t))}{1 + y'(x(t))^2}}.$$

Für die Ableitung der Umkehrfunktion gilt also

$$\frac{dt(x)}{dx} = \frac{\sqrt{1 + y'(x)^2}}{\sqrt{2gy(x)}}$$

und damit für die Gesamtzeit

$$f(y) = \int_0^a \frac{\sqrt{1 + y'(x)^2}}{\sqrt{2gy(x)}} dx,$$

wobei die Bedeutung des Integralzeichens wegen der Singularität in 0 noch zu präzisieren ist.

Bei einer positiven Anfangsgeschwindigkeit $\gamma > 0$ hat man dieses Problem für nichtnegative $y \in C^{(1)}[0, a]$ nicht, und es folgt analog (siehe [Wei] S. 86):

$$f(y) = \int_0^a \frac{\sqrt{1 + y'(x)^2}}{\sqrt{2gy(x) + \gamma^2}}.$$

Aber wir wollen jetzt auf die vielen Schwierigkeiten hinweisen, die mit der Aufgabe der Brachistochrone verbunden sind. In dem gutartigen Fall $\gamma > 0$ ist durch die Einschränkung auf alle nichtnegativen Funktionen das Variationsfunktional (bzw. das Integral) zwar erklärt, aber dann kann f nicht mehr auf dem affinen Teilraum $x_0 + V$ aus Abschnitt 5.2.2 minimiert werden (nur auf dem Durchschnitt von $x_0 + V$ mit der Menge der nichtnegativen Funktionen). Damit ist die Herleitung der Euler-Lagrange Gleichung durch Nullsetzen der Richtungsableitungen nicht ohne weiteres erlaubt. Mit dem Begriff des algebraisch inneren Punktes könnte man diese Schwierigkeit beheben.

Da die Funktion f nicht konvex ist, liefert die Euler-Lagrange Gleichung nur einen Kandidaten für die Lösung (siehe Zitat von Karl Weierstraß aus dem Vorwort und Abschnitt 12.4). Für die von J. Bernoulli formulierte Aufgabe (Anfangsgeschwindigkeit 0) ist das f bestimmende Integral zunächst im Riemannschen Sinne überhaupt nicht erklärt. Die Einschränkung auf Funktionen aus $C^{(1)}[a, b]$ würde die Lösung ausschließen.

Die einfache Idee, eine nichtnegative Funktion als das Quadrat einer anderen zu betrachten, erlaubt die Zurückführung der Brachistochronenaufgabe auf eine konvexe Optimierungsaufgabe und damit eine vollständige Lösung der Aufgabe. Im Falle einer positiven Anfangsgeschwindigkeit γ kann man bei den folgenden Betrachtungen das Riemann-Integral benutzen ($y \in C^{(1)}[a, b]$). Aber für den schwierigen Fall $\gamma = 0$, den wir unten behandeln, müssen wir auf das Lebesgue-Integral zurückgreifen. Denn dann sind die benutzten Integrale erklärt und die gewünschte Vertauschbarkeit von Limes und Integral gegeben. Für $\gamma = 0$ bekommen wir die folgende Aufgabe.

Für zwei positive reelle Zahlen a, b sei $S_0 := \{y \in C[0, a] \mid y(0) = 0, y(a) = b, y$ in $(0, a]$ positiv und stetig differenzierbar$\}$. Auf dieser Menge soll die Funktion

$$f_0 \colon S_0 \to \mathbb{R}, \quad y \mapsto f_0(y) := \int_0^a \sqrt{\frac{1 + (\dot{y}(x))^2}{y(x)}} \, dx$$

minimiert werden.

Die zugehörige Lagrange-Funktion

$$L_0 \colon A \to \mathbb{R}, \quad (p, q) \mapsto L_0(p, q) := \sqrt{\frac{1 + q^2}{p}},$$

wobei $A := \mathbb{R}_{>0} \times \mathbb{R}$ ist, ist hier nicht konvex.

Behandlung des Brachistochronenproblems

Im Folgenden wollen wir die Aufgabe transformieren und die folgende Denkweise benutzen.

Lemma 5.2.4 (Transformierte Optimierungsaufgaben). *Sei X eine beliebige Menge und $f : X \to \mathbb{R}$. Sei S eine weitere Menge und $B : S \to X$ surjektiv. Ein $s^* \in S$ ist genau dann eine Minimallösung der Funktion $s \mapsto g(s) := f(B(s))$ auf S, wenn $x^* = B(s^*)$ eine Minimallösung von f auf X ist.*

Beweis. Sei $s^* \in M(g, S)$ und sei $x \in X$. Da B surjektiv ist, gibt es ein $s \in S$ mit $B(s) = x$. Es folgt $f(x^*) = f(B(s^*)) = g(s^*) \leq g(s) = f(B(s)) = f(x)$.

Andererseits sei $x^* \in M(f, X)$ und $s \in S$. Für $x = B(s)$ ist

$$g(s^*) = f(B(s^*)) = f(x^*) \leq f(x) = f(B(s)) = g(s). \qquad \square$$

Sei $\overline{S} := \{y \in C[0,a] \mid y(0) = 0, y(a) = \sqrt{b}, y$ in $(0,a)$ positiv und stetig differenzierbar$\}$ und

$$B : \overline{S} \to S_0, \quad s \mapsto B(s) := s^2.$$

Dann ist B eine Bijektion von $\overline{S}$ auf S_0.

Genau dann ist z eine Minimallösung des Funktionals

$$f : \overline{S} \to \mathbb{R}, \quad s \mapsto f(s) := f_0(B(s)) = \int_0^a \sqrt{\frac{1}{(s(x))^2} + 4(\dot{s}(x))^2} \, dx$$

auf $\overline{S}$, wenn $B(z)$ eine Minimallösung von f_0 auf S_0 ist (s. Lemma 5.2.4). Die zugehörige Lagrange-Funktion

$$L : A \to \mathbb{R}, \quad (p,q) \mapsto L(p,q) := \sqrt{\frac{1}{p^2} + 4q^2}$$

ist konvex. Denn die durch $g_1(p,q) := \frac{1}{p}$ und $g_2(p,q) := 2|q|$ gegebenen Funktionen g_1, g_2 sind konvexe Funktionen auf A und somit auch $L(p,q) = \|(g_1(p,q), g_2(p,q))\|_2$, da die euklidische Norm konvex und monoton bezüglich der natürlichen Ordnung auf $\mathbb{R}_{\geq 0}^2$ ist.

Sei $S := \{s \in \overline{S} \mid f(s) \in \mathbb{R}\}$. S ist nicht leer, da die durch $s(x) := \sqrt{\frac{bx}{a}}$ gegebene Funktion s zu S gehört. Es gilt nun f auf S zu minimieren. Die Funktion f und die Menge S sind konvex. Wir wollen jetzt Satz 5.2.5 benutzen. Sei $z \in C^{(2)}(0,a]$ und $\psi(t) := D_2 L(z(t), \dot{z}(t))$. Dann gilt

$$|\psi(\alpha)| = 2\sqrt{\frac{4(z(\alpha)\dot{z}(\alpha))^2}{1 + 4(z(\alpha)\dot{z}(\alpha))^2}} \leq 2 \quad \text{und} \quad h(\alpha) \xrightarrow{\alpha \to 0} 0. \tag{5.2.13}$$

Aus diesen Überlegungen ergibt sich der folgende Satz.

Satz 5.2.6. *Eine Funktion $z^2 \in C^{(2)}(0,a) \cap S_0$ ist genau dann eine Lösung der Brachistochronenaufgabe, wenn z die Euler-Lagrangesche Differentialgleichung*

$$D_1 L(z(x), \dot{z}(x)) = \frac{d}{dx} D_2 L(z(x), \dot{z}(x)) \quad \text{für alle } x \in (0,a] \tag{5.2.14}$$

erfüllt.

Beweis. Nach Satz 5.2.5 ist (5.2.14) hinreichend. Wäre (5.2.14) für ein $x \in (0,a]$ nicht erfüllt, so kann man wie gewohnt ein Teilintervall $[c,d]$ von $(0,a)$ und ein $r \in \mathbb{R}$ finden, so dass für eine Funktion h der Gestalt

$$h(t) = \begin{cases} r(t-c)^2(d-t)^2 & \text{für } t \in [c,d] \\ 0 & \text{für } t \in (0,a] \backslash [c,d] \end{cases},$$

$h + z \in S$ und $f'_+(z,h) < 0$ gilt. Dies widerspricht (5.2.9). $\qquad \square$

Da die Lagrange Funktion L von der dritten Variablen unabhängig ist, kann man nach Abschnitt 5.2.4 (3) zur Bestimmung der Lösung z die Euler-Regel II

$$L - \dot{s} D_2 L = C,$$

wobei C konstant ist, heranziehen. Dies führt auf die Differentialgleichung:

$$\sqrt{s^2(1 + 4s^2 \dot{s}^2)} = C,$$

Damit ist

$$\dot{s} = \sqrt{\frac{C^2}{4s^4} - \frac{1}{4s^2}} = \sqrt{C^2 - s^2}\, \frac{1}{2s^2}. \qquad (5.2.15)$$

Um diese Differentialgleichung auf $(0, a]$ zu lösen, machen wir den Ansatz mit einer noch zu bestimmenden Funktion $\tau : (0, a] \to \mathbb{R}$ (Transformation)

$$s(x) = C \sin \tau(x). \qquad (5.2.16)$$

Aus (5.2.15) folgt

$$\dot{s} = C \dot{\tau} \cos \tau = \frac{C \cos \tau}{2 C^2 \sin^2 \tau}$$

und damit

$$2 C^2 \dot{\tau} \sin^2 \tau = 1 \qquad (5.2.17)$$

bzw.

$$2 s^2 \dot{\tau} = 1. \qquad (5.2.18)$$

Die Gleichung (5.2.17) kann man mit $2 \sin^2 \tau = 1 - \cos(2\tau)$ schreiben als

$$C^2 \dot{\tau} (1 - \cos 2\tau) = 1. \qquad (5.2.19)$$

Für alle $x \in (0, a]$ ist dann

$$\frac{C^2}{2} \frac{d}{dx} (2\tau(x) - \sin 2\tau(x)) = 1.$$

Damit gilt mit einer Konstante d und $r := \frac{C^2}{2}$

$$2\tau(x) - \sin 2\tau(x) = \frac{1}{r} x + d. \qquad (5.2.20)$$

Um die Funktion τ anzugeben, brauchen wir die Umkehrfunktion von

$$z \longmapsto \psi(z) := z - \sin z.$$

Für die Ableitung von ψ gilt $\forall z \in (0, 2\pi)$

$$\psi'(z) = 1 - \cos z > 0.$$

Damit ist ψ streng monoton wachsend und besitzt eine Umkehrfunktion

$$\varphi : (0, 2\pi) \longmapsto (0, 2\pi).$$

Für die Ableitung der Umkehrfunktion in $(0, 2\pi)$ gilt dann

$$\varphi'(z) = \frac{1}{\psi'(\varphi(z))} = \frac{1}{1 - \cos \varphi(z)}.$$

Mit (5.2.20) erhalten wir die gesuchte Funktion τ

$$\tau(x) = \frac{1}{2} \varphi \left(\frac{1}{r} x + d \right).$$

Daraus und (5.2.19) folgt

$$\dot{\tau}(x) = \frac{1}{2r} \frac{1}{1 - \cos \varphi(\frac{1}{r} x + d)} \tag{5.2.21}$$

und mit (5.2.18) gilt für die gesuchte Minimallösung s^*

$$(s^*)^2(x) = r \left(1 - \cos \varphi \left(\frac{1}{r} x + d \right) \right). \tag{5.2.22}$$

Da $s^*(0) = 0$ und φ in 0 mit 0 stetig ergänzbar ist, folgt $d = 0$.

Wählen wir die folgende Parameterdarstellung

$$x^*(t) = r\psi(t) = r(t - \sin t), \tag{5.2.23}$$

so bekommen wir aus (5.2.22) mit $y^*(t) = (s^*)^2(x(t))$ die folgende Lösung $y^*(t) = (s^*)^2(x(t)) = (s^*)^2(r\Psi(t)) = r(1 - \cos \varphi(\frac{1}{r} r \Psi(t))) = r(1 - \cos(\varphi(\Psi(t)))) = r(1 - \cos(t))$, also

$$y^*(t) = r(1 - \cos t). \tag{5.2.24}$$

Die Randbedingung $y(a) = b$ liefert die Gleichungen

$$r(t - \sin t) = a, \tag{5.2.25}$$

$$r(1 - \cos t) = b. \tag{5.2.26}$$

Die Menge

$$B = \{r((t - \sin t), (1 - \cos t)) | t \in [0, 2\pi)\}$$

bildet einen Bogen, den ein Punkt auf dem fahrenden Kreis mit dem Radius r zurücklegt.

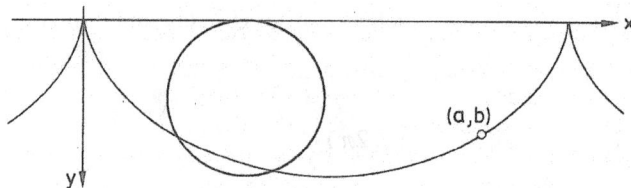

Die Menge aller positiven r-Vielfachen von B überdeckt den gesamten positiven Quadranten von $\mathbb{R}^2$. Damit wird für ein $r > 0$ und ein $t \in [0, 2\pi)$ in (5.2.25) und (5.2.26) der Endpunkt (a, b) angenommen.

Leicht prüft man nach, dass L und damit auch f strikt konvex ist. Also ist dies die einzige Lösung des Problems.

Ohne die Konvexifizierung der Lagrange-Funktion ist die Vertauschbarkeit von Limes und Integral nicht zulässig. So gilt z. B. für die Brachistochrone w im Fall $a = b = 1$ und $h = \sqrt[3]{w} - w$:

$$\lim_{r \to 0} (h(r) D_3 L_0(w(r), \dot{w}(r))) = \infty.$$

Aber für die Herleitung der Euler-Lagrangeschen Differentialgleichung in $(0, a]$ als eine notwendige Bedingung für eine Lösung, braucht man nur die Richtungsableitungen in den Richtungen h mit kompaktem Träger in $(0, a]$ zu betrachten.

Geometrische Interpretation

Dieser Ansatz besitzt die folgende geometrische Interpretation. In einer geeigneten Geometrie ist das Brachistochronen-Funktional

$$f(y) := \int_0^a \sqrt{\frac{1 + \dot{y}^2}{y}}$$

konvex. Dies erreicht man durch die folgende Festlegung:

Die Verbindungsstrecke zwischen zwei Funktionen $x, y \in S$ wird durch

$$\widetilde{xy} := \{z \mid z = \sqrt{\alpha x + (1 - \alpha)y}, \quad \alpha \in [0, 1]\}$$

erklärt.

Wegen der großen Bedeutung der Brachistochronen-Aufgabe für die Entwicklung der Optimierungstheorie sollen in der folgenden Bemerkung einige alternative Ansätze zur Lösung des Problems zusammengefasst werden.

Bemerkung. Die ursprüngliche Brachistochronen-Aufgabe (Anfangsgeschwindigkeit 0) führt zur Integration von Funktionen mit Singularitäten. Das leistungsfähige Lebesgue-Integral erlaubte, die Aufgabe vollständig zu lösen. Aber die Theorie des Lebesgue-Integrals ist mit einem relativ großen begrifflichen Aufwand verbunden und damit wird der Wunsch nach einer möglichst einfachen Lösung der Brachistochronen-Aufgabe nicht voll befriedigt. Damit bleibt die folgende Aufforderung von Johann Bernoulli aktuell (siehe [Ber]):

> „Da nunmehr keine Unklarheit übrig bleibt, bitten wir alle Geometer dieser Zeit insgesammt inständig, daß sie sich fertig machen, daß sie daran gehen, daß sie alles in Bewegung setzen, was sie in dem letzten Schlupfwinkel ihrer Methoden verborgen halten."

Im Abschnitt 6.4.2 wird ein Zugang mit dem Riemann-Integral behandelt, der ohne Vertauschbarkeitssätze auskommt.

Die folgende Auslegung der Optimalität erlaubt, die Integration von singulären Funktionen zu umgehen. Man sucht nach einer Funktion $y\colon [0, a] \to \mathbb{R}$, deren Graph den Anfangs- und den Endpunkt verbindet und für jedes $x_0 > 0$ der dazugehörige Teilgraph eine optimale (hier schnellste) Verbindung zwischen $(x_0, y(x_0))$ und dem Endpunkt (a, b) liefert. Denn unter der Voraussetzung $y(x_0) > 0$ für $x_0 > 0$ braucht man bei dem Integral

$$f(y) := \int_{x_0}^{a} \sqrt{\left(\frac{1 + y'(x)^2}{2gy(x)}\right)}\, dx$$

nur stetige Funktionen zu integrieren. Dann wird die Konvexifizierung wie oben durchgeführt und die Monotonie des Differenzenquotienten konvexer Funktionen erlaubt mit dem Satz von Dini die Differentiation unter dem Integralzeichen.

Die Euler-Lagrange Gleichung liefert eine notwendige und hinreichende Bedingung für die Lösung.

In dem nächsten Abschnitt 5.2.11 werden wir ein Beispiel aus der Optik kennenlernen, bei dem eine optimale Lösung im obigen Sinne existiert, die keine Minimallösung des dazugehörigen Variationsfunktionals f ist (f ist auf der ganzen Restriktionsmenge ∞).

Die physikalisch so natürlich erscheinende Gleichsetzung der eben angesprochenen Optimalitätsbegriffe erfordert, auch im Falle der Endlichkeit des Minimalwertes, Stabilitätsbetrachtungen (siehe [Har]). Die hier benötigte Theorie wird im Kapitel 9 behandelt.

Vertauscht man im ersten Bild dieses Abschnitts die x-Achse und die y-Achse und fasst die horizontale Entfernung als Funktion der Tiefe auf (Umkehrfunktion), so führt dies zu einem konvexen Variationsfunktional

$$f(y) := \int_{0}^{a} \sqrt{\left(\frac{1 + y'(x)^2}{2gx}\right)}\, dx.$$

Aber diese Aufgabe besitzt dann nur in dem Fall $a/b < \pi/2$ eine Lösung (sonst ist y keine Funktion mehr).

Einen anderen effektiven Zugang bekommt man hier durch die (natürliche) parametrische Sicht der Aufgabe. Es wird sowohl x (horizontale Entfernung) als auch y als Funktion des Zeit-Parameters t aufgefasst. Das führt zu dem Funktional

$$f(x, y) := \int_{0}^{t_0} \sqrt{\left(\frac{\dot{x}^2(t) + \dot{y}^2(t)}{2gx(t)}\right)}\, dt.$$

5.2.11 Beispiel aus der Optik

Auch die aus der Optik bekannten Variationsaufgaben, die nach dem Fermatschen Prinzip zu den Lagrange-Funktionen

$$L(p, q) := \frac{\sqrt{1 + q^2}}{(p + c)^\alpha} \quad (\alpha, c \in \mathbb{R}_{\geq 0})$$

auf $\mathbb{R}_{>0} \times \mathbb{R}$ führen, kann man für $\alpha > 0$ und $\alpha \neq 1$ mit der Transformation (vgl. Lemma 5.2.4)

$$B^{-1}(y) := (y + c)^{1-\alpha}$$

konvexifizieren. Denn dann gilt mit $y = Bs$ und $s = B^{-1}(Bs)$: $s = (Bs + c)^{1-\alpha}$ bzw. $Bs = s^{\frac{1}{1-\alpha}} - c$.

Damit folgt

$$\dot{y} = \frac{1}{1 - \alpha} s^{\frac{\alpha}{1-\alpha}} \cdot \dot{s}.$$

Dann geht das ursprüngliche Variationsfunktional

$$f(y) = \int_0^a \frac{\sqrt{1 + \dot{y}^2}}{(y + c)\alpha} dt \tag{5.2.27}$$

in das Funktional

$$f(Bs) = \int_0^a \sqrt{\frac{1}{s^{\frac{2\alpha}{1-\alpha}}} + \left(\frac{1}{1 - \alpha}\right)^2 \dot{s}^2} \tag{5.2.28}$$

über.

Die Funktionen $\varphi : \mathbb{R}_{>0}, \Psi : \mathbb{R} \to \mathbb{R}_{\geq 0}$ mit $\varphi(p) = p^{-\frac{\alpha}{1-\alpha}}$ und $\Psi(q) = |\frac{1}{1-\alpha} q|$ sind nichtnegative Funktionen.

Denn für $\gamma := -\frac{\alpha}{1-\alpha}$ ist $\varphi'(p) = \gamma p^{\gamma-1}$ und $\varphi''(p) = \gamma(\gamma - 1)p^{\gamma-2}$.

Mit $\gamma(\gamma - 1) = (-\frac{\alpha}{1-\alpha})(-\frac{\alpha}{1-\alpha} - 1) = \frac{\alpha}{(1-\alpha)^2} > 0$ ist φ'' positiv auf ganz $\mathbb{R}_{>0}$.

Damit ist

$$\|(\varphi, \Psi)\| = \sqrt{\varphi^2 + \Psi^2}$$

konvex.

Für $\alpha = 1$ führt die Transformation $T(y) := \ln(y + c)$ zu einer konvexen Aufgabe.

Für $c > 0$ entsteht hier eine einfache Aufgabe, da die zugehörige Lagrange-Funktion keine Singularität im Nullpunkt hat. Für $c = 0$ und $0 < \alpha < 1$ kann man wie beim Brachistochronenproblem vorgehen. Für $c = 0$ und $\alpha \geq 1$ ist eine zusätzliche Präzisierung der Minimalität notwendig. Denn hier hat das Variationsfunktional $\int_0^a L(y, \dot{y})dt$ auf der gesamten Restriktionsmenge S den Wert ∞. Das folgt aus der Abschätzung

$$\int_0^a \sqrt{1 + \dot{y}^2} y^{-\alpha} dt \geq \int_0^a \dot{y} y^{-\alpha} dt = \begin{cases} \frac{1}{1-\alpha} y^{1-\alpha}|_{0+}^a & \text{für } \alpha > 1 \\ \ln(y)|_{0+}^a & \text{für } \alpha = 1 \end{cases}.$$

Eine Möglichkeit besteht darin, die Euler-Lagrangesche-Differentialgleichung als eine Schar von Lösungen der entsprechenden Aufgaben in den offenen Intervallen (ϵ, a) mit $0 < \epsilon < a$ zu interpretieren.

Um eine Lösung der vorliegenden Variationsaufgabe zu finden, genügt es hier, eine Extremale zu bestimmen. Dafür können wir die Eulersche Regel II $L - \dot{s}L_{\dot{s}} = D$ mit einem $D \in \mathbb{R}$ benutzen. Diese führt auf

$$L \frac{-(\frac{1}{1-\alpha})^2 \dot{s}^2}{L} = D$$

bzw.

$$\frac{s^{2\gamma}}{L} = D. \tag{5.2.29}$$

Mit $y = Bs$ können wir (5.2.29) schreiben als

$$(y + c)\alpha \sqrt{1 + \dot{y}^2} = \frac{1}{D}.$$

5.2.12   Substituierte Aufgaben

Bemerkung 5.2.1. Sei die Variationsaufgabe
   „Minimiere

$$\int_a^b L(y(t), \dot{y}(t), t) dt$$

auf einer Teilmenge S von $\{y \in C^{(1)}[a, b] \mid (y(t), \dot{y}(t)) \in I \times J \; \forall t \in [a, b]\}$" gegeben.

Wir wählen jetzt eine Parametrisierung des Intervalles $[a, b]]$ mit der stetig differenzierbaren Funktion $x : [c, d] \to [a, b]$ für die

$$\dot{x} > 0$$

auf $[c, d]$ und $x(c) = a, x(d) = b$ gilt. Sei $y \in S$ und

$$\tau \mapsto z(\tau) := y(x(\tau)).$$

Mit der Kettenregel gilt
$$\dot{z}(\tau) = \dot{y}(x(\tau))\dot{x}(\tau).$$

Mit der Substitutionsregel ist dann

$$\int_a^b L(y(t), \dot{y}(t), t) dt = \int_c^d L\left(z(\tau), \frac{\dot{z}(\tau)}{\dot{x}(\tau)}, x(\tau)\right) \dot{x}(\tau) d\tau.$$

Bei einem festgewählten x (Parametertransformation) bekommen wir die transformierte Aufgabe

„Minimiere

$$\tilde{f}(z) = \int_c^d \tilde{L}(z(\tau), \dot{z}(\tau), \tau) d\tau = \int_a^b L\left(z(\tau), \frac{\dot{z}(\tau)}{\dot{x}(\tau)}, x(\tau)\right) \dot{x}(\tau) d\tau$$

auf

$$\tilde{S} = \left\{ z \in C^{(1)}[c, d] \mid z = y \circ x, y \in S \right\}.\text{“}$$

Die Abbildung $B : \tilde{S} \to S$, die durch

$$Bz = z \circ x^{-1}$$

erklärt ist, ist nach Definition von τ surjektiv.

Satz 5.2.7. *Ist z^* eine Minimallösung von $\tilde{f}$ auf $\tilde{S}$, so ist $z^* \circ x^{-1}$ eine Minimallösung von f auf S.*

Beweis. Mit $Bz^* = z^* \circ x^{-1}$ und dem Transformationslemma folgt die Behauptung. $\square$

Aufgaben. 1) Es sei $K \subset \mathbb{R}^m$ offen und $A \in L(\mathbb{R}^m)$ symmetrisch und positiv semidefinit, d. h. $A = A^T$ und $\langle Ax, x \rangle \geq 0$ für alle $x \in \mathbb{R}^m$. Dann gilt für jede Lösung der Differentialgleichung

$$-A\dot{x} = \mathrm{grad}U(x), \quad x \in M \subset \mathbb{R}^m \tag{5.2.30}$$

und für alle Zeiten t die Beziehung

$$U(x(t)) \leq E_0,$$

wobei $E_0 := \frac{1}{2}\langle Ax(t_0), x(t_0) \rangle + U(x(t_0))$ die Energie zu einem beliebigen Zeitpunkt t_0 ist, d. h. die Lösung bleibt für alle Zeiten im Potentialtopf $\{x \in M \mid U(x) \leq E_0\}$.

2) Eine Perle mit der Masse $m > 0$ gleite reibungsfrei auf einem senkrechten kreisförmigen Drahtring mit Radius l. Mit dem Drehwinkel φ ist hier $q = l\varphi$ und $\dot{q} = l\dot{\varphi}$. Die kinetische Energie lautet

$$T = \frac{ml^2}{2}\dot{\varphi}^2.$$

Wird φ so normiert, dass die tiefste Lage $\varphi = 0$ entspricht, so erhalten wir für die potentielle Energie

$$U(\varphi) := mg(l - l\cos\varphi).$$

Bestimmen Sie eine Extremale dieser Aufgabe. Ist jede Extremale eine Minimallösung des Wirkungsintegrals f?

3) *Rotationsfläche kleinsten Inhalts.* Lässt man den Graphen einer positiven Funktion $y \in C^{(1)}[a, b]$ um die t-Achse rotieren (t ist der Parameter), so hat die entstehende Rotationsfläche bekanntlich den Inhalt

$$f(y) := 2\pi \int_a^b y(t)(1 + y'(t)^2)^{1/2} dt.$$

Die Variationsaufgabe besteht nun darin, unter allen positiven Funktionen $y \in C^{(1)}[a, b]$, die zwei vorgegebene Punkte (a, α) und (b, β) (mit $\alpha, \beta > 0$) verbinden, diejenige kleinster Rotationsfläche zu finden, d. h. sie lautet:

Minimiere $f : S \to \mathbb{R}$ auf $S := \{y \in C^{(1)}[a, b] \mid y > 0, y(a) = \alpha, y(b) = \beta\}$.

Bestimmen Sie eine Lösung der Euler-Lagrange-Gleichung dieser Variationsaufgabe.

5.2.13   Ein isoperimetrisches Problem

Als weiteres Beispiel soll ein sogenanntes *isoperimetrisches Problem* behandelt werden. Es seien $a, b \in \mathbb{R}$ mit $a < b$. Dann besteht das Problem darin, eine Verbindungskurve der Punkte $A = (a, 0)$ und $B = (b, 0)$ in $\mathbb{R}^2$ zu finden, die eine vorgegebene Länge ℓ hat (offenbar sollte dabei $0 < b - a < \ell$ sein) und die mit der Verbindungsstrecke $\overline{AB}$ die größte Fläche umschließt.

Das allgemeine isoperimetrische Problem besteht darin, unter allen ebenen Flächenstücken mit vorgegebenem Umfang das flächengrößte zu bestimmen. Dieses schwierigere Problem (Lösung ist ein Kreis von dem gegebenem Umfang) soll auf die Königin Dido zurückgehen. Die Königin Dido, die vor ihrem tyrannischen Bruder aus Tyros geflohen war und in Karthago eine neue Heimat finden wollte, stand vor folgendem Problem: Sie durfte soviel Land in Besitz nehmen, wie sie mit einer Stierhaut umschließen konnte. Die Stierhaut schnitt sie daraufhin in feine Streifen und legte sie zu einem Kreis zusammen, was eine sehr große Fläche ergab. Bei Vergil heißt es im ersten Gesang der Äneis:

> Als sie den Ort erreicht, wo jetzt du gewaltige Mauern
> Siehst und die wachsende Burg des neuen Karthago, erwarben
> Sie den Boden, der Byrsa nach diesem Handel geheißen,
> So viel mit einer Stierhaut sie einzuschließen vermochte.

Das eingangs gestellte isoperimetrische Problem soll hier für den Spezialfall betrachtet werden, dass die Verbindungskurve durch eine einmal stetig differenzierbare Funktion $x : [a, b] \to \mathbb{R}$ beschrieben wird. Dies führt auf die folgende Variationsaufgabe:

Maximiere $F(x) := \int_a^b x(t) dt$ unter den Nebenbedingungen

$$h(x) := \int_a^b \sqrt{1 + (\dot{x}(t))^2} dt - \ell \leq 0$$

$$x(a) = 0 = x(b).$$

Es soll auf das Lagrange-Lemma in Abschnitt 4.5.2 zurückgegriffen werden.

Sei $M := \{x \in C^{(1)}[a, b] \mid x(a) = 0 = x(b), x \geq 0\}$. Setzt man $g := 0$ und

$$h: M \to \mathbb{R}, \quad x \mapsto h(x) := \int_a^b \sqrt{1 + (\dot{x}(t))^2} dt - \ell,$$

so liegt die Aufgabe vor, das Funktional

$$f: M \to \mathbb{R}, \quad x \mapsto f(x) := -\int_a^b x(t) dt$$

auf der Restriktionsmenge

$$S := \{x \in M \mid g(x) = 0 \quad \text{und} \quad h(x) \leq 0\}$$

zu minimieren.

Nach dem Lagrange-Lemma gilt: Sei $\alpha \in \mathbb{R}_{\geq 0}$ derart, dass ein $x_0 \in S$ mit $\alpha \cdot h(x_0) = 0$ eine Minimallösung von $f + \alpha h$ auf M ist. Dann ist x_0 auch eine Minimallösung von f auf S. Ein solches x_0 muss also die beiden folgenden Eigenschaften erfüllen:

(1) x_0 ist eine Minimallösung von

$$\begin{aligned}
f(x) + \alpha h(x) &= -\int_a^b x + \alpha \left(\int_a^b \sqrt{1 + \dot{x}^2} - \ell \right) \\
&= \int_a^b \left(-x + \alpha \sqrt{1 + \dot{x}^2} - \frac{\alpha \ell}{b - a} \right)
\end{aligned}$$

auf M.

(2) Es ist

$$\alpha \cdot h(x_0) = \alpha \left(\int_a^b \sqrt{1 + \dot{x}_0^2} - \ell \right) = 0.$$

Die erste Eigenschaft führt auf eine Variationsaufgabe wie sie in diesem Abschnitt untersucht wurde. Da die zugehörige Lagrange-Funktion

$$L: \mathbb{R} \times \mathbb{R} \times [a, b] \to \mathbb{R}, \quad (p, q, t) \mapsto L(p, q, t) := -p + \alpha \sqrt{1 + q^2} - \frac{\alpha \ell}{b - a}$$

für jedes feste t auf ganz $\mathbb{R}^2$ konvex ist, ist x_0 genau dann eine Minimallösung von $f + \alpha h$ auf M, wenn x_0 der Euler-Lagrangeschen Differentialgleichung genügt.

Da L nicht von der dritten Variablen abhängt, führt die Euler-Lagrangesche Differentialgleichung auf die folgende Differentialgleichung

$$L - \dot{x} D_2 L = C,$$

wobei C eine Konstante ist. Für x_0 muss also gelten:

$$-x_0 + \alpha \sqrt{1 + \dot{x}_0^2} - \frac{\alpha \ell}{b - a} - \dot{x}_0 \frac{\alpha \dot{x}_0}{\sqrt{1 + \dot{x}_0^2}} = C$$

bzw. $(x_0 - C^*)\sqrt{1 + \dot{x}_0^2} - \alpha = 0$ mit einer neuen Konstanten C^*.
  Quadrieren liefert

$$(x_0 - C^*)^2 \cdot (1 + \dot{x}_0^2) = \alpha^2$$

oder

$$(x_0 - C^*)^2 + \dot{x}_0^2 (x_0 - C^*)^2 = \alpha^2.$$

Setzt man für alle $t \in [a, b]$ an: $(\dot{x}_0(t))^2 (x_0(t) - C^*)^2 = (t - D)^2$, so zeigt

$$(x_0(t) - C^*)^2 + (t - D)^2 = \alpha^2,$$

dass Kreisbögen in $\mathbb{R}^2$ mit dem Mittelpunkt (D, C^*) und dem Radius α Lösungen der Euler-Lagrange Gleichung sind.
  Die Bedingung, dass x_0 zu M gehört, führt auf $D = \frac{a+b}{2}$; der Mittelpunkt der Kreisbögen liegt also auf der Mittelsenkrechten der Strecke $\overline{AB}$. Ist $b - a < \ell < \pi \frac{(b-a)}{2}$, so erzwingt die Nichtnegativität von x_0, dass der Mittelpunkt des Kreisbogens unterhalb der t-Achse liegt und $x_0 \in M$ mit

$$x_0(t) = C^* + \sqrt{\alpha^2 - (t - D)^2}$$

stellt eine Lösung des Problems dar. Aus der Eigenschaft (2) und der Tatsache, dass nach Pythagoras $C^{*2} + (\frac{b-a}{2})^2 = \alpha^2$ ist, ergeben sich die Werte von C^* und α in Abhängigkeit von der Bogenlänge ℓ.
  In dem Grenzfall $\ell = \pi(\frac{b-a}{2})$ ist der volle Halbkreis die Lösung der obigen iso-perimetrischen Aufgabe. Dieser ist noch als Graph einer stetigen Funktion auf dem Intervall $[a, b]$ darstellbar, aber in den Endpunkten des Intervalles ist diese Funktion nicht differenzierbar (bzw. die rechtsseitige Ableitung in a ist ∞ und die linksseitige Ableitung in b ist $-\infty$). Die Lösung liegt nicht in $C^{(1)}[a, b]$. Dieses Phänomen er-scheint auch, wenn man die obige Längenbeschränkung $b - a < \ell < \frac{\pi(b-a)}{2}$ weglässt und stattdessen die obige Aufgabe als Variationsaufgabe mit freien Endpunkten behan-delt, d. h. man lässt die Randbedingungen $x(a) = x(b) = 0$ fallen und erlaubt hier statt 0 beliebige nichtnegative reelle Werte. Die Lösung wird sich als ein hochgestellter Halbkreis der Form $\cap$ erweisen .
  Wir haben es hier, wie bei dem Brachistochronenproblem, mit Aufgaben mit Sin-gularitäten in den Endpunkten zu tun. Derartige Aufgaben kann man effizient mit der Methode der punktweisen Minimierung behandeln. Dies wird im Kapitel 6 erfolgen.

Eine Verallgemeinerung der isoperimetrischen Aufgabe

Mit dem Lagrange-Lemma 4.5.1 kann man wie oben die folgende Klasse von Variationsaufgaben mit Nebenbedingungen in der Integralform behandeln. Diese Aufgaben werden auch als *isoperimetrische Aufgaben* bezeichnet:

$$\text{Minimiere} \quad \int_a^b L(x(t), \dot{x}(t), t)dt$$

unter den Nebenbedingungen

$$\int_a^b L_i(x(t), \dot{x}(t), t)dt = c_i, \quad i \in \{1, \ldots, m\}, \tag{5.2.31}$$

wobei L, $\{L_i\}_{i=1}^m$ wie in Abschnitt 5.2.1 und $\{c_i\}_{i=1}^m$ vorgegebene Konstanten sind. Man macht den Ansatz der Lagrange-Multiplikatoren mit $\lambda \in \mathbb{R}^m$

$$f_\lambda(x) := \int_a^b \left(L + \sum_{i=1}^m \lambda_i L_i \right)(x(t), \dot{x}(t), t)dt \tag{5.2.32}$$

und mit der Euler-Lagrange Gleichung für f_λ und den Nebenbedingungen (5.2.31) wird zunächst ein Kandidat für $\lambda = (\lambda_1, \ldots, \lambda_m)$ ermittelt. Für dieses λ liegt eine gewöhnliche Variationsaufgabe vor. Man kann in (5.2.31) auch Ungleichungen zulassen und dann Abschnitt 4.5.2 benutzen.

5.2.14 Variationsaufgabe mit freiem Endpunkt. Bolza und Mayersche Probleme

Mit den Bezeichnungen aus Abschnitt 5.2.1 soll jetzt die Funktion

$$f(y) := \int_a^b L(y(t), \dot{y}(t), t)dt$$

auf der Menge

$$R := \{y \in C^{(1)}[a, b]^n \mid y(a) = \alpha\} \tag{5.2.33}$$

minimiert werden. Hier ist das Intervall $[a, b]$ und der Wert in a vorgegeben, aber in dem Endpunkt b darf die gesuchte Funktion y einen beliebigen Wert annehmen. Derartige Aufgaben heißen *Variationsaufgaben mit freiem Endpunkt*. Sei

$$W := \{y \in C^{(1)}[a, b]^n \mid y(a) = 0\}. \tag{5.2.34}$$

Ist y_0 eine Minimallösung von f auf R, so ist natürlich y_0 auch eine Minimallösung von f auf $S := \{y \in R \mid y(b) = y_0(b)\}$ (Aufgabe mit festen Endpunkten). Sei $\varphi(t) := L_y(y_0(t), \dot{y}_0(t), t)$ und $\psi(t) := L_{\dot{y}}(y_0(t), \dot{y}_0(t), t)$. Nach Abschnitt 5.2.3 ist die Euler-Lagrange Gleichung

$$\dot{\psi} = \varphi \tag{5.2.35}$$

eine notwendige Bedingung für eine Minimallösung. Insbesondere ist ψ stetig differenzierbar, und es darf partiell integriert werden. Damit ist für alle $w \in W$:

$$0 = f'(y_0, w) = \int_a^b (\varphi(t) - \dot{\psi}(t))w(t)dt + \psi(t)w(t) \mid_a^b .$$ (5.2.36)

Daraus folgt die zweite notwendige Bedingung

$$\psi(b) = L_{\dot{y}}(y_0(b), \dot{y}_0(b), b) = 0.$$ (5.2.37)

Zusammengefasst erhalten wir den

Satz 5.2.8. *Ist y_0 eine Minimallösung von f auf R, so gelten (5.2.35) und (5.2.37).*

Konvexe Aufgaben mit freiem Endpunkt

Ist zusätzlich $L(\cdot, \cdot, t)$ für alle $t \in [a, b]$ konvex, so folgt mit dem Charakterisierungssatz der konvexen Optimierung und (5.2.36):

Bemerkung 5.2.2. Ein $y_0 \in R$ ist genau dann eine Minimallösung von f auf R, wenn (5.2.35) und (5.2.37) gelten.

Bemerkung 5.2.3. Analog bekommen wir entsprechende Aussagen für n-dimensionale Aufgaben.

Mit Abschnitt 5.2.8 ist (5.2.35) und (5.2.37) eine hinreichende Bedingung bei Minimierung von f auf einer konvexen Teilmenge K von R ($y_0 \in K$).

Beispiel (Brachistochronen-Aufgabe mit freiem Endpunkt, siehe [F-N-S]). Auf welcher Kurve bewegt sich ein Massenpunkt im Gravitationsfeld, wenn er am schnellsten vom Anfangspunkt $(0, 0)$ die Gerade $x = a$ ($a > 0$) erreichen soll?
Wir betrachten den einfachen Fall der positiven Anfangsgeschwindigkeit v_1. Bei $v_1 = 0$ geht man wie in Abschnitt 5.2.10 vor.

Lösung. Mit der Konvexifizierungsmethode aus Abschnitt 5.2.10 kann diese Aufgabe als eine konvexe Aufgabe behandelt werden. Die Extremalen in parametrischer Form sind hier durch

$$x(t) = c + \alpha(t - \sin t)$$

$$y(t) = \frac{v_1^2}{2g} + \alpha(1 - \cos t)$$

gegeben. Mit (5.2.37) folgt die Bedingung

$$b = c + \alpha\pi.$$

Mit $x(t) = y(t) = 0$ sind dann α, c, b eindeutig bestimmt.

Zu einer Verallgemeinerung von Satz 5.2.8 kommt man mit der folgenden Begriffsbildung.

Bolza und Mayersche Probleme

Eine besondere Klasse von Variationsaufgaben wurde von A. Mayer (1839–1908) systematisch untersucht. Sei

$$f(x) := \int_a^b L(x(t), \dot{x}(t), t) dt. \tag{5.2.38}$$

Ist der Integrand von (5.2.38) derart, dass eine differenzierbare Funktion $W \colon \mathbb{R}^n \times [a, b] \to \mathbb{R}$ existiert mit

$$L(x(t), \dot{x}(t), t) = \frac{d}{dt} W(x(t), t)$$

für alle $t \in [a, b]$ und alle $x \in C^{(1)}[a, b]^n$, dann ist für alle $x \in C^{(1)}[a, b]^n$

$$f(x) = W(x(b), b) - W(x(a), a).$$

Terminalfunktionale

Ein $f \colon C^{(1)}[a, b]^n \to \mathbb{R}$ der Gestalt

$$f(x) = W(x(a), a, x(b), b) \tag{5.2.39}$$

mit einem $W \colon \mathbb{R}^n \times \mathbb{R} \times \mathbb{R}^n \times \mathbb{R} \to \mathbb{R}$ heißt ein *Terminalfunktional*.

Eine Variationsaufgabe:

$$\text{Minimiere } f \text{ auf einer Teilmenge } K \text{ von } C^{(1)}[a, b]^n, \tag{5.2.40}$$

heißt eine *Mayersche Aufgabe*, wenn f ein Terminalfunktional ist. Ist f vom Integraltyp (5.2.38), so heißt (5.2.40) eine *Lagrange-Aufgabe*. Bei gemischten Funktionalen spricht man von einer *Bolza-Aufgabe*. Wir betrachten jetzt ein Bolza-Variationsfunktional der Gestalt

$$f(x) = G(x(a)) + H(x(b)) + \int_a^b L(x(t), \dot{x}(t), t) dt, \tag{5.2.41}$$

wobei $G, H \colon \mathbb{R}^n \to \mathbb{R}$. Auch für derartige Aufgaben kann man leicht die bis jetzt gewonnenen notwendigen und hinreichenden Bedingungen übertragen. Denn sind die Funktionen G und H differenzierbar, so kann man direkt aus der Definition die Richtungsableitung der Abbildungen $x \mapsto g(x) := G(x(a))$ und $x \mapsto h(x) := H(x(a))$ berechnen. Seien $x, v \in C^{(1)}[a, b]^n$. Dann gilt:

$$g'(x, v) = \lim_{\alpha \to 0} \frac{g(x + \alpha v) - g(x)}{\alpha} = \lim_{\alpha \to 0} \frac{G(x(a) + \alpha v(a)) - G(x(a))}{\alpha}$$
$$= v(a) G'(x(a)) \tag{5.2.42}$$

und analog

$$h'(x, v) = v(b) H'(x(b)). \tag{5.2.43}$$

Mit Abschnitt 4.1 erhalten wir die folgende notwendige Bedingung:

Satz 5.2.9. *Sei $x_0 \in C^{(1)}[a,b]^n$ eine Minimallösung von*

$$f(x) = G(x(a)) + H(x(b)) + \int_a^b L(x(t), \dot{x}(t), t)\, dt$$

auf $C^{(1)}[a,b]^n$. Dann gilt die Euler-Lagrange Gleichung (5.2.35)

$$\dot{\psi} = \varphi$$

und die Bedingungen (Transversalitätsbedingungen)

$$L_{\dot{x}}(x_0(a), \dot{x}_0(a), a) = G'(x_0(a)) \tag{5.2.44}$$

$$L_{\dot{x}}(x_0(b), \dot{x}_0(b), b) = -H'(x_0(b)). \tag{5.2.45}$$

Beweis. Der Punkt x_0 ist auch eine Minimallösung von f auf $S := \{x \in C^{(1)}[a,b]^n \mid x(a) = x_0(a),\ x(b) = x_0(b)\}$ und die Funktionen g und h sind auf S konstant. Nach Abschnitt 5.2.5 gilt (5.2.35). Aus Abschnitt 4.1, (5.2.35), (5.2.36), (5.2.42) und (5.2.43) folgt für alle $v \in C^{(1)}[a,b]^n$:

$$0 = f'(x_0, v) = \psi(t)v(t)\big|_a^b + v(a)G'(x_0(a)) + v(b)H'(x_0(b))$$

$$= v(b)(\psi(b) + H'(x_0(b))) + v(a)(G'(x_0(a)) - \psi(a)). \tag{5.2.46}$$

Wählt man jetzt v_1, v_2 mit $v_1(a) = 1$, $v_1(b) = 0$ und $v_2(a) = 0$, $v_2(b) = 1$, so folgt (5.2.44) und (5.2.45).   □

Wird f nur auf R (siehe (5.2.33)) minimiert, so folgt aus (5.2.46) mit $v(a) = 0$ für $v \in W$ der

Satz 5.2.10. *Sei $x_0 \in R$ eine Minimallösung von*

$$f_1(x) := H(x(b)) + \int_a^b L(x(t), \dot{x}(t), t)\, dt \tag{5.2.47}$$

auf R. Dann gilt (5.2.45).

Bemerkung 5.2.4. Satz 5.2.10 ist eine Verallgemeinerung von Satz 5.2.8, denn man kann in Satz 5.2.10 die Funktion H konstant wählen.

Bemerkung 5.2.5. Der Satz 5.2.9 kann auch dann benutzt werden, wenn der Endpunkt b noch frei gewählt werden kann (*variabler Endpunkt*).

Denn für eine derartige Minimallösung (x_0, b_0) ist x_0 auch auf $C^{(1)}[a, b_0]^n$ (b_0 jetzt fest) minimal. Bei variablen Endpunkten kann man die Funktion $x \mapsto g(x) := G(x(a), a)$ und $x \mapsto h(x) := H(x(b), b)$ ($G, H : \mathbb{R}^n \times \mathbb{R} \to \mathbb{R}$) zulassen. Hier ist offenbar

$$g'(x, v) = v(a)D_1 G(x(a), a) \quad \text{und} \quad h'(x, v) = v(b)D_1 H(x(b), b),$$

und die Sätze 5.2.9 und 5.2.10 lassen sich direkt übertragen.

Hinreichende Bedingungen

Mit dem Charakterisierungssatz der konvexen Optimierung und (5.2.46) folgt der

Satz 5.2.11. *Seien die Funktionen G, H aus (5.2.41) konvex, $K \subset C^{(1)}[a, b]^n$ konvex und $L(.,.,.t): \mathbb{R}^n \times \mathbb{R}^n \times [a, b] \to \mathbb{R}$ für alle $t \in [a, b]$ konvex.*

Sind für ein $x_0 \in K$ die Bedingungen (5.2.35), (5.2.44) und (5.2.45) erfüllt, so ist x_0 eine Minimallösung von (5.2.41) auf K.

Entsprechend ist ein $x_0 \in K$ mit (5.2.35) und (5.2.45) eine Minimallösung von (5.2.47) auf K.

5.2.15 Variationsaufgaben mit stückweise differenzierbaren Funktionen

In diesem Abschnitt werden Variationsaufgaben behandelt, bei denen die gesuchten Funktionen nur stückweise stetig differenzierbar (geknickte Funktionen) sind.

Der Raum $RS\,[a,b]^n$

In dem Raum $S[a, b]^n$ der stückweise stetigen Funktionen erfolgt jetzt eine Festlegung der Werte in den Unstetigkeitsstellen durch die Forderung der rechtsseitigen Stetigkeit in $[a, b)$ und der linksseitigen Stetigkeit im Punkt b. Das ergibt den Raum

$$RS[a, b]^n := \left\{ x \in S[a, b]^n \mid \forall t_0 \in [a, b)\ x(t_0) = \lim_{t \downarrow t_0} x(t),\ x(b) = \lim_{t \uparrow b} x(t) \right\}.$$
(5.2.48)

Bei den Funktionen, die man stückweise differenzieren kann, wollen wir zwei Räume einführen. Bei dem einen sind die Funktionen selbst stetig und bei dem anderen nur stückweise stetig. In beiden Fällen wird die rechtsseitige Differenzierbarkeit verlangt und der Wert der Ableitung in den Stellen ohne Differenzierbarkeit als die rechtsseitige Ableitung festgelegt.

Wir betrachten also Funktionen $x: [a, b] \to \mathbb{R}^n$, für die eine Zerlegung $\{a = t_0 < t_1 < \ldots < t_m = b\}$ existiert, so dass für alle $i \in \{1, \ldots, m\}$

x auf $[t_{i-1}, t_i)$ stetig differenzierbar und in b linksseitig differenzierbar ist . (5.2.49)

Wir legen dann fest

$$\dot{x}(t_i) = \lim_{t \downarrow t_i} \frac{x(t) - x(t_i)}{t - t_i}.$$
(5.2.50)

Bezeichne

$$RCS^{(1)}[a, b]^n := \{x \in C([a, b], \mathbb{R}^n) \mid \exists \{a = t_0 < t_1 < \ldots < t_m = b\}$$

$$\text{mit } (5.2.49) \text{ und } (5.2.50)\}$$

$$RS^{(1)}[a, b]^n := \{x \in RS[a, b]^n \mid \exists \{a = t_0 < t_1 < \ldots < t_m = b\}$$

$$\text{mit } (5.2.49) \text{ und } (5.2.50)\}.$$

Man kann jetzt leicht die Euler-Lagrange Gleichung als eine notwendige Optimalitätsbedingung für Variationsaufgaben mit Funktionen aus $RCS^{(1)}[a, b]^n$ beweisen.

Bei dem klassischen Zugang zu dieser Fragestellung wird dabei die Lagrange-
Funktion $L: \mathbb{R}^n \times \mathbb{R}^n \times [a, b] \to \mathbb{R}$ wie in Abschnitt 5.2.5 vorausgesetzt.

Im Hinblick auf die im nächsten Abschnitt behandelten Anwendungen in der Steuerungstheorie wollen wir eine Erweiterung auf eine Klasse von unstetigen Lagrange-
Funktionen zulassen.

Aber zunächst machen wir eine wichtige Beobachtung.

Auch im klassischen Fall ist in diesem Zusammenhang die Euler-Lagrange Gleichung viel weniger einschränkend als im Fall der stetig differenzierbaren Funktionen.
Es gilt:

Sogar für konvexe Lagrange-Funktionen L ist die Euler-Lagrange Gleichung keine
hinreichende Bedingung für eine Minimallösung.

Beispiel 1.

$$\text{Minimiere } \int_0^1 \dot{x}^2(t)dt \text{ auf } \{x \in RCS^{(1)}[0, 1] \mid x(0) = x(1) = 0\}.$$

Jedes x, dessen Graph einen Polygonzug ergibt, ist hier eine Lösung der Euler-
Lagrange Gleichung $2\ddot{x} = 0$, aber nur $x = 0$ ist eine Lösung der Aufgabe. Die
Lagrange-Funktion $L(p, q, t) = q^2$ ist offensichtlich konvex.

Bei der Erweiterung auf die unstetigen Lagrange-Funktionen sollen die folgenden
Funktionen $L: \mathbb{R}^n \times \mathbb{R}^n \times [a, b] \to \mathbb{R}$ zugelassen werden: Zu einer vorgegebenen
Zerlegung

$$\{a = t_0 < t_1 < \ldots < t_m = b\} \tag{5.2.51}$$

ist für alle $i \in \{1, \ldots, m\}$ L eingeschränkt auf $\mathbb{R}^n \times \mathbb{R}^n \times [t_{i-1}, t_i)$ stetig, bzgl.
der beiden ersten Komponenten stetig partiell differenzierbar und für alle $x, y \in$
$RCS^{(1)}[a, b]^n$ existiert

$$\lim_{t \uparrow t_i} L(x(t), y(t), t). \tag{5.2.52}$$

Mit der stetigen Ergänzung $\tilde{L}$ von L im Sinne von (5.2.52) sei $\tilde{L}: \mathbb{R}^n \times \mathbb{R}^n \times [t_{i-1}, t_i] \to$
$\mathbb{R}$ stetig.

Beispiel 2. Eine stetig differenzierbare Lagrange-Funktion $L: \mathbb{R}^n \times \mathbb{R}^n \times [a, b] \to \mathbb{R}$
wird mit einer stückweise stetigen Funktion $\lambda: [a, b] \to \mathbb{R}$ multipliziert (λ rechtsseitig
stetig).

Für derartige Funktionen gilt der

Satz 5.2.12. *Seien* $\alpha, \beta \in \mathbb{R}^n$ *vorgegeben. Sei* $x^* \in RCS^{(1)}[a, b]^n$ *eine Minimallösung der Variationsaufgabe:*

$$Minimiere \ \ f(x) := \int_a^b L(x(t), \dot{x}(t), t)dt$$

$$auf \ \ S := \{x \in RCS^{(1)}[a, b]^n \mid x(a) = \alpha, \ x(b) = \beta\}, \tag{5.2.53}$$

so gilt in $[a, b]$ *die Euler-Lagrange Gleichung (n-dimensional)*

$$\frac{d}{dt}L_{\dot{x}}(x^*(t), \dot{x}^*(t), t) = L_x(x^*(t), \dot{x}^*(t), t). \tag{5.2.54}$$

Ist $\bar{t} \in (a, b)$ *eine Sprungstelle von L (d. h. in (5.2.51) gilt für ein* $i \in \{1, \dots, m-1\}$: $\bar{t} = t_i$) *oder eine Sprungstelle von* $\dot{x}^*$, *so gilt die folgende*

Weierstraß-Erdmann Bedingung

$$L_{\dot{x}}(\bar{t})_- := \lim_{t \uparrow \bar{t}} L_{\dot{x}}(t) = \lim_{t \downarrow \bar{t}} L_{\dot{x}}(t) =: L_{\dot{x}}(\bar{t})_+. \tag{5.2.55}$$

Beweis. Denn sei x^* eine Minimallösung in (5.2.53). Dann existiert eine Zerlegung $\{a = t_0 < t_1 < \dots < t_m = b\}$ derart, dass für alle $i \in \{1, \dots, m\}$ die Einschränkung $x^* \mid [t_{i-1}, t_i]$ von x^* auf $[t_{i-1}, t_i]$ eine Minimallösung folgender Aufgabe ergibt:

$$\text{Minimiere} \ \ g(x) = \int_{t_{i-1}}^{t_i} L(x(t), \dot{x}(t), t)dt$$

$$\text{auf} \ \ R = \{x \in C^{(1)}([t_{i-1}, t_i], \mathbb{R}^n) \mid x(t_{i-1}) = x^*(t_{i-1}), \ x(t_i) = x^*(t_i)\}.$$

Denn wäre $g(y) < g(x^*|_{[t_{i-1}, t_i]})$ für ein $y \in R$, so würde

$$x_0(t) := \begin{cases} y(t) & \text{für } t \in [t_{i-1}, t_i] \\ x^*(t) & \text{für } t \in [a, b] \backslash [t_{i-1}, t_i] \end{cases} \tag{5.2.56}$$

aus S sein und $f(x_0) < f(x^*)$ gelten, was im Widerspruch zur Minimalität von x^* steht.

Nach Abschnitt 5.2.5 gilt die Euler-Lagrange Gleichung in jedem Teilintervall $[t_{i-1}, t_i]$ bzgl. der Ergänzung $\tilde{L}$ (siehe (5.2.52)), d. h. (5.2.54) ist in jedem $[t_{i-1}, t_i]$ erfüllt und damit auf ganz $[a, b]$. Insbesondere ist in jedem $[t_{i-1}, t_i]$ die Funktion $t \mapsto L_{\dot{x}}(x^*(t), \dot{x}^*(t), t)$ stetig differenzierbar und man darf die partielle Integration benutzen. Nach Abschnitt 4.1, 5.2.3 gilt für alle $x \in S$, die auf jedem Teilintervall $[t_{i-1}, t_i]$ stetig sind und $h := x - x^*$

$$0 = f'(x^*, h)$$

$$= \sum_{i=1}^{m} \int_{t_{i-1}}^{t_i} [L_x(x^*(t), \dot{x}^*(t), t)h(t) + L_{\dot{x}}(x^*(t), \dot{x}^*(t), t)\dot{h}(t)]dt. \tag{5.2.57}$$

Mit der partiellen Integration und (5.2.54) ist

$$f'(x^*, h) = \sum_{i=1}^{m} [L_{\dot{x}}(x^*(t_i), \dot{x}^*(t_i), t_i)_- h(t_i)$$

$$- L_{\dot{x}}(x^*(t_{i-1}), \dot{x}^*(t_{i-1}), t_{i-1})_+ h(t_{i-1})]. \qquad (5.2.58)$$

Für $i \in \{1, 2, \ldots, m-1\}$ sei $\bar{t} = t_i$. Dann brauchen wir jetzt nur für jedes $k \in \{1, \ldots, n\}$ ein $h \in RCS^{(1)}[a, b]^n$ mit

$$h(t_i) = \begin{cases} e_k & \text{für } i = k \\ 0 & \text{für } i \neq k \end{cases}$$

zu wählen (e_k : k-ter Einheitsvektor), um aus (5.2.57) und (5.2.58) die Bedingung (5.2.55) für jede Komponente $k \in \{1, \ldots, n\}$ zu folgern, da $h(t_0) = h(t_m) = 0$ ist. □

Aus dem Beweis folgt auch die

Bemerkung 5.2.6. Die Behauptung des Satzes 5.2.12 (d.h. (5.2.54) und (5.2.55)) bleibt erhalten, wenn f auf beliebigen Teilmengen von $RCS^{(1)}[a, b]^n$ minimiert wird und x^* ein algebraisch innerer Punkt von K bzgl. S ist, d.h. für jedes $x \in S$ und $h = x - x^*$ gilt:

$$\exists r > 0 : [x^* - rh, x^* + rh] \subset K.$$

Bemerkung 5.2.7. Bei Aufgaben mit einem freien Endpunkt

„minimiere f auf $\{x \in RCS^{(1)}[a, b]^n \mid x(a) = \alpha\}$"

folgt aus (5.2.55) und (5.2.58), wie in (5.2.37) und (5.2.36), die notwendige Optimalitätsbedingung an x^*

$$L_{\dot{x}}(x^*(b), \dot{x}^*(b), b) = 0. \qquad (5.2.59)$$

Bemerkung 5.2.8. In der Gleichung (5.2.54) ist die Ableitung stückweise zu betrachten. In den Sprungstellen wird die Ableitung durch die rechtsseitige Ableitung ersetzt.

Da die Euler-Lagrange-Differentialgleichung nur stückweise gilt, nennt Hestenes (s. [He1]) eine dazugehörige Lösung *Extremaloid* . Ist ein Extremaloid eine $C^{(1)}$-Funktion, so heißt er *Extremale*.

Hinreichende Optimalitätsbedingungen

Wie wir im Beispiel 1) gesehen haben, ist auch bei konvexen Aufgaben die Euler-Lagrange Gleichung (5.2.54) keine hinreichende Optimalitätsbedingung für (5.2.53).

Aber mit dem Charakterisierungssatz der konvexen Optimierung und (5.2.58) haben wir stets den folgenden allgemeinen Satz zur Verfügung.

Satz 5.2.13. *Für jedes* $t \in [a, b]$ *sei* $L: (\cdot, \cdot, t): \mathbb{R}^n \times \mathbb{R}^n \to \mathbb{R}$ *konvex und* K *eine konvexe Teilmenge von* $RCS^{(1)}[a, b]^n$. *Genau dann ist ein* $x^* \in K$ *eine Minimallösung von* f *auf* K, *wenn für alle* $x \in K$ *und* $h = x - x^*$ *gilt:*

$$\int_a^b [L_x(x^*(t), \dot{x}^*(t), t)h(t) + L_{\dot{x}}(x^*(t), \dot{x}^*(t), t)\dot{h}(t)]dt \geq 0. \tag{5.2.60}$$

Beweis. Für jedes $x \in K$ wird zunächst eine Zerlegung von $[a, b]$ gewählt, so dass x, x^* und L (im Sinne von (5.2.52)) in jedem dazugehörigen Teilintervall stetig sind. Dann darf man die Differentiation und Integration in jedem Teilintervall vertauschen und erhält eine Summe wie in (5.2.57). Die Summe der Teilintervalle kann dann als das Integral auf der linken Seite von (5.2.60) geschrieben werden. Mit Abschnitt 4.2 folgt die Behauptung. $\square$

Will man bei den hinreichenden Bedingungen die Euler-Lagrange Gleichung benutzen, so muss man (5.2.54) und (5.2.55) gleichzeitig verlangen. Es gilt der

Satz 5.2.14. *Sei* L *wie in Satz 5.2.12, und es gelte zusätzlich*

$$\text{für jedes } t \in [a, b] \text{ ist } L(\cdot, \cdot, t): \mathbb{R}^n \times \mathbb{R}^n \to \mathbb{R} \text{ konvex.} \tag{5.2.61}$$

Sei K *eine konvexe Teilmenge von* S, *und ein* $x^* \in K$ *erfülle die Bedingungen (5.2.54) und (5.2.55). Dann ist* x^* *eine Minimallösung von* f *auf* K.

Beweis. Für $x \in S$ und $h = x - x^*$ gilt die Gleichung (5.2.58). Mit (5.2.55) ist $f'(x^*, h) = 0$. Aus dem Charakterisierungssatz der konvexen Optimierung folgt die Behauptung. $\square$

Damit erhalten wir die wichtige

Folgerung. *Sei* L *im Sinne von (5.2.61) konvex. Dann ist jede auf ganz* $[a, b]$ *stetig differenzierbare Lösung* x^* *der Euler-Lagrange Gleichung eine Lösung der Aufgabe (5.2.53). Dies gilt auch für jede restringierte konvexe Aufgabe „minimiere* f *auf* K *" (* $K \subset S$ *konvex), sobald* $x^* \in K$ *ist.*

Wie in Abschnitt 5.2.14 folgt auch der

Satz 5.2.15. *Sei* $\alpha \in \mathbb{R}^n$ *und* $R := \{x \in RCS^{(1)}[a, b]^n \mid x(a) = \alpha\}$. *Sei* K *eine konvexe Teilmenge von* R *und* $x^* \in K$ *erfülle die Bedingungen (5.2.54), (5.2.55) und (5.2.59). Dann ist* x^* *eine Minimallösung von* f *auf* K.

Bemerkung 5.2.9. Ergänzt um die Weierstraß-Erdmann Bedingung (5.2.55) kann man die Aussagen aus Abschnitt 5.2.14 auf stückweise stetige Funktionen übertragen.

Aufgaben. 1) Bestimmen Sie die Minimallösungen der folgenden Variationsprobleme:

(a) $\int_0^1 (y'(x)^2 + 12xy(x))dx, \quad y(0) = 1, \ y(1) = 1$

(b) $\int_0^1 (y'(x)^2 + y(x)^2)dx, \quad y(0) = 2, \ y(1) = 1 + e$

2) Lösen Sie die Variationsaufgabe:

$$\text{Minimiere} \ \int_0^1 (y^2(t) + y'(t)^2 + 2y(t)\exp(2t))dt, \quad y(0) = 1, \ y(1) = 2.$$

3) Zeigen Sie, dass die Variationsaufgabe (f_0, S_0), definiert durch

$$S_0 := \{y \in C[0,a] \mid y \text{ positiv und stetig diff. in } (0,a], \ y(0) = 0, \ y(a) = b\},$$

$$f_0 \colon S_0 \to \mathbb{R} \cup \{+\infty\}, \quad f_0(y) := \int_0^a (1 + y'(x)^2)^{1/2}(y(x) + c)^{-\alpha}dx, \quad \alpha, c > 0,$$

für $\alpha > 0$ und $\alpha \neq 1$ durch die Transformation

$$T \colon S_0 \to C[0,a], \quad T(y) := (y + c)^{1-\alpha}$$

konvexifiziert werden kann. (*Hinweis:* Im Spezialfall $\alpha = 1/2, c = 0$ („Brachistochrone") wurde die Konvexifizierung in Abschnitt 5.2.10 durchgeführt.)

5.3   Theorie der optimalen Steuerung

5.3.1   Einführung

In diesem Kapitel werden Aufgaben der optimalen Steuerung (Kontrollprobleme) untersucht. Es handelt sich dabei um Aufgaben der folgenden Gestalt: Die zu *optimierende Funktion (Zielfunktional)* ist als Integralfunktion und die *Nebenbedingungen* in der Form eines Systems von Differentialgleichungen gegeben. Außerdem liegen *Randbedingungen* vor, die die Art der Steuerungsaufgabe bestimmen.

Die gesuchten Objekte bestehen hier aus einem Paar von Funktionen (x, u) mit $(x, u) \colon [a, b] \to \mathbb{R}^n \times \mathbb{R}^m$ auf dem reellen Intervall $[a, b]$. Die Funktion x wird *Zustandsfunktion (Phasenveränderliche)* und die Funktion u *Steuerung (Kontrollfunktion)* genannt.

Man stellt sich dabei vor, dass ein Teil der Realität, an dessen zeitlicher Veränderung man interessiert ist, durch ein System von Differentialgleichungen

$$\dot{x}(t) = \varphi(x(t), u(t), t), \quad \varphi \colon \mathbb{R}^n \times \mathbb{R}^m \times [a, b] \to \mathbb{R}^n \text{ stetig} \qquad (5.3.1)$$

mathematisch modelliert wurde. Die Aufspaltung der Variablen soll zum Ausdruck bringen, dass die zeitliche Veränderung noch nicht vollständig fixiert ist und durch die Wahl der Steuerung u noch beeinflusst werden kann. Die Gleichung (5.3.1) erfordert weitere Voraussetzungen an x und u. Ein geeigneter Rahmen für unsere Problemstellung entsteht dadurch, dass man für die Zustandsvariablen stetige und stückweise stetig differenzierbare Funktionen zulässt und von der Steuerung die stückweise Stetigkeit verlangt. Sei für jedes $t \in [a, b]$ eine Teilmenge $U(t)$ von $\mathbb{R}^m$ vorgegeben.

Von der Steuerung u wird verlangt (Bezeichnungen aus Abschnitt 5.2.15):

$$u \in Q := \{u \in RS[a, b]^m \mid u(t) \in U(t) \quad \text{für} \quad t \in [a, b]\}. \tag{5.3.2}$$

Die Randbedingungen wollen wir zunächst nur in der allgemeinen Form der Beschränkung der Zustandsfunktionen berücksichtigen,

$$x \in K, \tag{5.3.3}$$

wobei K eine Teilmenge von $RCS^{(1)}[a, b]^n$ ist. Eine natürliche Forderung dieser Art entsteht dadurch, dass man den Startpunkt $(a, x(a))$ bzw. auch den Endpunkt $(b, x(b))$ festlegt. Aus physikalischen oder ökonomischen Gründen kommt man oft zu der Forderung der Nichtnegativität der Zustandsfunktionen, was auch mit (5.3.3) erfasst werden kann.

Die Restriktionsmenge ist damit durch $R := \{(x, u) \in K \times Q \mid (x, u)$ erfüllt (5.3.1)$\}$ gegeben, wobei in den Unstetigkeitsstellen von $\dot{x}$ und u die Ableitung durch die rechtsseitige Ableitung ersetzt wird.

Bemerkung. Die Forderung der rechtsseitigen Stetigkeit bzw. der rechtsseitigen Differenzierbarkeit und die damit verbundene Festlegung der Werte an den Unstetigkeitsstellen erlaubt eine Auslegung der Differentialgleichung auf ganz $[a, b]$ und erleichtert die formale Beweisführung. Aber eine Änderung der Werte der Steuerung in den Sprungstellen hat keinen Einfluss auf die Optimalität, weil dies das Integral in (5.3.4) nicht beeinflusst.

Um das Zielfunktional zu beschreiben, das in konkreten Anwendungen meist eine naheliegende Bedeutung hat (z. B. Treibstoffverbrauch, Kosten, Gewinn, Arbeitsaufwand etc.), geht man von einer vorgegebenen stetigen Funktion

$$l: \mathbb{R}^n \times \mathbb{R}^m \times [a, b] \to \mathbb{R}$$

aus und erklärt die Funktion $f: K \times Q \to \mathbb{R}$ durch

$$f(x, u) := \int_a^b l(x(t), u(t), t)dt. \tag{5.3.4}$$

Die Aufgabe der optimalen Steuerung lautet dann:

AOS) Minimiere f auf R.

Die Restriktionsmenge R kann leer sein. Die Frage nach der Existenz zulässiger Steuerungen (Kontrollier- und Steuerbarkeit) wird hier nicht im Vordergrund stehen.

Es werden Methoden zur Bestimmung optimaler Steuerungen beschrieben. Eine zentrale Rolle sollen hinreichende Bedingungen zum Nachweis der Optimalität der berechneten Lösungen spielen. Ein Beispiel für derartige Aufgaben wurde bereits in Abschnitt 5.1.15 behandelt, wo es eine kostenminimale Motorbeschleunigung zu finden galt. In diesem Kapitel wird gezeigt, dass die Idee der Lagrange-Multiplikatoren verknüpft mit dem Charakterisierungssatz der konvexen Optimierung einen sehr elementaren Zugang zur Behandlung von Aufgaben der optimalen Steuerung erlaubt.

Aber zunächst wollen wir einige illustrative Standardbeispiele betrachten.

Aufgabe 1 (Eindimensionale Raketensteuerung (siehe [Str])). Ein Schienenfahrzeug soll von einer Station zu einer anderen fahren, was mit einem Treibstoffverbrauch verbunden ist. Unter Vernachlässigung der Feinheiten (Reibung, Widerstand usw.) wollen wir das zweite Newtonsche Gesetz benutzen und die Bewegung in dem Zeitintervall $[0, \tau]$ mit der Gleichung

$$\ddot{z}(t) = u(t), \quad t \in [0, \tau] \tag{5.3.5}$$

beschreiben. Dabei bezeichnet $z(t)$ die bis zu dem Zeitpunkt t zurückgelegte Strecke und $u(t)$ (bis auf Maßstabsänderung) die aufgewendete Kraft, die nur begrenzt,

$$|u(t)| \leq 1 \quad \text{für alle } t \in [0, \tau], \tag{5.3.6}$$

eingesetzt werden kann.

In der Ausgangsstation soll das Fahrzeug zum Zeitpunkt 0 und in der Endstation zum Zeitpunkt τ sein. In beiden Orten soll die Geschwindigkeit Null betragen. Die Steuerung kann nur durch einen Vorwärts- oder Rückwärtsantrieb erfolgen (Raketensteuerung). Als Optimalitätskriterium wird die Minimierung des Treibstoffverbrauchs gewählt, d. h.:

$$\text{Minimiere} \int_0^\tau |u(t)| dt \quad \text{unter den Nebenbedingung (5.3.5) und (5.3.6).} \tag{5.3.7}$$

Die Gleichung (5.3.5) schreiben wir vektorwertig mit $x = (x_1, x_2)$

$$\dot{x}_1 = x_2, \quad \dot{x}_2 = u. \tag{5.3.8}$$

Die Menge Q der zugelassenen Steuerungen ist durch

$$Q := \{u \in RS[0, \tau] \mid -1 \leq u(t) \leq 1 \text{ für alle } t \in [0, \tau]\} \tag{5.3.9}$$

gegeben. Seien die Koordinaten der Ausgangs- und der Endstation mit 0 und $\beta \in \mathbb{R}$ bezeichnet. Die Menge K ist hier durch

$$K := \{x \in RCS^{(1)}[0, \tau]^2 \mid x(0) = (0, 0), \ x(\tau) = (\beta, 0)\} \tag{5.3.10}$$

beschrieben. Die Restriktionsmenge (gegeben durch (5.3.8), (5.3.9), (5.3.10)) ist nur für bestimmte (τ, β) nicht leer.

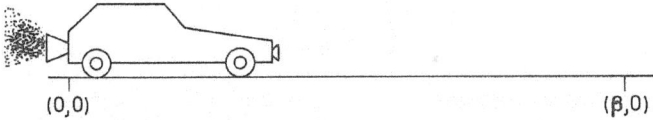

Berechne eine Lösung für $\tau = 3$ und $\beta = 1$.

Für weitere Beispiele sei bemerkt, dass man die Theorie der optimalen Steuerung als eine direkte Verallgemeinerung der klassischen Variationsrechnung ansehen kann.

5.3.2 Variationsaufgaben als Probleme der optimalen Steuerung

Durch das Setzen der Ableitung $\dot{x}$ der gesuchten Funktion x als Steuervariable u kann eine Variationsaufgabe formal zu einer Aufgabe der optimalen Steuerung gemacht werden. So wird z. B. eine Variationsaufgabe mit festen Endpunkten:

$$\text{Minimiere} \quad \int_a^b L(x(t), \dot{x}(t), t)\,dt$$

auf

$$S := \{x \in RCS^{(1)}[a, b] \mid x(a) = \alpha, \ x(b) = \beta\}$$

ersetzt durch:

$$\text{Minimiere} \quad \int_a^b L(x(t), u(t), t)\,dt$$

unter den Nebenbedingungen

$$\dot{x}(t) = u(t), \quad x(a) = \alpha, \quad x(b) = \beta, \quad x \in RCS^{(1)}[a, b], \quad u \in RS[a, b].$$

Diese scheinbar unbedeutende Umbenennung erlaubt es bereits, einige wichtige nichtkonvexe Variationsaufgaben mit dem Charakterisierungssatz der konvexen Optimierung zu behandeln. Ein Beispiel dafür ist die folgende

Aufgabe 2 (Newton-Aufgabe). Man bestimme denjenigen Rotationskörper, der bei Bewegung längs der Rotationsachse in einer Flüssigkeit oder einem Gas den kleinsten Widerstand im Vergleich zu einem beliebigen Körper gleicher Länge und Breite hat.

Die von Newton angenommene, physikalische Hypothese, dass jedes Oberflächenelement einen Normalwiderstand des Mediums erfährt, der der Normalkomponente der Geschwindigkeit proportional ist, führt zu folgender Aufgabe der optimalen Steuerung:

Minimiere für vorgegebene T und $x_1 \in (0, \infty)$

1. $\int_0^T \frac{t\,dt}{1+u(t)^2}$
2. unter den Nebenbedingungen $\dot{x} = u, u \geq 0, x(0) = 0, x(T) = x_1$.

Für die physikalische Herleitung siehe [N] S. 318 und [Bol] S. 407.

Wir wollen jetzt die Liste der Beispiele mit ökonomischen Anwendungen ergänzen.

5.3.3   Beispiele aus der Ökonomie

Aufgabe 3 (Produktionsplanung). Ein Unternehmen stellt ein bestimmtes Produkt her und will einen Produktionsplan für eine feste Zeitperiode $[0, \tau]$ aufstellen. Es wird vorausgesetzt, dass für alle $t \in [0, \tau]$ die Nachfrage $d(t)$ bekannt ist. Es wird verlangt, dass die Nachfrage stets gedeckt wird. Die Produktion wird über die Produktionsrate $u(t)$ ($t \in [0, \tau]$) gesteuert, und die aus $\dot{x} = u$ resultierende Funktion x wird als Produktionsplan angesehen.

Es wird angenommen, dass die Kosten von der Produktionsrate und der hergestellten Menge abhängen. Die Gesamtkosten seien mit den stetigen Funktionen $\varphi, \psi \colon \mathbb{R}_+ \to \mathbb{R}_+$ durch

$$f(x, u) = \int_0^\tau [\varphi(u(t)) + \psi(x(t))]dt \tag{5.3.11}$$

beschrieben.

Ferner sei der Steuerbereich $U \subset \mathbb{R}_+$ vorgegeben. Bezeichnet $x(0)$ den Anfangszustand und ist $s(t) := \int_0^t d(\tau)d\tau$, so gilt es, f unter den Nebenbedingungen

$$\dot{x}(t) = u(t), \quad x(t) \geq s(t) \text{ und } u(t) \in U \text{ für alle } t \in [0, \tau] \tag{5.3.12}$$

zu minimieren.

Berechne eine Lösung für $\varphi(u) = 1/2u^2, \psi = 0, \tau = 1, U = \mathbb{R}_+$ und

$$s(t) := \begin{cases} 2t, & 0 \leq t < 1/2 \\ 1, & 1/2 \leq t \leq 1 \end{cases}$$

(siehe [Lu] S. 234).

Bemerkung 5.3.1. Mit der Transformation $y = x - s$ kann man (5.3.12) als

$$\dot{y}(t) = u(t) - \dot{s}(t) = u(t) - d(t), \quad y \geq 0$$

schreiben.

Aufgabe 4 (Ein Investitionsproblem (siehe [B])). Sei die Zeit $\tau > 0$ fest vorgegeben. Ein Produzent stellt ein Mittel her. Ein Teil des hergestellten Mittels kann durch Reinvestition (Allokation) zur Steigerung der Produktionskapazität benutzt werden (z. B.

durch Verkauf und anschließenden Erwerb von weiteren Produktionsmitteln). Der Rest wird konsumiert.

Für $t \in [0, \tau]$ bezeichnen

$$
\left.\begin{array}{ll}
x_P(t) & -\text{ die Produktionsrate} \\
x_I(t) & -\text{ die Reinvestitionsrate} \\
x_K(t) & -\text{ die Konsumrate}
\end{array}\right\} \quad \text{zur Zeit } t.
$$

Es gilt dann für alle $t \in [0, \tau]$

$$
x_P(t) = x_I(t) + x_K(t).
$$

Durch geschicktes Reinvestieren möchte man einen maximalen Gesamtkonsum $\int_0^\tau x_K(t)dt$ erreichen.

Dies führt zu der folgenden Aufgabe der optimalen Steuerung:

Bezeichne $u(t)$ den Anteil des produzierten Mittels, der zur Zeit t reinvestiert wird. Die dabei entstehende Funktion $u \colon [0, \tau] \to \mathbb{R}$ steuert den Gesamtverlauf der Produktion in der Zeit von 0 bis τ.

Mit $x_I(t) = u(t)x_P(t)$ und $x_K(t) = (1 - u(t))x_P(t)$ bekommen wir die Aufgabe:

$$
\text{Maximiere} \quad \int_0^\tau (1 - u(s))x(s)ds \qquad (5.3.13)
$$

unter den Nebenbedingungen

$$
\dot{x}(t) = u(t)x(t)
$$
$$
0 \leq u(t) \leq 1, \quad x(t) \geq 0, \quad x(0) = C, \quad t \in [0, \tau], \quad u \in RS[0, \tau], \qquad (5.3.14)
$$

wobei C den Anfangsbestand bezeichnet.

Eine Modifikation der Aufgabe 4) führt zu einer Anwendung in der Ökonometrie.

Aufgabe 5 (Ökonometrisches Wachstumsmodell (siehe [K-K])). Die stetige Funktion $\varphi \colon \mathbb{R}_+ \to \mathbb{R}_+$ beschreibe das verfügbare Netto-Einkommen pro Kopf in Abhängigkeit vom Kapitalstock k ($k \mapsto \varphi(k)$).

Das Wachstumsgesetz sei durch die Differentialgleichung

$$
\dot{k}(t) = u(t)\varphi(k(t)) \quad \text{für alle } t \in [0, \tau] \qquad (5.3.15)
$$

gegeben, wobei $u \in RS[0, \tau]$ die sogenannte *Sparfunktion* bezeichnet und als Steuerungsfunktion benutzt wird.

Es gelte

$$
0 \leq u(t) \leq 1 \quad \text{für alle } t \in [0, \tau]. \qquad (5.3.16)
$$

Es seien $k_0 > 0, k_1 > k_0, T > 0$ vorgegeben. Es wird angenommen, dass eine Lösung von (5.3.15) mit

$$
k(0) = k_0, \quad k(T) = k_1 \qquad (5.3.17)
$$

existiert (entspricht der Bedingung $\int_{k_0}^{k} \frac{ds}{\varphi(s)} \leq T$). Es soll wieder der Gesamtkonsum in $[0, \tau]$ maximiert werden.

Der momentane Konsum pro Kopf setze sich zusammen aus einem garantierten Mindestkonsum $\psi(k)$ (ψ konkav), der nur vom Kapitalstock abhängt und dem nichtgesparten Anteil $(1 - u)\varphi(k)$ des Netto-Einkommens. Damit entsteht die Aufgabe:

$$\text{Maximiere} \quad \int_0^T [\psi(k(t)) + (1 - u(t))\varphi(k(t))]dt$$

unter den Nebenbedingungen (5.3.16) und (5.3.17).

5.3.4   Elementarer Lagrange-Ansatz

Wir betrachten jetzt die allgemeine Aufgabe der optimalen Steuerung aus Abschnitt 5.3.1:

AOS) $\text{Minimiere} \quad f(x, u) := \int_a^b l(x(t), u(t), t)dt$

unter den Nebenbedingungen

$$\dot{x}(t) = \varphi(x(t), u(t), t) \quad \text{für } t \in [a, b] \tag{5.3.18}$$

und

$$x \in K \subset RCS^{(1)}[a, b]^n, \ u \in Q \subset RS[a, b]^m. \tag{5.3.19}$$

Allgemeiner Ansatz

Wir benutzen jetzt die Lagrange-Idee zur Behandlung restringierter Aufgaben (siehe Abschnitt 4.5) im Sinne der Ergänzungsmethode. Man will hier eine restringierte Aufgabe als eine nichtrestringierte behandeln. Dafür addiert man zu der Zielfunktion f eine Funktion $\Lambda: K \times Q \to \mathbb{R}$, die auf der durch (5.3.18) und (5.3.19) bestimmten Restriktionsmenge

$$S := \{(x, u) \subset K \times Q \mid \dot{x}(t) = \varphi(x(t), u(t), t) \quad \text{für} \quad t \in [a, b]\}$$

konstant Null ist. Dabei versucht man die Funktion Λ derart zu wählen, dass ein $(x^*, u^*) \in S$ zu einer globalen Minimallösung von $f + \Lambda$ auf $K \times Q$ wird.

Gelingt dies, so ist (x^*, u^*) eine Lösung der gestellten Aufgabe.

Wir fassen zusammen:

Satz 5.3.1. *Sei $\Lambda: K \times Q \to \mathbb{R}$ derart, dass ein $(x^*, u^*) \in S$ eine globale Minimallösung von $f + \Lambda$ auf $K \times Q$ ist. Dann ist (x^*, u^*) eine Minimallösung der restringierten Aufgabe:*

$$\text{„Minimiere} \quad f \quad \text{auf} \quad S".$$

Beweis. Für alle $(x, u) \in S$ gilt offenbar

$$f(x^*, u^*) = f(x^*, u^*) + \Lambda(x^*, u^*) \le f(x, u) + \Lambda(x, u) = f(x, u). \qquad \square$$

Durch die Spezifikation der Funktion Λ wird der allgemeine Ansatz jetzt konkretisiert. Alle Aussagen dieses Abschnitts werden sich als direkte Folgerungen aus der als Satz 5.3.1 formulierten Lagrange-Idee ergeben.

Lagrange-Ansatz

Bei endlich vielen Nebenbedingungen haben wir beim Lagrange-Lemma den Vektor der Lagrange-Multiplikatoren benutzt.

Wird er jetzt durch eine stückweise stetige Funktion $\lambda \colon [a, b] \to \mathbb{R}^n$ und die Summe durch ein Integral ersetzt, so bekommt man ein $\Lambda \colon K \times Q \to \mathbb{R}$ mit

$$\Lambda(x, u) := \int_a^b \lambda(t)^T (\dot{x}(t) - \varphi(x(t), u(t), t)) dt.$$

Die Funktion λ wird Lagrange-Multiplikatorfunktion (oder kurz – Multiplikatorfunktion) genannt.

Ansatz der variablen Multiplikatorfunktion

Man kann offenbar die Multiplikatorfunktion λ durch eine Funktion $p \colon \mathbb{R}^n \times \mathbb{R}^m \times \mathbb{R}^n \times [a, b] \to \mathbb{R}^n$ ersetzen, wenn die Integrierbarkeit gesichert ist. Dafür fordern wir von p: Für alle $x \in K, u \in Q$ sei die Abbildung $t \mapsto p(x(t), u(t), \dot{x}(t), t)$ aus $RS[a, b]$. Dies ergibt

$$\Lambda(x, u) := \int_a^b \langle p(x(t), u(t), \dot{x}(t), t), (\dot{x}(t) - \varphi(x(t), u(t), t) \rangle dt. \qquad (5.3.20)$$

Wir wollen jetzt die allgemeine Vorgehensweise, die sich aus dem Lagrange-Ansatz ergibt (bei variablen Multiplikatoren analog) beschreiben.

Die Funktion $f + \Lambda$ hat hier die Gestalt

$$f_\lambda(x, u) := f(x, u) + \Lambda(x, u)$$

$$= \int_a^b [\langle \lambda(t), \dot{x}(t) - \varphi(x(t), u(t), t) \rangle + l(x(t), u(t), t)] dt. \qquad (5.3.21)$$

Man versucht zunächst einen Kandidaten für die Funktion $\lambda \colon [a, b] \to \mathbb{R}^n$ zu finden, für den ein (x^*, u^*) eine globale Minimallösung auf $K \times Q$ ist.

Dabei können wir bei der Suche drei Arten von notwendigen Bedingungen benutzen, die anschließend in den folgenden Sätzen formuliert werden.

Da bei festgehaltenem x^*, die Funktion u^* eine Minimallösung von $f_\lambda(x^*, \cdot)$ auf ganz Q ist, führt dies direkt zu der Bedingung:

Punktweise Minimierung des Integranden in (5.3.21)

$$\text{bzgl. } u \in Q \text{ bzw. } u(t) \in U(t) \qquad (5.3.22)$$

(bei festen t, x, λ).

Andererseits ist bei festgehaltenem u^* die Funktion x^* eine Lösung der Aufgabe „minimiere $f_\lambda(\cdot, u^*)$ auf K", die eine gewöhnliche Variationsaufgabe ist. Hier stehen uns die notwendigen Optimalitätsbedingungen der Variationsrechnung zur Verfügung. Insbesondere haben wir bei Aufgaben mit einem oder beiden festen Endpunkten die

Euler-Lagrange Gleichung bzgl. des Integranden in (5.3.21) (bei festem u). (5.3.23)

Die dritte Bedingung resultiert aus der Forderung (x^*, u^*) soll in der *Restriktionsmenge* liegen, d. h. (5.3.18) erfüllen.

Die Suche nach einem geeigneten Λ darf auch einen heuristischen Charakter besitzen und auch Informationen, die aus der natürlichen Bedeutung des Problems kommen, für die Suche heranziehen. Oft werden dabei auch notwendige Optimalitätsbedingungen benutzt, ohne die dazugehörigen Regularitätsbedingungen zu prüfen (scherzhaft gesagt, man darf in dieser Phase die Mathematik durch „Kunstrechnen" ersetzen).

Ist dann ein Kandidat Λ (bzw. λ oder p) ermittelt worden (was meistens mit dem Bestimmen eines Kandidaten (x^*, u^*) für die optimale Lösung einhergeht), so versucht man für dieses Λ (jetzt fest) mit hinreichenden Bedingungen für ein Paar (x^*, u^*) den Nachweis der Optimalität zu führen. Dabei wird man die entstehenden Teilaufgaben als konvexe Aufgaben zu interpretieren versuchen. Denn dann stehen uns allgemeine hinreichende Bedingungen zur Verfügung, ohne einengende Regularitätsbedingungen und Existenzfragen untersuchen zu müssen.

Wir präzisieren jetzt die notwendigen Bedingungen dafür, dass bei einem festen λ das Paar (x^*, u^*) eine Minimallösung von f_λ auf $K \times Q$ ist (siehe (5.3.22)) und (5.3.23)).

Bezeichne $L: \mathbb{R}^n \times \mathbb{R}^n \times \mathbb{R}^m \times \mathbb{R}^n \times [a, b] \to \mathbb{R}$ die den Integranden in (5.3.21)

$$t \mapsto L(x(t), \dot{x}(t), u(t), \lambda(t), t) := \langle \lambda(t), (\dot{x}(t) - \varphi(x(t), u(t), t)) \rangle + l(x(t), u(t), t)$$

bestimmende Funktion

$$L(x, \dot{x}, u, \lambda, t) = \langle \lambda, \dot{x} - \varphi(x, u, t) \rangle + l(x, u, t), \qquad (5.3.24)$$

wobei hier die übliche Unkorrektheit erfolgte, die Variablen von L mit den gleichen Buchstaben wie die entsprechenden Funktionen auf $[a, b]$ zu kennzeichnen, um dafür die Klarheit zu haben, in welchen Komponenten von L die Werte $x(t), \dot{x}(t), u(t), \lambda(t)$ eingesetzt werden.

Dann gilt der

Satz 5.3.2. *Sei* $\lambda \in RS[a,b]^n$ *und ein* $x \in K$ *vorgegeben. Sei* u^* *eine Minimallösung von* $f_\lambda(x,\cdot)$ *auf* Q.
Dann gilt in allen Punkten $t \in [a,b]$

$$L(x(t),\dot{x}(t),u^*(t),\lambda(t),t) = \min_{u \in Q} L(x(t),\dot{x}(t),u(t),\lambda(t),t). \qquad (5.3.25)$$

Ist $U(t) = V$ *für alle* $t \in [a,b]$, *so gilt*

$$L(x(t),\dot{x}(t),u^*(t),\lambda(t),t) = \min\{L(x(t),\dot{x}(t),v,\lambda(t),t) \mid v \in V\}.$$

Beweis. Für $u \in Q$ und $t \in [a,b]$ sei $\gamma_u(t) := L(x(t),\dot{x}(t),u(t),\lambda(t),t)$. Angenommen in einem Punkt $t_0 \in [a,b]$ ist $\lambda, u^*, \dot{x}$ stetig, und für ein $u \in Q$ gilt:

$$\gamma_u(t_0) < \gamma_{u^*}(t_0).$$

Sei $t_0 \neq b$. Da γ_u und γ_{u^*} rechtsseitig stetig sind, existiert ein $\epsilon > 0$, so dass für alle $t \in J := [t_0, t_0 + \epsilon)$ gilt: $\gamma_u(t) < \gamma_{u^*}(t)$. Bei $t_0 = b$ kann entsprechend J in der Form $(b - \epsilon, b]$ gewählt werden. Für die Funktion $\overline{u} \colon [a,b] \to \mathbb{R}^m$ mit

$$\overline{u}(t) := \begin{cases} u(t) & \text{für } t \in J \\ u^*(t) & \text{für } t \in [a,b]\backslash J \end{cases} \qquad (5.3.26)$$

gilt $\overline{u} \in Q$. Weiter ist die stückweise stetige Funktion $(\gamma_{u^*} - \gamma_{\overline{u}})$ auf $[a,b]\backslash J$ Null und auf J positiv und besitzt damit ein positives Integral, d. h.

$$\int_a^b L(x(t),\dot{x}(t),\overline{u}(t),\lambda(t),t) < \int_a^b L(x(t),\dot{x}(t),u^*(t),\lambda(t),t)dt,$$

was der Minimalität von (x,u^*) widerspricht.

Sei nun $U(t) = V$ für alle $t \in [a,b]$. Da für jedes $v \in V$ die konstante Steuerung $u(t) = v$ für alle $t \in [a,b]$ aus Q ist, folgt die Behauptung. $\qquad \square$

Folgerung. *Ist* (x^*,u^*) *eine globale Minimallösung von* f_λ *auf* $K \times Q$, *so gilt* (5.3.25) *mit* $x = x^*$.

Bemerkung 5.3.2. i) Offenbar kann man im Satz 5.3.2 und Beweis die Funktion L bei einem vorgegebenen $p \colon \mathbb{R}^n \times \mathbb{R}^m \times \mathbb{R}^n \times [a,b] \to \mathbb{R}^n$ durch

$$L(r,s,q,t) := \langle p(r,s,q,t), s - \varphi(r,q,t)\rangle + l(r,q,t) \qquad (5.3.27)$$

ersetzen und die zu (5.3.25) analoge Beziehung auch für den Fall der variablen Multiplikatorfunktion (5.3.20) bekommen (Stetigkeitsstellen von λ werden hier durch Stetigkeitsstellen von $t \mapsto p(x^*(t),u^*(t),\dot{x}^*(t),t)$ ersetzt).

ii) Aus dem Beweis von Satz 5.3.2 erkennt man auch, dass (5.3.25) immer dann gilt, wenn die Menge Q der zugelassenen Steuerungen die folgende Eigenschaft besitzt:

für alle u^*, u aus Q ist auch das mit (5.3.26) bestimmte $\bar{u}$ aus Q. $(*)$

Es soll jetzt die Bedingung (5.3.23) in Abhängigkeit von der Menge K präzisiert werden. Man braucht hier nur zu der jeweiligen Aufgabe die notwendigen Bedingungen aus Abschnitt 5.2 zu übernehmen. Als Beispiel behandeln wir zwei besonders wichtige Klassen von Aufgaben.

I.   Aufgaben mit festem Endpunkt

Seien $\alpha, \beta \in \mathbb{R}^n$ und $R := \{x \in RCS^{(1)}[a, b]^n \mid x(a) = \alpha, x(b) = \beta\}$ und sei L bei festen (u, λ) im Sinne von (5.2.51) stückweise differenzierbar (als Funktion von x, $\dot{x}$ und t).
    Mit Satz 5.2.12 folgt der

Satz 5.3.3. *Sei $u \in RS[a, b]^m$ und $\lambda \in C([a, b], \mathbb{R}^n)$. Sei x^* eine Minimallösung von $f_\lambda(\cdot, u)$ auf R. Dann gilt für alle $t \in [a, b]$ die Euler-Lagrange Gleichung*

$$\frac{d}{dt} L_{\dot{x}}(x^*(t), \dot{x}^*(t), u(t), \lambda(t), t) = L_x(x^*(t), \dot{x}^*(t), u(t), \lambda(t), t).   \quad (5.3.28)$$

An den Stellen ohne Differenzierbarkeit wird (5.3.28) im Sinne der rechtsseitigen Ableitung verstanden.

Bemerkung 5.3.3. Die Weierstraß-Erdmann Bedingung aus Abschnitt 5.2.15 ist hier stets erfüllt. Denn sie bedeutet für $\bar{t} \in (a, b)$

$$\lambda(\bar{t})_+ = \lambda(\bar{t})_- ,   \quad (5.3.29)$$

was die Stetigkeit von λ bedeutet.

    Bei der Minimierung auf Teilmengen gilt dieses für algebraisch innere Punkte im Sinne von (5.2.5).
    Bei dem Ansatz der variablen Multiplikatoren (bei dem auch stückweise stetige Lagrange-Funktionen erlaubt sind) kann die Weierstraß-Erdmann Bedingung benutzt werden. Es gilt auch die folgende

Bemerkung 5.3.4. Sei u, λ wie im Satz 5.3.2. Sei x^* eine Minimallösung von $f_\lambda(\cdot, u)$ auf einer Teilmenge K von R und x^* ein algebraisch innerer Punkt im Sinne von (5.2.5). Dann gilt (5.3.28).

II.   Aufgaben mit freiem rechten Endpunkt

Sei $\alpha \in \mathbb{R}^n$ und $W := \{x \in RCS^{(1)}[a,b]^n \mid x(a) = \alpha\}$. Aus Satz 5.2.8 folgt

Satz 5.3.4. *Sei $u \in RS[a,b]^m$. Sei für ein $\lambda \in RCS^{(1)}[a,b]^n$ x^* eine Minimallösung von $f_\lambda(\cdot, u)$ auf W. Dann gilt (5.3.28) und*

$$\lambda(b) = 0. \tag{5.3.30}$$

Beispiel. Minimiere

$$\int_0^1 x(t)dt$$

unter den Nebenbedingungen

$$\dot{x} = u, \quad |u| \le 1, \quad x(0) = 0.$$

Hier ist $L(x, \dot{x}, u, \lambda, t) = x + \lambda \dot{x} - \lambda u$. Aus (5.3.28) folgt $\dot{\lambda} = 1$.

Da wir eine Aufgabe mit freiem rechten Endpunkt haben, gilt

$$\lambda(1) = 0 \quad \text{und damit} \quad \lambda(t) = t - 1.$$

Nach (5.3.25) gilt es, für dieses λ und jedes $t \in [0, 1]$ das

$$\min\{-\lambda(t)u(t) \mid |u(t)| \le 1\}$$

zu berechnen. Daraus folgt $u^*(t) = -1$ für alle $t \in [0, 1]$.

Aus $\dot{x}^*(t) = u^*(t) = -1$ und $x^*(0) = 0$ folgt schließlich $x^*(t) = -t$.

Im Abschnitt 5.3.6 (hinreichende Bedingungen) werden wir sehen, dass (x^*, u^*) wirklich die gesuchte Lösung ist.

Behandlung der Aufgabe 1 aus Abschnitt 5.3.1

Als die zweite Illustration der obigen Behandlungsmethode soll jetzt die Frage nach der kostenminimalen Fahrzeugsteuerung aus Aufgabe 1 in Abschnitt 5.3.1 behandelt werden. Hier soll

$$f(x, u) = \int_0^\tau |u(t)|dt \quad \text{unter den Nebenbedingungen}$$

$$\dot{x}_1(t) = x_2(t), \quad \dot{x}_2(t) = u(t), \quad -1 \le u(t) \le 1, \quad t \in [0, \tau] \quad \text{und} \tag{5.3.31}$$

$$x(0) = (0, 0), \quad x(\tau) = (\beta, 0)$$

minimiert werden. Mit dem Lagrange-Ansatz versuchen wir nun ein

$$\lambda = (\lambda_1, \lambda_2) \in C^{(1)}[0, \tau]^2$$

zu finden, so dass für

$$L(x, \dot{x}, u, \lambda, t) = |u| + \lambda_1 \dot{x}_1 - \lambda_1 x_2 + \lambda_2 \dot{x}_2 - \lambda_2 u$$

die Bedingungen (5.3.25), (5.3.28) und (5.3.30) erfüllt sind. Aus (5.3.28) (bei festem u ist L im Sinne von (5.2.51) stückweise differenzierbar) folgt

$$\dot{\lambda}_1 = 0 \quad \text{und} \quad \dot{\lambda}_2 = -\lambda_1.$$

Damit ist λ_1 konstant, d. h. für ein $p \in \mathbb{R}$ ist $\lambda_1(t) = p$ und mit einem $C \in \mathbb{R}$ gilt

$$\lambda_2(t) = -pt + C \quad \text{für } t \in [0, \tau]. \tag{5.3.32}$$

Nach (5.3.25) gilt es, für jedes $t \in [0, \tau]$

$$u \mapsto |u| - \lambda_2(t)u \quad \text{über} \quad u \in [-1, 1]$$

zu minimieren. Das führt zu der Steuerungsfunktion $u^* \colon [0, \tau] \to \mathbb{R}$ (in Abhängigkeit von λ_2) mit

$$u^*(t) := \begin{cases} 1, & \text{falls } \lambda_2(t) > 1 \\ 0, & \text{falls } |\lambda_2(t)| \leq 1 \\ -1, & \text{falls } \lambda_2(t) < -1 \end{cases}. \tag{5.3.33}$$

Im Startpunkt 0 kann man von $u^*(0) > 0$ ausgehen, was zu $C > 1$ führt. Da man auch irgendwann bremsen muss, wird ein $p > 0$ gesucht. Dann bestimmt die affine, fallende Funktion λ_2 die Zeitpunkte r, s (Umschaltpunkte) mit

$$\lambda_2(r) = 1 \quad \text{und} \quad \lambda_2(s) = -1 \tag{5.3.34}$$

und damit das folgende erwartete Gesamtverhalten: Bis zum Umschaltpunkt r wird die maximale Leistung umgesetzt, von r bis s wird kein Treibstoff verbraucht, und von s bis τ wird der Rückwärtsantrieb mit voller Kraft eingesetzt. Bei Lösbarkeit (Steuerbarkeit) liegen die Punkte r, s innerhalb von $(0, \tau)$ und können jetzt mit der Differentialgleichung aus (5.3.31) (Zulässigkeit) bestimmt werden. Mit (5.3.33) gilt:

In $[0, r)$ ist $u(t) = 1$, $\dot{x}_2(t) = 1$, $x_2(0) = 0 \Rightarrow x_2(t) = t$ und $x_2(r) = r$.

In $[r, s)$ ist $u(t) = 0$, $\dot{x}_2(t) = 0 \Rightarrow x_2(t) = r$, da x_2 stetig ist.   (5.3.35)

In $[s, \tau]$ ist $u(t) = -1$ und $x_2(t) = -t + r + s$.

In $[0, r)$ ist $\dot{x}_1(t) = t$, $x_1(0) = 0 \Rightarrow x_1(t) = \dfrac{t^2}{2}$, $x_1(r) = \dfrac{r^2}{2}$.

In $[r, s)$ ist $\dot{x}_1(t) = r$. Mit der Stetigkeit folgt $x_1(t) = rt - \dfrac{r^2}{2}$.   (5.3.36)

In $[s, \tau]$ ist $x_1(t) = -\dfrac{t^2}{2} + (r + s)t - \dfrac{1}{2}(r^2 + s^2)$.

Mit der Endpunkt-Forderung $x(\tau) = (\beta, 0)$ und (5.3.35), (5.3.36), erhalten wir die Gleichungen

$$r + s = \tau \tag{5.3.37}$$

$$\beta = -\frac{\tau^2}{2} + (r + s)\tau - \frac{1}{2}(r^2 + s^2)$$

$$= -\frac{\tau^2}{2} + (r + s)\tau - \frac{1}{2}(r + s)^2 + rs. \tag{5.3.38}$$

Das Einsetzen von (5.3.37) in (5.3.38) ergibt

$$rs = \beta. \tag{5.3.39}$$

Die einfachen Gleichungen (5.3.37) und (5.3.39) bestimmen (bei Lösbarkeit, d. h. $\tau^2 \geq 4\beta$) die gesuchten Umschaltpunkte. Sei $\alpha := \sqrt{\tau^2 - 4\beta}$. Dann ist

$$r = \frac{\tau - \alpha}{2}, \quad s = \frac{\tau + \alpha}{2}. \tag{5.3.40}$$

Dies und (5.3.32), (5.3.34) führt zu dem Lösungsvorschlag

$$\lambda_1^*(t) = p = \frac{2}{\alpha}, \quad \lambda_2^*(t) = -\frac{2}{\alpha}t + \frac{\tau}{\alpha}, \quad u^*(t) = \begin{cases} 1, & t < r \\ 0, & r \leq t < s \\ -1, & s \leq \tau \end{cases} \tag{5.3.41}$$

und dem bereits oben bestimmten x^* (siehe (5.3.35), (5.3.36)). Für $\tau = 3$ und $\beta = 1$ bekommt man die Umschaltpunkte $r = (3 - \sqrt{5})/2$, $s = (3 + \sqrt{5})/2$ und, wie oben, den dazugehörigen Lösungsvorschlag (x^*, u^*). Dass dies wirklich die gesuchte Lösung ist, werden wir mit den hinreichenden Bedingungen aus Abschnitt 5.3.6 erkennen.

Bolza- und Mayersche Steuerungsaufgaben

Bemerkung 5.3.5. Die in diesem Kapitel behandelten Ansätze können auch bei Funktionen vom Bolza-Typ angewendet werden. Insbesondere auf Funktionale der Gestalt

$$H(x(b), b) + \int_a^b l(x(t), u(t), t)dt, \tag{5.3.42}$$

wobei $H: \mathbb{R}^n \times \mathbb{R} \to \mathbb{R}$ differenzierbar ist. Für $l = 0$ liegt eine Mayer-Aufgabe vor.

Aber elementare Umformungen erlauben, die drei Aufgaben-Typen im wesentlichen als gleichwertig zu betrachten. Eine Lagrange-Aufgabe in $C^{(1)}[a, b]^n$, d. h. $H = 0$ in (5.3.42), kann folgendermaßen als eine Mayer-Aufgabe in $C^{(1)}[a, b]^{n+1}$ geschrieben werden. Es wird eine neue Koordinate x_{n+1} eingeführt und die Differentialgleichung (5.3.1) um die Gleichung

$$\dot{x}_{n+1} = l$$

erweitert. Die Menge K aus Abschnitt 5.3.1 wird durch

$$K_1 = \{(x_1, \ldots, x_{n+1}) \mid (x_1, \ldots, x_n) \in K, x_{n+1}(a) = 0\}$$

ersetzt. Das Zielfunktional lautet jetzt

$$f_1(x, u) = x_{n+1}(b).$$

Andererseits sei jetzt $f_2(x, u) = H(x(b), b)$ bei fest vorgegebenem $(x(a), a)$ zu minimieren (d. h. o. B. d. A. $H(x(a), a) = 0$). Es gilt

$$\frac{d}{dt}(H(x(t), t)) = \langle H_x(x(t), t), \dot{x}(t) \rangle + H_t(x(t), t) =: l(x(t), \dot{x}(t), t)$$

und damit

$$\int_a^b l(x(t), \dot{x}(t), t) dt = H(x(b), b) - H(x(a), a).$$

III.   Aufgaben mit Randbedingungen

Die Menge $K \subset X := RCS^{(1)}[a, b]^n$ sei jetzt durch die folgenden Randbedingungen bestimmt. Für die differenzierbaren Funktionen $G, H : \mathbb{R}^n \to \mathbb{R}$ sei

$$K = \{x \mid G(x(a)) = 0, \ G(x(b)) = 0\}.$$

Die Minimierung von

$$f_\lambda(x, u) = \int_a^b L(x(t), \dot{x}(t), u(t), \lambda(t), t) dt$$

auf $K \times Q$ wird mit dem Lagrange-Lemma 4.5.1 auf die Minimierung von

$$l_1 G(x(a)) + l_2 G(x(b)) + f_\lambda(x, u)$$

auf $K \times Q$ mit geeigneten $l_1, l_2 \in \mathbb{R}$ zurückgeführt.

Bei einem festen u bekommen wir dann wie in Satz 5.2.9 neben (5.3.28) die folgenden notwendigen Bedingungen:

$$L_{\dot{x}}(x^*(a), \dot{x}^*(a), u(a), \lambda(a), a) = G'(x^*(a))l_1$$

$$L_{\dot{x}}(x^*(b), \dot{x}^*(b), u(b), \lambda(b), b) = -H'(x^*(b))l_2.$$

Bemerkung 5.3.6. Hinreichende Bedingungen kann man mit Satz 5.2.11 gewinnen.

5.3.5 Hamilton-Funktion

Da in (5.3.24) der Term $\langle \lambda, \dot{x} \rangle$ nicht von u abhängt, kann er bei der Minimierung bzgl. u in (5.3.25) weggelassen werden. Mit der Bezeichnung

$$H(x, u, \lambda, t) := \langle \lambda, \varphi(x, u, t) \rangle - l(x, u, t) \qquad (5.3.43)$$

gilt

$$L(x, \dot{x}, u, \lambda, t) = \langle \lambda, \dot{x} \rangle - H(x, u, \lambda, t). \qquad (5.3.44)$$

Damit ist (5.3.25) äquivalent zu

$$H(x(t), u^*(t), \lambda(t), t) = \max_{u \in Q} H(x(t), u(t), \lambda(t), t). \qquad (5.3.45)$$

Die Funktion H wird *Pontrjaginsche Funktion* genannt und die Funktion

$$\mathcal{H}(x, \lambda, t) := \sup_{u \in Q} H(x, u, \lambda, t)$$

als *Hamilton-Funktion* bezeichnet. Die mit λ bezeichneten Variablen werden *Impulse* genannt.

Bei der Bestimmung von u^* mit (5.3.45) spricht man von der Berechnung nach dem *Maximum-Prinzip*. Wir weisen darauf hin, dass mit der Bezeichnung „Maximum-Prinzip" gewöhnlich ein Satz über die Existenz einer Funktion λ mit (5.3.45) verbunden ist, der meistens mit funktionalanalytischen Mitteln erreicht wird (siehe [I-T] S. 128). Aber bei obigem Ansatz ergibt sich (5.3.45) als direkte Folgerung aus der Lagrange-Idee. Bei beiden Zugängen wird nur ein Kandidat für die Lösung ermittelt oder mit Weierstraß gesprochen (siehe [Wei] S. 98): „Nun muss aber noch nachträglich gezeigt werden, dass die gefundene Grösse auch wirklich die sämtlichen Forderungen der Aufgabe befriedigt. Die Unterlassung dieses Nachweises lässt manche Lösungen von Aufgaben der Variationsrechnung unzulänglich erscheinen".

5.3.6 Hinreichende Bedingungen. Separierte Aufgaben

Die entscheidende Phase beim Nachweis der Minimalität beginnt erst, nachdem ein Kandidat für die Funktion λ ermittelt ist. Denn die Eigenschaften der Funktion L bei festem λ, d. h. $(r, s, q, t) \mapsto L(r, s, q, \lambda(t), t)$ sind die Grundlage für hinreichende Bedingungen. Bei konvexen (bzw. partiell konvexen) Aufgaben kann man den Charakterisierungssatz der konvexen Optimierung benutzen.

Eine besondere Vereinfachung bringt der folgende Fall, der in sehr vielen konkreten Anwendungen vorliegt.

Separierte Aufgaben

In dem folgenden Fall kann die Minimierung bzgl. $(x, u) \in K \times Q$ getrennt bzgl. $x \in K$ und $u \in Q$ durchgeführt werden.

Sei der Integrand in (5.3.21) (bzw. (5.3.20)) von der folgenden Gestalt (λ fest bzw. p fest)

$$L(x(t), \dot{x}(t), u(t), \lambda(t), t) = G(x(t), \dot{x}(t), \lambda(t), t) + W(u(t), \lambda(t), t) \qquad (5.3.46)$$

mit $G: \mathbb{R}^n \times \mathbb{R}^n \times \mathbb{R}^n \times [a, b] \to \mathbb{R}$ und $W: \mathbb{R}^m \times \mathbb{R}^n \times [a, b] \to \mathbb{R}$.

Satz 5.3.5. *Es gelte (5.3.46). Dann kann die Minimierung von f_λ auf $K \times Q$ durch die Minimierung von*

$$g(x) := \int_a^b G(x(t), \dot{x}(t), \lambda(t), t)dt \quad auf\ K \quad und \qquad (5.3.47)$$

$$w(u) := \int_a^b W(u(t), \lambda(t), t)dt \quad auf\ Q \qquad (5.3.48)$$

ersetzt werden.

Beweis. Denn aus $g(x^*) \le g(x)$ und $w(u^*) \le w(u)$ folgt

$$f_\lambda(x^*, u^*) = g(x^*) + w(u^*) \le g(x) + w(u) = f_\lambda(x, u). \qquad \square$$

Mit den Sätzen 5.2.14 und 5.2.15 erhalten wir die folgende hinreichende Bedingung:

Satz 5.3.6. *Sei die Lagrange-Multiplikatorfunktion λ (bzw. die variable Multiplikatorfunktion p) stetig, und es gelte (5.3.46). Seien $\alpha, \beta \in \mathbb{R}^n$ und K eine konvexe Teilmenge von $R := \{x \in RCS^{(1)}[a, b]^n \mid x(a) = \alpha, x(b) = \beta\}$. Sei für alle $t \in [a, b]$ und $r \in \mathbb{R}^n$ die Funktion $G(\cdot, r, \lambda(t), t): \mathbb{R}^n \to \mathbb{R}$ konvex und die Abbildung $(s, r, t) \mapsto G(s, r, \lambda(t), t)$ im Sinne von (5.2.51) stückweise differenzierbar. Für $t \in [a, b]$ und ein $(x^*, u^*) \in K \times Q$ gelte:*

$$\frac{d}{dt} G_{\dot{x}}(x^*(t), \dot{x}^*(t), \lambda(t), t) = G_x(x^*(t), \dot{x}^*(t), \lambda(t), t)$$

$$W(u^*(t), \lambda(t), t) = \min_{u \in Q} W(u(t), \lambda(t), t)$$

$$\dot{x}^*(t) = \varphi(x^*(t), u^*(t), t).$$

Dann ist (x^*, u^*) eine Lösung der Ausgangsaufgabe AOS).

Wir können jetzt mit der Behandlung der ersten drei der in Abschnitt 5.3.2 und 5.3.3 formulierten Aufgaben der optimalen Steuerung beginnen.

Vorweg beenden wir noch die Behandlung des Beispiels aus Abschnitt 5.3.4 und der Aufgabe 1 aus Abschnitt 5.3.1.

Die Aufgabe lautete hier:

$$\text{Minimiere} \int_0^1 x(t)dt$$

unter den Nebenbedingungen $\dot{x} = u$, $|u| \leq 1$, $x(0) = 0$. (5.3.49)

Sie ist eine separierte Aufgabe mit $G(x, \dot{x}, \lambda, t) = x + \lambda\dot{x}$ und $W(u, \lambda, t) = -\lambda u$. Es ist G bzgl. x konvex. Nach Satz 5.3.6 ist das in Abschnitt 5.3.4 berechnete Paar (x^*, u^*) mit $x^*(t) = -t, u^* = -1$ eine Lösung von (5.3.49).

Anwendung auf Aufgabe 1 aus Abschnit 5.3.1

Auch die Aufgabe 1 aus Abschnitt 5.3.1 ist separiert (siehe (5.3.31)) und konvex. Damit ist der in Abschnitt 5.3.4 berechnete Lösungsvorschlag eine gesuchte Minimallösung.
   Wir kommen jetzt zu der Aufgabe 2 aus Abschnitt 5.3.2.

Newton-Aufgabe

$$\text{Minimiere} \int_0^T \frac{t}{1 + u^2(t)}dt \qquad (5.3.50)$$

unter den Nebenbedingungen $\dot{x} = u$, $u \geq 0$, $x(T) = x_1$. (5.3.51)

Physikalische Herleitung der Lagrange-Funktion (s. [Fu], S. 617)

Das Bernoullische Problem der Brachistochrone hat wohl auf die Entstehung der Variationsrechnung den größten Einfluss ausgeübt, aber älter ist das in der Überschrift genannte Problem. NEWTON hat im zweiten Buch seiner „Prinzipien" (1687) das Problem eines axial angeströmten Rotationskörpers (Geschoss) kleinsten Widerstandes behandelt und dort eine Lösung ohne Beweis angegeben.
   Zur Anschauung sei die folgende Grafik gegeben:

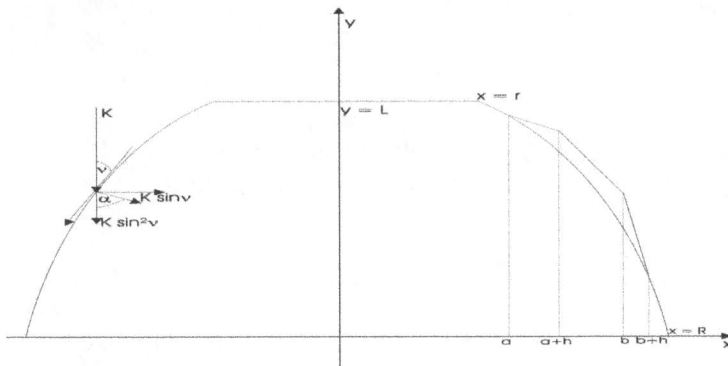

Es treffen Teilchen des Mediums an einer Stelle des Mantels mit der Kraft K unter einem Winkel ϑ auf den Körper.

Die Kraft wird jetzt zerlegt in die Kraft, die normal und tangential zum Mantel ist. Der tangentiale Anteil wird vernachlässigt.

Die normale Kraft beträgt $K \sin \vartheta = K \cos \alpha$, wobei α der Winkel zwischen der negativen y-Achse und der Normalen ist. Es gilt $\alpha = \frac{\pi}{2} - \vartheta$.

Die normale Kraft lässt sich weiter zerlegen und zwar in eine Richtung, die senkrecht zur y-Achse ist und in eine, die in die negative Richtung verläuft.

Damit ergibt sich die Kraft in negativer y-Richtung

$$K_{-y} = \cos \alpha K \cos \alpha = K \cos^2 \alpha = \frac{K \cos^2 \alpha}{\cos^2 \alpha + \sin^2 \alpha} = \frac{K}{1 + \tan^2 \alpha}.$$

Da jedes $x \in [0, R]$ den Radius des Kreises, der sich als Schnitt des Rotationskörpers mit der horizontalen Ebene der Höhe $y(x)$ ergibt, ist bei einem Zuwachs Δx die Anzahl der Teilchen, die den dazugehörigen Ring treffen, proportional zu $2\pi x \Delta x$.

Damit ist mit $\tan \alpha = \dot{y}(x)$ die Funktion

$$f(y) = \int_0^R x \cos^2 \alpha \, dx = \int_0^R \frac{x}{1 + \dot{y}^2(x)} dx$$

zu minimieren.

Behandlung der Newton-Aufgabe (s. auch [IT])

Der Lagrange-Ansatz führt zu

$$L(x, \dot{x}, u, \lambda, t) = \frac{t}{1 + u^2} + \lambda \dot{x} - \lambda u.$$

Es ist eine separierte Aufgabe mit $G(x, \dot{x}, \lambda, t) = \lambda \dot{x}$ und $H(u, \lambda, t) = \frac{t}{1 + u^2(t)} - \lambda u$. Die Euler-Lagrange Gleichung führt zu

$$\dot{\lambda}(t) = 0, \quad \text{d. h. für ein } p \in \mathbb{R} \text{ ist } \lambda(t) \equiv p. \tag{5.3.52}$$

Die punktweise Minimierung von H führt zu der Aufgabe:
Berechne in Abhängigkeit von t eine Minimallösung auf $\mathbb{R}_{\geq 0}$ von

$$r_t(u) := \frac{t}{1 + u^2} - pu. \tag{5.3.53}$$

Hier liegt die Hauptschwierigkeit der weiteren Berechnungen. In Abhängigkeit von t hat die zu minimierende Funktion die folgende Gestalt (siehe Bild 1):

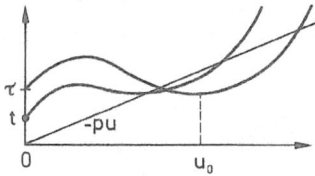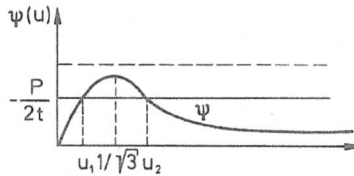

Bild 1   Bild 2

Bei der Änderung der Minimallösungen in Abhängigkeit von t entsteht eine Sprungstelle. Bis zu einem gewissen Zeitpunkt τ ist $u = 0$ die Minimallösung von r_t (mit dem Minimalwert t). In dem Umschaltpunkt τ ist der Wert von r_τ in 0 einerseits gleich τ, andererseits gleich dem Wert der Minimallösung u_0 im Innern von $(0, \infty)$ (siehe Bild 1). Damit bekommen wir die Bedingungen $r_\tau(u_0) = \tau$ und $r'_\tau(u_0) = 0$, bzw. die Gleichungen

$$\tau/(1 + u_0^2) - pu_0 = \tau, \quad -2u_0\tau/(1 + u_0^2)^2 = p. \qquad (5.3.54)$$

Dies führt zu $\tau = -2p$ und $u_0 = 1$.

Für $t > \tau$ liegt die Minimallösung im Inneren von $(0, \infty)$ und ist implizit als eine Lösung der Gleichung

$$r'_t(u) = \frac{-2ut}{(1 + u^2)^2} - p = 0 \qquad (5.3.55)$$

bzw.

$$\psi(u) := \frac{u}{(1 + u^2)^2} = -\frac{p}{2t} \qquad (5.3.56)$$

gegeben.

Diese Gleichung hat zwei Lösungen (siehe Bild 2), und es wird die größere genommen (die kleinere hat ein lokales Maximum). Auf der offenen Halbgeraden $(1/\sqrt{3}, \infty)$ ist ψ streng monoton fallend, und wir können hier die Umkehrfunktion ψ^{-1} benutzen.

In Abhängigkeit von p bekommen wir jetzt die Steuerung

$$u_p(t) = \begin{cases} 0 & \text{für } t < -2p \\ \psi^{-1}\left(-\frac{p}{2t}\right) & \text{für } t \geq -2p \end{cases} \qquad (5.3.57)$$

wie auch die Zustandsvariable x_p mit

$$x_p(s) := \int_0^s u_p(t)dt = \int_{-2p}^s \psi^{-1}\left(-\frac{p}{2t}\right) dt \quad \text{für } s \geq -2p \qquad (5.3.58)$$

und

$$x_p(s) = 0 \quad \text{für } 0 \leq s < -2p. \qquad (5.3.59)$$

Mit der Transformation $\xi = \psi^{-1}\left(-\frac{p}{2t}\right)$, d. h. $\psi(\xi) = -\frac{p}{2t}$ und $\psi'(\xi)d\xi = \frac{p}{2t^2}dt$ geht (5.3.58) über in

$$
\begin{aligned}
x_p(s) &= \frac{p}{2}\int_{\psi^{-1}\left(\frac{1}{4}\right)=1}^{\psi^{-1}\left(-\frac{p}{2s}\right)} \xi\,\frac{\psi'(\xi)}{\psi^2(\xi)}\,d\xi \\
&= \frac{p}{2}\int_1^{\psi^{-1}\left(-\frac{p}{2s}\right)} \left(\frac{1}{\xi} - 2\xi - 3\xi^3\right)d\xi \\
&= -\frac{p}{2}\left(-\ln\xi + \xi^2 + \frac{3}{4}\xi^4\right)\Bigg|_1^{\psi^{-1}\left(-\frac{p}{2s}\right)}.
\end{aligned}
$$

Für

$$
w := \psi^{-1}\left(\frac{-p}{2s}\right) \quad \text{bzw.} \quad s = \frac{-p}{2\psi(w)} \tag{5.3.60}
$$

folgt

$$
x_p(s) = x_p\left(\frac{-p}{2\psi(w)}\right) = -\frac{p}{2}\left(-\ln w + w^2 + \frac{3}{4}w^4\right) + \frac{7}{8}p.
$$

Es gilt jetzt p so zu bestimmen, dass $x_p(T) = x_1$ ist. Dies führt zu den Gleichungen

$$
T = -p/2\psi(w) \tag{5.3.61}
$$

$$
-\frac{p}{2}\left(-\ln w + w^2 + \frac{3}{4}w^4\right) + \frac{7}{8}p = x_1. \tag{5.3.62}
$$

Die Gleichung (5.3.61) in (5.3.62) eingesetzt, reduziert die Aufgabe auf eindimensionale Bestimmung einer Nullstelle w^* (siehe [K6]) von

$$
g(w) := T\psi(w)\left\{-\ln w + w^2 + \frac{3}{4}w^4 - \frac{7}{4}\right\} - x_1 = 0. \tag{5.3.63}
$$

Anschließend wird mit (5.3.61)

$$
p^* := -2T\psi(w^*)
$$

gesetzt. Dann kann man Satz 5.3.6 mit $\lambda(t) \equiv p^*$ benutzen, um zu garantieren, dass (x_{p^*}, u_{p^*}) (siehe (5.3.57), (5.3.58)) eine Lösung der gestellten Aufgabe ist.

In der folgenden Graphik sind die Lösungen für $T \in \{1, 2, 3, 4\}$ dargestellt.

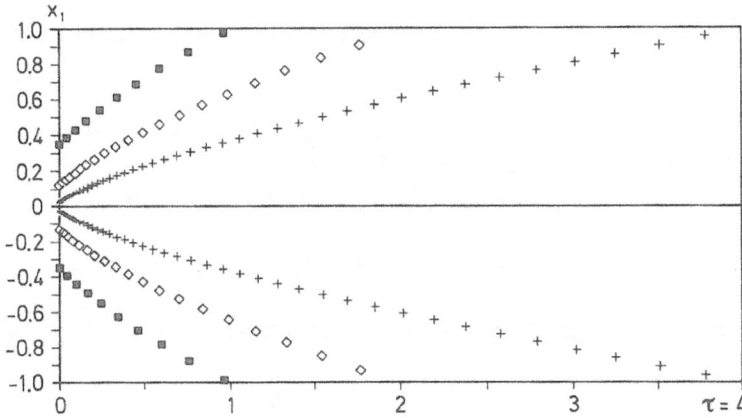

Bemerkung 5.3.7 (Benutzung von unstetigen Funktionen λ). Die Beschränkung auf stetige Funktionen λ kann bereits bei einfachen Aufgaben zu restriktiv sein. Mit dem Satz 5.2.13 steht uns aber eine allgemeine Charakterisierung der Minimallösungen auch für den Ansatz der variablen Multiplikatoren mit stückweise stetigen Funktionen zur Verfügung. Dies soll jetzt an der Aufgabe aus der Produktionsplanung veranschaulicht werden.

Behandlung der Produktionsplanungsaufgabe aus Abschnitt 5.3.3

Minimiere $\int_0^1 \frac{1}{2}u^2(t)dt$ unter den Nebenbedingungen

$$\dot{x}(t) = u(t), \quad x(0) = \frac{1}{2}, \quad x(t) \geq s(t) = \begin{cases} 2t, & 0 \leq t \leq \frac{1}{2} \\ 1, & \frac{1}{2} < t \leq 1 \end{cases}. \qquad (5.3.64)$$

Sei $y := x - s$. Dann ist (5.3.63) äquivalent zu

$$\dot{y} = u - \dot{s}, \quad y(0) = x(0) - s(0) = \frac{1}{2}, \quad y(t) \geq 0. \qquad (5.3.65)$$

Wir machen zunächst den Lagrange-Ansatz mit einer stetigen Funktion λ. Dies führt zu

$$L(x, \dot{x}, u, \lambda, t) = \frac{1}{2}u^2 + \lambda\dot{y} - \lambda u + \lambda\dot{s}.$$

Die Euler-Lagrange-Gleichung (5.3.28) und die freier-Endpunkt-Bedingung (5.3.30) ergibt

$$\dot{\lambda} = 0 \quad \text{und} \quad \lambda(1) = 0.$$

Aus der Stetigkeit von λ folgt $\lambda \equiv 0$. Mit 8) ist $\frac{1}{2}u^2 - \lambda u$ über $\mathbb{R}$ zu minimieren, d. h.

$$u_0 = \lambda \equiv 0. \qquad (5.3.66)$$

Mit (5.3.64) wäre $\dot{x}(t) = 0$, $x(0) = \frac{1}{2}$, d.h. $x_0(t) = \frac{1}{2}$ für alle $t \in [0, 1]$. Aber x_0 erfüllt nicht $x \geq s$.

Wir wollen jetzt stückweise stetige Funktionen zulassen. Da $\dot{s}$ unstetig in $\frac{1}{2}$ ist, benutzen wir L im Sinne von Abschnitt 5.2.15. Wir machen jetzt den Ansatz über eine stückweise konstante Funktion λ mit einer Sprungstelle in $1/2$. Mit (5.3.30) ist $\lambda(1) = 0$, d.h.: $\lambda(t) = 0$ für $t \in [1/2, 1]$. In $[0, 1/2)$ gilt dann mit (5.3.65) für ein $C \in \mathbb{R}$

$$\dot{y}(t) = C - 2, \quad y(0) = \frac{1}{2}, \quad \text{d.h.:} \quad y(t) = (C - 2)t + \frac{1}{2}. \tag{5.3.67}$$

Mit Satz 5.2.13 muss bzgl. der Lösung y^* für alle $y \geq 0$ und $h := y - y^*$ gelten:

$$0 \leq \int_0^1 \lambda(t)\dot{h}(t)dt = \int_0^{1/2} C\dot{h}(t)dt$$

$$= C h(t) \big|_0^{1/2} = C \left(h\left(\frac{1}{2}\right) - h(0)\right) = C h\left(\frac{1}{2}\right). \tag{5.3.68}$$

Ist also $y^*\left(\frac{1}{2}\right) = 0$, dann ist (5.3.68) für nichtnegative C erfüllt. Damit und mit (5.3.67) folgt

$$0 = (C - 2)\frac{1}{2} + \frac{1}{2}, \quad \text{d.h.} \quad C = 1 \quad \text{und} \quad y^*(t) = \begin{cases} -t + 1/2 & \text{für } t \in [0, 1/2) \\ 0 & \text{für } t \in [1/2, 1] \end{cases}.$$

Für

$$\lambda(t) := \begin{cases} 1 & \text{für } t \in [0, 1/2) \\ 0 & \text{sonst} \end{cases}, \quad u^* := \lambda, \quad x^* = y^* + s$$

ist mit Satz 5.3.5 und Satz 5.2.13 (x^*, u^*) eine Lösung der gestellten Aufgabe.

5.3.7 Nicht separierte Aufgaben

Im nicht separierten Fall kann man eine zweistufige Vorgehensweise wählen. Man berechnet zuerst mit (5.3.25) eine Minimallösung $u(x)$ von $f_\lambda(x, \cdot)$ auf Q in Abhängigkeit von x (bzw. mit (5.3.56) eine Minimallösung $x(u)$ von $f_\lambda(\cdot, u)$ auf K in Abhängigkeit von u), um anschließend $f_\lambda(x, u(x))$ über K (bzw. $f_\lambda(x(u), u)$ über Q) zu minimieren. Die zweite Stufe entspricht also der Minimierung von

$$\varphi(x) := \inf_{u \in Q} f_\lambda(x, u) \quad \text{auf} \quad K$$

bzw.

$$\psi(u) := \inf_{x \in K} f_\lambda(x, u) \quad \text{auf} \quad Q. \tag{5.3.69}$$

Liegen jeweils konvexe Aufgaben vor, so kann Abschnitt 4.2 bzw. Satz 5.2.15 für hinreichende Bedingungen benutzt werden.

Man kann auch den Ansatz der variablen Multiplikatorfunktion aus Abschnitt 5.3.4 anwenden, um einige nicht separierte Aufgaben in separierte zu verwandeln. Bei Aufgaben mit festen Endpunkten kann man dabei benutzen, dass Terme der Gestalt

$$\int_a^b \frac{d}{dt} \gamma(x(t)) dt$$

auf $R = \{x \mid x(a) = \alpha, x(b) = \beta\}$ konstant $(\gamma(\beta) - \gamma(\alpha))$ sind.

Um dies zu illustrieren, betrachten wir jetzt das folgende

Beispiel. Minimiere

$$\int_0^1 \left(ux^{1/2} + \frac{1}{2}u^2 - |x|^{3/2} \right) dt$$

unter den Nebenbedingungen

$$\dot{x} = u - x, \ x(0) = 1, \ x(1) = 2, \ x \geq 0, \ u \in RS[0, 1]. \tag{5.3.70}$$

Der Lagrange-Ansatz würde zu einer nicht separierten Aufgabe mit einer Lagrange-Funktion führen, die auch bei festem u weder konvex noch differenzierbar ist. Mit der variablen Multiplikatorfunktion

$$p(x, \dot{x}, u, t) = \sqrt{x} + \lambda(t) \ \text{mit einem} \ \lambda \in C^{(1)}[0, 1]$$

ist

$$L(x, \dot{x}, u, p(x, \dot{x}, u, t), t) = ux^{1/2} + \frac{1}{2}u^2 - x^{3/2} + (x^{1/2} + \lambda)(\dot{x} - u + x)$$

$$= \frac{1}{2}u^2 + \lambda\dot{x} - \lambda u + \lambda x + x^{1/2}\dot{x}. \tag{5.3.71}$$

Es ist

$$\int_0^1 x^{1/2}\dot{x} = \int_0^1 \frac{d}{dt} \left(\frac{2}{3}x^{3/2} \right) = \frac{2}{3}(\sqrt{8} - 1)$$

für alle $x \in K := \{x \mid x(0) = 1, \ x(1) = 2, \ x \geq 0\}$. Die Lagrange-Funktion $\frac{1}{2}u^2 + \lambda\dot{x} - \lambda u + \lambda x$ ist differenzierbar, konvex und separiert.

Mit (5.3.28) ist $\dot{\lambda} = \lambda$, d.h. $\lambda(t) = Ce^t$ mit einem $C \in \mathbb{R}$. Auf der Suche nach geeigneten Kandidaten λ, gilt es, noch die Konstante C zu bestimmen. Nach (5.3.25) ist die Funktion $\left(\frac{1}{2}u^2 - \lambda u \right)$ auf $\mathbb{R}$ zu minimieren. Daraus folgt $u = \lambda$. Durch Einsetzen in (5.3.70) kommt man zu der DGL

$$\dot{x} = Ce^t - x,$$

die die allgemeine Lösung $x(t) = \frac{1}{2}Ce^t + De^{-t}$ besitzt.

Aus $x(0) = 1$ und $x(1) = 2$ folgt dann $C = \frac{2(2e-1)}{e^2-1}$ und $D = \frac{e^2-2e}{e^2-1}$. Für $\lambda(t) = \frac{2(2e-1)}{e^2-1} e^t$ können wir Satz 5.3.6 benutzen. Wir stellen fest, dass durch

$$x^*(t) = \frac{2e-1}{e^2-1} e^t + \frac{e^2-2e}{e^2-1} e^{-t} \quad \text{und} \quad u^*(t) = \lambda(t)$$

eine Lösung der gestellten Aufgabe gegeben ist.

Auch bei nicht-separierte Aufgaben kann die Minimierung über u in Abhängigkeit von x (oder umgekehrt) zu einer Lösung $\overline{u}$ führen, die unabhängig von x (gleichmäßig minimal bezüglich aller x) ist, d.h. in (5.3.69) gilt $\varphi(x) = f_\lambda(x, \overline{u})$ für alle $x \in K$. Danach kann man (bei der Minimierung von φ auf K) wie im separierten Fall vorgehen. Dies soll an der Aufgabe 4 aus Abschnitt 5.3.3 veranschaulicht werden.

Behandlung der Investitionsaufgabe aus Abschnitt 5.3.3

$$\text{Maximiere } f(x, u) = \int_0^\tau (1 - u(t)) x(t) dt$$

auf

$$M = \{x \in RCS^{(1)}[0, \tau] \mid \dot{x}(t) = u(t)x(t),\ 0 \le u(t) \le 1,\ x(t) \ge 0,\ x(0) = C,$$
$$\text{für alle } t \in [0, \tau]\}. \tag{5.3.72}$$

Mit dem Lagrange-Ansatz ist (minimiere $-f$):

$$L(x, \dot{x}, u, t) = (u - 1)x + \lambda \dot{x} - \lambda u x \tag{5.3.73}$$

und

$$f_\lambda(x, u) = \int_0^\tau L(x(t), \dot{x}(t), u(t), \lambda(t), t) dt.$$

Bei der Suche nach $\lambda \in RCS^{(1)}[0, \tau]$ benutzen wir (5.3.25), um ein u in Abhängigkeit von x zu berechnen. Für $t \in [0, \tau]$ führt die Berechnung von $\min\{ux(t)(1 - \lambda(t)) \mid 0 \le u \le 1\}$ zu

$$\overline{u}(t) = \begin{cases} 1, & \lambda(t) > 1 \\ 0, & \lambda(t) < 1 \end{cases}. \tag{5.3.74}$$

Bei festem λ ist $\overline{u}$ eine Lösung, die unabhängig von x ist. Aus (5.3.30) folgt

$$\lambda(\tau) = 0.$$

Sei $\tau_1 := \max\{t \in [0, \tau] \mid \lambda(t) = 1\}$. Da $\overline{u}(t) = 0$ in $[\tau_1, \tau]$ ist, folgt mit (5.3.28)

$$\dot{\lambda}(t) = -1, \quad \text{d.h.} \quad \lambda(t) = -t + C_1. \tag{5.3.75}$$

Aus $\lambda(\tau) = 0$ folgt $C_1 = \tau$ und $\tau_1 = \tau - 1$. Mit dem Ansatz $\lambda \ge 1$ auf $[0, \tau - 1]$ und (5.3.28) folgt $\dot{\lambda}(t) = u(t)(1 - \lambda(t)) - 1$. In $[0, \tau - 1]$ ist dann $\dot{\lambda} = -\lambda$, d.h.

$\lambda(t) = C_2 e^{-t} (C_2 \in \mathbb{R})$ in $[0, \tau - 1]$. Da $\lambda(\tau - 1) = C_2 e^{-(\tau-1)} = 1$, gilt $C_2 = e^{\tau-1}$. Dies führt zu dem Kandidaten

$$\lambda_0(t) = \begin{cases} e^{\tau-1} e^{-t} & \text{für } t \in [0, \tau - 1) \\ -t + \tau & \text{für } t \in [\tau - 1, \tau] \end{cases}.$$

Für dieses λ_0 berechnen wir mit (5.3.74)

$$u_0(t) = \begin{cases} 1 & \text{für } t \in [0, \tau - 1) \\ 0 & \text{für } t \in [\tau - 1, 1] \end{cases}.$$

Mit φ aus (5.3.69) ist für alle $x \in K = \{x \in RCS^{(1)}[0, \tau] \mid x(0) = C, x \geq 0\}$

$$\varphi(x) = f_{\lambda_0}(x, u_0).$$

Für die konvexe Variationsaufgabe:

$$\text{Minimiere } \varphi(x) = \int_0^\tau [(u_0(t) - 1 - \lambda_0(t) u_0(t)) x(t) + \lambda_0(t) \dot{x}(t)] dt \text{ auf } K,$$

erfüllt jeder Punkt $x \in K$ die Euler-Lagrange-Gleichung

$$\dot{\lambda}_0 = -\lambda_0 u_0 + (u_0 - 1)$$

und ist nach Satz 5.2.14 eine Minimallösung von φ auf K. Jetzt braucht man nur x so zu wählen, dass x in der Restriktionsmenge M liegt, d. h. für $t \in [0, \tau]$ ist

$$\dot{x}(t) = u_0(t) x(t), \quad x(0) = C, \quad x(t) \geq 0.$$

Daraus folgt $\dot{x} = x$, $x(0) = C$ auf $[0, \tau - 1)$ und damit $x(t) = C e^t$. Auf $[\tau - 1, \tau]$ ist $\dot{x} = 0$, d. h. x ist konstant. Da x auf $[0, \tau]$ stetig sein soll, folgt $x(t) = C e^{\tau-1}$. Damit ist für

$$x_0(t) := \begin{cases} C e^t & \text{für } t \in [0, \tau - 1) \\ C e^{\tau-1} & \text{für } t \in [\tau - 1, \tau] \end{cases}$$

das Paar (x_0, u_0) eine Lösung der Aufgabe (5.3.70).

Zu Aufgabe 5 aus Abschnitt 5.3.3

Hier ist $L(k, \dot{k}, u, \lambda, t) = -\psi(k) + (u - 1)\varphi(k) + \lambda \dot{k} - \lambda u \varphi(k)$. (5.3.25) bekommt man nun wieder ein

$$\overline{u}(t) = \begin{cases} 1, & \lambda(t) > 1 \\ 0, & \lambda(t) < 1 \end{cases} \tag{5.3.76}$$

das unabhängig von k ist. Die Euler-Lagrange Gleichung liefert

$$\dot{\lambda}(t) = -\varphi'(k(t)) + \psi'(k(t)). \tag{5.3.77}$$

Mit (5.3.76) und

$$\dot{k}(t) = \overline{u}(t)\varphi(k(t)) \tag{5.3.78}$$

bekommt man nun ein System von Differentialgleichungen. Zur Bestimmung einer Lösung $(\overline{\lambda}, \overline{k})$ werden die Randbedingungen benutzt. Ist dann für das Paar $(\overline{\lambda}, \overline{u})$ und alle $t \in [0, \tau]$ $L(\cdot, \cdot, \overline{u}(t), \overline{\lambda}(t), t)$ konvex, so ist $(\overline{k}, \overline{u})$ eine Lösung der Aufgabe 5 aus Abschnitt 5.3.3.

Die folgenden zwei Klassen von Aufgaben sind in den Anwendungen besonders wichtig; in beiden Fällen ist die auftretende Differentialgleichung linear bzgl. der Zustandsvariablen und das Zielfunktional linear oder quadratisch.

Aufgaben mit einer nichtlinearen DGL können iterativ mit dem Newton-Verfahren (siehe [Lu] S. 282) behandelt werden, wobei in jeder Iteration eine Aufgabe mit linearisierter Gleichung gelöst wird.

5.3.8   Quadratische Aufgaben

Quadratische Aufgaben mit freiem Endpunkt

Wir betrachten jetzt die folgende QAOS-Aufgabe:
Minimiere

$$\frac{1}{2}x^\top(b)\Gamma x(b) + \gamma^\top x(b) + \int_a^b \left(\frac{1}{2}x^\top Cx + c^\top x + \frac{1}{2}u^\top Du + d^\top u \right)(t)dt \tag{5.3.79}$$

unter den Nebenbedingungen

$$\dot{x} = Ax + Bu, \quad x(a) \text{ fest}, \tag{5.3.80}$$

wobei Γ eine positiv semi-definite $n \times n$-Matrix, $\gamma \in \mathbb{R}^n$ und $A, C \in RS[a, b]^{n \times n}$, $D \in RS[a, b]^{m \times m}$, $B \in RS[a, b]^{n \times m}$, $c \in RS[a, b]^n$, $d \in RS[a, b]^m$ und für alle $t \in [a, b]$ $C(t)$ positiv semi-definit, $D(t)$ positiv definit sei. Die Mengen K und Q aus Abschnitt 5.3.1 seien jetzt bei einem vorgegebenem $x_0 \in \mathbb{R}^n$ durch $K := \{x \in RCS^{(1)}[a, b] \mid x(a) = x_0\}$ und $Q := RS^{(1)}[a, b]^m$ gegeben. Mit dem Lagrange-Ansatz aus Abschnitt 5.3.4 suchen wir ein $\lambda \in RCS^{(1)}[a, b]^n$ derart, dass ein $(x^*, u^*) \in K \times Q$ eine Minimallösung von

$$\left(\frac{1}{2}x^\top\Gamma x + \gamma^\top x \right)(b) + \int_a^b L(x, \dot{x}, u, \lambda, \cdot)(t)dt \tag{5.3.81}$$

auf $K \times Q$ ist, wobei

$$L(x, \dot{x}, u, \lambda, \cdot) = \frac{1}{2}x^\top Cx + c^\top x + \frac{1}{2}u^\top Du + d^\top u + \lambda^\top \dot{x} - \lambda^\top Ax - \lambda^\top Bu \tag{5.3.82}$$

ist.

Dies ist eine separierte Aufgabe, und mit den Bezeichnungen aus Abschnitt 5.3.6 ist

$$G(x, \dot{x}, \lambda, t) = \frac{1}{2}x^\top C(t)x + c^\top(t)x + \lambda^\top \dot{x} - \lambda^\top A(t)x,$$

$$W(u, \lambda, t) = \frac{1}{2}u^\top D(t)u + d^\top(t)u - \lambda^\top B(t)u. \tag{5.3.83}$$

Bei festen λ und t sind G und W konvex. Bei festem $u \in Q$ haben wir die folgende Bolza-Variationsaufgabe vorliegen:

$$\text{Minimiere } (x^\top \Gamma x + \gamma^\top x)(b) + \int_a^b G(x, \dot{x}, \lambda, t)dt \text{ auf } K. \tag{5.3.84}$$

Nach Satz 5.2.10 und Satz 5.2.11 und Abschnitt 5.2.15 ist ein $x^* \in K$ genau dann eine Minimallösung von (5.3.84), wenn

$$\dot{\lambda} = -A^\top \lambda + Cx^* + c \quad \text{und} \quad \lambda(b) = -\Gamma x^*(b) - \gamma \tag{5.3.85}$$

gilt.

Die punktweise Minimierung von W (siehe (5.3.25)) liefert

$$Du + d - B^\top \lambda = 0. \tag{5.3.86}$$

Mit den Bedingungen (5.3.80), (5.3.85) und (5.3.86) versucht man, eine Lösung (λ^*, x^*, u^*) zu berechnen.

Da D positiv definit ist, folgt

$$u^* = D^{-1}B^\top \lambda - D^{-1}d. \tag{5.3.87}$$

Das Einsetzen von (5.3.87) in (5.3.80) liefert

$$\dot{x} = Ax + BD^{-1}B^\top \lambda - BD^{-1}d, \quad x(a) = x_0. \tag{5.3.88}$$

Wir wollen einige wichtige Spezialfälle hervorheben.

I) In dem Fall $\Gamma \equiv 0$ haben wir mit (5.3.85) und (5.3.88) ein lineares DGL-System zur gemeinsamen Bestimmung von (x, λ) mit den vorgegebenen Randwerten

$$x(a) = x_0, \quad \lambda(b) = -\gamma$$

zu lösen. Ist die Lösung (x^*, λ^*) bereits ermittelt, so liegt mit

$$u^* = D^{-1}B^\top \lambda^* - D^{-1}d$$

eine optimale Steuerung vor.

II) Ansatz über die Riccati-Differentialgleichung Wir gehen jetzt von einer rein quadratischen Zielfunktion aus, d. h.

$$\gamma = 0, \quad c = d = 0.$$

Um das aus (5.3.85) und (5.3.88) resultierende DGL-System zu lösen, wird der Ansatz

$$\lambda(t) = -P(t)x(t) \tag{5.3.89}$$

gemacht, wobei $P \in C^{(1)}[a,b]^{n \times n}$ ist. Eingesetzt in (5.3.85) und (5.3.88) ist

$$\dot{\lambda} = (A^\top P + C)x, \quad \dot{x} = (A - BD^{-1}B^\top P)x. \tag{5.3.90}$$

Mit (5.3.89) und der Produktregel folgt

$$\dot{P}x + P\dot{x} + \dot{\lambda} = 0. \tag{5.3.91}$$

Einsetzen von (5.3.90) in (5.3.91) liefert

$$(\dot{P} + P(A - BD^{-1}B^\top P) + A^\top P + C)x = 0,$$

was zu der Riccati-Matrix-DGL

$$\dot{P} = -A^\top P - PA + PBD^{-1}B^\top P - C \tag{5.3.92}$$

führt. Mit der Bedingung $P(b) = \Gamma$ wird jetzt die eindeutig bestimmte (symmetrische) Lösung P^* von (5.3.92) berechnet (siehe Anhang B). Dann wird für λ in (5.3.88) $-P^*x$ eingesetzt und eine Lösung x^* von (5.3.88) bestimmt. Dies führt zu

$$\lambda^* := -P^*x^* \quad \text{mit } \lambda^*(b) = -\Gamma x^*(b). \tag{5.3.93}$$

Aus (5.3.87) ergibt sich

$$u^* = -D^{-1}B^\top P^*x^*. \tag{5.3.94}$$

Wird λ^* als Lagrange-Multiplikatorfunktion gewählt, so ist mit Satz 5.3.6 (x^*, u^*) eine Minimallösung von (5.3.81) und damit eine Lösung der gestellten Aufgabe (5.3.79)–(5.3.80) (siehe auch [K-S]).

Bemerkung (Optimaler Regler). Die Gleichung (5.3.94) kann als ein *optimaler Regler* gedeutet werden. Der optimale Steuerungsinput $u(t)$ zur Zeit t ist in der Form einer Rückkopplung durch eine lineare Funktion der Zustandsvariablen beschrieben. Wir haben das folgende Schema für $R := -D^{-1}B^\top P^*$.

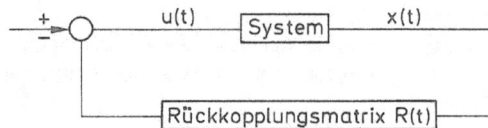

Beispiel (Stabilisierung der Winkelgeschwindigkeit eines Motors). Die Winkelgeschwindigkeit ω eines Gleichstrommotors, der durch veränderliche Spannung u gesteuert wird, genüge in dem Intervall $[a,b]$ der Differentialgleichung

$$\dot{\omega}(t) = -\alpha\omega(t) + \gamma u(t) \tag{5.3.95}$$

und der Anfangsbedingung

$$\omega(a) = \omega_0, \tag{5.3.96}$$

wobei α, γ, ω_0 gegebene Konstanten sind. Wir wollen, dass die Winkelgeschwindigkeit sich auf dem gewünschten Niveau β stabilisiert. Bezeichne u_0 den konstanten Steuerungsinput nach dem Erreichen des stabilen Zustandes. Von da an gilt die Gleichung

$$0 = -\alpha\beta + \gamma u_0. \tag{5.3.97}$$

Mit der Translation $y(t) = \omega(t) - \beta$ hat man den stabilen Zustand $y(t) = 0$ zu erreichen. Die Gleichung (5.3.95) gilt auch bzgl. y und (5.3.96) geht in $y(t_0) = \omega_0 - \omega^*$ über.

Als Optimalitätskriterium wählen wir das Funktional

$$f(y, u) := \int_a^b [\eta y^2(t) + \rho u^2(t)]dt + \mu y^2(b), \tag{5.3.98}$$

wobei $\rho > 0$ und $\eta, \mu \geq 0$ sind.

Dieses Kriterium soll Folgendes gleichzeitig bewirken:

 i) y ist nahe 0 (bzw. ω nahe β);

 ii) die Steuerung u nimmt keine zu großen Werte an, und der Energieverbrauch wird klein gehalten (Gewichtung durch ρ);

 iii) zum Zeitpunkt b soll $y(b)$ in der Nähe von Null sein.

Man kann μ entweder als einen Penalty-Faktor (siehe Penalty-Methode in Abschnitt 4.4) oder als einen Lagrange-Multiplikator (der noch zu bestimmen ist) interpretieren.

Lösungsansatz. Es liegt eine Aufgabe der Form (5.3.79)–(5.3.80) mit $A \equiv -\alpha$, $B \equiv \gamma$, $C \equiv \eta$, $D \equiv \rho$, $\Gamma \equiv \mu$ und $\gamma = 0$, $c = d \equiv 0$ vor. Man kann jetzt nach (5.3.92) das Riccati-Anfangswertproblem

$$\dot{P}(t) = 2\alpha P(t) + \frac{\gamma^2}{\rho}P^2(t) - \eta, \quad P(b) = \mu$$

lösen und nach dem oben beschriebenen Weg die Lösung (x^*, u^*) bestimmen. Mit (5.3.94) ist dann der optimale Regler gegeben.

Ein anderer Zugang entsteht dadurch, dass man die Gleichungen (5.3.85) und (5.3.88) zur Bestimmung von (y^*, λ^*) direkt benutzt. Das führt zu dem linearen DGL-System mit konstanten Koeffizienten

$$\begin{pmatrix} \dot{y}(t) \\ \dot{\lambda}(t) \end{pmatrix} = \begin{pmatrix} -\alpha & \frac{\gamma^2}{\rho} \\ \eta & \alpha \end{pmatrix} \begin{pmatrix} y(t) \\ \lambda(t) \end{pmatrix}$$

und den gegebenen Randwerten $y(t_0) = y_0$, $\lambda(t_1) = -\mu$. Für die optimale Steuerung u^* gilt dann nach (5.3.87)

$$u^* = \frac{\gamma}{\rho}\lambda^*.$$

Quadratische Aufgaben mit festen Endpunkten

Mit den oben beschriebenen Methoden und dem Lagrange-Lemma aus Abschnitt 4.5 können wir auch allgemeine quadratische Aufgaben (d. h. Zielfunktion wie in (5.3.79)) mit festen Endpunkten behandeln. Für ein vorgegebenes $x_1 \in \mathbb{R}^n$ wird jetzt zusätzlich gefordert:

$$x(b) = x_1. \tag{5.3.99}$$

Wir gehen davon aus, dass die so entstandene Restriktionsmenge nicht leer ist. Mit dem Lagrange-Lemma aus Abschnitt 4.5 kann man diese Aufgabe mit einem (noch zu bestimmenden) $\alpha \in \mathbb{R}^n$ in eine Aufgabe mit freiem rechten Endpunkt überführen. Die Zielfunktion aus (5.3.79) geht jetzt in die Zielfunktion

$$\frac{1}{2}x^\top(b)\Gamma x(b) + \gamma^\top x(b) + \alpha^\top x(b) + \int_a^b \left(\frac{1}{2}x^\top Cx + c^\top x + \frac{1}{2}u^\top Du + d^\top u \right)(t)dt$$

über, d. h. mit dem neuen $\gamma_1 = \gamma + \alpha$ liegt eine QAOS-Aufgabe vor. Gelingt es jetzt, den Vektor α so zu wählen, dass die dazugehörige Lösung die Bedingung (5.3.99) erfüllt, so haben wir eine Lösung der gestellten Aufgabe gefunden, da für jedes $\alpha \in \mathbb{R}^n$ eine konvexe Aufgabe vorliegt.

Um dies zu veranschaulichen, soll das Beispiel aus Abschnitt 5.1.15 (Energie minimaler Motorbeschleunigung) mit der eben beschriebenen Methode behandelt werden. Die Aufgabe lautete:

$$\text{Minimiere} \int_0^1 u^2(t)dt$$

unter den Nebenbedingungen

$$\dot{\omega} + \omega = u, \quad \omega(0) = 0 \tag{5.3.100}$$

$$\omega(1) = 0 \tag{5.3.101}$$

und

$$\int_0^1 \omega(t)dt = 1 \quad \text{(entspricht in Abschnitt 5.1.15} \quad x(1) = 1, \ x(0) = 0). \tag{5.3.102}$$

Damit haben wir neben der Endpunkt-Bedingung $\omega(1) = 0$ noch die Bedingung (5.3.102). Mit dem Lagrange-Lemma kann man beide zugleich behandeln. Es wird jetzt ein $(\mu, \eta) \in \mathbb{R}^n$ derart gesucht, dass ein $\omega^* \in M := \{\omega \mid \dot{\omega} + \omega = u,\ \omega(0) = 0\}$ die Funktion

$$f(\omega, u) := \eta\omega(1) + \mu \int_0^1 \omega(t)dt + \int_0^1 u^2(t)dt$$

auf M minimiert und sowohl (5.3.101) wie auch (5.3.102) erfüllt. Dies ist eine QAOS-Aufgabe mit $\Gamma = 0,\ \gamma = \eta,\ C \equiv 0,\ D \equiv 2,\ c \equiv \mu,\ d \equiv 0,\ A \equiv -1,\ B \equiv 1$. Die

DGL (5.3.85) und (5.3.88) zur gemeinsamen Bestimmung von (ω^*, λ^*) lauten hier

$$\dot{\lambda} = \lambda + \mu \quad \text{mit } \lambda(1) = -\eta \tag{5.3.103}$$

$$\dot{\omega} = -\omega + \frac{\lambda}{2} \quad \text{mit } \omega(0) = 0. \tag{5.3.104}$$

Dies und (5.3.87) führt zu

$$\lambda^*(t) = (\mu - \eta)e^{t-1} - \mu = 2u^*(t) \tag{5.3.105}$$

$$\omega^*(t) = e^{-t} \int_0^t e^s u^*(s)\,ds. \tag{5.3.106}$$

Zur Bestimmung von μ und η kann man jetzt (5.3.100), (5.3.101), (5.3.102) benutzen. Dies führt auf ein lineares Gleichungssystem und das Einsetzen der so berechneten $\eta = -2(1 - e)/(3 - e)$ und $\mu = -2(1 + e)/(3 - e)$ liefert die optimale Steuerung $u^*(t) = \frac{1}{3-e}(1 + e - 2e^t)$.

5.3.9 Lineare Aufgaben mit freiem Endpunkt

Das quadratische Zielfunktional von (5.3.79) wird jetzt durch ein lineares ersetzt, und es sollen nur beschränkte Steuerungen zugelassen werden. Nach wie vor wollen wir Aufgaben mit freiem rechten Endpunkt untersuchen. Wir möchten jetzt auch Aufgaben zulassen, bei denen es nur darum geht, am Ende der Zeitperiode $[0, \tau]$ einen Punkt $x^*(\tau)$ zu erreichen, so dass bei vorgegebenem $c \in \mathbb{R}^n$ (skalare Bewertung der Komponenten)

$$\sum_{i=1}^n c_i x_i^*(\tau)$$

maximal ist (siehe Meyersche Probleme in Abschnitt 5.2.14 und Bemerkung 5.3.5).
Wir betrachten die Aufgabe:

$$\text{Minimiere } \Gamma(x(b)) + \int_a^b [c^T(t)x(t) + d^T(t)u(t)]dt \tag{5.3.107}$$

unter den Nebenbedingungen

$$\dot{x}(t) = A(t)x(t) + B(t)u(t),$$

$$\forall j \in \{1, 2, \ldots, m\} \,\forall t \in [a, b] : -1 \le u_j(t) \le 1, \quad x(0) = x_0, \tag{5.3.108}$$

wobei $c \in C[a, b]^n$, $d \in C[a, b]^m$, $A \in C[a, b]^{n \times n}$ $B \in C[a, b]^{n \times m}$, $\Gamma \in C^{(1)}(\mathbb{R}^n)$ und $x_0 \in \mathbb{R}^n$ vorgegeben sind. Damit ist

$$K := \{x \in RCS^{(1)}[a, b]^n \mid x(0) = x_0\}$$

und

$$Q := \{u \in RS[a,b]^m \mid -1 \le u_j(t) \le 1\},\, j \in \{1,2,\dots,m\}\,.$$

Mit dem elementaren Lagrange-Ansatz aus Abschnitt 5.3.4 suchen wir ein $\lambda \in RCS^{(1)}[a,b]^n$ derart, dass ein $(x^*, u^*) \in K \times Q$ eine Minimallösung von

$$\Gamma(x(b)) + \int_a^b L(x(t), \dot{x}(t), u(t), \lambda(t), t)\,dt \quad \text{auf } K \times Q \tag{5.3.109}$$

ist, wobei

$$L(x, \dot{x}, u, \lambda, t) = c^T(t)x + d^T(t)u + \lambda^T \dot{x} - \lambda^T A(t)x - \lambda^T B(t)u. \tag{5.3.110}$$

Es liegt eine separierte konvexe (lineare) Aufgabe vor (siehe Abschnitt 5.3.4 und 5.3.6). Die Euler-Lagrange Gleichung und die Transversalitätsbedingung (5.2.35) liefern

$$\dot{\lambda}(t) = -A^T(t)\lambda(t) + c(t), \quad \lambda(b) = -\Gamma'(b). \tag{5.3.111}$$

Lineare Zielfunktion

Sei nun $\Gamma(x(b)) = \gamma^T x(b)$ mit einem $\gamma \in \mathbb{R}^n$. Jetzt wird die eindeutige Lösung λ^* von (5.3.111) bestimmt (siehe Anhang Satz B.8).

Die punktweise Minimierung liefert (siehe (5.3.25)):

$$\text{Minimiere } (d^T - \lambda^*(t)^T B(t))u \text{ bzgl. } u_j \in [-1,1],\, j \in \{1,2,\dots,m\}. \tag{5.3.112}$$

Sei $h = (h_1, \dots, h_n) := d - B^T \lambda^*$ und für jedes $i \in \{1,\dots,m\}$ besitze die Komponente h_i nur endlich viele Nullstellen $\{t_1,\dots,t_k\}$ mit Vorzeichenwechsel. Sei $t_0 = a$, $t_{k+1} = b$ und

$$\epsilon_i = \begin{cases} 1, & \text{falls } h_i \in [a, t_1) \text{ nichtnegativ} \\ -1, & \text{sonst} \end{cases},$$

dann wird u komponentenweise erklärt durch

$$u_i^*(t) = \epsilon_i(-1)^j \quad \text{für } t \in [t_{j-1}, t_j),\, j \in \{1,\dots,k+1\}. \tag{5.3.113}$$

Anschließend wird (5.3.108) mit $x(0) = x_0$ unter Berücksichtigung von (5.3.113) stückweise vorwärts integriert.

Sei x^* die daraus resultierende Lösung.

Nach Abschnitt 5.3.6 ist (x^*, u^*) eine Lösung der gestellten Aufgabe. Die aus (5.3.113) resultierende Steuerung ist eine Treppenfunktion mit den Werten $-1, 1$. Derartige Steuerungen werden *Impulssteuerungen* oder *Bang-Bang-Steuerungen* genannt.

Bemerkung 5.3.8. Statt der Bedingung $u(t) \in [-1, 1]$ wird oft $u(t) \in [0, 1]$ verlangt. Für diesen Fall braucht man nur (siehe obiger Beweis) die Bedingung (5.3.113) durch

$$u_i^*(t) = \begin{cases} 1, & \text{falls } h_i(t) < 0 \\ 0, & \text{falls } h_i(t) \geq 0 \end{cases}$$

zu ersetzen (siehe auch Abschnitt 5.3.1 Bemerkung).

Bemerkung 5.3.9. In den Anwendungen kommt oft in dem Zielfunktional der Term $\sum_{i=1}^{m} |u_i(t)|$ mit $u_i(t) \in [-1, 1]$ vor. Durch Setzen von $v_i(t) := -\min\{0, u_i(t)\}$, $w_i(t) := \max\{0, u_i(t)\}$ ist $u_i(t) = w_i(t) - v_i(t)$ und $|u_i(t)| = w_i(t) + v_i(t)$ mit $v_i(t), w_i(t) \in [0, 1]$. Damit kann $\sum_{i=1}^{m} |u_i(t)|$ als eine lineare Funktion $\sum_{i=1}^{m} (v_i(t) + w_i(t))$ geschrieben werden.

Beispiel.

$$\text{Minimiere } x_1(\tau) + x_2(\tau) + \int_0^3 |u(t)| dt$$

unter den Nebenbedingungen

$$\dot{x}_1(t) = x_2(t), \ \dot{x}_2(t) = u(t), \ x_1(0) = x_2(0) = 0, \ |u(t)| \leq 1 \text{ für } t \in [0, 3].$$
$$(5.3.114)$$

Sei $v_1(t) := \max\{0, u(t)\}$, $v_2(t) := -\min\{0, u(t)\}$. Dann gilt

$$u(t) = v_1(t) - v_2(t) \quad \text{und} \quad |u(t)| = v_1(t) + v_2(t). \tag{5.3.115}$$

Der Lagrange-Ansatz führt zu

$$x_1(\tau) + x_2(\tau) + \int_0^3 L(x, \dot{x}, v, \lambda, t) dt,$$

wobei

$$L(x, \dot{x}, v, \lambda, t) = v_1 + v_2 + \lambda_1 \dot{x}_1 - \lambda_1 x_2 + \lambda_2 \dot{x}_2 - \lambda_2 (v_1 - v_2) \quad \text{und} \quad \gamma = \begin{pmatrix} 1 \\ 1 \end{pmatrix}$$

bzw.

$$L(x, \dot{x}, v, \lambda, t) = d^T v + \lambda^T \dot{x} - \lambda^T A x - \lambda^T B v$$

mit

$$A = \begin{pmatrix} 0 & 1 \\ 0 & 0 \end{pmatrix}, \quad B = \begin{pmatrix} 0 & 0 \\ 1 & -1 \end{pmatrix}, \quad d = \begin{pmatrix} 1 \\ 1 \end{pmatrix}, \quad \gamma = \begin{pmatrix} 1 \\ 1 \end{pmatrix}$$

ist.

Aus (5.3.111) folgt

$$\dot{\lambda}_1 = 0 \quad \text{und} \quad \lambda_1(3) = -1 \quad \Rightarrow \quad \lambda_1^*(t) = -1 \tag{5.3.116}$$

$$\dot{\lambda}_2 = -\lambda_1 \quad \text{und} \quad \lambda_2(3) = -1 \quad \Rightarrow \quad \lambda_2^*(t) = -t + 2. \tag{5.3.117}$$

Die Bedingung (5.3.112) führt zu

$$h = d - B^T \lambda^* = \begin{pmatrix} 1 - \lambda_2^* \\ 1 + \lambda_2^* \end{pmatrix} = \begin{pmatrix} t - 1 \\ 3 - t \end{pmatrix}.$$

Mit (5.3.113) und Bemerkung 5.3.8 folgt

$$v_1^*(t) = \begin{cases} 1 & \text{für } t < 1 \\ 0 & \text{für } t \in [1, 3] \end{cases} \quad ; \quad v_2^*(t) \equiv 0.$$

Diese Steuerung führt mit (5.3.114) und (5.3.115) zu der Zustandsvariablen

$$x_1^*(t) = \begin{cases} \frac{1}{2}t^2 & \text{in } [0, 1) \\ \frac{1}{2}t^2 + t - 1 & \text{in } [1, 3] \end{cases} \quad ; \quad x_2^*(t) = \begin{cases} t & \text{in } [0, 1) \\ t + 1 & \text{in } [1, 3] \end{cases}.$$

(x^*, v^*) stellt nach Abschnitt 5.3.6 eine Minimallösung der Aufgabe dar.

5.3.10   Aufgaben mit festen Endpunkten und linearen DGL

Im Unterschied zu Abschnitt 5.3.8 und 5.3.9 soll jetzt der rechte Endpunkt der Zustandsvariablen x fest vorgegeben sein. Weiterhin soll die hier vorkommende Differentialgleichung linear bzgl. der Zustandsvariablen sein. Bei derartigen Aufgaben kann man mit der folgenden Methode die als Differentialgleichung vorkommende Nebenbedingung eliminieren und zu gewöhnlichen Optimierungsproblemen kommen. Sei $[a, b] \subset \mathbb{R}$, $K := RCS^{(1)}[a, b]^n$, Q eine Teilmenge von $RS[a, b]^m$ und $f : K \times Q \to \mathbb{R}$ stetig. Wir betrachten die Aufgabe:

$$\text{Minimiere } f(x, u) \tag{5.3.118}$$

unter der Nebenbedingung

$$\forall \, t \in [a, b] : \dot{x}(t) = A(t)x(t) + Z(u(t), t),$$
$$x \in S := \{x \in K \mid x(a) = x_0, \ x(b) = x_1\}, \tag{5.3.119}$$

wobei $A \in RS[a, b]^{n \times n}$ und $Z \in C(\mathbb{R}^m \times [a, b], \mathbb{R}^n)$, x_0 und $x_1 \in \mathbb{R}^n$ vorgegeben sind.

Falls (5.3.108) Lösungen (in Abhängigkeit von u) besitzt, dann sind die Lösungen von der folgenden Gestalt (siehe Anhang Satz B.8):

$$x_u(t) = \Phi(t) \left(x_0 + \int_a^t \Phi^{-1}(s) Z(u(s), s) ds \right), \quad x_u(b) = x_1, \tag{5.3.120}$$

wobei Φ die Fundamentalmatrix des Anfangswertproblems

$$\dot{\Phi}(t) = A(t)\Phi(t), \quad \Phi(0) = E_n \quad (E_n \text{ die } (n \times n)\text{-Einheitsmatrix}) \text{ ist.}$$

Mit den Bezeichnungen

$$u \mapsto F(u) := f(x_u, u), \tag{5.3.121}$$

$$g(u) := \Phi(b) \int_a^b \Phi^{-1}(s) Z(u(s), s) ds, \tag{5.3.122}$$

$$c := x_1 - \Phi(b) x_0, \tag{5.3.123}$$

ist die Aufgabe (5.3.118)–(5.3.119) auf die folgende zurückgeführt worden:

$$\text{Minimiere } F(u) \tag{5.3.124}$$

unter den Nebenbedingungen

$$g(u) = c, \quad u \in Q. \tag{5.3.125}$$

Durch die Spezifizierung von f, B und Q werden jetzt die Probleme konkretisiert. Sei nun wie in Abschnitt 5.3.9 $Z(u(t), t) = B(t) u(t)$ mit einem $B \in C[a, b]^{n \times m}$. Wir setzen

$$Y(t) := \Phi(b) \Phi^{-1}(t) B(t). \tag{5.3.126}$$

Für $i \in \{1, \ldots, n\}$ sei Y_i die i-te Zeile von Y. Die Gleichung $g(u) = c$ lautet jetzt

$$\int_a^b Y_i(t) u(t) dt = c_i, \quad i \in \{1, \ldots, n\}. \tag{5.3.127}$$

Wir wollen die obigen Betrachtungen an der Aufgabe 1 aus Abschnitt 5.3.1 veranschaulichen, bei der eine kostenminimale Überführung eines Zuges zu finden war. Das führte zu der Zielfunktion

$$f(x, u) = \int_0^\tau |u(t)| dt \tag{5.3.128}$$

unter den Nebenbedingungen $\dot{x}_1 = x_2, \dot{x}_2 = u, u \in Q, x \in K$, wobei

$$Q = \{u \mid -1 \leq u(t) \leq 1, \ t \in [0, \tau]\}, \quad K = \{x \mid x(0) = (0, 0), \ x(\tau) = (\beta, 0)\}$$

ist.

Mit den obigen Bezeichnungen ist hier

$$A(t) = \begin{pmatrix} 0 & 1 \\ 0 & 0 \end{pmatrix}, \ B(t) = \begin{pmatrix} 0 \\ 1 \end{pmatrix}, \ \Phi(t) = \begin{pmatrix} 1 & t \\ 0 & 1 \end{pmatrix}, \ \Phi^{-1}(s) = \begin{pmatrix} 1 & -s \\ 0 & 1 \end{pmatrix}. \tag{5.3.129}$$

Daraus folgt

$$Y(t) = \begin{pmatrix} 1 & \tau \\ 0 & 1 \end{pmatrix} \begin{pmatrix} 1 & -t \\ 0 & 1 \end{pmatrix} \begin{pmatrix} 0 \\ 1 \end{pmatrix} = \begin{pmatrix} 1 & \tau \\ 0 & 1 \end{pmatrix} \begin{pmatrix} -t \\ 1 \end{pmatrix} = \begin{pmatrix} -t + \tau \\ 1 \end{pmatrix} \tag{5.3.130}$$

und

$$c = (\beta, 0).$$ (5.3.131)

Damit bekommen wir die folgende Aufgabe:

P)   Minimiere $\int_0^\tau |u(t)|dt$

unter den Nebenbedingungen

$$\int_0^\tau (-t + \tau)u(t)dt = \beta,$$

$$\int_0^\tau u(t)dt = 0,$$

$$-1 \le u(t) \le 1 \quad \text{für alle} \in [0, \tau].$$

Dies ist eine Aufgabe der sogenannten L^1-Minimierung (bzw. Approximation im Mittel), die wir im nachfolgenden Abschnitt 8 behandeln.

Schreibt man die Zielfunktion im Sinne der Bemerkung 5.3.9 als eine lineare Funktion, so bekommt P) die Gestalt der Probleme, die im Fundamentallemma der Testtheorie behandelt werden (siehe Kapitel 15).

Das letzte Beispiel lässt sich folgendermaßen verallgemeinern:

Lineare Aufgaben mit festen Endpunkten

Die Funktion f wird jetzt als eine lineare Funktion gewählt.

Sei $f: K \times Q \to \mathbb{R}$ wie in Abschnitt 5.3.9 durch

$$f(x, u) := \int_0^\tau (a^\top(t)x(t) + b^\top(t)u(t))dt$$ (5.3.132)

gegeben, wobei $a \in C[0, \tau]^n$ und $b \in C[0, \tau]^m$ ist. Für das Funktional F aus (5.3.121) gilt

$$F(u) = f(x_u, u)$$

$$= \int_0^\tau \left[a^\top(t)\Phi(t) \left(x_0 + \int_0^t \Phi^{-1}(s)B(s)u(s)ds \right) + b^\top(t)u(t) \right] dt.$$
                                                      (5.3.133)

Sei

$$r(t) := \int_0^t a^\top(s)\Phi(s)ds \quad \text{und} \quad V(t) := \Phi^{-1}(t)B(t).$$

Mit der partiellen Integration erhalten wir

$$\int_0^\tau a^\top(t)\Phi(t) \left(\int_0^t V(s)u(s)ds \right) dt = r(t) \int_0^t V(s)u(s)ds \mid_0^\tau - \int_0^\tau r(t)V(t)u(t)dt.$$
                                                      (5.3.134)

Aus (5.3.127) folgt

$$r(\tau) \int_0^{\tau} V(s)u(s)ds = r(\tau)\Phi(\tau)^{-1}\Phi(\tau) \int_0^{\tau} \Phi^{-1}(s)B(s)u(s)ds$$

$$= r(\tau)\Phi(\tau)^{-1}c =: \eta_1. \tag{5.3.135}$$

Bezeichne $\eta_2 := \int_0^{\tau} a^{\top}(t)\Phi(t)x_0\, dt$. Dann gilt mit (5.3.134) und (5.3.135)

$$F(u) = \eta_1 + \eta_2 + \int_0^{\tau} [b^{\top}(t)u(t) - r(t)V(t)u(t)]dt. \tag{5.3.136}$$

Mit dem Weglassen der Konstanten $\eta_1 + \eta_2$ und der Bezeichnung $d := b^{\top} - r(t)V(t)$ erhalten wir das verallgemeinerte Momentenproblem:

M)   Minimiere $\displaystyle\int_0^{\tau} d(t)u(t)dt$

unter den Nebenbedingungen

$$u \in Q, \quad \int_0^{\tau} Y(t)u(t)dt = c.$$

Derartige Aufgaben können mit den Verfahren der semi-infiniten Optimierung behandelt werden (siehe Abschnitt 14.2). Sie stehen in enger Verbindung zu den Problemen der Čebyšev- und der L^1-Approximation, die in den nächsten Abschnitten behandelt werden.

Auch das Fundamentallemma der Testtheorie ist eine hinreichende Bedingung an die Minimallösungen von M) (siehe Abschnitt 15.3).

Bemerkung. Lineare Aufgaben mit festen Endpunkten können mit dem Lagrange-Lemma (siehe Abschnitt 4.5) auf Aufgaben mit einem freien rechten Endpunkt zurückgeführt werden. Zu der Nebenbedingung

$$x(\tau) = x_{\tau}$$

wird ein $\alpha \in R^n$ derart gesucht, dass ein $x^* \in M := \{x \in K \mid x(0) = x_0\}$ eine Minimallösung von $\alpha(x(\tau) - x_{\tau}) + f(x, u)$ ist. Die Existenz eines α mit dieser Eigenschaft wird später aus Abschnitt 13.5 folgen.

Sei $Q := \{u \mid -1 \le u(t) \le 1\}$. Bei festem α ist dies eine Aufgabe wie in Abschnitt 5.3.9. Und wie in (5.3.113) kommt man hier auch zu Steuerungen, die Treppenfunktionen mit den Werten aus $\{-1, 1\}$ (Bang-Bang Steuerungen) sind. Jetzt wird ein α gesucht, so dass die dazugehörige optimale Steuerung u^* (die bis auf die Multiplikation mit -1 durch ihre Sprungstellen $\{t_1, \ldots, t_k\}$ bestimmt ist) zu einer Zustandsvariablen x^* führt, für die $x(\tau) = x_{\tau}$ ist (d. h. x^* liegt in der Restriktionsmenge S).

5.3.11   Quadratische Steuerungsaufgaben als Minimierungsaufgaben im quadratischen Mittel

Um die Verbindung der quadratischen Aufgaben der optimalen Steuerung zu der Approximationstheorie im quadratischen Mittel zu verdeutlichen, wird nun eine leichte Verallgemeinerung der Steuerungsaufgaben aus Abschnitt 5.1.15 behandelt.

Wir betrachten jetzt quadratische Aufgaben der Form

$$f(x, u) = \int_a^b u^T(t) D(t) u(t) dt, \tag{5.3.137}$$

wobei $D(t)$ für alle $t \in [a, b]$ eine symmetrische positiv definite $m \times m$-Matrix ist.

Dann kann man in $RCS^{(1)}[a, b]^m$ das Skalarprodukt

$$\langle v, w \rangle_D := \langle v, D w \rangle = \int_a^b v^T(t) D(t) w(t) dt$$

einführen. Für $i \in \{1, \dots, n\}$ sei Y_i die i-te Zeile von Y und

$$Z_i := D^{-1} Y_i.$$

Damit geht (5.3.127) über in

$$\langle Z_i, u \rangle_D = c_i,$$

und das Zielfunktional (5.3.137) hat die Gestalt

$$f(x, u) = \|u\|_D^2 = \langle u, u \rangle_D.$$

Es liegt also eine Aufgabe wie in Abschnitt 5.1.15 vor. Die optimale Steuerung u^* hat die Gestalt

$$u^* = \sum_{i=1}^n \alpha_i Z_i,$$

wobei $\alpha = (\alpha_1, \dots, \alpha_n)$ die eindeutige Lösung von $G\alpha = c$ bzgl. der Gramschen Matrix G von $\{Z_1, \dots, Z_n\}$ ist.

Bemerkung (über Steuerungs-Approximationsprobleme). Die durch (5.3.119) beschriebene Restriktionsmenge kann leer sein, d. h. es existiert keine zulässige Steuerung. Dann kann man versuchen, dem vorgegebenen Endpunkt x_1 möglichst nahe zu kommen. Wird dies bzgl. der Euklidischen Metrik verstanden, so bekommt man die folgende Aufgabe (siehe [Kr3]):

Minimiere $\|x(b) - x_1\|^2$ unter den Nebenbedingungen

$$\dot{x}(t) = A(t) x(t) + Z(u(t), t), \quad x \in R := \{x \in K \mid x(a) = x_0\}, \quad u \in Q. \tag{5.3.138}$$

Für den wichtigen Spezialfall $Z(u(t), t) = B(t)u(t)$, $B \in C[a, b]^{n \times m}$ und $Q = \{u \mid -1 \leq u(t) \leq 1\}$ ist die Menge E der erreichbaren Punkte mit (5.3.120) durch

$$E := \{\Phi(b)(x_0 + \int_a^b \Phi^{-1}(s)B(s)u(s)ds) \mid u \in Q\}$$

gegeben. Als das Bild der konvexen Menge Q unter einer affinen Abbildung ist E konvex, und unter der Annahme der Existenz einer Lösung (x^*, u^*) (was mit funktionalanalytischen Mitteln in $L^2[a, b]^n$ leicht zu zeigen ist) besitzt $\|\cdot - x_1\|^2$ auf E eine eindeutige Minimallösung x_b. Die durch (5.3.137) und (5.3.138) gegebene Aufgabe ist jetzt von der Form (5.3.137) und (5.3.108) mit $\Gamma(x(b)) = \|x(b) - x_1\|^2$ und $c = d = 0$. Für alle Lösungen gilt $x(b) = x_b$ (noch unbekannt). Die Gleichung (5.3.111) ist hier durch

$$\dot{\lambda}(t) = -A^T(t)\lambda(t), \quad \lambda(b) = -2(x_b - x_1)$$

gegeben.

Mit (5.3.112) und (5.3.113) führt dieses Steuerungs-Approximationsproblem zu Impulssteuerungen (Bang-Bang-Steuerungen).

5.3.12 Minimalzeitprobleme als lineare Approximationsaufgaben

Eine *Minimalzeitaufgabe* entsteht dadurch, dass der rechte Endpunkt des Zeitintervalls frei gewählt werden kann, und es wird nach einer möglichst kurzen Zeit τ_0 gefragt, in der man ausgehend von einem Startpunkt vermöge einer zulässigen Steuerung einen vorgegebenen Punkt c erreicht.

Wird also die Zielfunktion $f(x) = \|x(b) - c\|^2$ in (5.3.138) in Abhängigkeit von b betrachtet, so wird das kleinste b gesucht, für das eine Minimallösung mit dem Minimalwert 0 existiert. Insbesondere kommt man auch hier mit (5.3.113) zu optimalen Steuerungen, die Impulssteuerungen (Bang-Bang) sind.

Dies wird mit dem Satz 5.3.7 präzisiert.

Eine wichtige Klasse derartiger Aufgaben kann man mit den Methoden der linearen L^1-Approximation und der Čebyšev-Approximation behandeln (siehe (5.3.165)).

Die Mengen K und Q sollen jetzt in Abhängigkeit von einem $\tau \in (0, \infty)$ gewählt werden, was mit einem Index τ zum Ausdruck gebracht wird.

Seien $K_\tau := RCS^{(1)}[0, \tau]^n$, $X_\tau := RS[0, \tau]^m$ und

$$Q_\tau := \{u \in X_\tau \mid |u_i(t)| \leq 1, \; i \in \{1, \ldots, m\}, t \in [0, \tau]\}. \tag{5.3.139}$$

Seien $A \in RS[0, \infty)^n$, $B \in RS[0, \infty)^m$ (das letzte Stetigkeits-Teilintervall ist jetzt von der Form $[\eta, \infty)$). Weiter sei

$$R_\tau := \{u \in X_\tau \mid \exists x \in K_\tau \forall t \in [0, \tau] : \dot{x}(t) = A(t)x(t) + B(t)u(t),$$
$$x(0) = 0, \; x(\tau) = c\}. \tag{5.3.140}$$

Die Minimalzeit-Aufgabe (MZ) lautet jetzt:

$$\text{Minimiere } \tau \text{ unter der Nebenbedingung } Q_\tau \cap R_\tau \neq \emptyset. \tag{5.3.141}$$

Mit der Norm

$$\|u\|_\tau = \sup\{|u_i(t)| \mid i \in \{1, \dots, m\}, \ t \in [0, \tau]\} \tag{5.3.142}$$

ist Q_τ die Einheitskugel in dem normierten Raum $(X_\tau, \|\cdot\|_\tau)$. Insbesondere gilt für τ mit $Q_\tau \cap R_\tau \neq \emptyset$

$$w(\tau) := \inf\{\|u\|_\tau \mid u \in R_\tau\} \leq 1, \tag{5.3.143}$$

und für τ mit $Q_\tau \cap R_\tau = \emptyset$ ist für alle $u \in R_\tau$ $\|u\|_\tau > 1$ und damit $w(\tau) \geq 1$. Mit Stabilitätsbetrachtungen kann man jetzt versuchen zu beweisen, dass

$$w(\tau_0) = 1 \tag{5.3.144}$$

gilt. Dies führt nur zu einer notwendigen Bedingung, mit der noch nicht die zentrale Frage beantwortet ist, ob eine aus (5.3.144) berechnete Lösung das gestellte Minimalzeitproblem (MZ) löst (auch für nicht optimale τ könnte $w(\tau) = 1$ sein).

Ein hinreichendes Kriterium hierfür wird der unten folgende Satz 5.3.8 liefern.

Sei wie in Abschnitt 5.3.10 Φ eine Fundamentalmatrix der DGL aus (5.3.140), wobei $\Phi(0)$ die n-te Einheitsmatrix ist. Dann kann man die Bedingung (5.3.140) mit $Y(t) := \Phi(\tau_0)\Phi^{-1}(t)B(t), i \in \{1, \dots, n\}$ in der Form von n linearen Gleichungen

$$\int_0^{\tau_0} Y_i(t)u(t)dt = c_i \quad \text{für } i \in \{1, \dots, n\} \tag{5.3.145}$$

schreiben, wobei Y_i die i-te Zeile von Y ist.

Mit den obigen Überlegungen kommen wir zu der jetzt folgenden Aufgabe.

Finde ein Paar (τ_0, u^*) mit den Eigenschaften:

$$u^* \text{ ist ein Element minimaler Norm in } S_{\tau_0} := \{u \in X_{\tau_0} \mid u \text{ erfüllt (5.3.145)}\} \tag{5.3.146}$$

und

$$\|u^*\|_{\tau_0} = 1. \tag{5.3.147}$$

Um die Verbindung zu der angesprochenen Approximation im Mittel herzustellen, wird für jedes τ_0 die durch (5.3.145) und (5.3.146) gegebene Optimierungsaufgabe umgeformt. Da $c \neq 0$ ist, gibt es ein $c_{i_0} \neq 0$. Für das Weitere sei o. B. d. A. $i_0 = n$. Dann kann (5.3.145) mit den Funktionen

$$Z := Y_n/c_n \quad \text{und} \quad Z_i(t) := Y_i(t) - \frac{c_i}{c_n}Y_n \quad \text{für } i \in \{1, \dots, n-1\} \tag{5.3.148}$$

als

$$\int_0^{\tau_0} Z_i(t)u(t)dt = 0, \quad i \in \{1, \ldots, n-1\}, \quad \int_0^{\tau_0} Z(t)u(t)dt = 1 \qquad (5.3.149)$$

geschrieben werden.

Neben der Aufgabe:

D1)   Minimiere $\|u\|_{\tau_0}$ unter den Nebenbedingungen (5.3.149)

betrachten wir:

D2)   Maximiere $\psi_{\tau_0}(u) := \int_0^{\tau_0} Z(t)u(t)dt$

unter den Nebenbedingungen

$$\int_0^{\tau_0} Z_i(t)u(t)dt = 0 \ \text{ für } i \in \{1, \ldots, n-1\} \ \text{ und } \ \|u\|_{\tau_0} = 1. \qquad (5.3.150)$$

Bemerkung 5.3.10. Man prüft direkt nach, dass die Aufgaben D1) und D2) im folgenden Sinne äquivalent sind.

Ist W der Maximalwert von D2), so ist $1/W$ der Minimalwert von D1) und ein u_0 ist genau dann eine Lösung von D2), wenn u_0/W eine Lösung von D1) ist. Nach der Forderung (5.3.147) ist $W = 1$.

Wir wollen jetzt sehen, dass man die Aufgabe D2) als eine duale (siehe Abschnitt 2.5) der folgenden nichtrestringierten Aufgabe in $\mathbb{R}^{n-1}$ betrachten kann.

P1)   Minimiere $\varphi_{\tau_0}(\alpha_1, \ldots, \alpha_{n-1}) := \int_0^{\tau_0} \left\| Z^T(t) - \sum_{i=0}^{n-1} \alpha_i Z_i^T(t) \right\|_1 dt$

         auf $\mathbb{R}^{n-1}$,

wobei $\|\cdot\|_1$ die Norm $\alpha \mapsto \sum_{i=1}^m |\alpha_i|$ in $\mathbb{R}^m$ bezeichnet.

Es gilt offenbar für alle $\alpha, \beta \in \mathbb{R}^m$

$$\left| \sum_{i=1}^m \alpha_i \beta_i \right| \leq \left(\max_{1 \leq i \leq m} |\beta_i| \right) \sum_{i=1}^m |\alpha_i|. \qquad (5.3.151)$$

Bemerkung 5.3.11. P1) ist eine Aufgabe der Approximation im Mittel, die in Kapitel 8 behandelt wird.

Es gilt der

Satz 5.3.7. *Die Aufgaben* P1) *und* D2) *sind schwach dual und* P1) *ist lösbar. Ist* α^* *eine Lösung von* P1) *und besitzt jede Komponente von* $h = (h_1, \ldots, h_m) := Z^T - \sum_{i=1}^{n-1} \alpha_i^* Z_i^T$ *nur endlich viele Nullstellen in* $[0, \tau_0]$, *so lässt sich eine Lösung* u^* *folgendermaßen konstruieren:*

Sei $i \in \{1, \ldots, m\}$ *fest gewählt, und seien* $\{t_1 < \ldots < t_k\}$ *die Nullstellen mit Vorzeichenwechsel von der* i *-ten Komponente* h_i *von* h. *Sei* $t_0 := \alpha$, $t_{k+1} := \tau_0$ *und*

$$\varepsilon_i := \begin{cases} 1, & \text{falls} \quad h_i \in [0, t_1) \quad \text{nichtnegativ} \\ -1, & \text{sonst} \end{cases}$$

Dann ist die folgende komponentenweise erklärte Funktion

$$u_i^*(t) = \varepsilon_i(-1)^j, \quad \text{für} \quad t \in [t_{j-1}, t_j), \ j \in \{1, \ldots, k+1\} \tag{5.3.152}$$

eine Minimallösung von D2)*, und es gilt* $\psi_{\tau_0}(u^*) = \varphi_{\tau_0}(\alpha^*)$, *d. h. die Aufgabe* D2) *ist dual zu* P1)*.*

Beweis. Sei $\alpha = (\alpha_1, \ldots, \alpha_{n-1}) \in \mathbb{R}^{n-1}$ und u erfülle (5.3.150). Mit (5.3.151) gilt

$$\begin{aligned}
\psi_{\tau_0}(u) &= \int_0^{\tau_0} Z(t)u(t)dt = \int_0^{\tau_0} \left(Z(t) - \sum_{i=1}^{n-1} \alpha_i Z_i(t) \right) u(t)dt \\
&\leq \int_0^{\tau_0} \left| \left(Z(t) - \sum_{i=1}^{n-1} \alpha_i Z_i(t) \right) u(t) \right| dt \\
&\leq \int_0^{\tau_0} \left\| Z^T(t) - \sum_{i=1}^{n-1} \alpha_i Z_i^T(t) \right\|_1 \|u\|_{\tau_0} dt \\
&\leq \int_0^{\tau_0} \left\| Z^T(t) - \sum_{i=1}^{n-1} \alpha_i Z_i^T(t) \right\|_1 dt = \varphi_{\tau_0}(\alpha), \tag{5.3.153}
\end{aligned}$$

und damit ist die schwache Dualität bewiesen.

Nach Abschnitt 3.16 besitzt P1) eine Minimallösung α^*. Nach dem Dualitätssatz der linearen Approximation (siehe Abschnitt 12.5) besitzt die Aufgabe D2), erweitert auf den Raum $(L^\infty[0, \tau_0]^m, \| \cdot \|_{\tau_0})$, eine Lösung $\overline{u}$ mit $\|\overline{u}\|_{\tau_0} = 1$ und

$$\int_0^{\tau_0} Z_i(t)\overline{u}(t) = 0 \quad \text{für alle } i \in \{1, \ldots, n-1\}.$$

Denn $(L^\infty[0, \tau_0]^m, \| \cdot \|_{\tau_0})$ ist der Dualraum von $(L^1[0, \tau_0]^m, \int_0^{\tau_0} \|x(t)\|_1 dt)$ (siehe [W1], S. 101, 113). Für $\overline{u}$ sind die (5.3.153) entsprechenden Ungleichungen als Gleichungen erfüllt. Insbesondere ist

$$\psi_{\tau_0}(\bar{u}) = \int_0^{\tau_0} h(t)\bar{u}(t)dt = \int_0^{\tau_0} \left(\sum_{i=1}^m |h_i(t)| \right) dt$$

$$= \int_0^{\tau_0} \left\| Z^T(t) - \sum_{i=1}^{n-1} \alpha_i^* Z_i^T(t) \right\|_1 dt = \varphi_{\tau_0}(\alpha^*). \tag{5.3.154}$$

Da $\|\bar{u}\|_{\tau_0} = 1$ ist, folgt aus der obigen Gleichung, dass bereits $\bar{u} = u^*$ fast überall gelten muss. Damit erfüllt u^* die Bedingung (5.3.150). Da $u^* \in RS[0, \tau_0]$ ist, ist u^* eine Lösung von D2), für die $\psi_{\tau_0}(u^*) = \varphi_{\tau_0}(\alpha^*)$ gilt, d. h. D2) ist dual zu P1). $\square$

Wir bekommen jetzt das folgende hinreichende Kriterium für Minimalzeit-Lösungen.

Satz 5.3.8. *Sei τ_0 derart, dass eine Minimallösung α^* von P1) den Wert $\varphi(\alpha^*) = 1$ hat und jede Komponente von $h := Z^T - \sum_{i=1}^{n-1} \alpha_i^* Z_i^T$ besitze nur endlich viele Nullstellen. Dann ist τ_0 die gesuchte Minimalzeit und die durch (5.3.152) erklärte Funktion u^* eine gesuchte zeitoptimale Steuerung. Mit*

$$x^*(t) := \int_0^t Y(s)u^*(s)ds \quad \text{für alle } t \in [0, \tau_0] \tag{5.3.155}$$

ist eine zeitoptimale Zustandfunktion gegeben.

Beweis. Sei $t < \tau_0$. Dann gilt

$$r := \varphi_t(\alpha^*) = \int_0^t \|h(s)\|_1 ds < \int_0^{\tau_0} \|h(s)\|_1 ds = 1.$$

Nach Satz 5.3.7 ist für die mit (5.3.152) konstruierte Steuerung $u^0 = u^* |_{[0,t]}$

$$\psi_t(u^0) = \varphi_t(\alpha^*) = r < 1.$$

Mit Bemerkung 5.3.10 ist $u_0 \in R_t$, und für alle $u \in R_t$ gilt:

$$1/r = \|u^0\|_t \leq \|u\|_t.$$

Aus $1/r > 1$ folgt $Q_t \cap R_t = \emptyset$. Damit kann kein $\tau \leq t$ eine Minimallösung von (MZ) sein. $\square$

Bemerkung 5.3.12. In Abschnitt 14.6 werden wir sehen, dass man die Berechnung von α^* auf das Lösen eines nichtlinearen Gleichungssystems reduzieren kann, wofür effiziente numerische Verfahren existieren (siehe [K6]).

Beispiel. Wir betrachten wieder die Steuerung des Schienenfahrzeugs aus der Aufgabe 1 in Abschnitt 5.3.1. Diesmal wollen wir den Punkt $c = (1, 0)^T$ in der kürzesten Zeit erreichen. Das DGL-System ist hier gegeben durch:

$$\dot{x}_1 = x_2 \quad \text{und} \quad \dot{x}_2 = u, \tag{5.3.156}$$

d. h.

$$A = \begin{pmatrix} 0 & 1 \\ 0 & 0 \end{pmatrix} \quad \text{und} \quad B = \begin{pmatrix} 0 \\ 1 \end{pmatrix}.$$

Eine Fundamentalmatrix Φ mit $\Phi(0) = E$ bekommt man sofort mit

$$\Phi(t) = \begin{pmatrix} 1 & t \\ 0 & 1 \end{pmatrix}.$$

Für die Inverse gilt

$$\Phi^{-1}(t) = \begin{pmatrix} 1 & -t \\ 0 & 1 \end{pmatrix}.$$

Dies führt zu

$$Y(t) = \begin{pmatrix} 1 & \tau_0 \\ 0 & 1 \end{pmatrix} \begin{pmatrix} 1 & -t \\ 0 & 1 \end{pmatrix} \begin{pmatrix} 0 \\ 1 \end{pmatrix} = \begin{pmatrix} 1 & \tau_0 - t \\ 0 & 1 \end{pmatrix} \begin{pmatrix} 0 \\ 1 \end{pmatrix} = \begin{pmatrix} \tau_0 - t \\ 1 \end{pmatrix},$$

d. h.

$$Y_1(t) = \tau_0 - t \quad \text{und} \quad Y_2(t) = 1. \tag{5.3.157}$$

Mit (5.3.147) und (5.3.148) ist $Z = Y_1$ und $Z_1 = Y_2$. Die Aufgabe P1) lautet hier „minimiere φ_{τ_0} auf $\mathbb{R}$", wobei

$$\varphi_{\tau_0}(\alpha) := \int_0^{\tau_0} |\tau_0 - t - \alpha| dt.$$

Mit dem Charakterisierungssatz der konvexen Optimierung ist dafür notwendig und hinreichend, dass für alle $h \in \mathbb{R}$

$$0 \le \varphi'_{\tau_0}(\alpha, h) = h \int_0^{\tau_0} \text{sign}(\tau_0 - t - \alpha) dt$$

gilt. Für $\alpha = \tau_0/2$ (Median siehe Abschnitt 5.3.5) ist $\int_0^{\tau_0} \text{sign}(\tau_0/2 - t) dt = 0$. Damit ist $\alpha = \tau_0/2$ eine Minimallösung von P1) mit dem Wert $W = \tau_0^2/4$. Aus der Forderung $W = 1$ folgt für die minimale Zeit $\tau_0 = 2$.

Die Funktion $\tau_0 - t - \tau_0/2 = \tau_0/2 - t$ wechselt in $t = 1$ das Vorzeichen. Nach (5.3.152) ist die Steuerung

$$u^*(t) = \begin{cases} 1 & \text{für } t \in [0, 1) \\ -1 & \text{für } t \in [1, 2] \end{cases} \tag{5.3.158}$$

zeitminimal. Mit (5.3.155), (5.3.157) und (5.3.158) folgt

$$x^*(t) := \int_0^t \begin{pmatrix} 2 - s \\ 1 \end{pmatrix} u^*(s) ds.$$

Mit Satz 5.3.8 ist das Paar (x^*, u^*) eine gesuchte Lösung der gestellten Aufgabe.

5.3.13 Maßtheoretische Erweiterungen

Das Lagrange-Prinzip aus Abschnitt 5.3.4 kann man auch dann anwenden, wenn die DGL (5.3.1) durch die DGL

$$G(\dot{x}(t), x(t), u, t) = 0$$

ersetzt wird. Man kann hier $L(x, \dot{x}, u, \lambda, t) = \lambda G(\dot{x}, x, u, t)$ setzen. Eine einheitliche Sicht für den diskreten Lagrange-Ansatz aus Abschnitt 4.5 und den kontinuierlichen aus Abschnitt 5.3.4 bekommt man durch eine maßtheoretische Interpretation.

Sei X eine beliebige Menge, $f: X \to \mathbb{R}$ eine Funktion und für den Maßraum (T, Σ, μ) sei $g: X \to L^2(T, \Sigma, \mu)$. Der Lagrange-Ansatz für die Aufgabe „minimiere $f(x)$ auf $S := \{x \in X \mid g(x) = 0 \ \mu\text{-fast überall}\}$" wird durch den folgenden ersetzt: „Man finde ein $\lambda \in L^2(T, \Sigma, \mu)$ derart, dass ein x^* eine globale Minimallösung von $x \mapsto f(x) + \int_T \lambda(t) g(x)(t) d\mu(t)$ ist und $g(x^*) = 0 \ \mu$-fast überall gilt."

Für das diskrete Maß mit $\mu(i) = 1$ für $i \in \{1, \ldots, m\}$ bekommt man den Lagrange-Ansatz mit endlich vielen Nebenbedingungen aus Abschnitt 4.5.

Bei den Steuerungsaufgaben würde diese Erweiterung auch die Punktmaße (Dirac-Maße, Punktfunktionale) erlauben. Bei der Aufgabe 3 aus Abschnitt 5.3.3 könnte man dann das Punktfunktional $f(x) := x(1/2)$ benutzen.

5.3.14 Dynamische Optimierung

Der Lagrange-Ansatz kann auch bei diskreten Aufgaben der optimalen Steuerungen (siehe [I-T]) benutzt werden, um zu ähnlichen Behandlungsmethoden wie im kontinuierlichen Fall zu kommen.

Im diskreten Fall besitzt jedoch die folgende Methode von R. Bellman in den Anwendungen eine besondere Bedeutung und wird *dynamische Optimierung* genannt.

Die Fragestellung der dynamischen Optimierung lässt sich als ein *Produktionsprozess* veranschaulichen:

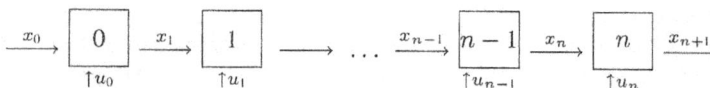

An der Stelle 0 entsteht aus dem Anfangszustand $x_0 \in \mathbb{R}^n$ durch die Wirkung der Steuergröße $u_0 \in \mathbb{R}^m$ der Zustand $x_1 = \varphi_0(x_0, u_0)$ mit dem Kostenaufwand $f(x_0, u_0)$ usw.

In ökonomischen Anwendungen wird die Steuerungsfolge $(u_0, \ldots, u_{n-1})$ auch Entscheidungsfolge oder Politik genannt.

Die folgende geometrische Eigenschaft der Optimallösungen von Variations- und Steuerungsaufgaben lässt sich unmittelbar auf diskrete Steuerungsaufgaben übertragen und wird zum Grundprinzip der im Folgenden dargestellten Methode.

Bezeichnet man den Graphen einer Optimallösung als einen *optimalen Weg*, so gilt das folgende Optimalitätsprinzip:

OP) *Jeder Teilweg eines optimalen Weges ist optimal.*

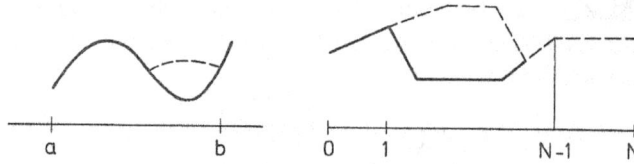

Denn sonst könnte man einen nichtoptimalen Teilweg durch einen besseren Teilweg ersetzen, und der zusammengesetzte Weg wäre besser als der optimale.

In der Sprache der Prozesse kann man OP) so formulieren: „Bei einem optimalen Prozeß verlaufen alle Teilprozesse optimal."

Wir kommen jetzt zu einer formalen Beschreibung.

Die Aufgabe DO) der dynamischen Optimierung lautet:

$$\text{Minimiere}\ \ K_0(x,u) := \sum_{i=0}^{N-1} f_i(x_i,u_i)\ \ \text{(Gesamtkosten)}$$

DO)   unter den Nebenbedingungen

$$x_{i+1} = \varphi_i(x_i,u_i), \quad u_i \in U_i \subset \mathbb{R}^m, \quad i \in \{0,1,\ldots,N-1\} \tag{5.3.159}$$

$$x_0 \text{ ist ein vorgegebener Punkt aus } \mathbb{R}^n, \tag{5.3.160}$$

wobei $U_i, \varphi_i \colon \mathbb{R}^n \times U_i \to \mathbb{R}^m$ für $i \in \{0,1,\ldots,N-1\}$ vorgegeben sind.

Ein Paar von Vektoren $((x_0,\ldots,x_{N-1}), (u_0,\ldots,u_{N-1}))$, das (5.3.159) und (5.3.160) erfüllt, heißt zulässig für DO).

Wir betrachten jetzt eine Familie von End-Teilprozessen DO$_j$) in Abhängigkeit von $x \in \mathbb{R}^n$:

$$\text{Minimiere}\ \ K_j(x,u_j,\ldots,u_{N-1}) := \sum_{i=j}^{N-1} f_i(x_i,u_i)\ \ \text{unter} \tag{5.3.161}$$

DO$_j$)

$$x_{i+1} = \varphi_i(x_i,u_i),\ u_i \in U_i \subset \mathbb{R}^m,\ i \in \{j,j+1,\ldots,N-1\} \tag{5.3.162}$$

$$x_j = x. \tag{5.3.163}$$

Ist $j = 0$ und $x = x_0$, so entspricht DO$_j$) der Aufgabe DO).

Zu jeder Wahl von $x \in \mathbb{R}^n$ und $j \in \{0,1,\ldots,N-1\}$ ist die Aufgabe DO$_j$) erklärt und besitzt einen Minimalwert $F_j(x)$ in $\overline{\mathbb{R}}$. Die daraus resultierende Abbildung $(j,x) \mapsto F_j(x)$,

$$F_j(x) = \inf\{K_j(x,u_j,\ldots,u_{N-1}) \mid (x,u_j,\ldots,u_{N-1})$$

$$\text{erfüllt (5.3.162) und (5.3.163)}\}, \tag{5.3.164}$$

heißt die *Bellmansche Funktion*. Für $j = N$ setzen wir $F_N \equiv 0$. Es gilt der zentrale und leicht zu beweisende Satz:

Satz 5.3.9 (Satz von Bellman).   i) *Die Bellmansche Funktion genügt für alle $x_j \in$*
$\mathbb{R}^n$ *und alle $j \in \{0, \dots, N-1\}$ den Rekursionsformeln*

$$F_j(x_j) = \inf\{f_j(x_j, u_j) + F_{j+1}(\varphi_j(x_j, u_j)) \mid u_j \in U_j\}. \qquad (5.3.165)$$

ii) *Genau dann ist ein für DO_j) zulässiges Paar $(x_j, \dots, x_{N-1})$, $(u_j, \dots, u_{N-1})$*
eine Minimallösung von DO_j), wenn für alle $i \in \{j, \dots, N-1\}$ die folgende
Rekursion gilt:

$$F_i(x_i) = f_i(x_i, u_i) + F_{i+1}(x_{i+1}). \qquad (5.3.166)$$

Beweis. i) Mit (5.3.161), (5.3.162) und (5.3.163) gilt offenbar

$$K_i(x_i, u_i, \dots, u_{N-1}) = f_i(x_i, u_i) + K_{i+1}(\varphi_i(x_i, u_i), u_{i+1}, \dots, u_{N-1}).$$

Da das Infimum über $u_i, \dots, u_{N-1}$ als Hintereinanderausführung des Infimums über
u_i und $(u_{i+1}, \dots, u_{N-1})$ gebildet werden kann, folgt (5.3.165).

ii) Für alle $(x_j, \dots, x_N)$, $(u_j, \dots, u_{N-1})$ mit (5.3.162) gilt nach (5.3.164)

$$
\begin{aligned}
F_j(x_j) &\le f_j(x_j, u_j) + F_{j+1}(x_{j+1}) \\
&\le f_j(x_j, u_j) + f_{j+1}(x_{j+1}, u_{j+1}) + F_{j+2}(x_{j+2}) \\
&\le \dots \le f_j(x_j, u_j) + \dots + f_{N-1}(x_{N-1}, u_{N-1}) \\
&= K_j(x, u_j, \dots, u_{N-1}).
\end{aligned}
\qquad (5.3.167)
$$

Die Optimalität liegt also genau dann vor, wenn alle Ungleichungen als Gleichungen
erfüllt sind.   □

Zur Berechnung einer optimalen Lösung (bzw. einer Näherung) $((x_1^*, \dots, x_N^*),$
$(u_0^*, \dots, u_{N-1}^*))$ kann man das folgende Schema benutzen:

Bellmansches Verfahren (Rückwärtsrechnung zur Bestimmung des Optimalwertes)

0° Setze $\ell = N$, $F_N = 0$.

1° Mit 8) wird die Funktion $F_{\ell-1}$ durch

$$x \mapsto F_{\ell-1}(x) = \inf\{f_{\ell-1}(x, u) + F_\ell(\varphi_{\ell-1}(x, u)) \mid u \in U_{\ell-1}\}$$

berechnet.

2° Falls $\ell > 1$, dann ersetze ℓ durch $\ell - 1$ und gehe nach 1°.

3° Berechne $F_0(x_0) = \inf\{f_0(x_0, u) + F_1(\varphi_1(x_0, u)) \mid u \in U_0\}$.

„Vorwärtsrechnung zur Bestimmung einer Minimallösung bei Kenntnis der
Funktionen $F_1, \dots, F_{N-1}$."

$4°$ Sei u_0 eine Minimallösung in $3°$. Setze $\ell = 1$.

$5°$ Setze $x_\ell = \varphi_{\ell-1}(x_{\ell-1}, u_{\ell-1})$ und berechne u_ℓ als eine Minimallösung auf U_ℓ von $f_\ell(x_\ell, \cdot) + F_{\ell+1}(\varphi_\ell(x_\ell, \cdot))$.

$6°$ Falls $\ell < N - 1$, ersetze ℓ durch $\ell + 1$ und gehe nach $5°$, sonst STOP.

Bemerkung. Die Berechnung der Funktionen F_ℓ bei kontinuierlichen Mengen erfolgt meistens nur näherungsweise in Form von Diskretisierungen und ist dann mit hohem Rechenaufwand verbunden (siehe [G-W]).

Kapitel 6

Methode der punktweisen Minimierung

6.1 Die Methode der Ergänzung bei Variationsaufgaben

Wir wollen jetzt einen Zugang zur Behandlung von Variationsaufgaben entwickeln, der mit elementaren Mitteln erlaubt, viele Variationsaufgaben vollständig zu lösen. Dabei wird die Lagrange-Methode der Variationen nicht benutzt.

Es wird hier im Sinne der Ergänzungsmethode zu dem gegebenen Variationsfunktional eine Ergänzung dazu addiert, die konstant auf der Restriktionsmenge ist und die die eine Zurückführung der Minimierung in Funktionenräumen auf die Minimierung im $\mathbb{R}^2$ (bzw. $\mathbb{R}^{2n}$) erlaubt.

Die Idee der Erweiterung des Variationsfunktionals um einen weiteren Summanden geht auf Carathéodory zurück (beweistechnisch wurden derartige Ergänzungen bereits von Legendre benutzt).

Diese Ergänzung ist ein wichtiger Bestandteil der von H. Boerner „Carathéodorys Königsweg" genannten Methode. Anders als bei Carathéodory und ähnlich wie bei Klötzler (s. [C2], S. 319), Krotov, Gurman [K-G] wird hier die Feldtheorie nicht benutzt.

Dieser Ansatz eignet sich gut zur Herleitung der Fundamentalsätze der Variationsrechnung (s. [KMW1]).

Für den Einstieg brauchen wir nur zwei elementare Tatsachen aus der Analysis, die in den Bereich der Schulmathematik gehören und bei jeder Einführung in die Mathematik für Ingenieure bzw. Naturwissenschaftler vorkommen. Die erste ist die Produktregel für Differentiation und die zweite ist die Monotonie des Integrales, die besagt:

> „Ist eine integrierbare Funktion an allen Stellen kleiner als eine andere integrierbare Funktion, so gilt diese Ungleichung auch für die dazugehörigen Integrale."

Dann brauchen wir noch den aus der Schule bekannten Hauptsatz der Differential- und Integralrechnung.

Die Methode der punktweisen Minimierung soll anschließend dem Nachweis der globalen Optimalität für eine Reihe von klassischen Variationsaufgaben dienen. Die klassischen hinreichenden Optimalitätsbedingungen werden mit Hilfe der punktweisen Minimierung hergeleitet.

Die Menge der Kurven, unter denen wir vergleichen wollen, soll zunächst eine Teilmenge aller stetig differenzierbaren Funktionen auf dem abgeschlossenen Intervall

$$[a, b] \quad (a, b \in \mathbb{R}, \ a < b)$$

sein. Da die gesuchten Funktionen oft natürlichen physikalischen Beschränkungen unterliegen, soll der allgemeine Rahmen so gewählt werden, dass die gesuchten Funktionen und deren Ableitungen an jeder Stelle $t \in [a, b]$ die Werte jeweils in einem Intervall I bzw. J annehmen, wobei die Intervalle eine endliche oder unendliche Länge haben dürfen.

Die Menge der Vergleichsfunktionen S, die wir *Restriktionsmenge der Variationsaufgabe* nennen, wird also eine Teilmenge der folgenden Grundmenge sein:

$$\{x \in C^{(1)}[a, b] | \forall t \in [a, b] : (x(t), \dot{x}(t)) \in I \times J\}, \qquad (6.1.1)$$

wobei I, J gegebene Intervalle in $\mathbb{R}$ sind. Wird für gegebene $\alpha, \beta \in \mathbb{R}$ und alle $x \in S$ die Bedingung $x(a) = \alpha, x(b) = \beta$ gefordert, so sprechen wir von einer *Variationsaufgabe mit festen Endpunkten*. Wird nur der Wert im Endpunkt a (bzw. b) mit $x(a) = \alpha$ (bzw. $x(b) = \beta$) festgelegt, so sprechen wir von einer *Aufgabe mit freiem rechten (bzw. linken) Endpunkt* Wird in keinem der beiden Endpunkte der Wert festgelegt, so sprechen wir von einer *Aufgabe mit freien Endpunkten*. Sollen z. B. die Funktionen x nichtnegativ sein, aber die Ableitung beliebig, so wählen wir $I = \mathbb{R}_{\geq 0}$ und $J = \mathbb{R}$. Sei

$$f(x) = \int_a^b L(x(t), \dot{x}(t), t)dt,$$

wobei $L : I \times J \times [a, b] \to \mathbb{R}$ eine stetige Funktion ist, die zusammen mit der Restriktionsmenge S die Aufgabe festlegt. Damit ist der Integrand

$$t \mapsto L(x(t), \dot{x}(t), t) \qquad (6.1.2)$$

eine stetige Funktion auf dem abgeschlossenen Intervall $[a, b]$ und somit Riemannintegrierbar.

Die Variationsaufgabe lautet

$$\text{„Minimiere } f \text{ auf } S\text{“.} \qquad (6.1.3)$$

Wir hätten sofort eine Lösung der Variationsaufgabe vorliegen, wenn für ein $x^* \in S$ und für den Integranden (6.1.2) an allen Stellen $t \in [a, b]$ und für alle $x \in S$

$$L(x^*(t), \dot{x}^*(t), t) \leq L(x(t), \dot{x}(t), t) \qquad (6.1.4)$$

gelten würde. Dieses ist aber normalerweise nicht zu erreichen. Um diesen Wunsch realisieren zu können, addieren wir jetzt zu dem Variationsfunktional f eine andere Integralfunktion Λ, deren Definitionsbereich die Restriktionsmenge S umfasst und auf ganz S konstant ist. Das Funktional Λ wird *Ergänzung (Ergänzungsfunktional)* genannt und soll die Gestalt

$$\Lambda(x) = \int_a^b E(x(t), \dot{x}(t), t)$$

haben, wobei $E : I \times J \times [a, b] \to \mathbb{R}$ stetig ist. Die Funktion E heißt *Ergänzungsfunktion*.

Die Summe $f + \Lambda$ hat jetzt die Form

$$\tilde{f}(x) := f(x) + \Lambda(x)$$

$$= \int_a^b L(x(t), \dot{x}(t), t) + E(x(t), \dot{x}(t), t)dt \qquad (6.1.5)$$

$$=: \int_a^b \tilde{L}(x(t), \dot{x}(t), t)dt.$$

Wir addieren für jedes $x \in S$ einen konstanten Wert C zu $f(x)$. Damit unterscheidet sich $\tilde{f}$ von f auf S nur um eine Konstante, aber die Funktion $\tilde{L} = L + E$ kann eine völlig andere Gestalt als L haben.

Die Funktion $f + C$ hat natürlich dieselben Minimallösungen wie f auf S, aber wir können den Integranden von $f(x) + C$

$$t \mapsto \tilde{L}(x(t), \dot{x}(t), t) \qquad (6.1.6)$$

so beeinflussen, dass wir die Eigenschaft (6.1.4) für $\tilde{L}$ erwarten können.

Diese Denkweise wird uns erlauben, die Minimierung in Funktionenräumen auf die Minimierung in $\mathbb{R}^2$ (bzw. bei n-dimensionalen Kurven in $\mathbb{R}^{2n}$) zu reduzieren.

6.1.1 Lineare Ergänzung

Eine geeignete Ergänzungsklasse, die uns anschließend auf die klassische Euler-Lagrange-Gleichung und die kanonischen Gleichungen der Variationsrechnung führen wird, ergibt sich für Aufgaben mit festen Endpunkten folgendermaßen:

Mit dem Hauptsatz der Differential- und Integralrechnung und der Produktregel gilt für jede Funktion $\lambda \in C^{(1)}[a, b]$ und alle $x \in S$:

$$-\int_a^b (\dot{\lambda}(t)x(t) + \lambda(t)\dot{x}(t))dt = \lambda(a)x(a) - \lambda(b)x(b) = \lambda(a)\alpha - \lambda(b)\beta =: C.$$

Mit diesem C ist für alle $x \in S$

$$f(x) + C = \int_a^b L(x(t), \dot{x}(t), t) - \dot{\lambda}(t)x(t) - \lambda(t)\dot{x}(t)dt.$$

Ein $E : I \times J \times [a, b] \to \mathbb{R}$ mit

$$E(p, q, t) = -\dot{\lambda}(t)p - \lambda(t)q \qquad (6.1.7)$$

wird *lineare Ergänzungsfunktion* und das dazugehörige Funktional *lineare Ergänzung* genannt.

Eine leichte Verallgemeinerung dieses Ansatzes führt auf eine Klasse von Ergänzungen die zusammen mit der anschließend folgenden isoperimetrischen Ergänzung für die hier angestrebte Behandlung der klassischen Aufgaben ausreichend ist.

6.1.2 Produktergänzungen

Sei $\lambda \in C^{(1)}[a, b]$ und $g \in C^{(1)}(I)$. Mit der Produkt- und der Kettenregel gilt

$$\Lambda(x) := -\int_a^b \dot{\lambda}(t) g(x(t)) + \lambda(t) \dot{g}(x(t)) \dot{x}(t) dt = \lambda(a) g(x(a)) - \lambda(b) g(x(b)).$$

Für Variationsaufgaben mit festen Endpunkten (d. h., mit vorgegebenen $\alpha, \beta \in \mathbb{R}$ gilt für alle x aus der Restriktionsmenge $x(a) = \alpha, x(b) = \beta$) ist

$$\Lambda(x) = \lambda(a) g(\alpha) - \lambda(b) g(\beta) =: D.$$

Für Aufgaben mit freiem Endpunkt (bzw. mit freien Endpunkten) lassen wir nur λ zu, die in diesem Endpunkt (bzw. in beiden Endpunkten) verschwinden. Damit erreichen wir die Konstanz von Λ auf der gesamten Restriktionsmenge.

Von besonderer Bedeutung für die Variationsaufgaben wird hier die quadratische Ergänzung sein.

Quadratische Ergänzung

Für ein $\mu \in C^{(1)}[a, b]$ wird hier

$$\Lambda(x) = \int_a^b \mu x \dot{x} + \frac{1}{2} \dot{\mu} x^2 dt = \mu(b) x(b) - \mu(a) x(a)$$

genommen.

Isoperimetrische Ergänzungen

Eine wichtige Klasse von Variationsaufgaben entsteht dadurch, dass man für alle Funktionen aus der Restriktionsmenge S die Konstanz einer Integralfunktion verlangt, d. h. für eine gegebene Funktion $L_1 : I \times J \times [a, b] \to \mathbb{R}$ und ein $C \in \mathbb{R}$ gelte für alle $x \in S$

$$\int_a^b L_1(x(t), \dot{x}(t), t) dt = C.$$

Derartige Aufgaben heißen *isoperimetrische Aufgaben*. Wir können hier als Ergänzungsfunktion ein Vielfaches von L_1 nehmen. Diese nennen wir isoperimetrische Ergänzung. Bei isoperimetrischen Aufgaben mit festen Endpunkten werden wir oft zu der isoperimetrischen Ergänzung eine lineare Ergänzung addieren. Dies ergibt für ein $\alpha \in \mathbb{R}$ und ein $\lambda \in C^{(1)}[a, b]$ die Ergänzung

$$\Lambda(x) = \int_a^b \alpha L_1(x(t), \dot{x}(t), t) - \lambda(t) \dot{x}(t) - \dot{\lambda}(t) x(t) dt$$

bzw. die Ergänzungsfunktion

$$(p, q, t) \mapsto E(p, q, t) = \alpha L_1(p, q, t) - \lambda(t) q - \dot{\lambda}(t) p.$$

Für die allgemeine Theorie von Variationsaufgaben brauchen wir die folgende, von Carathéodory eingeführte, Klasse von Ergänzungen, die mit dem Namen *äquivalente Aufgaben* verbunden sind.

6.1.3 Äquivalente Aufgaben

Ein allgemeines Prinzip, eine weite Klasse von Ergänzungen zu bekommen, ist der Ansatz der äquivalenten Aufgaben von Carathéodory, der die Grundlage für den Königsweg ist (s. [C1], [C2]).

Die bei dem Ansatz der punktweisen Minimierung benutzte Klasse der Produktergänzungen wird jetzt erweitert. Wir betrachten zunächst einfache Variationsaufgaben, wie in der Einführung, d. h. für gegebene Intervalle I, J in $\mathbb{R}$ sei die Restriktionsmenge S eine Teilmenge von

$$\{x \in C^{(1)}[a,b] | \forall t \in [a,b] : (x(t), \dot{x}(t)) \in I \times J\}$$

und

$$f(x) = \int_a^b L(x(t), \dot{x}(t), t) dt,$$

wobei $L : I \times J \times [a,b] \to \mathbb{R}$ eine stetige Funktion ist.

Aus der Sicht der Ergänzungsmethode handelt es sich hier um eine spezielle Klasse von Ergänzungen. Wir wählen eine Version, die es erlaubt später auch singuläre Aufgaben zu behandeln und neben den Variationsaufgaben mit festen Endpunkten auch freie Endpunkte zulässt.

Dafür brauchen wir das folgende Lemma, das die Kettenregel und den Hauptsatz der Differential- und Integralrechnung benutzt:

Lemma 6.1.1. *Seien $a, b \in \mathbb{R}, a < b$, und W eine offene Teilmenge von $\mathbb{R}$. Sei $F :$ $[a,b] \times W \to \mathbb{R}$ stetig und auf $(a,b) \times W$ stetig differenzierbar. Dann gilt für alle $x \in C[a,b] \cap C^{(1)}(a,b)$*

$$\int_a^b F_x(t, x(t)) \dot{x}(t) + F_t(t, x(t)) dt = F(b, x(b)) - F(a, x(a)).$$

Beweis. Mit der Kettenregel gilt für alle $t \in (a,b)$

$$v(t) := \frac{d}{dt} F(t, x(t)) = F_t(t, x(t)) + F_x(t, x(t)) \dot{x}(t).$$

Mit dem Hauptsatz der Differential- und Integralrechnung und der Stetigkeit von F ist

$$\lim_{0 < \varepsilon \to 0} \int_{a+\varepsilon}^{b-\varepsilon} v(t) dt = \lim_{0 < \varepsilon \to 0} [F(b - \varepsilon, x(b - \varepsilon)) - F(a + \varepsilon, x(a + \varepsilon))]$$

$$= F(b, x(b)) - F(a, x(a)). \qquad \square$$

Folgerung. *Mit den Bezeichnungen aus obigem Lemma ist die folgende Ergänzung konstant Null auf ganz* $C[a,b] \cap C^{(1)}(a,b)$

$$\Lambda(x) = -\int_a^b F_x(t,x(t))\dot{x}(t) + F_t(t,x(t))dt + F(b,x(b)) - F(a,x(a)).$$

Bemerkung. Bei Variationsaufgaben mit festen Endpunkten ist $F(b,x(b))$ und $F(a,x(a))$ konstant. Bei Aufgaben mit freien Endpunkten (einem freien Endpunkt) werden wir die Ergänzung so wählen, dass $F(b,x(b))$ und $F(a,x(a))$ (bzw. eins von beiden) für alle x aus der Restriktionsmenge gleich Null sind. Diese konstanten Terme können dann in der Ergänzung Λ weggelassen werden, so dass nur der Integralterm bleibt (Lagrange-Ergänzung).

Damit besitzt die folgende Variationsaufgabe

$$\text{„Minimiere } \tilde{f}(x) := f(x) + \Lambda(x) \text{ auf } S\text{“}$$

dieselben Minimallösungen wie die Ursprungsaufgabe. Es ist Λ eine zulässige Ergänzung.

Definition 6.1.1. Sei $W \supset I$, $F : [a,b] \times W \to \mathbb{R}$ stetig und auf $(a,b) \times W$ stetig differenzierbar. Sei

$$\tilde{f}(x) = \int_a^b L(x(t),\dot{x}(t),t) - F_x(t,x(t))\dot{x}(t) - F_t(t,x(t))dt. \tag{6.1.8}$$

Die Aufgaben „Minimiere f auf S“ und „Minimiere $\tilde{f}$ auf S“ heißen *äquivalent*.

Die bis jetzt benutzte Ergänzung $F(t,p) = \lambda(t)p$, mit einer geeigneten Funktion $\lambda \in C^{(1)}[a,b]$, ist ein Spezialfall einer äquivalenten Aufgabe, bei der wir von einer linearen Ergänzung sprechen. Während Carathéodory die äquivalenten Aufgaben mit Hilfe der Lösungen der Hamilton-Jacobischen partiellen Differentialgleichung konstruiert, sollen hier einfache explizit gegebene Funktionen genommen werden. Eine wichtige Rolle werden jetzt die quadratischen Ergänzungen spielen, d. h. mit einem F der Gestalt $F(t,p) = \mu(t)p^2$, wobei μ eine geeignet zu wählende $C^{(1)}$-Funktion ist.

Bemerkung. Bei Aufgaben mit einem freien Endpunkt (bzw. beiden freien Endpunkten) werden wir von F die folgenden Bedingungen (Transversalitätsbedingungen) verlangen.

Für alle $x \in S$ gilt:

$$F(a,x(a)) = 0 \quad \text{(beim freien Wert in } a\text{)},$$

$$F(b,x(b)) = 0 \quad \text{(beim freien Wert in } b\text{), bzw.}$$

$$F(a,x(a)) = F(b,x(b)) = 0 \quad \text{(bei beiden freien Endpunkten).}$$

Denn dann ist Λ konstant auf S.

Bemerkung. Bei Bolza-Variationsaufgaben, bei denen das Variationsfunktional f die Gestalt

$$f(x) = H(x(b), b) + \int_a^b L(x(t), \dot{x}(t), t)dt$$

mit einem $H : \mathbb{R} \times [a, b] \to \mathbb{R}$ hat, kann man zusätzlich von F die folgende Bedingung fordern Für alle x aus der Restriktionsmenge gilt

$$F(x(b), b) = -H(x(b), b).$$

Dann geht die Bolza-Aufgabe in eine reine Lagrange-Aufgabe über.

6.1.4   Ansatz der punktweisen Minimierung

Zur Bestimmung einer Lösung einer Variationsaufgabe machen wir jetzt den folgenden Ansatz:

Für jedes feste $t \in [a, b]$ und eine Ergänzungsfunktion $E : I \times J \times [a, b] \to \mathbb{R}$ wird die folgende Funktion

$$(p, q) \mapsto \varphi^t(p, q) := \tilde{L}(p, q, t) = L(p, q, t) + E(p, q, t) \qquad (6.1.9)$$

auf $I \times J$ minimiert. Die Funktion E kann noch frei gewählt werden. Für jedes $t \in [a, b]$ kann man bei der linearen Ergänzung die Werte $(\lambda(t), \dot{\lambda}(t))$ als Parameter bei der Minimierung von φ^t auffassen, die sich in Abhängigkeit von t stetig differenzierbar ändern. Besitzt die Funktion φ^t eine Minimallösung (p_t, q_t) in $I \times J$ für jedes $t \in [a, b]$, so werden wir λ so zu bestimmen versuchen, dass die durch

$$t \mapsto x^*(t) := p_t \qquad (6.1.10)$$

erklärte Funktion x aus S ist, und für alle $t \in [a, b]$

$$\dot{x}^*(t) = q_t \qquad (6.1.11)$$

gilt. Gelingt dieses, so ist x^* eine Lösung der Variationsaufgabe.

Denn sei $x \in S$ beliebig gewählt. Wir setzen für $t \in [a, b]$ $(\tilde{p}_t, \tilde{q}_t) := (x(t), \dot{x}(t))$. Da (p_t, q_t) eine Minimallösung von φ^t ist, folgt für alle $t \in [a, b]$

$$\tilde{L}(x^*(t), x^*(t), t) = \tilde{L}(p_t, q_t, t) \leq \tilde{L}(\tilde{p}_t, \tilde{q}_t, t) = \tilde{L}(x(t), \dot{x}(t), t).$$

Mit der Monotonie des Integrales gilt für das ergänzte Funktional (6.1.5)

$$\tilde{f}(x^*) \leq \tilde{f}(x).$$

Damit ist x^* eine Minimallösung von $\tilde{f}$ auf S.

Auf S unterscheidet sich $\tilde{f}$ von f nur um eine Konstante. Damit ist x^* auch eine Minimallösung von f auf S. Wir fassen dieses zusammen als das

Prinzip der punktweisen Minimierung

Sei für jedes $t \in [a, b]$ das Paar (p_t, q_t) eine Minimallösung der Funktion

$$(p, q) \mapsto \tilde{L}(p, q, t) = L(p, q, t) + E(p, q, t)$$

auf $I \times J$. Ist die Funktion

$$t \mapsto x^*(t) := p_t$$

aus S und gilt

$$\dot{x}^*(t) = q_t,$$

so ist x^* eine Lösung der gestellten Variationsaufgabe.

Bemerkung. Es genügt offenbar, wenn für jedes $t \in [a, b]$ das Paar (p_t, q_t) eine Minimallösung der Funktion

$$(p, q) \mapsto \tilde{L}(p, q, t) = L(p, q, t) + E(p, q, t)$$

auf einer Teilmenge U_t von $I \times J$ ist, für die gilt: Für alle $x \in S$ ist $(x(t), \dot{x}(t)) \in U_t$.

Mit dieser Denkweise können wir viele konkrete Variationsaufgaben lösen.

6.1.5   Allgemeine Variationsaufgaben und die punktweise Minimierung

Um die Allgemeinheit des Prinzips der punktweisen Minimierung zu verdeutlichen wird jetzt eine allgemeine Klasse von Variationsaufgaben definiert und die punktweise Minimierung auf diese Klasse von Aufgaben direkt übertragen.

Die allgemeine Klasse von Variationsaufgaben erklären wir folgendermaßen: Sei U eine Teilmenge von $\mathbb{R}^{2n+1}$ derart, dass für alle $t \in [a, b]$ die Menge

$$U_t := \{(p, q) \in \mathbb{R}^n \times \mathbb{R}^n \mid (p, q) \in U\}$$

nicht leer ist.

Die Restriktionsmenge S einer allgemeinen Variationsaufgabe wird als eine Teilmenge der folgenden Grundmenge

$$\{x \in C^{(1)}[a, b]^n \mid (x(t), \dot{x}(t), t) \in U \quad \forall t \in [a, b]\}$$

gewählt.

Die zu minimierende Funktion (Variationsfunktional) wird mit Hilfe einer stetigen Funktion $L : U \to \mathbb{R}$ erklärt als

$$f(x) := \int_a^b L(x(t), \dot{x}(t), t) dt.$$

Für den Ansatz der punktweisen Minimierung wählen wir eine stetige Ergänzungsfunktion $E : U \to \mathbb{R}$ und minimieren die ergänzte Funktion

$$\tilde{f}(x) := \int_a^b L(x(t), \dot{x}(t), t) + E(x(t), \dot{x}(t), t) dt.$$

Diese Minimierung soll dann punktweise erfolgen, d. h. für jedes $t \in [a, b]$ wird die Funktion

$$L(\cdot, \cdot, t) + E(\cdot, \cdot, t) \qquad (6.1.12)$$

auf U_t minimiert. Die *n-dimensionale lineare Ergänzung* hat jetzt die Form $\int_a^b \dot{\lambda}^T x + \lambda^T \dot{x} \, dt$, wobei $\lambda \in C^{(1)}[a, b]^n$ ist. Mit analogem Beweis wie oben folgt jetzt das

6.1.6 Prinzip der punktweisen Minimierung für allgemeine Variationsaufgaben

Sei für jedes $t \in [a, b]$ das Paar (p_t, q_t) eine Minimallösung der Funktion (6.1.12) auf U_t. Gilt für eine Funktion $x^* \in S$ und alle $t \in [a, b]$

$$x^*(t) = p_t \quad \text{und} \quad \dot{x}^*(t) = q_t, \qquad (6.1.13)$$

so ist x^* eine Lösung der Variationsaufgabe „Minimiere f auf S".

Bemerkung (zur Handhabung des Prinzips). Um die obige Zielsetzung zu erreichen, benutzen wir die folgende Vorgehensweise.

Bei der Suche nach einer geeigneten Ergänzungsfunktion E wählen wir eine Funktion mit noch frei zu bestimmenden Größen (Parametern) und führen eine Minimierung (auf U_t) in Abhängigkeit dieser Größen durch (parametrische Optimierung). Durch die geeignete Spezifikation dieser (noch frei zu wählenden) Größen wird das Erfüllen von (6.1.13) (bzw. die Zugehörigkeit zur Restriktionsmenge) angestrebt.

6.2 Anwendungen der linearen Ergänzung

Zur Illustration beginnen wir mit einer einfachen Variationsaufgabe, die wir anschließend durch die Spezifikation der hier vorkommenden Konstanten physikalisch als die Aufgabe des freien Falls interpretieren werden.

Aufgabe 1. Minimiere

$$f(x) = \int_0^1 \dot{x}^2(t) - c x(t) \, dt$$

auf $S := \{x \in C^{(1)}[0, 1] \mid x(0) = 0, \ x(1) = \beta\}$. Hier ist also $I = J = \mathbb{R}$.

Lösung. Es ist für alle $t \in [0, 1]$ die Funktion

$$(p, q) \mapsto \tilde{L}(p, q, t) = q^2 - cp - \lambda(t)q - \dot{\lambda}(t)p \qquad (6.2.1)$$

auf $\mathbb{R}^2$ zu minimieren.

Es ist eine separierte Aufgabe und wir können die Minimierung bzgl. p und q getrennt als eindimensionale Minimierung auf ganz $\mathbb{R}$ durchführen.

Bzgl. p ist auf $\mathbb{R}$ die Funktion

$$p \mapsto -(c + \dot{\lambda}(t))p$$

zu minimieren. Diese kann nur eine Minimallösung haben, wenn $\dot{\lambda}(t) + c = 0$ ist. Dann ist aber jedes $p \in \mathbb{R}$ eine Minimallösung, da die Funktion konstant Null ist. Damit haben wir die Wahl der Funktion λ auf Funktionen mit

$$\dot{\lambda}(t) = -c \tag{6.2.2}$$

reduziert. Mit einer Konstanten D ist

$$\lambda(t) = -ct + D.$$

Die punktweise Minimierung der quadratischen Funktion

$$q \mapsto q^2 - (D - ct)q$$

führt auf die eindeutige Minimallösung

$$q_t = \frac{D - ct}{2}.$$

Damit ist für jedes $p \in \mathbb{R}$ der Punkt (p, q_t) eine Minimallösung von (6.2.1) Wir setzen jetzt

$$\dot{x}(t) = \frac{D - ct}{2}.$$

Mit einem $B \in \mathbb{R}$ ist dann

$$x(t) = -\frac{c}{4}t^2 + \frac{D}{2}t + B. \tag{6.2.3}$$

Das Einsetzen der Randbedingungen

$$x(0) = 0 \quad \text{und} \quad x(1) = \beta$$

in (6.2.3) führt auf

$$B = 0 \quad \text{und} \quad -\frac{c}{4} + \frac{D}{2} = \beta.$$

Damit ist $D = 2(\beta + \frac{c}{4})$. Da das Paar $(p_t, q_t) = (x(t), \dot{x}(t))$ eine Minimallösung von (6.2.1) ist und x in S liegt, ist

$$x^*(t) = -\frac{c}{4}t^2 + \left(\beta + \frac{c}{4}\right)t \tag{6.2.4}$$

mit dem Prinzip der punktweisen Minimierung eine Lösung der gestellten Variationsaufgabe gefunden.

Die Lösung dieser Aufgabe können wir für ein geeignetes c physikalisch als freien Fall interpretieren. Dafür wird das Hamiltonsche Prinzip der kleinsten Wirkung aus Abschnitt 5.2.5 benutzt.

6.2.1   Die Wurfparabel

Die Wurfparabel bezeichnet die Flugbahn, die ein geworfener Körper bei Vernachlässigung des Luftwiderstandes in einem Schwerefeld beschreibt.

Wir wollen zunächst die Bewegung eines fallenden Körpers in einem Schwerefeld bei Vernachlässigung des Luftwiderstandes beschreiben.

Dazu wollen wir die obige Variationsaufgabe (Aufgabe 1) mit Hilfe des Hamiltonschen Prinzips interpretieren.

Bei dieser Auslegung als Variationsaufgabe mit festen Endpunkten sind wir davon ausgegangen, dass uns die vom fallenden Körper zum Zeitpunkt b erreichte Tiefe bekannt ist. Wir sind an der Beschreibung der Tiefe des Körpers zu jedem Zeitpunkt aus einem gegebenen Intervall $[0, b]$ interessiert.

Die oben behandelte Aufgabe 1 können wir jetzt folgendermaßen physikalisch interpretieren.

Bestimme die Tiefe $x(t)$ des fallenden Körpers zum Zeitpunkt $t \in [0, b]$, wenn die Tiefe zum Zeitpunkt 0 den Wert 0 hat und zum Zeitpunkt b den Wert β erreicht. Für das zu minimierende Wirkungsfunktional gilt dann mit der Gravitationskonstanten g

$$f(x) = \int_0^b \frac{1}{2} m \dot{x}^2(t) - mgx(t)dt = \frac{1}{2}m \int_0^b \dot{x}^2(t) - 2gx(t)dt.$$

Da die Konstante m die Minimallösung nicht ändert, haben wir mit den Bezeichnungen aus der obigen Aufgabe $c = 2g$. Einsetzen in (6.2.4) ergibt die Tiefe zum Zeitpunkt t

$$x^*(t) = -\frac{g}{2}t^2 + \frac{1}{b}\left(\beta + \frac{gb^2}{2}\right)t. \qquad (6.2.5)$$

Wir wollen jetzt die erreichte Tiefe im Zeitpunkt b in Abhängigkeit von der Anfangsgeschwindigkeit des Körpers zum Zeitpunkt 0 betrachten. Die Tiefe β erreicht man also bei der Anfangsgeschwindigkeit

$$\dot{x}^*(0) = \frac{1}{b}\left(\beta + \frac{gb^2}{2}\right).$$

Freier Fall

Ist jetzt die Anfangsgeschwindigkeit im Zeitpunkt 0 selbst 0, dann entfällt in (6.2.5) der lineare Term und wir erhalten für den freien Fall eines Körpers die Gleichung für die Tiefe $T(t)$ zum Zeitpunkt t

$$T(t) = -\frac{g}{2}t^2. \qquad (6.2.6)$$

Wurfparabel ohne Luftwiderstand

Es wird die Flugbahn eines schräg nach oben geworfenen Körpers ohne Einwirkung des Luftwiderstandes gesucht.

Die Parabelform der Flugbahn dieses Körpers, ohne Einwirkung des Luftwiderstands, resultiert aus der Schwerkraft. Ohne der Einwirkung der Schwerkraft würde sich der Körper auf einer Geraden bewegen, entsprechend des Anfangswinkels des Wurfes.

Wir zerlegen die Bewegung entsprechend dem Koordinatensystems in zwei Komponenten. In horizontaler Richtung fliegt der Körper mit konstanter Geschwindigkeit v_x, da in dieser Richtung keine Kraft auf ihn wirkt.

Damit gilt für die x-Koordinate zum Zeitpunkt zum Zeitpunkt t

$$x(t) = v_x(t).$$

In vertikaler Richtung bewirkt die Schwerkraft eine Beschleunigung nach unten. Sei v_{y_0} die Geschwindigkeit am Startpunkt. Mit (6.2.6) erhalten wir dann für die y-Koordinate zum Zeitpunkt t

$$y(t) = v_{y_0} \cdot t - \frac{1}{2}gt^2.$$

Wird der Körper mit einer Geschwindigkeit v_0 unter dem Winkel α schräg nach oben geworfen, so bekommen wir also

$$x(t) = v_0 t \cos\alpha \qquad (6.2.7)$$

$$x(t) = v_0 t \sin\alpha - \frac{1}{2}gt^2. \qquad (6.2.8)$$

Die Bahngleichung im Ortsraum (y als Funktion von x) bekommen wir durch das Auflösen von $x(t)$ nach t in (6.2.7) und das anschließende Einsetzen in (6.2.8). Die Gleichung lautet dann

$$y(x) = \tan\alpha \cdot x - \frac{g}{2v_0^2 \cos^2\alpha}x^2$$

6.2.2 Die Kettenlinie

Wir wollen jetzt die Form einer frei hängenden Kette (bzw. eines nicht dehnbaren Seiles) ermitteln. Wir setzen voraus, dass die Kette in beiden Endpunkten die gleiche Höhe $\alpha \in \mathbb{R}$ besitzt.

Wie in [Tr], S. 78, wollen wir die gesuchte Form als Funktion der Bogenlänge s der gesuchten Kurve bestimmen. Damit ist die Bogenlänge eine unabhängige Variable. Die Kette besitze die Länge $L > 0$. Wir stellen uns vor, ein Objekt bewegt sich entlang der jeweiligen Kurve $t \mapsto [x_1(t), x_2(t)]$ ($t \in [0, L]$), wobei der Geschwindigkeitsvektor $(\dot{x}_1(t), \dot{x}_2(t))$ die konstante (euklidische) Länge 1 besitzt (Bogenlängen-Parametrisierung), d. h. für alle $s \in [0, L]$ gilt

$$\sqrt{\dot{x}_1^2(t) + \dot{x}_2^2(t)} = 1. \qquad (6.2.9)$$

Die zu minimierende Integralfunktion (Variationsfunktional) wird nach dem Bernoulli-Prinzip als die Potentialmenge des Systems gewählt. Da ein positives konstantes Vielfaches die Minimallösungen einer Funktion nicht ändert und wir ein homogenes Seil betrachten, können wir

$$f(y) := \int_0^L x_2(t)dt$$

wählen.

Wir wollen diese Aufgabe mit dem Prinzip der punktweisen Minimierung mit einer speziellen Ergänzung behandeln. Da wir die parametrische Form vorliegen haben, werden hier Ergänzungen in zwei Variablen benötigt. Die daraus resultierenden Berechnungen erweisen sich hier als besonders einfach, denn die Minimierung kann auf eindimensionale Minimierung zurückgeführt werden.

Bogenlängen-Ergänzung

Für ein $\rho \in C[0, L]$ und $\rho \geq 0$ ist mit (6.2.9) die Ergänzung

$$\Lambda(x, y) := \int_0^L \rho(\dot{x}^2 + \dot{y}^2)ds$$

konstant auf der Menge aller Kurven der Länge L, für die die Bogenlängenparametrisierung vorliegt. Diese Ergänzung wird *Bogenlängen-Ergänzung* genannt.

6.2.3 Parametrische Behandlung der Kettenlinienaufgabe

Mit der Bogenlängen- und der (zweidimensionalen) linearen Ergänzung (s. Abschnitt 6.1.5) haben wir die Variationsaufgabe: Seien $\alpha, \beta \in \mathbb{R}^2$, $L \in \mathbb{R}_0$ und $\|\alpha - \beta\| < L$.

„Minimiere $\tilde{f}(x) = \int_0^L x_2 + \frac{1}{2}\rho \left(\dot{x}_1^2 + \dot{x}_2^2\right) - \lambda_1 \dot{x}_1 - \lambda_2 \dot{x}_2 - \dot{\lambda}_1 x_1 - \dot{\lambda}_2 x_2 dt$

auf

$$S = \{x \in C^{(1)}[0, L]^2 \mid x(0) = \alpha, \quad x(L) = \beta \quad \text{und} \quad \|(\dot{x}_1, \dot{x}_2)\| = 1\}"$$

zu minimieren, wobei der Anfangspunkt $\alpha \in \mathbb{R}^2$ und der Endpunkt $\beta \in \mathbb{R}^2$ der Kurve vorgegeben sind. Mit dem Ansatz der punktweisen Minimierung haben wir zunächst auf $\mathbb{R}^4$ für jedes $t \in [0, L]$ die Funktion

$$(p_1, p_2, q_1, q_2) \mapsto p_2 + \frac{1}{2}\rho(t)\left(q_1^2 + q_2^2\right) - \lambda_1(t)q_1 - \lambda_2(t)q_2 - \dot{\lambda}_1(t)p_1 - \dot{\lambda}_2(t)p_2$$

(6.2.10)

zu minimieren. Dies ist jedoch eine bzgl. aller Variablen separierte Funktion. Damit reduziert sich die Minimierung in $\mathbb{R}^4$ auf vier eindimensionale Minimierungen. Bzgl.

p_1 und p_2 ist (6.2.10) linear und wir reduzieren die Wahl von $\lambda = (\lambda_1, \lambda_2)$ auf Funktionen mit $\dot{\lambda}_1 = 0$ und $\dot{\lambda}_2 = 1$. Es ist also mit noch frei zu wählenden Konstanten C und D:

$$\lambda_1(t) = C, \quad \lambda_2(t) = t + D. \tag{6.2.11}$$

Die Minimierung der quadratischen Funktion $q_1 \mapsto \frac{1}{2}\rho(t)q_1^2 - Cq_1$ liefert im Fall $\rho(t) > 0$

$$q_1(t) = \frac{C}{\rho(t)}. \tag{6.2.12}$$

Analog ergibt die quadratische Minimierung bzgl. q_2

$$q_2(t) = \frac{t + D}{\rho(t)}. \tag{6.2.13}$$

Der Ansatz der punktweisen Minimierung fordert

$$\dot{x}_1(t) = q_1(t) \quad \text{und} \quad \dot{x}_2(t) = q_2(t).$$

Mit $\|(\dot{x}_1, \dot{x}_2)\| = 1$ ergibt sich für alle $t \in [0, L]$

$$\frac{C^2 + (t + D)^2}{\rho^2(t)} = 1$$

und damit

$$\rho(t) = \sqrt{C^2 + (t + D)^2}.$$

Mit (6.2.13) folgt dann

$$\dot{x}_2(t) = \frac{t + D}{\sqrt{C^2 + (t + D)^2}},$$

was zu

$$x_2(t) = \sqrt{C^2 + (t + D)^2} + A$$

führt, wobei A eine Konstante ist.

Mit (6.2.12) ist für $C \neq 0$

$$\dot{x}_1(t) = \frac{C}{\sqrt{C^2 + (t + D)^2}} = \frac{1}{\sqrt{1 + (\frac{t+D}{C})^2}} \tag{6.2.14}$$

und für $C = 0$

$$\dot{x}_1(t) = 0.$$

Mit der Transformation

$$\frac{t + D}{C} = \sinh \tau$$

ist

$$t = C \sinh \tau - D. \tag{6.2.15}$$

Für

$$z(\tau) := x_1(C \sinh \tau - D) \tag{6.2.16}$$

folgt dann mit (6.2.14) und (6.2.15)

$$\dot{z}(\tau) = C \cosh \tau \cdot \dot{x}_1(C \sinh \tau - D) = C \cosh(\tau) \frac{1}{1 + \sinh^2(\tau)} = C \frac{\cosh \tau}{\cosh \tau} = C$$

und damit

$$z(\tau) = C \cdot \tau + B,$$

wobei B eine Konstante ist. Mit (6.2.15) und (6.2.16) folgt

$$x_1(t) = z(\tau) = C \cdot \tau + B = C \sinh^{-1}\left(\frac{t + D}{C}\right) + B.$$

Damit folgt die parametrische Darstellung der Kettenlinie

$$(x_1(t), x_2(t)) = \left(C \sinh^{-1}\left(\frac{t + D}{C}\right) + B; \sqrt{C^2 + (t + D)^2} + A\right).$$

Daraus folgt

$$t + D = C \sinh\left(\frac{x_1(t) - B}{C}\right).$$

Eingesetzt in x_2 folgt mit $1 + \sinh^2 = \cosh^2$ und den Bezeichnungen $y := x_2$ und $w := x_1(t)$ die übliche Darstellung der Kettenlinie auf $[\alpha_1, \beta_1]$

$$w \mapsto y(w) = \sqrt{C^2 + C^2 \sinh^2\left(\frac{w - B}{C}\right)} + A = C \cosh\left(\frac{w - B}{C}\right) + A.$$

Damit ist B die tiefste Stelle und C der tiefste Punkt dieser Kettenlinie.

Zur Bestimmung der Konstanten haben wir die Gleichungen

1) $y(\alpha_1) = C \cosh\left(\frac{\alpha_1 - B}{C}\right) + A = \alpha_2$

2) $y(\alpha_1) = C \cosh\left(\frac{\beta_1 - B}{C}\right) + A = \beta_2$

und die Längenbedingung

3) $\int_{\alpha_1}^{\beta_1} \sqrt{1 + \sinh^2\left(\frac{t - B}{C}\right)} dw = \int_{\alpha_1}^{\beta_1} \cosh\left(\frac{t - B}{C}\right) dw$

$$= C\left(\sinh\left(\frac{\beta_1 - B}{C}\right) - \sinh\left(\frac{\alpha_1 - B}{C}\right)\right) = L.$$

Im Fall $\alpha_2 = \beta_2$ (gleiche Höhe) ist die tiefste Stelle der Kette im Mittelpunkt des Intervalles $[\alpha_1, \beta_1]$. Denn das Abziehen der Gleichung 2) von 1) liefert

$$C \cosh\left(\frac{\alpha_1 - B}{C}\right) = C \cosh\left(\frac{\beta_1 - B}{C}\right)$$

und damit

$$B = \frac{\alpha_1 + \beta_1}{2}.$$

Der tiefste Wert hängt dann natürlich von der Länge der Kette ab und wird mit Gleichung 3) bestimmt. Durch direktes Einsetzen in 3) erhalten wir die Gleichung

$$2C \left(\sinh \left(\frac{\beta_1 - \alpha_1}{2C} \right) \right) = L,$$

die wegen $L > \beta_1 - \alpha_1$ stets eine Lösung besitzt. Für A gilt dann

$$A = \alpha_2 - C \cosh \left(\frac{\beta_1 - \alpha_1}{2C} \right).$$

6.3   Die Euler-Lagrange-Gleichung und kanonische Gleichungen der Variationsrechnung bei punktweiser Minimierung

Der Ansatz der punktweisen Minimierung bzgl. der linearen Ergänzung führt unmittelbar zu der uns bekannten Euler-Lagrange-Differential-Gleichung.

Seien jetzt beide Intervalle I und J offen und sei die Funktion $L : I \times J \times [a, b] \to \mathbb{R}$ stetig und bzgl. der beiden ersten Variablen stetig partiell differenzierbar.

Mit dem Ansatz der linearen Ergänzung haben wir bei festem $t \in [a, b]$ und einem $\lambda \in C^{(1)}[a, b]$ die Funktion

$$\varphi^t(p, q) = L(p, q, t) - \dot{\lambda}(t)p - \lambda(t)q$$

auf $I \times J$ zu minimieren.

Ist (p_t, q_t) eine zweidimensionale Minimallösung von φ^t auf $I \times J$, so ist offensichtlich p_t bei festgehaltenem $q_t \in J$ eine eindimensionale Minimallösung der Funktion

$$h : I \to \mathbb{R}, \quad p \mapsto h(p) := \varphi^t(p, q_t) \text{ auf } I$$

und q_t bei festgehaltenem $p_t \in I$ eine Minimallösung von $g : J \to \mathbb{R}$ mit

$$q \mapsto g(q) := \varphi^t(p_t, q) \text{ auf } J.$$

Bezeichnung. Wir bezeichnen die jeweiligen eindimensionalen Ableitungen (partielle Ableitungen) an der Stelle (p, q, t) mit $L_p(p, q, t)$ und $L_q(p, q, t)$. Da das Verschwinden der Ableitung in diesem Fall eine notwendige Minimalitätsbedingung ist, erhalten wir zur Bestimmung der Minimallösung (p_t, q_t) von φ^t die Gleichungen

$$\varphi_p^t(p, q) = L_p(p, q, t) - \dot{\lambda}(t) = 0 \tag{6.3.1}$$

und

$$\varphi_q^t(p, q) = L_q(p, q, t) - \lambda(t) = 0. \tag{6.3.2}$$

Nach dem Ansatz der punktweisen Minimierung soll für die Funktion $t \mapsto x(t) := p_t$ für alle $t \in [a, b]$ gelten: $\dot{x}(t) = q(t)$.

Mit (6.3.1) und (6.3.2) führt dies auf die *Euler-Lagrange-Diffentialgleichung*:
Für alle $t \in [a, b]$ gilt:

$$\frac{d}{dt} L_{\dot{x}}(x(t), \dot{x}(t), t) = L_x(x(t), \dot{x}(t), t). \tag{6.3.3}$$

Wird stattdessen $\dot{\lambda}$ integriert (s. (6.3.1)), so folgt die *Euler-Lagrange Gleichung in der Integralform*. Für ein $C \in \mathbb{R}$ gelte:

$$L_{\dot{x}}(x(t), \dot{x}(t), t) = C + \int_a^t L_x(x, (\tau), \dot{x}(\tau), \tau) d\tau.$$

6.3.1 Anwendung der Euler-Regel II auf das Wirkungsintegral

Wir werden jetzt sehen, dass die Eulersche Regel II besagt, dass längs einer Extremalen die Gesamtenergie $T + U$ konstant ist. Um jedoch zu sehen, dass das Hamiltonsche Prinzip eine Präzisierung der Aussage von Johann Bernoulli „denn die Natur pflegt auf die einfachste Art zu verfahren" ist, müsste man zeigen, dass die Extremale ein Minimum des Wirkungsintegrales liefert. Dies lässt sich mit dem Zugang über die Euler-Lagrange-Gleichung im Allgemeinen nicht erreichen, da die Funktion $L = T - U$ nicht konvex sein kann, wie z. B. bei des Biegestabes, die wir anschließend behandeln werden.

Die Euler-Lagrange-Gleichung (bzw. Eulersche Regel II) führt mit einer Konstanten D auf

$$\frac{1}{2} m\dot{x}^2 - U(x) - m\dot{x}^2 = D$$

bzw.

$$-\left(\frac{1}{2} m\dot{x}^2 + U(x)\right) = D. \tag{6.3.4}$$

Dann besagt (6.3.4), dass längs einer zulässigen Extremale die Energie konstant ist.

6.3.2 Konvexe Aufgaben

Wann ist eine Extremale bereits ist eine Lösung der Variationsaufgabe ist die zentrale Frage der Variationsrechnung. Vorweg kann man sagen, die Euler-Lagrange Gleichung beschreibt ein lokales Verhalten der gesuchten optimalen Kurve und sie gilt auch unter viel schwächeren Bedingungen.

Für konvexe Funktionen, die auf einer offenen konvexen Menge definiert sind, ist das Verschwinden der partiellen Ableitungen eine hinreichende Minimalitätsbedingung.

Die Funktion $\tilde{L}$ unterscheidet sich von L nur um einen linearen Term. Damit ist für jedes $t \in [a, b]$ die Funktion

$$(p, q) \mapsto \varphi^t(p, q) = L(p, q, t) - \lambda(t)q - \dot{\lambda}(t)p$$

genau dann konvex, wenn

$$(p, q) \mapsto L(p, q, t)$$

konvex ist.

Damit bekommen wir den

Satz 6.3.1. *Seien I und J offene Intervalle in $\mathbb{R}$. Sei für alle $t \in [a, b]$ $L(\cdot, \cdot, t) :$* *$I \times J \to \mathbb{R}$ konvex und partiell differenzierbar. Dann ist jede zulässige Extremale eine Lösung der Variationsaufgabe.*

Beweis. Sei x^* eine Extremale und $t \mapsto \lambda(t) := L_{\dot{x}}(x^*(t), \dot{x}^*(t), t)$. Für die konvexe Funktion $\tilde{L}$ mit

$$\tilde{L}(p, q, t) = L(p, q, t) - \lambda(t)q - \dot{\lambda}(t)p$$

ist dann für alle $t \in [a, b]$

$$\tilde{L}_p(x^*(t), \dot{x}^*(t), t) = 0 \quad \text{und} \quad \tilde{L}_q(x^*(t), \dot{x}^*(t), t) = 0.$$

Für konvexe Funktionen ist das Verschwinden der partiellen Ableitung eine hinreichende Optimalitätsbedingung (s. Satz 4.2.3). Mit dem Prinzip der punktweisen Minimierung ist x^* eine Lösung der gestellten Variationsaufgabe. $\qquad\square$

6.3.3   Konvexifizierung mit Hilfe von äquivalenten Aufgaben

Wir haben gesehen, dass bei Variationsaufgaben mit einer punktweise konvexen Lagrange-Funktion zulässige Extremale bereits Minimallösungen sind.

Der Ansatz der punktweisen Minimierung erlaubt, dieses hinreichende Optimalitätskriterium wesentlich zu erweitern.

Es genügt zu wissen, dass eine Ergänzung existiert, die die Extremale nicht ändert, und bei der die ergänzte Lagrange-Funktion punktweise konvex ist.

Invarianz der Extremalen bei Äquivalenz

Um von Extremalen von äquivalenten Aufgaben sprechen zu können, wollen wir jetzt für den gesamten Abschnitt von der die Ergänzung bestimmenden stetigen Funktion $F : [a, b] \times W \to \mathbb{R}$ zusätzlich voraussetzen, dass auf $(a, b) \times W$ die folgenden zweiten partiellen Ableitungen F_{xx}, F_{xt}, F_{tx} existieren und stetig sind.

Die Euler-Lagrange-Gleichung spielt eine zentrale Rolle in der Variationsrechnung. Die Hauptfrage, die hier resultierte, ist die folgende:

Wann sind die zulässigen Lösungen der Euler-Lagrange-Gleichung (zulässige Extremalen) Lösungen der Variationsaufgabe selbst?

Eine positive Antwort haben wir für konvexe Variationsaufgaben erhalten. Dabei sprechen wir von einer *konvexen Variationsaufgabe*, falls die Restriktionsmenge S konvex und für alle $t \in [a, b]$ die Funktion $L(\cdot, \cdot, t) : I \times J \to \mathbb{R}$ konvex ist.

Wir bekommen eine wesentliche Erweiterung dieser Aussage mit der folgenden Beobachtung:

Eine zulässige Extremale einer Variationsaufgabe ist eine Lösung, falls diese Aufgabe eine äquivalente konvexe Variationsaufgabe besitzt.

Da äquivalente Aufgaben dieselben Lösungen haben, reicht es zu zeigen, dass sich die Extremalen beim Übergang zu äquivalenten Aufgaben nicht ändern.

Satz 6.3.2. *Äquivalente Variationsaufgaben besitzen dieselben Extremalen.*

Beweis. Wir haben für $\tilde{L} = L - F_x \dot{x} - F_t$

$$\tilde{L}_{\dot{x}} = L_{\dot{x}} - F_x$$

und

$$\tilde{L}_x = L_x - \dot{x} F_{xx} - F_{tx}.$$

Außerdem ist

$$\frac{d}{dt} F_x(t, x(t)) = F_{xt}(t, x(t)) + \dot{x}(t) F_{xx}(t, x(t)).$$

Wegen der Stetigkeit ist $F_{xt} = F_{xt}$ und damit folgt die Behauptung.   □

Beim Übergang zu einer äquivalenten Aufgabe bekommt die Lagrange-Funktion eine neue Gestalt von der Form

$$(p, q, t) \mapsto \tilde{L}(p, q, t) := L(p, q, t) - F_p(t, p) \cdot q - F_t(t, p).$$

Ist für jedes $t \in [a, b]$ die Funktion $L(\cdot, \cdot, t)$ konvex, so haben wir gesehen, dass jede zulässige Extremale eine Lösung der Variationsaufgabe ist.

Bei linearen Ergänzungen gilt dieses genau dann für $\tilde{L}$, wenn es für L gilt. Denn eine lineare Änderung kann die Konvexität einer Funktion nicht beeinflussen. Bei der allgemeinen Funktion F können wir durch den Übergang zu einer äquivalenten Aufgabe bei einer nicht konvexen Funktion L eine konvexe Funktion $\tilde{L}$ erhalten.

Sollte es möglich sein, aus einer nicht konvexen Variationsaufgabe eine äquivalente konvexe Aufgabe $\tilde{L}$ zu konstruieren, so sprechen wir von einer *Konvexifizierbarkeit mit Hilfe von äquivalenten Aufgaben.*

Satz 6.3.3. *Existiert zu einer Variationsaufgabe eine äquivalente Aufgabe, bei der für jedes* $t \in (a, b)$ *die Lagrange-Funktion* $\tilde{L}(\cdot, \cdot, t)$ *konvex ist, so ist jede zulässige Extremale der Ausgangsaufgabe optimal.*

Ist zusätzlich für jedes $t \in (a, b)$ $\tilde{L}(\cdot, \cdot, t)$ *strikt konvex (wesentlich strikt konvex), so ist die Lösung eindeutig.*

Wir wollen die Konvexifizierbarkeit mit Hilfe von quadratischen Ergänzungen bei der Wirtinger Ungleichung, die wir bereits bei der sukzessiven Minimierung bei quadratischen Ergänzung kenngelernt haben, illustrieren.

6.3.4 Eine Anwendung auf die Ungleichungen von Wirtinger

Sei $T < \pi$ und $x \in C^{(1)}[0, T]$ mit $x(0) = x(T) = 0$. Dann gilt die *Wirtinger Ungleichung*

$$\int_0^T \dot{x}^2(t)dt \geq \int_0^T x^2(t)dt. \tag{6.3.5}$$

Um diese Ungleichung zu beweisen, betrachten wir die folgende Variationsaufgabe:

$$\text{„Minimiere } \frac{1}{2}\int_0^T \dot{x}^2 - x^2 dt \tag{6.3.6}$$

auf

$$S =: \{x \in C^{(1)}[0, T] \mid x(0) = x(T) = 0\}.\text{“}$$

Die Euler-Lagrange-Gleichung ist hier die folgende Gleichung

$$\ddot{x} = -x.$$

Die Funktion $x = 0$ ist eine zulässige Extremale. Würde diese Extremale eine Lösung der Variationsaufgabe sein, dann wäre Null der Minimalwert der Aufgabe und wir hätten alles bewiesen.

Die Funktion

$$L : \mathbb{R} \times \mathbb{R} \to \mathbb{R}, \quad (p, q) \mapsto L(p, q) := \frac{1}{2}q^2 - \frac{1}{2}p^2$$

ist nicht konvex (auf der p-Geraden strikt konkav).

Wir wüssten, dass $x = 0$ eine (bzw. die) Lösung ist, wenn wir die Existenz einer zu (6.3.6) äquivalenten konvexen (bzw. strikt konvexen) Variationsaufgabe zeigen könnten.

Wir machen den Ansatz der quadratischen Ergänzungen, d. h. wir suchen eine Funktion $\mu \in C^{(1)}[0, T]$ derart, dass für alle $t \in [0, T]$ die Funktion

$$\varphi^t(p, q) = \frac{1}{2}q^2 - \frac{1}{2}p^2 + \mu(t)pq + \frac{1}{2}\dot{\mu}(t)p^2$$

konvex auf $\mathbb{R}^2$ ist.

Sei

$$F : [0, T] \times \mathbb{R} \to \mathbb{R}, \quad (t, p) \mapsto F(t, p) := \frac{1}{2}\mu(t)p^2.$$

Dann gilt

$$F_p(t, p) = \mu(t)p \quad \text{und} \quad F_t(t, p) = \frac{1}{2}\dot{\mu}(t)p^2.$$

Damit lautet die dazugehörige äquivalente Aufgabe:
  „Minimiere

$$\tilde{f}(x) = \int_0^T \frac{1}{2}\dot{x}^2(t) - \frac{1}{2}x^2(t) + \mu(t)x(t)\dot{x}(t) + \frac{1}{2}\dot{\mu}(t)x^2(t)dt \quad \text{auf } S.``$$

Die Hesse-Matrix von φ^t ist

$$H(t) = \begin{pmatrix} \dot{\mu}(t) - 1 & \mu(t) \\ \mu(t) & 1 \end{pmatrix}.$$

Die zugehörige Determinante ist $\det(H(t)) = \dot{\mu}(t) - 1 - \mu(t)^2$. Sie ist identisch Null, wenn μ eine Lösung der Riccati-Differentialgleichung

$$\dot{\mu} = 1 + \mu^2.$$

ist.
  Eine Lösung ist durch

$$\mu(t) = \tan\left(t - \frac{T}{2}\right)$$

gegeben, die wegen $T < \pi$ auf ganz $[0, T]$ erklärt ist. Mit diesem μ liefert die zugehörige quadratische Ergänzug eine Konvexifizierung der Variationsaufgabe und die Wirtinger Ungleichung bewiesen.

Bemerkung.   i) Die Wirtinger Ungleichung ist für $T < \pi$ echt, wenn x verschieden von Null ist.

ii) Sie gilt noch für $T = \pi$, aber für alle Vielfachen von $x = \sin$ wird das Gleichheitszeichen angenommen.

iii) Für $T > \pi$ ist sie falsch, was man mit der folgenden Übungsaufgabe sieht. Diese Behauptung ergibt sich auch aus der anschließend folgenden Ungleichung von Friedrichs. Diese wird analog wie die Wirtinger Ungleichung bewiesen. Die hier entstehende Variationsaufgabe ist eine spezielle Aufgabe des harmonischen Oszillators, die wir anschließend allgemein behandeln.

Aufgabe. Zeigen Sie, dass für $T > \pi$ die Funktion

$$
x(t) = \begin{cases} \sin t, & t \in [0; \frac{\pi}{2}] \\ 1, & t \in (\frac{\pi}{2}; \frac{\pi}{2} + T - \pi) \\ \sin(t - T + \pi), & t \in [\frac{\pi}{2} + T - \pi; T] \end{cases}
$$

aus $C^1[0, T]$ ist, aber die Wirtinger Ungleichung nicht mehr erfüllt.

6.3.5 Konvexifizierung der Aufgabe des harmonischen Oszillators

Wir betrachten die Aufgabe des harmonischen Oszillators.
   Sei $\gamma \in \mathbb{R}$.

$$
\text{Minimiere } \frac{1}{2} \int_a^b \dot{x}^2 - \gamma^2 x^2 dt \tag{6.3.7}
$$

bei festen Endpunkten $x(a) = \alpha$ und $x(b) = \beta$.
   Die Eulersche Gleichung ist hier die Wellengleichung

$$
\ddot{x} = -\gamma^2 x.
$$

Die Extremalen sind harmonische Wellen

$$
x(t) = A \sin \gamma t + B \cos \gamma t, \tag{6.3.8}
$$

wobei $A, B \in \mathbb{R}$ beliebig gewählt werden können.

Frage: Für welche $a, b \in \mathbb{R}$ ist eine zulässige Extremale (d. h. die die Randwertbedingungen erfüllt) eine Minimallösung? Die Funktion

$$
L : \mathbb{R} \times \mathbb{R} \to \mathbb{R}, \quad (p, q) \mapsto L(p, q) := \frac{1}{2} q^2 - \frac{\gamma^2}{2} p^2
$$

ist nicht konvex.
   Im Fall $\alpha = 0$ und $\beta = 0$ ist $x = 0$ eine Lösung, wenn (6.3.7) eine äquivalente konvexe Variationsaufgabe besitzt.

Satz 6.3.4. *Sei $\gamma(b - a) < \pi$ und x eine eine harmonische Welle der Gestalt (6.3.8) mit*

$$
x(a) = \alpha \quad und \quad x(b) = \beta.
$$

Dann ist x eine Minimallösung der Aufgabe (6.3.7).

Beweis. Wir machen den Ansatz der quadratischen Ergänzung, d. h. wir suchen eine Funktion $\mu \in C^{(1)}[a, b]$ derart, dass für alle $t \in [a, b]$ die Funktion

$$
\varphi^t(p, q) = \frac{1}{2} q^2 - \frac{\gamma^2}{2} p^2 + \mu(t) pq + \frac{1}{2} \dot{\mu}(t) p^2
$$

konvex auf $\mathbb{R}^2$ ist.

$$\text{Sei } F : [a, b] \times \mathbb{R} \to \mathbb{R}, \quad (t, p) \mapsto F(t, p) := \frac{1}{2}\mu(t)p^2.$$

Dann gilt

$$F_p(t, p) = \mu(t)p \quad \text{und} \quad F_t(t, p) = \frac{1}{2}\dot{\mu}(t)p^2.$$

Damit lautet die dazugehörige äquivalente Aufgabe:
„Minimiere

$$\tilde{f}(x) = \int_a^b \frac{1}{2}\dot{x}^2(t) - \frac{\gamma^2}{2}x^2(t) + \mu(t)x(t)\dot{x}(t) + \frac{1}{2}\dot{\mu}(t)x^2(t)dt \quad \text{auf } S.\text{"}$$

Die Hesse-Matrix von φ^t ist hier

$$Q(t) = \begin{pmatrix} \dot{\mu}(t) - \gamma^2 & \mu(t) \\ \mu(t) & 1 \end{pmatrix}.$$

Die zugehörige Determinante ist $\det(Q(t)) = \dot{\mu}(t) - \gamma^2 - \mu(t)^2$. Sie ist identisch Null, wenn μ eine Lösung der Legendre-Riccati-Differentialgleichung

$$\dot{\mu} = \gamma^2 + \mu^2.$$

ist.

Ist $\gamma(b - a) < \pi$, so ist

$$\mu(t) = \gamma \tan\left(\gamma\left(t - \frac{b + a}{2}\right)\right)$$

eine Lösung, die auf ganz $[a, b]$ erklärt ist.

Mit diesem μ liefert die zugehörige quadratische Ergänzug eine Konvexifizierung der Variationsaufgabe und die Extremale x ist mit Satz 6.3.3 eine Lösung der Variationsaufgabe.

6.3.6 Die Euler-Lagrange-Gleichung und die punktweise Minimierung

Der Ansatz der punktweisen Minimierung ist allgemeiner als das Rechnen mit der Euler-Lagrange-Gleichung. Diese entspricht für jedes $t \in [a, b]$ den notwendigen Bedingungen für eine Minimallösung von $\varphi^t = \tilde{L}(\cdot, \cdot, t)$ auf $I \times J$, wenn $(x(t), \dot{x}(t))$ ein innerer Punkt von $I \times J$ ist. Verläuft für die Lösung x die Kurve $t \mapsto (x(t), \dot{x}(t))$ auf einem Teilintervall am Rande von $I \times J$, so braucht die Euler-Lagrange-Gleichung nicht zu gelten. Um dies zu illustrieren, wird jetzt in der Aufgabe 1 $c = -6$ gesetzt und die Nichtnegativität der Lösung verlangt.

Aufgabe 1. Minimiere

$$f(x) = \int_0^1 \dot{x}^2(t) + 6x(t)dt$$

auf

$$S = \{x \in C^{(1)}[0,1] \mid x(0) = 0, x(1) = 1, x \geq 0\}.$$

Wir haben gesehen, dass ohne Forderung der Nichtnegativität der Lösung die Euler-Lagrange-Gleichung auf die Extremale

$$x(t) = \frac{1}{2}(3t^2 - t)$$

führt.

Diese ist in dem Intervall $(0, \frac{1}{3})$ negativ und kann nicht die Lösung der obigen Aufgabe sein.

Das schlichte Nullsetzen auf $[0, \frac{1}{3}]$ und das Fortsetzen mit x auf $[\frac{1}{3}, 1]$ würde hier nicht zu einer Minimallösung führen. Aber mit Hilfe der punktweisen Minimierung können wir eine Lösung leicht berechnen.

Lösung der Aufgabe mit dem Ansatz der punktweisen Minimierung

Wir haben jetzt für ein $\lambda \in C^{(1)}[0,1]$ die Funktion

$$(p,q) \mapsto \varphi(p,q) := q^2 + 6p - \lambda(t)q - \dot{\lambda}(t)p$$

auf $I \times J = \mathbb{R}_{\geq 0} \times \mathbb{R}$ zu minimieren.

Bzgl. p haben wir die Funktion

$$p \mapsto (6 - \dot{\lambda}(t))p$$

zu minimieren. Ist $\dot{\lambda}(t) < 6$, so ist $p_t = 0$ die gesuchte Minimallösung. Ist $\dot{\lambda}(t) = 6$, so ist jedes $p \in \mathbb{R}_{\geq 0}$ eine Minimallösung. Ist $\dot{\lambda}(t) > 6$, dann existiert keine Minimallösung.

Wir machen jetzt den folgenden Ansatz:

Die gesuchte Lösung ist auf einem Teilintervall $[0, t_0]$ Null und in $(t_0, 1]$ positiv. Mit der Stetigkeit von $\dot{\lambda}$ ist dann $\dot{\lambda}$ auf $(t_0, 1]$ identisch 6 und damit

$$\lambda(t) = 6t + C.$$

Die Minimierung von $q \mapsto q^2 - (6t + C)q$ auf $\mathbb{R}$ führt für $t \in [t_0, 1]$ auf $q_t = 3t + \frac{C}{2}$. Mit $\dot{x}(t) = 3t + \frac{C}{2}$ folgt mit einem $D \in \mathbb{R}$ auf $(t_0, 1]$

$$x(t) = \frac{3}{2}t^2 + \frac{C}{2}t + D.$$

Mit $x(t_0) = 0$, $x(1) = 1$ und der Stetigkeit von $\dot{x}$ in t_0 bekommen wir die Gleichungen

$$\frac{3}{2}t_0^2 + \frac{C}{2}t_0 + D = 0, \tag{6.3.9}$$

$$\frac{3}{2} + \frac{C}{2} + D = 1 \tag{6.3.10}$$

und

$$3t_0 + \frac{C}{2} = 0. \tag{6.3.11}$$

Wird (6.3.11) von (6.3.10) abgezogen und (6.3.9) benutzt, so erhalten wir

$$\frac{3}{2} - 3t_0 - \frac{3}{2}t_0^2 + 3t_0^2 = 1$$

und damit

$$t_0 = 1 - \sqrt{\frac{2}{3}}.$$

Außerdem gilt $C = -6t_0$ und $D = 0$.

Setzen wir also auf ganz $[0, 1]$ $\lambda(t) := 6(t - t_0)$, so ist auf $(\frac{1}{6}, 1]$ das Paar $(\frac{3}{2}t^2 + C\frac{t}{2}, 3t + \frac{C}{2})$ und $(0, 0)$ auf $[0, \frac{1}{6}]$ eine Minimallösung von φ. Damit ist x mit $x(t) = 0$ auf $[0, \frac{1}{6}]$ und $x(t) = \frac{3}{2}t^2 + C\frac{t}{2}$ auf $(\frac{1}{6}, 1]$ eine Lösung der Variationsaufgabe. Auf $[0, t_0)$ ist die Euler-Lagrange-Gleichung nicht erfüllt.

6.3.7 Die kanonischen Gleichungen in der Euler-Lagrange-Form

Zu der Euler-Lagrange-Gleichung sind wir gekommen, indem wir bei den notwendigen Optimalitätsbedingungen der punktweisen Minimierung

$$L_{\dot{x}}(x(t), \dot{x}(t), t) = \lambda(t) \tag{6.3.12}$$

und

$$L_x(x(t), \dot{x}(t), t) = \dot{\lambda}(t) \tag{6.3.13}$$

die erste Gleichung nach t differenziert und in (6.3.13) eingesetzt haben.

Die zusätzliche Differentiation nach t führt dann auf eine Differentialgleichung zweiter Ordnung. Ein anderer Weg entsteht dadurch, dass wir die noch unbekannte Funktion λ nicht eliminieren. Können wir die Gleichung (6.3.12) nach $\dot{x}(t)$ auflösen und mit einer Funktion $\Psi : I \times \mathbb{R} \times [a, b] \to \mathbb{R}$

$$\dot{x}(t) = \Psi(x(t), \lambda(t), t)$$

schreiben, so entsteht aus (6.3.12) und (6.3.13) ein gemeinsames Differentialgleichungssystem (erster Ordnung) für die Unbekannten x und λ.

$$\dot{x}(t) = \Psi(x(t), \lambda(t), t) \tag{6.3.14}$$

$$\dot{\lambda}(t) = L_x(x(t), \Psi(x(t), \lambda(t), t), t). \tag{6.3.15}$$

Die Gleichungen (6.3.14) und (6.3.15) heißen *die kanonischen Gleichungen in der Euler-Lagrange-Form*.

Beispiel. Angewendet auf die Aufgabe 1 erhalten wir zunächst

$$L_{\dot{x}}(x(t), \dot{x}(t), t) = 2\dot{x}(t) = \lambda(t)$$

und damit

$$\dot{x}(t) = \frac{1}{2}\lambda(t),$$

d. h. mit

$$\Psi(p, r, t) = \frac{1}{2}r \quad \text{ist} \quad \dot{x}(t) = \Psi(x(t), \lambda(t), t).$$

6.3.8 Hamilton-Funktion und kanonische Gleichungen der Variationsrechnung

Die folgende Art der Minimierung von Funktionen zweier Variablen, die mit der jeweiligen Minimierung bzgl. einer Variablen auskommt, liefert ein hinreichendes Optimalitätskriterium.

Man minimiert bzgl. einer Variablen in Abhängigkeit von der anderen Variablen (die festgehalten wird), um anschließend die daraus resultierende Funktion bzgl. der zweiten Variable zu minimieren (s. Sukzessive Minimierung).

Jetzt wird bei dem Ansatz der punktweisen Minimierung die Minimierung bzgl. q gemacht, d. h. für ein vorgegebenes $p \in I$ wird bei festem t die Funktion $\varphi^t(p, \cdot)$ auf J minimiert. Von besonderer Bedeutung ist die Tatsache, dass diese Minimierung für $p = x^*(t)$, wobei x^* eine optimale Lösung ist, stets durchführbar ist (Satz von Weierstraß bzw. Pontrjagisches Maximumprinzip; s. [K13]).

Wir können den bzgl. q konstanten Term $-\dot{\lambda}(t)p$ weglassen und die Funktion

$$q \mapsto L(p, q, t) - \lambda(t)q \tag{6.3.16}$$

minimieren. Dies beschreibt den Ansatz von Hamilton, wenn man (6.3.16) mit -1 multipliziert und zur Maximierung übergeht. Lässt sich dann eine Maximallösung q^* von

$$q \mapsto \lambda(t)q - L(p, q, t) \tag{6.3.17}$$

berechnen und mit einer Funktion $\Psi : I \times \mathbb{R} \times [a, b] \to \mathbb{R}$ schreiben als

$$q_t = \Psi(p, \lambda(t), t), \tag{6.3.18}$$

so führt das Einsetzen von (6.3.18) in (6.3.17) zu der *Hamilton-Funktion*

$$\mathcal{H}(p, \lambda(t), t) = \lambda(t)\Psi(p, \lambda(t), t) - L(p, \Psi(p, \lambda(t)), t).$$

Um eine Lösung der Variationsaufgabe zu finden, haben wir nach dem Ansatz der punktweisen Minimierung für jedes $t \in [a, b]$ eine Minimallösung (p_t, q_t) auf $I \times J$ von

$$(p, q) \mapsto \varphi^t(p, q) = L(p, q, t) - \lambda(t)q - \dot{\lambda}(t)p$$

zu finden. Wird jetzt diese Minimierung wie oben als die Hintereinanderausführung der Minimierung bzgl. q und p durchgeführt (s. Lemma 3.14.1), so führt dies zu der Minimierung der Funktion

$$p \mapsto -H(p, \lambda(t), t) - \dot{\lambda}(t)p, \tag{6.3.19}$$

die äquivalent zu der Maximierung von

$$p \mapsto H(p, \lambda(t), t) + \dot{\lambda}(t)p \tag{6.3.20}$$

ist.

Das Setzen der Ableitung gleich Null (bzgl. p) liefert als notwendige Optimalitätsbedingung die Gleichung

$$\dot{\lambda}(t) = -H_p(p, \lambda(t), t). \tag{6.3.21}$$

Nach dem Ansatz der punktweisen Minimierung muss für die gesuchte Lösung x der Variationsaufgabe für alle $t \in [a, b]$ $x(t) = p_t$ und $\dot{x}(t) = q_t$ gelten. Dies führt zu den *kanonischen Gleichungen in der Hamilton-Form*. Diese werden als *kanonische Gleichungen der Variationsrechnung* bezeichnet.

$$\dot{\lambda}(t) = -H_x(x(t), \lambda(t), t) \tag{6.3.22}$$

und

$$\dot{x}(t) = \Psi(x(t), \lambda(t), t). \tag{6.3.23}$$

Ist für alle $t \in [a, b]$ die Funktion $-H(\cdot, \lambda(t), t) : I \to \mathbb{R}$ konvex, so ist (6.3.21) auch eine hinreichende Optimalitätsbedingung.

Es gilt also der

Satz 6.3.5. *Ist für jedes $(p, t) \in I \times [a, b]$ die Funktion $L(p, \cdot, t) : J \to \mathbb{R}$ konvex und es existiere eine stetig differenzierbare konvexe Funktion $t \mapsto -H(\cdot, \lambda(t), t) : I \to \mathbb{R}$. Dann ist jede Lösung der kanonischen Gleichungen in der Hamilton-Form, die die geforderten Randbedingungen erfüllt, eine Lösung der Variationsaufgabe.*

Beispiel. In der Aufgabe 1 aus Abschnitt 6.2 ist $L(p, q, t) = q^2 - cp$. Damit folgt bzgl. der linearen Ergänzung $L_q = 2q = \lambda$ und $\Psi(p, q, t) = \frac{\lambda}{2}$. Damit ergibt sich die Hamilton-Funktion $H(p, \lambda, t) = \frac{1}{4}\lambda^2 + 6p$. Die kanonischen Gleichungen lauten also

$$\dot{x} = \frac{\lambda}{2} \quad \text{und} \quad \dot{\lambda} = -c.$$

Bei festen λ und t ist $H(\cdot, \lambda(t), t)$ konvex.

6.4   Punktweise Minimierung bei Aufgaben mit Singularitäten

Wir haben bereits Aufgaben mit Singularitäten mit dem Lagrange-Ansatz in Abschnitt 5.2.9 behandelt. Die Methode der punktweisen Minimierung erlaubt einen elementaren Zugang zu derartigen Aufgaben. Im Gegensatz zu Abschnitt 5.2.9 kommen wir hier mit dem uneigentlichen Riemann-Integral aus.

6.4.1   Punktweise Minimierung bei Variationsaufgaben mit Singularitäten

Um die volle isoperimetrische Aufgabe und das Brachistochronen-Problem behandeln zu können, wollen wir die Restriktionsmenge und die Funktion L erweitern. Seien I, J Intervalle in $\mathbb{R}$ und $L : I \times J \times (a, b) \to \mathbb{R}$ stetig. Bezeichne L^x die Funktion $t \mapsto L(x(t), \dot{x}(t), t)$ auf (a, b). Die Restriktionsmenge S ist eine Teilmenge der folgenden Grundmenge

$$M = \{x \in C[a, b] \cap C^{(1)}(a, b) \mid \forall t \in (a, b) \text{ ist } (x(t), \dot{x}(t)) \in I \times J,$$

$$L^x \text{ ist auf } (a, b) \text{ uneigentlich Riemann-integrierbar}\}$$

und sprechen von einer Aufgabe mit festem Endpunkt, falls für gegebene $\alpha, \beta \in \mathbb{R}$ und alle $x \in S$

$$x(a) = \alpha, \quad x(b) = \beta \tag{6.4.1}$$

gilt.

Wählen wir jetzt ein $\lambda \in C[a, b] \cap C^{(1)}(a, b)$, so ist wieder für alle $x \in S$ (diesmal das uneigentliche Integral) mit der Produktregel

$$\begin{aligned}
\Lambda(x) &:= -\int_a^b (\lambda(t)\dot{x}(t) + \dot{\lambda}(t)x(t))dt \\
&= \lim_{\varepsilon \downarrow 0} [\lambda(a + \varepsilon)x(a + \varepsilon) - \lambda(b - \varepsilon)x(b - \varepsilon)] \\
&= \lambda(a)x(a) - \lambda(b)x(b) \\
&= \lambda(a)\alpha - \lambda(b)\beta =: C
\end{aligned} \tag{6.4.2}$$

Damit ist Λ konstant C auf S.

Die direkte Übertragung liefert jetzt die folgenden Sätze für Variationsaufgaben mit Singularitäten:

Satz 6.4.1. *Sei für ein* $\lambda \in C[a,b] \cap C^{(1)}(a,b)$ *und ein* $x \in S$ *für alle* $t \in (a,b)$ *der Punkt* $(p_t, q_t) := (x(t), \dot{x}(t)) \in \mathbb{R}^2$ *eine Minimallösung der Funktion*

$$(p,q) \mapsto L(p,q,t) - \lambda(t)q - \dot{\lambda}(t)p,$$

so ist x *eine Lösung der Variationsaufgabe:*

$$\text{„Minimiere } f(x) = \int_a^b L(x(t), \dot{x}(t), t)dt \text{ auf } S\text{".}$$

Beweis. Sei $\tilde{L} = L - \lambda q - \dot{\lambda} p$. Dann gilt für alle $x \in S$ (s. Kapitel 6.1.4)

$$\int_{a+\varepsilon}^{b-\varepsilon} \tilde{L}(x^*(t), \dot{x}^*(t), t)dt \leq \int_{a+\varepsilon}^{b-\varepsilon} \tilde{L}(x(t), \dot{x}(t), t)dt.$$

Nach Definition des uneigentlichen Riemann-Integrales ist

$$\int_a^b \tilde{L}(x^*(t), \dot{x}^*(t), t)dt \leq \int_a^b \tilde{L}(x(t), \dot{x}(t), t)dt.$$

Auf S unterscheidet sich $\tilde{f} = \int_a^b \tilde{L}$ von $f = \int_a^b L$ nur durch eine Konstante. Damit ist x^* eine Minimallösung der gestellten Aufgabe. $\square$

Sind zusätzlich die Intervalle I, J offen und für alle $t \in (a,b)$ die Funktion $L(\cdot, \cdot, t) :$ $I \times J \to \mathbb{R}$ partiell differenzierbar, so können wir bei der Suche nach der Lösung die notwendigen Optimalitätsbedingungen benutzen:

$$L_{\dot{x}} = \lambda \quad \text{und} \quad L_x = \dot{\lambda}$$

bzw. die Euler-Lagrange Differentialgleichung auf (a,b)

$$\frac{d}{dt}L_{\dot{x}} = L_x.$$

Für konvexe Aufgaben haben wir dann das folgende hinreichende Optimalitätskriterium:

Satz 6.4.2. : *Sei für alle* $t \in (a,b)$ *die Funktion* $L(\cdot, \cdot, t) : I \times J \to \mathbb{R}$ *konvex. Sei* x^* *eine zulässige Extremale und* $t \mapsto \lambda(t) := L_{\dot{x}}(x^*(t), \dot{x}^*(t), t) \in C^{(1)}(a,b)$ *und in* a *bzw.* b *stetig ergänzbar. Dann ist* x^* *eine Lösung der Variationsaufgabe: „Minimiere* f *auf* S *".*

Beweis. Die stetig in a und b ergänzte Funktion λ ist aus $C[a,b] \cap C^{(1)}(a,b)$. Wir können jetzt Satz 6.4.1 benutzen, denn das Verschwinden der partiellen Ableitung entspricht der Euler-Lagrange-Gleichung und ist eine hinreichende Optimalitätsbedingung für konvexe Funktionen. $\square$

Statt der stetigen Ergänzbarkeit von $\lambda(a)$ brauchen wir nur die Beschränktheit von λ auf $(a, b]$ zu fordern

Bemerkung 6.4.1. Sei $\lambda \in C^{(1)}(a, b]$ und für ein $C \in \mathbb{R}_{>0}$ gelte für alle $t \in (a, b]$ $|\lambda(t)| \leq C$.
Dann ist die Ergänzung

$$\Lambda(x) = \int_a^b [\lambda(t)\dot{x}(t) + \dot{\lambda}(t)(x(t) - \alpha)]dt$$

konstant $\lambda(b)\beta$ auf S.

Beweis. Denn für alle $x \in S$ gilt $x(a) = \alpha$ und $x(b) = \beta$ und damit

$$\lim_{\varepsilon \to 0} \int_{a-\varepsilon}^b (\lambda(t)\dot{x}(t) + \dot{\lambda}(t)(x(t) - \alpha))dt$$

$$= \lim_{\varepsilon \to 0} \lambda(b)x(b) - \lambda(a - \varepsilon)(x(a - \varepsilon) - \alpha) = \lambda(b)\beta. \qquad \square$$

Damit ist diese Ergänzung auf ganz S erklärt und konstant. Bei der punktweisen Minimierung ist für jedes $t \in (a, b)$ der Term $-\dot{\lambda}(t)\alpha$ konstant. Damit sind die punktweisen Minimallösungen dieselben wie bei der Ergänzung

$$\int_a^b \lambda\dot{x} + \dot{\lambda}x \, dt.$$

Bemerkung 6.4.2. Bei singulären Aufgaben mit freiem Endpunkt (bzw. freien Endpunkten) ist die lineare Ergänzung konstant auf der Restriktionsmenge, wenn λ in dem freien Endpunkt (bzw. in a und b) mit Null stetig ergänzbar und in dem festen Endpunkt stetig ergänzbar ist.

Die Brachistochronenaufgabe ist singulär und nicht konvex. Um den obigen Satz zu benutzen, wird die Aufgabe auf eine konvexe Aufgabe transformiert. Da die gesuchte Lösung nicht negativ sein muss, kann man sie als Quadrat einer anderen Funktion darstellen. Diese einfache Transformation führt auf eine konvexe Variationsaufgabe.

6.4.2   Behandlung des Brachistochronenproblems mit der punktweisen Minimierung

In Abschnitt 5.2.10 wurde das Problem der Brachistochrone mit Hilfe einer Konvexifizierung und den Lebesgueschen Vertauschbarkeitssätzen gelöst. Die jetzt folgende Behandlung benutzt nur das uneigentliche Rieman-Integral und kommt ohne die Vertauschbarkeitssätze aus.

Seien $(0, 0)$ und (a, b) mit $a, b > 0$ die Koordinaten des Anfangs- und Endpunktes der gesuchten Kurve.

Sei $\ell : \mathbb{R}_{>0} \times \mathbb{R} \to \mathbb{R}$ erklärt durch

$$(p,q) \mapsto \ell(p,q) := \sqrt{\frac{1+q^2}{p}}.$$

Minimiere

$$f(y) = \int_0^a \ell(y(x), \dot{y}(x))dx \qquad (6.4.3)$$

auf

$$X = \left\{ y \in C[0,a] \cap C^{(1)}(0,a] \ \bigg|\ y(0) = 0,\ y(a) = b > 0,\ y(x) > 0 \ \forall x \in (0,a], \right.$$

$$\left. \text{und } t \mapsto \ell(y(t), \dot{y}(t)) \text{ ist in } (0,a] \text{ uneigentlich Riemann-integrierbar} \right\}.$$

Wir wollen zunächst die Aufgabe mit Hilfe der aus Abschnitt 5.2.10 bekannten Transformation konvexifizieren.

Sei nun

$$S := \left\{ y \in C[0,a] \cap C^{(1)}(0,a] \bigg|\ y(0) = 0,\ y(a) = \sqrt{b},\ y(x) > 0 \ \forall x \in (0,a] \right.$$

$$\text{und } t \mapsto \ell\left(y^2(t), \frac{d}{dt}y^2(t) \right) \text{ ist in } (0,a]$$

$$\left. \text{uneigentlich Riemann-integrierbar} \right\}$$

und $B : S \to X,\ s \mapsto B(s) = s^2$. Dann ist B surjektiv und es gilt $y(x) = s^2(x)$, $\dot{y}(x) = 2\dot{s}(x)s(x)$, so dass folgt

$$f(B(s)) = \int_0^a \sqrt{\frac{1}{s^2(x)} + 4\dot{s}^2(x)}dx$$

$$(p,q) \mapsto L(p,q) = \sqrt{\frac{1}{p^2} + 4q^2}.$$

Die Lagrange-Funktion L ist L konvex.

Da L nicht von t abhängt, können wir zur Bestimmung einer Extremalen die Euler-sche Regel II benutzen. Die Bestimmung einer zulässigen Extremalen erfolgt wie in Abschnitt 5.2.10

Um zu sehen, dass jede zulässige Extremale s^* eine Minimallösung ist, genügt es nach Bemerkung 6.4.1 die Beschränktheit von $L_{\dot{s}}^{s^*}$ auf $[0,a]$ zu zeigen. Dafür brauchen wir hier nicht die explizite Kenntnis der Extremalen. Denn für jedes $s^* \in S$ ist

$$\lambda(x) = L_{\dot{s}}(s^*(x), \dot{s}^*(x), x) = 2\sqrt{\frac{4(s^*\dot{s}^*)^2}{1 + 4(s^*\dot{s}^*)^2}(x)}.$$

auf $(0,a]$ beschränkt.

6.4.3   Die Dido-Aufgabe

Wir kommen zur Dido-Aufgabe zurück. Bis jetzt haben wir die folgende Auslegung behandelt (s. [Fu]): Die x-Achse haben wir als die Meeresküste in der Nähe Karthagos ausgelegt und zwei vorgegebene Punkte a, b $(a < b)$ auf der x-Achse festgelegt. Danach suchten wir eine diese Punkte verbindende Kurve, die man als den Graphen einer Funktion $f : [a, b] \to \mathbb{R}$ nehmen kann. Aber es ist kaum anzunehmen, dass in dieser Sage solche zwei Punkte festgelegt waren. Da wir der Klugheit von Königin Dido keine Grenzen setzen wollen, gehen wir von einer optimalen Lösung aus, die auch die Möglichkeit berücksichtigt, einen Teil der Küste als Begrenzung zu nehmen. Denn bei der vorgegebenen Länge l besitzt der halbe Kreis an der Meeresküste die Fläche $\frac{\ell^2}{2\pi}$, die sogar doppelt so groß wie die Fläche $\frac{\ell^2}{4\pi}$ des vollen Kreises im Inneren des Landes ist.

Wir wollen jetzt die Aufgabe von Dido genauer untersuchen. Wir bleiben bei der Auslegung mit der (geraden) Küstenbegrenzung. Wir erweitern zunächst nur geringfügig die Begrenzung des Verhältnisses der Intervall- und der Bogenlänge, indem wir fordern

$$1 \le \frac{\ell}{d} \le \pi.$$

Wir wollen jetzt singuläre Lösungen zulassen, so dass der volle Halbkreis eine zulässige Lösung ist. Da hier die einseitigen Ableitungen in den Endpunkten des Intervalles ∞ bzw. $-\infty$ sind, liegt eine Aufgabe mit Singularitäten vor. Für den Nachweis der Optimalität des Halbkreises im Falle $\ell = d \cdot \pi$ genügt es mit Satz 6.4.2 die stetige Ergänzbarkeit in a und b der Funktion $\lambda : (a, b) \to \mathbb{R}$ mit

$$t \mapsto \lambda(t) = L_{\dot{x}}(x^*(t), \dot{x}^*(t), t)$$

zu zeigen, wobei x^* die zulässige Extremale ist (s. Satz 6.4.1). Die Berechnungen in (a, b) lassen sich voll übertragen und wir wissen, dass hier mit $D = \frac{a+b}{2}$

$$\dot{x}^*(t) = \frac{D - t}{\sqrt{\alpha^2 - (D - t)^2}}$$

und $\lambda(t) = \frac{\alpha \dot{x}^*(t)}{\sqrt{1 + ((\dot{x}^*(t))^2}}$ gilt.

Damit ist $t \mapsto \lambda(t) = D - t$ stetig auf ganz $[a, b]$, und der Halbkreis ist die gesuchte Lösung. Dieser wird sich auch als optimal erweisen, wenn wir die Länge $d := b - a$ des Grundintervalles $[a, b]$ frei geben.

Dafür wollen wir nun die Fläche des Kreisabschnittes in Abhängigkeit von d maximieren.

6.4.4 Die Dido-Aufgabe mit einem freien Grundintervall

Wir wollen jetzt die Dido-Aufgabe mit einem beweglichen Punkt b betrachten und lediglich

$$\frac{\ell}{d} = \frac{\ell}{b-a} \le \pi \qquad (6.4.4)$$

fordern. Uns interessiert die Frage, für welche b mit (6.4.4) die eingeschlossene Fläche am größten ist. Bei festem b mit (6.4.4) ist nach dem bis jetzt gezeigten der dazugehörige Kreisbogen die optimale Lösung. Da aber d eindeutig durch die Größe $0 \le \beta \le \pi$ des Winkels (in der Bogenlänge) des dazu gehörigen Kreisabschnittes festgelegt ist, können wir die Maximierung bzgl. β durchführen. Die Fläche des Kreisabschnittes als Funktion in Abhängigkeit von ℓ und β ist

$$F = \frac{1}{2}\ell^2 \left(\frac{\beta - \sin\beta}{\beta^2} \right).$$

Wir maximieren jetzt auf $(0, \pi]$ die Funktion

$$t \mapsto g(t) := \frac{t - \sin t}{t^2}.$$

Die Funktion g lässt sich in 0 mit 0 stetig ergänzen, was man mit L'Hospital sofort nachprüfen kann. Wir zeigen, dass g monoton wachsend ist. Es gilt

$$g'(t) = \frac{(1 - \cos t)t^2 - 2t(t - \sin t)}{t^4} = \frac{2\sin t - t(1 + \cos t)}{t^3}.$$

Für den Zähler $Z(t) = 2\sin t - t(1 + \cos t)$ ist

$$Z'(t) = 2\cos t - 1 - \cos t + t \sin t$$

und

$$Z''(t) = -2\sin t + \sin t + \sin t + t \cos t = t \cos t.$$

Dann ist

$$Z'' \ge 0 \quad \text{in} \left[0, \frac{\pi}{2}\right] \quad \text{und} \quad Z'' < 0 \quad \text{in} \left(\frac{\pi}{2}, \pi\right). \qquad (6.4.5)$$

Es ist also Z' monoton fallend in $[0, \frac{\pi}{2}]$. Mit $Z'(0) = 0$ ist $Z' \ge 0$ in $[0, \frac{\pi}{2}]$. Mit $Z(0) = 0$ folgt damit $Z \ge 0$ in $[0, \frac{\pi}{2}]$. Mit (6.4.5) ist Z in $[\frac{\pi}{2}, \pi]$ konkav, was mit $Z\left(\frac{\pi}{2}\right) = 2 - \frac{\pi}{2} > 0$ und $Z(\pi) = 0$ die Nichtnegativität von Z auch in $[\frac{\pi}{2}, \pi]$. Dies bedeutet, dass g monoton nichtfallend ist und in π das Maximum annimmt.

Der optimale Kreisabschnitt ist also der Halbkreis und die optimale Fläche ist dann

$$F^* = \frac{\ell^2}{2\pi}.$$

6.4.5   Die Dido-Aufgabe mit freien Endpunkten

Wir kehren zurück zu der isoperimetrischen Aufgabe, über Funktionen fester Länge und größter Fläche. Wir widmen uns dem Fall, in dem das Grundintervall $[a, b]$ vorgegeben ist, die Verbindungskurve durch eine stetige und und in (a, b) stetig differenzierbare Funktion $x : [a, b] \to \mathbb{R}$ beschrieben wird, die Länge dieser Kurve aber größer oder gleich $\pi(b - a)$ ist. Fordern wir auch $x(a) = x(b) = 0$, so werden wir zeigen, dass für $\ell \geq \pi(b - a)$ dann keine Maximallösung existiert.

Um solche Aufgaben behandeln zu können, wollen wir die Werte in den Endpunkten a und b freilassen.

Statt $x(a) = x(b) = 0$ zu fordern, erlauben wir, dass x an den Stellen a und b beliebige Werte in $\mathbb{R}$ annimmt. Die Höhen $x(a)$ und $x(b)$ wollen wir als Längen mitzählen. Damit bekommt die Längenbedigung die Form

$$\Lambda_1(x) = x(a) + x(b) + \int_a^b \sqrt{1 + \dot{x}^2(t)}dt = \ell. \qquad (6.4.6)$$

Nach wie vor soll das Integral $\int_a^b x(t)\, dt$ maximiert (bzw. $-\int_a^b x(t)\, dt$ minimiert) werden.

Mit einem $r > 0$ wählen wir als isoperimetrische Ergänzung $r\Lambda_1$ und haben dann auf ganz $C^{(1)}[a, b]$ die folgende Funktion zu minimieren:

$$f(x) = rx(a) + rx(b) + \int_a^b -x(t) + r\sqrt{1 + x^2(t)}dt.$$

Wir werden jetzt bei der linearen Ergänzung die Wahl der Funktion $\lambda \in C^{(1)}[a, b]$ so einschränken, dass der Bolza-Term verschwindet.

Da wir eine Aufgabe mit freien Endpunkten haben, wollen wir die folgende Modifikation der linearen Ergänzung benutzen. Für jedes $\lambda \in C^{(1)}[a, b]$ ist die folgende Ergänzung

$$\Lambda_2(x) = \lambda(b)x(b) - \lambda(a)x(a) - \int_a^b \dot{\lambda}(t)x(t) + \lambda(t)\dot{x}(t)dt$$

identisch Null auf ganz $C^{(1)}[a, b]$, was man sofort mit der Produktregel für die Ableitung sieht. Als Ergänzung wählen wir $\Lambda := r\Lambda_1 + \Lambda_2$. Lassen wir jetzt nur $\lambda \in C^{(1)}[a, b]$ mit $\lambda(a) = r$ und $\lambda(b) = -r$ zu, so verschwindet in $f + \Lambda$ der Bolza-Term und wir haben dann nur die reine Integralfunktion

$$(f + \Lambda)(x) = \int_a^b (-x + r\sqrt{1 + \dot{x}^2} - \lambda\dot{x} - \dot{\lambda}x)dt \qquad (6.4.7)$$

auf $S = C^{(1)}[a, b]$ zu minimieren (Lagrange-Aufgabe).

Jetzt kann man den Ansatz der punktweisen Minimierung aus Abschnitt 6.1.4 mit der Erweiterung auf singuläre Aufgaben voll übertragen. Die punktweise Minimierung bzgl. x führt auf

$$\lambda(t) = D - t$$

Mit $D = \frac{a+b}{2}$ und $r = \frac{b-a}{2}$ sind die Forderungen

$$\lambda(b) = -r \quad \text{und} \quad \lambda(a) = r$$

erfüllt. Aus $r = \frac{b-a}{2}$ folgt, dass der gesuchte Kreisbogen

$$x(t) = C + \sqrt{r^2 - (D - t)^2} \tag{6.4.8}$$

ein voller Halbkreis ist. Mit $x(a) = C = x(b)$ und der Längenbedingung

$$\ell = x(a) + x(b) + \pi \left(\frac{b - a}{2} \right)$$

ist

$$C = x(a) = x(b) = \frac{\ell - \pi \left(\frac{b-a}{2} \right)}{2}.$$

Nach der Festlegung von den so berechneten r, D und λ ist x eine Lösung der gestellten Aufgabe. $\qquad\square$

Die Lösung hat die Gestalt eines Torbogens.
Wir wollen zusammenfassen und erhalten

Satz 6.4.3. *Seien $a, b \in \mathbb{R}$ mit $a < b$ und $\ell \geq \pi(\frac{b-a}{2})$. Die Maximierung von*

$$f(x) = \int_a^b x(t)dt \tag{6.4.9}$$

auf

$$S := \left\{ x \in C^{(1)}[a, b] \mid x \geq 0, x(a) + x(b) + \int_a^b \sqrt{1 + \dot{x}(t)}dt = \ell \right\} \tag{6.4.10}$$

besitzt die eindeutige Lösung

$$x^*(t) = \frac{2\ell - \pi(b - a)}{4} + \sqrt{\left(\frac{b - a}{2} \right)^2 - \left(\frac{b + a}{2} - t \right)^2}. \tag{6.4.11}$$

Da die Menge (ℓ, a, b wie oben)

$$S_1 := \left\{ x \in C^{(1)}[a, b] \mid \int_a^b \sqrt{1 + \dot{x}^2(t)}dt = \ell, x(a) = x(b) = 0 \right\}$$

eine Teilmenge von S ist, kann f keine Minimallösung in S_1 besitzen. Denn die Minimallösung x^* von f auf S ist eindeutig und lässt sich mit Funktionen aus S_1 so approximieren, dass das Integral beliebig nahe bei $\int_a^b x^*(t)dt$ liegt.

6.4.6   Freie Endpunkte und freie Wahl der Intervalllänge

Wir können jetzt die obige Aufgabe mit freien Endpunkten bei einem beweglichen Enpunkt b betrachten.

Bezeichnet $d = \frac{b-a}{2}$, so haben wir für die Variable d die Nebenbedingung $\ell \geq \pi d$. Dann haben wir nur die quadratische Funktion

$$d \mapsto \ell d - \frac{1}{2}\pi d^2$$

auf $S := \{d \in \mathbb{R}_{\geq 0} \mid d \leq \frac{\ell}{\pi}\}$ zu maximieren (höchster Punkt einer nach unten geöffneten Parabel). Die Maximallösung ist durch $d^* = \frac{\ell}{\pi}$ gegeben. Dies bedeutet, dass auch hier der volle Halbkreis die Aufgabe löst.

Der Maximalwert ist $W^* = \frac{1}{2}\frac{\ell^2}{\pi}$. Diese Betrachtungen führen auch direkt zu der Lösung des vollen Dido-Problems.

6.4.7   Geschlossene Kurven

Wir wollen uns jetzt den geschlossenen Kurven widmen, bei denen der volle Kreis die Maximallösung liefert. Bei einer vorgegebenen Länge L der Kurve gehen wir zunächst bei den folgenden Betrachtungen von einem vorgegebenen Intervall $[a, b]$ mit $2(b - a) \leq L$ aus. Da wir bei der elementaren Flächenberechnung beim eindimensionalen Riemann-Integral bleiben wollen, lassen wir als zulässige Gebiete die Normalbereiche in $\mathbb{R}^2$ zu (bzw. die durch Bewegung in solche überführt werden können). Wir betrachten also zwei reelle Funktionen $x, w \in C[a, b] \cap C^{(1)}(a, b)$ $(a, b \in R, a \leq b)$, mit $x \geq 0, w \leq 0$ und $x(a) = x(b) = w(a) = w(b) = 0$.

Dann ist die von den beiden Funktionen eingeschlossene Fläche durch

$$\mathrm{Fl}(x, w) = \int_a^b (x(t) - w(t))dt \tag{6.4.12}$$

gegeben. Wir setzen jetzt $y := -w$. Dann haben w und y die gleiche Längen und die Funktion Fl geht in

$$F(x, y) = \int_a^b (x(t) + y(t))dt \tag{6.4.13}$$

über. Mit X bezeichnen wir Paare nicht-negativer Funktionen $(x, y) \in C[a, b] \cap C^1(a, b)$, die eine endliche gemeinsame Länge haben, d. h. für die das folgende uneigentliche Riemann-Integral

$$\ell(x, y) = \int_a^b (\sqrt{1 + \dot{x}^2(t)}) + (\sqrt{1 + \dot{y}^2(t)})dt. \tag{6.4.14}$$

existiert.

Unsere Optimierungsaufgabe lautet jetzt für ein vorgegebenes $L \geq 2(b-a)$:
„Minimiere $-F(x,y)$ auf

$$S := \{(x,y) \in X \mid \ell(x,y) = L, x(a) = x(b) = y(a) = y(b) = 0\}".\qquad(6.4.15)$$

Wir betrachten zunächst den

Fall 1: $2(b-a) \leq L < \pi(b-a)$.

Wir benutzen jetzt die Ergänzungsmethode. Sei r wie in Abschnitt 5.2.13 der Radius des Kreises mit dem Mittelpunkt (C,D), wobei $D = \frac{a+b}{2}$ und C so gewählt ist, dass die Bogenlänge des Kreisabschnitts mit der Sehne $[a,b]$ gerade $\frac{L}{2}$ ergibt.

Dann lautet die ergänzte Aufgabe

$$„\text{Minimiere } (-F + \Lambda)(x,y) = \int_a^b (-x + r\sqrt{1+\dot{x}^2})dt + \int_a^b (-y + r\sqrt{1+\dot{y}^2})dt$$

auf $M = \{(x,y) \in X \mid x(a) = x(b) = y(a) = y(b) = 0\}".$

Die Minimierung bzgl. x und y kann getrennt erfolgen.

Die punktweise Minimierung der linear ergänzten Lagrange-Funktion (t fest)

$$(p,q) \mapsto \varphi^t(p,q) = -p + r\sqrt{1+q^2} - \dot{\lambda}p - \lambda(t)q$$

führt wie in Abschnitt 6.4.5 auf die Minimallösung, die durch den obigen Kreisbogen der Länge $\frac{L}{2}$ beschrieben ist.

Es ist $x(t) = C + \sqrt{r^2 - (t-D)^2}$. Analog ist $y(t) = C + \sqrt{r^2 - (t-D)^2}$.

Das Paar (x,y) liegt in der Restriktionsmenge S und ist mit dem Ergänzungslemma eine Minimallösung von F auf S.

Fall 2: $L \geq \pi(b-a)$

Jetzt betrachten wir die folgende Bolza-Aufgabe

$$\text{Minimiere } -F(x,y) = -\int_a^b (x(t) + y(t))\, dt \qquad(6.4.16)$$

auf

$$R := \left\{(x,y) \in X \mid x(a) + y(a) + x(b) + y(b)\right.$$

$$\left. + \int_a^b (\sqrt{1+\dot{x}^2} + \sqrt{1+\dot{y}^2})\, dt = L\right\}. \qquad(6.4.17)$$

Die isoperimetrisch ergänzte Aufgabe lautet jetzt mit einem $r \geq 0$
    Minimiere

$$G(x,y) = r(x(a)+x(b)+y(a)+y(b)) + \int_a^b ((-x-y) + r(\sqrt{1+\dot{x}^2} + \sqrt{1+\dot{y}^2}))\, dt$$

auf X.

Für jedes $r \in \mathbb{R}_{\geq 0}$ entsteht wieder eine bzgl. x und y separierte Aufgabe und die Minimierung kann getrennt erfolgen. Wie in Abschnitt 6.4.5 setzen wir $r = \frac{b-a}{2}$. Für die Minimierung von

$$f(x) := r(x(a) + x(b)) + \int_a^b (r\sqrt{1 + \dot{x}^2} - x)\, dt$$

wählen wir den Ansatz der punktweisen Minimierung.
Sei $D = \frac{a+b}{2}$ und $t \mapsto \lambda(t) := D - t$.
Die lineare Ergänzung

$$\Lambda(x) := \lambda(b)x(b) - \lambda(a)x(a) - \int_a^b \lambda\dot{x} + \dot{\lambda}x \, dt$$

ist auf ganz $C[a, b] \cap C^{(1)}(a, b)$ identisch Null.
Es ist $\lambda(b) = -r$ und $\lambda(a) = r$. Damit ist

$$(f + \Lambda)(x) = \int_a^b r\sqrt{1 + \dot{x}^2} - \left(\frac{b+a}{2} - t\right)\dot{x}\, dt.$$

Die punktweise Minimierung der konvexen Funktion

$$(p, q) \mapsto r\sqrt{1 + q^2} - (D - t)q \qquad\qquad (6.4.18)$$

bzgl. q führt auf die Gleichung

$$\frac{rq}{\sqrt{1 + q^2}} = D - t$$

und damit zu der Minimallösung

$$q_t = \frac{D - t}{r^2 - (D - t)^2}.$$

Da (6.4.18) nicht von p abhängt, ist für jedes $p \in \mathbb{R}_{\geq 0}$ das Paar (p, q_t) eine Minimallösung von (6.4.18). Damit ist mit

$$\dot{x} = \frac{D - t}{\sqrt{r^2 - (d - t)^2}}$$

die dazugehörige Funktion

$$x(t) = C + \sqrt{R^2 - (D - t)^2}$$

eine Minimallösung von $(f + \Lambda)$, wenn C so gewählt wird, dass x nichtnegativ ist.

Sei $y := x$. Dann ist (x, y) eine Minimallösung von G. Mit der Längenbedingung

$$\frac{L}{2} = x(a) + x(b) + \pi \left(\frac{b-a}{2} \right) = 2C + \pi \left(\frac{b-a}{2} \right)$$

lässt sich C spezifieren als

$$C = \frac{L - \pi(b-a)}{4}.$$

Mit diesem C ist das dazugehörige Paar (x^*, y^*) eine Minimallösung von G auf X, die in der Restriktionsmenge R liegt. Mit dem Ergänzungslemma ist (x^*, y^*) eine Minimallösung von F auf R.

6.4.8 Die klassische Dido-Aufgabe

Kann man jetzt die Länge des Grundintervalls $[a, b]$ in $[0, \frac{L}{2}]$ frei wählen, so kommen wir zu der Lösung der ursprünglichen Dido-Aufgabe, bei der der volle Kreis die Lösung ist.

Denn für jedes b mit $2(b-a) \leq L < \pi(b-a)$ gilt mit Fall 1 und 6.4.4 für die eingeschlossene Fläche

$$F(x, y) \leq 2 \frac{\left(\frac{L}{2} \right)^2}{2\pi} = \frac{L^2}{4\pi}.$$

Ist $L \geq \pi(b-a)$, so ist die Restriktionsmenge S (s. (6.4.15)) in R enthalten und für alle $(x, y) \in R$ gilt mit Fall 2 und Abschnitt 6.4.6 ebenfalls

$$F(x, y) \leq 2 \frac{\left(\frac{L}{2} \right)^2}{2\pi} = \frac{L^2}{4\pi}$$

Für den vollen Kreis mit Umfang L ist die Fläche $\frac{L^2}{4\pi}$.

Als Folgerung erhalten wir die Lösung des isoperimetrischen Problems im konvexen Fall:

Satz 6.4.4. *Unter allen konvexen Mengen mit glattem Rand und vorgegebener Rand-länge besitzt der Kreis die größte Fläche.*

Beweis. Man nimmt auf dem Rand R zwei Punkte mit dem größten Abstand. Diese existieren nach dem Satz von Weierstraß ($\mathbb{R} \times \mathbb{R}$ kompakt und die Abstandsfunktion stetig).

Jetzt nehmen wir die Gerade durch diese zwei Punkte als t-Achse und wenden die Überlegungen aus Abschnitt 6.4.7 an. $\qquad \square$

6.5   Die kürzeste Verbindung auf einer Fläche

6.5.1   Die geodätischen Linien auf einer Fläche

Wir betrachten eine Fläche im dreidimensionalen Raum, die in Parameterform gegeben ist. Dafür sei eine konvexe Menge $B \subset \mathbb{R}^2$ und eine Abbildung

$$(x, y, z) : B \to \mathbb{R}^3, \quad (p, q) \mapsto (x(p, q), y(p, q), z(p, q)) \tag{6.5.1}$$

gegeben. Sei $(u, v) : [a, b] \to B$ und eine Kurve mit der Parametrisierung

$$t \in [a, b] \mapsto (x(u(t), v(t)), y(u(t), v(t)), z(u(t), v(t))) \tag{6.5.2}$$

gegeben. Die Länge dieser Kurve ist durch (s. [BS], S. 602)

$$s = \int_a^b \sqrt{E \left(\frac{du}{dt} \right)^2 + 2F \frac{du}{dt} \frac{dv}{dt} + G \left(\frac{dv}{dt} \right)^2} \, dt \tag{6.5.3}$$

bestimmt, wobei

$$E = x_u^2 + y_u^2 + z_u^2, \quad F = x_u x_v + y_u y_v + z_u z_v, \quad G = x_v^2 + y_v^2 + z_v^2$$

ist.

Das Problem der geodätischen Linien ist die Bestimmung einer kürzesten Verbindungslinie zwischen zwei Punkten auf einer Fläche. Als Variationsaufgabe interpretiert, würde dies für zwei vorgegebene Punkte $(p_1, q_1), (p_2, q_2) \in B$ die Minimierung des Integrals (6.5.3) auf der Restriktionsmenge

$$S := \big\{ (u, v) \in C^{(1)}[a, b]^2 \, | (u(a), v(a)) = (p_1, q_1), (u(b), v(b)) = (p_2, q_2),$$
$$(u(t), v(t)) \in B \quad \forall t \in [a, b] \big\}$$

bedeuten.

Wir wollen noch bei Variationsaufgaben mit Funktionen mit Werten in $\mathbb{R}$ bleiben und wählen jetzt spezielle eindimensionale Aufgaben. Dafür wählen wir

$$B = [a, b] \times J,$$

wobei $[a, b]$ und J Intervalle in $\mathbb{R}$ sind und für u nur die Identität $t \mapsto u(t) := t$ zulassen.

Für $\alpha, \beta \in J$ wollen wir als Verbindungslinie auf der Fläche das Bild des Graphen $\{(t, v(t)) \in B \mid t \in [a, b]\}$ einer Funktion $v : [a, b] \to J$ mit

$$v(a) = \alpha, v(b) = \beta, \tag{6.5.4}$$

nehmen.

Dann haben wir mit (6.5.3) und (6.5.4) das folgende Integral

$$f(v) := \int_a^b (E(t, v(t)) + 2F(t, v(t))\dot{v}(t) + G(t, v(t))\dot{v}^2(t))dt$$

auf der Menge

$$S = \{v \in C^{(1)}[a, b] \mid v(a) = \alpha, v(b) = \beta, (t, v(t)) \in B \quad \forall t \in [a, b]\}$$

zu minimieren.

Eine Lösung dieser Variationsaufgabe heißt *geodätische Linie auf der Fläche* (6.5.1).

6.5.2   Die geodätischen Linien auf der Sphäre

Die kürzesten Verbindungen zwischen zwei Punkten A, B auf einer Kugel werden sich als Abschnitte der Großkreise, die diese beiden vorgegebenen Punkte enthalten, erweisen.

Eine Parametrisierung

Hier wählen wir den Großkreis, auf dem unsere beiden Punkte A, B liegen (der Kreis mit Mittelpunkt $(0, 0, 0)$, der A und B enthält), als Meridian mit der geographischen Länge 0. In diesem Kreis nehmen wir beliebige Sehne durch den Nullpunkt (Mittelpunkt der Kugel), die den Kreis zwei Halbkreise derart zerlegt, dass beide Punkte in einem Halbkreis liegen, aber nicht auf der Sehne. Die Schnittpunkte der Sehne und des Kreises wählen wir als Pole. Der Äquator wird als der Rand des Kreises mit Mittelpunkt 0, der senkrecht zu der die beiden Pole verbindenden Achse ist, genommen.

Bei der Benutzung der Kugelkoordinaten mit dem Radius $r > 0$ haben wir

$$x(t) = r \sin t \cos v(t), \quad y(t) = r \sin t \sin v(t), \quad z(t) = r \cos t,$$

wobei $0 \le t \le \pi, 0 \le v(t) \le 2\pi$ die geographische Breite und Länge beschreiben. ($u = 0$ und $u = \pi$ repräsentieren die Pole).

Hier ist also $0 < a < b < \pi$ und $J = [0, 2\pi]$.

Eine einfache Rechnung ergibt (Bezeichnungen aus Abschnitt 6.5.1)

$$E = r^2, \quad F = 0, \quad G = r^2 \sin^2 t.$$

Damit haben wir auf S die konvexe Funktion

$$f(v) = r \int_{t_1}^{t_2} \sqrt{(1 + \dot{v}^2(t) \sin^2 t)}dt$$

zu minimieren.

Die Euler-Lagrange-Gleichung lautet hier

$$\frac{d}{dt}\left(\frac{\dot{v}(t)\sin^2 t}{\sqrt{1+\dot{v}^2(t)\sin^2 t}}\right)=0$$

bzw. mit einem $c \in \mathbb{R}$

$$\frac{\dot{v}(t)\sin^2 t}{\sqrt{1+\dot{v}^2(t)\sin^2 t}}=c.$$

Für $c = 0$ sind die Meridiane $t \mapsto v(t) = $ const. Extremalen des konvexen Variationsfunktionals f. Da wir unser Koordinatensystem so gewählt haben, dass die Punkte A, B auf dem nullten Meridian (geografische Länge 0) liegen, ist der Abschnitt, der A und B verbindet die gesuchte geodätische Linie.

Nach Konstruktion des Koordinatensystems ist hier nur der kurze Großkreisabschnitt zugelassen (die Pole dürfen nicht auf der Verbindungslinie liegen).

6.6   Sukzessive Minimierung bei Variationsaufgaben

Aus der Sicht der punktweisen Minimierung kommen wir direkt zu einer Methode Variationsaufgaben zu behandeln, die mit der Hamiltonschen Vorgehensweise verbunden ist und die wir im Folgenden einführen.

Diese Methode wird uns den Nachweis der Optimalität bei den Aufgaben des harmonischen Oszillators, des mathematischen Pendels und des Biegestabs erlauben.

Um eine Variationsaufgabe zu lösen, sind wir folgendermaßen vorgegangen. Wir haben versucht, für alle $t \in [a, b]$ eine zweidimensionale Minimierung der Funktion

$$(p,q) \mapsto \varphi^t(p,q) = \tilde{L}(p,q,t) = L(p,q,t) - E(p,q,t) \tag{6.6.1}$$

zu realisieren, die bei einer geeigneten Ergänzungsfunktion E zu einer Funktion aus der Restriktionsmenge der Variationsaufgabe führt.

Besitzt die Funktion φ^t eine separierte Form (d. h. eine Summe zweier Funktionen, die jeweils nur von p bzw. q abhängig sind), so konnten wir die zweidimensionale Minimierung auf jeweils eine eindimensionale Minimierung zurückführen.

Eine beliebige Minimierung bzgl. zweier Variablen können wir mit dem Ansatz der sukzessiven Minimierung behandeln.

Wir haben hier zwei Möglichkeiten in Bezug auf die Reihenfolge der Minimierungen. Zunächst bzgl. q in Abhängigkeit von p, bzw. bzgl. p in Abhängigkeit von q zu minimieren. Anschließend wird bzgl. der anderen Variablen minimiert.

Unter der Annahme der Existenz einer Lösung bestimmen wir bei festem t und festem p eine Minimallösung von

$$\varphi^t(p,\cdot) \text{ auf } J.$$

Wir bezeichnen die dadurch entstehende Abbildung mit $(p, t) \mapsto \psi(p, t)$. Das Einsetzen in φ^t ergibt dann auf I für jedes $t \in [a, b]$ die Funktion

$$p \mapsto g^t(p) = \varphi^t(p, \psi(p, t)).$$

Die sukzessive Minimierung bedeutet, dass anschließend die Funktion g^t auf I minimiert wird.

Besonders vorteilhaft ist der Fall, wenn beiden beiden Stufen der sukzessiven Minimierung konvexe Minimierungsaufgaben entstehen, d. h. für alle $(p, t) \in I \times (a, b)$ die Funktion $\varphi^t(p, \cdot) : I \to \mathbb{R}$ konvex und anschließend für alle $t \in [a, b]$ die Funktion $g^t : I \to \mathbb{R}$ konvex ist. Solche Funktionen $\varphi^t : I \times J \to \mathbb{R}$ werden inf-konvexe Funktionen genannt (s. Abschnitt 3.14).

6.7 Sukzessive Minimierung mit einer konstanten zweiten Stufe

In der Entwicklung der Variationsrechnung spielt hier der folgende Spezialfall eine wichtige Rolle. Die erste Stufe der sukzessiven Minimierung bzgl. der ergänzten Lagrange-Funktion $L + E$ ist für alle t und p eine konvexe Minimierungsaufgabe. Diese Minimierung wird im Allgemeinen noch in Abhängigkeit von der (noch frei zu wählenden) Ergänzungsfunktion E durchgeführt. Für die zweite Stufe wird diese Ergänzungsfunktion E so gewählt, dass für alle $t \in (a, b)$ die die zweite Stufe bestimmende Funktion g^t konstant auf ganz I ist. Dann ist jedes $p \in I$ eine Minimallösung von g^t auf I. Wir nennen diese Vorgehensweise *sukzessive Minimierung mit einer Konstanten zweiter Stufe*.

Wir werden später sehen, dass diese Idee in Verbindung mit äquivalenten Aufgaben direkt auf die fundamentale partielle Differentialgleichung von Hamilton-Jacobi führt.

6.7.1 Sukzessive Minimierung bei quadratischen Variationsaufgaben

Diese Methode können wir bei quadratischen Variationsaufgaben der folgenden Form anwenden:

Sei $c, d, r \in C[a, b]$ und $d > 0$. Seien $a, b, \alpha, \beta \in \mathbb{R}$ mit $a < b$.

Quadratische Aufgaben mit festen Endpunkten

Die Aufgabe lautet
„Minimiere

$$f(x) = \int_a^b \frac{1}{2} d\dot{x}^2 + \frac{1}{2} cx^2 + r\dot{x}x \, dt \qquad (6.7.1)$$

auf

$$S = \{x \in C^{(1)}[a, b] \mid x(a) = \alpha, x(b) = \beta\}.``$$

Dafür betrachten wir mit einem $\mu \in C^{(1)}[a, b]$ die quadratisch ergänzte Aufgabe „Minimiere

$$\tilde{f}(x) = \int_a^b \frac{1}{2} d \dot{x}^2 + \frac{1}{2} c x^2 + r \dot{x} x + \mu(t) x(t) \dot{x}(t) + \frac{1}{2} \dot{\mu}(t) x^2 dt \qquad (6.7.2)$$

auf S".

Dies führt uns zu folgendem hinreichenden Optimalitätskriterium für quadratische Variationsaufgaben.

Satz 6.7.1. *Erfüllt ein $\mu \in C^{(1)}[a, b]$ auf $[a, b]$ die Legendre-Riccati Gleichung*

$$\dot{\mu} = \frac{(r + \mu)^2}{d} - c, \qquad (6.7.3)$$

und ein $x \in S$ die Gleichung

$$\dot{x} = -\frac{(r + \mu)}{d} x, \qquad (6.7.4)$$

so ist x eine Minimallösung von (6.7.1) auf S.

Beweis. Mit der obigen quadratischen Ergänzung haben wir nach dem Ansatz der punktweisen Minimierung mit einem $\mu \in C^{(1)}[a, b]$ bei festem $t \in [a, b]$ die Funktion

$$(p, q) \mapsto \frac{1}{2} d(t) q^2 + \frac{1}{2} c(t) p^2 + r(t) p q + \mu(t) p q + \frac{1}{2} \dot{\mu}(t) p^2 \qquad (6.7.5)$$

auf $\mathbb{R}^2$ zu minimieren.

Wir benutzen die sukzessive Minimierung. Die Minimierung in der ersten Stufe bzgl. q (bei festgehaltenem p) von

$$q \mapsto \frac{1}{2} d(t) q^2 + (r(t) + \mu(t)) p q$$

auf $\mathbb{R}$ liefert die Lösung in Abhängigkeit von p, t

$$\psi(p, t) = -\frac{r(t) + \mu(t)}{d(t)} p.$$

Das Einsetzen in (6.7.5) liefert die Funktion

$$\varphi^t(p) = \frac{1}{2} \left(-\frac{(r(t) + \mu(t))^2}{d(t)} + c(t) + \dot{\mu}(t) \right) p^2. \qquad (6.7.6)$$

Erfüllt also μ auf ganz $[a, b]$ die Legendre-Riccati Gleichung (6.7.3), so ist für alle $t \in [a, b]$ φ^t konstant Null auf $\mathbb{R}$. Damit ist jedes $p_t \in \mathbb{R}$ eine Minimallösung von φ^t und

$$\left(p_t, -\frac{(r(t) + \mu(t))}{d(t)} p_t \right)$$

eine Minimallösung von (6.7.5) auf $\mathbb{R}^2$.

Nach dem Ansatz der punktweisen Minimierung muss für die gesuchte Lösung $x \in S$ $x(t) = p_t$ und die Gleichung (6.7.4) erfüllt sein.

Existiert also eine Lösung der Differentialgleichung (6.7.3) und ein $x \in S$, das die Differentialgleichung (6.7.4) löst, so ist nach dem Prinzip der punktweisen Minimierung x eine Lösung der gestellten Variationsaufgabe. $\square$

Quadratische Aufgaben mit freiem Endpunkt

Die obigen Betrachtungen lassen sich direkt auf quadratische Variationsaufgaben mit freiem Endpunkt übertragen. Es wird hier lediglich das Verschwinden in dem jeweiligen Endpunkt der Funktion μ (die die quadratische Ergänzung bestimmt) gefordert, d. h., statt $x(b) = \beta$ (bzw. $x(a) = \alpha$) wird $\mu(b) = 0$ (bzw. $\mu(a) = 0$) verlangt. Bei beiden freien Endpunkten wird das Verschwinden von μ in beiden Endpunkten verlangt. Damit erreichen wir die Konstanz der Ergänzung auf der Restriktionsmenge. Mit den obigen Bezeichnungen lautet die *Quadratische Aufgabe mit freiem rechten Endpunkt*

„Minimiere

$$f(x) = \int_a^b \frac{1}{2} d\dot{x}^2 + \frac{1}{2} c x^2 + r \dot{x} x \, dt \tag{6.7.7}$$

auf

$$S = \{ x \in C^{(1)}[a, b] \,|\, x(a) = \alpha \}\text{".}$$

Es gilt der

Satz 6.7.2. *Erfüllt ein $\mu \in C^{(1)}[a, b]$ mit $\mu(b) = 0$ auf $[a, b]$ die Legendre-Riccati Gleichung*

$$\dot{\mu} = \frac{(r + \mu)^2}{d} - c, \tag{6.7.8}$$

und ein $x \in S$ die Gleichung

$$\dot{x} = -\frac{(r + \mu)}{d} x, \tag{6.7.9}$$

so ist x eine Minimallösung von f auf S.

Beweis. Wie bei quadratischen Aufgaben mit festen Endpunkten ist jetzt das Paar $(x(t), \dot{x}(t))$ eine Minimallösung von (6.7.5) und wegen $\mu(b) = 0$ ist die dazugehörige quadratische Ergänzung konstant auf S. Nach dem Prinzip der punktweisen Minimierung ist x eine Minimallösung der quadratischen Variationsaufgabe mit freiem rechten Endpunkt.   □

Bemerkung 6.7.1. Der obige Satz und Beweis lassen sich direkt auf Aufgaben mit freiem linkem Endpunkt übertragen. Hier ist die Restriktionsmenge durch

$$S = \{x \in C^{(1)}[a,b] \mid x(a) = \alpha.\} \quad (\text{bzw.} \quad S = C^{(1)}[a,b])$$

gegeben. Im Satz wird dann $\mu(b) = 0$ durch $\mu(a) = 0$ (bzw. $\mu(a) = \mu(b) = 0$) ersetzt.

Als Folgerungen ergeben sich einige aus der Analysis bekannte Ungleichungen, die wir bereits mit der Konvexifizierbarkeit in Abschnitt 6.3.3 behandelt haben.

6.7.2 Die Wirtinger Ungleichung bei freiem Endpunkt

Mit Satz 6.7.2 können wir die Wirtinger Ungleichung auf den Fall des freien rechten Endpunktes übertragen. Wir fordern jetzt nicht mehr, dass $x(b) = 0$ gelten soll. Die Wirtinger Ungleichung bleibt dann auf einem kleineren Intervall erhalten.

Satz 6.7.3. *Sei $T < \frac{1}{2}\pi$ und $x \in C^{(1)}[0,T]$ mit $x(0) = 0$. Dann gilt*

$$\int_0^T \dot{x}^2(t)\,dt \geq \int_0^T x^2(t)\,dt. \tag{6.7.10}$$

Beweis. Mit Satz 6.7.2 haben wir die Lösbarkeit der Legendre-Riccati Gleichung

$$\dot{\mu} = 1 + \mu^2 \tag{6.7.11}$$

auf $[0,T]$ mit einem μ, das die Bedingung $\mu(T) = 0$ erfüllt, zu prüfen. Da die Lösungen der Gleichung von der Gestalt

$$\mu(t) = \tan(t - C)$$

mit einem geeignetem $C \in \mathbb{R}$ sind, folgt $\tan(T - C) = 0$ bzw. $T = C$. Wegen $T < \frac{1}{2}\pi$ ist μ auf ganz $[0,T]$ erklärt.

Die Funktion $x = 0$ erfüllt offensichtlich die Gleichung 6.7.9 und damit folgt die Behauptung.   □

6.7.3 Die Ungleichung von Friedrichs

Die folgende *Friedrichs-Ungleichung* gilt für beliebige endliche abgeschlossene Intervalle und ist eine Verschärfung der Wirtinger Ungleichung (s. Kapitel 6.3.4). Sie besagt

Satz 6.7.4. *Sei $x \in C^{(1)}[a, b]$ mit $x(a) = x(b) = 0$.*
Dann gilt

$$\int_a^b \dot{x}^2(t)dt \geq \left(\frac{\pi}{b - a}\right)^2 \int_a^b x^2(t)dt. \qquad (6.7.12)$$

Beweis. Wir zeigen mit dem Satz 6.7.1, dass für alle $\gamma < \frac{\pi}{b-a}$ die Nullfunktion eine Minimallösung der folgenden Variationsaufgabe ist.
  Minimiere

$$f(x) = \int_a^b \dot{x}^2 - \gamma^2 x^2 dt$$

auf

$$S := \{x \in C^{(1)}[a, b] \mid x(a) = x(b) = 0\}.$$

Daraus folgt die Ungleichung

$$\int_a^b \dot{x}^2(t)dt \geq \gamma^2 \int_a^b x^2(t)dt. \qquad (6.7.13)$$

Mit dem Grenzübergang $\gamma \to \frac{\pi}{(b-a)}$ in (9) ergibt sich die Friedrichs-Ungleichung. Da $x = 0$ für jedes $\mu \in C[a, b]$ die Gleichung

$$\dot{x}(t) = -\mu(t)x(t), \qquad (6.7.14)$$

erfüllt, bleibt nur die Lösbarkeit der dazugehörigen Legendre-Riccati Gleichung auf ganz $[a, b]$ zu zeigen. Diese lautet hier ($d = 1, c = -\gamma^2$)

$$\dot{\mu} = \gamma^2 + \mu^2. \qquad (6.7.15)$$

Die Funktion tangens ist auf dem Intervall $(\frac{-\pi}{2}, \frac{\pi}{2})$ stetig differenzierbar und besitzt als Ableitung $\frac{1}{\cos^2}$. Mit der Kettenregel bekommen wir Lösungen dieser Gleichung auf dem gesamten Intervall $[a, b]$ von der Form

$$\mu(t) = \gamma \tan\left(\gamma\left(t - \frac{a + b}{2}\right)\right). \qquad \square$$

6.7.4   Die Friedrichs-Ungleichung bei freiem Endpunkt

Der Satz 6.7.2 über quadratische Aufgaben mit freiem rechten Endpunkt wird uns erlauben, die folgende Ungleichung für beliebige stetig differenzierbare Funktionen zu zeigen. Diese Ungleichung zeigt Akhiezer für das Intervall [0, 1] mit Hilfe der Theorie der Extremalenfelder und der Transversalitätsbedingung (s. [A], S. 100).

Satz 6.7.5. *Für jedes $x \in C^{(1)}[a, b]$ gilt*

$$\int_a^b \dot{x}^2(t)dt \geq \left(\frac{\pi}{2(b-a)}\right)^2 \int_a^b (x(t) - x(a))^2 dt. \qquad (6.7.16)$$

Beweis. Sei zunächst $x(a) = 0$. Wie bei der Friedrichs-Ungleichung bei festen Endpunkten betrachten für ein die quadratische Aufgabe mit freiem rechten Endpunkt zeigen wir mit dem Satz 6.7.2, dass für alle $\gamma \in (0, \frac{\pi}{2(b-a)})$ die Nullfunktion eine Minimallösung der folgenden Variationsaufgabe mit freiem rechten Endpunkt ist.
   Minimiere

$$f(x) = \int_a^b \dot{x}^2 - \gamma^2 x^2 dt$$

auf

$$S := \{x \in C^{(1)}[a, b] \mid x(a) = 0\}.$$

Wir haben wieder lediglich die Lösbarkeit auf $[a, b]$ der Legendre-Riccati Gleichung

$$\dot{\mu} = \gamma^2 + \mu^2. \qquad (6.7.17)$$

mit der Randbedingung $\mu(b) = 0$ zu zeigen.
   Die Funktion $\mu \in C^{(1)}[a, b]$ als

$$t \mapsto \mu(t) := \gamma \tan(\gamma(t - b)).$$

erfüllt diese Forderungen. Nach Satz 6.7.2 ist $x = 0$ eine Minimallösung von f auf S, und für alle $\gamma \in (0, \frac{\pi}{2(b-a)})$ und alle $x \in S$ gilt

$$\int_a^b \dot{x}^2(t)dt \geq \gamma^2 \int_a^b x^2(t)dt \qquad (6.7.18)$$

Mit dem Grenzübergang $\gamma \to \frac{\pi}{2(b-a)}$ in (6.7.18) folgt (6.7.16) für alle $x \in C^{(1)}[a, b]$ mit $x(a) = 0$. Für ein beliebiges $z \in C^{(1)}[a, b]$ sei $x = z - z(a)$. Dann ist $x(a) = 0$ und $\dot{x} = \dot{z}$. Es folgt

$$\int_a^b \dot{z}^2(t)dt = \int_a^b \dot{x}^2(t)dt \geq \left(\frac{\pi}{2(b-a)}\right)^2 \int_a^b x^2(t)dt$$

$$= \left(\frac{\pi}{2(b-a)}\right)^2 \int_a^b (z(t) - z(a))^2 \, dt$$

und damit die Behauptung.   □

Die Ungleichungen (6.7.12) und (6.7.16) sind in folgendem Sinne scharf.

Aufgabe. Für die Funktion $x_1(t) := \cos(\frac{\pi}{2(b-a)}(t-b))$ ist die Ungleichung (6.7.12) und für $x_2(t) := \cos(\frac{\pi}{b-a}(t-b))$ die Ungleichung (6.7.16) als Gleichung erfüllt.

6.7.5 Konstante zweite Stufe bei autonomen Ergänzungen

Sei Langrange-Funktion L nicht von der t-Variablen abhängig. Wir wählen hier die Ergänzungsfunktion E in der Form

$$E(p,q) = h(p)q$$

mit einer noch zu wählenden stetigen Funktion $h : I \to \mathbb{R}$. Für ein $p_0 \in I$ sei $g : I \to \mathbb{R}$ durch $g(p) = \int_{p_0}^p h(s)ds$ erklärt.

Dann gilt

$$\Lambda(x) = -\int_a^b g'(x(t))\dot{x}(t)dt = g(x(a)) - g(x(b)).$$

Bei Variationsaufgben mit festen Endpunkten ist diese Ergänzung konstant auf der Restriktionsmenge S und wird *autonome Ergänzung* genannt.

Der oben beschriebene Ansatz der sukzessiven Minimierung mit einer konstanten zweiten Stufe hat hier die folgende Gestalt:

Bezeichne $h = g'$. Wir haben dann die Funktion

$$(p,q) \mapsto \tilde{L}(p,q) = L(p,q) - h(p)q \qquad (6.7.19)$$

auf $I \times J$ zu minimieren.

Diese Minimierung wird als sukzessive eindimensionale Minimierung durchgeführt. Es wird bzgl. q in Abhängigkeit von p (d. h. $p \in I$ fest) auf J minimiert. Ist für jedes $p \in I$ die Zahl $\Phi(p)$ eine Minimallösung von $\tilde{L}(p, \cdot)$ auf J, so führt das Einsetzen in (6.7.19) zu der Funktion $\varphi : I \to \mathbb{R}$ mit

$$p \mapsto \varphi(p) := \tilde{L}(p, \Phi(p)) = L(p, \Phi(p)) - h(p)\Phi(p).$$

Durch eine geeignete Spezifikation von h versucht man, die Funktion φ konstant auf ganz I zu machen. Dann ist jedes $p \in I$ eine Minimallösung von $\varphi : I \to \mathbb{R}$ und $(p, \Phi(p))$ eine Minimallösung von $\tilde{L}$ (s. (6.7.19)).

Ist für jedes $p \in I$ die Funktion $L(p, \cdot)$ auf J konvex, so ist die eindimensionale Minimierung von $\tilde{L}(p, \cdot)$ äquivalent zur Gleichung

$$L_q(p,q) = h(p). \qquad (6.7.20)$$

Zusammenfassend bekommen wir den folgenden

Satz 6.7.6. *Sei die Variationsaufgabe*
  „ Minimiere

$$f(x) = \int_a^b L(x(t), \dot{x}(t)) dt.$$

auf

$$S = \{x \in C^{(1)}[a, b] | x(a) = \alpha, x(b) = \beta, \forall t \in [a, b] : x(t) \in I, \dot{x}(t) \in J\}\,"$$

gegeben. Für alle $p \in I$ sei $L(p, \cdot)$ konvex. Seien $h : I \to \mathbb{R}$, $\Phi : I \to J$ stetig und für alle $p \in I$ gelte die Gleichung

$$L_q(p, \Phi(p)) = h(p). \tag{6.7.21}$$

Ferner gelte mit einem $D \in \mathbb{R}$ und für alle $p \in I$

$$L(p, \Phi(p)) - h(p)\Phi(p) = D. \tag{6.7.22}$$

Dann ist jede Lösung der Differentialgleichung

$$\dot{x} = \Phi(x),$$

die in S liegt, eine Lösung der Variationsaufgabe. Diese Lösung erfüllt die Eulersche Regel II

$$L - \dot{x}L_{\dot{x}} = D.$$

Beweis. Sei $p_0 \in I$ fest gewählt und $g : I \to \mathbb{R}$ erklärt durch $g(p) := \int_{p_0}^p h(\tau) d\tau$.

Die Ergänzung $\Lambda(x) = \int_a^b g'(x(t))\dot{x}(t) dt = g(x(b)) - g(x(a))$ ist konstant auf S. Damit besitzt $\tilde{f} = f + \Lambda$ dieselben Minimallösungen wie f. Der Ansatz der punktweisen Minimierung bzgl. der ergänzten Funktion $\tilde{f}$ führt auf die zweidimensionale Minimierung von

$$(p, q) \mapsto L(p, q) - h(p)q. \tag{6.7.23}$$

Die Differentiation bzgl. q führt auf die Gleichung (6.7.21). Nach Voraussetzung besitzt diese Gleichung für alle $p \in I$ eine Lösung $\Phi(p)$ und es gilt

$$L(p, \Phi(p)) - h(p)\Phi(p) = D.$$

Damit ist für jedes $p \in I$ das Paar $(p, \Phi(p))$ eine Minimallösung von (6.7.23). Wird jetzt p_t so gewählt, dass die Funktion $t \mapsto x(t) := p_t$ in S liegt und

$$\dot{x}(t) = \Phi(x(t))$$

gilt, so ist nach dem Ansatz der punktweisen Minimierung x eine Lösung der Variationsaufgabe. Mit (6.7.21) und (6.7.22) gilt die Eulersche Regel II

$$L(x(t), \dot{x}(t)) - \dot{x}L_{\dot{x}}(x(t), \dot{x}(t)) = D. \qquad \square$$

Als Illustration wollen wir eine aus der Literatur bekannte nichtkonvexe Aufgabe behandeln (s. [Kl], S. 45 und S. 85):

Aufgabe. Wir suchen unter allen steigenden positiven Funktionen diejenige, bei der das Verhältnis der Funktion und deren Ableitung im Mittel am kleinsten ausfällt, d. h. wir behandeln die Variationsaufgabe „Minimiere

$$f(x) = \int_a^b \frac{x}{\dot{x}} dt$$

auf $S := \{x \in C^1[a,b] | x > 0, \dot{x} > 0\}$“.

Seien $I = J = \mathbb{R}_{>0}$. Die Funktion $L : I \times J \to \mathbb{R}$ ist durch $L(p,q) = \frac{p}{q}$ erklärt. Diese Funktion ist nicht konvex (die Determinante der Hesse-Matrix ist negativ auf ganz $I \times J$).

Wir wählen den folgenden einfachen Ansatz über autonome Ergänzungen. Die dazugehörige Ergänzungsfunktion ist $(p,q) \mapsto E(p,q) = h(p)q$.

Mit dem Ansatz der punktweisen Minimierung haben wir dann die Funktion

$$\tilde{L}(p,q) = \frac{p}{q} + h(p)q \tag{6.7.24}$$

auf $I \times J$ zu minimieren. Sei $p \in I$ fest gewählt. Die Minimierung der eindimensionalen konvexen Funktion $\tilde{L}(p,\cdot) : J \to \mathbb{R}$ führt auf die Gleichung (in Abhängigkeit von h)

$$-\frac{p}{q^2} + h(p) = 0.$$

Für positive Funktionen h erhalten wir die Minimallösung

$$\Phi(p) = \sqrt{\frac{p}{h(p)}}. \tag{6.7.25}$$

Jetzt versuchen wir die Funktion h so zu wählen, dass (6.7.24) in (6.7.25) eingesetzt eine bzgl. p konstante Funktion ergibt. Das führt mit einem $D \in \mathbb{R} \backslash \{0\}$ auf die folgende Gleichung für h :

$$D = \sqrt{ph(p)} + h(p) \cdot \sqrt{\frac{p}{h(p)}} = 2\sqrt{ph(p)},$$

woraus

$$h(p) = \frac{D^2}{4p}$$

folgt. Für jedes $p \in I$ und $\Phi(p) = \sqrt{\frac{p}{h(p)}}$ gilt

$$\tilde{L}(p, \Phi(p)) = D$$

und damit ist $(p, \Phi(p))$ eine Minimallösung von $\tilde{L}$ auf $I \times J$. Wir können also für jedes $t \in [a,b]$ ein $p_t \in I$ beliebig wählen und es ist stets $(p_t, \Phi(p_t))$ eine Minimallösung von $\tilde{L}$. Jetzt soll für ein $x \in S$ und alle $t \in [a,b]$ $x(t) = p_t$ und $\Phi(p_t) = \dot{x}(t)$ gelten. Daraus folgt die Bedingung

$$\dot{x} = \sqrt{\frac{x}{h(x)}} = \frac{2}{D}x$$

für die gesuchte Funktion x. Dies führt mit einem $C > 0$ und $B = \frac{2}{D} \neq 0$ auf

$$x(t) = Ce^{Bt}.$$

Ist $\alpha \neq \beta$, so kann man $C \in \mathbb{R}_{>0}$ und $B \in \mathbb{R}\backslash\{0\}$ finden, dass $x(a) = \alpha$ und $x(b) = \beta$ gilt. Denn aus $\alpha, \beta \in \mathbb{R}_{>0}$ und $Ce^{Ba} = \alpha$, $Ce^{Bb} = \beta$ folgt

$$B = \frac{\ln(\frac{\alpha}{\beta})}{b-a} \neq 0 \quad \text{und} \quad C = \frac{\alpha}{e^{Ba}}.$$

Wegen $h = -g'$, ist also die gesuchte Funktion $g : \mathbb{R}_{>0} \to \mathbb{R}$ mit einem $C_0 \in \mathbb{R}$ durch

$$g(p) = C_0 - \frac{D^2}{4}\ln p$$

gegeben. Es ist g auf ganz $I = \mathbb{R}_{>0}$ erklärt und dort stetig differenzierbar. Nach dem Prinzip der punktweisen Minimierung ist x eine Lösung der Variationsaufgabe.

6.7.6 Konstante zweite Stufe und die Hamilton-Funktion

Beim obigen Ansatz gehen wir von einer gegebenen Funktion $h : I \to \mathbb{R}$ aus. Bei konkreten Beispielen wird im Allgemeinen diese Funktion mit Hilfe der Gleichungen (6.7.21) und (6.7.22) errechnet. Für die so berechnete Funktion gilt es anschließend, die Voraussetzungen des Satzes zu verifizieren.

Mit Hilfe der Hamilton-Funktion $\mathcal{H}$ (siehe Kapitel 6.3.8) können wir den obigen Vorgang folgendermaßen beschreiben. Für die Minimierung von

$$(p,q) \mapsto \tilde{L}(p,q) := L(p,q) - h(p)q \tag{6.7.26}$$

bzgl. q in Abhängigkeit von p haben wir bei festem p die Gleichung

$$L_q(p,q) = h(p) \tag{6.7.27}$$

zu lösen. Ist für jedes $p \in I$ die Funktion $\tilde{L}(p,\cdot)$ konvex, so ist diese Gleichung hinreichende Optimalitätsbedingug. Anschließend wird die so berechnete Lösung eingesetzt. Da die Funktion h unbekannt ist, wird eine Lösungsfunktion der Form

$$(p, h(p)) \mapsto \Psi(p, h(p))$$

gesucht, so dass $\forall\, p \in I$ mit einem $\Psi : I \times \mathbb{R}^n \to \mathbb{R}^n$

$$L_q(p, \Psi(p, h(p))) = h(p)$$

gilt.

Das Einsetzen der Lösung in (6.7.26) führt auf die Hamilton-Funktion $\mathcal{H}$ (s. Kapitel 6.3.8). Damit haben wir zur Bestimmung einer geeigneten Funktion h für ein $D \in \mathbb{R}$ die folgende Gleichung

$$\mathcal{H}(p, h(p)) = D \qquad (6.7.28)$$

zur Verfügung. Jetzt gilt es eine stetige Funktion $h : I \to \mathbb{R}$ zu berechnen. Dann ist jede Lösung der Differentialgleichung

$$\dot{x} = \Psi(x(t), h(x(t))),$$

die in S liegt, eine Lösung der gestellten Variationsaufgabe aus Satz 6.7.6.

6.7.7   Eine Anwendung auf das Hamiltonsche Prinzip

Wir wollen jetzt die Methode der konstanten zweiten Stufe bei einigen historischen Aufgaben illustrieren. Wir interessieren uns dafür, wann beim Hamiltonschen Prinzip die Extremalen des Wirkungsintegrales Minimallösungen sind. Die Eulersche Regel II besagt hier, dass die Energie entlang der Extremalen konstant ist.

Die Restriktionsmenge wird hier auf diejenigen Funktionen eingeschränkt, bei denen die Anfangsenergie (ohne fremde Wirkung) nicht überschritten wird.

Wir lassen nur Bahnen x zu, bei denen in allen Zeitpunkten $t \in [a, b]$

$$E_0 - U(x(t)) \geq 0 \qquad (6.7.29)$$

gilt. Diese Bedingung ist bereits erfüllt, wenn die Gesamtenergie in dem geschlossenen System sich nicht vergrößern kann (kein Perpetuum mobile).

Mit dem obigen Ansatz über autonome Ergänzungen suchen wir eine stetige Funktion $h : I \to \mathbb{R}$ und minimieren bzgl. q in Abhängigkeit von p die Funktion

$$(p, q) \mapsto \frac{1}{2}mq^2 - U(p) - h(p)q. \qquad (6.7.30)$$

Dies führt auf

$$q_p = \frac{1}{m}h(p).$$

Eingesetzt in (6.7.30) erhalten wir die Hamilton-Funktion

$$p \mapsto -\frac{1}{2m}h^2(p) - U(p) = \mathcal{H}(p, h(p)). \qquad (6.7.31)$$

Jetzt gilt es h so zu wählen, dass diese Funktion konstant ist. Bezeichne D diese Konstante. Dann folgt mit $D = -E_0$

$$h(p) = \pm\sqrt{2m(E_0 - U(p))}. \qquad (6.7.32)$$

Damit h eine stetige Funktion auf dem Grundintervall I ist, müssen wir uns jetzt für das Vorzeichen vor der Wurzel entscheiden (keine zweiwertigen Funktionen). Wegen

$$\dot{x}(t) = \frac{1}{m} h(x(t))$$

bedeutet dies, dass man zunächst hinreichende Optimalitätsbedingungen nur für monotone Zweige bekommt.

Wir fassen die obigen Überlegungen zusammen als

Satz 6.7.7. *Sei I ein Intervall in $\mathbb{R}$ mit $I \subset \{p \in \mathbb{R} \mid E_0 - U(p) \geq 0\}$ und $S := \{x \in C^{(1)}[a, b] \mid x(a) = \alpha, x(b) = \beta, x(t) \in I \; \forall t \in [a, b]\}$.*

Dann ist jede monotone zulässige Lösung der Euler-Regel II eine Minimallösung des Wirkungsintegrals

$$f(x) = \int_a^b \frac{1}{2} m \dot{x}^2 - U(x) dt$$

auf S.

Beweis. Sei x streng monoton wachsend und $h : I \to \mathbb{R}$ erklärt durch

$$p \mapsto h(p) := \sqrt{2m(E_0 - U(p))}.$$

Dann führt die Minimierung bzgl. q bei festem p von der autonom ergänzten Lagrange-Funktion

$$(p, q) \mapsto \frac{1}{2} m q^2 - U(p) - h(p) q \tag{6.7.33}$$

auf die Minimallösung

$$q(p) = \frac{1}{m} h(p) = \sqrt{\frac{2}{m}(E_0 - U(p))}. \tag{6.7.34}$$

Das Einsetzen von (6.7.34) in (6.7.33) liefert eine konstante zweite Stufe

$$g(p) = E_0 - U(p) - U(p) - 2(E_0 - U(p)) = -E_0.$$

Nach Satz 6.7.6 ist jede Lösung der Differentialgleichung

$$\dot{x} = \sqrt{\frac{2}{m}(E_0 - U(x))}, \tag{6.7.35}$$

die in S liegt, eine Minimallösung von f auf S.

Die Euler-Regel II (Energiesatz) führt auf die Gleichung

$$-\frac{1}{2} m \dot{x}^2 - U(x) = -E_0$$

bzw.

$$\dot{x}^2 = \frac{2}{m}(E_0 - U(x)). \tag{6.7.36}$$

Eine monoton wachsende Lösung von (6.7.36) ist dann als Lösung von (6.7.35) darstellbar.

Damit folgt die Behauptung für monoton wachsende Extremalen.

Für monoton fallende Lösungen von (6.7.36) wählen wir

$$h := -\sqrt{2m(E_0 - U)}$$

und wiederholen die obige Argumentation. $\square$

6.7.8   Elastischer Stab

Wir betrachten einen elastischen homogenen Stab, der im nichtdeformierten Zustand geradlinig ist.

Die Gestalt des Stabes hat bereits Euler im Anhang zu Kapitel I, A, §2, ermittelt.

Aus der Elastizitätstheorie weiß man, dass die potentielle Energie im deformierten Zustand proportional dem Integral des Quadrates seiner Krümmung, über dem gesamten Stab genommen, ist.

Sei ℓ die Länge des Stabes der zwischen den Punkten $P_0 = (x_0, y_0)$, $P_1 = (x_1, y_1)$ eingespannt ist.

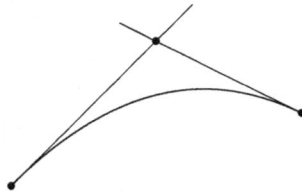

Wir benutzen als Variable die Bogenlänge s und bezeichnen mit $\vartheta(s)$ den Winkel zwischen der Tangente an den Stab und der x-Achse. Bezeichne MB die Biegegestigkeit des Stabes. Dann entsteht die folgende isoperimetrische Variationsaufgabe

$$\text{Minimiere } \frac{1}{2}\int_0^\ell \mathcal{B}\dot{\vartheta}^2 ds$$

unter den Nebenbedingungen

$$\int_0^\ell \cos\vartheta\, ds = x_1 - x_0, \qquad \int_0^\ell \sin\vartheta\, ds = y_1 - y_0 \tag{6.7.37}$$

und den Randbedingungen

$$\vartheta(0) = \alpha, \quad \vartheta(\ell) = \beta, \tag{6.7.38}$$

die die Richtungen der zugehörigen Tangente in den Endpunkten vorgeben.

Mit der isoperimetrischen Ergänzung haben wir dann mit $\lambda_1, \lambda_2 \in \mathbb{R}$ das Variationsfunktional

$$\int_0^\ell \frac{1}{2}\mathcal{B}\dot{\vartheta}^2 + \lambda_1 \cos\vartheta + \lambda_2 \sin\vartheta\, ds \qquad (6.7.39)$$

auf

$$S := \left\{ \vartheta \in C^{(1)}[0,\ell] \mid \vartheta(0) = \alpha, \vartheta(\ell) = \beta \right\}$$

zu minimieren.

Mit den Polarkoordinaten $\lambda \in \mathbb{R}_{\geq 0}$ und $D \in [0, 2\pi)$ bekommen wir die folgende Darstellung

$$\lambda_1 = \lambda \cos D \quad \text{und} \quad \lambda_2 = \lambda \sin D.$$

Dann können wir das Variationsfunktional (6.7.39) als

$$f(\vartheta) = \int_0^\ell \frac{1}{2}\mathcal{B}\dot{\vartheta}^2 + \lambda \cos(\vartheta - D)ds$$

schreiben.

Die Euler-Regel II liefert uns mit einem $C \in \mathbb{R}$ die Gleichung

$$\frac{1}{2}\mathcal{B}\dot{\vartheta}^2 - \lambda \cos(\vartheta - D) = C. \qquad (6.7.40)$$

Diese Gleichung lässt sich nicht elementar lösen und kann mit Hilfe von elliptischen Integralen bestimmt werden.

Angenommen, wir haben durch die Spezifizierung der Konstanten eine Lösung von (6.7.40) festgelegt, die (6.7.37) und (6.7.38) erfüllt.

Dann bleibt die Frage nach der Optimalität dieser Funktion. Wir wollen dafür Abschnitt 6.7.7 benutzen.

Wir untersuchen jetzt den Spezialfall $C \geq \lambda \geq 0$. Dann kann mit (6.7.40) mit $\dot{\vartheta}$ keine Nullstelle besitzen.

Dann liefert sowohl der Fall

$$\dot{\vartheta} = \sqrt{\frac{2}{\mathcal{B}}(C - \lambda \cos(\vartheta - D))}$$

als auch

$$\dot{\vartheta} = -\sqrt{\frac{2}{\mathcal{B}}(C - \lambda \cos(\vartheta - D))}$$

eine auf ganz $[0, \ell]$ monotone Funktion.

Nach Satz 6.7.7 ist ϑ eine Minimallösung der gestellten Variationsaufgabe.

Es handelt sich hier um einen gebogenen Stab ohne Wendepunkt, der je nach Vorzeichen von $\dot{\vartheta}$ die Form einer konvexen oder konkaven Funktion annimmt.

6.8 Rotationskörper größten Volumens bei vorgegebener Länge des Meridians

Hier wird eine positive Funktion vorgegebener Länge derart gesucht, dass bei der Rotation um die x-Achse ein Körper maximalen Volumens entsteht, die bereits von Euler untersucht wurde (s. [Bol], S. 535).

Für $\alpha, \beta, \ell \in \mathbb{R}_{>0}$ sei die Restriktionsmenge gegeben durch

$$S := \left\{ y \in C^{(1)}[0, b] \mid y(0) = \alpha, y(b) = \beta, y > 0, \int_0^b \sqrt{1 + \dot{y}^2}\, dt = \ell \right\}.$$

Die Aufgabe lautet

$$\text{„Maximiere } g(y) := \pi \int_0^b y^2(t)\, dt \text{ auf } S\text{``}.$$

Wir lassen die Konstante π weg und minimieren äquivalent auf S das Funktional

$$f(y) := -\int_0^b y^2(t)\, dt.$$

6.8.1 Parametrischer Ansatz

Mit der isoperimetrischen Ergänzung haben wir

$$\int_a^b \lambda \sqrt{1 + \dot{y}(x)^2} - y(x)^2\, dx$$

zu minimieren. Wir führen die Substitution $x = x(t)$ mit $x(c) = a$, $x(d) = b$ und $\dot{x} > 0$ durch und erhalten folgendes parametrisches Integral, welches zu minimieren ist

$$\bar{f}(y) := \int_c^d \lambda \sqrt{\dot{x}(t)^2 + \dot{y}(t)^2} - \dot{x}(t) y(t)^2\, dt.$$

Wir können für die gesuchte Kurve die Bogenlängen-Parametrisierung benutzen. Dann gilt

$$\dot{x}^2 + \dot{y}^2 = 1.$$

Mit $\dot{x} = \sqrt{1 - \dot{y}^2}$ haben wir die Nebenbedingung

$$\int_0^\ell \dot{x}\, dt = \int_0^\ell \sqrt{1 - \dot{y}^2}\, ds = x(\ell) - x(0) = b - a, \qquad (6.8.1)$$

wobei ℓ die vorgegebene Länge der Kurve ist.

6.8.2   Rotationskörper größten Volumens bei freier Breite

Zu einer gewissen Vollkommenheit der Fragestellung und der Lösung kommt man, wenn bei der Maximierung die Breite des Körpers freigegeben wird (s. [Bol], S. 540). Hier erweist sich die Lösung als ein Vielfaches der lemniskatischen Sinusfunktion von Gauß. Wie die Zahl π bei der Flächenmaximierung erweist sich hier das Verhältnis der gegebenen Länge zu der optimalen Breite als eine Konstante, d. h. unabhängig von der gewählten Länge. Hier lässt sich die globale Optimalität nachweisen.

Wir benutzen wieder die Bogenlängen-Parametrisierung und wählen in den Endpunkten die Höhe Null.

Die Behandlung erweist sich einfacher als die im Fall des vorgegebenen Grundintervalles $[a, b]$, denn hier entfällt die Bedingung (6.8.1). Unter der Breite des Rotationskörpers verstehen wir $b - a$. Sei L die gewählte Länge. Wir haben jetzt das Integral

$$f(y) = \int_0^L -y^2 \sqrt{1 - \dot{y}} \, ds \qquad (6.8.2)$$

auf der Menge

$$\{y \in C^{(1)}[0, L] \mid y(a) = y(b) = 0, y \geq 0, \quad \forall t \in (0, L), -1 < \dot{y} < 1, b \in (0, \infty)\}.$$

Die Euler-Regel II führt mit einem $D \in \mathbb{R}_{>0}$ auf die Gleichung

$$-y^2 \sqrt{1 - \dot{y}} + \frac{y^2 \dot{y}^2}{\sqrt{1 - \dot{y}^2}} = -\frac{1}{D^2}$$

bzw.

$$\frac{\sqrt{1 - \dot{y}^2}}{y^2} = D^2.$$

Daraus resultiert die Differentialgleichung

$$\dot{y} = \pm \sqrt{1 - \left(\frac{y}{D}\right)^4}. \qquad (6.8.3)$$

Mit der Transformation $z = \frac{y}{D}$ geht (6.8.3) mit $\dot{y} = D\dot{z}$ in

$$\dot{z} = \pm \frac{1}{D} \sqrt{1 - z^4} \qquad (6.8.4)$$

über. Es ist eine Differentialgleichung mit getrennten Variablen.

Das Integral

$$\int_0^z \frac{1}{\sqrt{1 - t^4}} dt$$

beschreibt die Bogenlänge zwischen dem Koordinatenursprung 0 und dem Lemniskatenpunkt, der von 0 den Abstand z hat.

Der neunzehnjährige Gauß untersuchte die dazugehörige Umkehrfunktion und entdeckte dabei die Analogien zu der Sinusfunktion. Er bezeichnete diese Umkehrfunktion mit sl und nannte sie *Lemniskatische Sinusfunktion*. Von besonderer Bedeutung ist hier die Zahl

$$\omega := 2 \int_0^1 \frac{1}{\sqrt{1-t^4}} dt = \frac{\sqrt{2}}{4\sqrt{\pi}} \left(\Gamma \left(\frac{1}{4} \right) \right)^2 \approx 2,622057554292,$$

die man als Ersatz für π ansehen kann und die halbe Periode von der Lemniskatischen Sinusfunktion (bzw. die erste positive Nullstelle) beschreibt.

Mit dem Ansatz der getrennten Variablen ist mit einem $C \in \mathbb{R}$

$$t \mapsto z(t) = \mathrm{sl} \left(\frac{t}{D} + C \right)$$

eine Lösung von (6.8.4). Mit den Randbedingungen $z(0) = z(L) = 0$ und der Tatsache, dass ω die erste positive Nullstelle von sl ist, folgt $C = 0$ und $\frac{L}{D} = \omega$, bzw.

$$D = \frac{L}{\omega}. \tag{6.8.5}$$

Mit $y = Dz$ ist

$$t \mapsto y_0(t) = \frac{L}{\omega} \mathrm{sl} \left(\frac{\omega t}{L} \right) \tag{6.8.6}$$

eine zulässige Extremale.

Wir wollen die zu y_0 gehörige Komponente x_0 bestimmen.

Mit (6.8.3), (6.8.5), (6.8.6) und

$$\dot{x}_0^2(t) + \dot{y}_0^2(t) = 1 \tag{6.8.7}$$

folgt

$$\dot{x}_0(t) = \left(\frac{y_0(t)}{D} \right)^2 = \mathrm{sl}^2 \left(\frac{\omega}{L} t \right). \tag{6.8.8}$$

Mit $x(0) = 0$ gilt also für den Endpunkt bzw. die optimale Breite

$$b_{opt} = x_0(b) = \int_0^L \mathrm{sl}^2 \left(\frac{\omega}{L} t \right) dt. \tag{6.8.9}$$

Die Substitution $\tau = \frac{\omega}{L} t$ führt (6.8.9) in

$$b_{opt} = \frac{L}{\omega} \int_0^\omega \mathrm{sl}^2(\tau) d\tau \tag{6.8.10}$$

über. Damit folgt die angekündigte Konstante, die das Verhältnis der Länge und der optimalen Breite beschreibt als

$$\kappa := \frac{\omega}{\int_0^\omega \mathrm{sl}^2(\tau) d\tau} \approx 2,19. \tag{6.8.11}$$

Das Volumen des optimalen Rotationskörpers erweist sich nun circa 13% größer als das Volumen der dazugehörigen Kugel.

Hier kann man zeigen, dass (x_0, y_0) eine parametrische Darstellung einer (global) maximalen Lösung der gestellten Variationsaufgabe ist.

Mit der Bezeichnung sl für die lemniskatische Sinusfunktion von Gauß (s. [Te], S. 600) bekommen wir den folgenden Satz (s. [K12]):

Satz 6.8.1. *Sei $L > 0$. Der Rotationskörper mit dem Meridian in parametrischer Darstellung auf $[0, L]$*

$$t \mapsto \left(\int_0^t \operatorname{sl}^2 \left(\frac{\tau \omega}{L} \right) d\tau, \frac{L}{\omega} \operatorname{sl} \left(\frac{t\omega}{L} \right) \right)$$

besitzt unter allen Rotationskörpern mit der Meridianlänge L das größte Volumen.

Das Verhältnis des dazugehörigen Volumens zum Volumen der Kugel, bei der die Großkreise die Länge $2L$ besitzen ist

$$\vartheta := \frac{\frac{\pi L^3}{\omega^3} \int_0^\omega \operatorname{sl}^4(t)dt}{\frac{4L^3}{3\pi^2}} = \frac{3\pi^3 \int_0^\omega \operatorname{sl}^4(t)dt}{4\omega^3} \approx 1,13.$$

Das Verhältnis der Länge L zu der dazugehörigen optimalen Breite ist auch unabhängig von der Länge und beträgt

$$\kappa := \frac{\omega}{\int_0^\omega \operatorname{sl}^2(\tau)d\tau} \approx 2,19.$$

Bemerkung 6.8.1. Bei der Maximierung der von der Kurve eingeschlossenen Fläche (Dido-Aufgabe) beträgt das Verhältnis der Länge zur optimalen Breite $\frac{\pi}{2}$. Denn hier ist der Halbkreis die Maximallösung. Wird nicht die Länge des Meridians, sondern die Oberfläche des Drehkörpers vorgegeben, so ist die Kugel die gesuchte Maximallösung.

6.8.3   Rotationskörper kleinster Oberfläche

Wir widmen uns jetzt *der Aufgabe der Rotationsfläche kleinster Oberfläche*. Es ist eine nicht-konvexe Variationsaufgabe. Sie wird uns mehrmals als Illustration bei der Behandlung der jeweiligen theoretischen Untersuchung dienen.

Die Berechnung der Extremalen selbst erweist sich hier als einfach und führt direkt auf Kettenlinien (die Form einer hängenden Kette), die sich mit dem cosinus hyperbolicus beschreiben lassen. Aber schon die Tatsache, dass je nach Lage der Randwerte (a, α), (b, β) zwei, eine oder keine Extremale existiert, sorgt für Unruhe: Sollte es im Falle von zwei Extremalen eine Lösung geben, welche soll man dann nehmen?

Diese Aufgabe hat die Entwicklung der Variationsrechnung besonders stark beeinflusst und nach Carathéodory zur Theorie der lokalen Minimallösung am meisten beigetragen (s. [C1], S. 135).

Die Aufgabe lautet:
„Minimiere

$$f(x) := \int_a^b x\sqrt{1+\dot{x}^2}\, dt$$

auf

$$S = \{x \in C^{(1)}[a,b] \mid x(a) = \alpha,\ x(b) = \beta\}\text{“}$$

mit vorgegebenen $\alpha, \beta \in \mathbb{R}_{>0}$.

Mit $I = \mathbb{R}_{>0}$ und $J = \mathbb{R}$ ist $L : I \times J \to \mathbb{R}$ erklärt durch

$$(p,q) \mapsto L(p,q) = p\sqrt{1+q^2}.$$

Die Euler-Regel II führt mit einem $C \in \mathbb{R}$ auf die Differentialgleichung

$$C = x\sqrt{1+\dot{x}^2} - \frac{x\dot{x}}{\sqrt{1+\dot{x}^2}} = \frac{x}{\sqrt{1+\dot{x}^2}} > 0. \tag{6.8.12}$$

Dies besitzt mit einem $t_0 \in \mathbb{R}$ die Lösung

$$t \mapsto x(t) := C \cosh\left(\frac{t-t_0}{C}\right), \tag{6.8.13}$$

die uns bereits als die Kettenlinie bekannt ist.

Um die Erfüllbarkeit der Randwertbedingung genauer zu untersuchen, wird jetzt $a = 0$ und $\alpha = 1$ gesetzt.

Wir gehen jetzt wie bei Carathéodory (s. [C1] S. 298) vor. Es ist

$$1 = x(0) = C \cosh\left(-\frac{t_0}{C}\right) = \frac{C}{2}\left(e^{-\frac{t_0}{C}} + e^{\frac{t_0}{C}}\right).$$

Mit $a := e^{\frac{t_0}{C}}$ erhalten wir durch das Lösen der quadratischen Gleichung $a^2 - \frac{2}{C}a + 1 = 0$

$$e^{\frac{t_0}{C}} = \frac{1 \pm \sqrt{1-C^2}}{C}, \quad \text{und} \quad e^{-\frac{t_0}{C}} = \frac{1 \mp \sqrt{1-C^2}}{C}. \tag{6.8.14}$$

Dabei wird in diesen Formeln, je nachdem ob t_0 positiv oder negativ ist, das obere oder das untere Vorzeichen genommen.

Mit (6.8.13) kann man dann x nur in Abhängigkeit von C angeben. Es gilt:

$$x(t) = \cosh\left(\frac{t}{C}\right) \mp \sqrt{1-C^2}\sinh\left(\frac{t}{C}\right). \tag{6.8.15}$$

Sei nun $\beta > \cosh(b)$. Sucht man jetzt eine Kettenlinie mit einem negativen t_0, so muss vor der Wurzel das Pluszeichen gewählt werden und an der Stelle $t = b$ gilt dann

$$x(b) \xrightarrow{C \to 0} \infty$$

und

$$x(b) \xrightarrow{C \to 1} \cosh(b).$$

Damit gibt es ein $C_0 \in (0, 1)$, so dass (s. (6.8.15))

$$x(b) = \cosh\left(\frac{b}{C_0}\right) + \sqrt{1 - C_0^2} \sinh\left(\frac{b}{C_0}\right) = \beta$$

gilt. Für das dazugehörige $t_0 < 0$ gilt dann mit (6.8.13)

$$-t_0 = C_0 \operatorname{arccosh}\left(\frac{\beta}{C_0}\right) - b.$$

Für positive t_0 muss in (6.8.15) das Minuszeichen gewählt werden und es gilt:

$$x(b) = \varphi(C) := (1 - \sqrt{1 - C^2}) \cosh\left(\frac{b}{C}\right)$$

$$+ \sqrt{1 - C^2} \left(\cosh\left(\frac{b}{C}\right) - \sinh\left(\frac{b}{C}\right)\right). \qquad (6.8.16)$$

Die rechte Seite geht mit $C \to 0$ gegen ∞ und mit $C \to 1$ gegen $\cosh(b)$.

Im Fall $\beta > \cosh(b)$ folgt, dass zwei Kettenlinien existieren, die die geforderten Randwertbedingungen erfüllen. Eine mit $t_0 < 0$ und eine zweite mit $t_0 \in (0, b)$, die damit in $t = t_0$ den Minimalwert erreicht. Damit wird auch hier für ein $C_1 \in (0, 1)$ der Wert β angenommen. Aus $0 < C_1 < 1$ und $\beta > \cosh(b)$ folgt mit (6.8.13)

$$C_1 \cosh\left(\frac{b - t_0}{C_1}\right) = \beta > \cosh(b)$$

und damit

$$\cosh\left(\frac{b - t_0}{C_1}\right) > \cosh(b),$$

woraus

$$\frac{b - t_0}{C_1} > b$$

und somit

$$t_0 < b(1 - C_1) < b$$

folgt. Damit liegt, wie angekündigt, $t_0 \in (0, b)$.

Die Funktion φ besitzt im Intervall $(0, 1)$ eine Minimallösung. Den Minimalwert bezeichnen wir mit d.

Aus dem Bild sehen wir Folgendes:

Für den Fall $d < \beta < \cosh(\beta)$ gibt es also zwei Kettenlinien mit einem Tiefpunkt im offenen Intervall $(0, b)$, die in b den Wert β annehmen, d. h. es gibt zwei $C_1, C_2 \in (0, 1)$ derart, dass (s. (6.8.15)) für $i \in \{1, 2\}$ $\beta = \cosh(\frac{b}{C_i}) - \sqrt{1 - C_i^2} \sinh(\frac{b}{C_i})$ gilt.

Mit (6.8.13) kann man die dazugehörigen Minimalstellen t_0^i mit Hilfe von C_i berechnen.

Für $\beta = d$ gibt es nur eine Kettenlinie, die in b den Wert β annimmt.

Für $\beta < d$ gibt es keine Kettenlinie, die in b den Wert β hat.

Diese Aufgabe ist wohl die meist untersuchte Aufgabe der Variationsrechnung. Im Allgemeinen kann man hier lediglich für eine der Extremalen die lokale Optimalität zeigen.

Will man an den Koeffizienten direkt ablesen, ob eine lokale Lösung vorliegt, so haben wir das folgende Kriterium (s. [K9] und [K13]).

Lokale Minimallösung bei der Aufgabe der Rotationsfläche kleinster Oberfläche

Es entsteht die Frage, ob man bei einer vorliegenden Extremale $x(t) = C \cosh(\frac{t-t_0}{C})$ direkt an den Konstanten t_0, C, a, b ablesen kann, ob eine lokale Minimallösung vorliegt.

Das folgende einfache Kriterium liefert die vollständige Antwort.

Satz 6.8.2. *Sei* $x : [a, b] \to \mathbb{R}$ *mit* $x(t) = C \cosh\left(\frac{t-t_0}{C}\right)$ *eine Extremale der Aufgabe der Rotationsfläche kleinster Oberfläche.*

Fall 1: Gilt $t_0 \notin [a, b]$, *so ist* x *eine starke lokale Minimallösung.*

Fall 2: Sei $t \in (a, b)$. *Dann gilt:*

(a) *Falls*

$$\frac{x(a)}{\dot{x}(a)} - a < \frac{x(b)}{\dot{x}(b)} - b, \tag{6.8.17}$$

so ist x *eine starke lokale Minimallösung der Aufgabe.*

(b) *Falls*

$$\frac{x(a)}{\dot{x}(a)} - a > \frac{x(b)}{\dot{x}(b)} - b, \tag{6.8.18}$$

so ist x *keine schwache lokale Minimallösung der Aufgabe.*

Bemerkung 6.8.2. Die Bedingung (6.8.17) und (6.8.18) kann man auch als

$$C \left(\coth\left(\frac{b-\gamma}{C}\right) - \coth\left(\frac{a-\gamma}{C}\right) \right) > b - a$$

bzw.

$$C \left(\coth\left(\frac{b-\gamma}{C}\right) - \coth\left(\frac{a-\gamma}{C}\right) \right) < b - a$$

aussprechen.

Beispiel. Sei die Kettenlinie $t \mapsto \frac{1}{2}\cos(2t - 1)$ gegeben. Ist x eine lokale Minimallösung der Aufgabe der Rotationsfläche kleinster Oberfläche?

Lösung.

$$\frac{1}{2}\left(\frac{\cosh(2-1)}{\sinh(1)} - \frac{\cosh(-1)}{\sinh(-1)}\right) = \frac{\cosh(1)}{\sinh(1)} > 1 - 0.$$

Damit trifft Fall 2(a) zu und x ist eine starke lokale Minimallösung.

6.8.4 Die Hamilton-Jacobi-Differentialgleichung

In Verbindung mit äquivalenten Aufgaben führt der Ansatz der sukzessiven Minimierung direkt auf die Hamilton-Jacobi-Differentialgleichung. Wir betrachten folgende Variationsaufgabe:

Sei $U \subset \mathbb{R}^n \times \mathbb{R}^n \times \mathbb{R}$ offen, $L : U \to \mathbb{R}$ stetig und bzgl. der ersten beiden Variablen stetig partiell differenzierbar und $f(x) = \int_a^b L(x(t), \dot{x}(t), t)dt$. Sei

$$S \subset \left\{ x \in RCS^{(1)}[a,b]^n \mid x(a) = \alpha, x(b) = \beta, \forall t \in [a,b] : ((x(t), \dot{x}(t), t) \in U \right\}.$$

Die Aufgabe lautet:

„Minimiere f auf S."

Ferner sei $F : \mathbb{R}^n \times [a,b] \to \mathbb{R}$ differenzierbar und das ergänzte Funktional sei

$$f^F(x) := \int_a^b (L(x(t), \dot{x}(t), t) - F_x(x(t), \dot{x}(t), t)\dot{x}(t) - F_t(x(t), t))dt.$$

Nach dem Ansatz der punktweisen Minimierung haben wir bei festem $t \in [a,b]$ die Funktion $\Phi^t(p, q) := L(p, q, t) - F_p(p, t)q - F_t(p, t)$ auf $U_t := \{(p, q) \mid (p, q, t) \in U\}$ zu minimieren. Die sukzessive Maximierung bzgl. q in Abhängigkeit von p liefert auf die Gleichung

$$L_q(p, q, t) = F_p(p, t).$$

Der Ansatz der konstanten zweiten Stufe führt mit Hilfe der in Abschnitt 6.3.8 eingeführten Hamilton-Funktion $\mathcal{H}$ und einem $c \in \mathbb{R}$ auf die partielle Differentialgleichung $F_t(x(t), t) + H(x(t), F_x(x(t), t), t) = c$. Für den Spezialfall $c = 0$ ergibt sich die *Differentialgleichung von Hamilton-Jacobi*

$$F_t(x(t), t) + H(x(t), F_x(x(t), t), t) = 0.$$

6.9 Ein Stabilitätssatz

Satz 6.9.1 (Stabilitätssatz für Variationsaufgaben). *Sei $D \subset \mathbb{R}^{2n+1}$ und $(L_n : D \to \mathbb{R})_{n \in \mathbb{N}}$ eine Folge stetiger Funktionen, die stetig gegen $L : D \to \mathbb{R}$ konvergiert.*

Sei $(S_n)_{n\in\mathbb{N}}$ *eine Folge von Teilmengen von*

$$M := \left\{ x \in C^{(1)}[a,b]^n \mid (x(t), \dot{x}(t), t) \in D \right\}.$$

Für ein $S \subset M$ *gelte* $\lim_{n\in\mathbb{N}} S_n \supset S$.
Für ein $n \in \mathbb{N}$ *sei* x_n *eine Minimallösung der Variationsaufgabe*

$$\text{„Minimiere } f_n(x) := \int_a^b L_n(x(t), \dot{x}(t), t)\, dt \text{ auf } S_n\text{“}$$

und die Folge $(x_n)_{n\in\mathbb{N}}$ *konvergiere in* $C^{(1)}[a,b]$ *gegen ein* $x^* \in S$.
Dann ist x^* *eine Minimallösung der Variationsaufgabe*

$$\text{„Minimiere } f(x) := \int_a^b L(x(t), \dot{x}(t), t)\, dt \text{ auf } S\text{“}.$$

Beweis. Da $(x_n, \dot{x}_n)$ auf $[a,b]$ gleichmäßig gegen $(x, \dot{x})$ konvergiert, ist mit Lemma (abc) die Konvergenz stetig. Aus der stetigen Konvergenz von $(L_n)_{n\in\mathbb{N}}$ folgt die stetige Konvergenz von

$$t \mapsto L_n^{x_n}(t) := L_n(x_n(t), \dot{x}_n(t), t)$$

gegen

$$t \mapsto L^x(t) := L(x(t), \dot{x}(t), t).$$

Mit Lemma 3.18.1 konvergiert $L_n^{x_n}$ gleichmäßig auf $[a,b]$ gegen L^x.
   Damit kann man die folgende Vertauschung von Limes und Integral benutzen.

$$\lim_{n\to\infty} \int_a^b L_n(x_n^*(t), \dot{x}_n^*(t), t)\, dt = \int_a^b \left(\lim_{n\to\infty} L_n(x_n^*(t), \dot{x}_n^*(t), t) \right) dt$$

$$= \int_a^b L(x^*(t), \dot{x}^*(t), t)\, dt.$$

Sei $x \in S$. Da $\overline{\lim}\, S_n \supset S$ gilt, existiert für alle $n \in \mathbb{N}$ ein $y_n \in S_n$ derart, dass die Folge $(y_n)_{n\in\mathbb{N}}$ gegen x konvergiert. Wie oben konvergieren die dazugehörigen Integranden gleichmäßig. Mit

$$f_n(x_n) \le f(y_n)$$

folgt mit der erlaubten Vertauschung von Limes und Integral

$$f(x^*) = \int_a^b L(x^*, \dot{x}^*, t)\, dt = \lim_{n\to\infty} \int_a^b L_n(x_n, \dot{x}_n, t)\, dt$$

$$\le \lim_{n\to\infty} \int_a^b L_n(y_n, \dot{y}_n, t)\, dt = f(x). \qquad \square$$

Bemerkung. Bei komponentenweise konvexen bzw. konkaven Funktionen (s. Kapitel 9) kann man die stetige Konvergenz durch punktweise Konvergenz ersetzen.

6.10   Optimale Flächen. Variation zweifacher Integrale

Wir wollen jetzt zeigen, dass man den Ansatz der punktweisen Minimierung auf Variationsaufgaben über zweidimensionale (bzw. mehrdimensionale) Bereiche direkt übertragen kann.

Sei B ein Normalbereich in $\mathbb{R}^3$. Bezeichne

$$U := \{u : B \to \mathbb{R} \mid u \text{ stetig, } u \text{ in } \operatorname{Int}(B) \text{ stetig differenzierbar und}$$
$$u' \text{ auf } B \text{ stetig ergänzbar}\}.$$

Als Restriktionsmenge unserer Variationsaufgabe sei

$$S = \{u \in U \mid u|_{\partial B} = h\}, \tag{6.10.1}$$

wobei $h : \partial B \to \mathbb{R}$ eine vorgegebene Funktion ist. Die Aufgabe lautet

$$\text{„Minimiere } f(u) = \int_B L\left(u, \frac{\partial u}{\partial x}, \frac{\partial u}{\partial y}, x, y\right) dx dy \text{ auf } S\text{“}, \tag{6.10.2}$$

wobei für die offenen konvexen Mengen $I \subset \mathbb{R}, J \subset \mathbb{R}^2, L : I \times J \times B \to \mathbb{R}$ stetig und $L(\cdot, \cdot, \cdot, x, y)$ für alle $(x, y) \in B$ zweimal stetig differenzierbar ist.

6.11   Euler-Ostrogradski-Gleichung

Wir wollen jetzt die *Euler-Ostrogradski-Gleichung* herleiten. Dafür wählen wir hier einen Anagolgon der linearen Ergänzung und benutzen den Ansatz der punktweisen Minimierung. Dafür seien $\lambda, \mu \in U$ und für ein festes $u \in S$ setzen wir

$$P := \lambda u \quad \text{und} \quad Q := \mu u.$$

Dann ist die folgende Ergänzung

$$u \mapsto \Lambda(u) := \iint_B \left(\frac{\partial}{\partial x} P - \frac{\partial}{\partial y} Q\right) dx dy$$

mit dem Gaußschen Integralsatz konstant

$$\int_{\partial B} P dx + Q dy$$

auf S.

Für die Minimierung des ergänzten Funktionals

$$(f + \Lambda)(u) = \iint_B \left[L(u, u_x, u_y, x, y) - u\lambda_x - u_x\lambda + u\mu_y + u_y\mu\right] dx dy \tag{6.11.1}$$

haben wir mit dem Ansatz der punktweisen Minimierung bei festem $(x, y) \in B$ die Funktion

$$(p, q_1, q_2) \mapsto L(p, q_1, q_2, x, y) - p\lambda_x - q_1\lambda + p\mu_y + q_2\mu$$

auf $I \times J$ zu minimieren. Das Nullsetzen der partiellen Ableitungen ergibt $L_p = \lambda_x - \mu_y$, $L_{q_1} = \lambda$, $L_{q_2} = -\mu$. Mit $p = u(x, y), q_1 = u_x(x, y), q_2 = u_y(x, y)$ erhalten wir die *Euler-Ostrogradski Randwertaufgabe*

$$L_u = \frac{\partial}{\partial x} L_{u_x} + \frac{\partial}{\partial y} L_{u_y}, u \mid_{\partial B} = h.$$

6.11.1 Membranenschwingung

Sei B ein Normalbereich und wir wollen jetzt das Integral

$$f(u) = \int_B (u_x^2 + u_y^2) dx dy \tag{6.11.2}$$

auf der Menge der stetig differenzierbaren Funktion, mit vorgegebenen Randwerten, minimieren.

Solche Aufgaben entstehen bei der Modellierung der Probleme einer Membrane (s. [BM]) und dem Prandtlschen Seifenhautgleichnis (s. [Fu], S. 37).

Die Euler-Ostrogradski Gleichung ist gegeben durch

$$u_{xx}(x, y) + u_{yy}(x, y) = \Delta u = 0,$$

die die Laplace'sche Differentialgleichung ist.

Bei der Addition eines linearen Terms

$$\int_B b(x, y)u(x, y) dx dy$$

zu (6.11.2), geht die Euler-Ostrogradski Gleichung in dei Poisson-Gleichung

$$u_{xx} + u_{yy} = b$$

über.

6.11.2 Hinreichende Optimalitätsbedingung

Satz 6.11.1. *Sei u^* eine Lösung der Euler-Ostrogradski Randwertaufgabe und für alle $(x, y) \in B$ sei $L(\cdot, \cdot, \cdot, x, y,)$ konvex. Dann ist u eine Lösung der gestellten Variationsaufgabe.*

Beweis. Sei $\lambda = L_{u_x}(u^x, u_x^*, u_y^*, \cdot, \cdot)$ und $\mu = L_{u_y}(u^*, u_x^*, u_y^*, \cdot, \cdot)$.
Dann ist die Funktion (6.11.1) konvex und für jedes $(x, y) \in B$ stellt

$$(p^{(x,y)}, q_1^{(x,y)}, q_2^{(x,y)}) = (u^*(x, y), u_x^*(x, y), u_y^*(x, y))$$

eine Minimallösung von (6.11.1) dar. Mit der Monotonie des Integrals
($\varphi \leq \psi \Rightarrow \iint_N \varphi \leq \iint_B \psi$) ist u eine Lösung der Variationsaufgabe (6.10.2).
□

Analog wie oben bekommen wir jetzt den

Satz 6.11.2. *Eine zulässige Lösung der Euler-Ostrogradski Gleichung ist eine Lösung
der gestellten Variationsaufgabe, wenn für alle $x \in B$ die Funktion*

$$L(\cdot, \cdot, x)$$

konvex ist.

Bemerkung. Für die Herleitung der Euler-Lagrange-Gleichung als notwendige Bedingung kann man hier das Lemma von Dubois-Reymond durch das folgende Lemma von Haar ersetzen.

Lemma 6.11.1 (von Haar, [A], S. 14). *Sei D ein einfach zusammenhängendes Gebiet
in $\mathbb{R}^2$ und $P : D \to \mathbb{R}, Q \to \mathbb{R}$ stetige Funktionen. Gilt für alle stetig differenzierbaren Funktionen h mit kompakten Träger in D*

$$\int_D \int \left(P \frac{\partial h}{\partial x} + Q \frac{\partial h}{\partial y} \right) dx dy = 0, \tag{6.11.3}$$

so gilt für jeden stückweise differenzierbaren Rand $\gamma \subset D$

$$\int_\gamma Q\, dx - P\, dy = 0. \tag{6.11.4}$$

6.12 Verallgemeinerung auf n-dimensionale Bereichsintegrale

Da wir den Satz von Gauß für eindimensionale Gebiete zur Verfügung haben, lässt sich
der obige Zugang zu der Euler-Ostrogradski-Gleichung direkt übertragen.

Sei nun B ein Bereich in $\mathbb{R}^n$, für den der Gaußsche Integrationssatz gilt, und seien sowohl U als auch S analog wie in Abschnitt 6.10 erklärt. Jetzt wird ein $\lambda = (\lambda_1, \ldots, \lambda_n)$ mit $\lambda_i \in u$ für $i \in \{1, \ldots, n\}$ gewählt und $P = (P_1, \ldots, P_n) =$

$(\lambda_1 u, \ldots, \lambda_n u)$ gesetzt. Als die lineare Ergänzung nehmen wir dann mit $x = (x_1, \ldots, x_n)$

$$\Lambda(u) = \int_B \sum_{i=1}^n \frac{\partial}{\partial x_i} P_i \, dx = \int_B \sum_{i=1}^n \left(\frac{\partial}{\partial x_i} \lambda_i u + \lambda_i u_{x_i} \right).$$

Mit dem Gaußschen Integralsatz ist Λ konstant auf S. Wir haben dann das ergänzte Funktional

$$(f + \Lambda)(n) = \int_B \left[L(u, u_x, x) dx - \sum_{i=1} \left(\frac{\partial}{\partial x_i} \lambda_i u + \lambda_i u_{x_i} \right) \right] dx$$

auf S zu minimieren. Sei $q = (q_1, \ldots, q_n)$. Die punktweise Minimierung (bei festem $x \in B$) von

$$(p, q) \mapsto L(p, q, x) - \sum_{i=1}^n \left(\frac{\partial}{\partial x_i} \lambda_i p + \lambda_i q_i \right)$$

liefert wie oben die *n-dimensionale Euler-Ostrogradski Gleichung*

$$L_u = \sum_{i=1}^n \frac{\partial}{\partial x_i} L_{u_{x_i}}.$$

Bemerkung. Mit dem Gaußschen Integralsatz lassen sich auch die äquivalenten Aufgaben von Carathéodory auf n-dimensionale Bereichsintegrale übertragen.

6.13 Punktweise Minimierung bei der optimalen Steuerung

Die Methode der punktweisen Minimierung erweist sich bei der Behandlung von Aufgaben der optimalen Steuerung als sehr effizient (s. [C2], [Kl2], [K-g], [KP1] bis [KP4], [K13]). Wir wiederholen die Fragestellung der optimalen Steuerung.

Aufgabe der optimalen Steuerung

Die gesuchten Objekte bestehen aus einem Paar von Funktionen (x, u) mit $(x, u) : [a, b] \to \mathbb{R}^n \times \mathbb{R}^m$ auf dem reellen Intervall $[a, b]$. Die Funktion x wird *Zustandsfunktion* (Phasenveränderliche) und die Funktion u *Steuerung* (Kontrollfunktion) genannt.

Als Nebenbedingung haben wir ein System von Differentialgleichungen

$$\dot{x}(t) = \varphi(x(t), u(t), t), \quad \varphi : \mathbb{R}^n \times \mathbb{R}^m \times [a, b] \to \mathbb{R}^n \text{ stetig} . \tag{6.13.1}$$

Sei $U \subset \mathbb{R}^{n+m+1}$ derart, dass für alle $t \in [a, b]$ die Menge

$$U_t := \left\{ (p, q) \in \mathbb{R}^{n+m} \mid (p, q, t) \in U \right\}$$

nichtleer ist.

Die Restriktionsmenge S der Aufgabe der optimalen Steuerung (AOS) wird als eine Teilmenge der folgenden Grundmenge

$$\{(x, u) \in RCS^{(1)}[a, b]^n \times RS[a, b]^m \mid (x(t), u(t), t) \in U$$

$$\text{für alle } t \in [a, b], (x, u) \text{ erfüllt } (6.13.1)\}$$

gewählt.

Das Zielfunktional ist durch

$$f(x, u) := \int_a^b l(x(t), u(t), t) dt \qquad (6.13.2)$$

gegeben.

Die Aufgabe der optimalen Steuerung (AOS) lautet dann

„Minimiere f auf S".

6.13.1   Äquivalente Aufgaben

Sei $F : \mathbb{R}^n \times [a, b] \to \mathbb{R}$ wie in Abschnitt 6.1.3.

Lemma 6.13.1. *Für alle* $(x, u) \in S$ *gilt*

$$\int_a^b F_x(x(t), t)^\top \varphi(x(t), u(t), t) + F_t(x(t), t) dt - F(x(b), b) + F(x(a), a) = 0.$$

$$(6.13.3)$$

Beweis. Die Behauptung folgt mit Lemma 6.1.1.   □

Definition 6.13.1. Seien $\alpha, \beta \in \mathbb{R}^n$ vorgegeben. Gilt für alle $(x, u) \in S$ $x(a) = \alpha$ und $x(b) = \beta$, so sprechen wir von *Aufgaben der optimalen Steuerung mit festen Endpunkten.*

Mit obigem Lemma gilt die

Bemerkung. Bei Aufgaben mit festen Endpunkten ist die folgende Ergänzung

$$\Lambda(x, u) = \int_a^b F_x(x(t), t)^\top \varphi(x(t), u(t), t) + F_t(x(t), t) dt \qquad (6.13.4)$$

konstant $F(\beta, b) - F(\alpha, a)$ auf S.

6.13.2 Ansatz der punktweisen Minimierung für AOS-Aufgaben

Der aus der Variationsrechnung bekannte Ansatz der punktweisen Minimierung lässt sich direkt auf AOS-Aufgaben übertragen.

Wir behandeln zunächst Aufgaben mit festen Endpunkten. Mit den obigen Bezeichnungen wird in Abhängigkeit von $F : \mathbb{R}^n \times [a,b] \to \mathbb{R}$ die Funktion

$$(p,q,t) \mapsto \tilde{l}(p,q,t) := l(p,q,t) - F_p(p,t)\varphi(p,q,t) - F_t(p,t) \qquad (6.13.5)$$

betrachtet. Für jedes feste $t \in [a,b]$ wird die Funktion $\tilde{l}(\cdot,\cdot,t)$ auf U_t minimiert. Eine dazugehörige Minimallösung (p_t, q_t) hängt hier von der Wahl von F ab. Wir versuchen die Funktion F so zu bestimmen, dass das durch

$$t \mapsto (x^*(t), u^*(t)) := (p_t, q_t) \qquad (6.13.6)$$

erklärtes Paar von Funktionen in S liegt. Insbesondere muss also

$$\dot{x}^*(t) = \varphi(x^*(t), u^*(t), t) \qquad (6.13.7)$$

gelten. Gelingt dieses, so ist (x^*, u^*) eine Lösung der AOS-Aufgabe.

Denn sei $(x,u) \in S$. Für $t \in [a,b]$ setzen wir $(\tilde{p}_t, \tilde{q}_t) = (x(t), u(t))$. Da (p_t, q_t) eine Minimallösung von $l(\cdot,\cdot,t)$, folgt für alle $t \in [a,b]$

$$\tilde{l}(x^*(t), u^*(t), t) = \tilde{l}(p_t, q_t, t) \leq \tilde{l}(\tilde{p}_t, \tilde{q}_t, t) = l(x(t), u(t), t).$$

Mit der Monotonie des Integrales ist

$$(f + \Lambda)(x^*, u^*) \leq (f + \Lambda)(x, u),$$

d. h. (x^*, u^*) ist eine Minimallösung von $f + \Lambda$ auf S. Damit erhalten wir das

Prinzip der punktweisen Minimierung für AOS-Aufgaben

Sei für jedes $t \in [a,b]$ das Paar $(p_t, q_t) \in U_t$ eine Minimallösung der Funktion

$$(p,q) \mapsto \tilde{l}(p,q,t) = l(p,q,t) - F_p(p,t)\varphi(p,q,t) - F_t(p,t)$$

auf U_t. Ist das Paar von Funktionen

$$t \mapsto (x^*(t), u^*(t)) := (p_t, q_t)$$

aus S, so ist (x^*, u^*) eine Minimallösung der Aufgabe.

Lineare Ergänzung

Eine besonders einfache Klasse von Ergänzungen, die bereits viele AOS-Aufgaben zu lösen erlaubt, entsteht folgendermaßen.

Für eine Funktion $\lambda \in RCS^{(1)}[a,b]^n$ wählen wir als $F : \mathbb{R}^n \times [a,b] \to \mathbb{R}$ die lineare Funktion

$$(p,t) \mapsto F(p,t) := -\lambda^\top(t)p.$$

Mit $F_p(p,t) = -\lambda(t)$ und $F_t(p,t) = -\dot{\lambda}^\top(t)p$ führt dies zu der Ergänzung

$$\Lambda(x,u) = -\int_a^b \lambda^\top(t)\varphi(x(t),u(t),t) + \dot{\lambda}^\top(t)x(t)dt.$$

Nach dem Prinzip der punktweisen Minimierung haben wir für jedes feste $t \in [a,b]$ die Funktion

$$(p,q) \mapsto l(p,q,t) - \lambda^\top(t)\varphi(p,q,t) - \dot{\lambda}^\top(t)p \qquad (6.13.8)$$

auf U_t zu minimieren.

Beispiel. Wir suchen Funktionen $x \in X := RCS^{(1)}[0,1]$ und $u \in Y := RS[0,1]$, für die gilt

$$\dot{x} = x + u, \quad x(0) = 0, \quad x(1) = 1 \qquad (6.13.9)$$

und die das Integral

$$f(x,u) = \frac{1}{2}\int_0^1 u^2 + x^2 dt$$

minimieren.

Da wir keine Beschränkungen auf die Werte von x und u haben, ist $U = \mathbb{R} \times \mathbb{R} \times [0,1]$ und für alle $t \in [0,1]$ gilt $U_t = \mathbb{R} \times \mathbb{R}$.

Die Restriktionsmenge ist also durch

$$S = \{(x,u) \in X \times Y \mid x(0) = 0, x(1) = 1\}$$

gegeben. Mit dem Ansatz der linearen Ergänzung haben wir mit $l(p,q,t) = p^2 + q^2$ und $\varphi(p,q,t) = p + q$ nach dem Prinzip der punktweisen Minimierung die Funktion (s. (6.13.8))

$$(p,q) \mapsto \frac{1}{2}p^2 + \frac{1}{2}q^2 - \lambda(t)(p+q) - \dot{\lambda}(t)p$$

auf $\mathbb{R}^2$ zu minimieren.

Die Funktion ist bzgl. beider Variablen separiert und wir können die Minimierung einzeln durchführen. In beiden Fällen haben wir eine eindimensionale quadratische Aufgabe zu minimieren (tiefster Punkt einer Parabel). Dies führt auf

$$p_t = \lambda(t) + \dot{\lambda}(t) \quad \text{und} \quad q_t = \lambda(t).$$

Mit (6.13.8) und (6.13.9) folgen die Gleichungen

$$x^* = \lambda + \dot{\lambda} \tag{6.13.10}$$

$$u^* = \lambda \tag{6.13.11}$$

und

$$\dot{x}^* = x^* + u^* = 2\lambda + \dot{\lambda}. \tag{6.13.12}$$

Das Differenzieren von (6.13.10) und Einsetzen in (6.13.12) liefert

$$\ddot{\lambda} + \dot{\lambda} = 2\lambda + \dot{\lambda}$$

bzw.

$$\ddot{\lambda} = 2\lambda. \tag{6.13.13}$$

Diese Differentialgleichung hat die allgemeine Lösung

$$\lambda(t) = Ae^{\sqrt{2}t} + Be^{-\sqrt{2}t} \quad \text{mit } A, B \in \mathbb{R}.$$

Damit ist $u^* = \lambda$ und

$$x^*(t) = Ae^{\sqrt{2}t} + Be^{-\sqrt{2}t} + \sqrt{2}Ae^{\sqrt{2}t} - \sqrt{2}Be^{-\sqrt{2}t}$$

$$= (1 + \sqrt{2})Ae^{\sqrt{2}t} + (1 - \sqrt{2})Be^{-\sqrt{2}t}. \tag{6.13.14}$$

Die Randbedingung $x^* = 0$ ergibt $(1 + \sqrt{2}A) + (1 - \sqrt{2})B = 0$ und damit

$$A = \frac{\sqrt{2} - 1}{1 + \sqrt{2} + 1}.$$

Anschließend wird mit $x^*(1) = 1$ bzw.

$$(1 + \sqrt{2})Ae^{\sqrt{2}} + (1 - \sqrt{2})Be^{-\sqrt{2}} = 1$$

$$B = \frac{1}{(\sqrt{2} - 1)(e^{\sqrt{2}} - e^{-\sqrt{2}})}$$

festgelegt. Mit diesen so berechneten A und B ist

$$u^*(t) = Ae^{\sqrt{2}t} + Be^{-\sqrt{2}t}$$

die optimale Steuerung und mit (6.13.14) die optimale Zustandsfunktion berechnet.

Aufgaben mit freien Endpunkten

Wir wollen nun Aufgaben der optimalen Steuerung betrachten, bei denen der Wert in einem oder in beiden Endpunkten des Intervalles $[a, b]$ nicht festgelegt ist. Dann braucht die Ergänzungsfunktion aus (6.13.3) nicht mehr konstant auf S zu sein.

Dies kann man erreichen, in dem man für alle $p \in \mathbb{R}^n$ jeweils

$$F(p, a) = 0 \quad \text{oder} \quad F(p, b) = 0 \quad \text{bzw.} \quad F(p, a) = F(p, b) = 0$$

fordert.

Bei linearen Ergänzungen $F(p, t) = \lambda(t) p$ erreicht man dies mit

$$\lambda(p, a) = 0 \quad \text{oder} \quad \lambda(p, b) = 0 \quad \text{bzw.} \quad \lambda(p, a) = \lambda(p, b) = 0. \qquad (6.13.15)$$

Diese Bedingungen nennt man *Transversalitätsbedingungen* .

Beispiel. Minimiere $\int_0^1 x(t) dt$ unter den Nebenbedingungen

$$\dot{x} = 2u, \quad |u| \leq 1, \quad x(0) = 0.$$

Wir haben hier die Funktion $l(p, q, t) = p$ und $\varphi(p, q, t) = 2q$. Für $t \in [0, 1]$ sei $U_t := \mathbb{R} \times [-1, 1]$.

Für den Ansatz der punktweisen Minimierung wählen wir die zur linearen Ergänzung führende Funktion $F(p, t) = \lambda(t) p$ mit $\lambda(1) = 0$, da eine Aufgabe mit freiem rechten Endpunkt vorliegt. Wir haben dann für jedes $t \in [a, b]$ die Funktion

$$(p, q) \mapsto \tilde{l}(p, q, t) = p - 2\lambda(t) q - \dot{\lambda}(t) p \qquad (6.13.16)$$

auf $U_t = \mathbb{R} \times [-1, 1]$ zu minimieren. Diese Funktion hat eine separierte Form bzgl. der Variablen p und q und wir können die Minimierung getrennt durchführen. Für die Minimierung bzgl. p spezifizieren wir λ durch die Forderung $\dot{\lambda} = 1$. Mit $\lambda(1) = 0$ ist $\lambda(t) = t - 1$.

Dann ist jedes $p \in \mathbb{R}$ eine Minimallösung der Funktion

$$p \mapsto (1 - \dot{\lambda}) p.$$

Die Minimierung von

$$q \mapsto -2\lambda(t) q = -2(t - 1) q \quad \text{auf} \quad [a, b]$$

liefert die Minimallösung

$$q_t = -1$$

für alle $t \in [0, 1]$ und damit $u^* = -1$. Aus $\dot{x}^* = 2u^* = -2$ und $x^*(0) = 0$ folgt $x^*(t) = -2t$.

Für weitere Anwendungen s. [KP1] bis [KP4].

6.14   Diskrete optimale Steuerung

6.14.1   Einführung

Wir wollen hier einen elementaren Zugang zur Bestimmung von diskreten optimalen Steuerungen entwickeln, den man unmittelbar algorithmisch auswerten kann. Diese Theorie enthält die diskrete Variationsrechnung. Wir beginnen mit dem klassischen Beispiel der Kettenlinienaufgabe. Unser Zugang zur diskreten optimalen Steuerung ist nicht nur als Näherung der kontinuierlichen Verläufe gedacht, sondern will die exakte Lösung der diskreten Fragestellung ermitteln, wobei die hinreichenden Optimalitätsbedingungen (bzw. der vollständige Nachweis der Optimalität) im Vordergrund stehen (s. [K14]).

Zur Theorie der diskreten optimalen Steuerung existiert eine sehr umfangreiche Literatur. Unser Zugang besteht jedoch aus der direkten Übertragung des Ansatzes der punktweisen Minimierung für die kontinuierliche Theorie der optimalen Steuerung [KP] (s. [K12], [K13], [K14]).

6.14.2   Diskrete Variationsaufgaben

Ergänzungsmethode. Äquivalente Aufgaben

Wir wollen jetzt die Ergänzungsmethode benutzen.

Wir wählen hier $M = \mathbb{R}^N \times \mathbb{R}^N$. Die Bedingungen der Aufgabe führen dann auf

$$S = \{(x, y) \in M \mid (x_1, y_1) = (0, 0), (x_N, y_N) = (b, 0), \Delta^2 x_i + \Delta^2 y_i = h^2\}.$$

Da hier der Wert im Anfangs- und im Endpunkt vorgegeben ist, sprechen wir von einer Aufgabe mit festen Endpunkten. Für solche Aufgaben ist die folgende Ergänzung (s. Abschnitt 1.4), die wir *lineare Ergänzung* nennen, besonders gut geeignet.

Zum besseren Verständnis beginnen wir mit einer einfachen Bemerkung, die uns einen Ersatz für den Hauptsatz der Differential- und Integralrechnung geben wird.

Lemma 6.14.1. *Für alle* $z \in \mathbb{R}^N$ *gilt:*

$$\sum_{i=1}^{N-1} \Delta x_i = x_N - x_1$$

Beweis. $\sum_{i=1}^{N-1} \Delta x_i = (x_2 - x_1) + (x_3 - x_2) + \ldots + (x_N - x_{N-1}) = x_N - x_1$ $\quad\square$

Lineare Ergänzung

Wir haben für die Differenzenrechnung die folgende Produktregel:

Lemma 6.14.2. *Seien* $\eta, y \in \mathbb{R}^N$ *und für alle* $i \in \{1, \ldots, N\}$ $z_i = \eta_i y_i$. *Für den Vektor* $z = (z_1, \ldots, z_N)$ *gilt:*

$$\Delta z_i = \eta_{i+1} \Delta y_i + \Delta \eta_i y_i.$$

Beweis. Die Behauptung folgt aus

$$\eta_{i+1} y_{i+1} - \eta_i y_i = \eta_{i+1} y_{i+1} - \eta_{i+1} y_i + \eta_{i+1} y_i - \eta_i y_i. \qquad \square$$

Aus Lemma 6.14.1 und 6.14.2 ergibt sich die

Folgerung 6.14.1. *Für alle* $\eta, x \in \mathbb{R}^N$ *gilt:*

$$\eta_N x_N - \eta_1 x_1 = \sum_{i=1}^{N-1} \eta_{i+1} \Delta x_i + \Delta \eta_i x_i.$$

Diese Folgerung wird im Weiteren sehr wichtig. Denn sind der Anfangs- und der Endpunkt für den gesuchten Vektor x vorgegeben, so ist bei jeder (festen) Wahl eines Vektors η die rechte Seite konstant (unabhängig von den Werten $x_2, \ldots, x_{N-1}$) und man kann sie in der Ergänzungsmethode als Ergänzung benutzen. Ist der Anfangs- oder der Endpunkt (bzw. beide) frei, so erreicht man die Konstanz dieser Ergänzung durch die Forderung, dass η in dem jeweiligen Punkt verschwindet (d. h. $\eta(1) = 0$ oder $\eta(N) = 0$ bzw. $\eta(1) = \eta(N) = 0$). Diese Bedingung heißt *Transversalitätsbedingung*.

Bezeichnung. Eine Ergänzung der Form

$$\Lambda(x) = - \sum_{i=1}^{N-1} \eta_{i+1} \Delta x_i + \Delta \eta_i x_i$$

mit einem $\eta \in \mathbb{R}^N$ heißt *lineare Ergänzung*.

Summandenweise Minimierung

Im Weiteren benutzen wir die elementare Tatsache, dass wenn für Paare reeller Zahlen $(z_1, w_1), \ldots, (z_{N-1}, w_{N-1})$ die Ungleichung $z_t \le w_t$, $t \in \{1, \ldots, N-1\}$ gilt, sich diese auf die Summen überträgt, d. h.

$$\sum_{t=1}^{N-1} z_t \le \sum_{t=1}^{N-1} w_t. \qquad (6.14.1)$$

6.14.3 Diskrete Euler-Lagrange-Gleichung

Im Jahre 1744 hat Leonhard Euler seine berühmte Monographie „über Kurven, denen eine Eigenschaft im höchsten oder geringsten Maße zukommt" veröffentlicht. Insbesondere wird hier die grundlegende Eulersche Differentialgleichung zur Bestimmung der optimalen Kurven entwickelt. Mit den weiteren Beiträgen von Lagrange zu dieser Fragestellung und der Entwicklung der Methode der Variationen bekam diese Theorie den Namen Variationsrechnung und zu Ehren dieser beiden genialen Mathematiker wird die oben erwähnte zentrale Gleichung als Euler-Lagrange-Gleichung bezeichnet. Wir wollen hier eine diskrete Version dieser Gleichung herleiten, die dann eine Form einer Differenzengleichung hat. Die Herleitung stellt die hinreichenden Optimalitätsbedingungen in den Vordergrund und orientiert sich an dem kontinuierlichen Zugang, den wir in den vorangehenden Kapiteln behandelt haben. Er unterscheidet sich hier von der traditionellen Herleitung, die diese Differenzengleichung als notwendige Optimalitätsbedingung anstrebt (s. [Le]).

Die geometrische Vorstellung von Euler zu dieser Fragestellung beruhte auf Polygonzügen, die er im Grenzfall als Polygonzüge mit unendlich vielen Ecken gedacht hat.

Unser Zugang zu optimalen Polygonzügen ist nicht nur als Näherung der kontinuierlichen Verläufe gedacht, sondern will die exakte Lösung der diskreten Fragestellung ermitteln, wobei die hinreichenden Optimalitätsbedingungen (bzw. der vollständige Nachweis der Optimalität) im Vordergrund stehen.

Anders als bei der kontinuierlichen Fragestellung von Euler, bei der eine optimal glatte Kurve gesucht wird, suchen wir einen Vektor in $\mathbb{R}^N$ (N-Tupel reeller Zahlen), dem eine Eigenschaft im höchsten oder geringsten Maße zukommt. Wir wollen hier einen einfachen Rahmen und nur Aufgaben mit festen Endpunkten wählen. Als Restriktionsmenge wählen wir

$$S = \{x \in \mathbb{R}^N : x_1 = \alpha, x_N = \beta\}.$$

Um die Zielfunktion der diskreten Variationsaufgabe festzulegen, sei $l : \mathbb{R}^N \times \mathbb{R}^N \times \{1, \dots, N\} \to \mathbb{R}^N$.

Unter einer diskreten Variationsaufgabe verstehen wir eine Optimierungsaufgabe folgender Art:

Minimiere $f(x) = \sum_{i=1}^N l(x_i, \Delta x_i, i)$ auf S. Wir wollen diese Klasse von Aufgaben mit Hilfe der Ergänzungsmethode behandeln. Als Ergänzung wollen wir die lineare Ergänzung wählen, d. h. eine Ergänzung der Form

$$\Lambda(x) = -\sum_{i=1}^{N-1} \eta_{i+1} \Delta x_i + \Delta \eta_i x_i$$

mit einem $\eta : \{1, \dots, N\} \to \mathbb{R}^N$.

So eine Ergänzung ist nach Folgerung 6.14.1 konstant $-\eta_N^\top \beta + \eta_1^\top \alpha$ auf S. Damit besitzt die ergänzte Funktion $f + \Lambda$ auf S dieselben Minimallösungen wie f. Sie wird komponentenweise in Abhängigkeit von η minimiert und anschließend wird η so spezifiziert, dass die so bestimmte nichtrestringierte Minimallösung in S liegt.

Wir haben also die Funktion

$$(f + \Lambda)(x) = \sum_{i=1}^{N-1} (l(x_i, \Delta x_i, i) - \eta_{i+1}\Delta x_i - \Delta \eta_i x_i)$$

auf S zu minimieren. Der Ansatz der komponentenweisen Minimierung erfordert für jedes feste $i \in \{1, ., N-1\}$ die Funktion

$$\Phi(r, s) := l(r, s, i) - \eta_{i+1}s - \Delta \eta_i r$$

auf $\mathbb{R}^N \times \mathbb{R}^N$ zu minimieren. Ist l bzgl. der beiden ersten Variablen stetig differenzierbar, so ergibt sich als notwendige Bedingung $\forall i \in \{1, \ldots, N-1\}$

$$D_2 l(x_i, \Delta x_i, i) = \eta_{i+1} \qquad (6.14.2)$$

und

$$D_1 l(x_i, \Delta x_i, i) = \Delta \eta_i. \qquad (6.14.3)$$

Das Aufsummieren in (6.14.3) führt auf

$$\eta_{i+1} = \eta_1 + \sum_{s=1}^{i} D_1 l(x_s, \Delta x_s, s)$$

und mit (6.14.2) folgt dann die *Euler-Lagrange-Gleichung in der Summenform*.

Mit einer Konstanten c $(c = \eta(1))$ ist

$$D_2 l(x_i, \Delta x_i, i) = c + \sum_{s=1}^{i} D_1 l(x_s, \Delta x_s, s) \qquad (6.14.4)$$

und durch das Bilden der Differenzen auf beiden Seiten die *Euler-Lagrange-Gleichung in der Differenzenform*.

Für alle $t \in \{1, \ldots, N-2\}$ gilt:

$$D_2 l(x_{i+1}, \Delta x_{i+1}, i+1) - D_2 l(x_i, \Delta x_i, i) = D_1 l(x_{i+1}, \Delta x_{i+1}, i+1). \quad (6.14.5)$$

In der Kurzform: an der Stelle der Lösung gilt: $\Delta D_2 l = D_1 l$.

Für konvexe Funktionen ist das Verschwinden der partiellen Ableitungen eine notwendige und hinreichende Optimalitätsbedingung. Dies führt zu dem

Satz 6.14.1. *Sei für alle $t \in \{2, \ldots, N-1\}$ die Funktion $l(\cdot, \cdot, t)$ konvex. Dann ist jede Lösung x der Euler-Lagrange-Gleichung (6.14.4) bzw. (6.14.5), die die Randbedingungen $x(1) = x_1$ und $x(N) = x_N$ erfüllt, eine Lösung der diskreten Variationsaufgabe.*

Mit dem Ansatz der Richtungsableitung lässt sich die Euler-Lagrange-Gleichung als notwendige (n-dimensionale) Optimalitätsbedingung herleiten. Es gilt der Satz (s. [K13]):

Satz 6.14.2. *Sei* y^* *eine Minimallöung von* f *auf* S. *Dann gilt die diskrete Euler-Lagrange-Gleichung in der Summenform, d. h. für ein* $c \in \mathbb{R}^n$ *gilt für alle* $i \in \{1, 2, \ldots, N-1\}$

$$D_2 \ell(y_i^*, \Delta y_i^*, i) = c + \sum_{k=1}^{i} D_1 \ell(y_k^*, \Delta y_k^*, k)$$

und die Euler-Lagrange-Gleichung in der Differenzenform, d. h. für alle $i \in \{2, 3, \ldots, N-1\}$ *ist*

$$D_2 \ell(y_i^*, \Delta y_i^*, i) - D_2 \ell(y_{i-1}^* \Delta y_{i-1}^*, i) = D_1 \ell(y_i^*, \Delta y_i^*, i)$$

bzw.

$$\Delta D_2 \ell(y_{i-1}^* \Delta y_{i-1}^*, i) = D_1 \ell(y_i^*, \Delta y_i^*, i).$$

6.14.4 Bezeichnungen und eine Formulierung der Aufgabe der diskreten optimalen Steuerung

Wir betrachten jetzt Paare (x, u), wobei x eine Zeitreihe in $\mathbb{R}^n$ der Länge N ist und u einen Steuerungsvektor bezeichnet, mit dem man einen Einfluss auf den Verlauf der Zeitreihe x ausüben kann. Die Steuerung soll selbst eine Zeitreihe mit Werten in $\mathbb{R}^m$ ($m \in \mathbb{N}$) der Länge $N-1$ sein (im Endpunkt N wird nicht mehr gesteuert). Die Wahl der Paare (x, u) soll Einschränkungen unterliegen und die Dynamik des Einflusses von u auf x soll mit Hilfe einer Differenzengleichung modelliert werden.

Um die Restriktionsmenge des Problems festzulegen, brauchen wir zu jedem Zeitpunkt $t \in \{1, \ldots, N-1\}$ eine Teilmenge U_t von $\mathbb{R}^n \times \mathbb{R}^m$, die festlegt, welche Werte zum Zeitpunkt t die Zeitreihe x und die Steuerung u simultan annehmen darf. Im Endpunkt N gilt die Beschränkung für die Zeitreihe x durch eine Wahl der Menge U_N (der möglichen Endpunkte) und der Forderung $x(N) \in U_N$. Sei $x_0 \in \mathbb{R}^n$ (Startpunkt) und

$$R = \{(x, u) \in (\mathbb{R}^n)^N \times (\mathbb{R}^m)^{N-1} \mid (x(t), u(t)) \in U_t \; \forall t \in \{1, \ldots, N-1\}$$

$$\text{und } x(N) \in U_N, \; x(1) = x_0\}.$$

Um die Restriktionsmenge der zu beschreibenden Optimierungsaufgabe festlegen zu können, brauchen wir noch eine Funktion

$$\varphi : \mathbb{R}^n \times \mathbb{R}^m \times \{1, \ldots, N-1\} \to \mathbb{R}^n,$$

mit der wir die folgende Rekursion erklären:

Für alle $t \in \{1, \ldots, N-1\}$ gelte

$$x(t+1) = \varphi(x(t), u(t), t). \tag{6.14.6}$$

Als Restriktionsmenge legen wir jetzt fest

$$S = \{(x, u) \in R \,|\, (x, u) \text{ erfüllt } (6.14.6)\}$$

Für gegebene Funktionen $l : \mathbb{R}^n \times \mathbb{R}^m \times \{1, \ldots, N-1\} \to \mathbb{R}$ und $H : \mathbb{R}^n \to \mathbb{R}$ lautet die *Aufgabe der diskreten optimalen Steuerung* ADOS

$$\text{Minimiere } (x, u) \mapsto f(x, u) := H(x(N)) + \sum_{t=1}^{N-1} l(x(t), u(t), t) \text{ auf } S. \tag{6.14.7}$$

Entscheidend für die Schwierigkeit der Aufgabe ist die Bedingung (6.14.6), denn sie legt fest, dass die Punkte aus der Restriktionsmenge nur implizit als Lösungen einer Differenzengleichung gegeben sind. Diese Schwierigkeiten wollen wir umgehen, indem wir die restringierte Aufgabe mit Hilfe eines Lagrange-Ansatzes auf eine nichtrestringierte Aufgabe zurückführen. Dafür brauchen wir die Ergänzungsmethode aus Abschnitt 1.4. Mit ihr wollen wir die Minimierung in dem (in der Regel) hochdimensionierten Raum $(\mathbb{R}^n)^N \times (\mathbb{R}^m)^{N-1}$ auf die (in der Regel kleindimensionierte) summandenweise Minimierung in $\mathbb{R}^n \times \mathbb{R}^m$ zurückführen. Ist $n = m = 1$ (univariate Zeitreihen), so minimieren wir auf Teilmengen von $\mathbb{R}^2$.

6.14.5 Äquivalente diskrete ADOS-Aufgaben

Wir wollen im Sinne der Ergänzungsmethode zwei Ergänzungsansätze zur Behandlung der ADOS-Aufgabe der diskreten optimalen Steuerung angeben. Wir beginnen mit dem Ansatz der äquivalenten Aufgaben, der in der kontinuierlichen Form von Carathéodory eingeführt wurde. Aber bereits Legendre hat diesen Ansatz beweistechnisch bei der Herleitung einer notwendigen Optimalitätsbedingung (Legendre-Bedingung) benutzt.

Äquivalente Aufgaben

Die folgende Aussage folgt direkt aus Lemma 6.14.1.

Lemma 6.14.3. *Sei* $F : T \times \mathbb{R}^n \to \mathbb{R}$. *Dann gilt für alle* $x \in (\mathbb{R}^n)^N$:

$$F(N, x(N)) - F(1, x(1)) - \sum_{t=1}^{N-1} \Delta F(t, x(t)) = 0, \tag{6.14.8}$$

wobei für $t \in \{1, \ldots, N-1\}$ $\Delta F(t, x(t)) := F(t+1, x(t+1)) - F(t, x(t))$ *bezeichnet.*

Satz 6.14.3. *Für jedes* F *besitzt die folgende* äquivalente Aufgabe *dieselben Lösungen wie die ADOS-Aufgabe* (6.14.7)

Minimiere

$$f^F(x,u) := H(x(N)) - F(N, x(N)) + F(1, x(1)) \qquad (6.14.9)$$

$$+ \sum_{t=1}^{N-1} (l(x(t), u(t), t) + F(t+1, \varphi(x(t), u(t), t)) - F(t, x(t)))$$

auf S.

Beweis. Folgt direkt aus der Ergänzungsmethode und Lemma 6.14.3. □

Mit dem Ansatz der summandenweisen Minimierung erhalten wir den

Satz 6.14.4. *Gelingt es uns die Funktion F so zu wählen, dass mit einem $C \in \mathbb{R}$ für alle $x \in S$*

$$H(x(N)) - F(N, x(N)) + F(1, x(1)) = C$$

und für ein $(x^*, u^*) \in S$ und alle $(x, u) \in S$ an allen Stellen $t \in \{1, \ldots, N-1\}$,

$$l(x^*(t), u^*(t), t) + F(t+1, \varphi(x^*(t), u^*(t), t)) - F(t, x^*(t))$$
$$\leq l(x(t), u(t), t) + F(t+1, \varphi(x(t), u(t), t)) - F(t, x(t))$$

gilt, so ist

$$f^F(x^*, u^*) \leq f^F(x, u),$$

und (x^*, u^*) eine Minimallösung der gestellten ADOS-Aufgabe.

Beweis. Die Aufgabe „Minimiere f^F auf S" besitzt dieselben Minimallösungen wie die Ursprungsaufgabe ADOS, da sich nach Lemma 6.14.3 die Funktion f^F auf S von f nur um eine Konstante unterscheidet. □

Die Realisierung dieses Wunsches soll folgendermaßen erfolgen:
Mit (6.14.9) führen wir bei festem $t \in \{1, \ldots, N-1\}$ die folgende Funktion Ψ_t auf $U_t \subset \mathbb{R}^n \times \mathbb{R}^m$ ein:

$$(p, q) \mapsto \Psi_t(p, q) = l(p, q, t) - F(t+1, \varphi(p, q, t)) - F(t, p).$$

Mit dem Ansatz der summandenweisen Minimierung bekommen wir den Satz

Satz 6.14.5. *Sei F derart gewählt, dass mit einem $C \in \mathbb{R}$ für alle $x \in S$*

$$H(x(N)) - F(N, x(N)) + F(1, x(1)) = C$$

Ein $(x^*, u^*) \in \mathbb{R}^{n \times N} \times \mathbb{R}^{m \times N-1}$ erfülle für jedes $t \in \{1, \ldots, N-1\}$ die folgenden Bedingungen

a) $(x^*(t), u^*(t))$ *ist eine Minimallösung von* Ψ_t *auf* U_t,

b) $x^*(t+1) = \varphi(x^*(t), u^*(t), t)$.

Dann ist (x^*, u^*) *eine Lösung der Ausgangsaufgabe ADOS* (6.14.7).

Wir wollen jetzt diese Methode an dem Spezialfall der linearen Ergänzung ausführlicher erläutern und konkretisieren.

Lineare Ergänzung

Sei $F : \{1, \dots, N\} \times \mathbb{R}^n \to \mathbb{R}$ von der Gestalt

$$(t, p) \mapsto F(t, p) := \langle \eta(t), p \rangle,$$

wobei $\eta : \{1, \dots, N\} \to \mathbb{R}^n$ geeignet zu wählen ist. Sind der Startpunkt $x(1) = x_1$ und der Endpunkt $x(N) = x_N$ vorgegeben, so wollen wir bei der Suche nach geeignetem η alle Zeitreihen in $\mathbb{R}^n$ der Länge N zulassen. Bei freiem Start- und Endpunkt wird von η (die Transversabilitätsbedingung) $\eta(1) = \eta(N) = 0$ verlangt. Ist nur der Endpunkt frei, so verlangen wir $\eta(N) = 0$ und bei freiem Startpunkt $\eta(1) = 0$.

Wir wollen zunächst reine Lagrange-Aufgaben betrachten und setzen in diesem Abschnitt $H = 0$.

Wir haben jetzt

$$\sum_{t=1}^{N-1} \Delta F(t, x(t)) = \sum_{t=1}^{N-1} (x(t+1)^\top \eta(t+1) - x(t)^\top \eta(t)) = x(N)\eta(N) - x(1)\eta(1).$$

$$(6.14.10)$$

Damit können wir als Ergänzung

$$\Lambda(x, u) = -\sum_{t=1}^{N-1} \left(\varphi(x(t), u(t), t)^\top \eta(t+1) - x(t)^\top \eta(t)\right).$$

wählen. Mit obigen Festlegungen ist Λ konstant auf der Restriktionsmenge und wir bekommen die äquivalente Aufgabe

„Minimiere

$$f(x, u) + \Lambda(x, u) = \sum_{t=1}^{N-1} (l(x(t), u(t), t) - \varphi(x(t), u(t), t)^\top \eta(t+1) + x(t)^\top \eta(t))$$

$$(6.14.11)$$

auf S".

Für die anschließend folgende Anwendung zur Approximation einer Zeitreihe mit einer monotonen Funktion wollen wir den Satz 6.14.4 auf den Fall der linearen Ergänzung adaptieren. Wir bekommen die folgende hinreichende Optimalitätsbedingung

Satz 6.14.6. *Sei $\eta \in \mathbb{R}^{n \times N}$ und es gelte*

a) *Ist die ADOS-Aufgabe eine mit freiem Startpunkt und Endpunkt, so sei $\eta(1) = \eta(N) = 0$.*

b) *Ist nur einer von diesen Punkten frei, so verschwindet η in diesem Punkt.*

Sei ferner für $t \in \{1, \ldots, N-1\}$ (p_t, q_t) eine Minimallösung der Funktion $\Psi_t : \mathbb{R}^n \times \mathbb{R}^m \to \mathbb{R}$ mit

$$(p,q) \mapsto \Psi_t(p,q) = l(p,q,t) - \varphi(p,q,t)^\top \eta(t+1) + p^\top \eta(t)$$

auf U_t und η derart gewählt, dass für alle $t \in \{1, \ldots, N-1\}$

$$(x^*(t), u^*(t)) := (p_t, q_t)$$

und $x^*(t+1) = \varphi(x, u^*, t)$ gilt. Dann ist (x^*, u^*) eine Lösung der ADOS-Aufgabe.

Beweis. Es ist für alle $x \in S$

$$\sum_{t=1}^{N-1} \Psi_t(x^*(t), u^*(t)) \leq \sum_{t=1}^{N-1} \Psi_t(x(t), u(t))$$

und $f + \Lambda$ hat dieselben Minimallösungen wie f. $\square$

6.14.6 Quadratische Aufgaben der diskreten optimalen Steuerung

Wir betrachten jetzt die folgende Aufgabe der diskreten optimalen Steuerung in Bolza-Form. Es ist eine Aufgabe mit festem Startpunkt und freiem Endpunkt.

$$\text{Minimiere } f(x,u) = x(N)^\top H x(N) + \frac{1}{2} \sum_{t=1}^{N-1} x(t)^\top C(t)x(t) + u(t)^\top D(t)u(t) \tag{6.14.12}$$

unter der Nebenbedingung:
Für ein gegebenes $x_1 \in \mathbb{R}^n$ sei $x(1) = x_1$ und für alle $t \in \{1, \ldots, N-1\}$ sei

$$x(t+1) = A(t)x(t) + B(t)u(t), \tag{6.14.13}$$

wobei für jedes $t \in \{1, \ldots, N-1\}$ $A(t)$ eine $n \times n$ Matrix, $C(t)$ eine symmetrische $n \times n$ Matrix, $B(t)$ eine $n \times m$ Matrix und $D(t)$ eine symmetrische $m \times m$ Matrix ist. H sei eine symmetrische $n \times n$ Matrix. Hier ist also für alle $t \in \{1, \ldots, N-1\}$ $U_t = \mathbb{R}^n \times \mathbb{R}^m$.

Wir benutzen direkt die Ergänzungsmethode. Für jede Matrixfunktion

$$t \in \{1, \ldots, N\} \mapsto P(t) \in \mathbb{R}^n \times \mathbb{R}^n$$

verschwindet die folgende Funktion auf ganz $\mathbb{R}^{n \times N}$:

$$E(x) = \frac{1}{2}(x(1)^\top P(1)x(1) - x(N)^\top P(N)x(N)$$

$$+ \sum_{t=1}^{N-1}(x(t+1)^\top P(t+1)x(t+1) - x(t)^\top P(t)x(t)),$$

da sich die Summanden von 2 bis $N - 1$ gegenseitig aufheben.
   Sei jetzt $\bar{P} : \{1, \ldots, N-1\} \to \mathbb{R}^{n \times n}$ durch

$$t \mapsto \bar{P}(t) := P(t+1)$$

erklärt. Da $x(1)$ vorgegeben ist, führt das Einsetzen von (6.14.13) in E und das Weglassen des ersten Summanden (da $x(1)$ vorgegeben ist) zu der Ergänzung

$$\Lambda(x,u) = \frac{1}{2}(-x(N)^\top P(N)x(N) + \sum_{t=1}^{N-1}((Ax + Bu)^\top \bar{P}(Ax + Bu) - x^\top Px)(t).$$

Diese ist konstant auf

$$S := \{(x,u) \in (\mathbb{R}^n)^N \times (\mathbb{R}^m)^{N-1} | x(1) = x_1, (x,u) \text{ erfüllt } (6.14.13)\}.$$

Lassen wir jetzt nur Matrixfunktionen P mit $P(N) = H$ zu, dann entfällt für $f + \Lambda$ der Summand $\frac{1}{2}x(N)^\top Hx(N)$ (Bolza-Term) und nach dem Ausmultiplizieren erhalten wir

$$(f + \Lambda)(x,u) = \frac{1}{2}\sum_{t=1}^{N-1}[x^\top(C + A^\top \bar{P}A)x + 2u^\top B^\top \bar{P}Ax$$

$$+ u^\top(D + B^\top \bar{P}B)u - x^\top Px](t).$$

Die summandenweise (t fest) Minimierung von $f + \Lambda$ bzgl. der u-Variablen in Abhängigkeit der x-Variablen (sukzessive Minimierung) führt für $\{1, \ldots, N-1\}$ zu der notwendigen Bedingung

$$(D + B^\top \bar{P}B)u = -B^\top \bar{P}Ax. \qquad (6.14.14)$$

Diese ist hinreichend, wenn $Q := D + B^\top \bar{P}B$ positiv semi-definit ist, denn dann liegt eine konvexe Optimierungsaufgabe vor.

Die weiteren Berechnungen gelten unter der folgenden

Voraussetzung an Q: Für alle $t \in \{1, \ldots, N - 1\}$ sei $Q(t)$ positiv-definit.
Unter dieser Voraussetzung erhalten wir die folgende Rückkopplungsbeziehung

$$u = -Q^{-1} B^\top \bar{P} A x = -R x \qquad (6.14.15)$$

mit $R := Q^{-1} B^\top \bar{P} A$. Das Einsetzen von (6.14.15) in $f + \Lambda$ ergibt mit
$x^\top R^\top B^\top \bar{P} A x = x^\top A^\top \bar{P} B R x$ die Funktion

$$\varphi(x) = \frac{1}{2} \sum_{t=1}^{N-1} \left[x^\top (C + A^\top \bar{P} A - R^\top B^\top \bar{P} A - A^\top \bar{P} B R + R^\top Q R - P) x \right](t).$$

$$(6.14.16)$$

Wird jetzt P so gewählt, dass der Ausdruck in der runden Klammer verschwindet,
so wird φ identisch Null. Dann ist jedes $x \in \mathbb{R}^{n \times N}$ eine Minimallösung von φ auf
$\mathbb{R}^{n \times N}$. Das Paar $(x, -Rx)$ ist eine Minimallösung von $f + \Lambda$ auf $\mathbb{R}^{nN} \times \mathbb{R}^{m(N-1)}$,
da $u = -Rx$ eine Minimallösung von $(f + \Lambda)(x, \cdot) : \mathbb{R}^{m(N-1)} \to \mathbb{R}$ ist.

Die so gewonnene Freiheit in der Wahl von x wird jetzt so genutzt, dass das Paar
$(x, -Rx)$ in der Restriktionsmenge S liegt.

Mit $P(N) = H$ bekommen wir die Rückwärtsrekursion zur Bestimmung von P.
Für $t = N - 1, N - 2, \ldots, 1$ berechnen wir $P(t)$ mit Hilfe von $\bar{P}(t) = P(t + 1)$

$$Q(t) = (D + B^\top \bar{P} B)(t) \qquad (6.14.17)$$

$$R(t) = (Q^{-1} B^\top \bar{P} A)(t) \qquad (6.14.18)$$

$$P(t) = (C + A^\top \bar{P} A - R^\top B^\top \bar{P} A - A^\top \bar{P} B R + R^\top Q R)(t). \qquad (6.14.19)$$

Anschließend wird mit $x(1) = 1$ die Vorwärtsrekursion

$$u(t) = -R(t)x(t) \qquad (6.14.20)$$

und

$$x(t + 1) = A(t)x(t) + B(t)u(t) \qquad (6.14.21)$$

benutzt.

Sind die gegebenen Matrizen A, B, C, D und H so, dass in dem obigen Algorithmus
für alle $t \in \{1, \ldots, N - 1\}$ $Q(t)$ invertierbar ist, so ist das Verfahren realisierbar und
führt zu einer Lösung der Aufgabe. Wir wollen jetzt sehen, dass die zusätzliche Voraussetzung der positiven Semi-Definitheit von C und H und der positiven Definitheit
von D diese Realisierbarkeit garantiert. Diese Voraussetzungen besagen, dass wir für
jedes $t \in \{1, \ldots, N - 1\}$ eine konvexe Optimierungsaufgabe vorliegen haben.

Satz 6.14.7. *Sei D symmetrisch, positiv definit, C, H symmetrisch positiv semi-definit.
Dann sind die Rekursionen (6.14.19), (6.14.20) und (6.14.21) realisierbar. Ferner ist
P symmetrisch, positiv semi-definit und Q positiv definit.*

Beweis. Wegen $P(N) = H$, ist $P(N)$ symmetrisch und positiv semi-definit. Damit ist $Q(N-1) = D(N-1) + B^\top(N-1)P(N)B(N-1)$ symmetrisch und positiv definit, also invertierbar.

Wir zeigen durch vollständige Induktion, dass für alle $j \in \{0, \dots, N-1\}$ $P(N-j)$ symmetrisch, positiv semi-definit und $Q(N-j-1)$ positiv definit ist.

Induktionsanfang für $j = 0$ folgt aus $P(N) = H$ und $Q(N-1) = D(N-1) + B^\top(N-1)P(N)B(N-1)$.

Induktionsschluss von j auf $(j+1)$:

Sei $t = N - j - 1$. Nach Induktionsannahme ist $P(t+1)$ symmetrisch und positiv semi-definit.

Dann ist $Q(t) = D(t) + B^\top(t)P(t+1)B(t)$ symmetrisch, positiv definit und insbesondere invertierbar. Mit $\bar{P}(t) = P(t+1)$ sei

$$W(t) := \sqrt{\bar{P}}(A - BR)(t).$$

Dann gilt

$$P(t) = C(t) + W^\top W(t) + R^\top DR(t). \tag{6.14.22}$$

Denn mit (6.14.17) und (6.14.19) gilt:

$$C + R^\top DR + (A^\top - R^\top B^\top)\sqrt{\bar{P}}\sqrt{\bar{P}}(A - BR)$$
$$= C + R^\top DR + A^\top \bar{P}A - R^\top B^\top \bar{P}A - A^\top \bar{P}BR + R^\top B^\top \bar{P}BR$$
$$= C + R^\top DR + A^\top \bar{P}A - R^\top B^\top \bar{P}A - A^\top \bar{P}BR + R^\top(Q - D)R = P.$$

Als Summe von positiv semi-definiten symmetrischen Matrizen ist $P(t)$ positiv semi-definit und symmetrisch. Weiter ist mit (6.14.17)

$$Q(t-1) = D(t-1) + B^\top(t-1)P(t)B(t-1).$$

Nach Voraussetzung ist $D(t-1)$ positiv definit und damit auch $Q(t-1)$.

(6.14.22) angewandt für $t = 1$ liefert auch die Symmetrie und positive Semi-Definitheit von $P(1)$.   □

Für numerische Anwendungen dieses Ansatzes siehe [EJ].

6.14.7   Eine Anwendung in der Zeitreihenanalyse

Definition 6.14.1. Eine Zeitreihe $(x)_1^N$ heißt *monoton nicht fallend* (bzw. *monoton nicht wachsend*), wenn $Dx \geq 0$ (bzw. $Dx \leq 0$) gilt, d. h. $\forall t \in \{1, \dots, N-1\}$ ist $x(t+1) - x(t) \geq 0$ (bzw. ≤ 0).

Aufgabe. Zu einer gegebenen Zeitreihe y und einem Gewicht $\alpha \in \mathbb{R}_{\geq 0}$ suchen wir eine monotone Zeitreihe x^* derart, dass

$$x \mapsto f(x) = \frac{1}{2} \sum_{t=1}^{N-1} [(x(t) - y(t))^2 + \alpha(x(t) - \Delta y(t))^2] \qquad (6.14.23)$$

in x^* minimal ist.

Es ist eine diskrete Variationsaufgabe. Als diskrete optimale Steuerung ist hier $u(t) := x(t+1) - x(t)$.

Für $\alpha = 0$ ist dies die bekannte Aufgabe der isotonen Regression (s. [BBBB]), für die der effiziente Algorithmus von Best und Chakravarti (s. [BCh]) existiert.

Um diese Aufgabe zu behandeln, benutzen wir den Ansatz der linearen Ergänzung mit anschließender punktweiser Minimierung. Danach wird ein $\eta \in \mathbb{R}^n$ so bestimmt, dass die globale Minimallösung x_η bzgl. der ergänzten Aufgabe eine monotone Funktion ist. Die äquivalente Aufgabe lautet mit $x(t+1)\eta(t+1) - x(t)\eta(t) = \Delta x(t)\eta(t+1) + x(t)\Delta\eta(t)$

„Minimiere

$$x \mapsto f(x) - \left(\sum_{t=1}^{N-1} \eta(t+1)\Delta x(t) + x(t)\Delta\eta(t) \right)$$

unter der Nebenbedingung $Dx(t) \geq 0 \; \forall t \in \{1, \dots, N-1\}$".

Der entscheidende Vorteil dieses Ansatzes ist das Zurückführen der restringierten Optimierungsaufgabe (6.14.23) auf die punktweise (bei festem t) Minimierung. Bezeichne bei festem $t \in \{1, \dots, N-1\}$ $p = x(t)$ und $q = Dx(t)$. Dann gilt es, die Funktionen

$$(p, q) \mapsto \frac{1}{2}(p - y(t))^2 + \alpha(q - \Delta y(t))^2 - \Delta\eta(t)p - \eta(t+1)q$$

auf $\mathbb{R} \times \mathbb{R}_{\geq 0}$ zu minimieren. Diese Funktion besitzt eine separierte Form und man kann die Minimierung bzgl. p und q getrennt durchführen.

$$p \mapsto \frac{1}{2}(y(t) - p)^2 - p\Delta\eta(t)$$

auf $\mathbb{R}$ und

$$q \mapsto \frac{\alpha}{2}(\Delta y(t) - q)^2 - \eta(t+1)q$$

auf $\mathbb{R}_{\geq 0}$ zu minimieren.

Die Minimierung von $p \mapsto \frac{1}{2}(p - y(t))^2 - p\Delta\eta(t)$ auf $\mathbb{R}$ führt durch das Nullsetzen der Ableitung bzgl. p auf die Gleichung (für alle $t \in \{1, \dots, N-1\}$)

$$p - y(t) - \eta(t+1) + \eta(t) = 0. \qquad (6.14.24)$$

Mit $p = x(t)$ ist dann

$$\eta(t + 1) = \eta(t) + x(t) - y(t). \tag{6.14.25}$$

Die Minimierung von

$$\Psi_\alpha(q) := \frac{\alpha}{2}(q - \Delta y(t))^2 - \eta(t + 1)q \quad \text{auf ganz } \mathbb{R} \tag{6.14.26}$$

führt auf

$$\alpha(q - Dy(t)) - \eta(t + 1) = 0 \tag{6.14.27}$$

und damit zu der Minimallösung

$$c_t = \frac{1}{\alpha}\eta(t + 1) + \Delta y(t). \tag{6.14.28}$$

Ist also $c_t \geq 0$, so ist $q_t = c_t$ die gesuchte Minimallösung auf $\mathbb{R}_{\geq 0}$. Sonst minimiert $q = 0$ die Funktion Ψ_α, da Ψ_α dann auf $[c_t, \infty)$ monoton wachsend ist. Für die Minimallösung q_t gilt also $q_t = \max\{0, c_t\}$. Mit dem Setzen von $\Delta x(t) = x(t + 1) - x(t) = q_t$ bekommen wir

$$x(t + 1) - x(t) = \frac{1}{\alpha}\eta(t + 1) + y(t + 1) - y(t). \tag{6.14.29}$$

Diese Überlegungen führen uns zu den folgenden Rekursionen

1° Wähle einen Wert γ für den Startpunkt $x(1)$ und setze $\eta(1) = 0, t = 1$

Für $t \in \{1, \ldots, N - 1\}$ sei

2° $\eta(t + 1)\eta(t) + x(t) - y(t)$

3° $x(t + 1) = \max(x(t), x(t) + \frac{1}{2}\eta(t + 1) + \Delta y(t))$.

Nach $N - 1$ Schritten bekommen wir die Endwerte $x(N), \eta(N)$, die von der Wahl des Startwertes abhängen. Dies wollen wir mit dem Index γ kennzeichnen.

Wählen wir also einen Startpunkt γ, so erhalten wir einen Endwert $\eta(N)$. Dies beschreibt die eindimensionale Funktion

$$\gamma \mapsto \eta(N, \gamma).$$

Es gilt jetzt den Startpunkt γ^* derart zu wählen, dass

$$\eta(N, \gamma^*) = 0$$

gilt, denn dann ist die von uns gewählte lineare Ergänzung konstant auf der Restriktionsmenge und der Satz über die summandenweise Minimierung garantiert uns, dass die so berechnete Zeitreihe x eine Lösung der gestellten Aufgabe ist.

Um dieses zu erreichen, wählen wir mit Hilfe der Bisektionsmethode das

Schießverfahren

Es handelt sich hier um die Bestimmung einer Nullstelle einer eindimensionalen stetigen Funktion. Wir wollen die Bestimmung dieser Nullstelle auf der Basis des Bisektionsverfahrens durchführen und den enormen Vorteil der Bisektionsmethode benutzen, dass hier nur die Vorzeichen der Werte und nicht die Werte selbst der untersuchten Funktion gebraucht werden. Denn mit Hilfe von 2° und 3° machen wir die folgende Beobachtung, die algorithmisch sehr wichtig sein wird.

Ist für ein $\bar{t} \in \{1, \ldots, N-1\}$

$$\eta(\bar{t}) > 0 \quad \text{und} \quad x(\bar{t}) \geq \max y,$$

so ist für alle t für alle $t > \bar{t}$ $\eta(t) > 0$.

Denn wegen 3° ist $x(t) \geq x(\bar{t}) \geq \max y$, was mit 2°

$$\eta(t) \geq \eta(\bar{t})$$

impliziert.

Mit 2° und 3° kann man auch ein Startintervall $[a, b]$ für die Wahl des Startwertes γ angeben.

Dies führt zu dem folgenden Algorithmus

α-Verfahren

0° Wähle eine Genauigkeit $\varepsilon > 0$. Für $t = 1, \ldots, N-1$ sei $z(t) = y(t+1) - 2y(t)$ und $Dy(t) = y(t+1) - y(t)$. Sei $m = \min(\min(z), \min(y))$, $M = \max(y)$. Setze $a = m$ und $b = M$.

1° Setze $\gamma = \frac{a+b}{2}, x(1) = \gamma$ und $\eta(1) = 0, t = 1$.

2° $\eta(t+1) = \eta(t) + x(t) - y(t)$.

3° $x(t+1) = \max(x(t), x(t) + \frac{1}{\alpha}\eta(t+1) + \Delta y(t))$.

4° Falls $\eta(t+1) > 0$ und $x(t+1) > M$ setze $b = \gamma$. Gehe zu 1°.

5° $t \mapsto t+1$ Falls $t < N+1$ gehe zu 2°.

6° Falls $\eta(N) < 0$, setze $a = \gamma$, sonst $b = \gamma$.

Falls $|b - a| > \varepsilon$, gehe zu 1°.

7° Setze $x(1) = a$ und $\eta(1) = 0$.

Für $t = 1$ bis $N-1$ setze:

$\eta(t+1) = \eta(t) + x(t) - y(t),$

$x(t+1) = \max(x(t), x(t) + \frac{1}{\alpha}\eta(t+1) + \Delta y(t)).$

Robuste Anpassung

Die folgende Verallgemeinerung des obigen Ansatzes erfordert kaum mehr Rechenaufwand, wenn man die quadratische Abstandsfunktion $f(x) = \frac{1}{2}\sum_{t=1}^{N-1}[(x(t)-y(t))^2 + \alpha(Dx(t) - Dy(t))^2]$ durch

$$\tilde{f}(x) = \sum_{t=1}^{N-1} \Phi(x(t) - y(t)) + \frac{1}{2}\alpha(\Delta x(t) - \Delta y(t))^2$$

ersetzt, wobei $\Phi : \mathbb{R} \to \mathbb{R}$ eine stetig differenzierbare symmetrische strikt konvexe Funktion mit $\Phi(0) = 0$ ist.

Eine Minimallösung bzgl. $\tilde{f}$ auf der Menge der monotonen Zeitreihen heißt Φ-*Lösung*.

Um bzgl. Ausreißern robuste Ansätze zu bekommen, kann man z. B. $\Phi'_\sigma(s) := \frac{s}{\sigma+|s|}$ mit einem $\sigma > 0$ wählen. Mit $\sigma \to 0$ konvergiert

$$\Phi_\sigma(s) = |s| - \sigma \ln\left(\frac{1}{\sigma + |s|}\right) \xrightarrow[\sigma\to 0]{} \Phi(s) = |s|$$

und wir bekommen im Grenzfall die als robust bekannte L^1-Approximation (s. Kapitel 8).

Dann ändert sich in obigem Algorithmus die Bestimmung des Nachfolgers $\eta(t + 1)$ von $\eta(t)$.

Jetzt wird (6.14.25) ersetzt durch

$$\eta(t + 1) = \eta(t) + \Phi'(x(t) - y(t)).$$

Für den obigen Spezialfall ist also für ein $\sigma \in (0, \infty)$

$$\eta(t + 1) = \eta(t) + \frac{x(t) - y(t)}{\sigma + |x(t) - y(t)|}.$$

Kapitel 7
Čebyšev-Approximation

7.1 Charakterisierung der besten Čebyšev-Approximation

Als eine weitere Anwendung des Charakterisierungssatzes der konvexen Optimierung bekommen wir eine Charakterisierung der besten Čebyšev-Approximation.

Sei T ein kompakter metrischer Raum und $C(T)$ der Vektorraum der stetigen Funktionen auf T mit der Maximum-Norm (Čebyšev-Norm) versehen. Die Aufgabe lautet:

Für ein $x \in C(T)$ wird ein Element aus der vorgegebenen konvexen Teilmenge V von $C(T)$ mit dem kleinsten Abstand (im Sinne der Maximum-Norm) gesucht. Es gilt der *(Kolmogoroff-Kriterium)*

Satz 7.1.1 (Charakterisierungssatz 1). *Sei $x \in C(T) \backslash V$, $v_0 \in V$ und $z := x - v_0$. Ferner sei*

$$E(z) := \{t \in T \mid |z(t)| = \|z\|\}$$

die Menge der Extremstellen der Differenzfunktion z.

Es ist v_0 genau dann eine beste Čebyšev-Approximation von x bzgl. V, wenn kein $v \in V$ existiert, so dass

$$z(t)(v(t) - v_0(t)) > 0 \quad \text{für alle } t \in E(z) \tag{$*$}$$

gilt.

Beweis. Sei $f(x) := \|x\|$ und $K := x - V$. Nach (3.18.6) und dem Charakterisierungssatz 4.2.1 ist v_0 eine beste Čebyšev-Approximation von x bzgl. V genau dann, wenn für alle $v \in V$ gilt:

$$f'_+(x - v_0, v_0 - v) = \max_{t \in E(z)} \{(v_0(t) - v(t)) \operatorname{sign}(x(t) - v_0(t))\} \geq 0,$$

woraus die Behauptung folgt. $\qquad\square$

Bemerkung. Ist V ein Teilraum, so kann man offensichtlich die Bedingung $(*)$ ersetzen durch: Es existiert kein $v \in V$ mit $z(t)v(t) > 0 \; \forall t \in E(z)$ bzw.

$$v(t) > 0 \quad \text{für} \quad t \in E^+(z) := \{t \in T \mid z(t) = \|z\|\}$$
$$v(t) < 0 \quad \text{für} \quad t \in E^-(z) := \{t \in T \mid z(t) = -\|z\|\} \tag{7.1.1}$$

(siehe [Sh] S. 7).

Durch die Anwendung des Satzes von Carathéodory kommen wir jetzt zum

Satz 7.1.2 (Charakterisierungssatz 2). *Sei* $V = \mathrm{span}\{v_1, \ldots, v_n\}$ *ein Teilraum von* $C(T)$ *und* $x \in C(T)$. *Genau dann ist* v_0 *eine beste Čebyšev-Approximation von* x *bzgl.* V, *wenn* k *Punkte* $t_1, \ldots, t_k \in E(x - v_0)$ *mit* $1 \le k \le n + 1$ *und* k *positive Zahlen* $\alpha_1, \ldots, \alpha_k$ *existieren, so dass für alle* $v \in V$

$$\sum_{j=1}^{k} \alpha_j [x(t_j) - v_0(t_j)] v(t_j) = 0 \tag{7.1.2}$$

gilt.

Beweis. Sei (7.1.2) erfüllt und es gelte $\sum_{j=1}^{k} \alpha_j = 1$. Setze $z := x - v_0$. Aus $|z(t_j)| = \|z\|$ für $j \in \{1, \ldots, k\}$ folgt

$$\|z\|^2 = \sum_{j=1}^{k} \alpha_j z^2(t_j) = \sum_{j=1}^{k} \alpha_j (z(t_j)(z(t_j) - v(t_j))$$

$$\le \|z\| \sum_{j=1}^{k} \alpha_j \max_j |z(t_j) - v(t_j)| \le \|z\| \|z - v\|$$

und damit $\|z\| \le \|z - v\| = \|x - v_0 - v\|$. Da V ein Teilraum ist, folgt $\|x - v_0\| \le \|x - v\|$ für alle $v \in V$. Sei nun v_0 eine beste Čebyšev-Approximation von x bzgl. V. Wir betrachten die Abbildung $A \colon T \to \mathbb{R}^n$, die durch

$$A(t) := z(t)(v_1(t), \ldots, v_n(t))$$

definiert ist. Sei $C := A(E(z))$. Zuerst zeigen wir

$$0 \in \mathrm{Conv}\, C.$$

Als stetiges Bild der kompakten Menge $E(z)$ ist C kompakt. Die konvexe Hülle von C ist nach dem Satz von Carathéodory (s. Abschnitt 3.5) das Bild der kompakten Menge

$$C^{n+1} \times \left\{ \alpha \in R^{n+1} \mid \sum_{j=1}^{n+1} \alpha_j = 1 \right\}$$

unter der stetigen Abbildung

$$(c_1, \ldots, c_{n+1}, \alpha) \mapsto \sum_{j=1}^{n+1} \alpha_j c_j$$

und somit kompakt.

Angenommen $0 \notin \operatorname{Conv} C$. Dann existiert nach dem strikten Trennungssatz 3.4.2 ein $(a_1, \ldots, a_n) \in \mathbb{R}^n$ derart, dass für $t \in E(z)$

$$\sum_{i=1}^{n} a_i z(t) v_i(t) > 0$$

gilt. Für $v_* := \sum_1^n a_i v_i$ und $t \in E(z)$ ist

$$z(t) v_*(t) > 0,$$

was dem Charakterisierungssatz 1 widerspricht, d.h. $0 \in \operatorname{Conv} C$. Nach dem Satz von Carathéodory existieren k Zahlen $\alpha_1, \ldots, \alpha_k \geq 0$ mit $1 \leq k \leq n + 1$ und $\sum_{j=1}^{k} \alpha_j = 1$ und k Punkte $t_1, \ldots, t_k \in E(z)$ derart, dass (7.5.1) gilt. □

Als Folgerung erhalten wir den

7.2 Satz von de la Vallée-Poussin I

Satz 7.2.1. *Sei v_0 eine beste Čebyšev-Approximation von x bzgl. des n-dimensionalen Teilraumes V. Dann existiert eine endliche Teilmenge T_0 von $E(x - v_0)$, die nicht mehr als $n + 1$ Punkte enthält und für die $v_0|_{T_0}$ eine beste Approximation von x $|_{T_0}$ bzgl. V $|_{T_0}$ ist, d.h. für alle $v \in V$ gilt:*

$$\max_{t \in T} |x(t) - v_0(t)| = \max_{t \in T_0} |x(t) - v_0(t)| \leq \max_{t \in T_0} |x(t) - v(t)|.$$

Bemerkung. Die Summe $\sum_{j=1}^{k} \alpha_j [x(t_j) - v_0(t_j)] v(t_j)$ kann man auch in der Integralform

$$\int_T (x(t) - v_0(t)) v(t) d\mu(t)$$

schreiben, wobei μ ein diskretes Maß ist, (eine Wahrscheinlichkeitsverteilung, wenn $\sum_{j=1}^{n} \alpha_j = 1$), das auf den Punkten t_i mit den Gewichten α_i verteilt ist. Dann lässt sich der Charakterisierungssatz 2 so aussprechen:

Genau dann ist v_0 eine beste Approximation von x bzgl. V, wenn ein Maß μ mit folgenden Eigenschaften existiert:

(i) μ wird von $1 \leq k \leq n + 1$ Punkten aus $E(x - v_0)$ getragen,

(ii) $\int_T v(x - v_0) d\mu = 0$ für alle $v \in V$.

Für (ii) kann man die Bezeichnung $(x - v_0) \perp_\mu V$ wählen.

7.3   Haarsche Teilräume

Definition 7.3.1.   Sei T eine Menge. Ein n-dimensionaler Teilraum $V =$ span$\{v_1, \ldots, v_n\}$ des Vektorraumes X der reellen Funktionen auf T heißt ein *Haarscher Teilraum*, wenn jede nicht identisch verschwindende Funktion $v \in V$ höchstens $n - 1$ Nullstellen in T hat.

Äquivalent hiermit sind:

(i) Für alle $\{t_1, \ldots, t_n\} \subset T$ mit $t_i \neq t_j$ für $i \neq j$ gilt

$$\begin{vmatrix} v_1(t_1) & \ldots & v_1(t_n) \\ \vdots & & \vdots \\ v_n(t_1) & \ldots & v_n(t_n) \end{vmatrix} \neq 0.$$

(ii) Zu n beliebigen, jedoch paarweise verschiedenen Punkten $t_i \in T$,

   $i \in \{1, \ldots, n\}$, gibt es für jede Vorgabe der Werte s_i genau ein $v \in V$ mit

$$v(t_i) = s_i,$$

d. h., die Interpolationsaufgabe bei n Punkten ist eindeutig lösbar.

Beweis. Definition 7.3.1 $\Rightarrow$ (i): Ist $\det(v_i(t_j)) = 0$, dann existiert eine nichttriviale Linearkombination $\sum_{i=1}^{n} a_i z_i$ der Zeilen der Matrix $(v_i(t_j))$, die den Nullvektor liefert. Die Funktion $\sum_{i=1}^{n} a_i v_i$ besitzt $\{t_1, \ldots, t_n\}$ als Nullstellen.

   (i) $\Rightarrow$ Definition 7.3.1: Seien $t_1, \ldots, t_n$ Nullstellen eines $0 \neq v \in V$. Für dieses $\{t_1, \ldots, t_n\}$ ist also eine nichttriviale Linearkombination der Zeilen gleich dem Nullvektor.

   (i) $\Leftrightarrow$ (ii): Das lineare Gleichungssystem

$$\sum_{i=1}^{n} a_j v_j(t_i) = s_i, \quad i \in \{1, \ldots, n\}$$

besitzt genau dann eine eindeutige Lösung $(\bar{a}_1, \ldots, \bar{a}_n)$, wenn (i) gilt. $\square$

Beispiele für Haarsche Teilräume:

I) Die algebraischen Polynome vom Grad höchstens n bilden auf jedem reellen Intervall I einen Haarschen Teilraum von $C(I)$ der Dimension $n + 1$.

II) Die trigonometrischen Polynome vom Grad höchstens n bilden auf $I = [0, 2\pi)$ einen Haarschen Teilraum von $C(I)$ der Dimension $2n + 1$.

III) Seien $\lambda_1, \ldots, \lambda_n$ paarweise verschiedene reelle Zahlen und für $i \in \{1, \ldots, n\}$ sei

$$v_i(t) = e^{\lambda_i t}.$$

Dann ist span $\{v_1, \ldots, v_n\}$ auf jeden reellen Intervall I ein Haarscher Teilraum von $C(I)$ der Dimension n.

Im Folgenden sei $I = [a, b]$ ein reelles Intervall und V ein n-dimensionaler Haarscher Teilraum von $C(I)$.

Definition 7.3.2. Die Nullstelle t_0 eines $v \in V$ heißt *zweifach*, wenn

1) t_0 im Inneren von I liegt und

2) v in einer Umgebung von t_0 nicht negativ oder nicht positiv ist.

In jedem anderen Fall heißt die Nullstelle x_0 *einfach*.

Es gelten die folgenden Lemmata.

Lemma 7.3.1. *Jede nicht identische verschwindende Funktion $v \in V$ hat unter Berücksichtigung der Vielfachheit höchstens $n - 1$ Nullstellen.*

Beweis (siehe [We]). Es seien für $i \in \{1, \ldots, m\}$, $m \le n$, t_i die Nullstellen von v in I. Ferner sei $a = t_0 < t_1 < \ldots < t_m < t_{m+1} = b$ und

$$\mu := \min_{0 \le j \le m} \max_{t \in [t_j, t_{j+1}]} |v(t)|.$$

Nach (ii) existiert ein $v_1 \in V$, das in jeder einfachen Nullstelle von v den Wert 0 annimmt und in jeder zweifachen den Wert 1 (bzw. -1), falls v in einer Umgebung dieser Nullstelle nichtnegativ (bzw. nichtpositiv) ist. Sei $c > 0$ derart, dass

$$c \cdot \max_{t \in I} |v_1(t)| < \mu.$$

Die Funktion $v_2 = v - cv_1$ hat die folgenden Eigenschaften:

1) Jede einfache Nullstelle von v ist eine Nullstelle von v_2.

2) Jede zweifache Nullstelle von v erzeugt zwei Nullstellen von v_2.

Die Behauptung folgt, da für genügend kleine c alle diese Nullstellen verschieden sind und v_2 höchstens $n - 1$ Nullstellen besitzt. $\qquad\square$

Lemma 7.3.2. *Sei $k < n$ und $\{t_1, \ldots, t_k\} \subset (a, b)$. Dann existiert ein $v \in V$, das genau in diesen Punkten Nullstellen mit Vorzeichenwechsel hat.*

Beweis. Ist $k = n - 1$, so besitzt nach Lemma 7.3.1 die Lösung der Interpolationsaufgabe $v(a) = 1$, $v(t_i) = 0$ für $i \in \{1, \ldots, n - 1\}$ die gewünschte Eigenschaft.

Für $k < n - 1$ konstruieren wir eine Folge $(t^l_{k+1}, \ldots, t^l_{n-1})$ von Punkten aus $(t_k, b)^{n-k-1}$, die komponentenweise gegen b konvergiert und paarweise verschiedene Komponenten besitzt. Wie im Fall $k = n - 1$ bestimmen wir jetzt eine Lösung $w_l = \sum_{i=1}^n a_{i,l} v_i$ der analogen Interpolationsaufgabe mit $w_l \geq 0$ auf $[a, t_1]$.

Sei $\bar{a} = (\bar{a}_1, \ldots, \bar{a}_n)$ ein Häufungspunkt der Folge $\frac{(a_{1l}, \ldots, a_{n,l})}{\|(a_{1l}, \ldots, a_{n,l})\|}$. Dann genügt $\bar{v} := \sum_{i=1}^n \bar{a}_i v_i$ den Anforderungen. $\square$

7.4   Satz von Čebyšev

Wir beginnen mit dem

Satz 7.4.1 (Satz von de la Vallée-Poussin II). *Sei V ein n-dimensionaler Haarscher Teilraum von $C[a, b]$ ($a < b \in \mathbb{R}$), $x \in C[a, b]$. Gilt für ein $v_0 \in V$ und für die Punkte $t_1 < \ldots < t_{n+1}$ aus $[a, b]$ die Bedingung:*

$$\operatorname{sign}(x - v_0)(t_i) = -\operatorname{sign}(x - v_0)(t_{i+1}) \quad \text{für } i \in \{1, \ldots, n\},$$

so folgt die Abschätzung

$$\|x - v_0\| \geq \min_{v \in V} \|x - v\| \geq \min_{1 \leq i \leq n+1} \{|x(t_i) - v_0(t_i)|\}.$$

Beweis. Angenommen für ein $v_* \in V$ gilt $\|x - v_*\| < \min_i\{|x(t_i) - v_0(t_i)|\}$. Dann folgt $0 \neq v_* - v_0 = (x - v_0) - (x - v_*)$ und $\operatorname{sign}[(v_* - v_0)(t_i)] = -\operatorname{sign}[(v_* - v_0)(t_{i+1})]$ für $i \in \{1, \ldots, n\}$. Damit hätte $v_* - v_0$ mindestens n Nullstellen in $[a, b]$, was der Haarschen Eigenschaft widerspricht. $\square$

Satz 7.4.2 (Satz von Čebyšev). *Sei V ein n-dimensionaler Haarscher Teilraum von $C[a, b]$, $x \in C[a, b] \backslash V$. Genau dann ist $v_0 \in V$ eine beste Čebyšev-Approximation von x bzgl. V, wenn es $n + 1$ Punkte $\{t_1, \ldots, t_{n+1}\} \subset E(x - v_0)$ mit $t_1 < \ldots < t_{n+1}$ und*

$$\operatorname{sign}(x(t_i) - v_0(t_i)) = -\operatorname{sign}(x(t_{i+1}) - v_0(t_{i+1})) \qquad (*)$$

gibt.

Beweis. Sei v_0 eine beste Čebyšev-Approximation. Nach dem Charakterisierungssatz 2 gibt es k Punkte $\{t_1, \ldots, t_k\} =: S \subset E(x - v_0)$ und k positive Zahlen $\alpha_1, \ldots, \alpha_k$ ($1 \leq k \leq n + 1$) derart, dass

$$\sum_{j=1}^k \alpha_j (x(t_j) - v_0(t_j)) v(t_j) = 0 \quad \text{für alle } v \in V \qquad (7.4.1)$$

und

$$v_0|_S \text{ ist eine beste Approximation von } x \text{ bzgl. } V|_S. \qquad (7.4.2)$$

Da V ein Haarscher Teilraum ist, muss $k = n + 1$ sein. Denn sonst könnte man $x|_S$ interpolieren, und das wäre ein Widerspruch zu (7.4.2). Wir wählen jetzt ein $0 \neq \overline{v} \in V$, das aufeinanderfolgende Nullstellen in $t_1, \dots, t_{i-1}, t_{i+2}, \dots, t_{n+1}$ hat und (notwendig) keine anderen. Dann folgt aus $(*)$

$$\alpha_i [x(t_i) - v_0(t_i)]\overline{v}(t_i) + \alpha_{i+1}[x(t_{i+1}) - v_0(t_{i+1})]\overline{v}(t_{i+1}) = 0$$

und $\mathrm{sign}\,\overline{v}(t_i) = \mathrm{sign}\,\overline{v}(t_{i+1})$.

Ist andererseits die Bedingung $(*)$ erfüllt, dann ist nach dem zweiten Satz von de la Vallée-Poussin v_0 eine beste Approximation von x bzgl. V. $\square$

Bemerkung. Die Menge $\{t_1, \dots, t_{n+1}\}$ nennt man *Čebyšev-Alternante*.

Man kann jetzt die Bestimmung der besten Approximation auf die Bestimmung dieser Menge reduzieren und die folgende Strategie verfolgen (siehe Remez-Algorithmus in [WS]). Man wählt $n + 1$ Punkte und versucht durch Austausch von Punkten verbesserte Schranken im Sinne des zweiten Satzes von de la Vallée-Poussin zu erreichen. Dieser Satz liefert dann ein Abbruchkriterium. Die hier entstehenden Schranken kann man auch als Werte von zulässigen Punkten der dazugehörigen zueinander dualen Aufgaben interpretieren (siehe Kapitel 13).

Čebyšev-Polynome

Als Folgerung bekommen wir die Aussage: Die Čebyšev-Polynome

$$T_n(t) := \frac{1}{2^{n-1}} \cos(n \arccos t)$$

besitzen in $[-1, 1]$ unter den Polynomen vom Grad n mit dem führenden Koeffizienten 1 den kleinsten Abstand von Null. Aus der Formel $\cos a + \cos b = 2 \cos \frac{1}{2}(a + b) \cos \frac{1}{2}(a - b)$ folgt für $P_n = 2^{n-1} T_n$ die Iterationsformel $P_{n+1}(t) = 2tP_n(t) - P_{n-1}(t)$. Außerdem ist $P_0(t) = 1$ und $P_1(t) = t$ für $t \in [-1, 1]$.

7.5   Approximationssätze von Weierstraß und der Satz von Korovkin

Die folgenden Approximationssätze von Weierstraß und deren natürliche Verallgemeinerungen spielen in der Analysis eine zentrale Rolle. Sie garantieren, dass jede stetige Funktion auf einem kompakten Intervall bzw. jede stetige Funktion mit Periode 2π beliebig genau durch algebraische bzw. trigonometrische Polynome gleichmäßig approximiert werden kann.

Satz 7.5.1 (I. Approximationssatz von Weierstraß). *Zu jedem* $f \in C[a, b]$ *und jedem* $\varepsilon > 0$ *existiert ein algebraisches Polynom* p *so, dass für alle* $t \in [a, b]$

$$|f(t) - p(t)| < \varepsilon$$

gilt.

Satz 7.5.2 (II. Approximationssatz von Weierstraß). *Zu jeder stetigen Funktion* $f : \mathbb{R} \to \mathbb{R}$ *mit der Periode* 2π *und jedem* $\varepsilon > 0$ *existiert ein trigonometrisches Polynom* T *derart, dass für alle* $t \in \mathbb{R}$

$$|f(t) - T(t)| < \varepsilon$$

gilt.

Der erste konstruktive Beweis (1912) geht auf S.I. Bernstein zurück. Hier ist die zu einer Funktion f dazugehörige Folge von Polynomen $(B_n(f))_{n \in \mathbb{N}}$ durch

$$B_n(f)(t) := \sum_{k=0}^{n} f\left(\frac{k}{n}\right) \cdot \binom{n}{k} t^k (1 - t)^{n-k}$$

(Bernstein-Polynome) beschrieben.

Diese Polynome geben besonders gut den Verlauf der Funktion f wieder. Man kann für Funktionen aus $C^{(n)}[a, b]$ beweisen, dass nicht nur die Polynome selbst, sondern auch deren k-te Ableitungen ($k \leq n$) gleichmäßig gegen die k-te Ableitung der Funktion konvergieren. Deshalb sind die Bernstein-Polynome für die praktische Anwendung sehr wichtig. Dies gilt auch für deren Verallgemeinerung auf mehrere Variablen.

Der Beweis von Bernstein beruht auf den Ideen der Wahrscheinlichkeitstheorie. Hier wird der auf der Čebyšev-Ungleichung beruhende Beweis des Gesetzes der Großen Zahlen approximationstheoretisch interpretiert (siehe [Ba] S. 99). Die Bernsteinsche Beweisführung inspirierte P.P. Korovkin zu dem folgenden überraschenden

Satz 7.5.3 (Satz von Korovkin). *Sei* $(L_n : C[a, b] \to C[a, b])_{n \in \mathbb{N}}$ *eine Folge positiver, linearer Operatoren derart, dass für die Funktionen*

$$x_1(t) := 1, \quad x_2(t) := t, \quad x_3(t) := t^2 \tag{7.5.1}$$

$$\lim_{n \to \infty} \|L_n x_i - x_i\| = 0 \quad \text{für } i = 1, 2, 3$$

gilt. Dann gilt für alle $x \in C[a, b]$:

$$\lim_{n \to \infty} \|L_n x - x\| = 0.$$

Dabei heißt ein Operator $L : C(T) \to C(T)$ (T ein metrischer Raum) *positiv*, wenn für $x, y \in C(T)$ mit $x \geq y$ (d. h. $x(t) \geq y(t)$ für alle $t \in T$) $Lx \geq Ly$ folgt.

Bemerkung. Ein positiver linearer Operator ist stetig. Denn es gilt:

$$\|L(x - y)\| \le \|L(\|x - y\| \cdot 1)\| = \|x - y\| \|L(1)\|.$$

Da wir die Approximation von Funktionen mit mehreren Veränderlichen einbeziehen wollen, wird jetzt die folgende Verallgemeinerung des Satzes von Korovkin bewiesen.

Satz 7.5.4 (Satz von Bohman-Korovkin). *Sei T ein kompakter metrischer Raum und für $x_1, x_2, \ldots, x_m \in C(T)$ gelte die Aussage:*
Es gibt Funktionen $a_i \in C(T)$, $i \in \{1, \ldots, m\}$ so, dass für alle $s, t \in T$ gilt:

$$p_s(t) := \sum_{i=1}^{m} a_i(s) x_i(t) \ge 0 \tag{7.5.2}$$

und $p_s(t) = 0$ genau dann, wenn $s = t$ ist. Dann folgt für jede Folge $(L_n)_{n \in \mathbb{N}}$ linearer positiver Operatoren aus der Konvergenz

$$\|L_n x_i - x_i\| \overset{n \to \infty}{\longrightarrow} 0 \quad \text{für } i \in \{1, \ldots, m\} \tag{7.5.3}$$

bereits die punktweise Konvergenz von $(L_n)_{n \in \mathbb{N}}$ gegen die Identität auf ganz $C(T)$, d. h.

$$\|L_n x - x\| \overset{n \to \infty}{\longrightarrow} 0 \quad \text{für alle } x \in C(T). \tag{7.5.4}$$

Der Satz von Korovkin ergibt sich hier als unmittelbare Folgerung, denn die Funktionen $\{x_1, x_2, x_3\}$ in (7.5.1) erfüllen die Voraussetzungen des Satzes. Dies folgt aus

$$p_s(t) = (s - t)^2 = s^2 x_1 - 2s x_2 + x_3 \ge 0.$$

Beweis. Seien $s_1 \ne s_2 \in T$. Dann ist für alle $t \in T$

$$\overline{p}(t) := p_{s_1}(t) + p_{s_2}(t) > 0. \tag{7.5.5}$$

Sei $x_2(t) := x(t) - \frac{x(s)}{\overline{p}(s)} \overline{p}(t)$. Ferner sei $\varepsilon > 0$ und $S := \{(s, s) \mid s \in T\} \subset T \times T$. Zu jedem $(s, s) \in S$ gibt es eine offene Umgebung U_s in $T \times T$, so dass $|x_s(t)| < \varepsilon$ für alle $(s, t) \in U_s$ gilt. Die Menge $U = \bigcup_{s \in S} U_s$ ist eine offene Menge, und das Komplement F von U in $T \times T$ ist kompakt.

Sei $m := \min_{(s,t) \in F} p_s(t)$ und $M := \max_{(s,t) \in F} |x_s(t)|$. Da F kompakt ist, folgt mit (7.5.2) $m > 0$, und für alle $s, t \in T$ gilt:

$$-\varepsilon - \frac{M}{m} p_s(t) < x_s(t) < \varepsilon + \frac{M}{m} p_s(t). \tag{7.5.6}$$

Denn für $(s, t) \in U$ ist $|x_s(t)| < \varepsilon$ und für $(s, t) \in F$ ist $|x_s(t)| < \frac{M}{m} p_s(t)$. Da L_n linear und positiv ist, folgt aus (7.5.6):

$$-\varepsilon(L_n 1)(s) - \frac{M}{m}(L_n p_s)(s) \le (L_n x_s)(s) \le \varepsilon(L_n 1)(s) + \frac{M}{m}(L_n p_s)(s). \tag{7.5.7}$$

Mit (7.5.5) existiert ein $\alpha \in \mathbb{R}_+$ derart, dass $\alpha\overline{p} > 1$ ist. Aus (7.5.3) folgt $0 \leq L_n(1) \leq L_n(\alpha\overline{p}) \overset{n\to\infty}{\Longrightarrow} a\overline{p}$ und $L_n(p_s) \overset{n\to\infty}{\Longrightarrow} p_s$ für jedes $s \in T$, wobei $\Longrightarrow$ für gleichmäßige Konvergenz steht.

Nach (7.5.2) ist $p_s(s) = 0$ für alle $s \in T$. Damit existiert ein $n_0 \in \mathbb{N}$ und ein $M_0 \in \mathbb{R}_+$ derart, dass für alle $n \geq n_0$ und alle $s \in T$

$$|(L_n x_s)(s)| \leq (M_0 + 1)\varepsilon$$

gilt. Dies bedeutet für alle $s \in T$:

$$\left|(L_n x)(s) - \frac{x(s)}{\overline{p}(s)}(L_n\overline{p})(s)\right| = |(L_n x_s)(s)| \leq (M_0 + 1)\varepsilon. \tag{7.5.8}$$

Da $(L_n\overline{p})$ nach (7.5.3) gleichmäßig gegen $\overline{p}$ konvergiert, ist $\frac{L_n\overline{p}}{\overline{p}}$ gleichmäßig gegen 1 konvergent. Damit bedeutet (7.5.8) die gleichmäßige Konvergenz von $L_n x$ gegen x, d. h.

$$\|L_n x - x\| \overset{n\to\infty}{\longrightarrow} 0. \qquad\qquad \square$$

Um den I. Approximationssatz von Weierstraß zu zeigen, betrachten wir nun auf dem Intervall $[0, 1]$ die *Bernsteinpolynome* der Funktion $x \in C[0, 1]$

$$B_n(x)(t) = \sum_{k=0}^{n} x\left(\frac{k}{n}\right) \cdot \binom{n}{k} t^k(1-t)^{n-k}. \tag{$*$}$$

Die dazugehörigen Abbildungen $B_n \colon C[0, 1] \to C[0, 1]$ sind linear und positiv.

Die folgenden Identitäten für $x_1(t) := 1$, $x_2(t) := t$, $x_3(t) := t^2$

a) $B_n(x_1, t) = 1$,   b) $B_n(x_2, t) = t$,   c) $B_n(x_3, t) = t^2 + \dfrac{t - t^2}{n}$

ergeben sich direkt aus der binomischen Formel $(p, q \in \mathbb{R})$

$$(p + q)^n = \sum_{k=0}^{n} \binom{n}{k} p^k q^{n-k}$$

und den ersten zwei Ableitungen beider Seiten nach p. Mit dem Satz von Korovkin und der entsprechenden Transformation des Intervalls $[0, 1]$ auf das Intervall $[a, b]$ folgt somit die Behauptung.

n-dimensionale Bernsteinpolynome (siehe [Ku]). Sei S_{n-1} der Einheitssimplex in $\mathbb{R}^n$, d. h.

$$S_{n-1} := \left\{ t = (t_1, \ldots, t_n) \mid \sum_{i=1}^{n} t_i = 1, t_i \geq 0 \right\}.$$

Für ein $k \in \mathbb{N}$ sei $Z_k := \{a = (a_1, \ldots, a_n) \in (\mathbb{N} \cup \{0\})^n \mid \sum_{i=1}^n a_i = k\}$. Die Funktion $g: \mathbb{R}^n \times Z_k \to \mathbb{R}$ sei durch

$$g(t, a) = \frac{k!}{a_1! \ldots a_n!} t_1^{a_1} \ldots t_n^{a_n}$$

erklärt.

Die polynomische Formel

$$(t_1 + \ldots + t_n)^k = \sum_{a \in Z_k} g(t, a) \tag{7.5.9}$$

erlaubt uns die direkte n-dimensionale Verallgemeinerung der Bernsteinpolynome (∗). Für eine stetige Funktion $f: S_{n-1} \to \mathbb{R}$ sei

$$B_k(f)(t) := \sum_{a \in Z_k} f\left(\frac{a}{k}\right) g(t, a) \tag{7.5.10}$$

das k-te Bernsteinpolynom der Funktion f (siehe [Ku]).

Die dazugehörige Abbildung $B_k: C(S_{n-1}) \to C(S_{n-1})$ ist linear und positiv.

Für alle $t \in S_{n-1}$ folgt zunächst aus (7.5.9)

$\alpha)$
$$\sum_{a \in Z_k} g(t, a) = 1$$

und mit der partiellen Differentiation für $j \in \{1, \ldots, n\}$

$\beta)$
$$k t_j = \sum_{a \in Z_k} a_j g(t, a)$$

$\gamma)$
$$k(k-1) t_j^2 = \sum_{a \in Z_k} a_j(a_j - 1) g(t, a).$$

Für $j \in \{1, \ldots, n\}$ seien die Funktionen $x_0, x_j, x_{n+j}: S_{n-1} \to \mathbb{R}$ durch $x_0(t) := 1$, $x_j(t) := t_j$, $x_{n+j} := t_j^2$ erklärt. Für alle $k \in \mathbb{N}$ und $t \in S_{n-1}$ gelten dann die Gleichungen

$\alpha')$
$$B_k(x_0) = x_0$$

$\beta')$
$$B_k(x_j) = x_j$$

$\gamma')$
$$B_k(x_{n+j}) = x_{n+j} + \frac{t_j - t_j^2}{k}.$$

Da aber für $s, t \in S_{n-1}$

$$\|s - t\|^2 = \sum_{i=1}^{n} (s_i - t_i)^2 = s_i^2 - 2s_i t_i + t_i^2$$

gilt, ist für die Funktionen

$$b_j := \begin{cases} x_{n+1} + \ldots + x_{2n} & \text{für } j = 0 \\ -2x_j & \text{für } 1 \leq j \leq n \\ 1 & \text{für } n + 1 \leq j \leq 2n \end{cases}$$

die Summe

$$\sum_{j=0}^{2n} b_j(s) x_j(t)$$

nichtnegativ und verschwindet nur für $s = t$. Mit dem Satz von Bohman-Korovkin folgt der

Satz 7.5.5. *Für jede stetige Funktion* $f : S_{n-1} \to \mathbb{R}$ *konvergieren die Bernsteinpolynome* $B_k(f)$ *(siehe (7.5.10)) gleichmäßig gegen* f.

Jetzt widmen wir uns der von M.H. Stone stammenden schönen Verallgemeinerung der Sätze von Weierstraß.

7.6 Satz von Stone-Weierstraß

Sei T ein kompakter metrischer Raum.

Definition 7.6.1. Ein linearer Teilraum A von $C(T)$ heißt eine *Algebra* in $C(T)$, wenn aus $x, y \in A$ folgt $x \cdot y \in A$, wobei $(x \cdot y)(t) := x(t) \cdot y(t)$ bedeutet.

Bemerkung 7.6.1. Ist A eine Algebra in $C(T)$, dann ist auch die abgeschlossene Hülle $\overline{A}$ eine Algebra in $C(T)$. Denn konvergieren $(x_n)_{n \in \mathbb{N}}$ bzw. $(y_n)_{n \in \mathbb{N}}$ gleichmäßig gegen x bzw. y, dann konvergiert auch $(x_n \cdot y_n)_{n \in \mathbb{N}}$ gleichmäßig gegen $x \cdot y$.

Definition 7.6.2. Eine Teilmenge S von $C(T)$ heißt *punktetrennend*, wenn es zu jedem Paar verschiedener Punkte $t_1, t_2 \in T$ ein $x \in S$ gibt mit $x(t_1) \neq x(t_2)$.

Beispiel. Ist T eine kompakte Teilmenge des $\mathbb{R}^n$ $(n > 1)$, so ist die Algebra S aller Polynome in n Veränderlichen auf T punktetrennend.

Satz 7.6.1 (Satz von Stone-Weierstraß). *Ist A eine punktetrennende Algebra in $C(T)$, die die konstanten Funktionen enthält, dann ist $\overline{A} = C(T)$.*

Lemma 7.6.1. *Ist A eine Algebra in $C(T)$, die die konstanten Funktionen enthält, dann ist mit x auch $|x|$ aus $\overline{A}$.*

Beweis. Sei $\varepsilon > 0$. Nach dem I. Approximationssatz von Weierstraß existiert ein Polynom p mit $\max\{||t| - p(t)| \mid -1 \le t \le 1\} < \varepsilon$. Hieraus folgt für $x \ne 0$

$$\max\left\{\left|\frac{|x(t)|}{\|x\|} - p\left(\frac{x(t)}{\|x\|}\right)\right| \mid t \in T\right\} < \varepsilon.$$

Da $\overline{A}$ eine Algebra ist, die die konstanten Funktionen enthält, ist $\left|\frac{x}{\|x\|}\right| \in \overline{A}$ und somit auch $\|x\|\left|\frac{x}{\|x\|}\right| = |x|$. $\square$

Aus Lemma 7.6.1 folgt unmittelbar:

Lemma 7.6.2. *Ist A eine Algebra, die die konstanten Funktionen enthält und $x, y \in \overline{A}$, dann sind auch $\min(x, y)$ und $\max(x, y) \in \overline{A}$, wobei $[\min(x, y)](t) := \min[x(t), y(t)]$ und $[\max(x, y)](t) := \max[x(t), y(t)]$.*

Beweis.

$$\min(x, y) = \frac{1}{2}[(x + y) - |x - y|]$$

$$\max(x, y) = \frac{1}{2}[(x + y) + |x - y|].$$ $\square$

Beweis von Satz 7.6.1 (siehe [Die] S. 131). Sei $x \in C(T)$, $\varepsilon > 0$ und $s, r \in T$ mit $s \ne r$. Die Algebra A trennt die Punkte von T, d.h. es existiert ein $z \in A$ mit $z(s) \ne z(r)$. Dann kann man aber Zahlen α, β bestimmen, so dass für die Funktion $x_{sr} := \alpha \cdot z + \beta \cdot 1 \in A$ gilt: $x_{sr}(s) = x(s)$ und $x_{sr}(r) = x(r)$, denn die Determinante $\begin{vmatrix} z(s) & 1 \\ z(r) & 1 \end{vmatrix}$ ist ungleich Null. $x_{sr} - x$ ist eine stetige Funktion, d.h., wir können eine offene Kugel B_r mit Mittelpunkt r finden, so dass $x_{sr}(t) < x(t) + \varepsilon$ für alle $t \in B_r$ gilt.

Es ist $T \subset \bigcup_{r \in T} B_r$. Da T kompakt ist, existiert eine endliche Teilüberdeckung, d.h. $T \subset \bigcup_{i=1}^{m} B_{r_i}$. Sei $x_s := \min(x_{sr_1}, \ldots, x_{sr_m})$, dann folgt $x_s \in \overline{A}$ mit Lemma 7.6.2, und es gilt $x_s(s) = x(s)$ und $x_s(t) < x(t) + \varepsilon$ für alle $t \in T$. Analog wie oben existieren offene Kugeln D_s mit Mittelpunkt s, so dass $x_s(t) > x(t) - \varepsilon$ für alle $t \in D_s$. Entsprechend ist $T \subset \bigcup_{s \in T} D_s$ und, da T kompakt ist, $T \subset \bigcup_{i=1}^{k} D_{s_i}$ für eine endliche Teilmenge $\{s_1, \ldots, s_k\}$ von T.

Sei $y := \max(x_{s_1}, \ldots, x_{s_k}) \in \overline{A}$, und es gilt für alle $t \in T$

$$y(t) > x(t) - \varepsilon$$

und

$$y(t) < x(t) + \varepsilon,$$

d.h.: $\|x - y\| < \varepsilon$ bzw. $x \in \overline{A}$. $\square$

Als Folgerung erhalten wir den (siehe Beispiel)

Satz 7.6.2. *Ist T eine kompakte Teilmenge des $\mathbb{R}^n$, so ist die Algebra aller Polynome in n Veränderlichen dicht in $C(T)$.*

Bemerkung 7.6.2. Diese Aussage folgt bereits aus dem Abschnitt 7.5. Denn jede kompakte Menge ist in einem Simplex enthalten, den man auf den Einheitssimplex affin transformieren kann. Die Bernsteinpolynome liefern konstruktiv die gesuchte Folge von Polynomen.

Der Satz von Stone-Weierstraß kann auch als eine Verallgemeinerung des zweiten Approximationssatzes von Weierstraß interpretiert werden.

Denn sei E der Einheitskreis in $\mathbb{R}^2$. Jeder Punkt aus E kann in den Polarkoordinaten als ein Paar $(1, t)$ mit $t \in [0, 2\pi)$ dargestellt werden. Damit kann jede stetige Funktion auf $\mathbb{R}$ der Periode 2π mit einer stetigen Funktion auf E identifiziert werden. Aus der Eulerschen Form $e^{it} = \cos t + i \sin t$ folgt, dass man bereits mit den Funktionen $\cos$ und $\sin$ Punkte in E trennen kann.

Der Satz von Stone-Weierstraß, angewandt für $T = E$, liefert also den zweiten Satz von Weierstraß.

In einer schwächeren Form lässt sich der Satz von Stone-Weierstraß auf komplexwertige Funktionen übertragen. Für den kompakten metrischen Raum T sei $C(T, \mathbb{C}) := \{f : T \to \mathbb{C} \mid f \text{ stetig}\}$ versehen mit der Maximumnorm. Eine Algebra in $C(T, \mathbb{C})$ sei analog zu dem reellen Fall erklärt. Es gilt der folgende

Satz 7.6.3. *Sei A eine Algebra in $C(T, \mathbb{C})$, und es seien die folgenden Bedingungen erfüllt:*

a) *A enthält die konstanten Funktionen,*

b) *A ist punktetrennend,*

c) *mit jedem f aus A ist auch die konjugierte Funktion $\overline{f}$ aus A.*

Dann ist A dicht in $C(T, \mathbb{C})$, d. h. $\overline{A} = C(T, \mathbb{C})$.

Beweis. Ist $f \in A$, so gehört auch der Realteil $\frac{1}{2}(f + \overline{f})$ und der Imaginärteil $\frac{1}{2}i(\overline{f} - f)$ von f zu A. Sei A_0 die Algebra der reellwertigen Funktionen aus A. Dann ist A_0 punktetrennend und enthält die (reellen) konstanten Funktionen. Nach dem Satz von Stone-Weierstraß ist A_0 dicht in $C(E)$.

Aus $C(E, \mathbb{C}) = C(E) + i C(E)$ und $A = A_0 + i A_0$ folgt die Behauptung. $\square$

Folgerung. *Sei A die (komplexe) Algebra der trigonometrischen Polynome*

$$\left\{ t \mapsto \sum_{n=-N}^{N} c_n e^{nit} \mid N \in \mathbb{N}, c_n \in \mathbb{C} \right\}$$

auf dem Einheitskreis E. Dann ist A dicht in $C(E, \mathbb{C})$.

Kapitel 8

Approximation im Mittel

8.1 L^1-Approximation

8.1.1 Rechtsseitige Richtungsableitung der L^1-Norm

Zunächst soll die rechtsseitige Gâteaux-Ableitung der L^1-Norm berechnet werden. Es sei im Folgenden (T, Σ, μ) ein Maßraum.

Lemma 8.1.1. *Für die L^1-Norm*

$$f: L^1(T, \Sigma, \mu) \to \mathbb{R}, \quad x \mapsto f(x) := \int_T |x| d\mu$$

gilt für alle x_0, $h \in L^1(T, \Sigma, \mu)$:

$$f'_+(x_0, h) = \int_{\{x_0 \neq 0\}} h \cdot \text{sign}(x_0) d\mu + \int_{\{x_0 = 0\}} |h| d\mu.$$

Verschwindet speziell x_0 nur auf einer μ-Nullmenge, so ist f in x_0 sogar Gâteaux-differenzierbar, und es gilt für alle $h \in L^1(T, \Sigma, \mu)$

$$f'(x_0, h) = \int_T h \cdot \text{sign}(x_0) d\mu.$$

Beweis. Seien x_0, $h \in L^1(T, \Sigma, \mu)$. Da $|\cdot|$ konvex ist, ist der Differenzenquotient von $|\cdot|$ monoton. Der Satz über monotone Konvergenz erlaubt die Vertauschung von Integral und Limes (siehe [H-St] 12.2.2), also gilt

$$f'_+(x_0, h) = \lim_{\alpha \downarrow 0} \frac{f(x_0 + \alpha h) - f(x_0)}{\alpha}$$

$$= \lim_{\alpha \downarrow 0} \int_T \frac{|x_0 + \alpha h| - |x_0|}{\alpha} d\mu$$

$$= \int_T \lim_{\alpha \downarrow 0} \frac{|x_0 + \alpha h| - |x_0|}{\alpha} d\mu.$$

Da $|\cdot|$ in $\mathbb{R} \backslash \{0\}$ differenzierbar mit der Ableitung sign ist, gilt:

$$f'_+(x_0, h) = \int_{\{x_0 \neq 0\}} \lim_{\alpha \downarrow 0} \frac{|x_0 + \alpha h| - |x_0|}{\alpha} d\mu + \int_{\{x_0 = 0\}} \lim_{\alpha \downarrow 0} \frac{|\alpha h|}{\alpha} d\mu$$

$$= \int_{\{x_0 \neq 0\}} h \, \text{sign}(x_0) d\mu + \int_{\{x_0 = 0\}} |h| d\mu.$$

Ist $\mu(\{x_0 = 0\}) = 0$, so verschwindet das zweite Integral, und $f'_+(x_0, \cdot)$ ist linear. Also ist f in x_0 Gâteaux-differenzierbar, und es gilt für alle $h \in L^1(T, \Sigma, \mu)$:

$$f'(x_0, h) = f'_+(x_0, h) = \int_{\{x_0 \neq 0\}} h \, \text{sign}(x_0) d\mu. \qquad \square$$

Zusammen mit dem Charakterisierungssatz 4.2.1 folgt hieraus der Satz von Rivlin (siehe [Kr1]), den man auch für die numerische Behandlung der L^1-Approximation benutzen kann (siehe [GS]).

Satz 8.1.1. *Sei K eine konvexe Teilmenge von $L^1(T, \Sigma, \mu)$. x_0 ist genau dann ein Element minimaler L^1-Norm in K, wenn für alle $x \in K$ gilt:*

$$\int_{\{x_0 \neq 0\}} (x - x_0) \, \text{sign}(x_0) d\mu + \int_{\{x_0 = 0\}} |x - x_0| d\mu \geq 0.$$

8.1.2   Eine Verallgemeinerung der L^1-Approximation

Der Beweis der Aussagen in Abschnitt 8.1.1 lässt sich auf die Situation des folgenden Satzes verallgemeinern.

Satz 8.1.2. *Sei $\Phi \colon \mathbb{R} \to \mathbb{R}_{\geq 0}$ eine konvexe, in $\mathbb{R} \setminus \{0\}$ differenzierbare Funktion mit $\Phi'_-(0) = -\overline{\Phi}'_+(0)$ und $\Phi(0) = 0$.*
Sei (T, Σ, μ) ein Maßraum und K eine konvexe Teilmenge des Raumes der messbaren Funktionen auf (T, Σ, μ) mit der Eigenschaft, dass für alle $x \in K$ das Integral $\int_T \Phi(x) d\mu$ endlich ist. Ein Element x_0 von K ist genau dann eine Minimallösung des Funktionals

$$x \mapsto f(x) := \int_T \Phi(x) d\mu \colon K \to \mathbb{R},$$

wenn für alle $x \in K$ gilt:

$$\int_{\{x_0 \neq 0\}} (x - x_0) \cdot \Phi'(x_0) d\mu + \Phi'_+(0) \cdot \int_{\{x_0 = 0\}} |x - x_0| d\mu \geq 0.$$

Für beliebige konvexe Funktionen $\Phi \colon \mathbb{R} \to \mathbb{R}$ bekommen wir den folgenden

Satz 8.1.3. *Ein Element x_0 von K ist genau dann eine Minimallösung des Funktionals f, wenn für alle $x \in K$ und $h := x - x_0$ gilt:*

$$\int_{\{h > 0\}} h \Phi'_+(x_0) d\mu + \int_{\{h < 0\}} h \Phi'_-(x_0) d\mu \geq 0.$$

Beweis. Wegen der Monotonie in t von $\frac{\Phi(s_0+ts)-\Phi(s_0)}{t}$ für alle $s_0, s \in \mathbb{R}$ (siehe Abschnitt 3.9) und dem Satz über monotone Konvergenz folgt für $f(x) := \int_T \Phi(x)d\mu$

$$f'_+(x_0, h) = \int_{\{h>0\}} h\Phi'_+(x_0)d\mu + \int_{\{h<0\}} h\Phi'_-(x_0)d\mu.$$

Aus dem Charakterisierungssatz ergibt sich die Behauptung.   □

8.1.3   Charakterisierung der besten L^1-Approximation

Der Satz 8.1.1 liefert die folgende Charakterisierung der L^1-Approximation.

Satz 8.1.4. *Sei K eine konvexe Teilmenge von $L^1(T, \Sigma, \mu)$ und $x \in L^1(T, \Sigma, \mu)$. Ein $k_0 \in K$ ist genau dann eine beste L^1-Approximation von x bzgl. K, wenn gilt:*

$$\forall k \in K: \quad \int_{\{x \neq k_0\}} (k_0 - k) \cdot \text{sign}(x - k_0)d\mu + \int_{\{x = k_0\}} |k_0 - k|d\mu \geq 0.$$

Ist speziell K ein Teilraum, so lässt sich diese Bedingung folgendermaßen schreiben:

$$\forall v \in K: \quad \int_{\{x \neq k_0\}} v \cdot \text{sign}(x - k_0)d\mu + \int_{\{x = k_0\}} |v|d\mu \geq 0.$$

Ein Element k_0 des Teilraumes K, das mit x nur auf einer μ-Nullmenge übereinstimmt, ist genau dann eine beste L^1-Approximation bzgl. K, wenn für alle $v \in K$ gilt

$$\int_T v \cdot \text{sign}(x - k_0)d\mu = 0.$$

Beweis. Ersetze im Satz 8.1.1 K durch $x - K$.   □

8.1.4   Beschreibung des Medians als beste L^1-Approximation

Als einfachstes Beispiel soll eine beste L^1-Approximation einer monoton wachsenden Funktion auf dem Intervall $[a, b]$ bezüglich des Teilraumes der konstanten Funktionen ermittelt werden.

Seien also $a, b \in \mathbb{R}$ mit $a < b$. Sei $x: [a, b] \to \mathbb{R}$ monoton wachsend. Es soll gezeigt werden, dass die konstante Funktion $k_0: [a, b] \to \mathbb{R}$ mit dem Wert $x(\frac{a+b}{2})$ die Bedingung des Satzes erfüllt.

Sei $S := \{t \in [a, b] \mid x(t) = x(\frac{a+b}{2})\}$. Dann ist S ein Intervall, und es gilt

$$\alpha := \inf S \leq \frac{a+b}{2} \leq \sup S =: \beta.$$

Damit ist für alle konstanten Funktionen $v: [a, b] \to \mathbb{R}$:

$$\int_{\{x \neq k_0\}} v \cdot \text{sign}(x(t) - k_0(t)) dt + \int_{\{x = k_0\}} |v| dt$$

$$= -v \cdot (\alpha - a) + v \cdot (b - \beta) + |v| \cdot (\beta - \alpha)$$

$$= \begin{cases} 2 \cdot v \cdot \left(\frac{a+b}{2} - \alpha\right) \geq 0, & v \geq 0 \\ 2 \cdot v \cdot \left(\frac{a+b}{2} - \beta\right) \geq 0, & v < 0. \end{cases}$$

Eine einfache Übertragung dieses Arguments liefert die folgende Aussage aus der Statistik:

Satz 8.1.5. *Sei (T, Σ, μ) ein Wahrscheinlichkeitsraum und $x \in L^1(T, \Sigma, \mu)$. Dann ist jede beste L^1-Approximation k_0 von x bzgl. des Teilraumes der konstanten Funktionen ein* Median *(d. h. $\mu(\{x \geq k_0\}) \geq 1/2$ und $\mu(\{x \leq k_0\}) \geq 1/2$).*

Beweis. Für alle konstanten Funktionen v gilt die Bedingung des Satzes 8.1.4:

$$\int_{\{x \neq k_0\}} v \cdot \text{sign}(x - k_0) d\mu + \int_{\{x = k_0\}} |v| d\mu$$

$$= -v \cdot \mu(\{x < k_0\}) + v \cdot \mu(\{x > k_0\}) + |v| \cdot \mu(\{x = k_0\}) \geq 0. \qquad \square$$

Beispiel (L^1-Regressionsgerade durch einen vorgegebenen Punkt). Vermutet man einen (zumindest näherungsweisen) linearen Zusammenhang zwischen zwei Merkmalen, so versucht man, eine Gerade zu finden, die diesen Zusammenhang „am besten" beschreibt. Im Gegensatz zur üblichen quadratischen Abweichung soll hier unter „am besten" die minimale Abweichung im Mittel verstanden werden.

Seien $(x_1, \ldots, x_n)$, $(y_1, \ldots, y_n)$ jeweils n Realisationen der Merkmale X, Y. Gesucht wird eine Gerade $y: \mathbb{R} \to \mathbb{R}$, $x \mapsto y(x) = a + bx$, durch einen festen Punkt (x_0, y_0) (o. B. d. A. sei $(x_0, y_0) = (0, 0)$) derart, dass $\sum_{i=1}^{n} |y_i - bx_i|$ minimal ist. O. B. d. A. dürfen alle x_i verschiedenen von 0 angenommen werden, so dass

$$\sum_{i=1}^{n} |y_i - bx_i| = \sum_{i=1}^{n} \left|\frac{y_i}{x_i} - b\right| \cdot |x_i|$$

geschrieben werden kann. Damit lässt sich das Problem als Frage nach der besten L^1-Approximation (Approximation im Mittel) im Wahrscheinlichkeitsraum (Ω, μ) mit $\Omega = \{1, \ldots, n\}$ und $\mu(\{i\}) = \frac{|x_i|}{\sum_{i=1}^{n} |x_i|}$ auffassen. Eine Lösung ist durch einen zugehörigen Median gegeben.

Ist beispielsweise $(x_1, x_2, x_3, x_4) = (1, 2, 3, 4)$ und $(y_1, y_2, y_3, y_4) = (2, 3, 5, 9)$, so ergibt sich $\mu(\{i\}) = i/10$ für $i \in \{1, 2, 3, 4\}$ und $(y_1/x_1, y_2/x_2, y_3/x_3, y_4/x_4) =$

$(2, 3/2, 5/3, 9/4)$. In der folgenden Tabelle werden die Quotienten y_i/x_i der Größe nach geordnet und zusammen mit den dazugehörigen Gewichten notiert:

y_i/x_i	3/2	5/3	2	9/4
$\mu(\{i\})$	2/10	3/10	1/10	4/10

Dieser Tabelle entnimmt man, dass jede Zahl zwischen $5/3$ und 2 ein Median und somit eine Lösung ist.

Allgemein ergibt sich die folgende Regel zur Bestimmung der Lösungen:

Aus den gegebenen Daten $(x_1, \ldots, x_n)$, $(y_1, \ldots, y_n)$ berechnet man die Quotienten y_i/x_i und notiert sie, der Größe nach geordnet, in einer Tabelle zusammen mit den dazugehörigen Gewichten $\mu(\{i\})$. Dann werden die Gewichte der Reihe nach addiert, bis die Summe $> 1/2$ ist. Der dazugehörige Quotient ist ein Median; er ist eindeutig, falls die Summe $> 1/2$ ist, andernfalls ist jede Zahl zwischen ihm und dem nächsten Quotienten ein Median.

Für eine weitere Diskussion der L^1-Regression siehe [Sp].

Ist der Median nicht eindeutig bestimmt, so kann man nach Landers und Rogge den natürlichen Median einführen. Dieser wird im Kapitel 10 behandelt.

8.2 L^Φ-Approximation in $C[a, b]$

Als eine Anwendung der Sätze aus Abschnitt 8 behandeln wir das Problem der besten L^Φ-Approximation in $C[a, b]$ bzgl. eines Haarschen Teilraumes V von $C[a, b]$ der Dimension n. Auf dem Intervall $[a, b]$ sei die Borelsche σ-Algebra gewählt und darauf ein zu dem Lebesgue-Maß äquivalentes Maß μ, d. h. für eine Borelsche Menge A gilt $\mu(A) = 0$ genau dann, wenn das Lebesgue-Maß von A Null ist.

Ferner sei $\Phi : \mathbb{R} \to \mathbb{R}$ eine nichtnegative, symmetrische, konvexe Funktion, für die nur die 0 eine Minimallösung bzgl. $\mathbb{R}$ ist.

Die Aufgabe lautet:

Für ein $x \in C[a, b]$ minimiere das Integral

$$\int_a^b \Phi(x - v) d\mu$$

über V. Eine Lösung dieser Aufgabe heißt eine *beste $L^\Phi(\mu)$-Approximation von x bzgl. V*.

Für den Spezialfall $\Phi(s) = |s|^p$ $(1 \le p < \infty)$ bekommt man die Aufgabe der $L^p(\mu)$-Approximation.

Für die L^1-Approximation gilt nach Jackson eine Alternative, die durch den folgenden Satz verallgemeinert wird (siehe [K1]).

8.2.1   Jackson-Alternative für L^{Φ}-Approximation

Satz 8.2.1. *Sei v_0 eine beste $L^{\Phi}(\mu)$-Approximation von $x \in C[a,b]\backslash V$ bzgl. V. Dann hat $x - v_0$ mindestens n Nullstellen mit Vorzeichenwechsel, oder das Maß der Nullstellen von $x - v_0$ ist positiv.*

Ist Φ in 0 differenzierbar, so hat $x - v_0$ n Nullstellen mit Vorzeichenwechsel.

Beweis. Sei Z die Menge der Nullstellen von $(x - v_0)$. Ist $\mu(Z) = 0$, so gilt nach Satz 8.1.3 für alle $h \in V$

$$\int_{\{h>0\}\backslash Z} h\Phi'_+(x - v_0)d\mu + \int_{\{h<0\}\backslash Z} h\Phi'_-(x - v_0)d\mu \geq 0. \qquad (*)$$

Hat $x - v_0$ nur $k < n$ Nullstellen mit Vorzeichenwechsel, etwa $t_1, \ldots, t_k$, so kann man nach Lemma 7.3.2 ein $v_1 \in V$ finden, so dass

$$\operatorname{sign} v_1(t) = -\operatorname{sign}(x(t) - v_0(t)) \quad \text{für alle } t \in [a,b]\backslash Z$$

gilt.

Da Φ symmetrisch und $M(\Phi, \mathbb{R}) = \{0\}$ ist, gilt für $s \in \mathbb{R}\backslash\{0\}$ $\operatorname{sign} \Phi'_+(s) = \operatorname{sign} \Phi'_-(s) = -\operatorname{sign} \Phi'_+(-s) = -\operatorname{sign} \Phi'_-(-s)$. Somit sind für $h = (v_1 + v_0) - v_0 = v_1$ beide Integranden in $(*)$ negativ. Dies ist ein Widerspruch zu $(*)$.

Ist Φ in 0 differenzierbar, so gilt $\Phi'(0) = 0$ und damit auch $\int_Z h\Phi'(x - v_0)d\mu = 0$. Da $x \neq v_0$ und das Maß μ äquivalent zu dem Lebesgue-Maß ist, können wir die Argumentation vom ersten Teil des Beweises wiederholen. $\qquad\square$

Folgerung 8.2.1. *Die Differenzfunktion $x - v_0$ besitzt mindestens n Nullstellen.*

Auch der Eindeutigkeitssatz von Jackson (siehe [A], S. 77) für die L^1-Approximation lässt sich auf die L^{Φ}-Approximation übertragen.

8.2.2   Eindeutigkeitssatz

Satz 8.2.2. *Sei V ein endlich-dimensionaler Haarscher Teilraum in $C[a,b]$. Dann besitzt jede Funktion $x \in C[a,b]$ eine eindeutig bestimmte beste $L^{\Phi}(\mu)$-Approximation.*

Beweis. Sei $x \in C[a,b]\backslash V$, und seien v_1, v_2 beste Approximationen von x bzgl. V. Dann gilt für $v_0 = \frac{v_1+v_2}{2}$:

$$0 = \frac{1}{2}\int_a^b \Phi(x - v_1)d\mu + \frac{1}{2}\int_a^b \Phi(x - v_2)d\mu - \int_a^b \Phi(x - v_0)d\mu$$

$$= \int_a^b \left[\frac{1}{2}\Phi(x - v_1) + \frac{1}{2}\Phi(x - v_2) - \Phi\left(\frac{(x - v_1) + (x - v_2)}{2}\right)\right]d\mu.$$

Da Φ konvex ist, ist der Integrand auf der rechten Seite nichtnegativ. Das Maß μ ist äquivalent zum Lebesgue-Maß und $x - v_0$ ist stetig. Es gilt also für alle $t \in [a,b]$

$$\frac{1}{2}\Phi(x - v_1)(t) + \frac{1}{2}\Phi(x - v_2)(t) - \Phi(x - v_0)(t) = 0.$$

Nach Folgerung 8.2.1 hat $x - v_0$ mindestens n Nullstellen. Da Φ nur in 0 das Minimum annimmt, haben die Funktionen $x - v_1$ und $x - v_2$ und somit auch $v_1 - v_2$ mindestens dieselben Nullstellen. V ist ein Haarscher Teilraum, also folgt

$$v_1 = v_2. \qquad\qquad \square$$

8.2.3 Berechnung der besten $L^1(\mu)$-Approximation. Der Satz von Markov

Der Satz 8.2.1 über das Nullstellenverhalten der Fehlerfunktion führt zu dem folgenden Berechnungsverfahren der besten $L^1(\mu)$-Approximation (siehe [GS]). Seien die Voraussetzungen wie in Kapitel 8.2.1 und $V = \mathrm{span}\{v_1, \ldots, v_n\}$. Sei $v_0 = \sum_{i=1}^{n} a_i v_i$ eine beste $L^1(\mu)$-Approximation von x bzgl. V, die nur auf einer μ-Nullmenge mit x übereinstimmt. Nach Kapitel 8.1.3 ist v_0 genau dann eine beste $L^1(\mu)$-Approximation von x, wenn

$$\int_a^b v_j \, \mathrm{sign}(x - v_0)d\mu = 0 \quad \text{für } j \in \{1, \ldots, n\} \qquad (8.2.1)$$

gilt.

Nach Abschnitt 8.2.1 besitzt $x - v_0$ n Nullstellen $\{t_1, \ldots, t_n\}$ mit Vorzeichenwechsel. Gibt es keine weiteren Nullstellen mit Vorzeichenwechsel, so kann man mit $t_0 := a$ und $t_{n+1} := b$ das Gleichungssystem (8.2.1) durch

$$\sum_{i=0}^{n} (-1)^i \int_{t_i}^{t_{i+1}} v_j \, d\mu = 0 \quad \text{für } j \in \{1, \ldots, n\} \qquad (8.2.2)$$

ersetzen. Sind die Integrale berechenbar, so ist dies im allgemeinen ein nichtlineares Gleichungssystem mit den Unbekannten $\{t_1, \ldots, t_n\}$. Übrig bleibt die folgende Interpolationsaufgabe:

$$x(t_i) - \sum_{j=1}^{n} a_j v_j(t_i) = 0 \quad \text{für } i \in \{1, \ldots, n\}. \qquad (8.2.3)$$

Da V ein Haarscher Teilraum ist, ist nach Abschnitt 7.3 (ii) dieses lineare Gleichungssystem eindeutig lösbar.

Die Schwierigkeiten liegen jetzt im Lösen von (8.2.2).

Der folgende Satz von Markov erlaubt oft, diesen Schwierigkeiten aus dem Wege zu gehen (siehe auch [St] und Abschnitt 14.7).

Markov Systeme

Definition 8.2.1. Sei $n \in \mathbb{N}$. Die Funktionen $\{v_j \in C[a,b]\}_{j=1}^n$ bilden ein *Markov-System*, wenn $\mathrm{span}\{v_1, \ldots, v_k\}$ für alle $k \leq n$ ein Haarscher Teilraum der Dimension k ist.

Beispiele.   i) $v_j(t) := t^{j-1}$ auf einem beliebigen Intervall in $\mathbb{R}$

ii) $v_j(t) := \cos((j-1)t)$ auf $[0, \pi]$

iii) $v_j(t) := \sin(jt)$ auf $(0, \pi)$.

Sei $\{v_j \in C[a,b]\}_1^{n+1}$ ein Markov-System, und sei $z \in V$ die nach dem Eindeutigkeitssatz 8.2.2 eindeutig bestimmte $L^1(\mu)$-Approximation von v_{n+1} bzgl. $V :=$ $\mathrm{span}\{v_1, \ldots, v_n\}$. Da V ein Haarscher Teilraum ist, besitzt $q := v_{n+1} - z$ genau n Nullstellen mit Vorzeichenwechsel.

Satz 8.2.3 (Satz von Markov). *Sei $x \in C[a,b]$ und $\{v_j \in C[a,b]\}_1^{n+1}$ ein Markov-System. Seien $\{t_1, \ldots, t_n\}$ die Nullstellen der Differenzfunktion q der besten $L^1(\mu)$-Approximation von v_{n+1} bzgl. $V := \mathrm{span}\{v_1, \ldots, v_n\}$ und $\{\lambda_1, \ldots, \lambda_n\}$ durch die Interpolationsaufgabe*

$$x(t_k) - \sum_{j=1}^n \lambda_j v_j(t_k) = 0, \quad k \in \{1, \ldots, n\}$$

bestimmt.

Dann ist $v_0 := \sum_{j=1}^n \lambda_j v_j$ die beste $L^1(\mu)$-Approximation von x, falls $(x - v_0)$ genau in den Punkten $\{t_k\}_1^n$ das Vorzeichen wechselt.

Beweis. Sei $v = \sum_{j=1}^n \alpha_j v_j$. Es gilt nach (8.2.1)

$$\int_a^b \left| x(t) - \sum_{j=1}^n \alpha_j v_j(t) \right| dt \geq \left| \int_a^b \left(x(t) - \sum_{j=1}^n \alpha_j v_j(t) \right) \mathrm{sign}\, q(t) dt \right|$$

$$= \left| \int_a^b x(t)\, \mathrm{sign}\, q(t) dt \right|$$

und nach Voraussetzung

$$\int_a^b \left| x(t) - \sum_{j=1}^n \lambda_j v_j(t) \right| dt = \left| \int_a^b \left(x(t) - \sum_{j=1}^n \lambda_j v_j(t) \right) \mathrm{sign}\, q(t) dt \right|$$

$$= \left| \int_a^b x(t)\, \mathrm{sign}\, q(t) dt \right|. \qquad \square$$

Nun betrachten wir die folgenden Spezialfälle des Satzes von Markov (siehe [A] S. 85).

Sei für $k \in \mathbb{N}$ $v_k(t) := \cos((k-1)t)$. Für alle $n \in \mathbb{N}$ und $m \in \{0, 1, \ldots, n-1\}$ gilt

$$\int_0^\pi \cos(mt)\ \operatorname{sign}(\cos nt)dt = 0. \tag{8.2.4}$$

Somit ist nach (8.2.1) $z(t) := 0$ die beste L^1-Approximation von v_{n+1} bzgl. $V = \operatorname{span}\{v_1, \ldots, v_n\}$. Die Differenzfunktion $q := z - v_{n+1}$ besitzt die Nullstellen

$$\left\{\frac{2k-1}{2n}\pi\right\}_{k=1}^n .$$

Zum Beweis von (8.2.4) sei $F(t) := \operatorname{sign}\cos t$ oder $F(t) := \operatorname{sign}\sin t$.

Für $t \in \mathbb{R}$ gilt $F(t + \pi) = -F(t)$ und

$$I = \int_{-\pi}^\pi e^{imt} F(nt)dt = \int_{-\pi+\pi/n}^{\pi+\pi/n} e^{imt} F(nt)dt$$

$$= e^{im\pi/n} \int_{-\pi}^\pi e^{im\tau} F(n\tau + \pi)d\tau = -I e^{im\pi/n}. \tag{8.2.5}$$

Damit ist $I = 0$.

Analog gilt: $\int_0^\pi \sin(mt)\ \operatorname{sign}\sin(nt)dt = 0$ $m \in \{1, \ldots, n-1\}$.

Nun betrachten wir das Markov-System der algebraischen Polynome auf $[-1, 1]$. Sei also $v_j(t) := t^{j-1}$.

Die Differenzfunktion der besten L^1-Approximation von v_{n+1} bzgl. $V :=$ $\operatorname{span}\{v_1, \ldots, v_n\}$ ist gerade dasjenige Polynom mit führendem Koeffizienten 1, das von der Null in der L^1-Norm die kleinste Abweichung hat, und ist durch das Čebyšev-Polynom 2. Art

$$U_n(t) := \frac{1}{2^n} \frac{\sin((n+1)\arccos t)}{\sin(\arccos t)} \tag{8.2.6}$$

gegeben. Die Nullstellen von U_n sind $\{\cos\frac{k\pi}{n+1}\}_{k=1}^n$. Dies kann man mit der Bedingung (8.2.1) einsehen. Denn sei $k \in \{0, 1, \ldots, n-1\}$ und

$$A := \int_0^1 t^k \operatorname{sign}\sin((n+1)\arccos t)dt = \int_0^\pi \sin t \cos^k t \operatorname{sign}\sin((n+1)t)dt.$$

Da der rechte Integrand eine gerade Funktion ist, gilt

$$A = \frac{1}{2} \int_{-\pi}^\pi \sin t \cos^k t \operatorname{sign}\sin((n+1)t)dt.$$

Weil $\sin(\cos)^k$ ein trigonometrisches Polynom der Ordnung n ist, folgt aus (8.2.5) $A = 0$.

Bemerkung. Aus der Formel $\sin u + \sin v = 2 \sin \frac{u+v}{2} \cos \frac{u-v}{2}$ folgt für $P_n := 2^n U_n$

$$P_{n+1}(t) = 2t P_n(t) - P_{n-1}(t).$$

Es ist $P_0(t) = 1$ und $P_1(t) = 2t$. Daraus erkennt man, dass durch (8.2.6) ein algebraisches Polynom definiert ist.

8.2.4   Fehlerabschätzungen. Satz von Bernstein

Mit den Sätzen über das Nullstellenverhalten der Fehlerfunktion sollen jetzt einige Fehlerabschätzungen für die polynomiale L^Φ-Approximation in $C[a,b]$ hergeleitet werden.

Lemma 8.2.1. *Die Funktionen* $x, y \in C[a,b]$ *mögen in* $[a,b]$ *Ableitungen bis zur Ordnung* $n + 1$ *besitzen und für die* $(n + 1)$-*ten Ableitungen* $x^{(n+1)}$ *und* $y^{(n+1)}$ *gelte*

$$|x^{(n+1)}(t)| < y^{(n+1)}(t) \quad \text{für alle } t \in [a,b]. \tag{$*$}$$

Dann besteht die Ungleichung

$$|q_1(t)| \leq |q_2(t)| \quad \text{für alle } t \in [a,b],$$

wobei $q_1 = x - x_n$ *und* $q_2 = y - y_n$ *die Reste der Interpolationspolynome* x_n *und* y_n *zu* x *bzw.* y *für dieselben Interpolationsknoten bedeuten.*

Beweis (nach Tsenov [Ts] S. 473). Die Hilfsfunktion

$$z(s) = \begin{vmatrix} x(t) - x_n(t) & x(s) - x_n(s) \\ y(t) - y_n(t) & y(s) - y_n(s) \end{vmatrix}$$

hat in $s = t \in [a,b]$ und in den $n + 1$ Interpolationsknoten Nullstellen. Also findet man ein $s_0 \in [a,b]$, in dem die $(n + 1)$-te Ableitung

$$z^{(n+1)}(s) = \begin{vmatrix} x(t) - x_n(t) & x^{(n+1)}(s) \\ y(t) - y_n(t) & y^{(n+1)}(s) \end{vmatrix}$$

gleich Null ist, d. h.

$$x^{(n+1)}(s_0)q_2(t) = y^{(n+1)}(s_0)q_1(t),$$

und aus ($*$) folgt die Behauptung. $\qquad\square$

Nun soll eine Verallgemeinerung des folgenden Satzes von S.N. Bernstein behandelt werden.

Satz 8.2.4 (Satz von Bernstein). *Die Funktionen x und y aus $C[a, b]$ mögen in $[a, b]$ Ableitungen bis zur Ordnung $n + 1$ besitzen, und für die $(n + 1)$-te Ableitung gelte*

$$|x^{(n+1)}(t)| \le y^{(n+1)}(t) \quad \text{für alle } t \in [a, b].$$

Dann besteht die Ungleichung

$$E_n(x) \le E_n(y),$$

wobei $E_n(z)$ den Abstand von z zu dem Raum der Polynome vom Grad $\le n$ in der Maximum-Norm bezeichnet.

Definition 8.2.2. Ein Funktional $f : C[a, b] \to \mathbb{R}$ heißt *monoton*, falls $x, y \in C[a, b]$ und $|x(t)| \le |y(t)|$ für alle $t \in [a, b]$ impliziert $f(x) \le f(y)$.

Satz 8.2.5. *Sei f ein monotones Funktional auf $C[a, b]$ und die Funktionen $x, y \in C[a, b]$ mögen in $[a, b]$ Ableitungen bis zur Ordnung $n + 1$ besitzen, und es gelte*

$$|x^{(n+1)}(t)| < y^{(n+1)}(t) \quad \text{für alle } t \in [a, b].$$

Ferner sei V der Teilraum der Polynome vom Grad $\le n$ und für $v_1, v_2 \in V$ gelte

   a) $f(x - v_1) = \inf_{v \in V} f(x - v)$ *und* $f(y - v_2) = \inf_{v \in V} f(y - v)$,

   b) *die Funktionen $x - v_1$ und $y - v_2$ besitzen mindestens $n + 1$ Nullstellen in $[a, b]$.*

Dann gilt

$$f(x - v_1) \le f(y - v_2).$$

Beweis. Wählen wir die $n + 1$ Nullstellen von $y - v_2$ als Interpolationsknoten und bezeichnen mit $\bar{v}$ das dazugehörige Interpolationspolynom zu x, dann ist nach Lemma 8.2.1

$$|x(t) - \bar{v}(t)| \le |y(t) - v_2(t)| \quad \text{für alle } t \in [a, b].$$

Aus der Monotonie von f und a) folgt

$$f(x - v_1) \le f(x - \bar{v}) \le f(y - v_2). \qquad \square$$

Bezeichnung. Für ein $z \in C[a, b]$ bezeichne $E_n^f(z) := \inf_{v \in V} f(z - v)$.

Zusatz. Seien f und V wie im Satz 8.2.5 und $\bar{v}(t) = t^{n+1}$. Besitzt die Funktion x im Intervall $[a, b]$ die $(n + 1)$-te Ableitung, die für $\alpha, \beta \in \mathbb{R}$ entweder der Ungleichung

$$0 \le \alpha \le x^{(n+1)} \le \beta \quad \text{für alle } t \in [a, b] \tag{8.2.7}$$

oder der Ungleichung

$$0 \le \alpha \le -x^{(n+1)} \le \beta \quad \text{für alle } t \in [a, b] \tag{8.2.8}$$

genügt, dann ist

$$\frac{\alpha E_n^f (\overline{v})}{(n+1)!} \le E_n^f (x) \le \frac{\beta E_n^f (\overline{v})}{(n+1)!}.$$

Gilt anstelle von (8.2.7) oder (8.2.8) nur die Ungleichung $|x^{(n+1)}(t)| \le \gamma$ für alle $t \in [a, b]$, so folgt

$$E_n^f (x) \le \frac{\gamma E_n^f (\overline{v})}{(n+1)!}.$$

Beweis. Man braucht nur für die Funktion y aus Satz 8.2.5 $c \frac{t^{n+1}}{(n+1)!}$ einzusetzen. □

Beispiele. 1) $L^\Phi(\mu)$-Approximation mit Polynomen.

Seien Φ und μ wie in Abschnitt 8.2.1 und

$$f(x) := \int_a^b \Phi(x(t)) d\mu(t).$$

Nach Abschnitt 8.2.1 sind hier die Voraussetzungen des Satzes erfüllt. Insbesondere gilt:

Für das Lebesgue-Maß und das Intervall $[-1, +1]$ ist für $\Phi(s) = |s|$ nach Abschnitt 8.2.3

$$E_n^f (\overline{v}) = \int_{-1}^1 \left| \frac{\sin((n+2) \arccos t)}{2^{n+1} \sin(\arccos t)} \right| dt = \frac{1}{2^{n+1}}.$$

Damit gilt für den n-ten Fehler der L^1-Approximation eines $x \in C^{(n+1)}[-1, 1]$

$$E_n^{(1)}(x) \le \frac{\gamma}{(n+1)! 2^{n+1}},$$

wobei γ eine obere Schranke der Funktion $|x^{(n+1)}|$ in $[-1, 1]$ ist.

2) Für die Čebyšev-Approximation sind die Voraussetzungen des Satzes nach dem Satz von Čebyšev (siehe Abschnitt 7.4) erfüllt. Der Satz entspricht dem Satz von Bernstein. In dem Intervall $[-1, 1]$ besitzen die Čebyšev-Polynome 1. Art $T_n(t) = \frac{1}{2^{n-1}} \cos(n \arccos(t))$ unter den Polynomen vom Grad n mit führendem Koeffizienten 1 den kleinsten Abstand von Null. Damit gilt für den n-ten Fehler der Čebyšev-Approximation eines $x \in C^{(n+1)}[-1, 1]$

$$E_n(x) \le \frac{\gamma}{(n+1)! 2^n},$$

wobei γ eine obere Schranke der Funktion $|x^{(n+1)}|$ in $[-1, 1]$ ist. Aus der Formel $\cos x + \cos y = 2 \cos \frac{x+y}{2} \cos \frac{x-y}{2}$ folgt für $P_n := 2^{n-1} T_n$ dieselbe Rekursion wie für die Čebyšev-Polynome 2. Art. Es ist

$$P_{n+1}(t) = 2t P_n(t) - P_{n-1}(t),$$

wobei $P_0(t) = 1$ und $P_1(t) = t$ gilt.

3) Approximation bzgl. der Orlicz-Norm in $C[a, b]$.

Seien Φ, μ und V wie in Abschnitt 8.2.1. Wir betrachten in $C[a, b]$ die folgende Norm, die aus der Theorie der Orliczräume bekannt ist.

Sei $\Phi(0) = 0$ und $\|x\|_\Phi := \inf\{c > 0 \mid \int_a^b \Phi\left(\frac{x}{c}\right) d\mu \le 1\}$.

Für die Funktion $\Phi(s) := |s|^p$ $(1 \le p < \infty)$ entspricht dies gerade der L^p-Norm $\|x\|_p = (\int_a^b |x(t)|^p d\mu)^{1/p}$ (siehe Abschnitt 5.1.10).

Sei v_0 eine beste Approximation von x bzgl. V in dieser Norm und $\|x - v_0\|_\Phi = c > 0$. So gilt offensichtlich für alle $v \in V$

$$1 = \int_a^b \Phi\left(\frac{x - v_0}{c}\right) d\mu \le \int_a^b \Phi\left(\frac{x - v}{c}\right) d\mu.$$

Für $\Phi_1(s) = \Phi\left(\frac{s}{c}\right)$ ist v_0 eine beste L^{Φ_1}-Approximation von x. Damit besitzt nach Abschnitt 8.2.1 die Differenzfunktion mindestens n Nullstellen. Da die Norm $\|\cdot\|_\Phi$ ein monotones Funktional auf $C[a, b]$ ist, sind auch hier die Voraussetzungen des Satzes erfüllt.

4) Im Falle $L_\mu^2[a, b]$ bestimmt das Schmidtsche Orthonormalisierungsverfahren aus den Polynomen ein orthonormiertes System. Bezeichnen wir mit a_{n+1} den führenden Koeffizienten (positiv gesetzt) des Polynoms vom Grad $n + 1$, so ist hier $E_n^f(\overline{v}) = \frac{1}{a_{n+1}}$.

Bemerkung. Für numerische Methoden der Optimierung in Orliczräumen siehe [Ha], [M-W], [Sa].

8.3 Spline-Funktionen

Die gewöhnliche Interpolation über große Intervalle birgt gewisse Nachteile, denn einerseits ist die Genauigkeit bei großen Entfernungen der Stützstellen sehr klein, andererseits schwingen die Interpolationspolynome hoher Ordnung besonders zum Intervallende sehr stark, wodurch der tatsächliche Verlauf der zu interpolierenden Funktion zum Teil stark verfälscht wird (siehe [Sch-Sch] S. 167–169).

Eine gewisse Abhilfe liefert die Interpolation mit Berücksichtigung der Ableitungen. In diesem Zusammenhang ist die Spline-Interpolation von zunehmender Bedeutung.

Graphisch lässt sich die interpolierende Spline-Funktion folgendermaßen charakterisieren. Gegeben seien n paarweise verschiedene Stützstellen $t_1 < t_2 < \ldots < t_n$ in I

und n zugehörige Stützwerte $\eta_1, \eta_2, \ldots, \eta_n$. Legen wir nun durch die gegebenen Stütz-
punkte eine dünne, homogene Latte, dann stellt die resultierende Biegelinie der Latte
die gesuchte Funktion dar. Physikalisch ist die Lage, die die Latte einnimmt, durch ein
Minimum an elastischer Energie charakterisiert, d. h. die Gesamtkrümmung, gegeben
durch das Integral

$$\int_I \frac{(y''(t))^2}{\sqrt{1 + y'(t)^2}^3} dt$$

ist minimal. In Anlehnung daran wird jetzt die folgende Optimierungsaufgabe betrachtet: Unter allen zweimal stetig differenzierbaren Funktionen, die in den vorgegebenen
Stellen $t_1 < t_2 < \ldots < t_n$ die Werte $\eta_1, \eta_2, \ldots, \eta_n$ annehmen, wird diejenige Funktion
y gesucht, für die das Integral

$$\int_I (y''(t))^2 dt$$

minimal ist.

Integral-Minimierung

Wir betrachten die folgende verallgemeinerte Aufgabe (P).

Seien $a, b \in \mathbb{R}$ und durch $a = t_0 < t_1 < \ldots < t_n < t_{n+1} = b$ eine Zerlegung Z_n
gegeben.

Für $\eta := (\eta_0, \ldots, \eta_{n+1}) \in \mathbb{R}^{n+2}$ und $k \in \mathbb{N}$ minimiere

$$\Phi(f) := \int_a^b (f^{(k)}(t))^2 dt$$

auf $R := \{f \in C^{(k)}([a, b]) \mid f(t_i) = \eta_i, \ i = 0, 1, \ldots, n + 1\}$.

Bemerkung 8.3.1. Die Richtungsableitung von Φ in f in Richtung h ist gegeben
durch:

$$\Phi'(f, h) = \lim_{\alpha \to 0} \frac{\int_a^b (f^{(k)} + \alpha h^{(k)})^2 dt - \int_a^b (f^{(k)})^2 dt}{\alpha}$$

$$= \lim_{\alpha \to 0} \frac{2\alpha \int_a^b f^{(k)} h^{(k)} dt - \alpha^2 \int_a^b (h^{(k)})^2 dt}{\alpha}$$

$$= 2 \int_a^b f^{(k)} h^{(k)} dt.$$

Aus dem Charakterisierungssatz der konvexen Optimierung 4.2.1 ergibt sich folgende
Charakterisierung der Lösungen von (P).

Bemerkung 8.3.2. Die folgenden Aussagen sind äquivalent:

1) $s \in M(\Phi, R) \subseteq R$

2) $\int_a^b (f^{(k)} - s^{(k)}) s^{(k)} dt = 0$ für alle $f \in R$

3) $\int_a^b v^{(k)} s^{(k)} dt = 0$ für alle $v \in C^{(k)}([a, b])$ mit $v(t_i) = 0$ für $i \in \{0, \ldots, n+1\}$.

Beweis. Nach Abschnitt 4.2 sind 1) und 3) äquivalent. Setzt man $w = f - s$, so folgt der Rest der Behauptung. $\qquad\square$

Bemerkung 8.3.3. Für zwei Lösungen u, v von (P) gilt $u - v \in \mathscr{P}_{k-1}$, d. h. die Lösungen von (P) unterscheiden sich nur durch ein Polynom höchstens $(k-1)$-ten Grades.

Beweis. Nach Bemerkung 8.3.2 gilt $0 = \int_a^b (u^{(k)} - v^{(k)}) v^{(k)} dt = \int_a^b (v^{(k)} - u^{(k)}) u^{(k)} dt$, woraus unmittelbar

$$\int_a^b (u^{(k)} - v^{(k)})^2 dt = 0$$

folgt. Da $(u^{(k)} - v^{(k)})^2$ positiv und stetig ist, gilt $u^{(k)}(t) - v^{(k)}(t) = 0$ für alle $t \in [a, b]$, d. h. $u - s$ ist ein Polynom vom Grad höchstens $(k-1)$. $\qquad\square$

Folgerung. *Für $k \leq n + 2$ ist die Lösung von* (P), *wenn sie existiert, eindeutig bestimmt.*

Beweis. $(u - v)$ ist ein Polynom höchstens $(k-1)$-ten Grades, das in den Stützstellen Null ist. Dann ist $(u - v) \equiv 0$. $\qquad\square$

Definition 8.3.1. Zu einem Intervall $[a, b] \subseteq \mathbb{R}$ sei eine Zerlegung Z_n durch $a = t_0 < t_1 < \ldots < t_n < t_{n+1} = b$ gegeben. Eine Funktion $s \colon [a, b] \to \mathbb{R}$ heißt *(polynomiale) Spline-Funktion* vom Grad k $(k \in \mathbb{N})$ zur Zerlegung Z_n, wenn

i) $s \in C^{(k-1)}([a, b])$,

ii) s in jedem Intervall $[t_i, t_{i+1}]$, $i = 0, \ldots, n$, mit einem Polynom vom Grad höchstens k übereinstimmt.

Die Funktion s heißt *interpolierende Spline-Funktion* bzgl. $f \colon [a, b] \to \mathbb{R}$, wenn zusätzlich $s(t_i) = \eta_i = f(t_i)$ für $i = 0, 1, \ldots, n+1$ gilt.

Die Punkte t_i $(i = 1, \ldots, n)$ heißen *Knoten* der Zerlegung Z_n.

Beispiele.   1) Jedes Polynom zu jeder Zerlegung Z_n.

2) Sei

$$t_+ := \begin{cases} 0 & \text{für} \quad t < 0 \\ t & \text{für} \quad t \geq 0 \end{cases}.$$

Dann werden durch $q_i(t) := (t - t_i)_+^k$ $(i = 1, \dots, n)$ Spline-Funktionen vom Grad k zur Zerlegung Z_n definiert.

Satz 8.3.1 (Struktursatz). *Die Menge aller Spline-Funktionen vom Grad k zu einer Zerlegung Z_n bildet einen linearen Raum über $\mathbb{R}$ von der Dimension $n + k + 1$, den wir mit $S_k(Z_n)$ bezeichnen. Die durch*

$$u_1(t) := 1, \quad u_2(t) := t, \quad \dots, \quad u_{k+1}(t) := t^k,$$

$$u_{k+2}(t) := (t - t_1)_+^k, \quad \dots, \quad u_{n+k+1}(t) := (t - t_n)_+^k$$

für $t \in [a, b]$ definierten Funktionen bilden eine Basis von $S_k(Z_n)$.

Beweis. Offensichtlich bildet die Menge der Spline-Funktionen vom Grad k zu einer Zerlegung Z_n einen linearen Raum, dem die Funktionen $u_1, \dots, u_{n+k+1}$ angehören. Es genügt deshalb zu zeigen, dass durch die $u_1, \dots, u_{n+k+1}$ eine Basis von $S_k(Z_n)$ gegeben ist.

Sei $s \in S_k(Z_n)$. Dann ist s nach Definition auf $[a, t_1] =: I_1$ ein Polynom vom Grad höchstens k und besitzt somit eine eindeutige Darstellung

$$s(t) = a_0 + a_1 t + a_2 t^2 + \dots + a_k t^k \quad \text{für } t \in I_1.$$

Nehmen wir weiter an, dass auf $I_r := [a, t_r]$ $(1 \leq r \leq n)$ bereits eine eindeutige Darstellung

$$s(t) = \sum_{i=0}^{k} a_i t^i + \sum_{j=1}^{r-1} b_j (t - t_j)_+^k \quad \text{für } t \in I_r$$

bestimmt ist. Sei

$$d(t) := s(t) - \sum_{i=0}^{k} a_i t^i - \sum_{j=1}^{r-1} b_j (t - t_j)_+^k \quad \text{für } t \in I_{r+1}.$$

Dann ist $d \in C^{k-1}(I_{r+1})$ und für alle $t \in I_r$ verschwindet $d(t)$.

Für $t \in [t_r, t_{r+1}]$ ist $d(t)$ ein Polynom vom Grad höchstens k. Somit löst $d(t)$ für $t \in [t_r, t_{r+1}]$ die Differentialgleichung

$$y^{k+1}(t) = 0, \quad y(t_r) = y'(t_r) = \dots = y^{(k-1)}(t_r) = 0,$$

deren allgemeine Lösung

$$y(t) = c(t - t_r)^k \quad (c \in \mathbb{R})$$

lautet. Es gibt also ein eindeutig bestimmtes $b_r \in \mathbb{R}$, so dass

$$d(t) = -b_r(t - t_r)_+^k \quad \text{für } t \in I_{r+1}$$

gilt. Damit ist durch vollständige Induktion über r gezeigt, dass jedes $s \in S_k(Z_n)$ sich eindeutig als Linearkombination der u_i ($i = 1, \ldots, n + k + 1$) darstellen lässt und somit der Beweis des Satzes vollendet. $\qquad\square$

Wir wollen nun die Lösungen von (P) beschreiben.

Definition 8.3.2. Sei $2 \leq k \leq n + 2$. Eine Funktion $s \in S_{2k-1}(Z_n)$ mit

i) $s(t_i) = \eta_i$ für $i = 0, \ldots, n + 1$

ii) $s^j(a) = s^j(b) = 0$ für $j = k, k + 1, \ldots, 2k - 2$

heißt eine *natürliche Spline-Funktion vom Grad $2k - 1$ zur Zerlegung Z_n*.

Mit Bemerkung 8.3.2 erhalten wir unmittelbar folgendes

Lemma 8.3.1. *Sei $2 \leq k \leq n + 2$ und $s \in S_{2k-1}(Z_n)$ eine natürliche Spline-Funktion vom Grad $2k - 1$ zur Zerlegung Z_n, dann ist s eine Lösung von* (P).

Beweis. Sei $v \in C^{(k)}([a, b])$ mit $v(t_i) = 0$ für $i = 0, 1, \ldots, n + 1$. Durch partielle Integration erhalten wir für $k > 2$

$$I := \int_a^b v^{(k)} s^{(k)} dt = v^{(k-1)} s^{(k)} \big|_a^b - \int_a^b v^{(k-1)} s^{(k+1)} dt = -\int_a^b v^{(k-1)} s^{(k+1)} dt.$$

Durch wiederholte partielle Integration erhält man die auch für $k = 2$ richtige Gleichung

$$I = (-1)^{k-2} \int_a^b v'' s^{2k-2} dt = (-1)^{k-2} \sum_{i=0}^n \int_{t_i}^{t_{i+1}} v'' s^{2k-2} dt.$$

Da s auf $[t_i, t_{i+1}]$ ($i = 0, \ldots, n$) beliebig oft differenzierbar ist, erhalten wir

$$I = (-1)^{k-2} \sum_{i=0}^n \left[v' s^{2k-2} \big|_{t_i}^{t_{i+1}} - \int_i^{t_{i+1}} v' s^{2k-1} dt \right]$$

$$= (-1)^{k-1} \sum_{i=0}^n \left[v s^{2k-1} \big|_{t_i}^{t_{i+1}} - \int_{t_i}^{t_{i+1}} v s^{2k} dt \right] = 0,$$

weil $v(t_i) = 0$ und $s^{2k} = 0$ auf $[t_i, t_{i+1}]$ für $i = 0, \ldots, n$ ist. $\qquad\square$

Die Existenz einer solchen Lösung garantiert nun der

Satz 8.3.2 (Existenz- und Eindeutigkeitssatz). *Sei* $2 \leq k \leq n + 2$. *Dann besitzt das Problem* (P) *eine eindeutige Lösung. Die Lösung ist die dazugehörige natürliche Spline-Funktion vom Grad* $2k - 1$ *zur Zerlegung* Z_n.

Beweis. Seien $u_i \colon [a, b] \to \mathbb{R}$ ($i \in \{1, \ldots, n + 2k\}$) wie im Struktursatz. Dann bilden die u_i ($i \in \{1, \ldots, n + 2k\}$) eine Basis von $S_{2k-1}(Z_n)$. Die Existenz einer Lösung entspricht somit der Lösbarkeit des folgenden linearen Gleichungssystems:

(LG)
$$\sum_{i=1}^{n+2k} \alpha_i u_i(t_j) = \eta_j, \quad j = 0, 1, \ldots, n + 1$$

$$\sum_{i=1}^{n+2k} \alpha_i u_i^{(1)}(a) = \sum_{i=1}^{n+2k} \alpha_i u_i^{(1)}(b) = 0, \quad l = k, k + 1, \ldots, 2k - 2.$$

Da die Koeffizientenmatrix nicht von den η_j ($j \in \{0, \ldots, n + 1\}$) abhängt, genügt es zu zeigen, dass das homogene System ($\eta_j = 0$, $j \in \{0, \ldots, n + 1\}$) nur die 0 als Lösung besitzt. Seien also die $\eta_j = 0$ für $j \in \{0, \ldots, n + 1\}$. 0 ist eine Lösung von (P) und der Wert ist gleich 0.

Nach Bemerkung 8.3.3 und Folgerung ist 0 die einzige Lösung von (P). Für jede Lösung α von (LG) gilt somit:

$$\sum_{i=1}^{n+2k} \alpha_i u_i = 0.$$

Da die u_i ($i \in \{1, \ldots, n + 2k\}$) linear unabhängig sind, folgt $\alpha_i = 0$ für $i \in \{1, \ldots, n + 2k\}$. $\qquad \square$

Wir wollen nun noch kurz auf drei Interpolationsprobleme mit Spline-Funktionen eingehen (siehe [Sch-Sch] S. 173ff.).

Aufgabe I. Gegeben $k \geq 2$, $f \in C^{(k)}([a, b])$; gesucht $s \in S_{2k-1}(Z_n)$ mit

i) $s(t_i) = f(t_i)$ für $i \in \{1, \ldots, n\}$

ii) $s^{(j)}(a) = f^{(j)}(a)$, $s^{(j)}(b) = f^{(j)}(b)$ für $j \in \{0, 1, \ldots, k - 1\}$.

Aufgabe II. Gegeben $2 \leq k \leq n + 2$, $f \in C^{(k)}([a, b])$; gesucht $s \in S_{2k-1}(Z_n)$ mit

i) $s(t_i) = f(t_i)$ für $i \in \{0, 1, \ldots, n + 1\}$

ii) $s^{(j)}(a) = s^{(j)}(b) = 0$ für $j \in \{k, k + 1, \ldots, 2k - 2\}$.

Aufgabe III (periodisches Problem). Gegeben $k \geq 2$, $f \in C^{(k)}([a,b])$ mit $f^{(j)}(a) =$ $f^{(j)}(b)$ $j \in \{0,1,\ldots,k-1\}$; gesucht $s \in S_{2k-1}(Z_n)$ mit

i) $s(t_i) = f(t_i)$ für $i \in \{0,1,\ldots,n\}$

ii) $s^{(j)}(a) = s^{(j)}(b)$ für $j \in \{0,1,\ldots,2k-2\}$.

Bei Aufgabe I ist in $S_{2k-1}(Z_n)$ ein Hermitesches Interpolationsproblem zu lösen.

Durch die Bedingung II(ii) wird der $(n+2)$-dimensionale Teilraum $N_{2k-1}(Z_n)$ von $S_{2k-1}(Z_n)$ der natürlichen Spline-Funktionen vom Grad $2k-1$ zur Zerlegung Z_n festgelegt. Bei Aufgabe II ist also in $N_{2k-1}(Z_n)$ ein Lagrangesches Interpolationsproblem zu lösen.

In entsprechender Weise wird durch die Bedingungen III(ii) ein $(n+1)$-dimensionaler Teilraum $P_{2k-1}(Z_n)$ von $S_{2k-1}(Z_n)$ festgelegt, welcher der Raum der periodischen Splines vom Grad $2k-1$ zur Zerlegung Z_n heißt. Bei Aufgabe III ist also in $P_{2k-1}(Z_n)$ ein Lagrangesches Interpolationsproblem zu lösen.

Der Existenz- und Eindeutigkeitssatz garantiert die eindeutige Lösbarkeit von Aufgabe II. Diese minimiert das Integral

$$\int_a^b (y^{(k)})^2 dt,$$

d. h. starke Schwankungen wie bei der Lagrangeschen Interpolation treten bei der Interpolation mit Spline-Funktionen nicht auf. Entsprechende Aussagen lassen sich auch für die Aufgaben I bzw. III zeigen (siehe [Sch-Sch] S. 176ff.).

Die Berechnung der interpolierenden Spline-Funktion führt auf ein lineares Gleichungssystem mit $n + 2k$ Unbekannten (vgl. Existenz- und Eindeutigkeitssatz). Durch geschickte Wahl der Basis und unter Ausnutzung der speziellen Situation sind dabei erhebliche Vereinfachungen möglich (siehe [Sch-Sch], [M], [W-S]).

Kapitel 9

Stabilitätsbetrachtungen für konvexe Aufgaben

9.1 Gleichgradige Stetigkeit von Familien konvexer Funktionen

Die Stetigkeit konvexer Funktionen kann man analog zu linearen Funktionalen mit der Beschränktheit auf einer Umgebung charakterisieren. Es gilt der folgende

Satz 9.1.1. *Sei X ein normierter Raum, U eine offene und konvexe Teilmenge von X, und sei $f: U \to \mathbb{R}$ konvex. Dann sind die folgenden Aussagen äquivalent:*

- a') *f ist stetig auf U,*
- b') *f ist oberhalbstetig auf U,*
- c') *f ist auf einer offenen Teilmenge U_0 von U nach oben beschränkt,*
- d') *f ist in einem Punkt aus U stetig.*

Da für die Stabilitätsbetrachtungen Aussagen über gleichgradige Stetigkeit von Familien konvexer Funktionen benötigt werden, soll hier eine verallgemeinerte Version des Satzes bewiesen werden.

Definition 9.1.1. Sei Y ein metrischer Raum. Eine Familie F reeller Funktionen auf Y heißt *gleichgradig unterhalbstetig* (bzw. *oberhalbstetig*) im Punkt y_0, falls zu jedem $\varepsilon > 0$ eine Umgebung V von y_0 existiert, so dass für alle $y \in V$ und alle $f \in F$ gilt:

$$f(y) - f(y_0) \geq -\varepsilon \quad \text{(bzw.} \quad f(y) - f(y_0) \leq \varepsilon).$$

Die Familie F heißt *gleichgradig stetig*, wenn F gleichgradig unterhalb- und gleichgradig oberhalbstetig ist.

Satz 9.1.2. *Sei X ein normierter Raum, U eine offene und konvexe Teilmenge von X und sei F eine Familie konvexer Funktionen auf U, die punktweise beschränkt ist. Dann sind die folgenden Aussagen äquivalent:*

- a) *F ist gleichgradig stetig auf U,*
- b) *F ist gleichgradig oberhalbstetig auf U,*
- c) *F ist auf einer offenen Teilmenge U_0 von U nach oben gleichmäßig beschränkt,*
- d) *F ist in einem Punkt aus U gleichgradig stetig.*

Beweis. Die Folgerungen a)⇒b) und b)⇒c) ergeben sich aus den Definitionen.

c)⇒d): Sei $x_0 \in U$ und $a > 0$, so dass $K(x_0, a) \subset U_0$ gilt. Sei ein $0 < \varepsilon < 1$ vorgegeben. Ist $y \in K(x_0, \varepsilon a)$, so existiert ein $x \in K(x_0, a)$ mit $y = x_0 + \varepsilon(x - x_0)$. Mit der Konvexität folgt für alle $f \in F$:

$$f(y) = f(\varepsilon x + (1 - \varepsilon)x_0)$$
$$\leq \varepsilon f(x) + (1 - \varepsilon)f(x_0) \leq f(x_0) + \varepsilon(f(x) - f(x_0)). \tag{9.1.1}$$

Nach Voraussetzung gibt es ein $M > 0$ derart, dass für alle $x \in U_0$ und alle $f \in F$ $f(x) \leq M$ gilt. Mit (9.1.1) gilt für $\lambda := M - \inf\{f(x_0) \mid f \in F\}$ und alle $y \in K(x_0, \varepsilon a)$

$$f(y) - f(x_0) \leq \varepsilon\lambda. \tag{9.1.2}$$

Andererseits gibt es zu jedem $z \in K(x_0, \varepsilon a)$ ein $x \in K(x_0, a)$ mit

$$z = x_0 - \varepsilon(x - x_0) \quad \text{bzw.} \quad x_0 = \frac{1}{1 + \varepsilon}z + \frac{\varepsilon}{1 + \varepsilon}x.$$

Aus der Konvexität folgt für alle $f \in F$

$$f(x_0) \leq \frac{1}{1 + \varepsilon}f(z) + \frac{\varepsilon}{1 + \varepsilon}f(x).$$

Multiplikation beider Seiten mit $(1 + \varepsilon)$ ergibt

$$f(z) - f(x_0) \geq \varepsilon(f(x_0) - f(x)) \geq \varepsilon(\inf\{f(x_0) \mid f \in F\} - M) = -\varepsilon\lambda. \tag{9.1.3}$$

Aus (9.1.2) und (9.1.3) folgt die gleichgradige Stetigkeit von F in x_0.

d)⇒a): Es genügt zu zeigen, dass jeder Punkt x aus U eine Umgebung besitzt, auf der F nach oben gleichmäßig beschränkt ist. Sei F in $y \in U$ gleichgradig stetig und sei $a > 0$, so dass für alle $z \in K(y, a) =: V$ und alle $f \in F$

$$f(z) \leq f(y) + 1 \leq \sup\{f(y) \mid f \in F\} + 1 =: r$$

ist. Sei nun $x \in U$ und $0 < \alpha < 1$ so gewählt, dass $(1 + \alpha)x \in U$ und

$$V_\alpha := x + \frac{\alpha}{1 + \alpha}V \subset U$$

gilt. Zu jedem $s \in V_\alpha$ gibt es also ein $z \in V$ mit $s = x + \frac{\alpha}{1+\alpha}z$ und es folgt

$$f(s) = f\left(x + \frac{\alpha}{1 + \alpha}z\right) = f\left(\frac{1 + \alpha}{1 + \alpha}x + \frac{\alpha}{1 + \alpha}z\right)$$
$$\leq \frac{1}{1 + \alpha}f(1 + \alpha)x) + \frac{\alpha}{1 + \alpha}f(z)$$
$$\leq \frac{1}{1 + \alpha}\sup\{f((1 + \alpha)x) \mid f \in F\} + \frac{\alpha}{1 + \alpha}r =: r' < \infty. \qquad \square$$

Als Anwendung bekommen wir die folgende Aussage:

Satz 9.1.3. *Sei U eine offene und konvexe Teilmenge des $\mathbb{R}^n$. Dann ist jede konvexe Funktion $f : U \to \mathbb{R}$ stetig.*

Beweis. Sei o. B. d. A. $0 \in U$ und $0 < \alpha < 1$ derart, dass die l^1-Kugel

$$V := \left\{ x \in \mathbb{R}^n \mid \sum_{i=1}^{n} |x_i| < \alpha \right\}$$

in U enthalten ist. Für $x \in V$ ist

$$v = \sum_{i=1}^{n} x_i e_i = \sum_{i=1}^{n} \frac{|x_i|}{\alpha} (\operatorname{sign} x_i \alpha e_i) + \left(1 - \sum_{i=1}^{n} \frac{|x_i|}{\alpha} \right) 0.$$

Damit gilt für alle $v \in V$ die Abschätzung:

$$f(v) \leq \sum_{i=1}^{n} \frac{|x_i|}{\alpha} f(\operatorname{sign} x_i \alpha e_i) + \left(1 - \sum_{i=1}^{n} \frac{|x_i|}{\alpha} \right) f(0)$$

$$\leq \max(\{|f(\alpha e_i)|\}_{i=1}^{n}, \ \{|f(-\alpha e_i)|\}_{i=1}^{n}, \ f(0)). \qquad \square$$

Es gilt sogar

Satz 9.1.4. *Sei U eine offene und konvexe Teilmenge des $\mathbb{R}^n$. Dann ist jede punktweise beschränkte Familie konvexer Funktionen auf U gleichgradig stetig (siehe [Ro]).*

Beweis. Wir erhalten die obige Abschätzung für jedes $f \in F$. Die punktweise Beschränktheit liefert eine gemeinsame obere Schranke für F auf V. $\qquad \square$

Im nächsten Abschnitt zeigen wir, dass dieser Satz eine Verallgemeinerung in Banachräumen besitzt. Zunächst beweisen wir den

Satz 9.1.5. *Der Dualraum eines normierten Raumes X ist ein Banachraum.*

Beweis. Sei $(u_n)_{n \in \mathbb{N}_0}$ eine Cauchy-Folge in X^*. Dann ist $(u_n(x))_{n \in \mathbb{N}_0}$ für jedes $x \in X$ eine Cauchy-Folge in $\mathbb{R}$, da für $n, m \in \mathbb{N}$ gilt:

$$|u_n(x) - u_m(x)| = |(u_n - u_m)(x)| \leq \|u_n - u_m\| \, \|x\|.$$

Da $\mathbb{R}$ vollständig ist, existiert eine Zahl u_x mit

$$u_n(x) \xrightarrow{n \to \infty} u_x.$$

Sei nun eine Funktion $u\colon X \to \mathbb{R}$ durch

$$x \mapsto u(x) := u_x$$

erklärt. Dann ist u linear, weil für alle $\alpha, \beta \in \mathbb{R}$ und $x, y \in X$ gilt:

$$u(\alpha x + \beta y) = \lim_{n \to \infty} u_n(\alpha x + \beta y) = \alpha \lim_{n \to \infty} u_n(x) + \beta \lim_{n \to \infty} u_n(y)$$
$$= \alpha u(x) + \beta u(y).$$

Da $(u_n)_{n \in \mathbb{N}_0}$ eine Cauchy-Folge ist, gibt es zu jedem $\varepsilon > 0$ ein $k \in \mathbb{N}$, so dass für alle $n, m > k$ $\|u_n - u_m\| < \varepsilon$ gilt. Für alle $x \in X$ ist

$$|u_n(x) - u_m(x)| \leq \|u_n - u_m\| \, \|x\| \leq \varepsilon \|x\|.$$

Für $n \geq n_0$ und alle $x \in X$ ist

$$|(u_n - u)(x)| = |u_n(x) - u(x)| = \lim_{m \to \infty} |u_n(x) - u_m(x)| \leq \varepsilon \|x\|. \qquad (*)$$

Damit ist $|u(x)| \leq \varepsilon \|x\| + \|u_n\| \, \|x\|$ auf der Einheitskugel gleichmäßig beschränkt und daher stetig. Aus $(*)$ folgt $\|u_n - u\| \leq \varepsilon$, d. h. $u_n \overset{n \to \infty}{\longrightarrow} u$. $\qquad \square$

Durch Übertragung des Beweises von Satz 9.1.5 folgt dann der

Satz 9.1.6. *Sei X ein normierter Raum und Y ein Banachraum. Dann ist $L(X, Y)$ ein Banachraum.*

9.2 Gleichgradige Stetigkeit konvexer Funktionen in Banachräumen und der Satz über gleichmäßige Beschränktheit

In Banachräumen gilt der

Satz 9.2.1. *Sei U eine offene und konvexe Teilmenge eines Banachraumes X und $f\colon U \to \mathbb{R}$ eine konvexe Funktion. Dann sind die folgenden Aussagen äquivalent:*

a) *f ist stetig,*

b) *f ist unterhalbstetig,*

c) *f ist oberhalbstetig.*

Beweis. b⇒a): Angenommen f ist nicht stetig. Dann ist f nach Satz 9.1.1 auf keiner offenen Menge in U nach oben beschränkt. Damit ist für $k \in \mathbb{N}$ die Menge

$$B_k := \{x \in U \mid f(x) > k\}$$

nichtleer und auch offen, da f unterhalbstetig ist.

Es wird jetzt iterativ eine Folge von abgeschlossenen nichtleeren Kugeln bestimmt. In der nichtleeren offenen Menge B_1 wählen wir eine Kugel U_1 vom Radius ≤ 1. In der offenen und nichtleeren Menge $B_2 \cap \text{Int}(U_1)$ gibt es dann eine nichtleere abgeschlossene Kugel U_2 vom Radius $\leq \frac{1}{2}$ usw., d. h. ist die k-te Kugel U_k vom Radius $\leq \frac{1}{k}$ bestimmt, so wird eine nichtleere abgeschlossene Kugel U_{k+1} vom Radius $\leq \frac{1}{k+1}$ in der nichtleeren offenen Menge $B_{k+1} \cap \text{Int}(U_k)$ gewählt.

Die Folge der Mittelpunkte $(x_k)_{k \in \mathbb{N}}$ dieser Kugeln ist eine Cauchy-Folge. Denn es gilt für alle $k, p \in \mathbb{N}$

$$\|x_{k+p} - x_k\| \leq \frac{1}{k}. \tag{9.2.1}$$

Da X ein Banachraum ist, konvergiert $(x_k)_{k \in \mathbb{N}}$ gegen ein $x^* \in X$. Falls wir in (9.2.1) mit $p \to \infty$ zum Grenzwert übergehen, folgt

$$\|x^* - x_k\| \leq \frac{1}{k},$$

d. h. für alle $k \in \mathbb{N}$ ist $x^* \in U_k$. Wegen $U_{k+1} \subset B_{k+1}$ folgt der Widerspruch $x^* \in U$ und $f(x^*) = \infty$. □

Einen anderen Zugang zu der oben bewiesenen Aussage bekommt man durch den folgenden Satz über konvexe Mengen (siehe auch [Rol.] S. 191).

Satz 9.2.2. *Sei X ein Banachraum und $Q \subset X$ eine abgeschlossene Menge mit algebraisch innerem Punkt. Dann hat Q einen inneren Punkt.*

Beweis. Sei O. B. d. A. O algebraisch innerer Punkt von Q. Dann gilt

$$X = \bigcup_{n \in \mathbb{N}} nQ.$$

Da X von 2. Kategorie ist (siehe [W1] S. 27), gibt es ein $n_0 \in \mathbb{N}$ derart, dass $n_0 Q$ nicht nirgends dicht ist, d. h.

$$\text{Int} \, \overline{n_0 Q} = \text{Int} \, n_0 Q \neq \emptyset.$$

Damit ist auch $\text{Int} \, Q \neq \emptyset$. □

Bemerkung. Sei X ein Vektorraum und U eine algebraisch offene und konvexe Teilmenge von X. Ist $f \colon U \to \mathbb{R}$ konvex, dann besitzt für alle $r > \inf f(U)$ die Niveaumenge

$$S_f(r) := \{x \in U \mid f(x) \leq r\}$$

einen algebraisch inneren Punkt.

Beweis. Sei $f(x) < r$ und $y \in U$. Die Menge $J := \{\alpha \in \mathbb{R} \mid \alpha x + (1-\alpha)y \in U\}$ ist ein offenes Intervall in $\mathbb{R}$, und die Funktion $h \colon J \to \mathbb{R}$ mit

$$\alpha \mapsto h(\alpha) := f(\alpha x + (1-\alpha)y)$$

ist konvex. Nach Satz 9.1.3 ist h stetig. Da $h(1) < r$ gilt, gibt es eine offene Umgebung J_0 von 1 in J mit $h(J_0) \subset (-\infty, r)$. $\qquad\square$

Nun kommen wir zu der für die Stabilitätsbetrachtungen zentralen Aussage (siehe [K2] S. 19).

Satz 9.2.3. *Sei X ein Banachraum, U eine offene konvexe Teilmenge von X und F eine Familie stetiger konvexer Funktionen $f \colon U \to \mathbb{R}$, die punktweise beschränkt ist. Dann ist F gleichgradig stetig. Außerdem sind die Funktionen $\sup_{f \in F} f$ und $\inf_{f \in F} f$ stetig, und jeder Punkt aus U besitzt eine Umgebung, auf der die Familie gleichmäßig beschränkt ist.*

Beweis. Die Funktion $\overline{f} := \sup_{f \in F} f$ ist als Supremum stetiger Funktionen unterhalbstetig und nach Satz 9.2.1 stetig. Insbesondere ist $\overline{f}$ auf einer Umgebung nach oben beschränkt. Nach Satz 9.1.2 ist die Familie F gleichgradig stetig. Sei $x_0 \in U$. Zu jedem $\varepsilon > 0$ gibt es also eine Umgebung V von x_0 derart, dass für alle $f \in F$ und alle $x \in V$ gilt: $f(x) \geq f(x_0) - \varepsilon \geq \inf_{f \in F} f(x_0) - \varepsilon$ und damit $\inf_{f \in F} f(x) \geq \inf_{f \in F} f(x_0) - \varepsilon$. Die Funktion $\inf_{f \in F} f$ ist also unterhalbstetig und als Infimum stetiger Funktionen auch oberhalbstetig. Insbesondere besitzt jeder Punkt aus U eine Umgebung, auf der F gleichmäßig beschränkt ist. $\qquad\square$

Als Folgerung bekommt man den

Satz 9.2.4 (Satz von Banach über gleichmäßige Beschränktheit). *Sei X ein Banachraum und Y ein normierter Raum. Ferner sei G eine Familie stetiger linearer Abbildungen $A \colon X \to Y$, die punktweise beschränkt ist. Dann ist G normbeschränkt, d. h.*

$$\sup_{A \in G} \|A\| < \infty.$$

Beweis. Sei $f_A: X \to \mathbb{R}$ durch $f_A(x) := \|Ax\|$ erklärt. Dann bildet $F := \{f_A \mid A \in G\}$ eine Familie stetiger konvexer Funktionen, die punktweise beschränkt ist. Nach Satz 9.2.3 ist F für ein $a > 0$ auf $U := K(0, a)$ gleichmäßig beschränkt, d. h. es existiert ein $C \in \mathbb{R}_+$, so dass für alle $x \in U$ und alle $A \in G$

$$\|Ax\| \le C \quad \text{bzw.} \quad \|A\| = \sup\{\|Ax\| \mid \|x\| \le 1\} \le C/a$$

gilt. $\square$

Es gelten (für Halbnormen siehe [KA] S. 206)

Folgerung 9.2.1. *Sei X ein Banachraum, U eine offene und konvexe Teilmenge von X. Sei $(f_k: U \to \mathbb{R})_{k \in \mathbb{N}}$ eine Folge stetiger, konvexer Funktionen, die punktweise gegen die Funktion $f: U \to \mathbb{R}$ konvergiert. Dann ist f eine stetige konvexe Funktion.*

Beweis. Aus $f \le \overline{f}$ folgt mit Satz 9.2.3 und Satz 9.1.1 die Stetigkeit von f. $\square$

Folgerung 9.2.2. *Sei U eine offene und konvexe Teilmenge eines Banachraumes und T ein metrischer Raum, in dem jeder Punkt eine kompakte Umgebung besitzt. Sei $f: T \times U \to \mathbb{R}$ eine Abbildung, die die folgenden Bedingungen erfüllt:*

1) *Für alle $t \in T$ ist $f(t, \cdot): U \to \mathbb{R}$ konvex und stetig.*

2) *Für alle $x \in U$ ist $f(\cdot, x): T \to \mathbb{R}$ stetig.*

Dann ist $f: T \times U \to \mathbb{R}$ (als Funktion von zwei Variablen) stetig.

Beweis. Sei $(t_0, x_0) \in T \times U$ und T_0 eine kompakte Umgebung von t_0 in T. Für alle $x \in U$ ist $f(\cdot, x)$ stetig und somit beschränkt auf T_0. Die Familie $f = \{f(t, \cdot) \mid t \in T_0\}$ ist also gleichgradig stetig. d. h. es existiert eine Umgebung $V(x_0)$ so, dass

$$|f(t, x) - f(t, x_0)| \le \varepsilon/2 \quad \text{für } x \in V(x_0) \text{ und } t \in T_0.$$

Da $f(\cdot, x_0)$ stetig ist, gibt es eine Umgebung T_1 von t_0 mit $T_1 \subset T_0$ und

$$|f(t, x_0) - f(t_0, x_0)| \le \varepsilon/2 \quad \text{für } t \in T_1.$$

Für alle $(t, x) \in T_1 \times V(x_0)$ gilt also

$$|f(t, x) - f(t_0, x_0)| \le |f(t, x) - f(t, x_0)| + |f(t, x_0) - f(t_0, x_0)|. \qquad \square$$

Mit den vorhandenen Mitteln können wir jetzt analog wie für lineare Funktionale den *Satz von Banach-Steinhaus* (siehe [W1] S. 126) für konvexe Funktionen beweisen.

Satz 9.2.5. *Sei U eine offene und konvexe Teilmenge eines Banachraumes. Dafür, dass eine Folge stetiger konvexer Funktionen $f_n \colon U \to \mathbb{R}$ gegen eine stetige konvexe Funktion f punktweise konvergiert, sind die beiden Bedingungen zusammen notwendig und hinreichend:*

a) *Für alle $x \in U$ ist $\{f_n(x)\}_{n \in \mathbb{N}}$ beschränkt,*

b) *$(f_n(x'))_{n \in \mathbb{N}}$ ist für jedes $x' \in D$, D dicht in U, konvergent.*

Beweis. Die Notwendigkeit ist offensichtlich. Sei nun $x \in U$. Nach Satz 9.2.3 ist $\{f_n\}_{n \in \mathbb{N}}$ gleichgradig stetig, d. h. es existiert eine Umgebung V von x so, dass

$$|f_n(x) - f_n(y)| \le \varepsilon \quad \text{für alle } n \in \mathbb{N} \text{ und } y \in V$$

gilt.

Da D dicht in U liegt, ist $D \cap V \ne \emptyset$. Sei $x' \in D \cap V$. Nach b) gibt es ein $n_0 \in \mathbb{N}$ so, dass

$$|f_n(x') - f_m(x')| \le \varepsilon \quad \text{für alle } n, m \ge n_0$$

gilt.

Folglich ist für $n, m \ge n_0$

$$|f_n(x) - f_m(x)| \le |f_n(x) - f_n(x')| + |f_n(x') - f_m(x')| + |f_m(x') - f_m(x)| \le \varepsilon + \varepsilon + \varepsilon.$$

Damit existiert der Grenzwert $\lim_{n \to \infty} f_n(x) = f(x)$. Nach Folgerung 9.2.1 ist f konvex und stetig. $\qquad\square$

Beispiel. Seien $g_i \colon \mathbb{R} \to \mathbb{R}_{\ge 0}$, $i \in \mathbb{N}$, konvex und U eine offene und konvexe Teilmenge des Banachraumes l^p ($1 \le p \le \infty$). Ist für $x \in U$

$$f(x) := \sum_{i=1}^{\infty} g_i(x_i) < \infty,$$

so ist $f \colon U \to \mathbb{R}$ stetig. Nach Folgerung 9.2.1 genügt es zu zeigen, dass die Funktionen $f_k \colon U \to \mathbb{R}$ mit $x \mapsto f_k(x) := \sum_{i=1}^{k} g_i(x_i)$ stetig sind. Da aus $x_n \to x$ auch für die j-ten Komponenten $x_n(j) \to x(j)$ für alle $j \in \mathbb{N}$ folgt und die Funktionen $g_i, i \in \mathbb{N}$, stetig sind (siehe Abschnitt 9.1), erhält man für alle $i, j \in \mathbb{N}$

$$g_i(x_n(j)) \overset{n \to \infty}{\longrightarrow} g_i(x(j))$$

und damit die Stetigkeit von f_k für alle $k \in \mathbb{N}$.

Im Folgenden soll ein Beispiel von H. Attouch behandelt werden. Der Satz 9.2.3 liefert eine Verschärfung einer Aussage in [D-S-W], S. 416.

Sei $\Omega \subseteq \mathbb{R}^r$ eine offene Menge mit endlichem Maß, und sei J die Menge aller Abbildungen

$$j \colon \Omega \times \mathbb{R}^n \to \mathbb{R}_{\ge 0},$$

die die folgenden Eigenschaften (1) bis (3) besitzen:

(1) Für alle $z \in \mathbb{R}^n$ ist die Abbildung $x \mapsto j(x, z)\colon \Omega \to \mathbb{R}_{\geq 0}$ messbar.

(2) Für alle $x \in \Omega$ ist die Abbildung $z \mapsto j(x, z)\colon \mathbb{R}^n \to \mathbb{R}_{\geq 0}$ konvex.

(3) Es gibt ein $M \in \mathbb{R}_{>0}$ derart, dass für alle $(x, z) \in \Omega \times \mathbb{R}^n$ gilt: $0 \leq j(x, z) \leq M(1 + |z|^2)$.

Dann ist die Menge

$$F := \left\{ f \mid \exists j \in J : \ f\colon W_2^1(\Omega) \to \mathbb{R}_{\geq 0}, \quad u \mapsto f(u) := \int_\Omega j(x, Du(x))dx \right\}$$

gleichgradig stetig, wobei $W_2^1(\Omega)$ ein Sobolevscher Raum sei (siehe [W2], S. 68).

Wegen (2) ist F eine Familie konvexer Funktionen. Da für jedes $f \in F$ und für jedes $u \in W_2^1(\Omega)$ gilt:

$$0 \leq f(u) \leq M \cdot \int_\Omega (1 + |Du(x)|^2)dx \leq M \cdot \int_\Omega 1 dx + M \cdot \|u\|^2,$$

ist F auf jeder Kugel gleichmäßig beschränkt und nach Satz 9.2.3 gleichgradig stetig. ($W_2^1(\Omega)$ ist ein Banachraum.)

Aufgabe. Finden Sie eine unstetige, konvexe, reellwertige Funktion auf einem normierten Raum.

9.3   Stetige Konvergenz und gleichgradige Stetigkeit

Die Begriffe „stetige Konvergenz" und „gleichgradige Stetigkeit" sind miteinander eng verbunden und spielen eine zentrale Rolle bei Stabilitätsuntersuchungen von Optimierungs- und Sattelpunktaufgaben wie auch bei Lösungen von Gleichungssystemen.

Wir wollen deshalb diese Beziehungen in einem allgemeinen Rahmen diskutieren.

Definition 9.3.1. Seien X, Y metrische Räume und F eine Familie von Funktionen $f\colon X \to Y$.

(1) Sei $x_0 \in X$. F heißt in x_0 *gleichgradig stetig*, wenn zu jeder Umgebung V von $f(x_0)$ eine Umgebung U von x_0 existiert, so dass für alle $f \in F$ und alle $x \in U$ $f(x) \in V$ gilt.

(2) F heißt gleichgradig stetig, wenn F in jedem $x_0 \in U$ gleichgradig stetig ist.

Satz 9.3.1. *Seien (X, ρ), (Y, d) metrische Räume und $(f_n\colon X \to Y)_{n \in \mathbb{N}}$ eine Folge stetiger Funktionen, die punktweise gegen die Funktion $f\colon X \to Y$ konvergiert. Dann sind äquivalent:*

a) $\{f_n\}_{n \in \mathbb{N}}$ *ist gleichgradig stetig,*

b) f *ist stetig und* $(f_n)_{n \in \mathbb{N}}$ *konvergiert stetig gegen* f,

c) $(f_n)_{n \in \mathbb{N}}$ *konvergiert auf kompakten Teilmengen gleichmäßig gegen* f.

Beweis. a)$\Rightarrow$b): Sei $x_0 \in X$ und $\varepsilon > 0$. Dann existiert ein $\alpha > 0$, so dass für alle $x \in K(x_0, \alpha)$ und alle $n \in \mathbb{N}$ gilt:

$$d(f_n(x), f_n(x_0)) \leq \varepsilon.$$

Aus der punktweisen Konvergenz folgt für alle $x \in K(x_0, \alpha)$

$$d(f(x), f(x_0)) \leq \varepsilon,$$

und damit die Stetigkeit von f.

Sei $x_n \to x_0$. Für $n \geq n_0$ ist $x_n \in K(x_0, \alpha)$ und $d(f_n(x_0), f(x_0)) \leq \varepsilon$. Daraus folgt

$$d(f_n(x_n), f(x_0)) \leq d(f_n(x_n), f_n(x_0)) + d(f_n(x_0), f(x_0)) \leq 2\varepsilon$$

und damit b).

b)$\Rightarrow$c): Folgt aus Lemma 3.18.1.

c)$\Rightarrow$a): Angenommen, $\{f_n\}_{n \in \mathbb{N}}$ ist in einem Punkt $x_0 \in X$ nicht gleichgradig stetig. Dann gilt

$$\exists \varepsilon > 0 \ \forall n \in \mathbb{N} \ \exists k_n \in \mathbb{N}, \ x_{k_n} \in K(x_0, \frac{1}{n}) : \ d(f_{k_n}(x_{k_n}), f_{k_n}(x_0)) \geq \varepsilon.$$

Da $x_{k_n} \to x_0$ gilt und endlich viele stetige Funktionen gleichgradig stetig sind, besitzt die Menge $J = \{k_n\}_{n \in \mathbb{N}}$ unendlich viele Elemente. Damit existiert in J eine streng monoton wachsende Folge $(i_n)_{n \in \mathbb{N}}$. Nach Voraussetzung konvergiert die Folge $(f_n)_{n \in \mathbb{N}}$ auf der kompakten Menge $\{x_{k_n}\}_{n \in \mathbb{N}} \cup \{x_0\}$ gleichmäßig gegen f. Es gibt also ein $\overline{n} \in \mathbb{N}$, so dass für alle $n \geq \overline{n}$

$$d(f_{i_n}(x_{i_n}), f(x_{i_n})) < \frac{\varepsilon}{4} \quad \text{und} \quad d(f_{i_{\overline{n}}}(x_0), f(x_0)) < \frac{\varepsilon}{4}$$

gilt. Die Funktion f ist stetig. Somit gibt es ein $n_0 \geq \overline{n}$ derart, dass für alle $n \geq n_0$

$$d(f(x_{i_n}), f(x_0)) < \frac{\varepsilon}{4}$$

ist. Für alle $n \geq n_0$ folgt

$$\varepsilon \leq d(f_{i_n})(x_{i_n}), f_{i_n}(x_0)) \leq d(f_{i_n}(x_{i_n}), f(x_{i_n})) + d(f(x_{i_n}), f(x_0)) +$$

$$+ d(f(x_0), f_{i_n}(x_0)) < \frac{\varepsilon}{4} + \frac{\varepsilon}{4} + \frac{\varepsilon}{4}$$

und damit ein Widerspruch. $\square$

Bemerkung. Ist X ein topologischer Vektorraum, so kann man die Folgerungen a)$\Rightarrow$c) und c)$\Rightarrow$b) beweisen. Erfüllt X zusätzlich das erste Abzählbarkeitsaxiom, so sind auch hier alle drei Aussagen äquivalent (siehe [Roy] S. 154, [Q] S. 168, [B5] S. 158 und [Th]).

Mit Satz 9.2.3 bekommen wir die

Folgerung. *Es sei U eine offene und konvexe Teilmenge eines Banachraumes und $(f_n: U \to \mathbb{R})_{n \in \mathbb{N}}$ eine Folge stetiger konvexer Funktionen, die punktweise gegen die Funktion $f: U \to \mathbb{R}$ konvergiert. Dann gilt:*

a) *f ist konvex und stetig,*

b) *Die Konvergenz ist stetig und auf kompakten Teilmengen gleichmäßig.*

9.4   Stabilitätssätze

Kuratowski-Konvergenz von Mengen

Definition 9.4.1. Sei X ein metrischer Raum und sei $(M_n)_{n \in \mathbb{N}}$ eine Folge von Teilmengen von X. Dann bezeichne

$$\varliminf_n M_n := \{y \in X \mid \exists n_0 \in \mathbb{N} \; \forall_{n \geq n_0}: \; y_n \in M_n \quad \text{und} \quad y_n \overset{n \to \infty}{\longrightarrow} y\}.$$

Die Folge $(M_n)_{n \in \mathbb{N}}$ heißt *gegen die Menge M konvergent* bzw. *Kuratowski-konvergent*, falls

$$\varlimsup_n M_n = \varliminf_n M_n = M.$$

Bezeichnung $M = \lim_n M_n$.

Bemerkung 9.4.1. Falls nicht besonders vermerkt, so wird stets unter Konvergenz von Mengen die Kuratowski-Konvergenz verstanden.

Bemerkung 9.4.2. Für den Zusammenhang zwischen der Kuratowski-Konvergenz und der Hausdorff-Konvergenz von Mengen siehe Anhang.

Aus den Aussagen über gleichgradige Stetigkeit für punktweise beschränkte Familien stetiger konvexer Funktionen bekommen wir den folgenden (siehe [K2])

Satz 9.4.1 (Stabilitätssatz 1). *Sei U eine offene und konvexe Teilmenge eines Banachraumes X und $(f_n: U \to \mathbb{R})_{n \in \mathbb{N}}$ eine Folge stetiger konvexer Funktionen, die punktweise gegen die Funktion $f: U \to \mathbb{R}$ konvergiert. Ferner seien S_0 und S_n, $n \in \mathbb{N}$, Teilmengen von U mit $S_0 = \varliminf S_n = \varlimsup S_n$. Dann gilt*

$$\varlimsup M(f_n, S_n) \subset M(f, S_0). \tag{9.4.1}$$

Zusatz 1. Es sei zusätzlich:

a) S_n für alle $n \in \mathbb{N}$ in X abgeschlossen.

b) Es existiert eine in X kompakte Teilmenge K von U derart, dass $S_n \subset K$ für alle $n \in \mathbb{N}$.

Dann gilt auch:

1) Die Mengen $\overline{\lim}\ M(f_n, S_n)$ und $M(f_n, S_n)$, $n \in \mathbb{N}$ sind nichtleer.

2) Aus $x_n \in M(f_n, S_n)$ folgt $f(x_n) \overset{n \to \infty}{\longrightarrow} \inf f(S_0)$.

3) $\inf f_n(S_n) \to \inf f(S_0)$.

Zusatz 2. Wird im Stabilitätssatz 9.4.1 statt $S_0 = \lim_n S_n$ nur $S_0 \subset \overline{\lim}_n S_n$ gefordert, so gilt noch

$$S_0 \cap \overline{\lim_n}\, M(f_n, S_n) \subset M(f, S_0). \tag{9.4.2}$$

Beweis. Es wird zunächst (9.4.2) bewiesen. Sei $x = \lim_i x_{n_i}$, $x_{n_i} \in M(f_{n_i}, S_{n_i})$ und $x \in S_0$. Sei $y \in S_0$ beliebig gewählt und $y = \lim_n y_n$ mit $y_n \in S_n$. Aus der punktweisen Konvergenz von $(f_n)_{n \in \mathbb{N}}$ gegen f folgt nach Satz 9.2.3 und Satz 9.4.1 bereits die stetige Konvergenz dieser Folge. Es gilt also

$$f(x) = \lim_i f_{n_i}(x_{n_i}) \le \lim_i f_{n_i}(y_{n_i}) = f(y)$$

und damit (9.4.2). Aus (9.4.2) folgt offensichtlich (9.4.1). Die Kompaktheit der Mengen S_n und K liefert 1). Sei für $n \in \mathbb{N}$ $x_n \in M(f_n, S_n)$ und $(x_k)_{k \in \mathbb{N}}$ eine gegen ein $x_0 \in S_0$ konvergente Teilfolge von $(x_n)_{n \in \mathbb{N}}$. Da $(f_n)_{n \in \mathbb{N}}$ stetig gegen f konvergiert, ist $\lim_k f_k(x_k) = f(x_0)$. Mit (9.4.1) folgt $f(x_0) = \inf f(S_0)$. Damit besitzt jede Teilfolge von $f_n(x_n)_{n \in \mathbb{N}}$ eine gegen $\inf f(S_0)$ konvergente Teilfolge. Mit 3.1 Aufgabe 1 folgt 3). Mit der Stetigkeit von f erhalten wir analog den Teil 2). $\square$

In endlich-dimensionalen normierten Räumen gilt der

Satz 9.4.2 (Stabilitätssatz 2). *Sei U eine offene und konvexe Teilmenge eines endlich-dimensionalen normierten Raumes X, und sei $(S_n)_{n \in \mathbb{N}}$ eine Folge abgeschlossener konvexer Teilmengen von X mit $\lim_n S_n := S$. Sei $(f_n : U \to \mathbb{R})_{n \in \mathbb{N}}$ eine Folge konvexer Funktionen, die punktweise gegen $f : U \to \mathbb{R}$ konvergiert. Für $\tilde{S} = U \cap S$ sei ferner $M(f, \tilde{S})$ nichtleer und kompakt. Dann gilt für $\tilde{S}_n := U \cap S_n$:*

a) *Für große $n \in \mathbb{N}$ ist $M(f_n, \tilde{S}_n)$ nichtleer.*

b) *$\overline{\lim}_n M(f_n, \tilde{S}_n)$ ist nichtleer, und für ein $n_0 \in \mathbb{N}$ ist $\bigcup_{n \ge n_0} M(f_n, S_n)$ beschränkt.*

c) *$\overline{\lim}_n M(f_n, \tilde{S}_n) \subset M(f, \tilde{S})$.*

d) *$\inf f_n(\tilde{S}_n) \overset{n \to \infty}{\longrightarrow} \inf f(\tilde{S})$.*

e) *Aus $x_n \in M(f_n, \tilde{S}_n)$ für $n \in \mathbb{N}$ folgt $f(x_n) \overset{n \to \infty}{\longrightarrow} \inf f(\tilde{S})$.*

f) *Besteht $M(f, \tilde{S})$ nur aus einem Punkt $\{x_0\}$, so impliziert $x_n \in M(f_n, \tilde{S}_n)$, $n \in \mathbb{N}$ die Konvergenz $x_n \to x_0$.*

Beweis. Sei $x \in M(f, \tilde{S})$ und $r = f(x) = \inf f(\tilde{S})$. Da $M(f, \tilde{S})$ kompakt ist, gibt es eine Kugel $K(0, d)$ mit $d > 0$ derart, dass

$$A := M(f, \tilde{S}) + \overline{K}(0, d) \subset U$$

gilt. Ferner existiert ein $\alpha > 0$, so dass für ein $n_0 \in \mathbb{N}$ und alle $n \geq n_0$

$$H_n := \{x \mid x \in \tilde{S}_n, \ f_n(x) \leq r + \alpha\} \subset A$$

gilt.

Denn sonst existiert eine streng monotone Folge (k_n) in $\mathbb{N}$ und $x_{k_n} \in \tilde{S}_{k_n}$ mit $f_{k_n}(x_{k_n}) \leq r + \frac{1}{k_n}$ aber $x_{k_n} \notin A$. Da (S_n) gegen S konvergiert, gibt es eine Folge $(y_n \in S_n)$ mit $y_n \to x$. Für große k_n existiert ein Schnittpunkt z_{k_n} der Strecke $[y_{k_n}, x_{k_n}]$ mit der Menge

$$D := \left\{ u \in A \mid \inf_{v \in M(f, \tilde{S})} \|u - v\| = d \right\}.$$

Es ist $z_{k_n} \in S_{k_n}$, da S_{k_n} konvex ist.

Weil D nicht leer und kompakt ist, enthält die Folge (z_{k_n}) eine gegen ein $\overline{z} \in D$ konvergente Teilfolge $(z_l)_{l \in L}$. Da $\lim S_n = S$ ist, ist $\overline{z} \in S$. Zu jedem $l \in L$ gibt es ein $\alpha_l \in [0, 1]$ mit $z_l = \alpha_l x_l + (1 - \alpha_l) y_l$.

Es gilt

$$f_l(z_l) \leq \alpha_l f_l(x_l) + (1 - \alpha_l) f_l(y_l) \leq \alpha_l \left(r + \frac{1}{l} \right) + (1 - \alpha_l) f_l(y_l).$$

Aus der stetigen Konvergenz folgt $f(\overline{z}) \leq r$. Damit ist $\overline{z} \in M(f, \tilde{S}) \cap D$, was der Definition von D widerspricht. Für große n sind die Mengen H_n nichtleer, weil für jede gegen x konvergente Folge $(v_n \in \tilde{S}_n)$ gilt: $f_n(v_n) \to f(x) = r$. Bei der Minimierung von f_n auf S_n kann man sich also auf die Menge H_n einschränken. Mit $K := A$ folgen mit Zusatz 1 zu Satz 9.4.1 (Stabilitätssatz 1) die Behauptungen a) bis e). Die Aussage f) ergibt sich aus der Tatsache, dass (x_n) beschränkt ist und jeder Häufungspunkt von (x_n) gleich x_0 ist. $\square$

Bemerkung 9.4.3. Sei $U = X$. Eine der folgenden äquivalenten Bedingungen würde garantieren, dass die Menge $M(f, \tilde{S})$ nichtleer und kompakt ist (siehe Abschnitt 3.3.2).

(1) Die Menge der globalen Minimallösungen $M(f, X)$ von f auf X ist nichtleer und beschränkt.

(2) Alle Niveaumengen von f auf X sind beschränkt.

Diese Bemerkung führt zu einer einfachen Version des Satzes (siehe [K2] S. 26).

Folgerung. *Sei X ein endlich-dimensionaler normierter Raum und $(S_n)_{n \in \mathbb{N}}$ eine Folge abgeschlossener Teilmengen von X mit $\lim_n S_n := S \neq \emptyset$. Sei $(f_n : X \to \mathbb{R})_{n \in \mathbb{N}}$ eine Folge konvexer Funktionen, die punktweise gegen $f : X \to \mathbb{R}$ konvergiert. Ferner sei $M(f, X)$ nichtleer und beschränkt. Dann gelten die Aussagen a) bis e) des Satzes 9.4.2 (Stabilitätssatz 2).*

Als Folgerung erhält man den aus der Approximationstheorie bekannten Satz von Kripke (siehe [Ho] S. 118).

Satz 9.4.3 (Kripke). *Sei N eine Norm auf einem endlich-dimensionalen Vektorraum X und $(N_k)_{k \in \mathbb{N}}$ eine Folge von Halbnormen auf X, die punktweise auf X gegen N konvergiert. Sei V ein linearer Teilraum von X und $\overline{x} \in X \backslash V$. Für jedes $k \in \mathbb{N}$ wähle man eine N_k-beste Approximation y_k von $\overline{x}$ bzgl. V. Dann gilt:*

1) *Jede Teilfolge von $(y_k)_{k \in \mathbb{N}}$ hat eine N-konvergente Teilfolge.*

2) $\lim_k N(\overline{x} - y_k) = \inf\{N(\overline{x} - z) \mid z \in V\}$.

3) *Jeder N-Häufungspunkt von $(y_k)_{k \in \mathbb{N}}$ ist N-beste Approximation von $\overline{x}$ bzgl. V.*

4) *Wenn $\overline{x}$ eine eindeutig bestimmte N-beste Approximation $\overline{y}$ bzgl. V besitzt, so gilt $y_k \to \overline{y}$.*

Beweis. Hier sind die Niveaumengen abgeschlossene N-Kugeln mit Mittelpunkt 0. $\square$

Der Satz von Kripke ist durch eine Verallgemeinerung des folgenden Satzes von Polya entstanden.

Satz 9.4.4 (Polya-Algorithmus). *Sei T eine kompakte Teilmenge des $\mathbb{R}^n$, $x \in C(T)$ und V ein endlich-dimensionaler Teilraum von $C(T)$. Dann ist jeder Häufungspunkt der besten L^p-Approximationen ($p \in \mathbb{N} \backslash \{1\}$) von x bzgl. V eine beste Čebyšev-Approximation von x bzgl. V.*

Die Aussage ergibt sich aus dem nächsten Lemma, dessen Beweis eine Anwendung des Satzes von Banach-Steinhaus für konvexe Funktionen ist.

Lemma 9.4.1. *Sei* (T, Σ, μ) *ein endlicher Maßraum und* $p \in (1, \infty)$. *Dann gilt für alle* $x \in L^\infty(T, \Sigma, \mu)$

a)
$$\|x\|_p \xrightarrow{p \to \infty} \|x\|_\infty.$$

b)
$$\|x\|_p \xrightarrow{p \to 1} \|x\|_1 \quad und \quad \|x\|_p^p \xrightarrow{p \to 1} \|x\|_1.$$

Beweis. Nach Satz 9.2.5 genügt es, die punktweise Konvergenz auf dem dichten Teilraum der Treppenfunktion zu zeigen.

Sei $x = \sum_{k=1}^m \alpha_k \chi_{T_k}$ eine Treppenfunktion und $|\alpha_j| = \max_{1 \le i \le m} |\alpha_i|$. Dann gilt:

$$|\alpha_j| \xleftarrow{p \to \infty} |\alpha_j| \sqrt[p]{\mu(T_j)} \le \|x\|_p = \sqrt[p]{\sum_{k=1}^m |\alpha_k|^p \mu(T_k)}$$

$$\le |\alpha_j| \sqrt[p]{m \max_{1 \le k \le m} (\mu(T_k))} \xrightarrow{p \to \infty} |\alpha_j|, \qquad (9.4.3)$$

$$\sqrt[p]{\sum_{k=1}^m |\alpha_k|^p \mu(T_k)} \xrightarrow{p \to 1} \sum_{k=1}^m |\alpha_k| \mu(T_k), \qquad (9.4.4)$$

und

$$\sum_{k=1}^m |\alpha_k|^p \mu(T_k) \xrightarrow{p \to 1} \sum_{k=1}^m |\alpha_k| \mu(T_k). \qquad \square$$

Dem besseren Verständnis der Voraussetzungen in den beiden Stabilitätssätzen sollen die folgenden Beispiele dienen.

Auf die Kompaktheit der Menge $M(f, \tilde{S})$ kann man im Stabilitätssatz 2 nicht verzichten, wie unser erstes Beispiel zeigt.

Beispiel 1. Sei nämlich $U = X = S_n = S = \mathbb{R}^2$,

$$f(\lambda_1, \lambda_2) = |\lambda_2| \quad und \quad f_n(\lambda_1, \lambda_2) = \max\left(\lambda_2, -\lambda_1 - n - 1, \frac{2}{n}\lambda_1 - \lambda_2\right).$$

Dann konvergiert f_n gegen f punktweise und

$$\begin{array}{ll} M(f_n, \mathbb{R}^2) = \{(-n, -1)\} & \inf f_n(\mathbb{R}^2) = -1 \\ M(f, \mathbb{R}^2) = \{(\lambda, 0) \mid \lambda \in \mathbb{R}\} & \inf f(\mathbb{R}^2) = 0 \\ \overline{\lim}[M(f_n, \mathbb{R}^2)] = \emptyset & f(-n, -1) = 1. \end{array}$$

Die folgenden Beispiele zeigen, dass die Aussagen c) und d) im Stabilitätssatz 2 im allgemeinen unabhängig voneinander sind.

Beispiel 2. Sei $U = X = S_n = S = \mathbb{R}$, und seien

$$f(s) = \begin{cases} \exp s & s \geq 0 \\ 1 & s < 0 \end{cases} \quad \text{und} \quad f_n(s) := \begin{cases} \exp s & s \geq 0 \\ \exp \frac{s}{n} & -n \leq s \leq 0 \\ e^{-1} - (s + n) & s < -n \end{cases}$$

Dann gilt $f_n \to f$ punktweise, $\inf f(\mathbb{R}) = 1$

$$\inf f_n(\mathbb{R}) = e^{-1}, \quad M(f, \mathbb{R}) = [-\infty, 0], \quad M(f_n, \mathbb{R}) = \{-n\}$$

und $\overline{\lim}[M(f_n, \mathbb{R})] = \emptyset$. Damit ist $\inf f_n(\mathbb{R}) \not\to \inf f(\mathbb{R})$ aber $f(-n) = 1 = \inf f(\mathbb{R})$.

Beispiel 3. Sei $U = X = \mathbb{R}^2$, $S = \{(\lambda, 0) \mid \lambda \in \mathbb{R}\}$, $S_n = \{(\lambda, \frac{1}{n}\lambda) \mid \lambda \in \mathbb{R}\}$ sowie

$$f(\lambda_1, \lambda_2) = |\lambda_2| \quad \text{und} \quad f_n(\lambda_1, \lambda_2) = \left| \lambda_2 - \frac{1}{n}\lambda_1 \right|.$$

Dann konvergiert f_n punktweise gegen f und $S = \lim_n S_n$, $M(f_n, S_n) = S_n$, $M(f, S) = S$ und

$$\inf f_n(S_n) = \inf f(S) = 0.$$

Aber für $(n, 1) \in M(f_n, S_n)$ ist

$$f(n, 1) = 1 \not\to \inf f(S).$$

Beispiel 4. Sei $X = l^2$, $K = \{x \in l^2 \mid \|x_2\| \leq 1, \ x \geq 0\}$, $f(x) = \sum_1^\infty \lambda_i^2$ und $f_n(x) = \sum_{i=1}^{n-1} \lambda_i^2 - \sum_{i=n}^\infty \frac{1}{3^i} \lambda_i$.

Die Funktionen f_n ($n = 1, 2, \ldots$) sind konvex, stetig und monoton wachsend. Es gilt $M(f_n, K) = \{e_n\}$ (e_n ist der n-te Einheitsvektor),

$$\inf f_n(K) = -\frac{1}{3^n} \to \inf f(K) = 0 \quad \text{aber} \quad 1 = f(e_n) \not\to \inf f(K) = 0.$$

Beispiel 5. Sei $X = l^2$, K die Einheitskugel in l^2, $f(x) = \|x\|^2$ und $f_n(x) = \sum_{i \neq n} \lambda_i^2 - \lambda_n$.

Die Funktionen f_n sind stetig und konvex, aber die Folge $(f_n)_{n \in \mathbb{N}}$ ist *nicht monoton*. Es gilt $\inf f_n(K) = -1$, $\inf f(K) = 0$, also $\inf f_n(K) \not\to \inf f(K)$.

Ferner gelten $M(f_n, K) = \{e_n\}$ und $M(f, K) = \{0\}$, und e_n konvergiert schwach gegen 0 (d. h. für alle $u \in \ell^2$ gilt $\lim_n \langle u, e_n \rangle = 0$).

Beispiel 6. Sei $X = l^2$ und K die Einheitskugel in l^2. Ferner sei $f(x) = (\lambda_1 - 1)^2 + \sum_{i=2}^\infty \lambda_i^2$ und $f_n(x) = (\lambda_1 - 1)^2 + \sum_{i=2}^\infty \lambda_i^2 - 2\lambda_n$. Ist α_0 die Lösung von $\frac{\alpha}{\sqrt{1-\alpha^2}} = 1 - \alpha$, $0 < \alpha < 1$, so gilt $\inf f_n(K) = (1 - \alpha)^2 - 2\sqrt{1 - \alpha_0^2} \leq -1$. Außerdem ist $\inf f(K) = 0$, $M(f_n, K) = \{\alpha_0 e_1 + \sqrt{1 - \alpha_0^2} e_n\}$, $\alpha_0 e_1 + 1 - \alpha_0^2 e_n$ konvergiert schwach gegen $\alpha_0 e_1$ und $\alpha_0 e_1 \notin M(f, K) = \{e_1\}$.

9.4.1 Diskrete Approximierbarkeit bei semi-infiniter Optimierung

Als eine Anwendung des Stabilitätssatzes 2 wollen wir die Approximierbarkeit von semi-infiniten Problemen durch diskrete Aufgaben untersuchen (siehe [H-Z] S. 70).

Sei $B \subseteq \mathbb{R}^m$ kompakt, $Z_0 \subset \mathbb{R}^n$ offen, und seien $F: Z_0 \to \mathbb{R}$, $g: Z_0 \times B \to \mathbb{R}$ stetige Funktionen. Wir betrachten die semi-infinite Aufgabe ([H-Z] S. 17)

(SIP) Minimiere $F(z)$ unter den Nebenbedingungen $z \in Z_0$ und $g(z, x) \leq 0$ für alle $x \in B$.

Satz 9.4.5 (Approximierbarkeitssatz). *Sei die Menge der Minimallösungen von (SIP) nichtleer und kompakt: Ist $B_n \subset B$ mit $B_n \overset{n \to \infty}{\longrightarrow} B$, so gelten für (SIP) die Aussagen a) bis f) des Stabilitätssatzes 2, falls Z_0, F und $g(\cdot, b)$ für alle $b \in B$ konvex sind.*

Beweis. Sei $Z_n := \{z \in \mathbb{R}^n \mid g(z, x) \leq 0, \ x \in B_n\}$ und $Z := \{z \in \mathbb{R}^n \mid g(z, x) \leq 0, \ x \in B\}$. Setze im Stabilitätssatz 2 $U := Z_0$, $S_n := Z_n$, $S := Z$. Dann ist $Z_n \overset{n \to \infty}{\longrightarrow} Z$ zu zeigen. Wegen $B_n \subset B$ gilt $Z_n \supset Z$ und damit $\underline{\lim}_{n \to \infty} Z_n \supset Z$. Andererseits sei $\overline{z}$ der Grenzwert einer Teilfolge z_{n_i} mit $z_{n_i} \in Z_{n_i}$. Wäre $\overline{z} \notin Z$, so gäbe es ein $\overline{x} \in B$ mit $g(\overline{z}, \overline{x}) > 0$. Da $B_n \overset{n \to \infty}{\longrightarrow} B$ gilt, gibt es eine Folge $(x_n \in B_n)_{n \in \mathbb{N}}$ mit $x_n \to \overline{x}$. Aus der Stetigkeit von g und $(x_{n_i}, z_{n_i}) \overset{i \to \infty}{\longrightarrow} (\overline{x}, \overline{z})$ folgt der Widerspruch $g(\overline{z}, \overline{x}) \leq 0$. □

Von besonderer Bedeutung ist der Fall, wenn alle B_n endlich (diskret) sind.

9.5 Geordnete Vektorräume und konvexe Kegel

9.5.1 Geordnete Vektorräume

Definition 9.5.1. Sei X ein reeller Vektorraum. Eine Teilmenge P von X heißt *konvexer Kegel in X*, wenn P die folgenden Eigenschaften hat:

K1) $0 \in P$,

K2) $\forall \alpha \in \mathbb{R} \ \forall x \in P : \alpha \geq 0 \Rightarrow \alpha x \in P$,

K3) $\forall x_1, x_2 \in P : x_1 + x_2 \in P$.

Eine zweistellige Relation $\leq$ auf X heißt *Ordnung auf X*, wenn $\leq$ die folgenden Eigenschaften hat:

O1) $\leq$ ist reflexiv auf X, d. h.: $\forall x \in X : x \leq x$,

O2) $\leq$ ist transitiv. d. h.: $\forall x, y, z \in X : x \leq y$ und $y \leq z \Rightarrow x \leq z$,

O3) $\leq$ ist mit der Vektoraddition $+$ verträglich, d. h.:

$$\forall x, y, z \in X : x \leq y \Rightarrow x + z \leq y + z,$$

O4) $\le$ ist mit der Skalarmultiplikation $\cdot$ verträglich, d. h.:

$$\forall \alpha \in \mathbb{R} \; \forall x, y \in X : 0 \le \alpha \quad \text{und} \quad x \le y \Rightarrow \alpha x \le \alpha y.$$

Ist P ein konvexer Kegel in X bzw. $\le$ eine Ordnung auf X, so wird das Paar (X, P) bzw. $(X, \le)$ als *geordneter Vektorraum* bezeichnet.

Sei X ein reeller Vektorraum. Direkt aus Definition folgt:

1) Ist P ein konvexer Kegel in X, so ist die Relation $\le_P$, die durch

$$\forall x, y \in X : x \le_P y :\Leftrightarrow y - x \in P$$

definiert wird, eine Ordnung auf X.

2) Ist $\le$ eine Ordnung auf X, so ist die Menge

$$P_{\le} := \{x \in X \mid 0 \le x\}$$

ein konvexer Kegel in X.

3) Mit den in 1), 2) eingeführten Bezeichnungen gilt für jeden konvexen Kegel P in X: $P = P_{\le_P}$ und für jede Ordnung $\le$ auf X: $\le \; = \; \le_{P_{\le}}$. Ordnungen und konvexe Kegel entsprechen also einander eineindeutig.

Beispiele. (a) Sei D eine Menge und X ein Teilraum des Vektorraumes $\mathbb{R}^D$ aller Funktionen $f : D \to \mathbb{R}$ und $P := \{f \in X \mid x \in D : f(x) \ge 0\}$. Dann heißt P der *natürliche Kegel* auf X. (Als Spezialfall ergibt sich für $D = \{1, \ldots, n\}$ der $\mathbb{R}^n$ mit seinem natürlichen Kegel.)

(b) $X = \mathbb{R}^2$ und $P := \{(x_1, x_2) \in \mathbb{R}^2 \mid x_1 \ge 0\}$.

(c) $X = \mathbb{R}^2$ und für alle $(x_1, x_2), (y_1, y_2) \in \mathbb{R}^2$ sei $(x_1, x_2) \le_L (y_1, y_2) :\Leftrightarrow x_1 < y_1$ oder $(x_1 = y_1$ und $x_2 \le y_2)$. ($\le_L$ ist die lexikographische Ordnung auf $\mathbb{R}^2$.)

(d) Sei X der Vektorraum aller Funktionen $f : [0, 1] \to \mathbb{R}$, und sei $P := \{g \in X \mid \forall t \in [0, 1] : g(t) \ge 0$ und g wächst monoton$\}$.

(e) Sei (T, Σ, μ) ein Maßraum. Wir betrachten die Räume $L^p(T, \Sigma, \mu)$ mit $1 \le p \le \infty$. Die Elemente hier sind Äquivalenzklassen von Funktionen, die bis auf eine μ-Nullmenge übereinstimmen. Infolgedessen wird der Kegel

$$P := \{x \in L^p(T, \Sigma, \mu) \mid x(t) \ge 0 \; \mu - \text{f.ü.}\}$$

natürlich genannt.

9.5.2 Normale Kegel

Bei Problemen, in denen sowohl Ordnungs- als auch topologische Eigenschaften eine Rolle spielen, ist der Begriff des Normalkegels wichtig. Die natürlichen Kegel der für die Anwendungen besonders relevanten Funktionenräume sind normal. Aber sie besitzen oft kein Inneres.

Definition 9.5.2. Sei A eine Teilmenge eines durch einen Kegel C geordneten Vektorraumes Y. Mit *voller Hülle* $[A]_C$ *von* A bezeichnet man

$$[A]_C := \{z \in Y \mid x \leq_C z \leq_C y \quad \text{für} \quad x \in A,\ y \in A\}.$$

Also ist $[A]_C = (A + C) \cap (A - C)$. A heißt *voll*, wenn $A = [A]_C$.

Definition 9.5.3. Ein konvexer Kegel C in einem normierten Raum heißt *normal*, wenn die volle Hülle $[B]_C$ der Einheitskugel B beschränkt ist. Eine Familie F konvexer Kegel heißt *gleichmäßig normal*, wenn die Vereinigung

$$\bigcup_{C \in F} [B]_C$$

beschränkt ist.

Ein Kriterium dafür ist der

Satz 9.5.1 (siehe [Pe], [K3]). *Sei* $P := \{\|z\| \mid \exists C \in F \text{ und } y \in B \text{ derart, dass } 0 \leq_C z \leq_C y\}$. *Ist P beschränkt, dann ist F gleichmäßig normal.*

Beweis. Sei $x \in \bigcup_{C \in F} [B]_C$. Dann gibt es $y_1, y_2 \in B$ und ein $C \in F$, so dass $y_1 \leq_C x \leq_C y_2$ oder $0 \leq_C x - y_1 \leq_C y_2 - y_1$. Sei r eine obere Schranke für P. Aus $y_2 - y_1 \in 2B$ folgt

$$\frac{\|x - y_1\|}{2} \leq r \quad \text{und damit} \quad \|x\| \leq 2r + 1. \qquad \square$$

Beispiele für Normalkegel C in normierten Räumen sind die natürlichen Kegel in a) $\mathbb{R}^n$, b) $C[T]$, wobei T ein kompakter metrischer Raum ist, c) $L^p(T, \Sigma, \mu)$ für einen Maßraum (T, Σ, μ).

Beweis. a) Für die abgeschlossene Einheitskugel B bzgl. der Maximum-Norm in $\mathbb{R}^n$ gilt sogar $B = [B]_C$.

b) Auch hier folgt offensichtlich aus $\|x\| \leq 1$, $\|y\| \leq 1$ und $x(t) \leq z(t) \leq y(t)$: $\|z\| \leq 1$, d. h. $B = [B]_C$ (B-abg. Einheitskugel).

c) Hier gilt $C := \{x \in L^p(T, \Sigma, \mu) \mid x(t) \geq 0 \ \mu\text{-f.ü.}\}$.

Aus $0 \leq_C z \leq_C x$ folgt $\|z\| \leq \|x\|$ (Monotonie der Norm). Aus obigem Satz folgt die Behauptung. $\qquad \square$

Analog ist der natürliche Kegel in Orliczräumen normal, da die Norm offensichtlich die Monotonie-Eigenschaft besitzt (siehe Abschnitt 5.1.10).

9.6   Konvexe Abbildungen

Seien X und Y Vektorräume und C ein Kegel in Y. Die Abbildung $A\colon X \to Y$ heißt C-*konvex*, falls für alle $0 \le \alpha \le 1$ und alle $u, v \in X$ gilt

$$A(\alpha u + (1 - \alpha)v) \le_C \alpha A(u) + (1 - \alpha)A(v).$$

Beispiele. 1) $Y = \mathbb{R}$, $C = \mathbb{R}_+$ und $f\colon X \to \mathbb{R}$ konvex. Dann ist f C-konvex.

2) $Y = \mathbb{R}^m$, C der natürliche Kegel in $\mathbb{R}^m$ und für $i = 1, \ldots, m$ sei $f_i\colon X \to \mathbb{R}$ konvex. Dann ist $A = (f_1, \ldots, f_m)$ eine C-konvexe Abbildung von X in $\mathbb{R}^m$.

3) Sei $\Phi\colon [a, b] \times [c, d] \times \mathbb{R} \to \mathbb{R}$ stetig und für alle $t, s \in [a, b] \times [c, d]$ sei $\Phi(t, s, \cdot)$ konvex. Die folgende punktweise definierte Abbildung $A\colon C[a, b] \to C[c, d]$ ist bzgl. der natürlichen Ordnung konvex:

$$A(x)(s) := \int_a^b \Phi(t, s, x(t))dt.$$

Denn es gilt für $x_1, x_2 \in C[a, b]$, $\alpha \in [0, 1]$ und $s \in [c, d]$

$$\begin{aligned}
A(\alpha x_1 + (1 - \alpha)x_2)(s) &= \int_a^b \Phi(t, s, \alpha x_1(t) + (1 - \alpha)x_2(t))dt \\
&\le \int_a^b [\alpha \Phi(t, s, x_1(t)) + (1 - \alpha)\Phi(t, s, x_2(t))]dt \\
&= \alpha(Ax_1)(s) + (1 - \alpha)(Ax_2)(s).
\end{aligned}$$

4) Sei T ein Intervall in $\mathbb{R}$ und $a_i, b_i, c_i \in C(T)$ für alle $i \in I$ und $A_i\colon C^{(1)}(T) \to C(T)$ durch

$$(A_i y)(t) = y'(t) + a_i(t)y(t) + b_i(t)y^2(t) + c_i(t).$$

Für $C_i := \{x \in C(T) \mid x(t) \cdot b_i(t) \ge 0 \text{ für alle } t \in T \text{ und } x(t) \ge 0 \text{ falls } b_i(t) = 0\}$ ist der Operator A_i C_i-konvex. Die Familie $\{C_i\}_{i \in I}$ ist gleichmäßig normal. Denn für y mit $\|y\|_\infty = \max_{t \in T} |y(t)| \le 1$ und $0 \le_{C_i} x \le_{C_i} y$ folgt $\|x\|_\infty \le 1$.

Gleichmäßige Beschränktheit

Der folgende Satz ist eine Verallgemeinerung des Satzes von Banach über gleichmäßige Beschränktheit (siehe Abschnitt 9.2) auf Familien konvexer Operatoren.

Satz 9.6.1. *Sei Q eine konvexe und offene Teilmenge eines Banachraumes X und Y ein normierter Raum. Ferner sei $\{C_i\}_{i \in I}$ eine Familie gleichmäßig normaler Kegel in Y und $A_i \colon Q \to Y$ eine C_i-konvexe stetige Abbildung. Ist die Familie $\{A_i\}_{i \in I}$ punktweise normbeschränkt, dann ist $\{A_i\}_{i \in I}$ lokal gleichmäßig Lipschitz-stetig, d. h. zu jedem $x \in Q$ gibt es eine Umgebung U von x und eine Zahl $L > 0$, so dass für alle $u, v \in U$ und alle $i \in I$ gilt*

$$\|A_i u - A_i v\| \le L \|u - v\|.$$

Beweis. Die Familie $\{A_i\}_{i \in I}$ ist punktweise normbeschränkt, d. h. zu jedem $x \in Q$

$$s(x) := \sup_{i \in I} \|A_i(x)\| < \infty.$$

Die Funktion $s \colon Q \to \mathbb{R}$ ist auf einer offenen Kugel Q_1 beschränkt. Denn sonst wäre für jedes $k \in \mathbb{N}$ die Menge

$$D_k := \{x \in Q \mid s(x) > k\}$$

dicht in Q.

Als Supremum stetiger Funktionen ist s unterhalbstetig, und damit ist D_k offen für alle $k \in \mathbb{N}$. Als Banachraum ist X von zweiter Bairescher Kategorie (siehe [W1] S. 27), und damit gilt

$$\bigcap_{k=1}^{\infty} D_k \ne \emptyset.$$

Aber $y_0 \in \bigcap_{k=1}^{\infty} D_k$ steht im Widerspruch zu $s(y_0) < \infty$.

Im nächsten Schritt zeigen wir, dass jeder Punkt $x \in Q$ eine Umgebung besitzt, auf der s beschränkt ist. Sei o. B. d. A. 0 der Mittelpunkt von Q_1. Da Q offen ist, existiert ein $0 < \alpha < 1$, so dass $(1 + \alpha)x \in Q$ und $U := \frac{\alpha}{1+\alpha} Q_1 + x \subset Q$.

Sei $x' \in U$, d. h. $x' = x + \frac{\alpha}{1+\alpha} z$ mit $z \in Q_1$. Dann gilt:

$$A_i(x') = A_i \left(\frac{1+\alpha}{1+\alpha} x + \frac{\alpha}{1+\alpha} z \right)$$

$$\le_{C_i} \frac{1}{1+\alpha} A_i((1+\alpha)x) + \frac{\alpha}{1+\alpha} A_i(z) =: \beta_i(z),$$

$$A_i(x') = (1+\alpha) \left[\frac{1}{1+\alpha} A_i(x') + \frac{\alpha}{1+\alpha} A_i\left(-\frac{z}{1+\alpha} \right) \right] - \alpha A_i\left(-\frac{z}{1+\alpha} \right)$$

$$\ge_{C_i} (1+\alpha) \left[A_i\left(\frac{x'}{1+\alpha} - \frac{\alpha}{(1+\alpha)^2} z \right) \right] - \alpha A_i\left(\frac{z}{1+\alpha} \right)$$

$$= (1+\alpha) A_i\left(\frac{x}{1+\alpha} \right) - \alpha A_i\left(\frac{z}{1+\alpha} \right) := \alpha_i(z).$$

Da $\{A_i\}_{i \in I}$ auf Q punktweise normbeschränkt und auf Q_1 gleichmäßig normbeschränkt ist, existiert eine Zahl $r > 0$, so dass für alle $z \in Q_1$ und alle $i \in I$

$$\alpha_i(z), \beta_i(z) \in K(0, r)$$

gilt.

Die Familie $\{C_i\}_{i \in I}$ ist gleichmäßig normal. Folglich gibt es eine Kugel $K(0, R)$ mit $[K(0, r)]_{C_i} \subset K(0, R)$ und damit auch

$$A_i(x') \in [\alpha_i(z), \beta_i(z)]_{C_i} \subset K(0, R),$$

d. h. $\|A_i(x')\| \leq R$ für alle $i \in I$ und alle $x \in U$.

Sei B die Einheitskugel in X und $\delta > 0$ so gewählt, dass s auf $x + \delta B + \delta B$ beschränkt ist, d. h. es existiert ein $l > 0$ mit

$$s(x + \delta B + \delta B) \subset [0, l]. \tag{9.6.1}$$

Für $y_1, y_2 \in x + \delta B$ und $y_1 \neq y_2$ gilt

$$z := y_1 + \frac{\delta(y_1 - y_2)}{\|y_1 - y_2\|} \in x + \delta B + \delta B.$$

Sei $\lambda := \frac{\|y_1 - y_2\|}{\delta + \|y_1 - y_2\|}$. Dann gilt

$$A_i(y_1) \leq_{C_i} (1 - \lambda) A_i(y_2) + \lambda A_i(z) = A_i(y_2) + \lambda(A_i(z) - A_i(y_2)),$$

d. h.

$$A_i(y_1) - A_i(y_2) \leq_{C_i} \lambda(A_i(z) - A_i(y_2)).$$

Entsprechend ist für $v := y_2 + \frac{\delta(y_1 - y_2)}{\|y_1 - y_2\|} \in x + \delta B + \delta B$

$$A_i(y_2) - A_i(y_1) \leq_{C_i} \lambda(A_i(v) - A_i(y_1)),$$

d. h.

$$A_i(y_1) - A_i(y_2) \in \lambda[A_i(y_1) - A_i(v), A_i(z) - A_i(y_2)]_{C_i}.$$

Nach (9.6.1) ist für alle $y_1, y_2 \in x + \delta B$ und alle $i \in I$

$$A_i(y_1) - A_i(v), \quad A_i(z) - A_i(y_2) \in K(0, 2l).$$

Da $\{C_i\}$ gleichmäßig normal ist, existiert eine Kugel $K(0, l_1)$, dass $[K(0, l)]_{C_i} \subset K(0, l_1)$ für alle $i \in I$ gilt. Damit ist

$$A_i(y_1) - A_i(y_2) \in \lambda K(0, l_1),$$

d. h.

$$\|A_i(y_1) - A_i(y_2)\| \leq \lambda \cdot l_1 \leq \frac{\|y_1 - y_2\|}{\delta} \cdot l_1 = L\|y_1 - y_2\|$$

mit $L := \frac{l_1}{\delta}$. $\qquad\qquad\square$

Folgerung. *Sei* $\{A_i\}_{i \in I}$ *wie in Satz 9.6.1. Dann ist* $\{A_i\}_{i \in I}$ *gleichgradig stetig.*

Aufgabe. Geben Sie Beispiele für das folgende Verhalten an:

a) Eine Folge konvexer Funktionen $(f_n)_{n \in \mathbb{N}}$ auf $\mathbb{R}^2$ konvergiert punktweise gegen
   $F: \mathbb{R}^2 \to \mathbb{R}$ und es gilt:

   1) $M(f, \mathbb{R}^2) \neq \emptyset$,

   2) $\lim_{n \to \infty} M(f_n, \mathbb{R}^2) = \emptyset$,

   3) die Folge der Minimalwerte $(\inf(f_n(\mathbb{R}^2))_{n \in M}$ konvergiert nicht gegen den
      Minimalwert von f.

b) Eine Folge $(f_n: \mathbb{R} \to \mathbb{R})_{n \in M}$ konvergiert punktweise gegen $f: \mathbb{R} \to \mathbb{R}$, aber

   1) $\lim_{n \to \infty} M(f_n, \mathbb{R})$ ist nicht enthalten in $M(f, \mathbb{R})$,

   2) die Minimalwerte von $(f_n)_{n \in M}$ konvergieren gegen den Minimalwert
      von f.

Bemerkung. Ist $C_i = \{0\}$ für alle $i \in I$, so liefert Satz 9.6.1 wieder den Satz über
gleichmäßige Beschränktheit für lineare Operatoren.

Anwendung auf konvexe Optimierung

Wir wollen den Satz 9.6.1 auf Stabilitätsfragen der konvexen Optimierung anwenden.

Lemma 9.6.1. *Sei Q eine offene und konvexe Teilmenge eines Banachraumes X und Y
ein normierter Raum, der durch einen abgeschlossenen normalen Kegel C mit $\mathrm{Int}\, C \neq$
$\emptyset$ geordnet ist.*

*Ferner sei $(A_n: Q \to Y)_{n \in \mathbb{N}}$ eine Folge C-konvexer stetiger Operatoren, die gegen
$A: Q \to Y$ punktweise konvergiert.*

*Existiert ein $\overline{x} \in Q$ mit $A\overline{x} \in -\mathrm{Int}\, C$, dann konvergiert die Folge $S_n := \{x \in Q \mid$
$A_n(x) \leq 0\}$ gegen die Menge $S := \{x \in Q \mid Ax \leq 0\}$.*

Beweis. Sei (A_k) eine Teilfolge von (A_n), und sei $x_k \to x_0$, $A_k x_k \leq 0$. Aus Satz 9.6.1
folgt $A_k x_k \to A x_0$. Da C abgeschlossen ist, gilt $A x_0 \leq 0$. Damit ist $\overline{\lim}_{n \in \mathbb{N}} S_n \subset S$.
Sei $Ax \in -\mathrm{Int}\, C$. Da A_n punktweise gegen A konvergiert, ist für $n \geq n_0$

$$A_n x \in -\mathrm{Int}\, C$$

und damit $x \in \underline{\lim}\, S_n$. Da $\underline{\lim}\, S_n$ abgeschlossen ist, gilt

$$\overline{\lim}\, S_n \subset S = \overline{\{x \mid Ax \in -\mathrm{Int}\, C\}} \subset \underline{\lim}\, S_n \subset \overline{\lim}\, S_n.$$

Das Lemma und die Sätze in Abschnitt 9.4 liefern die folgenden Stabilitätsaussagen. $\square$

Satz 9.6.2. *Seien* $Q, (A_n)_{n \in \mathbb{N}}$, $(S_n)_{n \in \mathbb{N}}$ *und* S *wie im Lemma. Ferner sei* $(f_n \colon Q \to \mathbb{R})_{n \in \mathbb{N}}$ *eine Folge stetiger konvexer Funktionen, die punktweise gegen die Funktion* $f \colon Q \to \mathbb{R}$ *konvergiert. Besitzt für jedes* $n \in \mathbb{N}$ *die konvexe Optimierungsaufgabe* (f_n, S_n) *eine Lösung* x_n, *dann ist jeder Häufungspunkt der Folge* $(x_n)_{n \in \mathbb{N}}$ *eine Lösung der Optimierungsaufgabe* (f, S).

Satz 9.6.3. *Ist in Satz 9.6.2* Q *endlich-dimensional und die Menge der Lösungen von* (f, S) *beschränkt, dann folgt zusätzlich:*

a) $(x_n)_{n \in \mathbb{N}}$ *besitzt Häufungspunkte.*

b) *Die Minimalwerte der Aufgaben* (f_n, S_n) *konvergieren gegen den Minimalwert von* (f, S).

9.7 Komponentenweise konvexe Abbildungen

Der in Abschnitt 9.6 bewiesene Satz 9.6.1 lässt sich auf komponentenweise konvexe Abbildungen erweitern. Dies erlaubt, die Stabilitätssätze der konvexen Optimierung auf Stabilitätsfragen von Sattelpunkt- bzw. Gleichgewichtspunkt-Problemen wie auch der Theorie der Gleichungen zu übertragen.

Satz 9.7.1. *Sei für jedes* $j \in \{1, \ldots, n\}$ X_j *ein Banachraum und* U_j *eine offene und konvexe Teilmenge von* X_j. *Sei* Y *ein normierter Raum, der die gleichmäßig normale Familie* $\{C_{ij} \mid i \in I, \; j \in \{1, \ldots, n\}\}$ *(*I *eine beliebige Indexmenge) konvexer Kegel enthält.*

Ferner sei $F = \{A_i \colon U_1 \times \ldots \times U_n \to Y\}_{i \in I}$ *eine Familie von Abbildungen, die punktweise beschränkt ist und derart, dass für alle* $i \in I$ *und* $j \in \{1, \ldots, n\}$ *die Komponente* $A_{ij} \colon U_j \to Y$ *stetig und* C_{ij} *konvex ist.*

Dann besitzt jeder Punkt aus $U_1 \times \ldots \times U_n$ *eine Umgebung* U *auf der* F *gleichmäßig beschränkt und gleichmäßig Lipschitz-stetig ist, d. h. es gibt ein* $L > 0$ *derart, dass für alle* $u, v \in U$ *und alle* $i \in I$ *gilt*

$$\|A_i u - A_i v\| \le L \|u - v\|.$$

Beweis. Der Satz wird mit vollständiger Induktion über n bewiesen. Satz 9.6.1 liefert den Induktionsanfang für $n = 1$. Angenommen, die Behauptung ist für $(n - 1)$ bereits bewiesen. Für die gleichmäßige Beschränktheit genügt es, die folgende Eigenschaft zu zeigen: Für alle Folgen $x_k = (x_{k,1}, \ldots, x_{k,n})$, die gegen ein $(\overline{x}_1, \ldots, \overline{x}_n)$ konvergieren, und alle Folgen $(A_k)_{k \in \mathbb{N}}$ in F ist $(\|A_k(x_k)\|)_{k \in \mathbb{N}}$ beschränkt (siehe auch [Pa2], [Th]).

Die Norm in $X_1 \times \ldots \times X_n$ sei durch $\| \cdot \|_{X_1} + \ldots + \| \cdot \|_{X_n}$ gegeben. Für alle $z \in \tilde{U} := U_1 \times \ldots \times U_{n-1}$ ist $\{A_k(z, \cdot) \mid k \in \mathbb{N}\}$ punktweise beschränkt und nach Satz 9.6.1 gleichgradig stetig in $\overline{x}_n$. Wegen $x_{k,n} \overset{k \to \infty}{\longrightarrow} \overline{x}_n$ ist für alle $z \in \tilde{U}$

$$\{A_k(z, x_{k,n})\}_{k \in \mathbb{N}} \tag{9.7.1}$$

beschränkt, d. h. die Familie $\{A_k(\cdot, x_{k,n})\}_{k \in \mathbb{N}}$ ist punktweise beschränkt und nach Induktionsannahme gleichgradig stetig in $(\overline{x}_1, \ldots, \overline{x}_{n-1})$.

Wegen

$$(x_{k,1}, \ldots, x_{k,n-1}) \overset{k \to \infty}{\longrightarrow} (\overline{x}_1, \ldots, \overline{x}_{n-1})$$

gilt

$$A_k(x_{k,1}, \ldots, x_{k,n}) - A_k(\overline{x}_1, \ldots, \overline{x}_{n-1}, x_{k,n}) \overset{k \to \infty}{\longrightarrow} 0.$$

Mit (9.7.1) folgt die gleichmäßige Beschränktheit. Damit existieren offene Umgebungen V_j in U_j, $j \in \{1, \ldots, n\}$ und ein $\alpha \in \mathbb{R}$ derart, dass für alle $v_j \in V_j$ und alle $A \in F$

$$\|A(v_1, \ldots, v_n)\| \leq \alpha$$

gilt. Sei $Q := V_1 \times \ldots \times V_{n-1}$. Wir betrachten die Familie

$$\{A(\cdot, v): Q \to Y \mid A \in F, \ v \in V_n\}.$$

Sie ist punktweise beschränkt. Sei $x_0 \in Q$. Nach Induktionsannahme existiert eine Umgebung $W \subset Q$ von x_0 und ein $\alpha_1 \in \mathbb{R}_+$ derart, dass für alle $u_1, u_2 \in W$ und alle $v \in V_n$

$$\|A(u_1, v) - A(u_2, v)\| \leq \alpha_1 \|u_1 - u_2\|$$

gilt.

Analog ist die Familie $\{A(w, \cdot): V_n \to Y \mid w \in V_1 \times \ldots \times V_{n-1}, A \in F\}$ punktweise beschränkt, und nach Satz 9.6.1 existiert ein $\tilde{V} \subset V_n$ und ein $\alpha_2 \in \mathbb{R}_+$ derart, dass für alle $v_1, v_2 \in \tilde{V}$ und $u \in Q$

$$\|A(u, v_1) - A(u, v_2)\| \leq \alpha_2 \|v_1 - v_2\|$$

ist. Für alle $(x, y), (u, v) \in W \times \tilde{V}$, $\alpha := \max\{\alpha_1, \alpha_2\}$ und für alle $A \in F$ gilt

$$\|A(u, v) - A(x, y)\| \leq \|A(u, v) - A(x, v)\| + \|A(x, v) - A(x, y)\|$$
$$\leq \alpha[\|u - x\| + \|v - y\|] = \alpha \|(u, v) - (x, y)\|. \qquad \square$$

Bemerkungen.   1) Die Familie $\{A_i\}_{i \in I}$ ist gleichgradig stetig.

2) Sei $I = \mathbb{N}$ und $(A_i)_{i \in \mathbb{N}}$ punktweise gegen A konvergent. Nach Abschnitt 9.3 ist A stetig, und $(A_i)_{i \in \mathbb{N}}$ ist stetig gegen A konvergent. Auf kompakten Teilmengen ist die Konvergenz gleichmäßig.

3) Der Satz verallgemeinert analoge Aussagen für konkav-konvexe Funktionen in [Pa1], [Pa2] und komponentenweise konvexe reellwertige Funktionen in [Th]. Denn die zwei Kegel $\mathbb{R}_{\geq 0}, \mathbb{R}_{\leq 0}$ bilden offensichtlich eine gleichmäßig normale Familie.

Kapitel 10

Selektion von Lösungen durch Algorithmen.
Zweistufige Lösungen

Durch die Wahl eines Algorithmus zur Berechnung einer Lösung der vorgegebenen Optimierungsaufgabe wird im allgemeinen auch eine Selektion auf der Menge der Lösungen vorgenommen.

Bei der Behandlung von Optimierungsaufgaben wird oft das Ausgangsproblem durch eine Folge von approximierenden Aufgaben ersetzt. Ist die approximierende Folge festgelegt, so sind hier meistens nur gewisse Lösungen des Ausgangsproblems erreichbar. Sie erweisen sich oft als zweistufige Lösungen bzgl. einer zu jeweiligem Ansatz gehörenden Funktion. Es gilt derartige Funktionen zu finden. Dieser Ansatz besitzt eine formale Ähnlichkeit mit dem aus der Wahrscheinlichkeitstheorie bekannten zentralen Grenzwertsatz. Hier beschreibt die Normalverteilung die zweite Stufe.

Zur Illustration betrachten wir die folgenden Fragen.

B1. Ein Problem von Polya

Polya hat gezeigt, dass jeder Häufungspunkt der Folge der besten L^p-Approximationen ($p \in \mathbb{N}$) eines Elementes in $C[a, b]$ bzgl. eines endlich-dimensionalen Teilraumes V von $C[a, b]$ stets eine beste Čebyšev-Approximation ist. Seine Frage war: Ist die Gesamtfolge konvergent? Erst nach mehr als 40 Jahren hat Descloux 1963 ein Gegenbeispiel dazu konstruiert. Für die analoge Frage in $\mathbb{R}^n$ gab er eine positive Antwort. Hier konvergiert die Folge gegen die von J. Rice eingeführte strikte Approximation. Für den anderen Grenzfall, $p = 1$ gibt es eine positive Antwort für beliebige Maßräume (T, Σ, μ) und endlich-dimensionale konvexe Teilmengen V von $L^1(\mu)$. Hier konvergieren bei $p \to 1$ die L^p-Minimallösungen gegen diejenige L^1-Minimallösung, die die größte Entropie besitzt, d. h. die noch zusätzlich die Funktion (zweite Stufe)

$$g(v) := -\int_T |v| \log |v| d\mu$$

maximiert. Dies wird in diesem Kapitel bewiesen.

Für den eindimensionalen Teilraum der Konstanten entspricht die beste $L^1(\mu)$ Approximation dem Median. Landers und Rogge haben in [L-R] vorgeschlagen, den Grenzwert über L^p-Approximationen den *natürlichen Median* zu nennen.

B2

Kann man analoge Aussagen für approximative Lösungen von Gleichungen oder Sattelpunktaufgaben erhalten?

So z. B. besitzt das Gleichungssystem $Ax = b$ mit $A = \begin{pmatrix} 1 & 1 \\ 2 & 2 \end{pmatrix}$ und $b = (1, 2)^\top$ die Lösungsmenge $\{(r, 1 - r) \mid r \in \mathbb{R}\}$. Die Regularisierung $(A + \alpha I)x = b$ mit der Einheitsmatrix I und $\alpha \in \mathbb{R}_+ \backslash \{0\}$ führt zu den eindeutigen Lösungen $(\frac{1}{3+\alpha}, \frac{2}{3+\alpha})^\top$, die für $\alpha \to 0$ gegen $(\frac{1}{3}, \frac{2}{3})^\top$ konvergieren.

Wie ist der Zusammenhang zwischen diesem Vektor $(\frac{1}{3}, \frac{2}{3})$ und den Daten (A, b, I) des Ansatzes?

10.1 Zweistufige Optimierungsaufgaben

Für eine Folge von Optimierungsaufgaben $(f_n, T)_{n \in \mathbb{N}}$ sei bereits $\overline{\lim}_n M(f_n, T) \subset M(f, T)$. In diesem Abschnitt sind wir an einer weiteren Beschreibung der Menge $\overline{\lim}_n M(f_n, T)$ interessiert. Ihre Elemente kann man oft als Lösungen einer zweistufigen Optimierungsaufgabe interpretieren.

Definition 10.1.1. Sei C eine Menge und g_1, g_2 zwei Funktionen von C nach $\overline{\mathbb{R}}$. Das folgende Problem nennt man die *zweistufige* Minimierungsaufgabe (g_1, g_2, C). Unter den Minimallösungen von g_1 auf C werden diejenigen gesucht, die den kleinsten Wert bzgl. g_2 haben.

Die Lösungen, d. h. die Minimallösungen von g_2 bzgl. $M(g_1, C)$ nennen wir die *zweistufigen Lösungen der Aufgabe* (g_1, g_2, C). Die Lösungsmenge wird mit $M(g_1, g_2, C)$ bezeichnet.

Satz 10.1.1. *Sei T ein metrischer Raum, $f : T \to \mathbb{R}$, und für die Funktionenfolge $(f_n : T \to \mathbb{R})_{n \in \mathbb{N}}$ gelte $\overline{\lim}_n M(f_n, T) \subset M(f, T)$. Weiter sei $(\gamma_n)_{n \in \mathbb{N}}$ eine Folge monoton nichtfallender Funktionen derart, dass eine Funktion $g : T \to \overline{\mathbb{R}}$ existiert und $\gamma_n(f_n - f)$ unterhalbstetig gegen g konvergiert. Dann gilt*

$$\overline{\lim_n} M(f_n, T) \subset M(g, M(f, T)).$$

Beweis. Sei $y \in M(f, T)$ und $\overline{x} = \lim x_{n_i}$ mit $x_{n_i} \in M(f_{n_i}, T)$. Es gilt:

$$[f_{n_i}(x_{n_i}) - f_{n_i}(y)] + [f(y) - f(x_{n_i})] \leq 0,$$

$$f_{n_i}(x_{n_i}) - f(x_{n_i}) \leq f_{n_i}(y) - f(y),$$

$$\gamma_{n_i}(f_{n_i}(x_{n_i}) - f(x_{n_i})) \leq \gamma_{n_i}(f_{n_i}(y) - f(y)).$$

Die unterhalbstetige Konvergenz impliziert

$$g(\overline{x}) \leq g(y). \qquad \qquad \square$$

Durch Spezifizierung erhalten wir den

Satz 10.1.2. *Seien* $(f_n)_{n \in \mathbb{N}}$, f, T *wie im Satz 10.1.1, und sei* $(a_n)_{n \in \mathbb{N}}$ *eine Folge nichtnegativer Zahlen derart, dass die Funktionenfolge* $(a_n(f_n - f))_{n \in \mathbb{N}}$ *unterhalbstetig gegen eine Funktion* $g \colon T \to \overline{R}$ *konvergiert. Dann gilt*

$$\varlimsup_{n \to \infty} M(f_n, T) \subset M(f, g, T).$$

Bemerkung 10.1.1. Eine analoge Aussage gilt für Maximierungsaufgaben bei oberhalbstetiger Konvergenz von $a_n(f_n - f)$ gegen g.

Bemerkung 10.1.2. Die Folge $(a_n(f_n - f))_{n \in \mathbb{N}}$ konvergiert unterhalbstetig gegen g, falls sie punktweise konvergiert und die folgende Bedingung $(*)$ erfüllt ist:

$(*)$ Es existiert eine Nullfolge $(\alpha_n)_{n \in \mathbb{N}}$ derart, dass $a_n(f_n - f) + \alpha_n \geq g$ und g unterhalbstetig ist.

Dies bedeutet die gleichmäßige Konvergenz von unten auf dem gesamten Raum.

Als wichtige Spezialfälle der durch Satz 10.1.2 beschriebenen Methode kann man die folgenden Ansätze ansehen.

I Die Regularisierungsmethode von Tychonoff

Hier ist $f_n = f + \alpha_n g$, wobei $(\alpha_n)_{n \in \mathbb{N}}$ eine Nullfolge positiver Zahlen und g eine explizit vorgegebene unterhalbstetige Funktion ist. Für $a_n = \frac{1}{\alpha_n}$ ist $a_n(f_n - f) = g$ und damit $(*)$ erfüllt.

II Die Penalty-Methode

Hier wird die Optimierungsaufgabe $\min\{g(x) \mid x \in S\}$ mit $g \colon T \to \mathbb{R}$ und $S \subset T$ durch die Folge der Aufgaben $\min\{f_n(x) \mid x \in T\}$ mit $f_n = g + a_n f$, $a_n \to \infty$, $f(x) = 0$ für $x \in S$ und $f(x) > 0$ für $x \in T \setminus S$ ersetzt.

III Aufgaben mit konvexer Abhängigkeit vom Parameter

Sei T ein metrischer Raum, und die Funktion $F \colon T \times [0, a] \to \mathbb{R}$ erfülle die folgenden Bedingungen:

(1) $F(x, \cdot) \colon [0, a] \to \mathbb{R}$ für alle $x \in T$ konvex.

(2) Die rechtsseitige Ableitung nach dem Parameter $D_2^+ F(x, 0) \colon T \to \overline{R}$ sei unterhalbstetig.

Dann erfüllen für jede positive Nullfolge (α_n) die Funktionen $f_n := F(\cdot, \alpha_n)$ die Bedingung $(*)$ bzgl. $g := D_2^+ F(\cdot, 0)$ und $a_n = \frac{1}{\alpha_n}$. Denn für alle $n \in \mathbb{N}$ gilt

$$\frac{F(x, \alpha_n) - F(x, 0)}{\alpha_n} \geq D_2^+ F(x, 0).$$

So ist zum Beispiel für $F: X \times [0, a] \to \mathbb{R}$ mit

$$F(x, \alpha) := \int_T |x(t)|^{1+\alpha} d\sigma(t),$$

die Funktion g durch

$$g(x) = D_2 F(x, 0) = \int_T |x| \log |x| d\sigma$$

bestimmt. Hierbei ist X ein endlich-dimensionaler Teilraum von $L^2(\sigma)$ ((T, Σ, σ) ein endlicher Maßraum). Das heißt, die $L^p(1 < p \leq 2)$ Minimallösungen konvergieren mit $p \to 1$ gegen diejenige L^1 Minimallösung, die die größte Entropie besitzt (siehe [K2], S. 33).

Im Ansatz III lässt sich das Intervall $[0, a]$ durch eine konvexe Teilmenge K eines normierten Raumes ersetzen. Ist für eine gegen ein $\alpha_0 \in K$ konvergente Folge $(\alpha_n \in K)_{n \in \mathbb{N}}$ auch $\frac{\alpha_n - \alpha_0}{\|\alpha_n - \alpha_0\|}$ gegen ein $\overline{\alpha}$ konvergent und für alle $x \in T$ $F(x, \cdot)$ an der Stelle α_0 Fréchet-differenzierbar, so kann man als g die Funktion $g(x) := \langle D_2 F(x, \alpha_0), \overline{\alpha} \rangle$ wählen und analoge Aussagen erhalten.

IV Aufgaben mit stetiger Differenzierbarkeit nach dem Parameter (siehe [K2] S. 31)

Sei T ein metrischer Raum und die Funktion $F: T \times [0, a] \to \mathbb{R}$ erfülle die folgenden Bedingungen:

(1) $F(x, \cdot): [0, a] \to \mathbb{R}$ ist für alle $x \in T$ zweimal stetig differenzierbar.

(2) Es existiert ein $\beta \in \mathbb{R}$, so dass $D_\alpha^{(2)} F(x, \alpha) \geq \beta$ für alle $x \in T$ und $\alpha \in [0, a]$ gilt und $D_\alpha F(\cdot, 0)$ unterhalbstetig ist.

Dann erfüllen für jede positive Nullfolge $(\alpha_n)_{n \in \mathbb{N}}$ die Funktionen $f_n = F(\cdot, \alpha_n)$ die Bedingung (∗) bzgl. $g = D_\alpha F(\cdot, 0)$. Denn nach dem Entwicklungssatz von Taylor gilt

$$F(x, \alpha_n) = F(x, 0) + \alpha_n D_\alpha F(x, 0) + \frac{\alpha_n^2}{2} D_\alpha^{(2)} F(x, \overline{\alpha}).$$

Daraus folgt

$$\frac{F(x, \alpha_n) - F(x, 0)}{\alpha_n} \geq D_\alpha F(x, 0) + \frac{\alpha_n}{2} \beta$$

und damit (∗).

V Einige Diskretisierungsverfahren

Hier soll die Minimierung eines linearen Funktionals f durch Minimierung von Hilfsfunktionalen f_n, $n \in \mathbb{N}$, ersetzt werden.

Ist die Folge der normierten Differenzen $\left(\frac{f_n - f}{\|f_n - f\|}\right)_{n \in \mathbb{N}}$ konvergent gegen ein Funktional $\overline{f}$, dann sind die Voraussetzungen von Satz 10.1.1 für $g = \overline{f}$ erfüllt. Zu solchen Ansätzen kommt man insbesondere, wenn die Minimierung eines Integrals durch die Minimierung von entsprechenden Quadraturformeln ersetzt wird. Dies wollen wir mit einem einfachen Beispiel illustrieren.

Sei ein 2-dimensionaler Teilraum von $C[0, 1]$ gegeben, der von $u_0 = 1$ und $u_1(t) = t^2$ erzeugt wird.

Für $f(u) =: \int_0^1 u(t) dt$ soll die Optimierungsaufgabe:

$$\text{Maximiere} \quad f(u)$$

unter den Nebenbedingungen

$$(1) \quad u(0) \geq 0 \qquad (2) \quad u\left(\frac{1}{\sqrt{3}}\right) \leq 1 \qquad (3) \quad u\left(\frac{1}{2}\right) \leq 1$$

behandelt werden.

Dies führt zu der folgenden Aufgabe der linearen Optimierung:

$$\text{Maximiere} \quad \left(y_1 + \frac{1}{3}y_2\right)$$

unter den Nebenbedingungen

$$(a) \quad y_1 \geq 0 \qquad (b) \quad y_1 + \frac{1}{3}y_2 \leq 1 \qquad (c) \quad y_1 + \frac{1}{4}y_2 \leq 1.$$

Die Lösungsmenge besteht aus dem Intervall $[(0, 3), (1, 0)]$. Diskretisiert man hier mit Riemannschen Summen

$$f_n(u) := \frac{1}{n} \sum_{k=0}^{n} u\left(\frac{k}{n}\right),$$

so konvergieren die Näherungslösungen gegen $(0, 3)$. Denn für ein

$$u(t) = y_1 + y_2 t^2$$

gilt

$$f_n(u) = \frac{1}{n}\left[\sum_{k=0}^{n}(y_1 + \frac{k^2}{n^2}y_2)\right] = \frac{n+1}{n}y_1 + \frac{n(n+1)(2n+1)}{6n^3}y_2,$$

und damit ist für $a_n = n$

$$a_n(f_n(u) - f(u)) = y_1 + \frac{3n^2 + n}{6n^2}y_2 \xrightarrow{n \to \infty} y_1 + \frac{1}{2}y_2.$$

Dagegen schon bei einer kleinen Änderung der Riemannschen Summen, in dem man etwa

$$\overline{f}_n(u) = \frac{1}{n} \sum_{k=0}^{n-1} u\left(\frac{k}{n}\right)$$

wählt, konvergieren die Näherungslösungen gegen $(1, 0)$. Denn es gilt für $a_n = n$

$$a_n(\overline{f}_n(u) - f(u)) = \frac{(n-1)n(2n-1) - 2n^3}{6n^3} y_2 \overset{n\to\infty}{\longrightarrow} -\frac{1}{2} y_2.$$

VI   Approximation mit Bernstein-Polynomen

Wir betrachten die folgende Aufgabe:

$$\text{Minimiere } f(x) = \int_0^1 x(t)\,dt$$

unter der Nebenbedingung

$$x \in S \subset C^{(2)}[0, 1].$$

Diesmal soll die Minimierung des Integrals durch die Minimierung derjenigen Quadraturformeln ersetzt werden, die durch die Approximation mit Bernstein-Polynomen

$$B_n(x, t) := \sum_{k=0}^{n} \binom{n}{k} x\left(\frac{k}{n}\right) t^k (1-t)^{n-k}$$

entstehen. Wir setzen also $f_n := f \circ B_n : C[0, 1] \to \mathbb{R}$. Nun wird gezeigt, dass hier diejenigen Lösungen bevorzugt werden, bei denen die Summe der Werte in Endpunkten minimal ist.

Satz 10.1.3. *Sei $g: C[0, 1] \to \mathbb{R}$ durch $g(x) := x(0) + x(1)$ erklärt. Dann gilt*

$$\overline{\lim} M(f_n, S) \subset M(f, g, S).$$

Beweis. Nach dem Satz von Voronowskaja (siehe [Ko], S. 124) gilt für alle $t \in [0, 1]$

$$\lim_{n\to\infty} n(B_n(x, t) - x(t)) = \frac{1}{2}(t - t^2)x''(t). \qquad \square$$

Aufgabe. Sei K eine nichtleere, abgeschlossene und konvexe Teilmenge des $\mathbb{R}^n$. Betrachte folgende Funktionenfolgen $(f_k: K \to \mathbb{R})_{k\in\mathbb{N}}$:

a) $$f_k(x) := \|x\|_\infty + e^{\langle x, x\rangle/k}/k$$

b) $f_k(x) := \|x\|_1 - \sum_{i=1}^{n} \ln(|x_i| + 1/k)/k = \sum_{i=1}^{n} [|x_i| - \ln(|x_i| + 1/k)/k]$

c) $f_k(x) := \sum_{i=1}^{n} [|x_i|^{1+\frac{1}{k}} + |x_i|^2]/k$

(wobei $\|x\|_\infty := \max\{|x_i|; \ i = 1,\ldots,n\}$ die Maximumsnorm und $\|x\|_1 := \sum_{i=1}^{n} |x_i|$ sei).

Ist hier die Folge der jeweiligen Minimallösungen konvergent? Falls ja, beschreiben Sie den Grenzwert. *Hinweis:* Für letzteres kann man die obigen Sätze („Zweistufige Optimierung") anwenden.

10.2 Stabilitätsbetrachtungen für Variationsungleichungen

In diesem Abschnitt sollen die Stabilitätsprobleme in einem breiteren Rahmen untersucht werden.

Für eine einheitliche Beschreibung der Lösungen von Optimierungsaufgaben, Gleichungssystemen und Sattelpunktaufgaben sind die Variationsungleichungen besonders geeignet.

Definition 10.2.1. Sei X ein metrischer Raum und $F\colon X \times X \to \mathbb{R}$. Die Mengen

$$S_1(F, X) := \{x \in X \mid F(x, y) \geq 0 \quad \text{für alle} \quad y \in X\}$$

und

$$S_2(F, X) := \{x \in X \mid F(y, x) \leq 0 \quad \text{für alle} \quad y \in X\}$$

heißen *Lösungsmengen der Variationsungleichungen* $F(x, y) \geq 0$, $y \in X$ bzw. $F(y, x) \leq 0$, $y \in X$.

Satz 10.2.1. *Sei $(F_n\colon X \times X \to \mathbb{R})_{n \in \mathbb{N}}$ eine Folge von Funktionen, die unterhalbstetig (oberhalbstetig) gegen $F_0\colon X \times X \to \mathbb{R}$ konvergiert, und sei $(C_n)_{n \in \mathbb{N}}$ eine Folge von Teilmengen von X, die gegen C_0 konvergiert.*
Dann gilt

$$\varlimsup_n S_1(F_n, C_n) \subset S_1(F_0, C_0) \qquad (bzw. \quad \varlimsup_n S_2(F_n, C_n) \subset S_2(F_0, C_0)).$$

Beweis. Sei $x_{n_i} \in S_1(F_{n_i}, S_{n_i})$ und $x_{n_i} \overset{i \to \infty}{\longrightarrow} \overline{x}$. Zu jedem $y \in C$ existiert nach Definition 9.4.1 eine gegen y konvergente Folge (y_n) mit $y_n \in S_n$ (für $n \geq n_0$). Dann gilt

$$F_{n_i}(x_{n_i}, y_{n_i}) \geq 0.$$

Aus der unterhalbstetigen Konvergenz folgt

$$F_0(\overline{x}, y) \geq 0,$$

d. h. $\overline{x} \in S_1(F_0, C_0)$. $\qquad\qquad\qquad\qquad\qquad\qquad\qquad\qquad\qquad\qquad$ □

Folgerung. *Sei* $(F_n\colon X \times X \to \mathbb{R})_{n \in \mathbb{N}}$ *eine monotone Folge unterhalbstetiger Funktionen, die punktweise gegen eine unterhalbstetige Funktion* F *konvergiert und* $\lim C_n = C_0$. *Dann gilt*

$$\overline{\lim_{n \in \mathbb{N}}}\, S_1(F_n, C_n) \subset S_1(F_0, C_0).$$

Beweis. Nach Abschnitt 3.18 ist die Konvergenz unterhalbstetig. $\qquad\qquad$ □

Bemerkung. Ist $C_n = C_0$ für alle $n \in \mathbb{N}$, so genügt es, die unterhalbstetige Konvergenz für alle $x \in X$ von $(F_n(\cdot, x))$ gegen $F_0(\cdot, x)$ vorauszusetzen.

10.3   Zweistufige Variationsungleichungen

Das folgende Schema hilft, eine Variationsungleichung zu finden, die zur Beschreibung der Grenzwerte von approximativen Lösungen dient.

Sei X ein metrischer Raum. Sei für jedes $n \in \mathbb{N}$ B_n eine Teilmenge von X, die wir als die Lösungsmenge einer Aufgabe (P_n) interpretieren, und B_0 eine weitere Teilmenge von X.

Satz 10.3.1. *Es gelte:*

1) $\overline{\lim}_n B_n \subset B_0$.

2) *Es existiert eine Folge* $(F_n\colon X \times X \to \mathbb{R})_{n \in \mathbb{N}_0}$ *mit* $B_n \subset S_1(F_n, X)$ *und* $B_0 \subset S_2(F_0, X)$.

3) *Es existiert eine Folge von Abbildungen* $(D_n\colon X \times X \to \mathbb{R}_+)_{n \in \mathbb{N}_0}$ *derart, dass* $D_n(F_n - F_0)$ *stetig gegen eine Abbildung* $h\colon X \times X \to \mathbb{R}$ *konvergiert.*

Dann gilt $\overline{\lim}_n B_n \subset S_1(h, B_0)$.

Beweis. Sei $x \in B_0$ und $x_k \in B_k$ mit $x_k \to \overline{x}$. Dann gilt

$$F_k(x_k, x) \geq 0 \quad \text{und} \quad F_0(x_k, x) \leq 0.$$

Damit ist

$$(F_k - F_0)(x_k, x) \geq 0$$

und auch

$$D_k(F_k - F_0)(x_k, x) \geq 0.$$

Aus der stetigen Konvergenz von $D_k(F_k - F_0)$ gegen h folgt

$$h(\overline{x}, x) \geq 0. \qquad \qquad \square$$

In diesem Zusammenhang ist man an denjenigen $F: X \times X \to \mathbb{R}$ interessiert, für die

E) $$S_1 F(X) \subset S_2 F(X)$$

gilt.

Die Eigenschaft ist offensichtlich für monotone F (siehe [Gw]) erfüllt. Dabei heißt $F: X \times X \to \mathbb{R}$ *monoton*, falls für alle $x, y \in X$ gilt:

$$F(x, y) + F(y, x) \leq 0.$$

Insbesondere gehören dazu

(1)   Optimierungsaufgaben

Sei (f, X) eine Optimierungsaufgabe. Für $F(x, y) := f(y) - f(x)$ gilt offensichtlich

$$S_1 F(X) = S_2 F(X) = M(f, X).$$

(2)   Gleichungen mit monotonen Operatoren

Sei X ein normierter Raum. Eine Abbildung $T: X \to X^*$ heißt *monoton* falls für alle $x, y \in X$

$$(Tx - Ty)(x - y) \geq 0$$

gilt. Sei $F(x, y) := (Tx)(y - x)$. Dann gilt: F ist monoton, und die Lösungen der Gleichung

$$Tx = 0$$

sind durch die Menge $S_1 F(X)$ beschrieben.

Aus der Monotonie folgt direkt $S_1 F(X) \subset S_2 F(X)$. Mit diesen Überlegungen bekommen wir den

Satz 10.3.2. *Seien X, Y normierte Räume, und für die Folge der Abbildungen $(A_n: X \to Y)_{n \in \mathbb{N}}$ gelte*

$$L(\overline{A}) = \overline{\lim_{n \in \mathbb{N}}} \{x \mid A_n x = 0\} \subset \{x \mid Ax = 0\} =: S(A).$$

Es sei $(a_n)_{n \in \mathbb{N}}$ eine Folge positiver Zahlen und $B: Y \to X^*$ eine Abbildung mit $B(0) = 0$ derart, dass gilt:

(i) $BA_0: X \to X^*$ *ist monoton.*

(ii) *Es existiert ein* $D: X \to X^*$, *so dass für*

$$h_n(x, y) := (a_n(BA_n - BA_0)(x))(y - x) \quad und \quad h(x, y) := (Dx)(y - x)$$

h_n *stetig gegen* h *konvergiert.*

Dann gilt für $\overline{x} \in L(\overline{A})$

$$(D\overline{x})(x - \overline{x}) \geq 0 \quad \textit{für alle } x \in S(A).$$

Beweis. Setze $F_n(x, y) := (BA_n(x))(y - x)$ für $n \in \mathbb{N} \cup \{0\}$ und wende Satz 10.3.1 an. $\square$

Im Spezialfall der linearen Abbildungen kann man das Wort monoton durch positiv semi-definit ersetzen. Als a_n kann man hier z. B. $\frac{1}{\|BA_n - BA_0\|}$ testen. Die stetige Konvergenz ist dann in Banachräumen durch Satz 9.6.1 gewährleistet, wenn Konvergenz vorliegt.

Ist $A_n = A + \alpha_n I$, und ist B derart, dass BA positiv semi-definit ist, so gilt für $\overline{x} \in \overline{\lim}_{n \in N} \{x \mid A_n x = 0\}$

$$(B\overline{x})(x - \overline{x}) \geq 0 \quad \text{für alle } x \in S(A). \tag{$*$}$$

In B2 kann man für B die Matrizen

$$\begin{pmatrix} 1 - 2a & a \\ 1 - 2b & b \end{pmatrix}$$

mit $a, b \in \mathbb{R}$ nehmen. Für die Matrizen ist stets $(\frac{1}{3}, \frac{2}{3})$ eine Lösung der Variationsungleichung $(*)$.

Kapitel 11

Trennungssätze

In diesem Abschnitt werden Trennungssätze behandelt. Sie stellen die zentralen Aussagen zur Herleitung von Dualitätssätzen der konvexen Optimierung und erlauben zugleich die Benutzung der geometrischen Anschauung zur Lösung von Optimierungsaufgaben. Für eine lineare Funktion f auf einem Vektorraum X mit Werten in $\mathbb{R}$ werden wir manchmal die Bezeichnung „lineares Funktional" benutzen und die Schreibweise mit der sogenannten *Dualitätsklammer* verwenden, d. h. für ein $x \in X$ und $f \in X^*$ ist $\langle f, x \rangle_{X^* \times X} := f(x)$.

Falls Missverständnisse nicht zu erwarten sind, wird statt $\langle f, x \rangle_{X^* \times X}$ nur $\langle f, x \rangle$ benutzt.

Da die Hyperebenen den linearen Funktionalen entsprechen, entsteht hier die Möglichkeit, geometrische Aussagen direkt in analytische zu übersetzen.

Wir beginnen mit dem Satz von Hahn-Banach für konvexe Funktionen.

11.1 Satz von Hahn-Banach

Lemma 11.1.1. *Seien X, Y Vektorräume, $K \subset X$, $L \subset Y$ konvexe Mengen und $\Phi : K \times L \to \mathbb{R}$ eine konvexe Funktion. Dann ist die Funktion*

$$\varphi : K \to \overline{\mathbb{R}}, \quad x \mapsto \varphi(x) := \inf\{\Phi(x, y) \mid y \in L\}$$

konvex.

Beweis. Seien $x_1, x_2 \in K$ und $\alpha \in [0, 1]$. Dann ist

$$
\begin{aligned}
\varphi(\alpha x_1 + (1 - \alpha) x_2) &= \inf_{y \in L} \Phi(\alpha x_1 + (1 - \alpha) x_2, y) \\
&= \inf_{y_1, y_2 \in L} \Phi(\alpha x_1 + (1 - \alpha) x_2, \alpha y_1 + (1 - \alpha) y_2) \\
&\leq \inf_{y_1, y_2 \in L} (\alpha \Phi(x_1, y_1) + (1 - \alpha) \Phi(x_2, y_2)) \\
&= \alpha \inf_{y_1 \in L} \Phi(x_1, y_1) + (1 - \alpha) \inf_{y_2 \in L} \Phi(x_2, y_2) \\
&= \alpha \varphi(x_1) + (1 - \alpha) \varphi(x_2). \qquad \square
\end{aligned}
$$

Satz 11.1.1 (von Hahn-Banach). *Sei X ein Vektorraum und $f : X \to \mathbb{R}$ eine konvexe Funktion. Sei V ein Teilraum von X und $l : V \to \mathbb{R}$ ein lineares Funktional mit $l(x) \leq$*

$f(x)$ für alle $x \in V$. Dann gibt es ein lineares Funktional $u: X \to \mathbb{R}$ mit $u|_V = l$ und $u(x) \leq f(x)$ für alle $x \in X$.

Beweis. (1) Sei V_1 ein Teilraum von X, der V umfasst, und $l_1: V_1 \to \mathbb{R}$ ein lineares Funktional mit $l_1|_V = l$ und $l_1(y) \leq f(y)$ für alle $y \in V_1$. Sei $x_0 \in X \backslash V_1$ und $V_2 := \{x_0\} \oplus V_1 = \{\lambda x_0 + y \mid \lambda \in \mathbb{R}, y \in V_1\}$.

Setze

$$\Phi: \mathbb{R} \times V_1 \to \mathbb{R}; \quad (\lambda, y) \mapsto \Phi(\lambda, y) := f(\lambda x_0 + y) - l_1(y).$$

Da f konvex und l_1 linear ist, ist Φ konvex. Nach Lemma 11.1.1 ist dann die Funktion

$$\varphi: \mathbb{R} \to \mathbb{R} \cup \{-\infty\}, \quad \lambda \mapsto \varphi(\lambda) := \inf_{y \in V_1} \Phi(\lambda, y) = \inf_{y \in V_1} (f(\lambda x_0 + y) - l_1(y))$$

konvex. Es ist $\varphi(0) = \inf_{y \in V_1}(f(y) - l_1(y)) \geq 0$. Sei $\alpha \in \mathbb{R}$. Es gilt $0 \leq \varphi(0) = \varphi(\frac{\alpha - \alpha}{2}) \leq \frac{1}{2}\varphi(\alpha) + \frac{1}{2}\varphi(-\alpha)$. Damit ist $\varphi(\alpha) \geq -\varphi(-\alpha) > -\infty$. φ ist also reellwertig und damit in 0 in Richtung 1 rechtsseitig differenzierbar. Wir definieren das lineare Funktional

$$l_2: V_2 \to \mathbb{R}, \quad \lambda x_0 + y \mapsto l_2(\lambda x_0 + y) := l_1(y) + \lambda \varphi'_+(0).$$

Es ist $l_2|_{V_1} = l_1$, und aus der Monotonie des Differenzenquotienten von φ und aus $\varphi(0) \geq 0$ folgt für alle $\lambda x_0 + y \in V_2$:

$$\begin{aligned}
f(\lambda x_0 + y) &= l_1(y) + f(\lambda x_0 + y) - l_1(y) \\
&\geq l_1(y) + \varphi(\lambda) - \varphi(0) \\
&\geq l_1(y) + \lambda \varphi'_+(0) \\
&= l_2(\lambda x_0 + y),
\end{aligned}$$

d. h. $f \geq l_2$ auf V_2.

Wir beenden den Beweis mit Hilfe des Zornschen Lemmas. Sei M die Menge aller Tupel (G, l_G), wobei G ein V umfassender Teilraum von X und l_G eine lineare Fortsetzung von l auf G mit $f \geq l_G$ auf G ist. In M führen wir eine Halbordnung ein, indem wir setzen

$$(G_1, l_{G_1}) \leq (G_2, l_{G_2}),$$

falls $G_1 \subset G_2$ und l_{G_2} eine Fortsetzung von l_{G_1} auf G_2 ist. Sei nun L eine linear geordnete Teilmenge von M. Dann besitzt L die folgende obere Schranke $(\overline{G}, l_{\overline{G}})$, die durch

$$\overline{G} := \bigcup_{(G, l_G) \in L} G \quad \text{und} \quad l_{\overline{G}}(z) := l_G(z),$$

falls $z \in G$ und $(G, l_G) \in L$, erklärt ist.

Nach dem Lemma von Zorn besitzt M ein maximales Element (B, L_B). Aus dem ersten Teil des Beweises folgt $B = X$. Setzt man $u := l_B$, so ist alles bewiesen. $\qquad \square$

Folgerung 11.1.1. *Sei X ein normierter Raum und $f : X \rightarrow \mathbb{R}$ eine stetige konvexe Funktion. Sei V ein Teilraum von X und $l : V \rightarrow \mathbb{R}$ ein lineares Funktional mit $l(x) \leq f(x)$ für alle $x \in V$. Dann gibt es ein stetiges lineares Funktional $u : X \rightarrow \mathbb{R}$ mit $u|_V = l$ und $u(x) \leq f(x)$ für alle $x \in X$.*

Beweis. Nach dem Satz von Hahn-Banach existiert ein lineares Funktional u auf X, das auf dem ganzen Raum durch die stetige Funktion f majorisiert wird. Nach marginparVerweisSatz 9.1.1 ist u stetig. $\qquad\square$

   Weiter folgt

Satz 11.1.2. *Sei G ein abgeschlossener Teilraum des normierten Raumes X und $x_G^* \in G^*$. Dann lässt sich x_G^* zu einem linearen, stetigen Funktional x^* erweitern, wobei die Norm erhalten bleibt, d. h. es gilt*

$$\|x^*\|_{X^*} = \|x_G^*\|_{G^*}.$$

Beweis. Sei $f(z) = \|x_G^*\| \cdot \|z\|$, $z \in X$. Dann ist f konvex, und es gilt

$$\langle x_G^*, z \rangle \leq f(z), \quad z \in G.$$

Folglich existiert nach dem Satz von Hahn-Banach ein lineares Funktional u auf X mit

$$u(x) \leq f(x), \quad x \in X$$
$$u(z) = \langle x_G^*, z \rangle, \quad z \in G.$$

Da

$$-u(x) = u(-x) \leq f(-x) = f(x),$$

haben wir sogar

$$|u(x)| \leq f(x) = \|x_G^*\| \cdot \|x\|, \quad x \in X.$$

$u = x^*$ ist also stetig und erfüllt $\|x^*\| \leq \|x_G^*\|$. Die umgekehrte Ungleichung ist offensichtlich erfüllt. $\qquad\square$

   Die nächste Aussage garantiert die Existenz von nichttrivialen linearen stetigen Funktionalen auf einem normierten Raum.

Folgerung 11.1.2. *Sei X ein normierter Raum. Zu jedem Element $x_0 \neq 0$ existiert ein Funktional $x_0^* \in X^*$, so dass*

$$\|x_0^*\| = 1 \quad und \quad \langle x_0^*, x_0 \rangle = \|x_0\|.$$

Beweis. Auf dem von x_0 erzeugten eindimensionalen Unterraum $[x_0]$ setzen wir $l(\alpha x_0) = \alpha \|x_0\|$. Es gilt

$$|l(\alpha x_0)| = |\alpha| \|x_0\| = \|\alpha x_0\|,$$

d. h. $\|l\|_{[x_0]} = 1$. Durch Erweiterung von l auf ganz X gemäß Satz 11.1.2 erhalten wir das gesuchte Funktional $x_0^* \in X^*$. $\square$

Bemerkung. Im Satz von Hahn-Banach genügt es offensichtlich, statt der Endlichkeit von f nur „0 ist ein algebraisch innerer Punkt von dom f" zu fordern.

11.1.1 Der Dualraum von $C[a, b]$. Darstellungssatz von Riesz

Bevor wir die geometrische Form des Satzes von Hahn-Banach und damit die Trennungssätze beweisen, wollen wir als Anwendung den Dualraum von $C[a, b]$ berechnen (siehe [W1] S. 106).

Wir benötigen den Begriff der beschränkten Variation einer Funktion: Unter einer Partition des Intervalls $[a, b]$ verstehen wir eine endliche Menge von Punkten $t_i \in [a, b]$, $i \in \{0, 1, \dots, n\}$, so dass $a = t_0 < t_1 < \dots < t_n = b$. Eine Funktion $m: [a, b] \to \mathbb{R}$ heißt *von beschränkter Variation*, wenn gilt

$$\mathrm{TV}(m) :=$$
$$\sup\left\{ \sum_{i=1}^{n} |m(t_i) - m(t_{i-1})| \mid \{t_0, \dots, t_n\} \quad \text{Partition von} \quad [a, b] \right\} < \infty.$$

$\mathrm{TV}(m)$ heißt *totale Variation* von m. Die totale Variation einer konstanten Funktion ist 0 und die einer monotonen Funktion gleich dem Absolutbetrag der Differenz zwischen den Funktionswerten in den Endpunkten a und b.

Sei $x \in C[a, b]$, $\{t_0, \dots, t_n\}$ eine Partition von $[a, b]$ und m eine Funktion von beschränkter Variation auf $[a, b]$. Wir betrachten die Summe

$$\sum_{i=1}^{n} x(t_{i-1})(m(t_i) - m(t_{i-1})).$$

Man kann zeigen, dass diese Summen für beliebig fein werdende Partitionen von $[a, b]$ (d. h. die maximale Länge eines Teilintervalles konvergiert gegen 0) konvergieren. Den Grenzwert bezeichnet man als *Stieltjes-Integral* (siehe [Ru]):

$$\int_a^b x(t) dm(t) = \lim_{n \to \infty} \sum_{i=1}^{n} x(t_{i-1})(m(t_i) - m(t_{i-1})).$$

Satz 11.1.3 (Darstellungssatz von Riesz). *Sei* $x^* \in (C[a,b])^*$. *Dann gibt es eine Funktion m von beschränkter Variation auf* $[a,b]$, *so dass für alle* $x \in C[a,b]$

$$\langle x^*, x \rangle = \int_a^b x(t) \, dm(t)$$

und

$$\|x^*\| = \mathrm{TV}(m)$$

gilt. Umgekehrt definiert in dieser Weise jede Funktion von beschränkter Variation auf $[a,b]$ *ein stetiges lineares Funktional auf* $C[a,b]$.

Beweis. Sei $B[a,b]$ der Raum aller beschränkten Funktionen auf $[a,b]$ ausgestattet mit der Norm

$$\|x\| = \sup_{t \in [a,b]} |x(t)|.$$

Da $C[a,b]$ ein Unterraum von $B[a,b]$ ist, lässt sich das Funktional $x^* \in (C[a,b])^*$ auf $B[a,b]$ unter Erhaltung seiner Norm fortsetzen. Diese Erweiterung bezeichnen wir mit v.

Für $s \in [a,b]$ definieren wir

$$g_s(t) = \begin{cases} 1 & \text{für } a \le t \le s \\ 0 & \text{für } s < t \le b \end{cases}.$$

Offensichtlich gilt $g_s \in B[a,b]$.

Wir setzen $\langle v, g_s \rangle =: m(s)$ und zeigen, dass m von beschränkter Variation auf $[a,b]$ ist. Sei $a = t_0 < t_1 < \ldots < t_n = b$ eine Partition von $[a,b]$ und $\varepsilon_i = \mathrm{sign}\,(m(t_i) - m(t_{i-1}))$.

Nun erhalten wir

$$\sum_{i=1}^n |m(t_i) - m(t_{i-1})| = \sum_{i=1}^n \varepsilon_i (m(t_i) - m(t_{i-1}))$$

$$= \sum_{i=1}^n \varepsilon_i (\langle v, g_{t_i} \rangle - \langle v, g_{t_{i-1}} \rangle)$$

$$= \left\langle v, \sum_{i=1}^n \varepsilon_i (g_{t_i} - g_{t_{i-1}}) \right\rangle \le \|v\| \left\| \sum_{i=1}^n \varepsilon_i (g_{t_i} - g_{t_{i-1}}) \right\|$$

$$\le \|v\| \cdot 1 = \|x^*\|,$$

da die Funktion $\sum_{i=1}^n \varepsilon_i (g_{t_i} - g_{t_{i-1}})$ nur die Werte $-1, 0, 1$ annehmen kann. m ist also von beschränkter Variation, und es gilt

$$\mathrm{TV}(m) \le \|x^*\|.$$

Nun beweisen wir die Darstellung von x^*. Sei $x \in C[a, b]$ und

$$z_n(T) = \sum_{i=1}^{n} x(t_{i-1})(g_{t_i}(t) - g_{t_{i-1}}(t)),$$

wobei $\{t_0, \ldots, t_n\}$ eine Partition von $[a, b]$ ist. Dann gilt

$$\|z_n - x\|_B = \max_{i \in \{0, \ldots, n\}} \max_{t_{i-1} \leq t \leq t_i} |x(t_{i-1}) - x(t)|,$$

was wegen der gleichmäßigen Stetigkeit von x auf $[a, b]$ mit beliebig fein werdenden Partitionen gegen 0 konvergiert. Da v stetig ist, folgt

$$\langle v, z_n \rangle \to \langle v, x \rangle = \langle x^*, x \rangle.$$

Wir haben aber

$$\langle v, z_n \rangle = \sum_{i=1}^{n} x(t_{i-1})(m(t_i) - m(t_{i-1})),$$

also nach Definition des Stieltjes-Integrals

$$\langle v, z_n \rangle \to \int_a^b x(t) dm(t)$$

und daher

$$\langle v, x \rangle = \int_a^b x(t) dm(t).$$

Weiter gilt

$$\left| \int_a^b x(t) dm(t) \right| \leq \|x\| \cdot \mathrm{TV}(m), \tag{11.1.1}$$

also

$$\|x^*\| \leq \mathrm{TV}(m),$$

womit wir auch die Normgleichheit bewiesen haben.

Ist umgekehrt m eine Funktion beschränkter Variation auf $[a, b]$, so ist die Linearität von

$$x \mapsto \int_a^b x(t) dm(t)$$

offensichtlich. Die Stetigkeit ergibt sich aus (11.1.1). $\square$

11.2 Satz von Mazur

In diesem Abschnitt soll eine geometrische Version des Satzes von Hahn-Banach bewiesen werden.

Definition 11.2.1. Sei X ein Vektorraum. Eine Teilmenge H von X heißt *Hyperebene* in X, falls ein lineares Funktional $u\colon X \to \mathbb{R}$ und ein $\alpha \in \mathbb{R}$ existieren mit $H = \{x \in X \mid u(x) = \alpha\}$. H heißt *Nullhyperebene*, falls $0 \in H$ ist.

Eine Teilmenge R von X heißt *Halbraum* in X, falls ein lineares Funktional $u\colon X \to \mathbb{R}$ und ein $\alpha \in \mathbb{R}$ existieren mit $R = \{x \in X \mid u(x) \le \alpha\}$.

Bemerkung 11.2.1. Die Hyperebene $H = \{x \in X \mid u(x) = \alpha\}$ von X ist abgeschlossen in X genau dann, wenn das lineare Funktional $u\colon X \to \mathbb{R}$ stetig ist.

Bemerkung 11.2.2. Sei K eine konvexe Teilmenge eines normierten Raumes mit $0 \in \operatorname{Int} K$. Für das Minkowski-Funktional $q\colon X \to \mathbb{R}$ gilt: Es ist $q(x) < 1$ genau dann, wenn $x \in \operatorname{Int} K$ ist.

Beweis. „$\Rightarrow$": Sei $q(x) < 1$. Dann gibt es ein $\lambda \in [0, 1)$ mit $x \in \lambda K$. Es ist $\alpha := 1 - \lambda > 0$, also ist αK eine Nullumgebung, und es gilt $x + \alpha K \subset \lambda K + \alpha K \subset (\lambda + \alpha)K = K$, d.h. $x \in \operatorname{Int}(K)$.

„$\Leftarrow$": Sei $x \in \operatorname{Int}(K)$. Dann gibt es ein $\mu > 1$ mit $\mu x \in K$. Also ist $x \in \frac{1}{\mu}K$ und $q(x) \le \frac{1}{\mu} < 1$. $\square$

Satz 11.2.1 (von Mazur). *Sei X ein normierter Raum, K eine konvexe Teilmenge von X mit nicht leerem Inneren und V ein Teilraum von X mit $V \cap \operatorname{Int}(K) = \emptyset$. Dann gibt es eine abgeschlossene Nullhyperebene H in X mit $V \subset H$ und $H \cap \operatorname{Int}(K) = \emptyset$.*

Beweis. Sei $x_0 \in \operatorname{Int}(K)$ und $q\colon X \to \mathbb{R}$ das Minkowski-Funktional von $K - x_0$. Nach Abschnitt 3.7 ist q konvex und nach Bemerkung 11.2.2 ist $q(x - x_0) < 1$ genau dann, wenn $x \in \operatorname{Int}(K)$ ist. Setze $f\colon X \to \mathbb{R}$, $x \mapsto f(x) := q(x - x_0) - 1$. Dann ist f konvex, und es ist $f(x) < 0$ genau dann, wenn $x \in \operatorname{Int}(K)$ ist. Wegen $V \cap \operatorname{Int}(K) = \emptyset$ ist $f(x) \ge 0$ für alle $x \in V$. Sei l das Nullfunktional auf V. Nach der Folgerung aus dem Satz von Hahn-Banach existiert ein stetiges lineares Funktional $u\colon X \to \mathbb{R}$ mit $u|_V = l$ und $u(x) \le f(x)$ für alle $x \in X$. Sei $H := \{x \in X \mid u(x) = 0\}$ die durch u definierte abgeschlossene Nullhyperebene. Dann gilt $V \subset H$, und für alle $x \in \operatorname{Int}(K)$ ist $u(x) \le f(x) < 0$, d.h. $H \cap \operatorname{Int}(K) = \emptyset$. $\square$

11.3   Trennungssatz von Eidelheit

Definition 11.3.1. Sei X ein Vektorraum, A, B Teilmengen von X und $H = \{x \in X \mid u(x) = \alpha\}$ eine Hyperebene in X. H *trennt A und B*, wenn

$$\sup\{u(x) \mid x \in A\} \leq \alpha \leq \inf\{u(x) \mid x \in B\} \quad \text{gilt.}$$

H *trennt A und B strikt*, wenn H A und B trennt und eine der Ungleichungen echt ist.

Satz 11.3.1 (von Eidelheit). *Sei X ein normierter Raum. A, B seien disjunkte, konvexe Teilmengen von X. Es sei $\mathrm{Int}(A) \neq \emptyset$. Dann gibt es eine abgeschlossene Hyperebene H in X, die A und B trennt.*

Beweis. Sei $K := A - B = \{a - b \mid a \in A, b \in B\}$. Dann ist $A - B$ eine konvexe Teilmenge von X. Wegen $\mathrm{Int}(A) \neq \emptyset$ ist $\mathrm{Int}(K) \neq \emptyset$. Da A, B disjunkt sind, ist $0 \notin K$. Mit $V := \{0\}$ folgt aus dem Satz von Mazur die Existenz einer abgeschlossenen Nullhyperebene, die $\{0\}$ und K trennt, d. h. es existiert $u \in X^*$, so dass für alle $x_1 \in A$, $x_2 \in B$ $u(x_1 - x_2) \leq u(0) = 0$ bzw. $u(x_1) \leq u(x_2)$ gilt. $\qquad\square$

Zusatz. Statt $A \cap B = \emptyset$ genügt es, $\mathrm{Int}(A) \cap B = \emptyset$ zu fordern.

Beweis. Nach Satz 3.3.3, 1) ist $A \subset \overline{\mathrm{Int}\,A}$, und nach Satz 11.3.1 gibt es eine abgeschlossene Hyperebene, die $\mathrm{Int}\,A$ und B trennt. $\qquad\square$

11.4   Strikter Trennungssatz

Um eine Aussage über strikte Trennung von konvexen Mengen zu bekommen, soll zunächst ein Lemma bewiesen werden.

Lemma 11.4.1. *Sei X ein normierter Raum, A eine abgeschlossene und B eine kompakte Teilmenge von X. Dann ist $A + B := \{a + b \mid a \in A, b \in B\}$ abgeschlossen.*

Beweis. Für $n \in \mathbb{N}$ sei $a_n \in A$, $b_n \in B$ mit $\lim_n (a_n + b_n) = z$. Da B kompakt ist, besitzt die Folge $(b_n)_{n \in \mathbb{N}}$ eine gegen ein $b \in B$ konvergente Teilfolge $(b_{n_i})_{i \in \mathbb{N}}$. Wegen $\lim_n (a_n + b_n) = z$ gilt $\lim_i a_{n_i} = z - b$. Es gilt $(z - b) \in A$, da A abgeschlossen ist. Damit folgt $z = (z - b) + b \in A + B$. $\qquad\square$

Satz 11.4.1. *Sei X ein normierter Raum und A, B konvexe, disjunkte Teilmengen von X. Ferner sei A abgeschlossen und B kompakt. Dann gibt es eine A und B strikt trennende Hyperebene.*

Beweis. Sei zunächst B einpunktig, d.h. $B = \{x_0\} \subset X$. Das Komplement von A ist offen und enthält x_0. Damit gibt es eine offene Kugel V mit dem Mittelpunkt 0 derart, dass $x_0 + V$ im Komplement von A enthalten ist. Nach Satz 11.3.1 (Trennungssatz von Eidelheit) existiert eine $(x_0 + V)$ und A trennende Hyperebene in X, d.h., es existiert ein $u \in X^* \backslash \{0\}$ mit

$$\sup u(x_0 + V) \leq \inf u(A).$$

Wegen $u \neq 0$ gibt es ein $v_0 \in V$ mit $u(v_0) > 0$. Somit ist

$$u(x_0) < u(x_0 + v_0) \leq \sup u(x_0 + v) \leq \inf u(A).$$

Sei nun B eine beliebige kompakte konvexe Menge mit $A \cap B = \emptyset$. Nach Lemma 11.4.1 ist $A - B$ abgeschlossen. Da A, B disjunkt sind, ist $0 \notin A - B$.

Nach dem ersten Teil kann man 0 und $A - B$ strikt trennen, was der Behauptung des Satzes entspricht. $\qquad\square$

11.5   Subgradienten

Definition 11.5.1. Sei X ein normierter Raum, $f \colon X \to \mathbb{R} \cup \{\infty\}$. Ein $u \in X^*$ heißt *Subgradient* von f in $x_0 \in \operatorname{dom} f$, falls für alle $x \in X$ die *Subgradientenungleichung* (vgl. Satz 3.9.1, 3))

$$f(x) - f(x_0) \geq \langle u, x - x_0 \rangle$$

gilt.

Die Menge

$$\partial f(x_0) := \{u \in X^* \mid u \text{ ist Subgradient von } f \text{ in } x_0\}$$

heißt das *Subdifferential* von f in x_0.

Bemerkung 11.5.1. Geometrisch bedeutet $u \in \partial f(x_0)$, dass der Graph der affinen Funktion

$$h \colon X \to \mathbb{R}, \quad x \mapsto f(x_0) + \langle u, x - x_0 \rangle$$

eine nichtvertikale Stützhyperebene des Epigraphen

$$\operatorname{Epi}(f) = \{(x, r) \in X \times \mathbb{R} \mid f(x) \leq r\}$$

von f im Punkte $(x_0, f(x_0))$ ist.

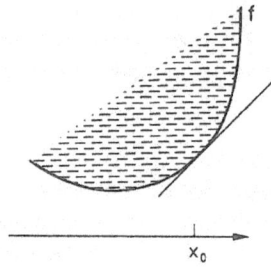

Beispiel 1. Sei $(X, \| \cdot \|)$ ein normierter Raum, $f := \| \cdot \|$. Dann sind für ein $u \in X^*$ äquivalent:

(i) Für alle $x \in X$: $f(x) - f(0) = \|x\| \geq \langle u, x \rangle$.

(ii) Für alle $x \in X \backslash \{0\}$: $\langle u, \frac{x}{\|x\|} \rangle \leq 1$.

(iii) $\|u\| \leq 1$.

Also ist $\partial f(0) = \{u \in X^* \mid \|u\| \leq 1\}$ die abgeschlossene Einheitskugel in X^*.
Speziell ist für $f = | \cdot |: \mathbb{R} \to \mathbb{R}$, $\partial f(0) = [-1, 1]$.

Satz 11.5.1 (Existenz von Subgradienten). *Sei X ein normierter Raum, und sei die Funktion $f: X \to \mathbb{R} \cup \{\infty\}$ konvex. Wenn f in $x_0 \in X$ mit $f(x_0) < \infty$ stetig ist, dann ist $\partial f(x_0)$ nichtleer.*

Beweis. Sei

$$g: X \to \mathbb{R} \cup \{\infty\}, \quad x \mapsto g(x) := f(x + x_0) - f(x_0).$$

Dann ist g stetig in 0. Setze

$$V := \{0\}, \quad l(0) = 0.$$

Wie bei Folgerung 11.1.1 zum Satz von Hahn-Banach und Bemerkung gibt es eine Fortsetzung $u \in X^*$ von l mit $\langle u, x \rangle \leq g(x) = f(x + x_0) - f(x_0)$ für alle $x \in X$. Sei $x_1 \in X$. Wähle $x = x_1 - x_0$, dann gilt

$$\langle u, x_1 - x_0 \rangle \leq f(x_1) - f(x_0),$$

d. h. $u \in \partial f(x_0)$. $\square$

Beispiel 2.

$$f: \mathbb{R} \to \mathbb{R} \cup \{\infty\}, \quad x \mapsto f(x) := \begin{cases} -\sqrt{1 - |x|^2}, & \text{falls } |x| < 1 \\ \infty, & \text{falls } |x| > 1 \end{cases}.$$

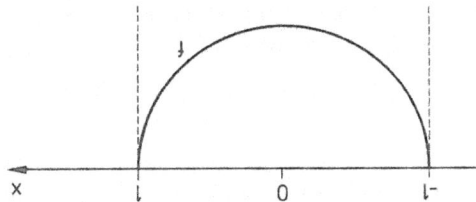

Dann ist $\partial f(-1) = \emptyset = \partial f(1)$, und für $x_0 \in (-1, 1)$ ist

$$\partial f(x_0) = \left\{ x \to \frac{x_0}{\sqrt{1 - |x_0|^2}} x \right\}.$$

Definition 11.5.2. Sei X ein Vektorraum und $f: X \to (-\infty, \infty]$. Das *algebraische Subdifferential* von f in $x \in \operatorname{dom} f$ wird durch $\partial_a f(x) := \{u \in X' \mid \langle u, h \rangle \le f(x + h) - f(x) \ \forall h \in X\}$ erklärt.

Den Zusammenhang zwischen der rechtsseitigen (bzw. linksseitigen) Richtungsableitung und dem Subdifferential beschreibt der

Satz 11.5.2 (algebraische Version). *Sei X ein Vektorraum und $f: X \to \mathbb{R} \cup \{\infty\}$ konvex. Sei $x_0 \in \operatorname{alg-Int}(\operatorname{dom} f)$. Dann gilt für alle $h \in X$*

$$f'_+(x_0, h) = \max\{\langle u, h \rangle \mid u \in \partial_a f(x_0)\} \tag{11.5.1}$$

und

$$f'_-(x_0, h) = \min\{\langle u, h \rangle \mid u \in \partial_a f(x_0)\}. \tag{11.5.2}$$

Beweis. Für alle $u \in \partial_a f(x_0)$ und alle $t \in \mathbb{R}_{>0}$ gilt nach Definition

$$\langle u, th \rangle \le f(x_0 + th) - f(x_0)$$

und damit

$$\langle u, h \rangle \le \lim_{t \downarrow 0} \frac{f(x_0 + th) - f(x_0)}{t} = f'_+(x_0, h).$$

Andererseits sei für ein $h \in X \setminus \{0\}$ auf $V := \operatorname{span}\{h\}$ die lineare Funktion

$$l(th) := t f'_+(x_0, h)$$

erklärt. Es gilt für alle $x \in V$

$$l(x) \le f(x_0 + x) - f(x_0) =: g(x).$$

Denn für $t \in \mathbb{R}_{>0}$ gilt (siehe Satz 3.9.1)

$$t f'_+(x_0, h) = f'_+(x_0, th) \le f(x_0 + th) - f(x_0) = g(th).$$

Die Ungleichung (siehe Abschnitt 3.9)

$$0 = f'_+(x_0, th - th) \leq f'_+(x_0, th) + f'_+(x_0, -th)$$

impliziert

$$-tf'_+(x_0, h) = -f'_+(x_0, th) \leq f'_+(x_0, -th) \leq f(x_0 - th) - f(x_0) = q(-th).$$

Die Funktion $q: X \to \mathbb{R} \cup \{\infty\}$ ist konvex und $0 \in$ alg-Int(dom f). Nach der Bemerkung in Abschnitt 11.1 zum Satz von Hahn-Banach besitzt l eine lineare Erweiterung u derart, dass für alle $x \in X$

$$\langle u, x \rangle \leq g(x) = f(x_0 + x) - f(x)$$

gilt.

Damit ist $u \in \partial_a f(x_0)$, und für h gilt

$$\langle u, h \rangle = l(h) = f'_+(x_0, h).$$

Daraus folgt (11.5.1). Die Beziehung

$$f'_-(x_0, h) = -f'_+(x_0, -h) = -\max\{\langle u, -h \rangle \mid u \in \partial_a f(x_0)\}$$

liefert (11.5.2).   □

Dieser Satz besitzt die folgende Version in normierten Räumen.

Satz 11.5.3 (Satz von Moreau-Pschenitschny). *Sei X ein normierter Raum und $f: X \to (-\infty, \infty]$ konvex. Sei f an der Stelle $x_0 \in X$ stetig. Dann gilt für alle $h \in X$*

$$f'_+(x_0, h) = \max\{\langle u, h \rangle \mid u \in \partial f(x_0)\} \qquad (11.5.3)$$

und

$$f'_-(x_0, h) = \min\{\langle u, h \rangle \mid u \in \partial f(x_0)\} \qquad (11.5.4)$$

Beweis. Nach Satz 9.1.1 ist $\partial_a f(x_0) = \partial f(x_0)$.   □

Als Folgerung erhalten wir die folgenden wichtigen Charakterisierungen der Gâteaux -Differenzierbarkeit (siehe Satz 3.9.2).

Satz 11.5.4 (algebraische Version). *Sei $f: X \to (-\infty, \infty]$ eine konvexe Funktion auf dem Vektorraum X und $x_0 \in$ alg-Int(dom f). Genau dann ist f in x_0 Gâteaux-differenzierbar, wenn das algebraische Subdifferential $\partial_a f(x_0)$ aus einem Element u_0 besteht. Es gilt dann $f'(x_0) = u_0$.*

Satz 11.5.5. *Sei X ein normierter Raum und $f : X \to (-\infty, \infty]$ konvex. Sei f in $x_0 \in X$ stetig. Genau dann ist f in x_0 Gâteaux-differenzierbar, wenn das Subdifferential $\partial f(x_0)$ aus einem Element u_0 besteht. Es gilt dann*

$$f'(x_0) = u_0.$$

Den Zusammenhang zwischen dem Subdifferential und den Minimallösungen von Optimierungsaufgaben beschreibt die

Bemerkung 11.5.2. Sei X ein Vektorraum (bzw. normierter Raum) und $f: X \to (-\infty, \infty]$ nicht identisch unendlich. Genau dann ist $x \in M(f, X)$, wenn

$$0 \in \partial_a f(x) \quad (\text{bzw.} \quad 0 \in \partial f(x))$$

gilt.

Beweis. Die Aussage folgt direkt aus der Definition des Subgradienten. $\qquad\square$

11.6 Der Dualraum eines Hilbertraumes

Mit den Trennungssätzen haben wir ein sehr wichtiges Mittel zur Umsetzung der geometrischen Anschauung in analytische Aussagen bekommen. Aber die hier behandelten Objekte (z. B. Subgradienten) sollen im Weiteren nicht nur als abstrakte lineare (bzw. affine) Funktionen auftreten. Mit Abschnitt 11.1.1 haben wir die erste analytische Darstellung linearer Funktionale kennengelernt. Nun wollen wir sehen, dass ein lineares stetiges Funktional auf einem Hilbertraum mit einem Element des Raumes selbst identifiziert werden kann. Als Vorbereitung hierzu betrachten wir zunächst den $\mathbb{R}^n$, der – versehen mit der euklidischen Norm –, ein Hilbertraum ist (siehe Abschnitt 5.1). In $\mathbb{R}^n$ gilt der folgende Darstellungssatz:

Der Dualraum von $\mathbb{R}^n$

Satz 11.6.1. *Zu jedem linearen Funktional f auf dem euklidischen Raum $\mathbb{R}^n$ existiert ein eindeutig bestimmtes Element $(\eta_1, \ldots, \eta_n)$ aus $\mathbb{R}^n$, so dass für alle $x = (\xi_1, \ldots, \xi_n) \in \mathbb{R}^n$ gilt:*

$$f(x) = \sum_{i=1}^{n} \eta_i \xi_i.$$

Ferner bestimmt jedes Element $(\eta_1, \ldots, \eta_n) \in \mathbb{R}^n$ auf diese Weise ein lineares Funktional f auf $\mathbb{R}^n$, und die Norm des Funktionals ist durch die euklidische Norm von $(\eta_1, \ldots, \eta_n)$ gegeben.

Beweis. Sei $y = (\eta_1, \dots, \eta_n) \in \mathbb{R}^n$. Dann ist durch

$$x = (\xi_1, \dots, \xi_n) \mapsto f(x) := \sum_{i=1}^n \xi_i \eta_i = \langle x, y \rangle$$

ein lineares Funktional auf $\mathbb{R}^n$ erklärt. Aus der Cauchy-Schwarzschen Ungleichung (siehe Abschnitt 5.1.2) folgt:

$$|f(x)| = \left| \sum_{i=1}^n \xi_i \eta_i \right| \le \left(\sum_{i=1}^n \eta_i^2 \right)^{1/2} \left(\sum_{i=1}^n \xi_i^2 \right)^{1/2} = \left(\sum_{i=1}^n \eta_i^2 \right)^{1/2} \|x\| \qquad (11.6.1)$$

und damit $\|f\| \le \left(\sum_{i=1}^n \eta_i^2 \right)^{1/2}$. Da aber für $x = (\eta_1, \dots, \eta_n)$ die Ungleichung (11.6.1) als Gleichung erfüllt ist, gilt:

$$\|f\| = \left(\sum_{i=1}^n \eta_i^2 \right)^{1/2}. \qquad (11.6.2)$$

Sei nun f ein lineares Funktional auf dem $\mathbb{R}^n$. Für die Einheitsvektoren e_i in $\mathbb{R}^n$, $i \in \{1, \dots, n\}$, sei $\eta_i := f(e_i)$.

Für jedes $x = (\xi_1, \dots, \xi_n) \in \mathbb{R}^n$ gilt $x = \sum_{i=1}^n \xi_i e_i$ und damit

$$f(x) = \sum_{i=1}^n \xi_i f(e_i) = \sum_{i=1}^n \xi_i \eta_i.$$

Mit (11.6.2) gilt die Behauptung.   □

Dieser Satz besitzt in Hilberträumen die folgende Verallgemeinerung:

Satz 11.6.2 (Riesz-Fréchet). *Es sei X ein Hilbertraum mit Skalarprodukt $\langle \cdot, \cdot \rangle$. Sei f ein stetiges lineares Funktional auf X. Dann existiert ein eindeutig bestimmtes Element $y \in X$, so dass für alle $x \in X$*

$$f(x) = \langle f, x \rangle_{X^* \times X} = \langle y, x \rangle \qquad (11.6.3)$$

gilt. Ferner bestimmt jedes $y \in X$ auf diese Weise ein stetiges lineares Funktional auf X, und die Norm $\|f\|$ des Funktionals ist durch die Hilbertraum-Norm von y gegeben.

Beweis. Sei $f \in X^*$. Dann ist $N := \{x \in X \mid f(x) = 0\}$ offenbar ein Teilraum von X. Direkt aus der Stetigkeit von f folgt die Abgeschlossenheit von N. Ist $N = X$, so gilt (11.6.3) mit $y = 0$. Sei $N \ne X$ und $z \in X \setminus N$. Nach Abschnitt 5.1.11 besitzt z in N eine beste Approximation u_0. Nach dem Projektionssatz gilt dann für alle $u \in N$:

$$\langle z - u_0, u \rangle = 0. \qquad (11.6.4)$$

Wegen $z \notin N$ ist $f(z - u_0) = f(z) \neq 0$. Sei $v := (z - u_0)/f(z - u_0)$. Für alle $x \in X$ gilt $f(x - f(x)v) = f(x) - f(x)f(v) = 0$, d. h.

$$x - f(x)v \in N. \tag{11.6.5}$$

Mit (11.6.4) und (11.6.5) ist also

$$\langle v, x - f(x)v \rangle = 0,$$

und damit

$$\|v\|^2 f(x) = \langle v, x \rangle$$

bzw.

$$f(x) = \left\langle \frac{v}{\|v\|^2}, x \right\rangle.$$

Mit $y := v/\|v\|^2$ gilt dann $f(x) = \langle y, x \rangle$ für alle $x \in X$. Dieser Vektor y ist eindeutig bestimmt. Denn wäre für ein $y' \in X$ und alle $x \in X$

$$\langle y', x \rangle = f(x) = \langle y, x \rangle,$$

so folgt

$$0 = \langle y' - y, x \rangle = \langle 0 - (y - y'), x \rangle.$$

Nach dem Projektionssatz ist $(y - y')$ die beste Approximation von 0 bzgl. X, d. h. $y - y' = 0$ bzw. $y = y'$.

Andererseits ist für jedes $y \in X$ durch

$$f(x) = \langle y, x \rangle$$

ein $f \in X^*$ erklärt. Denn mit der Cauchy-Schwarzschen Ungleichung (siehe Abschnitt 5.1.2) gilt:

$$|f(x)| = |\langle x, y \rangle| \leq \|y\| \|x\|. \tag{11.6.6}$$

Für $x = y$ ist $f(y) = \|y\|^2$ und damit $\|f\| = \|y\|$. $\square$

Kapitel 12

Konjugierte Funktionen. Der Satz von Fenchel

Sei X ein normierter Raum und $f : X \to (-\infty, \infty]$ mit

$$\operatorname{dom} f := \{x \in X \mid f(x) < \infty\} \neq \emptyset.$$

Die *(konvex) konjugierte* Funktion $f^* : X^* \to (-\infty, \infty]$ von f wird durch

$$f^*(y) := \sup_{x \in X} \{\langle y, x \rangle - f(x)\}$$

erklärt. Man sagt auch: f^* *ist zu* f *dual.*

Als Supremum konvexer (affiner) Funktionen ist f^* konvex.

Geometrische Interpretation von f^*

Eine *abgeschlossene Hyperebene* in dem Raum $X \times \mathbb{R}$ ist durch

$$H := \{(x, r) \mid \langle y, x \rangle + s r = \beta\}$$

gegeben, wobei $s, \beta \in \mathbb{R}$ und $y \in X^*$ die die Hyperebene bestimmenden Größen sind. Die Hyperebene H heißt *nichtvertikal*, wenn $s \neq 0$ ist.

Für nichtvertikale Hyperebenen kann man die einheitliche Darstellung mit $s = -1$ wählen, d. h. eine nichtvertikale Hyperebene ist durch die Wahl eines geeigneten $y \in X^*$ und eines $\beta \in \mathbb{R}$ bestimmt.

Um den Wert von f^* an der Stelle y zu interpretieren, soll jetzt die durch $(y, -1) \in X^* \times \mathbb{R}$ und ein $\beta \in \mathbb{R}$ bestimmte Hyperebene

$$H_\beta := \{(x, r) \mid \langle y, x \rangle - r = \beta\} \tag{12.0.1}$$

betrachtet werden. Das Variieren von β entspricht der Verschiebung der Hyperebene in vertikaler Richtung. Ist für einen Punkt $(x_0, f(x_0))$ des Graphen von f

$$\langle y, x_0 \rangle - f(x_0) = \beta_0, \tag{12.0.2}$$

dann schneidet die Hyperebene H_{β_0} den Graphen von f an der Stelle $(x_0, f(x_0))$.

Das Bilden des Supremums in (12.0.2) hat also geometrisch die folgende Interpretation: Man nimmt dasjenige $\beta = f^*(y)$, bei dem H_β eine Stützhyperebene des Graphen (bzw. Epigraphen) von f ist. Diese Hyperebene schneidet die vertikale Achse $\{(0, r) \mid r \in \mathbb{R}\}$ an der Stelle $-f^*(y)$, d. h. $-f^*(y)$ ist die vertikale Höhe dieser Stützhyperebene über dem Nullpunkt in X.

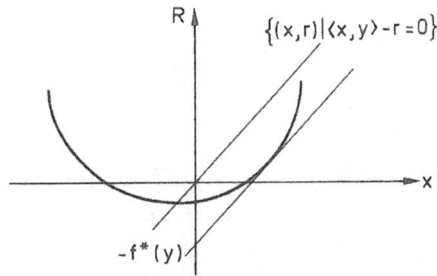

12.1 Youngsche Ungleichung

Für alle $x \in X$ und $y \in X^*$ gilt nach Definition der konvex konjugierten Funktion:

$$\langle x, y \rangle \leq f(x) + f^*(y). \tag{12.1.1}$$

Den Zusammenhang zwischen Subgradienten und konjugierten Funktionen beschreibt der folgende

Satz 12.1.1. *Sei* $f : X \to (-\infty, \infty]$ *konvex und* $\partial f(x) \neq \emptyset$. *Für ein* $y \in X^*$ *gilt*

$$f(x) + f^*(y) = \langle y, x \rangle \tag{12.1.2}$$

genau dann, wenn $y \in \partial f(x)$ *ist.*

Beweis. Sei $f(x) + f^*(y) = \langle y, x \rangle$. Für alle $u \in X$ gilt

$$\langle y, u \rangle \leq f(u) + f^*(y)$$

und damit

$$f(u) - f(x) \geq \langle y, u - x \rangle,$$

d. h. $y \in \partial f(x)$.

Andererseits sei $y \in \partial f(x)$, d. h. für alle $z \in X$ gilt

$$f(z) - f(x) \geq \langle y, z - x \rangle,$$
$$\langle y, x \rangle - f(x) \geq \langle y, z \rangle - f(z)$$

und damit

$$\langle y, x \rangle - f(x) = \sup_{z \in X} \{ \langle y, z \rangle - f(z) \} = f^*(y). \qquad \square$$

Für konvexe Funktionen auf $\mathbb{R}$ bekommt man die folgende geometrische Interpretation für die Youngsche Ungleichung. Sei $f : \mathbb{R} \to \mathbb{R}_+$ konvex, $f(0) = 0$ und sei f'_+ die rechtsseitige Ableitung von f. Dann erhält man das folgende Bild.

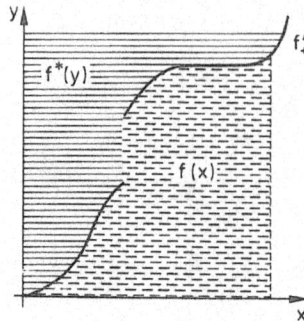

Sei zusätzlich f differenzierbar und f' invertierbar.

Dann gilt $f^*(y) = \int_0^y (f')^{-1}(t)dt$. Denn es ist geometrisch klar, dass

$$xy \le \int_0^x f'(t)dt + \int_0^y (f')^{-1}(t)dt = f(x) + \int_0^y (f')^{-1}(t)dt$$

und für $x = f'(y)$ die Ungleichung als Gleichung erfüllt ist.

Weiter werden die folgenden Aussagen benötigt (siehe auch [B-P]).

Satz 12.1.2. *Sei X ein normierter Raum. Dann besitzt jede unterhalbstetige konvexe Funktion $f: X \to (-\infty, \infty]$ eine affine Minorante. Genauer: Zu jedem x mit $f(x) < \infty$ und zu jedem $d > 0$ gibt es ein $z \in X^*$ derart, dass für alle $y \in X$ gilt*

$$f(y) > f(x) + \langle z, y - x \rangle - d. \tag{12.1.3}$$

Beweis. Sei o. B. d. A. $f \not\equiv \infty$. Da f unterhalbstetig und konvex ist, ist Epi f abgeschlossen, konvex und nichtleer. Offenbar ist $(x, f(x) - d) \notin \text{Epi} f$. Nach Satz 11.4.1 (Trennungssatz) existiert ein $(z, \alpha) \in (X \times \mathbb{R})^* = X^* \times \mathbb{R}$ mit

$$\langle z, x \rangle + \alpha(f(x) - d) > \sup\{\langle z, y \rangle + r\alpha \mid (y, r) \in \text{Epi} f\}. \tag{12.1.4}$$

Daraus und mit $(x, f(x)) \in \text{Epi} f$ folgt

$$-\alpha d > 0,$$

d. h. $\alpha < 0$. Wir können o. B. d. A. $\alpha = -1$ annehmen. Für alle $y \in X$ mit $f(y) < \infty$ gilt $(y, f(y)) \in \text{Epi} f$ und nach (11.6.1)

$$\langle z, x \rangle - (f(x) - d) > \langle z, y \rangle - f(y).$$

Daraus folgt (12.1.3).   □

Definition 12.1.1. Eine Funktion $f: X \to (-\infty, \infty]$, die nicht identisch ∞ ist, heißt *eigentlich*.

Bemerkung 12.1.1. Genau dann ist eine konvexe unterhalbstetige Funktion $f: X \to \overline{\mathbb{R}}$ eigentlich, wenn f^* eigentlich ist.

Beweis. Ist f eigentlich, so ist $f(x_0) < \infty$ für ein $x_0 \in X$ und damit $f^*(y) > -\infty$ für alle $y \in X^*$. Aus Satz 12.1.2 folgt $f^* \not\equiv \infty$. Denn für z mit (12.1.1) ist $f^*(z) = \sup\{\langle z, y \rangle - f(y) \mid y \in X\} < -f(x) + \langle z, x \rangle + d$. Umgekehrt sei $f^*(z_0) < \infty$ für ein z_0. Aus der Youngschen Ungleichung folgt $f(x) > -\infty$ für alle $x \in X$. Und $f^* \not\equiv \infty$ impliziert die Existenz eines x_0 mit $f(x_0) < \infty$. □

Definition 12.1.2. Sei X ein normierter Raum und $f^*: X^* \to \overline{\mathbb{R}}$ die konjugierte Funktion von $f: X \to \overline{\mathbb{R}}$. Dann heißt die Funktion

$$f^{**}: X \to \overline{\mathbb{R}}, \quad x \mapsto f^{**}(x) := \sup\{\langle x, x^* \rangle - f^*(x^*) \mid x^* \in X^*\} \quad (12.1.5)$$

die *bikonjugierte Funktion* von f.

Satz 12.1.3 (Fenchel-Moreau). *Sei X ein normierter Raum und $f: X \to \overline{\mathbb{R}}$ eigentlich konvex. Dann sind äquivalent:*

  a) *f ist unterhalbstetig.*

  b) *$f = f^{**}$.*

Beweis. a)⇒b): Wir zeigen zunächst $\mathrm{dom}\, f^{**} \subset \overline{\mathrm{dom}\, f}$. Sei $x \notin \overline{\mathrm{dom}\, f}$. Die Menge $\overline{\mathrm{dom}\, f}$ ist konvex und abgeschlossen. Nach Satz 11.4.1 (Trennungssatz) existiert ein $u \in X^*$ mit

$$\langle u, x \rangle > \sup\{\langle u, y \rangle \mid y \in \overline{\mathrm{dom}\, f}\}.$$

Nach Bemerkung ist f^* eigentlich. Daher existiert ein $v \in X^*$ mit $f^*(v) < \infty$. Für alle $t > 0$ ist

$$f^*(v + tu) = \sup\{\langle v + tu, y \rangle - f(y) \mid y \in X\}$$
$$\leq f^*(v) + t \sup\{\langle u, y \rangle \mid y \in \overline{\mathrm{dom}\, f}\}.$$

Damit gilt

$$f^{**}(x) \geq \langle v + tu, x \rangle - f^*(v + tu)$$
$$\geq \langle v, x \rangle - f^*(v) + t[\langle u, x \rangle - \sup\{\langle u, y \rangle \mid y \in \overline{\mathrm{dom}\, f}\}] \overset{t \to \infty}{\longrightarrow} \infty,$$

d. h. $x \notin \mathrm{dom}\, f^{**}$.

Sei $y \in X$. Aus der Definition von f^* folgt für alle $x^* \in X^*$: $f(y) \geq \langle x^*, y \rangle - f^*(x^*)$ und damit $f^{**} \leq f$.

Für $y \notin \mathrm{dom}\, f^{**}$ gilt offensichtlich $f^{**}(y) \geq f(y)$. Angenommen, für ein $x \in \mathrm{dom}\, f^{**}$ gilt $f(x) > f^{**}(x)$. Dann ist $(x, f^{**}(x)) \notin \mathrm{Epi}\, f$. Da f unterhalbstetig ist, ist Epi f abgeschlossen. Nach Satz 11.4.1 existiert ein $(x^*, a) \in X^* \times \mathbb{R}$ mit

$$\langle x^*, x \rangle + a f^{**}(x) > \sup\{\langle x^*, y \rangle + ar \mid (y, r) \in \mathrm{Epi}\, f\}. \tag{12.1.6}$$

Dabei muss $a < 0$ gelten. Denn aus $a = 0$ würde folgen

$$\langle x^*, x \rangle > \sup\{\langle x^*, y \rangle \mid y \in \mathrm{dom}\, f\} =: \alpha,$$

d. h. $x \notin \{y \in X \mid \langle x^*, y \rangle \leq \alpha\} \supset \mathrm{dom}\, f$ im Widerspruch zu $x \in \mathrm{dom}\, f^*$. Die Annahme $a > 0$ würde mit (12.1.6) $\langle x^*, x \rangle + a f^{**}(x) = \infty$ implizieren, was im Widerspruch zu $x \in \mathrm{dom}\, f^{**}$ steht. Sei also o. B. d. A. $a = -1$, d. h. $\langle x^*, x \rangle - f^{**}(x) > \sup\{\langle x^*, y \rangle - r \mid (y, r) \in \mathrm{Epi}\, f\} \geq \sup\{\langle x^*, y \rangle - f(y) \mid y \in \mathrm{dom}\, f\} = f^*(x^*)$, was der Definition von f^{**} widerspricht.

b)$\Rightarrow$a): Als Supremum der Familie $\{\langle x^*, \cdot \rangle - f^*(x^*) \mid x^* \in X^*\}$ stetiger Funktionen ist f^{**} unterhalbstetig. $\qquad \square$

Als Folgerung erhalten wir eine Erweiterung des Satzes 12.1.1 und damit eine weitere Interpretation der Youngschen Ungleichung.

Satz 12.1.4. *Sei X ein normierter Raum und $f: X \to (-\infty, \infty]$ konvex, unterhalbstetig und nicht identisch ∞. Dann sind äquivalent:*

a) $x^* \in \partial f(x)$.

b) $x \in \partial f^*(x^*)$.

c) $f(x) + f^*(x^*) = \langle x, x^* \rangle$.

Beweis. Sei $f(x) + f^*(x^*) = \langle x^*, x \rangle$. Es ist $f^*(x^*) < \infty$. Nach (12.1.1) gilt $f(x) + f^*(u) \geq \langle u, x \rangle$ für alle $u \in X^*$. Damit folgt

$$f^*(u) - f^*(x^*) \geq \langle u - x^*, x \rangle,$$

d. h. $x \in \partial f^*(x^*)$.

Sei nun $x \in \partial f^*(x^*)$. Dann gilt für alle $u \in X^*$

$$f^*(u) - f^*(x^*) \geq \langle u - x^*, x \rangle$$

und mit Satz 12.1.3

$$\langle x^*, x \rangle - f^*(x^*) = \sup\{\langle u, x \rangle - f^*(u) \mid u \in X^*\} = f^{**}(x) = f(x). \qquad \square$$

12.2 Beispiele für konjugierte Funktionen

1) Sei $p \in (1, \infty)$ und $f : \mathbb{R} \to \mathbb{R}$ durch $f(s) := (|s|^p / p)$ erklärt. Dann gilt $f'(s) = \text{sign}\,(s) |s|^{p-1}$ und $(f')^{-1}(r) = \text{sign}\,(r) |r|^{1/(p-1)}$ und damit

$$f^*(r) = \int_0^{|r|} t^{\frac{1}{p-1}} dt = \frac{|r|^q}{q}$$

mit $\frac{1}{p} + \frac{1}{q} = 1$.

Die Youngsche Ungleichung lautet hier: Für alle $s, r \in \mathbb{R}$ gilt

$$sr \le \frac{|s|^p}{p} + \frac{|r|^q}{q}.$$

2) Sei $f : \mathbb{R} \to \mathbb{R}$ durch $f(s) := |s|$ gegeben. Dann gilt

$$f^*(r) = \begin{cases} 0 & |r| \le 1 \\ \infty & \text{sonst} \end{cases}.$$

3) Sei $\Phi : \mathbb{R} \to \mathbb{R}_+$ konvex, $\Phi(0) = 0$ und $(X, \|\cdot\|)$ ein normierter Raum. Wir betrachten die konvexe Funktion $f : X \to \mathbb{R}$, die durch $f(x) := \Phi(\|x\|)$ erklärt ist. Für die konjugierte $f^* : (X^*, \|\cdot\|_d) \to \overline{\mathbb{R}}$ gilt

$$f^*(y) = \Phi^*(\|y\|_d).$$

Beweis. Mit Definition der Norm $\|\cdot\|_d$ und der Youngschen Ungleichung folgt

$$\langle x, y \rangle - \Phi(\|x\|) \le \|x\| \, \|y\|_d - \Phi(\|x\|) \le \Phi^*(\|y\|_d).$$

Nach Definition von Φ^* und $\|\cdot\|_d$ gibt es eine Folge $(s_n)_{n \in \mathbb{N}}$ in $\mathbb{R}$ und eine Folge $(x_n)_{n \in \mathbb{N}}$ in X mit

i)
$$s_n \cdot \|y\|_d - \Phi(s_n) \overset{n \to \infty}{\longrightarrow} \Phi^*(\|y\|_d)$$

ii)
$$\|x_n\| = 1 \quad \text{und} \quad |\langle x_n, y \rangle - \|y\|_d| < \frac{1}{n(1 + |s_n|)}.$$

Damit gilt

$$\langle s_n x_n, y \rangle - \Phi(\|s_n x_n\|) = s_n \|y\|_d - \Phi(s_n) + s_n(\langle x_n, y \rangle - \|y\|_d) \overset{n \to \infty}{\longrightarrow} \Phi^*(\|y\|_d). \quad \square$$

Insbesondere gilt

4) a)
$$\left(\frac{\|\cdot\|^2}{2} \right)^* = \frac{\|\cdot\|_d^2}{2},$$

b) Für $1 < p < \infty$ und $\frac{1}{p} + \frac{1}{q} = 1$:
$$\left(\frac{\|\cdot\|^p}{p} \right)^* = \frac{\|\cdot\|_d^q}{q},$$

c)
$$(\|\cdot\|)^*(y) = \begin{cases} 0 & \text{für } \|y\|_d \le 1 \\ \infty & \text{sonst} \end{cases}.$$

12.3 Satz von Fenchel

Sei X ein normierter Raum.

Definition 12.3.1. Für konkave Funktionen $g\colon X \to [-\infty, +\infty)$ mit $\operatorname{dom} g := \{x \in X \mid g(x) > -\infty\} \neq \emptyset$ wird die *konkav konjugierte Funktion* $g^+\colon X^* \to [-\infty, +\infty)$ von g durch

$$g^+(y) := \inf\{\langle y, x\rangle - g(x) \mid x \in \operatorname{dom}(g)\}$$

erklärt.

Nach der Definition ergibt sich die folgende Beziehung zwischen der konkav- und der konvex konjugierten Funktion:

$$g^+(y) = -(-g)^*(-y).$$

Es kann also $g^+ \neq -(-g)^*$ sein. So gilt z. B. für $g\colon \mathbb{R} \to \mathbb{R}$ mit $x \mapsto -x$

$$g^+(y) = \begin{cases} 0 & \text{für } y = -1 \\ -\infty & \text{sonst} \end{cases} \quad \text{und} \quad -(-g)^*(y) = \begin{cases} 0 & \text{für y=1} \\ -\infty & \text{sonst} \end{cases}.$$

Wir betrachten jetzt die Optimierungsaufgabe

$$\inf(f - g)(X),$$

wobei $f, -g\colon X \to \mathbb{R} \cup \{\infty\}$ als konvex angenommen werden.

Direkt aus den Definitionen folgt, dass für alle $x \in X$ und $y \in X^*$

$$f(x) + f^*(y) \geq \langle y, x\rangle \geq g(x) + g^+(y)$$

gilt und damit die Ungleichung (Dualitätsbeziehung)

$$f(x) - g(x) \geq g^+(y) - f^*(y),$$

d. h.

$$\inf_{x \in X}(f - g)(x) \geq \sup_{y \in X^*}(g^+ - f^*)(y). \tag{12.3.1}$$

Dies hat die folgende geometrische Interpretation.

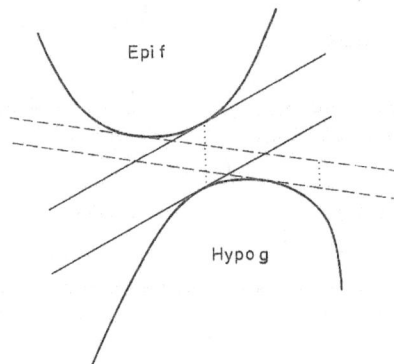

Man nimmt die durch y bestimmte Hyperebene $\{(x, r) \mid \langle y, x \rangle - r = 0\}$ in $X \times \mathbb{R}$ und verschiebt sie derart, dass sie zunächst den Epigraphen $\{(x, r) \mid r \geq f(x)\}$ von f und dann den *Hypographen* $\{(x, r) \mid r \leq g(x)\}$ von g stützt. Dann ist der vertikale Abstand dieser verschobenen Hyperebenen nicht größer als die Differenz der Funktionswerte von f und g an einer beliebigen Stelle $x \in X$ (siehe geometrische Interpretation von f^*). Als eine direkte Anwendung des Trennungssatzes von Eidelheit bekommt man den

Satz 12.3.1 (von Fenchel). *Seien* $f, -g \colon X \to \mathbb{R} \cup \{\infty\}$ *konvexe Funktionen, und es existiere ein* $x_0 \in \operatorname{dom} f \cap \operatorname{dom} g$ *derart, dass* f *oder* g *in* x_0 *stetig ist.*
   Dann gilt

$$\inf_{x \in X} (f(x) - g(x)) = \sup_{y \in X^*} (g^+(y) - f^*(y)).$$

Ist zusätzlich $\inf_{x \in X} (f(x) - g(x))$ *endlich, so wird auf der rechten Seite das Supremum in einem* $y_0 \in X^*$ *angenommen, d. h. besitzt die Aufgabe „Minimiere* $(f - g)$ *auf* X *" einen endlichen Wert, so ist die Aufgabe „Maximiere* $(g^+ - f^*)$ *auf* X^* *" stets lösbar.*

Beweis. O. B. d. A. sei f in x_0 stetig. Dann gilt

$$x_0 \in \operatorname{Int}(\operatorname{dom} f) \quad \text{und} \quad f(x_0) - g(x_0) \geq \inf_{x \in X} (f(x) - g(x)) =: \alpha.$$

Die Behauptung des Satzes ist im Falle $\alpha = -\infty$, eine direkte Folgerung aus (12.3.1).
   Unter der Annahme: $-\infty < \alpha < \infty$ betrachten wir die Mengen

$$A := \{(x, t) \in X \times \mathbb{R} \mid x \in \operatorname{dom} f,\ t > f(x)\},$$

$$B := \{(x, t) \in X \times \mathbb{R} \mid t \leq g(x) + \alpha\}.$$

Die Mengen sind konvex und disjunkt. Aus der Stetigkeit von f in x_0 folgt $\operatorname{Int}(A) \neq \emptyset$. Nach dem Trennungssatz von Eidelheit existiert eine A und B trennende Hyperebene H, d. h. es gibt ein $(y, \beta) \in X^* \times \mathbb{R}$ und ein $r \in \mathbb{R}$, so dass für alle $(x_1, t_1) \in A$ und $(x_2, t_2) \in B$:

$$\langle y, x_1 \rangle + \beta t_1 \leq r \leq \langle y, x_2 \rangle + \beta t_2 \tag{12.3.2}$$

gilt. Geometrisch bedeutet dies:

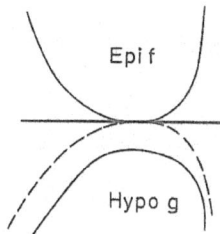

Wir verschieben den Hypographen von g solange, bis er den Epigraphen von f stützt, und schieben dazwischen eine trennende Hyperebene.

Es ist $\beta \neq 0$ (H ist nicht senkrecht). Denn sonst wäre für alle $x_1 \in \operatorname{dom} f$ und alle $x_2 \in \operatorname{dom} g$

$$\langle y, x_1 \rangle \leq r \leq \langle y, x_2 \rangle.$$

Anders gesagt: (y, r) hätte $\operatorname{dom} f$ und $\operatorname{dom} g$ getrennt. Dies ist ein Widerspruch zu $x_0 \in \operatorname{Int}(\operatorname{dom} f) \cap \operatorname{dom} g$.

Es gilt auch $\beta < 0$. Denn sonst wäre $\sup\{\beta t \mid (x_0, t) \in A\} = \infty$ im Widerspruch zu (12.3.2). Sei $\epsilon > 0$. Für $\lambda := (r / - \beta)$, $w := (y / - \beta)$ und alle $x \in \operatorname{dom} f$ folgt aus $(x, f(x) + \epsilon) \in A$

$$\langle w, x \rangle - (f(x) + \epsilon) \leq \lambda.$$

Da ϵ beliebig ist, gilt $f^*(w) \leq \lambda$. Sei $z \in \operatorname{dom} g$. Es gilt $(z, g(z) + \alpha) \in B$. Nach (12.3.2) ist

$$\langle w, z \rangle - (g(z) + \alpha) \geq \lambda$$

und damit

$$g^+(w) \geq \lambda + \alpha.$$

Zusammen mit (12.3.1) folgt

$$\alpha \leq g^+(w) - \lambda \leq g^+(w) - f^*(w) \leq \sup\{g^+(y) - f^*(y) \mid y \in X^*\}$$
$$\leq \inf\{f(x) - g(x) \mid x \in X\} = \alpha,$$

d. h. $g^+(w) - f^*(w) = \sup\{g^+(y) - f^*(y) \mid y \in X^*\}$ und damit die Behauptung. $\quad\square$

Bemerkung. Dieser Satz wurde von Fenchel für Funktionen auf $\mathbb{R}^n$ bewiesen. Die Verallgemeinerung auf normierte Räume (bzw. topologische Vektorräume) geht auf Arbeiten von Moreau [M], Brönstedt [Br], Dieter [Di] und Rockafellar [Ro2] zurück.

Als eine Folgerung aus dem Satz von Fenchel bekommen wir den

Satz 12.3.2. *Sei X ein normierter Raum, $K \subset X$ konvex, $f : X \to \mathbb{R} \cup \{\infty\}$ konvex und in einem Punkt $\overline{k} \in K$ stetig. Es ist $k_0 \in M(f, K)$ genau dann, wenn für ein $u \in X^*$*

a)
$$f^*(u) + f(k_0) = \langle u, k_0 \rangle$$

und

b)
$$\langle u, k_0 \rangle = \min \langle u, K \rangle$$

gilt.

Beweis. Sei $k_0 \in M(f, K)$ und $k_0 \notin M(f, X)$. Sei

$$g(x) := \begin{cases} 0 & \text{für } x \in K \\ -\infty & \text{sonst} \end{cases}.$$

Für $y \in X^*$ gilt $g^+(y) = \inf\{\langle y, k\rangle \mid k \in K\}$.

Nach dem Satz von Fenchel existiert ein $u \in X^*$ mit

$$\inf\{\langle u, k\rangle \mid k \in K\} - f^*(u) = f(k_0).$$

Es ist $u \neq 0$. Denn sonst wäre $0 \in \partial f(k_0)$ nach Satz 12.1.1, und mit Bemerkung 11.5.2 ergäbe sich ein Widerspruch zu $k_0 \notin (M(f, X) \cap K)$.

Nach der Youngschen Ungleichung ist also

$$\inf\{\langle u, k\rangle \mid k \in K\} = f^*(u) + f(k_0) \geq \langle u, k_0\rangle \geq \inf\{\langle u, k\rangle \mid k \in K\}$$

und damit a) und b). Ist $k_0 \in M(f, X)$, so folgt daraus a) und b) für $u = 0$.

Andererseits folgt aus a) mit Satz 12.1.1, dass u ein Subgradient von f in k_0 ist. Damit gilt $\langle u, k - k_0\rangle \leq f(k) - f(k_0)$ für alle $k \in K$. Nach b) ist also $f(k) \geq f(k_0)$ $\forall k \in K$. $\qquad\square$

Eine Anwendung des Satzes 12.3.2 auf Approximationstheorie in Orliczräumen findet man in [K2], S. 16.

Der Satz 12.3.2 und Satz 12.1.4 ergeben den

Satz 12.3.3. *Sei X ein normierter Raum, $K \subset X$ konvex, $f : X \to \mathbb{R} \cup \{\infty\}$ konvex und in einem Punkt $k \in K$ stetig. Es ist $k_0 \in M(f, K)$ genau dann, wenn für ein $u \in X^*$ gilt:*

a) $$u \in \partial f(k_0)$$

und

b) $$\langle u, k_0\rangle = \min\langle u, K\rangle.$$

Dieser Satz besitzt die folgende geometrische Interpretation für $k_0 \notin M(f, X)$.

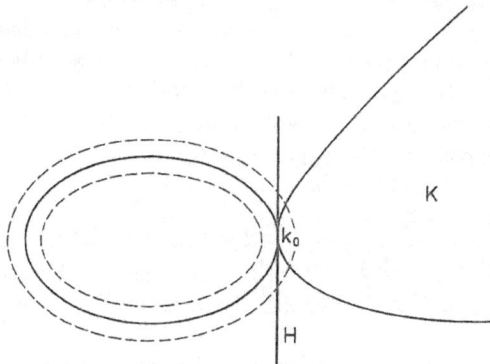

Man nimmt die Niveaumenge $S_f(f(k_0))$ von f. Sie enthält in ihrem Inneren keine Punkte von K. Man trennt diese von K durch eine abgeschlossene Hyperebene H. Diese kann man durch ein $u \in X^*$ und ein $\alpha \in \mathbb{R}$ folgendermaßen darstellen: $H = \{x \in X \mid \langle u, x \rangle = \alpha\}$. Dann ist k_0 auch eine Minimallösung bzgl. der linearen Funktion u.

12.4   Existenz von Minimallösungen bei konvexen Optimierungsaufgaben

Die Frage nach der Existenz von Minimallösungen bei Optimierungsaufgaben besitzt beim Nachweis der Optimalität einer Lösung große Bedeutung. Denn durch das Aufstellen einer notwendigen Optimalitätsbedingung kann man nur einen Kandidaten für eine Optimallösung ermitteln. Die Optimierungstheorie in Funktionenräumen beginnt mit dem Aufstellen der Brachistochronen-Aufgabe (siehe Abschnitt 5.2.1) durch Johann Bernoulli, der auf das Existenzproblem mit dem Satz „Denn die Natur pflegt auf die einfachste Art zu verfahren" eingeht. Aber auch dann, wenn die Natur am einfachsten verfährt, braucht das benutzte mathematische Modell die Natur nicht exakt wiederzuspiegeln. Erst 200 Jahre später wird von Karl Weierstraß mit aller Deutlichkeit auf diese Problematik hingewiesen bei gleichzeitiger Entwicklung hinreichender Optimalitätsbedingungen in der Variationsrechnung. In der im Sommersemester 1882 gehaltenen Vorlesung über Variationsrechnung (siehe [Wei] S. 54 und 98) sagt Weierstraß: „Es ist nun aber nicht selten möglich, dass man sich durch Betrachtungen, die aus der Natur der Aufgabe entnommen werden, von vornherein die Überzeugung verschaffen kann, dass ein Maximum oder ein Minimum existirt; ergiebt sich dann, dass die nothwendigen Bedingungen eines solchen nur für ein einziges Werthsystem erfüllt sind, so kann man sicher sein, dass diesem System ein Maximum oder ein Minimum auch wirklich entsprechen muss. Man muss aber gerade bei derartigen Betrachtungen sehr vorsichtig sein, da es in der That Fälle giebt, in denen man von der Existenz eines Maximums oder Minimums von vornherein überzeugt zu sein glaubt, während eine sorgfältigere Untersuchung zeigt, dass in Wirklichkeit gar keines existirt." (siehe auch Vorwort).

Die logische Struktur der Beweise, die auf einer notwendigen Bedingung beruhen und nicht auf die Existenzfrage eingehen, beschreibt F.C. Young humorvoll mit dem Perron-Paradoxen „Sei N die größte natürliche Zahl. Für $N \neq 1$ folgt dann $N^2 > N$, im Widerspruch dazu, dass N die größte Zahl ist. Also ist $N = 1$ die größte natürlich Zahl".

Ein effektiver Zugang zu einer allgemeinen Existenztheorie für Optimierungsaufgaben in Funktionenräumen geht auf S. Mazur und J. Schauder zurück, als sie 1936 in Oslo bei dem Internationalen Mathematiker Kongress den Vortrag „Über ein Prinzip in der Variationsrechnung" hielten. Dies war gewiß im Sinne der Aufforderung von D. Hilbert, der in seinem berühmten Vortrag „Mathematische Probleme" (siehe [Hil]

S. 290) um die Jahrhundertwende das Problem 23 „Die Weiterführung der Methoden der Variationsrechnung" nannte.

Der Ansatz von S. Mazur und J. Schauder ist das Analogon zum Satz von Weierstraß, dass jede unterhalbstetige Funktion auf einer kompakten Menge eine Minimallösung besitzt, wenn man den Worten „unterhalbstetig" und „kompakt" eine andere Bedeutung gibt, nämlich sie im Sinne der schwachen Topologie (siehe [H-S]) auffasst. Aber wir wollen jetzt einen anderen Weg gehen, um den zentralen Satz von S. Mazur und J. Schauder zu beweisen. Es soll hier die Tatsache benutzt werden, dass die aus dem Satz von Fenchel resultierende Maximierungsaufgabe lösbar ist. Wir erinnern daran, dass der Satz von Fenchel mit dem Trennungssatz bewiesen wurde und die dazugehörige Lösung der Maximierungsaufgabe durch die Trennungshyperebene gegeben war.

Definition 12.4.1. Mit den Bezeichnungen aus 8.3 heißt die Aufgabe „Maximiere $(g^+ - f^*)$ auf X^*" die *Fenchel-duale Aufgabe* zu „Minimiere $(f - g)$ auf X".

Mit dem Satz von Fenchel bekommen wir nun das folgende Prinzip für Existenzbeweise.

Bemerkung 12.4.1. Ist eine Optimierungsaufgabe mit endlichem Wert die Fenchel-Duale einer anderen, so besitzt sie stets eine Minimallösung (bzw. Maximallösung).

Ein natürliches Vorgehen für den Existenznachweis entsteht dadurch, dass man zu einer gegebenen Optimierungsaufgabe zweimal die duale bildet mit der Hoffnung, zu der Ausgangsaufgabe zurückzukehren. Es entsteht dabei zunächst die formale Schwierigkeit, dass durch das zweimalige Bilden der Dualen eine Aufgabe in $(X^*)^*$ und nicht in X entsteht. Man kann stets X als eine Teilmenge von $(X^*)^*$ auffassen, indem wir die folgende Abbildung $E \colon X \to (X^*)^*$ nehmen, wobei für ein $x \in X$ das Funktional $E(x) \colon X^* \to \mathbb{R}$ durch

$$x^* \mapsto E(x)(x^*) = \langle Ex, x^* \rangle := \langle x^*, x \rangle \qquad (12.4.1)$$

erklärt ist. Besonders interessant sind nach obigen Vorbemerkungen diejenigen normierten Räume X, bei denen alle Elemente aus $(X^*)^*$ auf diese Weise erhalten werden können. Denn dann kann $(X^*)^*$ mit X identifiziert werden. Dies führt zu der

Definition 12.4.2. Ein normierter Raum X heißt *reflexiv*, wenn $E(X) = (X^*)^*$ gilt.

Beispiel 1.   a) Jeder Hilbertraum ist reflexiv (siehe Abschnitt 11.6).

b) Jeder endlich-dimensionale normierte Raum ist reflexiv (siehe Abschnitt 11.6).

Beispiel 2. Die Räume l^p und $L^p(T, \Sigma, \mu)$ ((T, Σ, μ) ein beliebiger Maßraum) sind für $1 < p < \infty$ reflexiv (siehe Abschnitt 12.4.2).

Beispiel 3. Die Räume $c_0, l^1, L^1[a, b], C[a, b]$ sind nicht reflexiv.

Bemerkung 12.4.2. Sei X ein reflexiver Banachraum und $f\colon X \to \overline{\mathbb{R}}$. Für die zweite konjugierte $(f^*)^*\colon X^{**} \to \overline{\mathbb{R}}$ und die bikonjugierte Funktion $f^{**}\colon X \to \overline{\mathbb{R}}$ gilt für alle $x \in X$

$$(f^*)^*(E(x)) = \sup\{\langle E(x), x^* \rangle - f^*(x^*) \mid x^* \in X^*\}$$
$$= \sup\{\langle x^*, x \rangle - f^*(x^*) \mid x^* \in X^*\} = f^{**}(x).$$

Satz 12.4.1 (von Mazur-Schauder). *Sei X ein reflexiver Banachraum, K eine nichtleere, abgeschlossene, beschränkte und konvexe Teilmenge von X. Dann besitzt jede stetige konvexe Funktion $h\colon K \to \mathbb{R}$ eine Minimallösung.*

Beweis. Seien $f, -g\colon X \to (-\infty, \infty]$ durch

$$f(x) := \begin{cases} h(x) & \text{für } x \in K \\ \infty & \text{sonst} \end{cases} \quad \text{und} \quad g(x) := \begin{cases} 0 & \text{für } x \in K \\ -\infty & \text{sonst} \end{cases} \qquad (12.4.2)$$

erklärt. Dann folgt für alle $y \in X^*$

$$g^+(y) := \inf\{\langle y, x \rangle - g(x) \mid x \in X\} = \inf\{\langle y, x \rangle \mid x \in K\}.$$

Da K beschränkt ist, gibt es ein $r > 0$ derart, dass für alle $x \in K$ gilt:

$$\|x\| \leq r \quad \text{und damit} \quad |\langle y, x \rangle| \leq \|y\|\|x\| \leq r\|y\|.$$

Also ist $g^+(y) \geq -r\|y\| > -\infty$. Als Infimum stetiger linearer Funktionen $\{\langle \cdot, x \rangle \mid x \in K\}$ ist g^+ auf dem Banachraum X^* (siehe Satz 9.1.5) stetig (siehe Satz 9.2.3). Nach Bemerkung 12.1.1 ist dann dom $f^* \neq \emptyset$.

Damit sind die Voraussetzungen des Satzes von Fenchel für die Aufgabe

$$\inf_{y \in X^*} (f^*(y) - g^+(y)) =: \alpha \qquad (12.4.3)$$

erfüllt. Mit dem Satz von Fenchel und der Reflexivität von X folgt:

$$\alpha = \sup_{x \in X} ((g^+)^+(E(x)) - (f^*)^*(E(x))). \qquad (12.4.4)$$

Für alle $x \in X$ ist mit Bemerkung 12.4.2 $(f^*)^*(E(x)) = f^{**}(x)$. Aus der Stetigkeit von h auf K folgt die Unterhalbstetigkeit von f auf X und mit Satz 12.1.3 $f^{**}(x) = f(x)$.

Mit der Umrechnung (siehe Abschnitt 12.3) für $z := E(x)$

$$(g^+)^+(z) = [-(-g)^*]^+(-z) = -[(-g)^*]^*(z) = -(-g)^{**}(z)$$

und der Unterhalbstetigkeit von $-g$ ergibt sich nach Satz 12.1.3

$$(g^+)^+(E(x)) = -(-g)^{**}(E(x)) = g(x).$$

Mit (12.4.4) folgt

$$\alpha := \sup_{x \in X} \{g(x) - f(x) \mid x \in X\}$$

$$= \sup\{-f(x) \mid x \in K\} = -\inf\{f(x) \mid x \in K\}. \qquad (12.4.5)$$

Nach Abschnitt 3.6.2 Satz ist α endlich, und mit dem Satz von Fenchel folgt die Existenz eines $\overline{x}$, in dem das Supremum in (12.4.4) angenommen wird, was mit (12.4.5) $f(\overline{x}) = -\alpha = \inf\{(f(x)x \in K\}$ bedeutet. $\qquad\square$

Die Voraussetzung, dass X reflexiv sein soll, ist für derart allgemeine Aussagen (Lösbarkeit von konvexen Optimierungsaufgaben) notwendig.

Um dies zu beweisen, wollen wir die folgende optimierungstheoretische Charakterisierung reflexiver Banachräume benutzen (siehe [F1]).

Satz 12.4.2 (von James). *Ein Banachraum ist genau dann reflexiv, wenn jedes stetige lineare Funktional auf der abgeschlossenen Einheitskugel eine Minimallösung besitzt.*

Bemerkung 12.4.3. Sei X ein Banachraum, und sei für jede stetige, konvexe Funktion f und für jede nichtleere, abgeschlossene, beschränkte und konvexe Teilmenge K von X die Optimierungsaufgabe (f, K) lösbar (d. h. $M(f, K)$ sei nicht leer). Dann ist X reflexiv.

Beweis. Insbesondere besitzt jedes stetige lineare Funktional auf der Einheitskugel eine Minimallösung. Nach dem Satz von James ist X reflexiv. $\qquad\square$

Bemerkung 12.4.4. Ist die Beschränktheit der Menge K nicht gegeben, so bekommt man Existenzaussagen auch dann, wenn die Funktion f beschränkte Niveaumengen besitzt. Denn ist $x \in K$, so genügt es, statt K die beschränkte Menge $S_f(x) \cap K$ zu betrachten.

Dass f beschränkte Niveaumengen besitzt, wird oft durch die Forderung der *Koerzivität* ($\|x\| \to \infty \Rightarrow f(x) \to \infty$) sichergestellt.

12.4.1 Weierstraßsches Existenzprinzip

Die dem Existenzsatz von Weierstraß zugrundeliegende Denkweise wird bei vielen mathematischen Fragestellungen, oft schon in allgemeineren Versionen, benutzt. Diese Denkweise soll jetzt mit dem Namen *Weierstraßsches Existenzprinzip* bezeichnet werden. Die Ursache dafür, dass der Rahmen der metrischen Räume für die Existenzuntersuchungen nicht ausreicht, ist mit dem folgenden Phänomen in Funktionenräumen verbunden:

Mit dem Begriff eines normierten Raumes wird der Wunsch nach einem natürlichen Abstandsbegriff von Funktionen (Integral oder Maximum der absoluten Differenz) befriedigt. Aber in unendlich-dimensionalen Räumen ist die abgeschlossene Einheitskugel nie kompakt. In der Literatur wird oft ein Ersatz für den Satz von Heine-Borel durch die Einführung geeigneter Topologien geschaffen (schwache Topologie usw.). Aber wir wollen jetzt die Verallgemeinerung an den Satz von Bolzano-Weierstraß anlehnen und nur den Begriff der Folgenkonvergenz benutzen.

Um die Stetigkeit (Unterhalbstetigkeit) von Funktionen und die Kompaktheit einer Menge zu definieren, braucht man lediglich den Begriff einer konvergenten Folge. Eine sehr einfache Konvergenz von Funktionenfolgen erhält man durch natürliche Verallgemeinerung der komponentenweisen Konvergenz in $\mathbb{R}^n$ zur punktweisen Konvergenz von Funktionenfolgen, die sich im Zusammenhang mit Kompaktheitsbetrachtungen als besonders fruchtbar erweist. Sie ist jedoch im allgemeinen nicht durch die Wahl einer Metrik zu erhalten. Man kann sie aber bei der hier folgenden verallgemeinerten Version des Satzes von Weierstraß benutzen.

Dafür betrachten wir eine beliebige Menge M, in der eine Konvergenzart erklärt ist (z. B. für reellwertige Funktionen die punktweise oder gleichmäßige Konvergenz).

Definition 12.4.3. Es sei eine Menge S von Paaren $((x_i)_{i \in \mathbb{N}}, x)$, bestehend aus einer Folge in M und einem Element aus M, gegeben. Eine Folge $(x_i)_{i \in \mathbb{N}}$ in M heißt gegen ein $x \in M$ *konvergent*, wenn $((x_i)_{i \in \mathbb{N}}, x) \in S$ ist. Das Paar (M, S) heißt eine *Limesstruktur*, wenn jede Teilfolge einer gegen ein $x \in M$ konvergenten Folge gegen x konvergiert.

Man kann jetzt wörtlich die Begriffe stetig (unterhalbstetig) und kompakt übertragen.

Definition 12.4.4. Sei (M, S) eine Limesstruktur. Eine Teilmenge A von M heißt *abgeschlossen*, wenn für jede Folge $(x_i)_{i \in \mathbb{N}}$ in A und $x \in M$ gilt: aus $((x_i)_{i \in \mathbb{N}}, x) \in S$ folgt $x \in A$.

Eine Funktion $f : M \to \mathbb{R}$ heißt *unterhalbstetig*, wenn für jedes $r \in \mathbb{R}$ die Menge $\{x \in M \mid f(x) \le r\}$ abgeschlossen ist.

Eine Teilmenge von M heißt *kompakt*, wenn jede Folge in M eine gegen ein Element aus M konvergente Teilfolge besitzt.

Bemerkung 12.4.5. Nach Definition ist der Durchschnitt beliebig vieler abgeschlossener Mengen abgeschlossen. Wie in Abschnitt 3.15 ist das Supremum unterhalbstetiger Funktionen unterhalbstetig.

Mit dem Beweis des Satzes von Weierstraß aus Abschnitt 3.15 folgt jetzt das

Weierstraßsches Prinzip. *Sei K eine nichtleere kompakte Teilmenge einer Limesstruktur (M, S) und $f : K \to \mathbb{R}$ eine unterhalbstetige Funktion. Dann besitzt f in K eine Minimallösung.*

Eine Beobachtung ist in diesem Zusammenhang wichtig: Eine Limesstruktur, die viele konvergente Folgen besitzt, erzeugt viele kompakte Mengen, aber wenig stetige Funktionen.

Um Existenzaussagen zu gewinnen, geht man jetzt folgendermaßen vor: Man sucht nach einer Limesstruktur, bei der genügend kompakte Mengen existieren, aber die Menge der unterhalbstetigen Funktionen noch reichhaltig genug ist.

Mit der folgenden Konvergenzart in normierten Räumen kann man z. B. erreichen, dass beschränkte und abgeschlossene konvexe Mengen (im Sinne der Normkonvergenz) in einem reflexiven normierten Raum kompakt sind *(Satz von Eberlein-Šmulian)* und alle bzgl. der Normkonvergenz stetigen konvexen Funktionen noch unterhalbstetig sind.

Definition 12.4.5. Eine Folge $(x_i)_{i \in \mathbb{N}}$ in einem normierten Raum X heißt *schwach konvergent*, wenn für jedes u aus dem Dualraum X^* die Folge $(u(x_i))_{i \in \mathbb{N}}$ in $\mathbb{R}$ konvergiert.

Bemerkung 12.4.6. Die oben erwähnte schwache Unterhalbstetigkeit (d. h. bzgl. der schwachen Konvergenz) von stetigen konvexen Funktionen kann man wie folgt sehen: Nach Definition ist ein $u \in X^*$ schwach stetig, und mit der Existenz von Subgradienten (siehe Abschnitt 11.5) ist jede stetige konvexe Funktion als Supremum von stetigen linearen Funktionen darstellbar und nach Bemerkung 12.4.1 schwach unterhalbstetig.

Mit dem Weierstraßschen Prinzip bekommen wir einen zweiten Beweis des Satzes von Mazur-Schauder.

Kompaktheit bei punktweiser Konvergenz

Die Tatsache, dass eine Menge in $\mathbb{R}^n$ genau dann kompakt ist, wenn sie abgeschlossen und beschränkt ist, spielt beim Nachweis der Kompaktheit eine zentrale Rolle.

Wir wollen jetzt mit den Sätzen aus Kapitel 9 zeigen, dass man diese Beschreibung auf eine wichtige Klasse von Dualräumen übertragen kann, wenn man die Elemente eines Dualraumes im ursprünglichen Sinne als Funktionen auf dem gegebenen normierten Raum versteht und die Worte „beschränkt" durch „punktweise beschränkt" bzw. „abgeschlossen" durch „abgeschlossen bzgl. der punktweisen Konvergenz" ersetzt.

Definition 12.4.6. Eine Teilmenge D eines normierten Raumes X heißt *dicht* in X, wenn zu jedem $x \in X$ und jedem $\varepsilon > 0$ ein $d \in D$ existiert, so dass $\|x - d\| < \varepsilon$ gilt. Anders gesagt: $\overline{D} = X$.

Beispiel 4. Nach dem Satz von Weierstraß (siehe Abschnitt 7.5) ist die Menge aller Polynome dicht in $C[a, b]$.

Definition 12.4.7. Ein normierter Raum X heißt *separabel*, wenn X eine abzählbare dichte Teilmenge besitzt.

Beispiel 5. Der Raum $\mathbb{R}^n$ ist separabel. Die Menge aller Vektoren mit rationalen Koeffizienten liegt dicht in $\mathbb{R}^n$.

Beispiel 6. a) Die l^p-Räume mit $1 \leq p < \infty$ sind separabel. Die Menge der Folgen, bei denen nur endlich viele Komponenten verschieden von Null und rational sind, ist dicht in l^p (Übungsaufgabe).

b) l^∞ ist nicht separabel.

Beispiel 7. Sei T eine kompakte Teilmenge des $\mathbb{R}^n$. Dann ist $C(T)$ separabel.

Beweis. Wir zeigen, dass die Menge der Polynome mit rationalen Koeffizienten in $C(T)$ dicht ist. Nach Abschnitt 7.6 gibt es zu jedem $x \in C(T)$ und jedem $\varepsilon > 0$ ein Polynom p mit $\|x - p\| < \varepsilon/2$. Zu diesem p existiert dann ein Polynom q mit rationalen Koeffizienten derart, dass $\|p - q\| < \varepsilon/2$ ist. Mit der Dreiecksungleichung ist

$$\|x - q\| < \|x - p\| + \|p - q\| < \varepsilon/2 + \varepsilon/2 = \varepsilon. \qquad \square$$

Beispiel 8. Die Räume $L^p[a, b]$ (bzgl. des Lebesgue-Maßes) sind für $1 \leq p < \infty$ separabel, und $L^\infty[a, b]$ ist nicht separabel.

Im Folgenden sei die Limesstruktur durch die punktweise Konvergenz reeller Funktionen auf dem normierten Raum X bestimmt, d.h. $(f_n : X \to \mathbb{R})_{n \in \mathbb{N}}$ konvergiert gegen $f : X \to \mathbb{R}$, wenn für jedes $x \in X$ die Folge $(f_n(x))_{n \in \mathbb{N}}$ gegen $f(x)$ konvergiert.

Satz 12.4.3. *Sei U eine offene, konvexe Teilmenge eines separablen Banachraumes und $(f_n)_{n \in \mathbb{N}}$ eine punktweise beschränkte Folge stetiger konvexer Funktionen auf U. Dann existiert eine Teilfolge von $(f_n)_{n \in \mathbb{N}}$, die gegen eine stetige konvexe Funktion $f : U \to \mathbb{R}$ konvergiert.*

Beweis. Sei U' eine abzählbare dichte Teilmenge von U, d.h. $U' = \{x_1, x_2, \ldots\}$ und $\overline{U'} \supset U$. Dann sind die Mengen $\{f_i(x_j) \mid i \in \mathbb{N}\}$ für alle $j \in \mathbb{N}$ beschränkt. Wir konstruieren eine Teilfolge von $(f_n)_{n \in \mathbb{N}}$, die für alle $j \in \mathbb{N}$ konvergiert. Nach dem Satz von Banach-Steinhaus für konvexe Funktionen konvergiert diese Teilfolge dann gegen eine stetige konvexe Funktion auf U (siehe Abschnitt 9.2).

Für $j = 1$ ist $(f_i(x_1))_{i \in \mathbb{N}}$ eine beschränkte Folge reeller Zahlen. Sie besitzt somit eine konvergente Teilfolge, d.h. es existiert eine reelle Zahl a_1 und eine unendliche Teilmenge I_1 von $\mathbb{N}$, so dass die Folge $(f_n(x_1))_{n \in I_1}$ gegen a_1 konvergiert. Entsprechend existiert, da $(f_i(x_2))_{i \in I_1}$ beschränkt ist, eine reelle Zahl a_2 und eine unendliche Teilmenge I_2 von I_1, die nicht die kleinste natürliche Zahl von I_1 enthält, so dass die Folge $(f_n(x_2))_{n \in I_2}$ gegen a_2 konvergiert (insbesondere konvergiert $(f_n(x_1))_{n \in I_2}$ gegen a_1). So fortfahrend erhalten wir für alle x_j eine Menge I_j und ein $a_j \in \mathbb{R}$. Sei I

die unendliche Menge, die das kleinste Element von I_1, das kleinste Element von I_2 usw. enthält. Dann konvergiert die Folge $(f_n(x_j))_{n \in I}$ gegen a_j für alle $j \in \mathbb{N}$, d.h. die Folge der Funktionen $(f_n)_{n \in I}$ konvergiert punktweise auf U'. $\square$

Bemerkung 12.4.7. Nach Abschnitt 9.3 konvergiert $(f_n)_{n \in \mathbb{N}}$ auf jeder kompakten Teilmenge von U gleichmäßig.

Als eine Folgerung aus Satz 12.4.3 erhalten wir den (siehe auch Kapitel D)

Satz 12.4.4 (von Alaoglu-Bourbaki). *Sei X^* der Dualraum eines separablen Banachraumes X. Eine Teilmenge K von X^* ist genau dann bzgl. der punktweisen Konvergenz kompakt, wenn sie punktweise beschränkt und bzgl. der punktweisen Konvergenz abgeschlossen ist.*

Beweis. Sei K punktweise beschränkt und bzgl. der punktweisen Konvergenz abgeschlossen. Nach Satz 12.4.3 besitzt jede Folge in K eine punktweise konvergente Teilfolge, die wegen der Abgeschlossenheit von K gegen ein Element aus K konvergiert. Damit ist K kompakt. Sei umgekehrt K kompakt. Direkt aus den Definitionen folgt die Abgeschlossenheit von K. Wäre K nicht punktweise beschränkt, so gibt es ein $x \in K$ und eine Folge $(u_n)_{n \in \mathbb{N}}$ in K mit $\lim_n u_n(x) = \infty$, die damit keine punktweise konvergente Folge besitzen kann. $\square$

Analog ergibt sich

Satz 12.4.5. *Sei X ein separabler Banachraum und K eine Menge von stetigen konvexen Funktionen auf einer offenen Teilmenge von X. Genau dann ist K bzgl. der punktweisen Konvergenz kompakt, wenn K punktweise beschränkt und bzgl. der punktweisen Konvergenz abgeschlossen ist.*

Bemerkung 12.4.8. Nach der Definition der punktweisen Konvergenz sind die folgenden Funktionen auf dem Dualraum X^* von X stetig bzgl. der punktweisen Konvergenz:

$$\text{Für } x \in X \text{ sei } E_x \colon X^* \to \mathbb{R} \text{ durch } u \in X^* \mapsto E_x(u) := u(x) \text{ definiert.} \quad (*)$$

Damit sind alle Funktionen $g \colon X^* \to (-\infty, \infty]$, die sich als Supremum von Funktionen der Gestalt $(*)$ darstellen lassen, unterhalbstetig bzgl. der punktweisen Konvergenz.

Zu dieser Klasse von Funktionen gehört nach Definition die Norm in X^* (siehe Abschnitt 3.2.2) und auch jede konvex-konjugierte Funktion f^* (siehe Anfang Kapitel 12) einer Funktion $f \colon X \to (-\infty, \infty]$ mit einem nichtleeren Endlichkeitsbereich $\text{dom}(f)$.

Für diese Funktionen kann man das Weierstraßsche Existenzprinzip benutzen.

Bemerkung 12.4.9. Mit dem Begriff eines topologischen Raumes und der Heine-Borelschen Überdeckungskompaktheit (bzw. der Folgenkompaktheit wie oben) lässt sich leicht eine topologische Version des Weierstraßschen Prinzips zeigen:

Weierstraßsches Existenzprinzip. *Sei K eine nichtleere kompakte oder folgenkompakte Teilmenge eines topologischen Raumes X und $f : K \to \mathbb{R}$ eine unterhalbstetige Funktion. Dann besitzt f in K eine Minimallösung.*

Bemerkung 12.4.10. Bei der topologischen Version des Satzes von Alaoglu-Bourbaki (siehe Kapitel D) kann man für X einen beliebigen normierten Raum nehmen.

Auch der Satz von Dini aus Abschnitt 3.18 (bzw. die einseitige Variante) gilt in beliebigen Limesstrukturen (bzw. topologischen Räumen).

Als eine Anwendung des Satzes 12.4.3 wird jetzt ein Satz von Blaschke bewiesen.

Satz 12.4.6 (von Blaschke (siehe [V] S. 37)). *Sei F eine unendliche Familie gleichmäßig beschränkter (d. h. $\bigcup_{A \in F} A$ ist beschränkt), nichtleerer, abgeschlossener, konvexer Mengen in einem endlich-dimensionalen normierten Raum X. Dann enthält F eine Folge von Mengen, die in der Hausdorff-Konvergenz gegen eine nichtleere, kompakte, konvexe Menge konvergiert.*

Wir wollen eine Verallgemeinerung des Satzes von Blaschke beweisen.

Satz 12.4.7. *Sei X ein separabler Banachraum und F eine unendliche Familie gleichmäßig beschränkter, nichtleerer, abgeschlossener, konvexer Mengen. Dann enthält F eine Folge von Mengen, die gegen eine abgeschlossene, konvexe Menge Kuratowskikonvergiert.*

Beweis. Wir zeigen, dass jede unendliche Folge gleichmäßig beschränkter, konvexer, abgeschlossener Mengen eine konvergente Teilfolge enthält, die gegen eine abgeschlossene, konvexe Menge konvergiert. Sei $(A_n)_{n \in \mathbb{N}}$ eine Folge gleichmäßig beschränkter, nichtleerer, abgeschlossener, konvexer Mengen, $f_n := d(\cdot, A_n)$ die Folge der Abstandsfunktionen und K eine offene Kugel, die $\bigcup_{n=1}^{\infty} A_n$ enthält.

Die f_n sind stetig, konvex und auf K punktweise beschränkt. Nach Satz 12.4.3 existiert eine Teilfolge $(f_{n_i})_{i \in \mathbb{N}}$, die punktweise gegen eine stetige konvexe Funktion f konvergiert. Nach Lemma A.2 folgt, dass die Teilfolge $(A_{n_i})_{i \in \mathbb{N}}$ Kuratowskikonvergent ist, und es gilt

$$\lim A_{n_i} = \{x \in X \mid \lim d(x, A_{n_i}) = \lim f_{n_i}(x) = 0\} =: A.$$

Offensichtlich ist A konvex. Die Abgeschlossenheit von A ergibt sich unmittelbar aus der Definition der Kuratowski-Konvergenz. $\square$

Der Satz von Blaschke folgt nun direkt mit Satz 12.4.7 aus der folgenden Bemerkung.

Bemerkung 12.4.11. Ist X endlich-dimensional, dann ist $A \neq \emptyset$. Denn zu jeder Folge $(a_{n_i})_{i \in \mathbb{N}}$ mit $a_{n_i} \in A_{n_i}$ existiert eine konvergente Teilfolge $(a_{n_{i_j}})_{j \in \mathbb{N}}$ mit Grenzwert a, da die A_{n_i} gleichmäßig beschränkt sind. $(f_{n_i})_{i \in \mathbb{N}}$ ist eine Folge stetiger konvexer Funktionen, die punktweise gegen f konvergiert. Nach Abschnitt 9.3 ist die Konvergenz stetig, d. h. $0 = f_{n_{i_j}}(a_{n_{i_j}}) \to f(a)$. Damit ist $f(a) = 0$, d. h. $a \in A$.

12.4.2 Analytische Darstellung des Dualraumes von L^p

Um die Anwendbarkeit der Sätze aus den Kapiteln 11 bis 14 zu erweitern, soll jetzt ein Darstellungssatz für den Dualraum von $L^p(T, \Sigma, \mu)$ angegeben werden. Der Beweis wird für den Spezialfall der Räume l^p geführt.

Sei $p \in (1, \infty)$ und $q \in (1, \infty)$, so dass $\frac{1}{p} + \frac{1}{q} = 1$ gilt. Aus der Youngschen Ungleichung folgt die

Höldersche Ungleichung. Sei $x = (\xi_i)_{i \in \mathbb{N}} \in l^p$ und $y = (\eta_i)_{i \in \mathbb{N}} \in l^q$. Dann gilt

$$\sum_{i=1}^{\infty} |\xi_i \eta_i| \leq \left(\sum_{i=1}^{\infty} |\xi_i|^p \right)^{1/p} \left(\sum_{i=1}^{n} |\eta_i|^q \right)^{1/q} = \|x\|_p \cdot \|y\|_q. \tag{12.4.6}$$

Beweis. Sei $A := \|x\|_p$ und $B := \|y\|_q$. Ist eine dieser beiden Zahlen Null, dann ist die zu beweisende Ungleichung offensichtlich. Mit der Youngschen Ungleichung Abschnitt 12.2 1) gilt für alle $i \in \mathbb{N}$

$$\left| \frac{\xi_i}{A} \frac{\eta_i}{B} \right| \leq \frac{|\xi_i|^p}{p A^p} + \frac{|\eta_i|^q}{q B^q}.$$

Summation auf beiden Seiten ergibt

$$\frac{1}{AB} \sum_{i=1}^{\infty} |\xi_i \eta_i| \leq \frac{1}{p} + \frac{1}{q} = 1$$

und damit (12.4.6). $\qquad\qquad\square$

Wir bekommen nun den folgenden Darstellungssatz:

Satz 12.4.8. *Zu jedem stetigen Funktional f auf l^p, $1 < p < \infty$ existiert ein eindeutig bestimmtes Element $(\eta_i)_{i \in \mathbb{N}}$ aus l^q, $\frac{1}{p} + \frac{1}{q} = 1$, so dass für alle $x = (\xi_i)_{i \in \mathbb{N}} \in l^p$ gilt:*

$$f(x) = \sum_{i=1}^{\infty} \eta_i \xi_i.$$

Ferner bestimmt jedes Element $y \in l^q$ auf diese Weise ein stetiges lineares Funktional f auf l^p, und die Norm $\|f\|$ des Funktionals ist gleich der Norm von y in l^q, d. h.

$$\|f\| = \|y\|_q.$$

Beweis. Für $i \in \mathbb{N}$ bezeichne $e_i = (0, \ldots, 0, 1_i, 0, \ldots)$. Leicht prüft man nach, dass für jedes $x = (\xi_i)_{i \in \mathbb{N}} \in l^p$

$$x = \lim_{n \to \infty} \sum_{k=1}^{i} \xi_k e_k = \lim_i (\xi_1, \ldots, \xi_i, 0, \ldots) = \sum_{k=1}^{\infty} \xi_k e_k$$

gilt. Sei f ein stetiges lineares Funktional auf l^p. Für $i \in \mathbb{N}$ setzen wir

$$\eta_i := f(e_i).$$

Für jedes $n \in \mathbb{N}$ bezeichne $x_n \in l^p$ die durch

$$\xi_i := \begin{cases} |\eta_i|^{q/p} \, \mathrm{sign} \, \eta_i & i \le n \\ 0 & i > n \end{cases}$$

erklärte Folge.

Dann gilt

$$\|x_n\|_p = \left(\sum_{i=1}^{n} |\eta_i|^q \right)^{1/p}$$

und

$$f(x_n) = \sum_{i=1}^{n} |\eta_i|^{(q/p)+1} = \sum_{i=1}^{n} |\eta_i|^q =: M.$$

Nach Definition von $\|f\|$ ist

$$|f(x_n)| \le \|f\| \, \|x_n\|_p,$$

und damit ist für $y = (\eta_i)_{i \in \mathbb{N}}$

$$\|f\| \le M/M^{1/p} = M^{1-1/p} = M^{1/q} = \|y\|_q. \tag{12.4.7}$$

Andererseits ist nach (12.4.6) für jedes $y = (\eta_i)_{i \in \mathbb{N}} \in l^q$ durch

$$x = (\xi_i)_{i \in \mathbb{N}} \in l^p \mapsto \sum_{i=1}^{\infty} \xi_i \eta_i \le \|x\|_p \|y\|_q$$

ein lineares Funktional f auf l^p erklärt. nach Definition von $\|f\|$ ist dann

$$\|f\| \le \|y\|_q. \tag{12.4.8}$$

Aus (12.4.7) und (12.4.8) folgt $\|f\| = \|y\|_q$. $\square$

Als Folgerung erhalten wir

Satz 12.4.9. *Der Raum l^p ist für $1 < p < \infty$ reflexiv.*

Mit ähnlichen Methoden lässt sich zeigen (siehe [H-St] S. 230):

Satz 12.4.10. *Sei (T, Σ, μ) ein beliebiger Maßraum und $1 < p < \infty$. Jedes lineare, stetige Funktional f auf dem Raum $L^p(T, \Sigma, \mu)$ ist durch eine Funktion $y \in L^q(T, \Sigma, \mu)$ $(\frac{1}{p} + \frac{1}{q} = 1)$ mittels der Form*

$$f(x) = \int y(t)x(t)d\mu(t)$$

bestimmt. Ferner bestimmt jedes Element $y \in L^q(T, \Sigma, \mu)$ ein stetiges lineares Funktional auf $L^p(T, \Sigma, \mu)$, und es gilt

$$\|f\| = \|y\|_q.$$

Folgerung. *Für $1 < p < \infty$ ist $L^p(T, \Sigma, \mu)$ reflexiv.*

12.5 Dualitätssatz der linearen Approximationstheorie

Als Anwendung des Satzes von Fenchel bekommt man den Dualitätssatz der linearen Approximationstheorie in normierten Räumen.

Satz 12.5.1. *Sei X ein normierter Raum, V ein Teilraum von X und $z \in X$. Dann gilt*

$$\inf\{\|z - v\| \mid v \in V\} = \max\{\langle u, z \rangle \mid \|u\| \le 1 \quad und \quad u \in V^\perp\}.$$

Beweis. Sei $f(x) := \|x\|$ und

$$g(x) = \begin{cases} 0 & \text{für } x \in z - V \\ -\infty & \text{sonst} \end{cases}.$$

Dann gilt nach Abschnitt 12.2 4)

$$f^*(u) = \begin{cases} 0 & \|u\| \le 1 \\ \infty & \text{sonst} \end{cases}$$

und

$$g^+(u) := \inf\{\langle u, x \rangle \mid x \in z - V\} = \begin{cases} \langle u, z \rangle & \text{für } u \in V^\perp \\ -\infty & \text{sonst} \end{cases}. \qquad \square$$

12.6   Die Formel von Ascoli

Es soll die folgende Aufgabe behandelt werden.

In einem normierten Raum X soll der Abstand eines Punktes $z \in X$ zu einer vorgegebenen Hyperebene H berechnet werden. Ist für ein $\overline{u} \in X^*$ und $x_0 \in X$ $H = \{x \mid \langle \overline{u}, x \rangle = 0\} + x_0$, dann kann man diesen Abstand mit der Formel von Ascoli

$$\frac{|\langle \overline{u}, z \rangle - \langle \overline{u}, x_0 \rangle|}{\|\overline{u}\|}$$

berechnen, wobei die Norm von $\overline{u}$ bzgl. der dualen Norm in X^* genommen wird. Denn nach Satz 12.5.1 gilt:

$$\inf\{\|z - v - x_0\| \mid v \in V\} = \max\{\langle u, z - x_0 \rangle \mid \|u\| = 1, \ \langle u, v \rangle = 0, \ v \in V\}.$$

Da die Restriktionsmenge der max-Aufgabe nur aus einem Element $\frac{\overline{u}}{\|\overline{u}\|}$ besteht, folgt die Behauptung.

Ist die Hyperebene H in der Form

$$H = \{x \mid \langle \overline{u}, x \rangle = \alpha\}$$

gegeben, wobei $\overline{u} \in X^*$ und $\alpha \in \mathbb{R}$ ist, dann gilt für den gesuchten Abstand offensichtlich

$$\frac{|\langle \overline{u}, z \rangle - \alpha|}{\|\overline{u}\|}.$$

Sei z. B. $z = (1, 2, 3) \in \mathbb{R}^3$ und $H = \{x \mid x_1 + 3x_2 + x_3 = 1\} \subset \mathbb{R}^3$. Dann ist der Abstand von z zu H in

a) der Euklidischen Norm

$$\frac{|(1 + 3 \cdot 2 + 3) - 1|}{\sqrt{1 + 3^2 + 1}} = \frac{9}{\sqrt{11}},$$

b) in der L^1-Norm

$$\frac{9}{\max\{1, 3, 1\}} = \frac{9}{3},$$

c) in der Maximum-Norm

$$\frac{9}{1 + 3 + 1} = \frac{9}{5},$$

d) in der L^7-Norm

$$\frac{9}{\sqrt[7/6]{1 + 3^{7/6} + 1}}.$$

12.7 Charakterisierungssatz der linearen Approximation

Satz 12.3.2 führt zu der folgenden Charakterisierung der besten Approximation (siehe [Si]).

Satz 12.7.1 (Singer). *Sei X ein normierter Raum, V ein Teilraum von X und $x \in X$. Genau dann ist ein $v_0 \in V$ eine beste Approximation von x bzgl. V, wenn für ein $u \in X^* \backslash \{0\}$ gilt:*

1) $\|u\| = 1$.

2) $\langle u, v \rangle = 0$ *für alle $v \in V$.*

3) $\langle u, x - v_0 \rangle = \|x - v_0\|$.

Beweis. Sei $f(x) := \|x\|$, $K := x - V$. Nach Beispiel 4 in Abschnitt 12.2 ist

$$f^*(u) = \begin{cases} 0 & \text{wenn } \|u\| \leq 1 \\ \infty & \text{sonst} \end{cases}.$$

Aus Teil a) von Satz 12.3.2 folgt 1) und 3). Teil b) impliziert 2). Umgekehrt erfüllt offenbar ein u mit 1), 2), 3) die Bedingungen a) und b). $\qquad\square$

Damit kann man den Zusammenhang zwischen den Lösungen der dualen Aufgaben:

(A) $\qquad\qquad$ Minimiere $\|z - v\|$ auf V

und

(D) $\qquad$ Maximiere $\langle z, u \rangle$ auf $R := \{u \in X^* \mid \|u\| \leq 1, u \in V^\perp\}$

folgendermaßen beschreiben.

12.8 Gleichgewichtssatz der linearen Approximation

Genau dann ist ein $v_0 \in V$ eine Lösung von (A) und ein $u_0 \in R$ eine Lösung von (D), wenn

$$\langle u_0, x - v_0 \rangle = \|x - v_0\|$$

gilt.

12.9   Starke Lösbarkeit. Uniform konvexe Funktionen

Mit dem Existenzsatz in Hilberträumen (siehe Abschnitt 5.1.11) haben wir einen Zugang für Existenzaussagen ohne Benutzung des Dualraumes bekommen. Hier sorgt die gleichmäßige (uniforme) Konvexität der Norm für die Lösbarkeit der Approximationsaufgaben. In diesem Abschnitt soll eine Verallgemeinerung des Ansatzes behandelt werden, die auch bei den Berechnungsverfahren der Optimierung von Bedeutung ist. Die numerischen Verfahren zur Bestimmung einer Minimallösung sind meistens Abstiegsverfahren. Man bestimmt hier iterativ eine Folge von Vektoren, für die die Werte der vorliegenden Funktion (Zielfunktion) eine absteigende Folge bilden. Durch geeignete Vorsichtsmaßnahmen bzgl. der Wertabnahme gelingt es oft, die Konvergenz der Folge der Werte gegen den Minimalwert zu erreichen. Dann entsteht aber die Frage: Ist die Iterationsfolge der Vektoren (Lösungen) gegen eine Minimallösung von f konvergent?

Definition 12.9.1. Sei M eine beliebige Menge und $f : M \to \mathbb{R}$ eine Funktion. Eine Folge $(x_i)_{i \in \mathbb{N}_0}$ in M heißt eine *minimierende Folge* (bzgl. f), wenn die Folge der Werte $(f(x_i))_{i \in \mathbb{N}_0}$ gegen den Minimalwert von f konvergiert.

Um positive Antworten auf die oben gestellte Frage zu haben, soll jetzt eine Klasse von Funktionen mit der folgenden Eigenschaft angegeben werden: Jede minimierende Folge konvergiert bereits gegen eine Minimallösung dieser Funktion f. Dies führt zu dem Begriff einer l-uniform konvexen Funktion, die sich im endlich-dimensionalen Fall als eine strikt konvexe Funktion mit beschränkten Niveaumengen erweist.

Definition 12.9.2. Sei S eine Teilmenge eines normierten Raumes X und $f : S \to \mathbb{R}$ eine Funktion. Die Minimierungsaufgabe (f, S) (minimiere f auf S) heißt *stark lösbar*, wenn jede minimierende Folge (bzgl. f) in S gegen eine Minimallösung von f bzgl. S konvergiert.

Bemerkung 12.9.1. Eine stark lösbare Optimierungsaufgabe (f, S) besitzt eine eindeutige Lösung (d. h. $|M(f, S)| = 1$).

Beweis. Nach der Definition des Infimums existiert stets eine minimierende Folge und damit auch eine Lösung. Seien nun $x, y \in M(f, S)$. Sei für $k \in \mathbb{N}$ $u_{2k} := x$ und $u_{2k+1} := y$. Damit ist $(u_k)_{k \in \mathbb{N}_0}$ eine minimierende Folge. Aus der Konvergenz dieser Folge folgt dann $x = y$. $\square$

Uniform und l-uniform konvexe Funktionen

Definition 12.9.3.   a) Eine nichtfallende Funktion $\tau : \mathbb{R}_+ \to \mathbb{R}_+$ heißt *Modulfunktion*, falls $\tau(0) = 0$ und $\tau(s) > 0$ für $s \neq 0$ gilt.

b) Sei K eine konvexe Teilmenge eines normierten Raumes. Eine stetige konvexe Funktion $f: K \to \mathbb{R}$ heißt *uniform konvex* (auf K), wenn eine Modulfunktion τ existiert, so dass für alle $x, y \in K$

$$f\left(\frac{x+y}{2}\right) \le \frac{1}{2}f(x) + \frac{1}{2}f(y) - \tau(\|x - y\|) \qquad (*)$$

gilt (siehe [LP]).

Existiert sogar ein $c > 0$, so dass $\tau(s) = cs^2$ für $s \in \mathbb{R}_+$ ist, so heißt f *stark konvex*.

Bei Abstiegsverfahren wird die Eigenschaft $(*)$ nur für die Niveaumenge (engl. level set) $S_f(f(x_0))$ des Startpunktes x_0 benötigt. Die folgende Modifikation erlaubt eine wesentliche Erweiterung der Klasse uniform konvexer Funktionen.

Definition 12.9.4. Sei K eine konvexe Teilmenge eines normierten Raumes. Eine stetige konvexe Funktion $f: K \to \mathbb{R}$ heißt *l-uniform konvex*, falls für alle $r \in \mathbb{R}$ eine Modulfunktion τ_r existiert, so dass für alle $x, y \in S_f(r) = \{x \in K \mid f(x) \le r\}$

$$f\left(\frac{x+y}{2}\right) \le \frac{1}{2}f(x) + \frac{1}{2}f(y) - \tau(\|x - y\|) \qquad (12.9.1)$$

gilt.

Eine stetige l-uniform konvexe Funktion besitzt stets beschränkte Niveaumengen. Es gilt der (siehe [Polj2, K7, K6])

Satz 12.9.1. *Sei* $f: K \to \mathbb{R}$ *l-uniform konvex.*
Dann gilt:

a) *für jedes* $r \in \mathbb{R}$ *ist die Niveaumenge* $S_f(r)$ *beschränkt.*

b) *f ist nach unten beschränkt.*

Beweis. O. B. d. A. sei $0 \in K$ (sonst betrachte für ein $x_0 \in K$ die l-uniform konvexe Funktion $f: K - x_0 \to \mathbb{R}$ mit $f(x) := f(x - x_0)$). Bezeichnet $\overline{K}(0, 1)$ die abgeschlossene Einheitskugel in X, so ist nach Satz 3.6.4 f auf $\overline{K}(0, 1) \cap K$ durch eine Konstante β nach unten beschränkt.

Angenommen für ein $s > f(0)$ ist $S_f(s)$ unbeschränkt. Dann existiert eine Folge $(x_n)_{n \in \mathbb{N}_0}$ mit $x_n \in K$, $\|x_n\| = 1$ und $nx_n \in S_f(s)$. Dann gilt für $n \in \mathbb{N}$:

$$f((n-1)x_n) \le \frac{1}{2}f(nx_n) + \frac{1}{2}f((n-2)x_n) - \tau_s(2),$$

$$f(nx_n) \ge 2f((n-1)x_n) - f((n-2)x_n) + 2\alpha,$$

wobei $\alpha := \tau_s(2) > 0$.

Durch Rekursion gilt für $2 \leq k \leq n$

$$f(nx_n) \geq kf((n-k+1)x_n) - (k-1)f((n-k)x_n) + \frac{k(k-1)}{2}\alpha.$$

Für $k = n$ folgt der Widerspruch

$$r_0 \geq f(nx_n) \geq nf(x_n) - (n-1)f(0) + \frac{n(n-1)}{2}\alpha \geq$$

$$\geq n[\beta - f(0) + \frac{(n-1)}{2}\alpha] + f(0) \overset{n\to\infty}{\longrightarrow} \infty. \qquad \square$$

Weiter gilt der

Satz 12.9.2. *Sei K eine abgeschlossene und konvexe Teilmenge eines Banachraumes X und $f: K \to \mathbb{R}$ l-uniform konvex. Dann besitzt f in K eine eindeutige Minimallösung. Die Optimierungsaufgabe (f, K) ist sogar stark lösbar.*

Beweis. Wir zeigen, dass eine minimierende Folge von f eine Cauchy-Folge sein muss, deren Grenzwert die gesuchte Minimallösung ist. Nach Satz 12.9.1 ist $\inf f(K) =: \alpha > -\infty$. Sei $\varepsilon \in (0,1)$ und $(x_n)_{n \in \mathbb{N}_0}$ eine minimierende Folge, d.h. $f(x_n) \overset{n\to\infty}{\longrightarrow} \alpha$. Für ein $n_0 \in \mathbb{N}$ und alle $n, m \geq n_0$ ist dann $\max\{f(x_n), f(x_m)\} < \alpha + \varepsilon < \alpha + 1$ und damit

$$\tau_{\alpha+1}(\|x_n - x_m\|) \leq \frac{1}{2}f(x_n) + \frac{1}{2}f(x_m) - f\left(\frac{x_n + x_m}{2}\right)$$

$$< \frac{\alpha + \varepsilon}{2} + \frac{\alpha + \varepsilon}{2} - \alpha = \varepsilon.$$

Da $\tau_{\alpha+1}$ eine Modulfunktion ist (siehe Def. 12.9.3), folgt daraus

$$\|x_n - x_m\| \overset{n,m\to\infty}{\longrightarrow} 0,$$

d.h. $(x_n)_{n \in \mathbb{N}_0}$ ist eine Cauchy-Folge. X ist vollständig, also existiert ein $x \in K$ mit $x = \lim_{n\to\infty} x_n$.

Aus der Stetigkeit von f folgt $f(x) = \lim_{n\to\infty} f(x_n) = \alpha$. Damit ist $M(f, K) \neq \emptyset$, und die Minimierungsaufgabe ist stark lösbar. $\qquad \square$

Ist K eine abgeschlossene konvexe Teilmenge im $\mathbb{R}^n$, so besitzen die l-uniform konvexen Funktionen eine einfache Beschreibung.
Es gilt der

Satz 12.9.3. *Sei K eine abgeschlossene und konvexe Teilmenge im $\mathbb{R}^n$. Eine Funktion $f: K \to \mathbb{R}$ ist genau dann l-uniform konvex, wenn f eine stetige strikt konvexe Funktion mit beschränkten Niveaumengen ist.*

Beweis. Sei f eine stetige strikt konvexe Funktion auf K mit beschränkten Niveaumengen. Für ein $\alpha \in \mathbb{R}$ sei $g_\alpha : \mathbb{R}_+ \to \mathbb{R}_+ \cup \{\infty\}$ durch

$$s \mapsto g_\alpha(s) :=$$

$$\inf\left\{\frac{1}{2}f(x) + \frac{1}{2}f(y) - f\left(\frac{x+y}{2}\right) \mid x, y \in S_f(\alpha), \ \|x-y\| \geq s\right\} \quad (\inf \emptyset = \infty)$$

erklärt und $\tau_\alpha(s) := \min\{s, g_\alpha(s)\}$. Da $S_f(\alpha) \times S_f(\alpha)$ kompakt (abgeschlossen und beschränkt) und f stetig ist, folgt $\tau_\alpha(s) > 0$ für $s > 0$. Offenbar ist $\tau_\alpha(0) = 0$, und mit $s_1 \geq s_2$ ist

$$\{(x,y) \mid \|x-y\| \geq s_1\} \subset \{(x,y) \mid \|x-y\| \geq s_2\},$$

womit τ_α nichtfallend ist, d. h. τ_α ist eine Modulfunktion. Andererseits ist eine l-uniform konvexe Funktion offensichtlich strikt konvex, und mit Satz 12.9.2 folgt dann die Umkehrung. $\square$

Bemerkung 12.9.2. Die l-uniform konvexen Funktionen stellen eine natürliche Verallgemeinerung der aus der Funktionalanalysis bekannten uniform konvexen Normen dar.

Man kann zeigen (siehe [K7, D]): „Eine Norm ist genau dann uniform konvex, wenn $\|\cdot\|^2$ (bzw. $\|\cdot\|^p$ mit $p > 1$) eine l-uniform konvexe Funktion ist."

Aber die Frage nach denjenigen konvexen Funktionen, die bzgl. aller konvexen abgeschlossenen Teilmengen eines Banachraumes stark lösbar sind, führt zu den sogenannten lokal uniform konvexen Funktionen (siehe [K-W]).

Kapitel 13
Lagrange-Multiplikatoren

13.1 Duale Kegel

Definition 13.1.1. 1) Sei X ein Vektorraum und P ein konvexer Kegel in X. Dann heißt die Menge

$$P' := \{\varphi \colon X \to R \mid \varphi \quad \text{linear und} \quad \forall x \in P : \varphi(x) \geq 0\}$$

der *algebraisch duale Kegel zu P*.

2) Sei X ein normierter Raum und P ein konvexer Kegel in X. Dann heißt die Menge

$$P^* := P' \cap X^*$$

der *duale Kegel zu P*.

Beispiele. 1) Sei (T, Σ, σ) ein Maßraum, $1 < p < \infty$ und $X = L^p(T, \Sigma, \sigma)$. Dann ist der natürliche Kegel (siehe Abschnitt 9.5.1 und 12.4.2) in $L^q(T, \Sigma, \sigma) = X^*(\frac{1}{p} + \frac{1}{q} = 1)$ der duale Kegel zu dem natürlichen Kegel in $L^p(T, \Sigma, \sigma)$.

2) Ist P ein Teilvektorraum des Vektorraumes X, so ist $P' = P^\perp = \{\varphi \in X' \mid \varphi(x) = 0$ für alle $x \in P\}$. Speziell ist für $P = \{0\}$ (bzw. $P = X$) $P' = X$ (bzw. $P' = \{0\}$).

3) Ist P der natürliche Kegel in $\mathbb{R}^n$, so ist der duale (bzw. algebraisch duale) Kegel zu P offenbar P selbst.

Der algebraische Dualraum X' (bzw. X^*) wird durch P' (bzw. P^*) zu einem geordneten Vektorraum gemacht.

Lemma 13.1.1. *Sei (X, P) ein geordneter Vektorraum und $z' \in P' \backslash \{0\}$. Dann gilt für jeden algebraisch inneren Punkt z von P: $\langle z', z \rangle > 0$.*

Beweis. Ist $z' \in P' \backslash \{0\}$, so gibt es ein $z_0 \in X$ mit $\langle z', z_0 \rangle < 0$. Sei nun z algebraisch innerer Punkt von P. Dann existiert ein $\lambda \in \mathbb{R}_{>0}$ mit $z + \lambda z_0 \in P$, also ist

$$0 \leq \langle z', z + \lambda z_0 \rangle = \langle z', z \rangle + \lambda \langle z', z_0 \rangle,$$

woraus $\langle z', z \rangle > 0$ folgt. $\qquad\square$

Lemma 13.1.2. *Sei X ein normierter Raum und P ein abgeschlossener konvexer Kegel in X. Gilt für ein $x \in X$:*

$$\forall x^* \in P^* : \langle x^*, x \rangle \geq 0,$$

so ist $x \in P$.

Beweis. Es wird die Kontraposition gezeigt. Sei $x \in X \backslash P$. Nach dem Trennungssatz (s. Abschnitt 11.4) existiert ein $x^* \in X^* \backslash \{0\}$ mit

$$\forall z \in P : \langle x^*, x \rangle < \langle x^*, z \rangle. \tag{$*$}$$

Es kann nun für kein $z \in P$ die Zahl $\langle x^*, z \rangle$ negativ sein, da andernfalls (P ist ein Kegel) $\{nz \mid n \in \mathbb{N}\} \subset P$ und damit $\lim_{n \to \infty} \langle x^*, nz \rangle = -\infty$ im Widerspruch zu $(*)$ wäre. Das bedeutet $x^* \in P^*$. Da $0 \in P$ ist, gilt $\langle x^*, x \rangle < 0$. $\qquad \square$

13.2 Konvexe Optimierungsaufgaben mit Nebenbedingungen

In diesem Abschnitt betrachten wir konvexe Optimierungsprobleme, bei denen die Nebenbedingungen in Form konvexer Ungleichungen gegeben sind (siehe [Lu], S. 216).

Es sei Ω eine konvexe Teilmenge des Vektorraumes X, $f \colon \Omega \to \mathbb{R}$ eine konvexe Funktion, $(Z, \leq)$ ein geordneter Vektorraum und $G \colon \Omega \to (Z, \leq)$ konvex.

Dann betrachte man die

Aufgabe. Minimiere $f(x)$ unter der Nebenbedingung:

$$x \in \Omega, \quad G(x) \leq 0.$$

Wir wollen das Konzept der Lagrange-Multiplikatoren entwickeln und stellen dafür einige Vorbetrachtungen an (siehe [Lu], [Pon]).

Sei

$$\Gamma := \{z \mid \exists x \in \Omega : G(x) \leq z\}.$$

Man prüft sofort nach, dass Γ konvex ist.

Auf Γ definieren wir eine Funktion

$$w \colon \Gamma \to \mathbb{R} \cup \{-\infty\}, \quad z \mapsto w(z) := \inf\{f(x) \mid x \in \Omega, \; G(x) \leq z\}.$$

Dann ist $w(0)$ der Minimalwert von F auf $\{x \in \Omega \mid G(x) \leq 0\}$.

Satz 13.2.1. *w ist konvex und monoton fallend, d. h. für alle $z_1, z_2 \in \Gamma$ gilt:*

$$z_1 \leq z_2 \Rightarrow w(z_2) \leq w(z_1).$$

Beweis. Sei $\alpha \in \mathbb{R}$ mit $0 \leq \alpha \leq 1$, und seien $z_1, z_2 \in P$. Dann gilt:

$$w(\alpha z_1 + (1 - \alpha)z_2)$$
$$= \inf\{f(x) \mid x \in \Omega, \ G(x) \leq \alpha z_1 + (1 - \alpha)z_2\}$$
$$\leq \inf\{f(x) \mid \exists x_1, x_2 \in \Omega : x = \alpha x_1 + (1 - \alpha)x_2, G(x_1) \leq z_1, \ G(x_2) \leq z_2\}$$
$$= \inf\{f(\alpha x_1 + (1 - \alpha)x_2) \mid x_1, x_2 \in \Omega, \ G(x_1) \leq z_1, \ G(x_2) \leq z_2\}$$
$$\leq \inf\{\alpha f(x_1) + (1 - \alpha)f(x_2) \mid x_1, x_2 \in \Omega, G(x_1) \leq z_1, \ G(x_2) \leq z_2\}$$
$$= \alpha \inf\{f(x_1) \mid x_1 \in \Omega, \ G(x_1) \leq z_1\} + (1 - \alpha)\inf\{f(x_2) \mid x_2 \in \Omega, G(x_2) \leq z_2\}$$
$$= \alpha \cdot w(z_1) + (1 - \alpha)w(z_2).$$

Damit ist die Konvexität von w bewiesen. Die Monotonie ist offensichtlich. $\square$

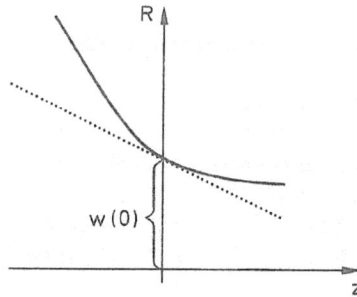

Wir gehen nun von folgender Annahme aus: Es gibt eine nicht-vertikale Stützhyperebene von Epi(w) in $(0, w(0))$, d. h. es existiert ein $z_0^* \in Z^*$ mit

$$\langle -z_0^*, z \rangle + w(0) \leq w(z)$$

für alle $z \in \Gamma$.

Dann gilt also auch für alle $z \in \Gamma$:

$$w(0) \leq w(z) + \langle z_0^*, z \rangle.$$

Für $x \in \Omega$ gilt $G(x) \in \Gamma$. Damit folgt für alle $x \in \Omega$:

$$w(0) \leq w(G(x)) + \langle z_0^*, G(x) \rangle \leq f(x) + \langle z_0^*, G(x) \rangle.$$

Also ist

$$w(0) \leq \inf\{f(x) + \langle z_0^*, G(x) \rangle \mid x \in \Omega\}.$$

Kann man $z_0^* \geq 0$ wählen, so gilt für alle $x \in \Omega$:

$$G(x) \leq 0 \Rightarrow \langle z_0^*, G(x) \rangle \leq 0,$$

also

$$\inf\{f(x) + \langle z_0^*, G(x)\rangle \mid x \in \Omega\}$$
$$\leq \inf\{f(x) + \langle z_0^*, G(x)\rangle \mid x \in \Omega, G(x) \leq 0\}$$
$$\leq \inf\{f(x) \mid x \in \Omega, G(x) \leq 0\}$$
$$= w(0).$$

Damit ist
$$w(0) = \inf\{f(x) + \langle z_0^*, G(x)\rangle \mid x \in \Omega\}.$$

Aus einer Optimierungsaufgabe mit der Nebenbedingung $G(x) \leq 0$ wurde eine Optimierungsaufgabe ohne Nebenbedingungen.

13.3 Satz über Lagrange-Multiplikatoren

Lemma 13.3.1. *Sei X ein Vektorraum, Ω eine konvexe Teilmenge von X, (Z, P) ein geordneter normierter Raum. Seien $f : \Omega \to \mathbb{R}$, $G : \Omega \to Z$ konvexe Abbildungen, für die die folgenden Regularitätsbedingungen erfüllt sind:*

a) $\mathrm{Int}((f, G)(\Omega) + (\mathbb{R}_{\geq 0} \times P)) \neq \emptyset$.

b) $\mu_0 := \inf\{f(x) \mid x \in \Omega \text{ und } G(x) \leq 0\}$ *ist endlich.*

Dann existieren $r_0 \in \mathbb{R}_{\geq 0}$, $z_0^* \in P^*$ mit $(r_0, z_0^*) \neq (0, 0)$ und es gilt:

$$r_0 \cdot \mu_0 = \inf\{r_0 f(x) + \langle z_0^*, G(x)\rangle \mid x \in \Omega\}.$$

Beweis. Seien $W := \mathbb{R} \times Z$, $B := \{(r, z) \in W \mid r \leq \mu_0 \text{ und } z \leq 0\}$ und

$$A := (f, G)(\Omega) + (\mathbb{R}_{\geq 0} \times P) = \{(r, z) \in W \mid \exists x \in \Omega : r \geq f(x) \text{ und } z \geq G(x)\}.$$

A ist konvex, denn sind $(r_1, z_1), (r_2, z_2) \in A$ und $0 \leq \lambda \leq 1$, dann gilt für geeignete $x_1, x_2 \in \Omega$:

$$\lambda r_1 + (1 - \lambda)r_2 \geq \lambda f(x_1) + (1 - \lambda)f(x_2) \geq f(\lambda x_1 + (1 - \lambda)x_2),$$
$$\lambda z_1 + (1 - \lambda)z_2 \geq \lambda G(x_1) + (1 - \lambda)G(x_2) \geq G(\lambda x_1 + (1 - \lambda)x_2).$$

Nach Voraussetzung ist $\mathrm{Int}(A) \neq \emptyset$. Es ist $\mathrm{Int}(A) \cap B = \emptyset$. Denn wäre $(r, z) \in \mathrm{Int}(A) \cap B$, so gäbe es ein $x \in \Omega$ mit $G(x) \leq z \leq 0$ und $r \geq f(x) \geq \mu_0 \geq r$, also $\mu_0 = r = f(x)$. Da $(r, z) \in \mathrm{Int}(A)$, gibt es ein $\varepsilon \in \mathbb{R}_{>0}$ und eine Umgebung U von z in Z mit $(r - \varepsilon, r + \varepsilon) \times U \subseteq A$.

Dann gilt insbesondere $(r - \frac{\varepsilon}{2}, z) \in A$, d. h. für ein $x' \in \Omega$ gilt:

$$\mu_0 - \frac{\varepsilon}{2} = r - \frac{\varepsilon}{2} \geq f(x') \quad \text{und} \quad 0 \geq z \geq G(x'),$$

was b) widerspricht.

Nach dem Trennungssatz (s. Abschnitt 11.3) existiert eine A und B trennende Hyperebene, d. h. es existiert ein $(r_0, z_0^*) \in (\mathbb{R} \times Z)^* = \mathbb{R} \times Z^*$ mit $(r_0, z_0^*) \neq (0, 0)$ derart, dass für alle $(r_1, z_1) \in A$ und für alle $(r_2, z_2) \in B$ gilt:

$$\langle z_0^*, z_1 \rangle + r_0 r_1 \geq \langle z_0^*, z_2 \rangle + r_0 r_2. \qquad (*)$$

Es soll nun $z_0^* \geq 0$ und $r_0 \geq 0$ gezeigt werden. Wäre $r_0 < 0$, so ließen sich auf der rechten Seite der Ungleichung beliebig große Werte erreichen. Ebenso würde aus $\langle z_0^*, z \rangle > 0$ für ein $z \leq 0$ folgen (da P ein Kegel ist): $\{nz \mid n \in \mathbb{N}\} \subset -P$ und

$$\sup\{\langle z_0^*, nz \rangle \mid n \in \mathbb{N}\} = \sup\{n\langle z_0^*, z \rangle \mid n \in \mathbb{N}\} = \infty.$$

Für alle $x \in \Omega$ ist $(f(x), G(x)) \in A$, und mit $(\mu_0, 0) \in B$ folgt:

$$\inf\{\langle z_0^*, G(x) \rangle + r_0 f(x) \mid x \in \Omega\} \geq r_0 \mu_0.$$

Sei $(x_n)_{n \in \mathbb{N}}$ eine minimierende Folge von f auf $\{x \in \Omega \mid G(x) \leq 0\}$, d. h. $\lim_{n \to \infty} f(x_n) = \mu_0$.

Dann ist

$$\inf\{\langle z_0^*, G(x) \rangle + r_0 f(x) \mid x \in \Omega\} \leq \lim_{n \to \infty} r_0 f(x_n) = r_0 \mu_0,$$

also folgt die Behauptung. $\square$

Das eben bewiesene Lemma ist eine von Fritz John stammende Variante des Lagrangeschen Ansatzes. Durch Hinzufügen einer weiteren Regularitätsbedingung bekommen wir das

Lemma 13.3.2. *Zusätzlich zu den Voraussetzungen des Lemmas 13.3.1 gelte:*

c) *Es gibt ein $x_1 \in \Omega$, so dass für alle $z^* \in P^* \setminus \{0\}$ gilt: $\langle z^*, G(x_1) \rangle < 0$.*

Dann existiert ein $z_0^* \in P^* \setminus \{0\}$ mit

$$\mu_0 = \inf\{f(x) + \langle z_0^*, G(x) \rangle \mid x \in \Omega\}.$$

Ist $x_0 \in \Omega$ eine Minimallösung von f auf $\{x \in \Omega \mid G(x) \leq 0\}$, so ist x_0 auch eine Minimallösung von $f + \langle z_0^*, G(\cdot) \rangle$ auf Ω, und es gilt:

$$\langle z_0^*, G(x_0) \rangle = 0.$$

Beweis. Nach Lemma 13.3.1 existieren $r_0 \in \mathbb{R}_{\geq 0}$ und $z_0^* \in P^*$ mit $(r_0, z_0^*) \neq (0,0)$ und

$$r_0 \mu_0 = \inf\{r_0 f(x) + \langle z_0^*, G(x)\rangle \mid x \in \Omega\}. \tag{$**$}$$

Aus c) folgt $r_0 > 0$. Denn wäre $r_0 = 0$, so würde nach Ungleichung $(*)$ im Beweis von Lemma 13.3.1 folgen:

$$\langle z_0^*, G(x_1)\rangle \geq \langle z_0^*, 0\rangle = 0.$$

Da $(r_0, z_0^*) \neq (0,0)$ ist, ist $z_0^* \neq 0$, was mit der Regularitätsbedingung c) den Widerspruch

$$0 > \langle z_0^*, G(x_1)\rangle \geq 0$$

ergibt. Aus $(**)$ folgt durch Division durch r_0 die Gleichung

$$\mu_0 = \inf\{f(x) + \langle z_0^*/r_0, G(x)\rangle \mid x \in \Omega\}.$$

Ist $x_0 \in \Omega$ eine Minimallösung von f auf $\{x \in \Omega \mid G(x) \leq 0\}$, so folgt mit $z_0^* \geq 0$:

$$\mu_0 \leq f(x_0) + \langle z_0^*/r_0, G(x_0)\rangle \leq f(x_0) = \mu_0,$$

also ist $\langle z_0^*, G(x_0)\rangle = 0$. $\qquad\qquad\qquad\qquad\qquad\qquad\qquad\qquad\qquad\qquad$ □

Bemerkung. Dass umgekehrt eine Minimallösung $x_0 \in \Omega$ der Lagrange-Funktion $f + \langle z_0^*, G(\cdot)\rangle$ mit $G(x_0) \leq 0$ und $\langle z_0^*, G(x_0)\rangle = 0$ eine Minimallösung von f auf der Menge $\{x \in \Omega \mid G(x) \leq 0\}$ ist, folgt ohne Regularitätsvoraussetzungen.

Denn es gilt $f(x_0) = f(x_0) + \langle z_0^*, G(x_0)\rangle \leq f(x) + \langle z_0^*, G(x)\rangle \leq f(x)$ für alle $x \in \Omega$ mit $G(x) \leq 0$.

Für Kegel mit inneren Punkten erhält man als Folgerung:

Satz 13.3.1. *Sei X ein Vektorraum, Ω eine konvexe Teilmenge von X, (Z, P) ein geordneter normierter Raum mit $\mathrm{Int}(P) \neq \emptyset$. Seien $f: \Omega \to \mathbb{R}$, $G: \Omega \to Z$ konvexe Abbildungen. Es seien die folgenden Regularitätsbedingungen erfüllt:*

a) *Es existiert ein $x_1 \in \Omega$ mit $-G(x_1) \in \mathrm{Int}(P)$.*

b) *$\mu_0 := \inf\{f(x) \mid x \in \Omega$ und $G(x) \leq 0\}$ ist endlich.*

Dann existiert ein $z_0^* \in P^*$ mit

$$\mu_0 = \inf\{f(x) + \langle z_0^*, G(x)\rangle \mid x \in \Omega\}. \tag{$*$}$$

Wird das Infimum in b) in einem $x_0 \in \Omega$ mit $G(x_0) \leq 0$ angenommen, so wird das Infimum in $(*)$ ebenfalls in x_0 angenommen, und es gilt:

$$\langle z_0^*, G(x_0)\rangle = 0.$$

Diese Bedingungen sind auch hinreichend für das Vorliegen einer Minimallösung.

Beweis. Aus $\mathrm{Int}(P) \neq \emptyset$ folgt $\mathrm{Int}(\mathbb{R}_{\geq 0} \times P) \neq \emptyset$ in $\mathbb{R} \times Z$, und damit ist auch $\mathrm{Int}((f, G)(\Omega) + (\mathbb{R}_{\geq 0} \times P)) \neq \emptyset$, d. h. die Bedingung a) von Lemma 13.3.1 ist erfüllt. Die Bedingung c) von Lemma 13.3.2 folgt hieraus mit Lemma 13.1.1. $\square$

Mit Lemma 13.3.1 und 13.3.2 ergibt sich

Folgerung. *Seien* $X, \Omega, (Z, P)$ *wie in Lemma 13.3.1, und seien* $f : \Omega \to \mathbb{R}$, $G : \Omega \to Z$ *konvexe Abbildungen, für die folgende Regularitätsbedingungen erfüllt sind:*

a) *Es existiert eine Teilmenge* S *von* Ω *mit*

    a1) f *ist auf* S *nach oben beschränkt,*

    a2) $\mathrm{Int}(G(S) + P) \neq \emptyset$.

b) $\mu_0 := \inf\{f(x) \mid x \in \Omega \text{ und } G(x) \leq 0\}$ *ist endlich.*

   Dann existiert ein $r_0 \geq 0$ *und* $z_0^* \in P^*$ *mit*

$$r_0 \mu_0 = \inf\{r_0 f(x) + \langle z_0^*, G(x) \rangle \mid x \in \Omega\}. \tag{13.3.1}$$

Es gelte zusätzlich die Regularitätsbedingung:

c) *Es gibt ein* $x_1 \in \Omega$ *mit* $\langle z^*, G(x_1) \rangle < 0$ *für alle* $z^* \in P^* \setminus \{0\}$.

   Dann existiert ein $z_0^* \in P^*$ *mit*

$$\mu_0 = \inf\{f(x) + \langle z_0^*, G(x) \rangle \mid x \in \Omega\}. \tag{13.3.2}$$

Wird das Infimum in b) in einem $x_0 \in \Omega$ *mit* $G(x_0) \leq 0$ *angenommen, so wird das Infimum in (13.3.2) auch in* x_0 *angenommen, und es gilt:*

$$\langle z_0^*, G(x_0) \rangle = 0.$$

Beweis. Hier ist nur zu bemerken, dass

$$\{(\sup f(S), \infty)\} \times (G(S) + P) \subseteq (f, G)(\Omega) + (\mathbb{R}_{\geq 0} \times P)$$

ist, da für jedes $(r, G(x) + p) \in \{(\sup f(S), \infty)\} \times (G(S) + P)$ gilt:

$$(r, G(x) + p) = (f(x) + (r - f(x)), G(x) + p). \qquad \square$$

13.4 Lagrange-Multiplikatoren bei linearen Nebenbedingungen

Satz 13.4.1. *Seien X, Y Banachräume. Sei $f: X \to \mathbb{R}$ konvex und stetig, $y_0 \in Y$, $G: X \to Y$ linear und stetig, und sei $G(X)$ abgeschlossen. Es gelte:*

$$\mu_0 := \inf\{f(x) \mid x \in X \text{ und } G(x) = y_0\} \quad \text{ist endlich.} \tag{13.4.1}$$

Dann existiert ein $y_0^* \in Y^*$ mit

$$\mu_0 = \inf\{f(x) + \langle y_0^*, G(x) - y_0 \rangle \mid x \in X\}. \tag{13.4.2}$$

Wird das Infimum in (13.4.1) in einem $x_0 \in X$ mit $G(x_0) = y_0$ angenommen, so wird das Infimum in (13.4.2) ebenfalls in x_0 angenommen, und es ist

$$\langle y_0^*, G(x_0) - y_0 \rangle = 0. \tag{13.4.3}$$

Wird umgekehrt das Infimum in (13.4.2) in einem $x_0 \in X$ mit $G(x_0) = y_0$ angenommen, so wird auch das Infimum in (13.4.1) in x_0 angenommen.

Beweis. Da f stetig ist, ist f auf einer offenen Kugel K beschränkt. Nach dem open-mapping-theorem ist das Bild von K unter G eine offene Menge in $G(X)$, da $G(X)$ ein Banachraum ist (siehe [W1] S. 136).

Sei $Z := G(X)$ und $P := \{0\}$. Dann ist (Z, P) ein geordneter normierter Raum. Nach Abschnitt 13.3 Folgerung existieren $r_0 \in \mathbb{R}_{\geq 0}$, $z_0^* \in X^*$ mit $(r_0, z_0^*) \neq (0, 0)$ und

$$r_0 \mu_0 = \inf\{r_0 f(x) + \langle z_0^*, G(x) - y_0 \rangle \mid x \in X\}.$$

Wäre $r_0 = 0$, so wäre $z_0^* \neq 0$, und für alle $x \in X$ würde gelten $0 \leq \langle z_0^*, G(x) - y_0 \rangle$ – ein Widerspruch dazu, dass $G(X)$ ein Vektorraum ist. Division durch r_0 ergibt

$$\mu_0 = \inf\{f(x) + \langle z_1^*, G(x) - y_0 \rangle \mid x \in X\}$$

mit $z_1^* := (z_0^*/r_0) \in Z^*$. z_1^* lässt sich nach dem Satz von Hahn-Banach zu einem $y_0^* \in Y^*$ fortsetzen, womit (13.4.1) folgt. Der Rest verläuft wie in Lemma 13.3.2 und Bemerkung. $\qquad\square$

13.5 Konvexe Ungleichungen und lineare Gleichungen

Das folgende Lemma wird uns erlauben, neben den konvexen Ungleichungen noch zusätzlich endlich viele lineare Nebenbedingungen aufzunehmen.

Sei X ein normierter Raum, $P \subset X$ und V ein affiner Teilraum von X. Ein $p \in P \cap V$ heißt *innerer Punkt von P relativ zu V*

$$\Leftrightarrow \exists \varepsilon > 0 \, \forall x \in V \quad \text{mit } \|x - p\| < \varepsilon \Rightarrow x \in P.$$

Lemma 13.5.1. *Sei C eine konvexe Teilmenge eines Vektorraumes X, $f:C \to \mathbb{R}$ konvex, $y_0 \in \mathbb{R}^m$ und $G:X \to \mathbb{R}^m$ linear. Ferner sei inf $f(C)$ endlich, und $R := \{x \in C \mid G(x) = y_0\}$ sei nichtleer. Dann existieren $r_0 \in \mathbb{R}$ und $\lambda \in \mathbb{R}^m$ mit*

$$r_0 \inf\{f(x) \mid x \in C \text{ und } G(x) = y_0\} = \inf\{r_0 f(x) + \langle \lambda, G(x) - y_0 \rangle \mid x \in C\}.$$

Ist zusätzlich y_0 ein innerer Punkt von $G(C)$ relativ zur linearen Hülle von $G(C)$, so existiert ein $\mu \in \mathbb{R}^m$ mit

$$\inf\{f(x) \mid x \in C \text{ und } G(x) = y_0\} = \inf\{f(x) + \langle \mu, G(x) - y_0 \rangle \mid x \in C\}.$$

Beweis. Sei Z die lineare Hülle von $G(C) - y_0$ in $\mathbb{R}^m$ und P der Nullkegel $\{0\}$ in Z. Sei $\{z_1, \ldots, z_k\} \subseteq G(C) - y_0$ eine Basis von Z. Da die Restriktionsmenge R nichtleer ist, ist $0 \in G(C) - y_0$, und die Menge $\{0, z_1, \ldots, z_k\}$ ist affin-unabhängig. Also ist Int $(\text{Conv}(\{0, z_1, \ldots, z_k\}))$ eine nichtleere Teilmenge von Z.

Wegen $\{0, z_1, \ldots, z_k\} \subseteq G(C) - y_0$ gibt es $x_0, \ldots, x_k \in C$ mit $G(x_0) - y_0 = 0$, $G(x_1) - y_0 = z_1, \ldots, G(x_k) - y_0 = z_k$. Für die Menge $S := \text{Conv}\{x_0, \ldots, x_k\}$ gilt $G(S) - y_0 = \text{Conv}\{0, z_1, \ldots, z_k\}$, da G linear ist. sup $f(S)$ ist endlich, da für $\alpha_0, \ldots, \alpha_k \in [0, 1]$ mit $\alpha_0 + \ldots + \alpha_k = 1$ gilt:

$$f\left(\sum_{i=0}^{k} \alpha_i x_i\right) \le \sum_{i=0}^{k} \alpha_i f(x_i) \le \max\{|f(x_i)| \mid i \in \{0, \ldots, k\}\}.$$

Nach Abschnitt 13.3 Folgerung existierten $z_0^* \in Z^*$ und $r_0 \in \mathbb{R}_{\ge 0}$ mit $(r_0, z_0^*) \ne (0, 0)$ und

$$r_0 \inf\{f(x) \mid x \in C \text{ und } G(x) = y_0\} = \inf\{r_0 f(x) + \langle z_0^*, G(x) - y_0 \rangle \mid x \in C\}.$$

Sei nun zusätzlich y_0 ein innerer Punkt von $G(C)$ relativ zu Z. Wäre $r_0 = 0$, so wäre $z_0^* \ne 0$ und damit $0 \le \langle z_0^*, G(x) - y_0 \rangle$ für alle $x \in C$ – ein Widerspruch dazu, dass y_0 ein innerer Punkt von $G(C)$ relativ zu Z ist. Division durch r_0 ergibt

$$\inf\{f(x) \mid x \in C \text{ und } G(x) = y_0\} = \inf\{f(x) + \langle z_1^*, G(x) - y_0 \rangle \mid x \in C\}$$

für $z_1^* := (z_0^*/r_0) \in Z^*$.

Um einen Lagrange-Multiplikator in $\mathbb{R}^n$ zu erhalten, setzt man z_0^* bzw. z_1^* mit dem Satz von Hahn-Banach zu λ bzw. $\mu \in \mathbb{R}^m$ fort. Aus $G(x) - y_0 \in Z$ folgen die Behauptungen. $\square$

Es folgt der

Satz 13.5.1. *Sei X ein Vektorraum, Ω eine konvexe Teilmenge von X, (Z, P) ein geordneter normierter Raum mit $\text{Int}(P) \ne \emptyset$.*

Seien $f:\Omega \to \mathbb{R}$, $G:\Omega \to Z$ konvexe Abbildungen. Sei $y_0 \in \mathbb{R}^m$ und $H:\Omega \to \mathbb{R}^m$ eine lineare Abbildung. Es seien die folgenden Regularitätsbedingungen erfüllt:

a) y_0 *ist relativ innerer Punkt von* $H(\{x \in \Omega \mid G(x) \leq 0\})$, *und es existiert* $x_1 \in \Omega$ *mit* $-G(x_1) \in \mathrm{Int}(P)$,

oder

a') y_0 *ist relativ innerer Punkt von* $H(\Omega)$, *und es existiert* $x_1 \in \Omega$ *mit* $-G(x_1) \in \mathrm{Int}(P)$ *und* $H(x_1) = y_0$,

und

b) $\mu_0 := \inf\{f(x) \mid x \in \Omega,\, G(x) \leq 0,\, H(x) = y_0\}$ *ist endlich.*

Dann existieren $z_0^* \in P^*$ *und* $\lambda \in \mathbb{R}^m$ *mit*

$$\mu_0 = \inf\{f(x) + \langle z_0^*, G(x)\rangle + \langle \lambda, H(x) - y_0\rangle \mid x \in \Omega\}. \qquad (*)$$

Wird das Infimum in b) *in* $x_0 \in \Omega$ *mit* $G(x_0) \leq 0$ *und* $H(x_0) = y_0$ *angenommen, so wird das Infimum in* $(*)$ *auch in* x_0 *angenommen, und es gilt:*

$$\langle z_0^*, G(x_0)\rangle = 0.$$

Beweis. Es werden zwei Teilbeweise geführt.

1) Es gelte a'). Sei $\Omega_1 := \{x \in \Omega \mid H(x) = y_0\}$. Nach Satz 13.3.1 existiert ein $z_0^* \in P^* \backslash \{0\}$ derart, dass

$$\mu_0 = \inf\{f(x) \mid x \in \Omega_1 \text{ und } G(x) \leq 0\}$$
$$= \inf\{f(x) + \langle z_0^*, G(x)\rangle \mid x \in \Omega \text{ und } H(x) = y_0\}$$

ist. Nach dem Lemma existiert, da a') gilt, ein $\lambda \in \mathbb{R}^m$ mit

$$\mu_0 = \inf\{f(x) + \langle z_0^*, G(x)\rangle + \langle \lambda, H(x) - y_0\rangle \mid x \in \Omega_1\}.$$

2) Es gelte a). Sei $\Omega_1 := \{x \in \Omega \mid G(x) \leq 0\}$. Wegen a) folgt mit dem Lemma die Existenz eines $\lambda \in \mathbb{R}^m$ mit

$$\mu_0 = \inf\{f(x) \mid x \in \Omega_1 \text{ und } H(x) = y_0\} = \inf\{f(x) + \langle \lambda, H(x) - y_0\rangle \mid x \in \Omega_1\}.$$

Nach Satz 13.3.1, angewandt auf die konvexe Funktion

$$f_1 \colon C \to \mathbb{R}, \quad x \mapsto f_1(x) := f(x) + \langle \lambda, H(x) - y_0\rangle,$$

existiert ein $z_0^* \in Z^*$ derart, dass

$$\mu_0 = \inf\{f(x) + \langle \lambda, H(x) - y_0\rangle \mid x \in \Omega_1\}$$
$$= \inf\{f(x) + \langle \lambda, H(x) - y_0\rangle + \langle z_0^*, G(x)\rangle \mid x \in \Omega\}$$

gilt. $\qquad \square$

Ist die Menge Ω durch eine lineare Abbildung beschrieben, so erhält man mit Hilfe von Satz 13.4.1 den

Satz 13.5.2. *Seien X, Y Banachräume, (Z, P) ein geordneter normierter Raum mit $\text{Int}(P) \neq \emptyset$. Seien $f : X \to \mathbb{R}$, $G : X \to Z$ konvexe Abbildungen. Seien $H : X \to \mathbb{R}^m$ eine affine Abbildung, $y_0 \in Y$ und $A : X \to Y$ eine stetige, lineare Abbildung, für die $A(X)$ abgeschlossen ist. Es gelten die folgenden Regularitätsbedingungen:*

a) *Es existiert ein $x_1 \in X$ mit $-G(x_1) \in \text{Int}(P)$, $H(x_1) = 0$ und $A(x_1) = y_0$.*

b) *$\mu_0 := \inf\{f(x) \mid G(x) \leq 0, H(x) = 0, A(x) = y_0\}$ ist endlich.*

Dann existieren $z_0^* \in P^*$, $\lambda \in \mathbb{R}^m$ und $y^* \in Y^*$ mit

$$\mu_0 = \inf\{f(x) + \langle z_0^*, G(x)\rangle + \langle \lambda, H(x)\rangle + \langle y^*, A(x) - y_0\rangle \mid x \in X\}. \quad (*)$$

Wird das Infimum in b) in $x_0 \in X$ mit $G(x_0) \leq 0$, $H(x_0) = 0$ und $A(x_0) = y_0$ angenommen, so wird das Infimum in $(*)$ auch in x_0 angenommen, und es gilt: $\langle z_0^*, G(x_0)\rangle = 0$.

Beweis. Sei $\Omega := \{x \in X \mid A(x) = y_0\}$. Dann gilt nach Satz 13.5.1

$$\mu_0 = \inf\{f(x) + \langle z_0^*, G(x)\rangle + \langle \lambda, H(x)\rangle \mid x \in \Omega\}.$$

Mit Satz 13.4.1 folgt die Behauptung. $\qquad\square$

Bemerkung. Besitzt der Kegel keine inneren Punkte, so kann man noch direkt mit dem Lemma 13.3.1 arbeiten, indem man $\Omega := \{x \in X \mid A(x) = y_0\}$ spezifiziert. Es muss dann die dortige Regularitätsbedingung für dieses Ω gelten.

Das Lagrange-Lemma 4.5.2 lässt sich wie folgt verallgemeinern.

13.6 Hinreichende Bedingung für restringierte Minimallösungen

Satz 13.6.1. *Sei Ω eine Menge, Y ein Vektorraum und (Z, P) ein geordneter Vektorraum. Seien $f : \Omega \to \mathbb{R}$, $G : \Omega \to Z$, $H : \Omega \to Y$ Abbildungen. Es gebe $z' \in P'$ und $\lambda \in Y'$ derart, dass ein $x_0 \in \Omega$ die folgenden Bedingungen erfüllt:*

1) *x_0 ist Minimallösung der Lagrange-Funktion*

$$x \mapsto f(x) + \langle G(x), z_0'\rangle + \langle H(x), \lambda_0\rangle$$

   auf Ω.

2) *$\langle G(x_0), z_0'\rangle = 0$, $\quad H(x_0) = 0$, $G(x_0) \leq 0$.*

Dann ist x_0 eine Minimallösung von f auf der Restriktionsmenge $\{x \in \Omega \mid G(x) \leq 0, H(x) = 0\}$.

Beweis. Es gilt offenbar für alle $x \in \Omega$ mit $G(x) \leq 0$, $H(x) = 0$:

$$f(x_0) = f(x_0) + \langle G(x_0), z_0' \rangle + \langle H(x_0), \lambda_0 \rangle$$
$$\leq f(x) + \langle G(x), z_0' \rangle + \langle H(x), \lambda_0 \rangle \leq f(x). \qquad \square$$

13.7 Sattelpunktversionen

Um notwendige und hinreichende Bedingungen zu kombinieren, ist es nützlich, die Sätze aus Abschnitt 13.3–13.8 über Lagrange-Multiplikatoren in einer „Sattelpunktversion" zu formulieren. Dies soll am Satz 13.3.1 gezeigt werden.

Satz 13.7.1. *Die Voraussetzungen von Satz 13.3.1 seien erfüllt, und P sei abgeschlossen. Sei $x_0 \in \Omega$. Genau dann ist x_0 eine Minimallösung von f auf der Menge $\{x \in \Omega \mid G(x) \leq 0\}$, wenn die folgende Sattelpunktbedingung für ein $z_0^* \in P^*$ erfüllt ist.*
Für alle $x \in \Omega$ und alle $z^* \in P^*$ gilt:

$$f(x_0) + \langle z^*, G(x_0) \rangle \leq f(x_0) + \langle z_0^*, G(x_0) \rangle \leq f(x) + \langle z_0^*, G(x) \rangle.$$

Beweis. „$\Rightarrow$": Ist x_0 eine Minimallösung von f auf der Menge $\{x \in \Omega \mid G(x) \leq 0\}$, so gibt es ein $z_0^* \in P^*$ mit $f(x_0) + \langle z_0^*, G(x_0) \rangle \leq f(x) + \langle z_0^*, G(x) \rangle$ für alle $z^* \in P^*$ nach Satz 13.3.1, und da $-G(x_0) \in P$,

$$\langle z^*, G(x_0) \rangle \leq 0 = \langle z_0^*, G(x_0) \rangle.$$

„$\Leftarrow$": Sei die Sattelpunktbedingung für ein $z_0^* \in P^*$ erfüllt. Dann gilt für alle $z^* \in P^*$:

$$\langle z^*, G(x_0) \rangle \leq \langle z_0^*, G(x_0) \rangle.$$

Da P^* ein Kegel ist, gilt damit auch für alle $z^* \in P^*$:

$$\langle z^* + z_0, G(x_0) \rangle \leq \langle z_0^*, G(x_0) \rangle,$$

also

$$\langle z^*, G(x_0) \rangle \leq 0.$$

Nach Lemma 13.1.2 ist $G(x_0) \leq 0$.
Da $0 \in P^*$ ist, gilt

$$0 \geq \langle z_0^*, G(x_0) \rangle \geq \langle 0, G(x_0) \rangle = 0,$$

also
$$\langle z_0^*, G(x_0) \rangle = 0.$$

Sei nun $x \in \Omega$ mit $G(x) \le 0$. Dann liefert die Sattelpunktbedingung:

$$f(x_0) = f(x_0) + \langle z_0^*, G(x_0) \rangle \le f(x) + \langle z_0^*, G(x) \rangle \le f(x).$$

x_0 ist demnach eine Minimallösung von f auf der Menge $\{x \in \Omega \mid G(x) \le 0\}$. $\square$

Bemerkung. Eine notwendige und hinreichende Bedingung für eine Minimallösung x_0 von f auf $\{x \in \Omega \mid G(x) \le 0\}$ ist also die Existenz eines $z_0^* \in P^*$ so, dass (x_0, z_0^*) ein Sattelpunkt der Lagrange-Funktion $L(x, z^*) := f(x) + \langle z^*, G(x) \rangle$ ist.

13.8   Lagrange-Dualität

Der folgende Satz ist eine Konsequenz des Satzes 13.3.1.

Satz 13.8.1. *Sei Ω eine konvexe Teilmenge eines Vektorraumes X und (Z, P) ein geordneter normierter Raum. Seien $f : \Omega \to \mathbb{R}$ und $G : X \to Z$ konvexe Abbildungen. Gibt es ein $x_1 \in X$ mit $G(x_1) \in \text{Int}(P)$, und ist $\mu_0 := \inf\{f(x) \mid x \in \Omega, G(x) \le 0\} \in \mathbb{R}$, dann gilt*

$$\inf\{f(x) \mid x \in \Omega, \; G(x) \le 0\} = \max\{\varphi(z^*) \mid z^* \in Z^*, \; z^* \ge 0\},$$

wobei $\varphi(z^*) := \inf\{f(x) + \langle G(x), z^* \rangle \mid x \in \Omega\}$ für $z^* \in Z^*$ mit $z^* \ge 0$ ist.

Wird das Maximum auf der rechten Seite in $z_0^* \in Z^*$ mit $z_0^* \ge 0$ und auch das Infimum in einem $x_0 \in \Omega$ angenommen, so gilt

$$\langle G(x_0), z_0^* \rangle = 0,$$

und x_0 minimiert $x \mapsto f(x) + \langle G(x), z_0^* \rangle : \Omega \to \mathbb{R}$ auf Ω.

Beweis. Sei $z^* \in Z^*$ mit $z^* \ge 0$. Dann gilt:

$$\begin{aligned}
\varphi(z^*) &= \inf\{f(x) + \langle G(x), z^* \rangle \mid x \in \Omega\} \\
&\le \inf\{f(x) + \langle G(x), z^* \rangle \mid x \in \Omega, G(x) \le 0\} \\
&\le \inf\{f(x) \mid x \in \Omega, G(x) \le 0\} = \mu_0.
\end{aligned}$$

Damit ist
$$\sup\{\varphi(z^*) \mid z^* \in Z^*, \; z^* \ge 0\} \le \mu_0.$$

Aus Abschnitt 13.3 folgt damit die Existenz eines Elementes z_0^*, für das die Gleichheit gilt. Der verbleibende Teil der Behauptung folgt ebenfalls aus Satz 13.3.1. $\square$

Kapitel 14

Duale Optimierungsaufgaben

Der in diesem Kapitel behandelte Begriff der dualen Aufgabe ist in der Optimierungstheorie von fundamentaler Bedeutung. Die Kenntnis einer dualen Aufgabe führt nicht nur zum besseren Verständnis der gegebenen Optimierungsaufgabe selbst, sondern ist oft die Grundlage für effektive Berechnungsverfahren dieser Aufgaben. Das Simplex-Verfahren der linearen Programmierung ist hier ein illustratives Beispiel (siehe Abschnitt 2.5).

Von besonderer Bedeutung ist die Tatsache, dass die zulässigen Punkte der zueinander dualen Aufgaben Schranken für die Werte der Aufgaben liefern. Dies führt oft zu einem effektiven Abbruchkriterium für die dazugehörigen numerischen Verfahren.

In den folgenden Abschnitten sollen einige duale Aufgaben der Approximationstheorie, der linearen Optimierung und der Statistik behandelt werden.

14.1 Infinite lineare Optimierung

Wir kommen jetzt zu einer Anwendung der Sätze über Lagrange-Multiplikatoren auf infinite lineare Optimierungsaufgaben. Das sind lineare Aufgaben, die unendlich viele Restriktionen und unendlich viele Variablen haben können. Viele Probleme in der Statistik führen zu derartigen Aufgaben. Wir wählen hier den folgenden Rahmen.

Sei X ein normierter Raum, (Y, P) ein geordneter normierter Raum, $c \in X^*$, $b \in Y$ und $A: X \to Y$ eine stetige lineare Abbildung. Die Aufgabe lautet:

P) $\qquad$ Minimiere $\langle c, x \rangle$ auf $S := \{x \mid Ax \geq_P b\}$.

Direkt aus der Definition der dualen Abbildung $A^*: Y^* \to X^*$ ($\langle A^* y^*, x \rangle :=$ $\langle y^*, Ax \rangle$) sieht man, dass die Aufgabe:

D) $\qquad$ Maximiere $\langle y^*, b \rangle$ auf $T := \{y^* \mid A^* y^* = c,\ y^* \geq 0\}$

zu P) schwach dual ist. Denn es gilt $\langle y^*, b \rangle \leq \langle y^*, Ax \rangle = \langle A^* y^*, x \rangle = \langle c, x \rangle$ für alle $s \in S$ und $y^* \in T$.

Es gilt der

Satz 14.1.1. *Sei der Minimalwert von* P) *endlich. Gibt es ein* $x \in X$ *mit* $b - Ax \in$ $- \operatorname{Int} P$, *so sind die Aufgaben* P) *und* D) *dual. Außerdem ist* D) *lösbar.*

Beweis. Nach Satz 13.3.1 gilt

$$\inf\{\langle c, x \rangle \mid Ax \geq b\} = \max_{y^* \geq 0} \inf_{x \in X} \{\langle c, x \rangle + \langle y^*, b - Ax \rangle\}.$$

Da aber

$$\inf_{x \in X} \{\langle c, x \rangle - \langle A^* y^*, x \rangle + \langle y^*, b \rangle\} = \begin{cases} \langle y^*, b \rangle & \text{falls } A^* y^* = c \\ -\infty & \text{sonst} \end{cases},$$

folgt die Behauptung.   □

Beispiel 1. Sei $X = L^2[0, 1]$, $u \in L^2[0, 1]$, $K: [0, 1] \times [0, 1] \to \mathbb{R}$ stetig und v eine stetige positive Funktion auf $[0, 1]$. Für die Aufgabe:

$$\text{Minimiere} \int_0^1 x(t)u(t)dt \text{ auf}$$

$$\left\{ x \in L^2[0, 1] \mid \int_0^1 K(t, s)x(t)dt \geq v(s) \text{ für alle } s \in [0, 1] \right\}$$

ist die Aufgabe:

$$\text{Maximiere} \int_\mu^1 v(s)d\mu(t) \text{ auf}$$

$$\left\{ \mu: [0, 1] \to \mathbb{R} \mid \mu\text{-monoton nichtfallend und } \int_0^1 K(t, s)d\mu(s) = u(t) \text{ f.ü.} \right\}$$

dual.

Denn sei $Y = C[0, 1]$ und $(Ax)(s) := \int_0^1 K(t, s)x(t)dt$. Für $\alpha > \max\{v(t) \mid t \in [0, 1]\}$ und $x_0(t) := \alpha$ für alle $t \in [0, 1]$ ist $v - Ax_0 \in -\text{Int}\{x \in C[0, 1] \mid x \geq 0\}$. Mit dem Satz von Fubini gilt für monoton nichtfallende $\mu: [0, 1] \to \mathbb{R}$

$$\int_0^1 \left(\int_0^1 x(t)K(t, s)dt \right) d\mu(s) = \int_0^1 x(t) \left(\int_0^1 K(t, s)d\mu(s) \right) dt,$$

d. h.

$$A^* \mu = \int_0^1 K(\cdot, s)d\mu(s).$$

14.2   Semiinfinite lineare Optimierung

Wir betrachten jetzt eine Erweiterung der linearen Programmierung, indem wir auch beliebig viele lineare Nebenbedingungen zulassen. Derartige Aufgaben heißen *semiinfinite lineare Optimierungsaufgaben*.

Unter einer semiinfiniten linearen Optimierungsaufgabe verstehen wir ein Optimierungsproblem, bei dem eine lineare Funktion auf $\mathbb{R}^n$ unter beliebig vielen linearen Nebenbedingungen optimiert wird.

Sei $c \in \mathbb{R}^n$, T eine beliebige Indexmenge, und seien $u_1, \ldots, u_n, b$ Abbildungen von T in $\mathbb{R}$ (siehe auch [BÖ, GG, HZ]). Die Aufgabe lautet:

P)

$$\text{Minimiere } \langle c, x \rangle \text{ unter den Nebenbedingungen}$$
$$x = (x_1, \ldots, x_n) \in \mathbb{R}^n \text{ und } \sum_{i=1}^{n} x_i u_i(t) \geq b(t) \text{ für alle } t \in T.$$

Die folgende Aufgabe ist zu P) schwach dual:

D)

$$\text{Maximiere } \sum_{j=1}^{m} \alpha_j b(t_j)$$

unter den Nebenbedingungen

$$m \in \mathbb{N}, \tag{14.2.1}$$

$$\text{für } j \in \{1, \ldots, m\} \text{ ist } t_j \in T, \alpha_j \in \mathbb{R}_+, \tag{14.2.2}$$

$$\text{für } i \in \{1, \ldots, n\} \text{ gilt: } \textstyle\sum_{j=1}^{m} \alpha_j u_i(t_j) = c_i. \tag{14.2.3}$$

Denn ist $x \in \mathbb{R}^n$ P)-zulässig und $(t_1, \ldots, t_m, \alpha_1, \ldots, \alpha_m)$ D)-zulässig, so gilt

$$\langle c, x \rangle = \sum_{i=1}^{n} c_i x_i = \sum_{i=1}^{n} \sum_{j=1}^{m} x_i \alpha_j u_i(t_j) = \sum_{j=1}^{m} \alpha_j \sum_{i=1}^{n} x_i u_i(t_j) \geq \sum_{j=1}^{m} \alpha_j b(t_j).$$

Die Aufgabe D) ist eine diskrete Version des Momentenproblems (siehe Abschnitt 14.6) von Markov. (In diesem Zusammenhang wird die fundamentale Arbeit von Krein „The Ideas of P.L. Čebyšev und A.A. Markov in the Theory of Limiting Values of Integrals and Further Developments", Am. Math. S. Transl. 1951 empfohlen. Aus diesem Ideenkreis kommt der für diesen Abschnitt zentrale Begriff des Momentenkegels.)

Die Aufgabe D) besitzt die folgende maßtheoretische Interpretation. Durch die Wahl von m Punkten $\{t_1, \ldots, t_m\}$ in T und den dazugehörigen Gewichten $\alpha_1, \ldots, \alpha_m \in \mathbb{R}_+$ ist auf T ein diskretes Maß bestimmt. Dann soll unter allen diskreten Maßen auf T, die für die Funktionen $u_1, \ldots, u_n$ die vorgegebenen Erwartungswerte c_i besitzen, dasjenige mit dem größten Erwartungswert für b gefunden werden.

Ist $T = \mathbb{R}$, $u_i(t) := t^i$ und beschreibt $(t_1, \ldots, t_m, \alpha_1, \ldots, \alpha_m)$ die Wahrscheinlichkeitsverteilung einer Zufallsvariablen X, dann besagt die Bedingung (14.2.3), dass X die vorgegebenen Momente $c_1, \ldots, c_n$ besitzen soll.

Eine analoge Interpretation bekommt man für die physikalischen Momente einer Massenverteilung. Damit kommen wir zu dem Begriff des Momentenkegels.

Definition 14.2.1. Die konvexe Kegelhülle M_n der Menge $\{(u_1(t), \ldots, u_n(t)) \mid t \in T\}$ heißt der *Momentenkegel* von $(u_1, \ldots, u_n)$.

Man kann den Momentenkegel M_n auch folgendermaßen beschreiben: Man ordnet jeder diskreten Wahrscheinlichkeitsverteilung $(t_1, \ldots, t_m, \alpha_1, \ldots, \alpha_m)$ den Momenten-Vektor $(\sum_{j=1}^m \alpha_j u_i(t_j))_{i=1}^n$ zu und nimmt die Kegelhülle der Bildmenge. Will man auch den Wert der dualen Aufgabe berücksichtigen, so ist es zweckmäßig, den Momentenkegel von $(u_1, \ldots, u_n, b)$ zu nehmen. Dieser wird mit M_{n+1} bezeichnet. Dann gilt:

Sei v der Wert der Aufgabe D). *Genau dann ist* D) *lösbar, wenn* $(c, v) \in M_{n+1}$ *ist.*

Daraus folgt

Satz 14.2.1. *Ist der Wert v der Aufgabe* D) *endlich und M_{n+1} abgeschlossen, so besitzt* D) *eine Lösung.*

Beweis. Aus $v > -\infty$ folgt die Zulässigkeit von D). Nach Definition des Wertes einer Maximierungsaufgabe existiert eine Folge $(c, v_k) \in M_{n+1}$, die mit $k \to \infty$ gegen (c, v) konvergiert. Da M_{n+1} abgeschlossen ist, folgt $(c, v) \in M_{n+1}$. $\qquad\square$

Die Voraussetzung der Abgeschlossenheit des Kegels M_{n+1} liefert aber wesentlich mehr. Man kann damit die Dualität (starke Dualität) der Aufgaben P) und D) zeigen. Außerdem kann man die Restriktionsmenge in D) auf Maße mit höchstens n Trägerpunkten beschränken.

Dafür brauchen wir den folgenden Reduktionssatz.

Definition 14.2.2. Sei A eine Teilmenge eines Vektorraumes Z. Dann heißt $\mathrm{CK}(A) := \{z \in Z \mid z = \sum_{i=1}^m \alpha_i z_i, m \in \mathbb{N}, \alpha_i \in \mathbb{R}_{\geq 0}, z_i \in A\}$ die *konvexe Kegelhülle* von A.

Analog zum Satz von Caratheodory erhalten wir den

Satz 14.2.2 (Reduktionssatz). *Sei A eine Teilmenge des $\mathbb{R}^n$. Dann besitzt jedes $z \in \mathrm{CK}(A)$ eine Darstellung $z = \sum_{i=1}^m \overline{\lambda}_i z_i$, bei der $m \leq n$, $\overline{\lambda}_i > 0$ für $i \in \{1, \ldots, m\}$ und die Vektoren $\{z_1, \ldots, z_m\}$ linear unabhängig sind.*

Jeder Randpunkt von $\mathrm{CK}(A)$ ist als eine positive Linearkombination von höchstens $n - 1$ Punkten aus A darstellbar.

Beweis. Sei $z = \sum_{i=1}^m \lambda_i z_i$, wobei $\lambda_i \geq 0$ und $z_i \in A$ für $i \in \{1, \ldots, m\}$ gilt. Sei $J := \{i \in \{1, \ldots, m\} \mid \lambda_i > 0\}$. Zu betrachten sind nur die Fälle, dass $|J| > n$ oder $\{z_i \mid i \in J\}$ linear abhängig ist.

In beiden Fällen existieren $\alpha_i \in \mathbb{R}$, $i \in J$ mit $\sum_{i \in J} \alpha_i^2 > 0$ und $\sum_{i \in J} \alpha_i z_i = 0$. Da $\lambda_i = 0$ für $i \in \{1, \ldots, m\} \setminus J$ gilt, folgt $z = \sum_{i \in J} \lambda_i z_i$. Damit gilt für alle $r \in \mathbb{R}$:

$$z = \sum_{i \in J} (\lambda_i z_i - r \alpha_i z_i).$$

Falls ein $i_0 \in J$ existiert mit $\alpha_{i_0} > 0$, so definiere

$$r_0 := \min\left\{\frac{\lambda_i}{\alpha_i} \;\middle|\; i \in J \text{ mit } \alpha_i > 0\right\}.$$

Falls für alle $i \in J$ $\alpha_i < 0$ gilt, so definiere

$$r_0 := \max\left\{\frac{\lambda_i}{\alpha_i} \;\middle|\; i \in J\right\}.$$

Setze $\overline{\lambda_i} := \lambda_i - r_0\alpha_i$. Dann gilt:

$$\sum_{i \in J} \overline{\lambda_i}z_i = \sum_{i \in J}(\lambda_i - r_0\alpha_i)z_i = z \quad \text{mit } \overline{\lambda_i} \geq 0,$$

und für $i_1 \in J$ mit $(\lambda_{i_1}/\alpha_{i_1}) = r_0$ gilt $\overline{\lambda}_{i_1} = \lambda_{i_1} - (\lambda_{i_1}/\alpha_{i_1}) \cdot \alpha_{i_1} = 0$. Dieses Verfahren wende man solange an, bis $\{z_i \mid i \in J\}$ linear unabhängig ist.

Sei $P := \mathbb{R}^n_{\geq 0}$, $z = \sum_{i=1}^n \lambda_i z_i$, wobei $\lambda \in \operatorname{Int} P$ und $\{z_i \in A\}_1^n$ linear unabhängig sind. Dann ist das (homöomorphe) Bild von $\operatorname{Int} P$ unter der Abbildung $\lambda \mapsto \sum_{i=1}^n \lambda_i z_i$ eine offene Teilmenge von $\operatorname{CK}(A)$ (die Umkehrabbildung ist stetig). Damit ist $z \in \operatorname{Int} \operatorname{CK}(A)$, also kein Randpunkt. $\qquad\square$

Satz 14.2.3. *Sei der Wert v der Aufgabe D) endlich und M_{n+1} abgeschlossen. Dann ist die folgende Aufgabe:*

$$\text{\textit{Maximiere}} \quad \sum_{j=1}^n \alpha_j b(t_j) \quad \text{\textit{unter den Nebenbedingungen}}$$

D_n)   (i)   *für $j \in \{1,\dots,n\}$ ist $t_j \in T$, $\alpha_j \in \mathbb{R}_+$*

           (ii)   *für $i \in \{1,\dots,n\}$ gilt:* $\displaystyle\sum_{j=1}^n \alpha_j u_i(t_j) = c_i$

dual zu P). Außerdem ist D_n) lösbar.

Beweis (siehe [G-G]). Nach Satz 14.2.1 ist D) lösbar. Dann gilt $(c, v) \in M_{n+1}$. Für $\epsilon > 0$ ist aber $(c, v + \epsilon) \notin M_{n+1}$. Damit ist (c, v) ein Randpunkt von M_{n+1} und besitzt nach dem Reduktionssatz eine Darstellung mit höchstens n Trägerpunkten. Also ist D_n) lösbar und besitzt den gleichen Optimalitätswert wie D). Wegen der Abgeschlossenheit von M_{n+1} gibt es nach dem strikten Trennungssatz 3.4.2 eine Hyperebene in $\mathbb{R}^{n+1}$, die $(c, v + \epsilon)$ und den Kegel M_{n+1} strikt trennt. Daher existiert ein $(a_1,\dots,a_{n+1}) \in \mathbb{R}^{n+1}\setminus\{0\}$ derart, dass

$$\sum_{i=1}^{n+1} a_i x_i \leq 0 < a_{n+1}(v + \epsilon) + \sum_{i=1}^n a_i c_i \tag{14.2.4}$$

für alle $(x_1, \dots, x_{n+1}) \in M_{n+1}$. Da M_{n+1} ein Kegel ist, kann man in der Definition 3.4.1 $\alpha = 0$ setzen. Denn aus $0 \in M_{n+1}$ folgt $\alpha \leq 0$, und für kein $x \in M_{n+1}$ ist $\sum_{i=1}^{n+1} a_i x_i > 0$. Für $(c_1, \dots, c_n, v) \in M_{n+1}$ folgt

$$a_{n+1} \cdot \epsilon > 0,$$

und somit ist $a_{n+1} > 0$. Sei $u_{n+1} := b$. Da für alle $t \in T$ $(u_1(t), \dots, u_{n+1}(t)) \in M_{n+1}$ ist, folgt aus der linken Ungleichung in (14.2.4) für alle $t \in T$:

$$\sum_{i=1}^{n} \left(-\frac{a_i}{a_{n+1}} \right) u_i(t) \geq u_{n+1}(t).$$

Damit ist $\left(-\frac{a_1}{a_{n+1}}, \dots, -\frac{a_n}{a_{n+1}} \right)$ zulässig für P). Die rechte Ungleichung in (14.2.4) liefert

$$\sum_{i=1}^{n} c_i \left(-\frac{a_i}{a_{n+1}} \right) < v + \epsilon.$$

Damit ist der Wert der Aufgabe P) nicht größer als v. Wegen der schwachen Dualität haben also die Aufgaben P) und D) den gleichen Wert. Daraus folgt die Behauptung.   □

Bemerkung. Mit dem Reduktionssatz haben wir auch bewiesen, dass D) eine Lösung $\{\alpha_1 \dots, \alpha_q, t_1, \dots, t_q\}$ besitzt mit $q \leq n$, $\alpha_j > 0$ für $j \in \{1, \dots, q\}$ und linear unabhängigen Vektoren $u(t_1), \dots, u(t_q)$ $(u = (u_1, \dots, u_n))$.

Damit entsteht die Frage nach Zusatzvoraussetzungen für die Menge T und die Funktionen $u_1, \dots, u_{n+1}$, die die Abgeschlossenheit des Momentenkegels M_{n+1} garantieren.

Positive Antwort erhält man für endliche T.

Bezeichnung. Ein Kegel K ist von der Menge A *erzeugt*, wenn $K = \mathrm{CK}(A)$ gilt.

Satz 14.2.4. *Ein endlich erzeugter Kegel in $\mathbb{R}^n$ ist abgeschlossen.*

Beweis. Sei $T = \{a_1, \dots, a_k\} \subset \mathbb{R}^n$, $k \in \mathbb{N}$. Dann bezeichne $K(T) := \{x \mid x = \sum_{i=1}^{k} \lambda_i a_i, \lambda_i \in \mathbb{R}_+\}$ den von T erzeugten Kegel. Die Behauptung wird mit vollständiger Induktion bewiesen.

Induktionsanfang: $k = 1$. Die Menge $\{\lambda a_1, \mid \lambda \in \mathbb{R}_+\}$ ist eine Halbgerade, also abgeschlossen.

Induktionsannahme: Jeder von einer j-elementigen Menge erzeugte Kegel ist abgeschlossen, wenn $j \leq k - 1$ ist.

Induktionsschluss: Sei $T = \{a_1, \ldots, a_k\}$, $(x_i)_{i \in \mathbb{N}} \subset K(T)$ mit $x_i \overset{i \to \infty}{\longrightarrow} x_0$ und der Darstellung

$$x_i = \sum_{j=1}^{k} \lambda_{j,i} a_j \text{ mit } \lambda_{j,i} \geq 0 \text{ für alle } i \in \mathbb{N}, \quad j \in \{1, \ldots, k\}.$$

Zu zeigen ist $x_0 \in K(T)$. Da $L(T) := \{\sum_{j=1}^{k} \alpha_j a_j \mid \alpha_j \in \mathbb{R}\}$ ein Teilraum, also abgeschlossen ist, gilt $x_0 \in L(T)$. Damit besitzt x_0 die Darstellung $x_0 = \sum_{j=1}^{k} \alpha_j a_j$ mit $\alpha_j \in \mathbb{R}$.

Annahme: Es existiert ein $j_0 \in \{1, \ldots, k\}$ mit $\alpha_{j_0} < 0$. Für alle $i \in \mathbb{N}$ sei $\beta_i := \min\{(\lambda_{j,i}/(\lambda_{j,i} - \alpha_j)) \mid 1 \leq j \leq k$ und $\alpha_j < 0\}$. Dann gilt $0 \leq \beta_i \leq 1$ und $\beta_i(\lambda_{j,i} - \alpha_j) \leq \lambda_{j,i}$, also

$$r_{ij} := \beta_i \alpha_j + (1 - \beta_i)\lambda_{j,i} \geq 0 \quad \text{für alle } i \in \mathbb{N}, \ j \in \{1, \ldots, k\}. \tag{$*$}$$

Sei

$$z_i := x_i + \beta_i(x_0 - x_i) = \beta_i x_0 + (1 - \beta_i)x_i = \sum_{j=1}^{k} r_{ij} a_j \in [x_i, x_0].$$

Wegen $(*)$ ist $z_i \in K(T)$, und es gilt $z_i \to x_0$. Zu jedem $i \in \mathbb{N}$ gibt es ein $j(i) \in \{1, \ldots, k\}$ mit $\lambda_{j(i),i}/(\lambda_{j(i),i} - \alpha_{j(i)}) = \beta_i$, was $r_{ij(i)} = 0$ und $z_i \in K(T \setminus \{a_{j(i)}\})$ bedeutet. Damit existieren ein $j_0 \in \{1, \ldots, k\}$ und eine Teilfolge $(z_l)_{l \in \mathbb{N}}$ von $(z_i)_{i \in \mathbb{N}}$ mit $z_l \in K(T \setminus \{a_{j_0}\})$. Nach Induktionsannahme folgt $x_0 \in K(T \setminus \{a_{j_0}\}) \subset K(T)$. $\qquad\qquad \square$

Ist bei der Aufgabe P) die Menge T endlich, dann bekommt man den wichtigen Spezialfall der linearen Programmierung, der aus den Sätzen 14.2.1–14.2.3 folgt.

14.3 Dualitätssatz der linearen Programmierung

Satz 14.3.1. *Seien die beiden Aufgaben ($c \in \mathbb{R}^n$, $b \in \mathbb{R}^m$, A eine $m \times n$-Matrix):*

LP)   *Minimiere $\langle c, x \rangle$ auf $\{x \in \mathbb{R}^n \mid Ax \geq b\}$*

LD)   *Maximiere $\langle b, y \rangle$ auf $\{y \in \mathbb{R}^m \mid A^\top y = c, \ y \geq 0\}$*

zulässig. Dann sind beide Aufgaben lösbar, und ihre Optimalitätswerte sind gleich.

Beweis. Die Zulässigkeit für LP) und LD) impliziert die Endlichkeit der Werte von LP) und LD). Aus den Sätzen 14.2.2 und 14.2.3 folgt die Dualität von LP) und LD), wie auch die Lösbarkeit von LD). Die Lösbarkeit von LP) folgt aus der Tatsache, dass man die Aufgabe LP) in der Form einer dualen Aufgabe LD) schreiben kann. Setzt man

$x_i := x_i^+ - x_i^-$ mit $x_i^+ := \max(x_i, 0)$, $x_i^- := -\min(x_i, 0)$ und benutzt die logische Äquivalenz

$$Ax \geq b \Leftrightarrow \exists z \in \mathbb{R}^m_{\geq 0} \quad \text{mit } Ax - z = b,$$

dann lautet die zu LP) äquivalente Aufgabe:

Maximiere $-\langle x^+ - x^-, c \rangle$ bzgl. $Ax^+ - Ax^- - z = b$, $x^+ \geq 0$, $x^- \geq 0$, $z \geq 0$. $\square$

14.4   Extremalpunkte. Satz von Minkowski

Definition 14.4.1. Sei S eine konvexe Teilmenge eines Vektorraumes X. Ein Punkt $x \in S$ heißt *Extremalpunkt* von S, wenn es keine echte offene Strecke in S gibt, die x enthält, d. h. x ist Extremalpunkt von S, wenn aus $x \in (u, v) \subset S$ folgt $u = v$.

Mit $E_p(S)$ bezeichnen wir die *Menge der Extremalpunkte von S*.

Bemerkung 14.4.1. x ist genau dann Extremalpunkt von S, wenn $S \backslash \{x\}$ konvex ist.

Beispiel 1.   a) Die Ecken eines Dreiecks (n-Ecks) sind Extremalpunkte.

b) Jeder Punkt auf dem Rand einer Kreisscheibe ist ein Extremalpunkt der Kreisscheibe.

Definition 14.4.2. Sei S eine abgeschlossene konvexe Teilmenge eines normierten Raumes. Dann heißt eine nichtleere Teilmenge M von S *Extremalmenge* von S, wenn gilt:

1) M ist konvex und abgeschlossen.

2) Jede offene Strecke in S, die einen Punkt von M enthält, liegt ganz in M.

Beispiel 2. Bei einem Würfel in $\mathbb{R}^3$ sind die Ecken Extremalpunkte. Die Kanten und Seitenflächen sind Extremalmengen.

Bemerkung 14.4.2. Ein Extremalpunkt ist eine Extremalmenge, die aus einem Punkt besteht.

Der folgende Satz erlaubt den geometrischen Aspekt der Aussagen über lineare Programmierung besser zu verstehen. Denn daraus und der Bemerkung in Abschnitt 14.2 folgt, dass im Falle der linearen Programmierung unter den Lösungen stets Extremalpunkte (Eckpunkte) vorkommen.

Satz 14.4.1. *Sei A eine $m \times n$-Matrix vom Rang k, $b \in \mathbb{R}^m$ und*

$$S := \{x \in \mathbb{R}^n \mid Ax = b, \ x \geq 0\}. \tag{14.4.1}$$

Dann gilt:

Ein $x \in S \setminus \{0\}$ ist genau dann ein Extremalpunkt (Eckpunkt) von S, wenn die Menge der Indizes

$$I := \{1 \le i \le n \mid x_i \ne 0\} \qquad (14.4.2)$$

höchstens k Elemente enthält und die dazugehörigen Spalten $\{a_i \mid i \in I\}$ von A linear unabhängig sind.

Beweis. Sei $x \in S$ ein Extremalpunkt von S und I wie in (14.4.2).

Bezeichne A^I die Matrix mit den Spalten $\{a_i \mid i \in I\}$ und x^I den Vektor mit den Komponenten $\{x_i \mid i \in I\}$, wobei die Reihenfolge der Größe der Indizes $i \in I$ entspricht. Sei für ein $r = (r_1, \ldots, r_k) \in \mathbb{R}^k$

$$\sum_{i \in I} r_i a_i = 0.$$

Für alle $\alpha \in \mathbb{R}$ ist $A^I(x^I + \alpha r) = b$ und für

$$0 < \overline{\alpha} := \min\{x_i \mid i \in I\}$$

gilt $x_1 := x + \overline{\alpha} r \in S$ und $x_2 := x - \overline{\alpha} r \in S$. Aus $x = (x_1 + x_2)/2$ folgt, da x Extremalpunkt ist, $x_1 = x_2$ bzw. $r_i = 0$ für alle $i \in \{1, \ldots, k\}$, d.h. die Vektoren $\{a_i \mid i \in I\}$ sind linear unabhängig. Da der Rang von A gleich k ist, kann I höchstens k Elemente enthalten.

Andererseits sei $x \in S$ kein Extremalpunkt. Dann gibt es $y, z \in S$, $y \ne z$, $\lambda \in (0, 1)$ mit

$$x = \lambda y + (1 - \lambda) z. \qquad (14.4.3)$$

Sei I wie in (14.4.2) erklärt. Da alle Komponenten von y und z nicht negativ sind, folgt aus $\lambda > 0$ und (14.4.3)

$$y_i = z_i = 0 \quad \text{für } i \notin I.$$

Mit $y, z \in S$ erhalten wir

$$\sum_{i \in I} y_i a_i = \sum_{i \in I} z_i a_i = b$$

und damit

$$\sum_{i \in I} (y_i - z_i) a_i = 0.$$

Aus $y \ne z$ folgt die lineare Abhängigkeit der Vektoren $\{a_i \mid i \in I\}$. $\qquad \square$

Bemerkung 14.4.3. Falls $0 \in S$, so ist 0 ein Extremalpunkt von S. Besitzt die Menge I aus (14.4.2) nur $l < k$ Indizes, so kann die Menge $\{a_i \mid i \in I\}$ auf k linear unabhängige Spalten erweitert werden. Setzt man für jede hinzugekommene Spalte a_j das dazugehörige $x_j := 0$, so kann man die Behauptung von Satz 14.2.1 folgendermaßen formulieren:

Ein $x \in S$ ist genau dann ein Extremalpunkt von S, wenn es k linear unabhängige Spaltenvektoren $\{a_{j_1}, \dots, a_{j_k}\}$ von A gibt mit $x_i = 0$ für $i \notin \{j_1, \dots, j_k\}$.

Beispiele für Extremalpunkte und Extremalmengen

1) Sei X ein normierter Raum, dann gilt: Jeder Randpunkt der Einheitskugel ist genau dann ein Extremalpunkt, wenn X strikt konvex ist.

2) Im Raum l^∞ aller beschränkten, reellen bzw. komplexen Folgen sind die Extremalpunkte der Einheitskugel alle $x = (x_i)_{i \in \mathbb{N}}$ mit $|x_i| = 1$ für alle $i \in \mathbb{N}$ (siehe [Kö] S. 336).

3) Im Raum l^1 aller Folgen $x = (x_i)_{i \in \mathbb{N}}$ mit $\sum_{i=1}^{n} |x_i| < \infty$ sind die Extremalpunkte der Einheitskugel beschrieben durch: λe_i, $i \in \mathbb{N}$ und $|\lambda| = 1$, wobei e_i die Folge ist, die an der i-ten Stelle eine 1 und sonst Nullen hat (siehe [Kö] S. 336).

4) Die Einheitskugel von $L^1[a, b]$ besitzt keine Extremalpunkte. Denn sei $f \in L^1[a, b]$ und $\int_a^b |f| dx = 1$. Dann bestimme man $c \in [a, b]$ so, dass $\int_a^c |f| dx = 1/2$ gilt. Definiere

$$f_1 := \begin{cases} 2f & \text{auf } [a, c) \\ 0 & \text{auf } [c, b] \end{cases} \quad \text{und} \quad f_2 := \begin{cases} 0 & \text{auf } [a, c) \\ 2f & \text{auf } [c, b] \end{cases}.$$

Damit ist f Mittelpunkt der Strecke $[f_1, f_2]$, deren Endpunkte zur Einheitskugel gehören.

5) Sei P_n die Menge der reellen Polynome vom Grad $\leq n$. P_n wird durch $\|p\| := \max\{|p(t)| \mid t \in [-1, 1]\}$ normiert. Sei $N(p)$ die Vielfachheit, mit der die Werte ± 1 von p in $[-1, 1]$ angenommen werden. Dann ist ein $p \in P_n$ mit $\|p\| \leq 1$ genau dann ein Extremalpunkt der Einheitskugel, wenn $N(p) > n$ ist (siehe [K-R]), so z. B. das n-te Čebyšev-Polynom 1. Art, vgl. Abschnitt 8.2.4, Beispiel 2).

6) Sei T_n die Menge der trigonometrischen Polynome vom Grad $\leq n$. T_n wird durch $\|q\| := \max\{|q(t)| \mid t \in \mathbb{R}\}$ normiert. Sei I ein festes halboffenes Periodenintervall der Länge 2π und $N(q)$ die Vielfachheit, mit der die Werte ± 1 von q in I angenommen werden. Dann ist ein $q \in T_n$ mit $\|q\| \leq 1$ genau dann ein Extremalpunkt der Einheitskugel, wenn $N(q) > 2n$ ist (siehe [R]).

7) Sei S die Einheitskugel im $\mathbb{R}^3$ versehen mit der Maximum-Norm, dann sind alle Kanten und alle Seitenflächen von S Extremalmengen.

Bemerkung 14.4.4. Für eine Extremalmenge M einer abgeschlossenen konvexen Menge S gilt:

$$E_p(M) = M \cap E_p(S).$$

Beweis. $E_p(S) \cap M \subset E_p(M)$ ist offensichtlich. Andererseits ist, da M eine Extremalmenge von S ist, jeder Extremalpunkt von M auch ein Extremalpunkt von S, d. h. $E_p(M) \subset M \cap E_p(S)$. □

Bemerkung 14.4.5. Ist S eine abgeschlossene konvexe Menge, M eine Extremalmenge von S und N eine Extremalmenge von M. Dann ist N auch Extremalmenge von S.

Lemma 14.4.1. *Sei X ein normierter Raum, $S \neq \emptyset$ eine kompakte konvexe Teilmenge von X, $f \in X^*$ und $\gamma := \sup\{f(x) \mid x \in S\}$. Dann ist die Menge $f^{-1}(\gamma) \cap S$ eine Extremalmenge von S, d. h. die Hyperebene $H := \{x \in X \mid f(x) = \gamma\}$ hat einen nichtleeren Schnitt mit S, und $H \cap S$ ist eine Extremalmenge von S.*

Beweis. Nach dem Satz von Weierstraß (siehe Abschnitt 3.15) ist $f^{-1}(\gamma) \cap S$ eine nichtleere, kompakte, konvexe Teilmenge von S, da f stetig und S kompakt ist. Sei K eine offene Strecke in S mit den Endpunkten x_1, x_2, die einen Punkt $x_0 \in f^{-1}(\gamma) \cap S$ enthält, d. h. $x_0 = \lambda x_1 + (1 - \lambda)x_2$ für ein $\lambda \in (0, 1)$. Da $f(x_0) = \gamma = \lambda f(x_1) + (1 - \lambda)f(x_2)$ und $\lambda \in (0, 1)$ folgt somit $f(x_1) = f(x_2) = \gamma$, d. h. $K \subseteq f^{-1}(\gamma) \cap S$. □

In endlich-dimensionalen Räumen gilt der

Satz 14.4.2 (von Minkowski). *Sei X ein n-dimensionaler normierter Raum und S eine konvexe kompakte Teilmenge von X. Dann lässt sich jeder Randpunkt (bzw. beliebige Punkt) von S als konvexe Kombination von höchstens n (bzw. $n + 1$) Extremalpunkten darstellen.*

Beweis. Wir führen Induktion über die Dimension von S, wobei diese als die Dimension der affinen Hülle $\bigcap\{A \mid S \subset A \subset X$ und A affin$\}$ von S erklärt ist (siehe Abschnitt 3.2.3).

Ist dim $S = 0$, so besteht S höchstens aus einem Punkt, und somit gilt $S = E_p(S)$.

Angenommen, die Behauptung ist richtig für dim $S \leq m - 1$. Sei nun dim $S = m$. O. B. d. A. sei $0 \in S$. Sei $X_m := \mathrm{span}\{S\}$, dann ist bzgl. X_m Int$(S) \neq \emptyset$ und konvex (siehe Abschnitt 3.3.1).

a) Sei x_0 ein Randpunkt von S bzgl. X_m. Nach dem Satz von Mazur existiert eine abgeschlossene Hyperebene H in X_m mit $H \cap$ Int$(S) = \emptyset$ und $x_0 \in H$, d. h. H ist Stützhyperebene von S in x_0. Die Menge $H \cap S$ ist kompakt und nach Lemma eine Extremalmenge von S mit der Dimension $\leq m - 1$. Nach Induktionsannahme ist x_0 als konvexe Kombination von höchstens $(m - 1) + 1 = m$ Extremalpunkten aus $H \cap S$ darstellbar. Da nach Bemerkung 14.4.4 $E_p(H \cap S) \subset E_p(S)$ gilt, folgt der erste Teil der Behauptung.

b) Sei nun $x_0 \in S$ beliebig und $z \in E_p(S)$ (existiert nach a)) beliebig gewählt. Die Menge $S \cap \overline{zx_0}$ mit $\overline{zx_0} := \{x \in X \mid x = \lambda z + (1 - \lambda)x_0, \lambda \in \mathbb{R}\}$ ist wegen der

Beschränktheit von S eine Strecke $[z, y]$, deren Endpunkte Randpunkte von S sind und die x_0 als inneren Punkt enthält. Da y sich nach a) als konvexe Kombination von höchstens m Extremalpunkten darstellen lässt und $z \in E_p(S)$, folgt die Behauptung. $\square$

Bemerkung 14.4.6. Der Satz von Minkowski lässt sich in einer abgeschwächten Form auf beliebige normierte Räume verallgemeinern (siehe Satz von Krein-Milman in Kapitel D).

14.5   Duale Aufgaben in $C(T)$

Lemma 14.5.1. *Sei K eine kompakte Teilmenge eines normierten Raumes mit $0 \notin K$. Dann ist die Kegelhülle von K abgeschlossen.*

Beweis. Sei $(x_i)_{i \in \mathbb{N}}$ eine gegen x_0 konvergente Folge und $x_i = \alpha_i k_i$ mit $k_i \in K$ und $\alpha_i \in \mathbb{R}_+$. Wir wählen eine konvergente Teilfolge $(k_{n_i})_{i \in \mathbb{N}}$ von $(k_i)_{i \in \mathbb{N}}$ mit dem Grenzwert $k_0 \in K$. Dann gilt

$$\alpha_{n_i} = \frac{\|x_{n_i}\|}{\|k_{n_i}\|} \to \frac{\|x_0\|}{\|k_0\|}, \quad \text{d. h.} \quad x_0 = \lim_i \alpha_{n_i} k_{n_i} = \frac{\|x_0\|}{\|k_0\|} k_0. \qquad \square$$

Satz 14.5.1. *Sei T ein kompakter metrischer Raum. Die Funktionen $u_1, \ldots, u_n, b \in C(T)$ genügen der Slater-Bedingung: Es gibt ein $\overline{x} \in \mathbb{R}^n$ mit $\sum_{i=1}^n \overline{x}_i u_i(t) > b(t)$ für alle $t \in T$. Dann ist M_{n+1} abgeschlossen.*

Beweis. Sei $u_{n+1} := b$, $u := (u_1, \ldots, u_{n+1})$ und $C := u(T) \subset \mathbb{R}^{n+1}$. Als stetiges Bild einer kompakten Menge ist C kompakt. Die konvexe Hülle von C ist nach dem Satz 3.5.1 (Satz von Caratheodory) das Bild der kompakten Menge $C^{n+2} \times \{\alpha \in \mathbb{R}_+^{n+1} \mid \sum_{j=1}^{n+2} \alpha_j = 1\}$ unter der stetigen Abbildung

$$(c_1, \ldots, c_{n+2}, \alpha) \mapsto \sum_{j=1}^{n+2} \alpha_j c_j$$

und somit kompakt.

Nach Lemma bleibt $0 \notin \operatorname{conv} C$ zu zeigen. Dies folgt aus der Slater-Bedingung. Angenommen, es gibt ein $m \in \mathbb{N}$, $t_1, \ldots, t_m \in T$ und $\alpha_1, \ldots, \alpha_m \in \mathbb{R}_+$ derart, dass für alle $i \in \{1, \ldots, n+1\}$ gilt:

$$\sum_{j=1}^m \alpha_j u_i(t_j) = 0 \quad \text{und} \quad \sum_{j=1}^m \alpha_j = 1.$$

Dann folgt für alle $z = (z_1, \ldots, z_n) \in \mathbb{R}^n$

$$\sum_{j=1}^{m} \alpha_j \left(\sum_{i=1}^{n} z_i u_i(t_j) - u_{n+1}(t_j) \right) = 0.$$

Nach Voraussetzung existiert ein $z = (\overline{z}_1, \ldots, \overline{z}_n) \in \mathbb{R}^n$ mit

$$\sum_{i=1}^{n} \overline{z}_i u_i(t_j) - u_{n+1}(t_j) > 0 \quad \text{für } j \in \{1, \ldots, m\}.$$

Dies führt zu dem Widerspruch $\alpha_1 = \alpha_2 = \ldots = \alpha_m = 0$. $\qquad\square$

Aufgabe. Für die Funktionen $u_1, u_2 \colon [0, 1] \to \mathbb{R}$ mit $u_1(t) := t$, $u_2(t) := t^2$ ist der Momentenkegel M_2 nicht abgeschlossen.

Mit den Bezeichnungen aus Abschnitt 14.2 erhalten wir

Satz 14.5.2. *Sei T kompakt, und sei die Slater-Bedingung für die Funktionen $u_1, \ldots, u_n \in C(T)$ erfüllt. Ist die Aufgabe* D) *zulässig, dann gilt:*

a) *Die Aufgaben* P) *und* D_n) *sind dual.*

b) D_n) *ist lösbar.*

Einen anderen Zugang zu Dualitätssätzen der linearen semiinfiniten Optimierung bekommt man durch Anwendung der Sätze über Lagrange-Multiplikatoren.

14.6   Ein Momentenproblem von Markov

Für diesen Abschnitt sei Y ein Teilraum von $C(T)$, wobei T ein kompakter metrischer Raum ist. Sei Q der natürliche Kegel in Y, d. h. $Q = \{y \in Y \mid y(t) \geq 0 \text{ für alle } t \in T\}$ und $u_1, \ldots, u_{n+1} \in Y$.

Die Aufgabe lautet für ein $c \in \mathbb{R}^n$:

Minimiere $\langle c, x \rangle$ unter den Nebenbedingungen

P)
$$x = (x_1, \ldots, x_n) \in \mathbb{R}^n \text{ und } \sum_{i=1}^{n} x_i u_i(t) \geq u_{n+1}(t) \text{ für alle } t \in T.$$

Mit Satz 14.1.1 folgt der

Satz 14.6.1. *Sei für die Funktionen $\{u_1, \ldots, u_{n+1}\}$ die Slater-Bedingung erfüllt und die Aufgabe* P) *nach unten beschränkt. Dann ist die folgende Aufgabe zu* P) *dual.*

$\tilde{\text{D}}$) *Maximiere $\langle y^*, u_{n+1} \rangle$ auf $R := \{y^* \in Q^* \mid \langle y^*, u_i \rangle = c_i, i \in \{1, \ldots, n\}\}$,*

wobei Q^* der duale Kegel von Q in Y^* ist. Außerdem ist $\tilde{\text{D}}$) lösbar.

Ist $T = [a, b]$ und $Y = C[a, b]$, so lässt sich nach dem Darstellungssatz von Riesz Y^* als der Raum der Funktionen auf $[a, b]$ von beschränkter Variation auffassen. Die duale Aufgabe lautet damit:

$$\text{Maximiere} \quad \int_a^b u_{n+1} dg$$

unter den Nebenbedingungen für $g: [a, b] \to \mathbb{R}$

$$\int_a^b u_i dg = c_i, \quad i \in \{1, \ldots, n\}$$

und g monoton nicht fallend, da der duale Kegel des natürlichen Kegels gerade aus den monoton nicht fallenden Funktionen besteht. Ist T ein kompakter metrischer Raum und $V = C(T)$, so ist hier der Dualraum Y^* nach dem Satz von Riesz als der Raum der signierten Baireschen Maße auf T darstellbar (siehe [F1] S. 146). Das sind Maße auf der von den Nullstellenmengen stetiger Funktionen erzeugten σ-Algebra. Der duale Kegel des natürlichen Kegels in $C(T)$ entspricht dem Kegel der (positiven) Baireschen Maße auf T. Also lautet hier die duale Aufgabe:

$$\text{Maximiere} \quad \int_T u_{n+1} d\mu \quad \text{unter der Nebenbedingung}$$

$\text{D}_\text{M})$

$$\int_T u_i d\mu = c_i, \quad i \in \{1, \ldots, n\}, \tag{$*$}$$

und μ ist ein (positives) Baireschos Maß auf T. Diese Aufgabe lässt sich als eine Aufgabe der Statistik interpretieren. Bei der unbekannten Wahrscheinlichkeitsverteilung und bei vorgegebenen verallgemeinerten Momenten soll der Erwartungswert von u_{n+1} bzgl. μ möglichst gut nach oben abgeschätzt werden. (Um ein Wahrscheinlichkeitsmaß zu haben, wird das Maß durch skalare Multiplikation auf Gesamtmaß 1 normiert.) Geht man von der Aufgabe:

$$\text{Maximiere} \quad \langle c, x \rangle \quad \text{auf} \quad \left\{ x \mid \sum_1^n x_i u_i \leq u_{n+1} \right\}$$

aus, so soll bei der analogen dualen Aufgabe dieser Erwartungswert möglichst gut nach unten abgeschätzt werden.

Im Jahre 1874 hat P.L. Čebyšev die folgende Aufgabe gestellt: Gegeben sind die Zahlen $a < \xi < \eta < b$, $s_0, \ldots, s_{n-1}$ und die Integralwerte

$$\int_a^b t^k f(t) dt = s_k \quad (k \in \{0, 1, \ldots, n-1\}).$$

Zu finden sind die besten Schranken für das Integral

$$\int_\xi^\eta f(t) dt$$

unter der Bedingung, dass f auf $[a, b]$ nichtnegativ ist. Diese Aufgabe wurde 1884 von A.A. Markov gelöst.

Die Anwendung des Satzes auf $Y = \mathrm{span}\{u_1, \ldots, u_{n+1}\}$ sowie $Y = C(T)$ führt zusammen mit Satz 14.2.3 und Satz 14.8.1 zu der

Folgerung. *Mit den Voraussetzungen des Satzes gilt: Es gibt unter den Lösungen von* $\mathrm{D_M}$) *stets ein diskretes Maß mit* $q \leq n$ *Trägerpunkten.*

Das folgende Lemma beschreibt den Zusammenhang zwischen den Lösungen von P) und $\mathrm{D_M}$).

Lemma 14.6.1 (Gleichgewichtslemma). *Sei $\overline{x}$ zulässig für* P) *(d. h. $\overline{x} \in S$) und μ_0 zulässig für* $\mathrm{D_M}$) *(d. h. μ_0 erfüllt (*)). Dann ist die Bedingung*

(i)
$$\sum_{i=1}^{n} \overline{x}_i u_i - u_{n+1} = 0 \quad \mu_0\text{-}f.\ddot{u}.$$

hinreichend dafür, dass $\overline{x}$ eine Lösung von P) *und μ_0 eine Lösung von* $\mathrm{D_M}$) *ist.*
Ist die Slater-Bedingung erfüllt, so ist diese Bedingung auch notwendig.

Beweis. Aus (i) und μ_0 erfüllt (*) folgt

$$\int_T u_{n+1} d\mu_0 = \int_T \left(\sum_{i=1}^{n} \overline{x}_i u_i \right) d\mu_0 = \sum_{i=1}^{n} \overline{x}_i c_i.$$

Da die Aufgaben P) und $\mathrm{D_M}$) schwach dual sind, folgt der erste Teil der Behauptung. Die Notwendigkeit ergibt sich aus Satz 14.5.2. Denn dann gilt

$$\int_T u_{n+1} d\mu_0 = \sum_{i=1}^{n} \overline{x}_i c_i = \sum_{i=1}^{n} \overline{x}_i \int_T u_i d\mu_0.$$

Daraus folgt

$$\int_T \left(\sum_{i=1}^{n} \overline{x}_i u_i - u_{n+1} \right) d\mu_0 = 0,$$

und aus $x \in S$, d. h. $\sum_{i=1}^{n} \overline{x}_i u_i - u_{n+1} \geq 0$, folgt (i). $\qquad\square$

Bemerkung 14.6.1. Im diskreten Fall und $\mu_0(u) = \sum_{j=1}^{m} \lambda_j u(t_j)$ für $u \in Y$ entspricht (i) der Bedingung

$$\lambda_j \left(\sum_{i=1}^{n} \overline{x}_i u_i(t_j) - u_{n+1}(t_j) \right) = 0 \quad \text{für } j \in \{1, \ldots, m\}.$$

Bemerkung 14.6.2. Ist die Slater-Bedingung erfüllt, so kann man das Gleichgewichtslemma folgendermaßen formulieren. Sei $\bar{x}$ zulässig für P) und μ_0 zulässig für D_M). Genau dann ist $\bar{x}$ eine Lösung von P) und μ_0 eine Lösung von D_M), wenn μ_0 von der Menge $\{t \mid \sum_{i=1}^{n} \bar{x}_i u_i(t) = u_{n+1}(t)\}$ getragen wird, d. h. für jede messbare Teilmenge T_0 des Komplements dieser Menge gilt: $\mu_0(T_0) = 0$.

Mit den Voraussetzungen der Folgerung besitzt das Momentenproblem D_M) eine diskrete Lösung, die durch die Angabe der Gewichte $\lambda_1, \ldots, \lambda_q \in \mathbb{R}_+ \backslash \{0\}$ und der Trägerpunkte $t_1, \ldots, t_q$ $(q \leq n)$ beschrieben ist. Sei $\tilde{T} := \{t_1, \ldots, t_q\}$. Wir betrachten die Aufgabe:

$$
\tilde{P}) \qquad
\begin{aligned}
&\text{Minimiere } \langle c, x \rangle \text{ auf} \\
&\tilde{S} := \left\{ x \in \mathbb{R}^n \;\middle|\; \sum_{i=1}^{n} x_i u_i(t) \geq u_{n+1}(t) \text{ für alle } t \in \tilde{T} \right\}.
\end{aligned}
$$

Da $\tilde{S}$ die Restriktionsmenge von P) enthält, folgt aus Bemerkung 14.6.1 zum Gleichgewichtslemma eine analoge Aussage zu dem aus der Čebyšev-Approximation bekannten Satz von de la Vallée-Poussin.

Satz 14.6.2. *Seien die Voraussetzungen der Folgerung erfüllt. Ist $\bar{x}$ eine Lösung der semiinfiniten Aufgabe P), dann ist $\bar{x}$ eine Lösung der Aufgabe $\tilde{P}$), wobei $\tilde{T}$ eine Teilmenge von $\{t \in T \mid \sum_{i=1}^{n} \bar{x}_i u_i(t) = u_{n+1}(t)\}$ ist.*

Bemerkung 14.6.3. Die Punkte $\{t_1, \ldots, t_q\}$ $(q \leq n)$ (bzw. die dazugehörigen Restriktionen) kann man im folgenden Sinne als kritisch bezeichnen. Wenn man alle anderen Punkte außer acht lassen und nur diese berücksichtigen würde, so kann man den Wert der Optimierungsaufgabe nicht verkleinern.

Hat man umgekehrt eine Lösung einer diskreten Aufgabe mit den Trägerpunkten $\{t_1, \ldots, t_n\}$ gefunden, die zulässig für P) ist, dann ist dies auch eine Lösung von P). Entsprechendes gilt für die duale Aufgabe.

Dies führt zu der folgenden Berechnungsstrategie, die Grundlage für den Simplex- und den Remez-Algorithmus (siehe [WS], [HZ]) ist. Man startet mit n Trägerpunkten $\{t_1, \ldots, t_n\}$ und versucht durch Austausch von Punkten den Wert der dazugehörigen dualen Aufgabe zu verbessern.

14.7 Numerische Behandlung von semiinfiniten Aufgaben

Mit den Bezeichnungen aus Abschnitt 14.2 gilt der

Satz 14.7.1 (Gleichgewichtssatz für semiinfinite lineare Aufgaben). *Sei $x = (x_1, \ldots, x_n)$ zulässig für P) und $(t, y) = (t_1, \ldots, t_n, y_1, \ldots, y_n)$ zulässig für D). Dann* *sind x und (t, y) genau dann optimal für* P) *bzw.* D) *und* P) *dual zu* D)*, wenn für alle $j \in \{1, \ldots, n\}$ gilt:*

$$y_j \left(\sum_{i=1}^{n} u_i(t_j) x_i - b(t_j) \right) = 0.$$

Beweis.

„⇐": $\quad \sum_{j=1}^{n} y_j b(t_j) = \sum_{j=1}^{n} y_j \sum_{i=1}^{n} u_i(t_j) x_i = \sum_{i=1}^{n} x_i \sum_{j=1}^{n} y_j u_i(t_j) = \sum_{i=1}^{n} x_i c_i .$

„⇒": $\quad 0 = \sum_{i=1}^{n} x_i c_i - \sum_{j=1}^{n} y_j b(t_j) = \sum_{j=1}^{n} y_j \left(\sum_{i=1}^{n} u_i(t_j) x_i - b(t_j) \right).$

Da alle Summanden nichtnegativ sind, folgt die Behauptung. □

Für die Berechnungen ist manchmal die folgende Sicht des Gleichgewichtssatzes nützlich: Durch das Weglassen aller Null-Komponenten und der dazugehörigen Trägerpunkte einer optimalen Lösung von D) entsteht eine Lösung von D) mit k Trägerpunkten, wobei $1 \leq k \leq n$ gilt. Für derart reduzierte optimale Lösungen lautet der Gleichgewichtssatz:

Die Punkte $\overline{x} \in \mathbb{R}^n$ und $(t_1, \ldots, t_k, y_1, \ldots, y_k) \in T^k \times \mathbb{R}^k$, $1 \leq k \leq n$, sind optimal für P) bzw. D_n) genau dann, wenn sie das folgende Gleichungs- und Ungleichungssystem erfüllen:

$$\sum_{i=1}^{n} x_i u_i(t) \geq b(t) \quad \text{für alle } t \in T \quad \text{(primale Nebenbedingungen)} \qquad (14.7.1)$$

$$\sum_{j=1}^{k} y_j u_i(t_j) = c_j \quad \text{für } i \in \{1, \ldots n\}, \quad y_i > 0 \quad \text{für } j \in \{1, \ldots, k\} \qquad (14.7.2)$$

(duale Nebenbedingungen)

$$\sum_{i=1}^{n} x_i u_i(t_j) - b(t_j) = 0 \quad \text{für } j \in \{1, \ldots, k\} \qquad (14.7.3)$$

(Gleichgewichtsbedingungen).

Nach (14.7.1) und (14.7.3) sind die Punkte $t_1, \ldots, t_k$ Minimallösungen der Funktion (x fest)

$$f(t) := \sum_{i=1}^{k} x_i u_i(t) - b(t). \qquad (14.7.4)$$

Bei dem folgenden Berechnungsverfahren versucht man zunächst, mit einer genügend feinen Diskretisierung und der anschließenden Simplexmethode die Zahl k und eine Näherung für die Unbekannten $(x_1, \ldots, x_n, t_1, \ldots, t_k, y_1, \ldots, y_k)$ zu bestimmen (siehe [G-G]).

Ist T eine Teilmenge von $\mathbb{R}^l$ mit einem nichtleeren Inneren Int T, so bekommt man mit (14.7.4) die notwendigen Optimalitätsbedingungen für die t_j, die in Int T liegen:

$$\frac{\partial f}{\partial t_i}(t_j) = 0 \quad \text{für } i \in \{1, \ldots, l\}. \tag{14.7.5}$$

Lässt eine Lösung der diskretisierten Aufgabe alle gesuchten Trägerpunkte $\{t_1, \ldots, t_k\}$ in Int T vermuten, so liefern (14.7.2), (14.7.3) und (14.7.5) ein nichtlineares Gleichungssystem zur Bestimmung der $n + kl + k$ Unbekannten. Mit der vorliegenden Näherung als Startpunkt kann man das Newton- oder ein Newton-ähnliches Verfahren (siehe [K6]) benutzen.

Bemerkung 14.7.1. Um die Zahl k zu schätzen, versucht man die Trägerpunkte der Diskretisierungen, die dicht beieinander liegen, als einen Punkt zu betrachten. Denn die Lösungen der diskreten Aufgaben haben meistens n Trägerpunkte, die erst im Grenzprozess gegen die gesuchten Trägerpunkte konvergieren (siehe [G-G]). Ist der Rand von T durch Gleichungen (oder T durch Ungleichungen) beschrieben, so kann man für die Trägerpunkte, die bei den Diskretisierungen als Randpunkte vermutet werden, die Minimalitätseigenschaft 4) als restringiert betrachten und den Lagrange-Ansatz 4.5 (bzw. 4.5.2) benutzen.

Satz von de la Vallée-Poussin für semiinfinite Optimierung

Wir wollen jetzt eine Interpretation des Satzes 14.2.3 betrachten, die ein Analogon zu dem aus der Theorie der Čebyšev-Approximation bekannten Satz von de la Vallee-Poussin darstellt.

Seien die Aufgaben P) und D_n) dual.

Die primale Aufgabe P) besitze eine Minimallösung $x = (x_1, \ldots, x_n)$ und die duale Aufgabe D_n) eine Maximallösung $w = (t_1, \ldots, t_n, y_1, \ldots, y_n)$. Sei $T_1 := \{t_1, \ldots, t_n\}$. Wird jetzt bei der Aufgabe P) die Menge T durch T_1 ersetzt, so folgt mit dem obigen Gleichgewichtssatz

Satz 14.7.2. *Das Lösungspaar (x, w) ist auch eine Lösung von P) und D_n) bzgl. T_1.*

Simplexmethode

Nach Satz 14.6.2 haben wir für die Indexmenge T und die Abbildungen $b, u_1, \dots, u_n$: $T \to \mathbb{R}$ mit einem $c \in \mathbb{R}^n$ die folgenden Aufgaben zu betrachten:

P)
$$\text{Minimiere } \langle c, x \rangle \text{ auf}$$
$$S := \left\{ x \in \mathbb{R}^n \mid \sum_{i=1}^{n} x_i u_i(t) \geq b(t) \text{ für alle } t \in T \right\}.$$

D_n)
$$\text{Maximiere } \sum_{j=1}^{n} y_j b(t_j) \text{ auf}$$
$$R := \left\{ (t_1, \dots, t_n, y_1, \dots, y_n) \in T^n \times \mathbb{R}_+^n \mid \sum_{j=1}^{n} y_j u_i(t_j) = c_i \right\}.$$

Den Gleichgewichtssatz wollen wir jetzt in der folgenden Form benutzen:

Die Punkte $\overline{x} \in \mathbb{R}^n$ und $(t_1, \dots, t_n, y_1, \dots, y_n) \in T^n \times \mathbb{R}^n$ sind optimal für die Probleme P) bzw. D_n) genau dann, wenn sie das folgende Gleichungs- und Ungleichungssystem erfüllen:

$$\sum_{i=1}^{n} x_i u_i(t) \geq b(t) \text{ für alle } t \in T \quad \text{(primale Nebenbedingungen)} \tag{14.7.6}$$

$$\sum_{i=1}^{n} y_j u_i(t_j) = c_j, \ y_j \geq 0 \text{ für } j \in \{1, \dots, n\} \quad \text{(duale Nebenbedingungen)} \tag{14.7.7}$$

$$y_j \left(\sum_{i=1}^{n} x_i u_i(t_j) - b(t_j) \right) = 0 \text{ für } j \in \{1, \dots, n\} \tag{14.7.8}$$

(Gleichgewichtsbedingungen).

Bei der Simplexmethode werden zunächst n Indizes $\{t_1, \dots, t_n\}$ (bzw. n Nebenbedingungen in P)) so gewählt, dass die duale Nebenbedingung (14.7.7) eine Lösung y besitzt (bzw. $(t_1, \dots, t_n, y_1, \dots, y_n)$ ist zulässig für D_n)). Zu dieser Wahl der Indizes $(t_1, \dots, t_n)$ wird ein $x \in \mathbb{R}^n$ so bestimmt, dass die Gleichgewichtsbedingungen 3') gelten. Dies erreicht man durch das Lösen des Gleichungssystems $\sum_{i=1}^{n} x_i u_i(t_j) = b_j, \ j \in \{1, \dots, n\}$. Sind für dieses x die primalen Nebenbedingungen 1') erfüllt, so haben wir eine optimale Lösung für die primale und die duale Aufgabe gefunden. Sonst ist für ein $t' \in T$ eine Ungleichung aus 1') nicht erfüllt. Man kann dann einen der Indizes $\{t_1, \dots, t_n\}$ gegen t' so austauschen, dass für diese neuen n Punkte die dualen Nebenbedingungen nicht nur lösbar sind, sondern auch eine Wertzunahme (bzw. keine Abnahme) bei der dualen Aufgabe D_n) erfolgt.

Die obigen Betrachtungen führen zu den folgenden Begriffen, wobei $u(t)$ für $t \in T$ den Vektor $(u_1(t), \ldots, u_n(t))$ bezeichnet.

Definition 14.7.1. Ein n-Tupel $\tau = (t_1, \ldots, t_n)$ von Elementen aus T heißt *Basistupel*, wenn die dazugehörigen Vektoren $\{u(t_j)\}_{j=1}^{n}$ linear unabhängig sind und die dualen Nebenbedingungen (14.7.7) für dieses τ eine Lösung $y = (y_1, \ldots, y_n)$ besitzen (die Komponenten der Lösung sind nichtnegativ). Das Paar (τ, y) heißt *Basislösung*.

Weiter bezeichne $u(t_1, \ldots, t_n)$ die $n \times n$-Matrix mit den Zeilen $u(t_1)^\top, \ldots, u(t_n)^\top$ und $b(t_1, \ldots, t_n) = (b(t_1), \ldots, b(t_n))$ (vgl. zur Schreibweise Abschnitt 3.11).

Wir setzen jetzt generell voraus, dass unter den Vektoren $\{u(t) \mid t \in T\}$ mindestens n linear unabhängige Vektoren existieren, und kommen zu der Simplexmethode, deren Realisierbarkeit anschließend begründet wird (siehe [G-G]).

Der Austausch-Schritt der Simplexmethode

Es sei ein Basistupel $\tau = (t_1, \ldots, t_n)$ bekannt.

$1°$ Berechne $y \in \mathbb{R}^n$ durch $u^\top(t_1, \ldots, t_n)y = c$.

$2°$ Berechne die zu $x = (x_1, \ldots, x_n)$ mit $u(t_1, \ldots, t_n)x = b(t_1, \ldots, t_n)$ gehörige Differenzfunktion $\Delta: T \to \mathbb{R}$ mit $\Delta = b - \sum_{i=1}^{n} x_i u_i$.

$3°$ Bestimme ein $t' \in T$ mit $\Delta(t') := b(t') - \sum_{i=1}^{n} x_i u_i(t') > 0$.

Wenn kein solches $t' \in T$ existiert, dann Stop. Der Vektor x ist optimal für P) und (τ, y) ist optimal für D).

$4°$ Berechne $d = (d_1, \ldots, d_n) \in \mathbb{R}^n$ durch $u(t_1, \ldots, t_n)d = u(t')$.

$5°$ Ist $d_i \leq 0$ für alle $i \in \{1, \ldots, n\}$, dann Stop. Die Aufgabe P) besitzt keine zulässigen Punkte (Abbruch).

$6°$ Bestimme ein $k \in \{1, \ldots, n\}$ mit

$$\frac{y_k}{d_k} = \min\left\{\frac{y_i}{d_i} \mid d_i > 0\right\}$$

und setze $\tau' = (t_1, \ldots, t_{k-1}, t', t_{k+1}, \ldots, t_n) = (t'_1, \ldots, t'_n)$.

τ' ist dann eine Basistupel und für die zugehörige Basislösung (τ', y') gilt:
$b(t'_1, \ldots, t'_n)^\top y' = b(t_1, \ldots, t_n)^\top y + \frac{y_k}{d_k} \Delta(t')$.

$7°$ Gehe mit $(t_1, \ldots, t_n) := (t'_1, \ldots, t'_n)$ zu $1°$. Nach der Definition eines Basistupels ist $u(t_1, \ldots, t_n)$ regulär, und damit sind die Schritte $1°$ und $4°$ realisierbar.

Bemerkung zur Durchführbarkeit des Verfahrens

Nach Definition eines Basistupels ist die Matrix $u^\top(t_1, \dots, t_n)$ invertierbar. Damit sind die Schritte 1° bis 4° durchführbar.

Zu 5° und 6°: Für jedes $\lambda \in \mathbb{R}^+$ erfüllt der Vektor $y(\lambda) := (y_1 - \lambda d_1, \dots, y_n - \lambda d_n, \lambda) \in \mathbb{R}^{n+1}$ die Gleichung $\sum_{j=1}^n (y_j - \lambda d_j) u_i(t_j) + \lambda u_i(t') = c_i$, da nach 4° $\lambda(\sum_{j=1}^n d_j u_i(t_j) - u_i(t')) = 0$ für $i \in \{1, \dots, n\}$ gilt. Ist $d \leq 0$, so ist $y(\lambda) \geq 0$ und damit $(t_1, \dots, t_n, t', y(\lambda))$ zulässig für D). Aber mit $\lambda \to \infty$ würde der Wert $w(\lambda)$ der Zielfunktion von D) in $y(\lambda)$ gegen unendlich streben, denn mit $b(\tau) := b(t_1, \dots, t_n)$ und $A(\tau) = u(t_1, \dots, t_n)$ gilt:

$$
\begin{aligned}
w(\lambda) :&= \sum_{j=1}^n (y_j - \lambda d_j) b(t_j) + \lambda b(t') \\
&= \langle y, b(\tau)\rangle + \lambda (b(t') - \langle d, b(\tau)\rangle) \\
&= w(0) + \lambda (b(t') - \langle d, A(\tau)x\rangle) \\
&= w(0) + \lambda (b(t') - \langle A^\top(\tau)d, x\rangle) \\
&= w(0) + \lambda (b(t') - \langle u^\top(t'), x\rangle) \\
&= w(0) + \lambda \cdot \Delta(t') \xrightarrow{\lambda \to \infty} \infty, \quad \text{da} \quad \Delta(t') > 0.
\end{aligned}
$$

Aus der schwachen Dualität von P) und D) folgt, dass P) keine zulässigen Punkte besitzen kann. Hat andererseits d einige positive Komponenten, so ist es klar, wie man λ wählt, um eine möglichst große Zunahme bei der dualen Zielfunktion unter Beibehaltung der Zulässigkeit von $y(\lambda)$ zu erreichen. Nämlich durch $\overline{\lambda} = \frac{y_k}{d_k} = \min\{y_i/d_i \mid d_i > 0\}$. Da für diese $\overline{\lambda}$ die k-te Komponente von $y(\lambda)$ verschwindet, wird t_k aus dem Basistupel herausgenommen, und es entsteht wieder eine Darstellung von c mit höchstens n Spalten.

Bei den Schritten 1°, 2°, 4° gilt es, lineare Gleichungssystems zu lösen. Bei der numerischen Behandlung nutzt man aus, dass die Matrizen sich nach jedem Zyklus nur wenig geändert haben. Die vielen Varianten des Simplex-Verfahrens unterscheiden sich bei der Auflösung dieses linearen Gleichungssystems.

Bemerkung 14.7.2 (Existenz optimaler Basislösungen). Zum Start des Simplexverfahrens wird ein Basistupel benötigt. Wir setzen voraus, dass es unter den Vektoren $u(t), t \in T, n$ linear unabhängige Vektoren gibt. Dann gilt: Ist der Wert von D) endlich und M_{n+1} abgeschlossen, so existiert eine optimale Basislösung.

Beweis. Nach Abschnitt 14.2 Bemerkung existiert eine optimale Lösung $(t_1, \dots, t_q, y_1, \dots, y_q)$ von D) mit q linear unabhängigen Vektoren $u(t_1), \dots, u(t_q)$. Ist $q < n$, dann existieren nach Voraussetzung $n - q$ Punkte $t_{q+1}, \dots, t_n$ derart, dass $u(t_1), \dots, u(t_q), \dots, u(t_n)$ linear unabhängig sind. Die Ergänzung $y_{t+1} = \dots = y_n = 0$ führt zu einer optimalen Basislösung. $\qquad\square$

14.8 Čebyšev-Approximation – duale Aufgabe

Die Aufgabe der Čebyšev-Approximation lautet: Für eine kompakte Teilmenge T des $\mathbb{R}^m$ und $z, v_1, \ldots, v_n \in C(T)$ wird ein $\overline{v} \in V := \mathrm{span}\{v_1, \ldots, v_n\}$ gesucht, so dass für alle $v \in V$

$$\max_{t \in T} |z(t) - \overline{v}(t)| \leq \max_{t \in T} |z(t) - v(t)|$$

gilt.

Äquivalent dazu ist die Aufgabe:

Minimiere x_{n+1} unter den Nebenbedingungen

C)
$$-x_{n+1} \leq z(t) - \sum_{i=1}^{n} x_i v_i(t) \leq x_{n+1} \quad \text{für alle } t \in T.$$

Diese Aufgabe kann man auch als eine Aufgabe der linearen semiinfiniten Optimierung schreiben. Dazu sei

$$T_1 := T \times \{1\} \subset \mathbb{R}^{m+1}, \quad T_2 := T \times \{-1\} \subset \mathbb{R}^{m+1} \quad \text{und} \quad \tilde{T} = T_1 \cup T_2.$$

Wir definieren für $i \in \{1, \ldots, n\}$ die Funktionen $\tilde{v}_i : \tilde{T} \to \mathbb{R}$ und $\tilde{z} : \tilde{T} \to \mathbb{R}$ durch

$$\tilde{v}_i(t, s) := \begin{cases} v_i(t) & \text{für } s = 1 \\ -v_i(t) & \text{für } s = -1 \end{cases} \quad \text{und} \quad \tilde{z}(t, s) := \begin{cases} z(t) & \text{für } s = 1 \\ -z(t) & \text{für } s = -1 \end{cases}.$$

Dann ist die folgende Aufgabe zu C) äquivalent:

$$\tilde{z}(\tilde{t}) - \sum_{i=1}^{n} x_i \tilde{v}_i(\tilde{t}) \leq x_{n+1} \quad \text{für alle } \tilde{t} \in \tilde{T}.$$

Für $x_i = 0, i \in \{1, \ldots, n\}$ und $x_{n+1} > \max_{t \in T} |z(t)|$ ist die Slater-Bedingung erfüllt.

Man kann also die Sätze der linearen semiinfiniten Optimierung auf diese Aufgabe anwenden. Wir wollen jedoch den direkten Weg über den Charakterisierungssatz der linearen Approximation aus Abschnitt 12.7 benutzen und einen funktionalanalytischen Zugang zu dem Momenten-Problem kennenlernen.

Sei T ein kompakter metrischer Raum, X ein Teilraum von $C(T)$ und $z, v_1, \ldots, v_n \in X$. Die Aufgabe lautet:

A)   Minimiere $\|z - v\|_{\max}$ auf $\mathrm{span}\{v_1, \ldots, v_n\}$.

Wählen wir $X = C(T)$, so liefert der Dualitätssatz 12.5.1 zusammen mit dem Darstellungssatz von Riesz die folgende duale Aufgabe zu A):

Maximiere $\displaystyle\int_T z(t) d\mu(t)$

B)   über der Menge der Baireschen Maße μ, die die Nebenbedingungen

$$\int_T z(t) d\mu(t) = 0 \quad \text{und} \quad \|\mu\| = |\mu|(T) = 1 \quad \text{erfüllen.}$$

Wählt man $X = \text{span}\{z, v_1, \ldots, v_n\}$, so kommt man zu einer anderen dualen Aufgabe. Wir wollen die folgende Darstellung des Dualraumes X^* von X benutzen.

Satz 14.8.1 (Zuchowitzky, Ptak, Rivlin, Shapiro). *Jedes Element $x^* \in X^*$ ist als Linearkombination von $m \leq n + 1$ Punktfunktionalen darstellbar, d. h. zu jedem $x^* \in X^*$ gibt es $t_1, \ldots, t_m \in T$ und $\alpha_1, \ldots, \alpha_m \in \mathbb{R}$, so dass für alle $x \in X$ gilt:*

$$x^*(x) = \sum_{j=1}^{m} \alpha_j x(t_j).$$

Die Norm von x^* ist durch $\sum_{j=1}^{m} |\alpha_j|$ beschrieben.

Funktionalanalytisch kann man dies folgendermaßen sehen: Jedes Element aus der Einheitssphäre in X^* ist nach dem Satz von Minkowski (siehe Satz 14.4.2) als konvexe Kombination von höchstens $n + 1$ Extremalpunkten der Einheitskugel in X^* darstellbar. Diese Extremalpunkte lassen sich zu Extremalpunkten der Einheitskugel in $C(T)$ fortsetzen (siehe [Si] S. 168), die gerade bis auf Vorzeichen die gesuchten Punktfunktionale sind (siehe [DS] S. 441).

Also lautet hier die zu A) duale Aufgabe:

B$_d$)

$$\text{Maximiere} \sum_{j=1}^{n+1} \alpha_j z(t_j) \text{ unter den Nebenbedingungen}$$

$$\sum_{j=1}^{n+1} \alpha_j v_i(t_j) = 0, \quad \sum_{j=1}^{n+1} |\alpha_j| = 1,$$

wobei $t_1, \ldots, t_{n+1}$ in T und $\alpha_1, \ldots, \alpha_{n+1}$ in $\mathbb{R}$ variieren.

Die beiden Aufgaben B) und B$_d$) sind lösbar und zu P) dual. Damit besitzt die Momentenaufgabe B) stets eine diskrete Lösung mit $m \leq n + 1$ Trägerpunkten.

Mit dem Charakterisierungssatz 12.7.1 und Satz 14.8.1 bekommen wir die folgende Charakterisierung der besten Čebyšev-Approximation (siehe auch [Si]).

Satz 14.8.2. *Genau dann ist $v_0 \in V$ eine beste Čebyšev-Approximation von x bzgl. V in $C(T)$, wenn $m \leq n + 1$ Punkte $t_1, \ldots, t_m \in T$ und $\alpha_1, \ldots, \alpha_m \in \mathbb{R} \backslash \{0\}$ existieren, so dass gilt:*

$$\sum_{j=1}^{m} |\alpha_j| = 1, \tag{14.8.1}$$

$$\sum_{j=1}^{m} \alpha_j v_i(t_j) = 0 \quad \text{für alle } i \in \{1, \ldots, n\}, \tag{14.8.2}$$

$$\sum_{j=1}^{n} \alpha_j (x(t_j) - v_0(t_j)) = \|x - v_0\|_{C(T)}. \tag{14.8.3}$$

Aus (14.8.1) und (14.8.3) folgt $|x(t_j) - v_0(t_j)| = \|x - v_0\|_{C(T)}$ für alle $j \in \{1, \ldots, m\}$.

Man kann hier natürlich auch den direkten Weg über den Dualitätssatz der linearen Approximation (siehe Abschnitt 12.5) gehen und analoge Resultate erhalten.

Sei nun T ein kompaktes Intervall $[a, b]$ in $\mathbb{R}$. Mit dem Begriff des Stieltjes-Integrals bekommen wir die folgende duale Aufgabe zu A):

D)
$$\text{Maximiere } \int_a^b z(t)\,dg(t) \text{ auf}$$
$$\left\{ g : [a, b] \to \mathbb{R} \mid \text{Var } g = 1 \text{ und } \int_a^b v_i\,dg(t) = 0 \text{ für } i \in \{1, \ldots, n\} \right\}.$$

Ist $z \notin V$, dann ist der Wert W der Aufgabe D) positiv ($=$ Wert von A)). Das Momentenproblem:

M)
$$\text{Minimiere } \|g\| := \text{Var } g \text{ unter den Nebenbedingungen}$$
$$\int_a^b v_i\,dg(t) = 0 \quad \text{und} \quad \int_a^b z(t)\,dg(t) = 1 \quad \text{für } i \in \{1, \ldots, n\}$$

ist im folgenden Sinne zu D) äquivalent.

Der Wert von M) ist $1/W$, und ein g_0 ist genau dann eine Lösung von D), wenn g_0/W eine Lösung von M) ist (Übungsaufgabe).

14.9 Impulssteuerungen und Čebyšev-Approximation

Wir betrachten jetzt ein Problem der linearen Steuerungstheorie (siehe [Ps]).

Sei $b > 0$ und A bzw. B eine stetige Abbildung, die jedem $t \in [0, b]$ eine reelle $(n \times n)$-Matrix $A(t)$ bzw. einen Vektor $B(t) \in \mathbb{R}^n$ zuordnet. Gesucht werden $x \in RCS^{(1)}[0, b]^n$ und $u \in RS[0, b]$, für die gilt:

$$\forall t \in [0, b] : \quad \dot{x}(t) = A(t)x(t) + B(t)u(t) \quad \text{und} \quad x(0) = x_0, \quad x(b) = x_b,$$
$$(14.9.1)$$

für vorgegebene $x_0, x_b \in \mathbb{R}^n$ derart, dass

$$\int_0^b |u(t)|\,dt$$

minimal ist.

Unter der Annahme, dass das Randwertproblem (14.9.1) lösbar ist, führt dies zu der folgenden Optimierungsaufgabe (siehe Abschnitt 5.1.15):

K)

$$\text{Minimiere} \quad \int_0^b |u(t)|\,dt \quad \text{auf}$$

$$S := \left\{ u \in RS\,[0,b] \mid \forall i \in \{1,\ldots,n\} \quad \text{gilt} \quad \int_0^b y_i(t)u(t)\,dt = c_i \right\},$$

wobei $c = (c_1,\ldots,x_n) = x_b - \Phi(b)x_0$, $(y_1(s),\ldots,y_n(s)) := \Phi(s)^{-1}B(s)$ und Φ eine Fundamentalmatrix von (1) ist (siehe Abschnitt B.4).

Die folgende Aufgabe:

$K_1)$

$$\text{Minimiere} \quad \text{Var}\, g \quad \text{auf}$$

$$\left\{ g \in BV[0,b] \mid \int_0^b y_i(t)\,dg(t) = c_i \right\}$$

ist eine Erweiterung von K).

Da man o. B. d. A. $c_1 \neq 0$ annehmen kann, bekommen wir für $w = \frac{y_1}{c_1}$ und $u_i := y_{i+1} - c_{i+1}w$ $(i \in \{1,\ldots,n-1\})$ die Aufgabe:

$$\text{Minimiere} \quad \text{Var}\, g \quad \text{unter den Nebenbedingungen}$$

$$\int_a^b u_i\,dg(t) = 0 \quad \text{und} \quad \int_a^b w(t)\,dg(t) = 1 \quad \text{für } i \in \{1,\ldots,n-1\}.$$

Nach Abschnitt 14.2 und 14.6 (siehe Aufgabe D_M)) ist dieses Momentenproblem lösbar, und unter den Lösungen dieser Aufgabe befindet sich stets eine Treppenfunktion mit höchstens $q \leq n$ Sprungstellen (ein diskretes Maß mit $q \leq n$ Trägerpunkten). Diese Sprungstellen sind Extremwerte der Differenzfunktion der besten Čebyšev-Approximation von w bzgl. $\text{span}\{u_1,\ldots,u_{n-1}\}$ (siehe Abschnitt 14.4). Die Bestimmung der Sprunghöhen λ_j, $j \in \{1,\ldots,q\}$, reduziert sich auf das Lösen eines linearen Gleichungssystems. Die Variation von dieser Steuerung ist durch $\sum_{j=1}^q |\lambda_j|$ beschrieben. Die Steuerungen, die Treppenfunktionen (bzw. diskrete Maße) sind, entsprechen in der Physik den Impulssteuerungen. Die dazugehörige Trajektorie kann man sich als die Bahn eines Balles bei einem Volleyballspiel vorstellen.

14.10 Minimaxaufgaben und Lagrange-Multiplikatoren

Bei der Anwendung der Sätze über Lagrange-Multiplikatoren spielt die Bedingung a) in Satz 13.3.1 (Slater-Bedingung) eine wichtige Rolle. Nun haben leider die natürlichen Kegel in den L^p-Räumen, $1 \leq p < \infty$, keine inneren Punkte, und somit ist Satz 13.3.1 hier nicht anwendbar. Die Kegel sind aber abgeschlossen. Es soll nun die Existenz von

Lagrange-Multiplikatoren mit Hilfe von Minimaxsätzen behandelt werden. Hier wird lediglich die Abgeschlossenheit der Ordnungskegel gebraucht.

Seien die Voraussetzungen des Satzes 13.8.1 über Lagrange-Dualität erfüllt, und sei P abgeschlossen. Die Behauptung des Satzes 13.8.1 kann auch als eine Minimax-Aussage interpretiert werden. Es gilt hier

$$\inf\{f(x) \mid G(x) \le 0, x \in \Omega\} = \max_{z^* \ge 0} \inf_{x \in \Omega}\{f(x) + \langle G(x), z^*\rangle\}. \tag{14.10.1}$$

Es gilt aber auch

$$\inf\{f(x) \mid G(x) \le 0, x \in \Omega\} = \inf_{x \in \Omega} \sup_{z^* \ge 0}\{f(x) + \langle G(x), z^*\rangle\}. \tag{14.10.2}$$

Denn zu jedem Element $z \notin P$ gibt es nach dem strikten Trennungssatz ein $z^* \in P^*$ mit $\langle z^*, z\rangle < 0$. Da P^* ein Kegel ist, folgt

$$\sup_{z^* \ge 0}\{f(x) + \langle G(x), z^*\rangle\} = \begin{cases} \infty & \text{für } G(x) \notin -P \\ f(x) & \text{für } G(x) \in -P \end{cases}.$$

Somit folgt aus (14.10.1)

$$\inf_{x \in \Omega} \sup_{z^* \ge 0} L(x, z^*) = \sup_{z^* \ge 0} \inf_{x \in \Omega} L(x, z^*), \tag{14.10.3}$$

und das Supremum auf der rechten Seite wird angenommen. Die Existenz eines Lagrange-Multiplikators bedeutet also die Lösbarkeit der dualen Aufgabe:

$$\text{Maximiere } \varphi \text{ auf } P^*.$$

Um den Zusammenhang zwischen den Sattelpunkten der Lagrange-Funktion L und den Lösungen der zugehörigen dualen Aufgaben zu verdeutlichen, betrachten wir die folgenden allgemein geltenden Beziehungen.

Seien A, B beliebige Mengen und $f \colon A \times B \to \mathbb{R}$ eine Funktion. Dann werden die Funktionen

$$g_1 \colon A \to \overline{\mathbb{R}} \quad \text{mit } g_1(a) := \sup\{f(a, b) \mid b \in B\}$$

und

$$g_2 \colon B \to \overline{\mathbb{R}} \quad \text{mit } g_2(b) := \inf\{f(a, b) \mid a \in A\}$$

definiert. Die Aufgaben:

$P_1)$ Minimiere g_1 auf A

und

$D_1)$ Maximiere g_2 auf B

sind schwach dual. Denn nach Definition von Supremum und Infimum gilt

$$\inf g_1(A) = \inf_{a \in A} \sup_{b \in B} f(a,b) \geq \sup_{b \in B} \inf_{a \in A} f(a,b) = \sup g_2(B).$$

Ein Punkt $(a_0, b_0) \in A \times B$ ist nach Definition ein Sattelpunkt von f, wenn für alle $(a,b) \in A \times B$

$$f(a_0, b) \leq f(a_0, b_0) \leq f(a, b_0)$$

gilt.

14.11   Sattelpunktkriterium

Satz 14.11.1. *Ein Punkt* $(\overline{a}, \overline{b}) \in A \times B$ *ist genau dann ein Sattelpunkt von* f, *wenn gilt:*

(i) $\inf g_1(A) = \sup g_2(B)$

(ii) $\overline{a}$ *ist eine Lösung von* P_1) *und* $\overline{b}$ *ist eine Lösung von* D_1).

Beweis. Es sei $(\overline{a}, \overline{b})$ ein Sattelpunkt von f. Dann folgt:

$$\sup_{b \in B} \inf_{a \in A} f(a,b) \geq \inf_{a \in A} f(a, \overline{b}) = f(\overline{a}, \overline{b}) = \sup_{b \in B} f(\overline{a}, b)$$

$$\geq \inf_{a \in A} \sup_{b \in B} f(a,b) \geq \sup_{b \in B} \inf_{a \in A} f(a,b).$$

Es gilt also überall das Gleichheitszeichen. Dies bedeutet

$$\sup g_2(B) = g_2(\overline{b}) = g_1(\overline{a}) = \inf g_1(A)$$

und damit (i) und (ii).

Seien nun (i) und (ii) erfüllt. Dann ist für alle $(a', b') \in A \times B$

$$f(\overline{a}, b') \leq \sup_{b \in B} f(\overline{a}, b) = g_1(\overline{a}) = g_2(\overline{b}) = \inf_{a \in A} f(a, \overline{b}) \leq f(a', \overline{b}),$$

also auch

$$f(\overline{a}, \overline{b}) \leq f(a', \overline{b}) \quad \text{und} \quad f(\overline{a}, b') \leq f(\overline{a}, \overline{b}). \qquad \square$$

14.12 Spieltheoretische Interpretation

Die vorhergehenden Betrachtungen besitzen folgende spieltheoretische Interpretation (Zweipersonen-Nullsummenspiel). Die Menge A beschreibt die *Menge der Strategien des Spielers 1* und B die des Spielers 2. Wählt der Spieler 1 die Aktion a und der Spieler 2 die Aktion b, so zahlt der erste Spieler dem zweiten den Wert $f(a, b)$. Die Funktion f heißt *Auszahlungsfunktion*. Das Tripel (A, B, f) nennen wir ein *Spiel* oder auch *Zweipersonen-Nullsummenspiel* (hier gilt die Verabredung, dass der eine Spieler das zu zahlen hat, was der andere gewinnt).

Mit $\sup_B \inf_A f := \sup_{b \in B} \inf_{a \in A} f(a, b)$ heißt $W_* := \sup_B \inf_A f$ der *untere* und $W^* := \inf_A \sup_B f$ der *obere Spielwert* des Spieles (A, B, f).

Aus der Definition von Supremum und Infimum folgt $W_* \leq W^*$. Ist $W_* = W^*$, so heißt das Spiel *definit* (determiniert). Wir sagen auch: *„Das Spiel besitzt einen Spielwert* $W := W_* = W^*$". Eine Minimallösung von g_1 auf A heißt eine *Minimax-Strategie in A* und eine Maximallösung von g_2 auf B heißt eine *Minimax-Strategie in B*.

Das Sattelpunktkriterium kann man folgendermaßen interpretieren: Setzen in einem definiten Spiel beide Spieler eine Minimax-Strategie ein, dann ist die Auszahlung gleich dem Wert des Spieles. Spielt Spieler 1 eine Minimax-Strategie $\overline{a}$ und Spieler 2 irgendeine Strategie b, so gilt $f(\overline{a}, b) \leq W$. Setzt nur Spieler 2 eine Minimax-Strategie $\overline{b}$ ein, so ist $f(a, \overline{b}) \geq W$. Hat sich also ein Spieler bereits für eine Minimax-Strategie entschieden, kann der andere nichts besseres tun, als selbst eine Minimax-Strategie zu spielen (siehe [R], [S], [Z]).

14.13 Minimaxsätze

Aussagen, die für ein Spiel (X, Y, f) die Existenz eines Spielwertes, d. h. die Gleichheit

$$\sup_X \inf_Y f = \inf_Y \sup_X f$$

garantieren, heißen Minimaxsätze. Wir folgen hier einer Darstellung der Minimaxsätze in [I]. Für die Verbindungen zur Fixpunkttheorie und der Lösbarkeit von Variationsungleichungen sei [GL] zitiert. Einfachste Beispiele zeigen, dass im allgemeinen die Existenz eines Spielwertes nicht vorliegt. Jedoch garantiert die folgende Erweiterung des Spieles für endliche X und Y die Existenz eines Spielwertes.

Die Mengen X und Y werden in die Vektorräume der reellen Funktionen auf X bzw. Y folgendermaßen injektiv abgebildet. Jedem $x \in X$ (bzw. $y \in Y$) wird die Indikatorfunktion I_x der einpunktigen Menge $\{x\}$ (bzw. $\{y\}$) zugeordnet. Die konvexen Hüllen der Bilder von X und Y bezeichnen wir mit $\tilde{X}$ und $\tilde{Y}$, d. h.

$$\tilde{X} := \text{Conv}\{I_x \mid x \in X\} \quad \text{und} \quad \tilde{Y} := \text{Conv}\{I_y \mid y \in Y\}.$$

Da jedes $u \in \tilde{X}$ und jedes $v \in \tilde{Y}$ eine eindeutige Darstellung

$$u = \sum_{i=1}^{n} \alpha_i I_{x_i}, \quad v = \sum_{j=1}^{m} \beta_j I_{y_j} \quad \text{mit } \alpha_i \geq 0, \; \beta_j \geq 0, \; \sum_{i=1}^{n} \alpha_i = \sum_{j=1}^{m} \beta_j = 1$$

(14.13.1)

besitzt, können wir eine Funktion $\tilde{f} \colon \tilde{X} \times \tilde{Y} \to \mathbb{R}$ durch

$$\tilde{f}(u, v) := \sum_{i,j} \alpha_i \beta_j f(x_i, y_j)$$

erklären. Für $x \in X$, $y \in Y$, $u \in \tilde{X}$, $v \in \tilde{Y}$ setzen wir $\tilde{f}(x, v) := \tilde{f}(I_x, v)$ und $\tilde{f}(u, y) := \tilde{f}(u, I_y)$.

Bemerkung 14.13.1. Man kann I_x auch als Einpunktmaß (die Strategie x wird mit Wahrscheinlichkeit 1 gewählt) interpretieren. Dann nennt man das Spiel $(\tilde{X}, \tilde{Y}, \tilde{f})$ die diskrete gemischte Erweiterung von (X, Y, f). Die Elemente u und v in (14.13.1) entsprechen den gemischten Strategien, d. h. die Strategie x_i, $i \in \{1, \ldots, n\}$, wird mit der Wahrscheinlichkeit α_i und y_j, $j \in \{1, \ldots, m\}$, mit der Wahrscheinlichkeit β_j gewählt.

Das fundamentale *Minimaxtheorem von v. Neumann* (1928) besagt: Sind X und Y endlich, so besitzt $(\tilde{X}, \tilde{Y}, \tilde{f})$ einen Spielwert, und beide Spieler besitzen Minimax-Strategien, d. h. mit der Bezeichnung $S_l := \{\alpha \in \mathbb{R}^l \mid \alpha \geq 0, \; \sum_{i=1}^{l} \alpha_i = 1\}$ gilt:

$$\max_{\alpha \in S_n} \min_{\beta \in S_m} \sum_{i,j} \alpha_i \beta_j f(x_i, y_j) = \min_{\beta \in S_m} \max_{\alpha \in S_n} \sum_{i,j} \alpha_i \beta_j f(x_i, y_j).$$

F-konkav-konvexe Funktionen

Die folgende Verallgemeinerung der konkav-konvexen Funktionen geht auf Ky Fan zurück und soll deshalb mit F-konkav-konvex bezeichnet werden. Seien X, Y nichtleere Mengen.

Definition 14.13.1. Die Funktion $f \colon X \times Y \to \mathbb{R}$ heißt *F-konvex* bzgl. Y, wenn zu jedem Paar $(y_1, y_2) \in Y \times Y$ und $\lambda \in [0, 1]$ ein $y_0 \in Y$ existiert, so dass

$$f(x, y_0) \leq \lambda f(x, y_1) + (1 - \lambda) f(x, y_2) \quad \text{für alle } x \in X.$$

f heißt *F-konkav* bzgl. X, wenn zu jedem Paar $(x_1, x_2) \in X \times X$ und $\lambda \in [0, 1]$ ein $x_0 \in X$ existiert, so dass

$$f(x_0, y) \geq \lambda f(x_1, y) + (1 - \lambda) f(x_2, y) \quad \text{für alle } y \in Y.$$

f heißt *F-konkav-konvex* auf $X \times Y$, wenn f F-konvex bzgl. Y und F-konkav bzgl. X ist.

Satz 14.13.1. *Sei X endlich und $f: X \times Y \to \mathbb{R}$ F-konvex bzgl. Y. Dann besitzt $(\tilde{X}, Y, \tilde{f})$ einen Spielwert.*

Beweis. Sei $\gamma < \inf_Y \sup_{\tilde{X}} \tilde{f} = \inf_Y \sup_X f$. Sei $X = \{x_1, \ldots, x_n\}$, $S := \{(f(x_1, y), \ldots, f(x_n, y) \mid y \in Y\} \subset \mathbb{R}^n$ und $T := \operatorname{Conv} S$. Da f F-konvex bzgl. Y ist, folgt für alle $t = (t_1, \ldots, t_n) \in T$

$$\max_i t_i > \gamma.$$

Sei $U = \{u = (u_1, \ldots, u_n) \in \mathbb{R}^n \mid \max_i u_i \leq \gamma\}$.

Nach dem Trennungssatz in Abschnitt 11.3 existiert eine T und U trennende Hyperebene, d. h. es existieren $0 \neq p = (p_1, \ldots, p_n) \in \mathbb{R}^n$ und $\alpha \in \mathbb{R}$ derart, dass

$$\sum_{i=1}^n p_i u_i \leq \alpha \leq \sum_{i=1}^n p_i t_i \quad \text{für alle } t \in T, \ u \in U. \tag{14.13.2}$$

Daraus folgt $p \geq 0$ und wir können deshalb $\sum_{i=1}^n p_i = 1$ annehmen. Für $u = (\gamma, \ldots, \gamma) \in U$ liefert (14.13.2)

$$\alpha \geq \gamma,$$

und für $\tilde{x} = \sum_{i=1}^n p_i I_{x_i}$ folgt

$$\tilde{f}(\tilde{x}, y) \geq \gamma \quad \text{für alle } y \subset Y.$$

Damit ist

$$\sup_{\tilde{X}} \inf_Y \tilde{f} \geq \gamma.$$

Da diese Ungleichung für alle $\gamma < \inf_Y \sup_{\tilde{X}} \tilde{f}$ erfüllt ist, folgt die Behauptung. $\qquad \square$

Bemerkung 14.13.2. Das Minimaxtheorem lässt sich mit dem Satz folgendermaßen beweisen: Sei $Y = \{y_1, \ldots, y_m\}$, $X = \{x_1, \ldots, x_n\}$ und $f: X \times S_n$ durch $(x_i, \beta) \mapsto f(x_i, \beta) := \sum_{j=1}^m \beta_j f(x_i, y_j)$ erklärt. Dann ist $f: S_n \times S_m \to \mathbb{R}$ durch $f(\alpha, \beta) := \sum_{i=1}^n \sum_{j=1}^m \alpha_i \beta_j f(x_i, y_j)$ gegeben.

Da $f(x_i, \cdot)$ für alle $i \in \{1, \ldots, n\}$ konvex ist, besitzt (X, Y, f) nach Satz einen Spielwert.

Andererseits ist g_1 (bzw. g_2) mit $g_1(\alpha) := \sup\{f(\alpha, \beta) \mid \beta \in S_m\}$ konvex (bzw. $g_2(\beta) := \inf\{f(\alpha, \beta) \mid \alpha \in S_m\}$ konkav) und stetig (siehe Satz 3.6.2). Nach dem Satz von Weierstraß (siehe Abschnitt 3.15) besitzen beide Spieler eine Minimax-Strategie.

Wir möchten jetzt eine auf Ky Fan zurückgehende Verallgemeinerung des obigen Satzes von v. Neumann behandeln, die uns eine Herleitung von Lagrange-dualen Aufgaben auch bei Kegeln ohne innere Punkte erlauben wird. Allerdings verlassen wir dabei den bisher benutzten Rahmen der normierten Räume (bzw. metrischen Räume). Bei dem nächsten Satz wollen wir den Begriff eines topologischen Raumes benutzen.

14.14 Topologische Räume

Definition 14.14.1. Ein System τ von Teilmengen einer nichtleeren Menge X heißt *Topologie* auf X, falls gilt:

(1) X und die leere Menge sind in τ.

(2) τ enthält mit endlich vielen Mengen ihren Durchschnitt und mit beliebig vielen Mengen ihre Vereinigung.

Das Paar (X, τ) heißt ein topologischer Raum. Ein $U \subset X$ heißt *offen*: $\Leftrightarrow U \in \tau$.

Definition 14.14.2. Sei $x \in X$. Eine Teilmenge U von X heißt *Umgebung* von x, falls ein $O \in \tau$ existiert mit $x \in O \subset U$. $A \subset X$ heißt *abgeschlossen*, falls das Komplement A^c offen ist.

Sei X ein topologischer Raum.

Definition 14.14.3. (1) Eine Menge F von offenen Teilmengen von X heißt *offene Überdeckung* von $K \subset X$, wenn

$$K \subset \bigcup_{U \in F} U$$

gilt.

(2) K heißt *kompakt*, wenn jede offene Überdeckung eine endliche Teilüberdeckung von K enthält, d. h. es existieren $U_1, \ldots, U_n \in F$ mit

$$K \subset \bigcup_{i=1}^{n} U_i.$$

Definition 14.14.4. Eine Folge $(x_n)_{n \in \mathbb{N}}$ in einem topologischen Raum X heißt *konvergent* gegen ein $x_0 \in X$, wenn es zu jeder Umgebung U von x_0 ein $n_0(U)$ gibt, so dass für alle $n \geq n_0(U)$ gilt: $x_n \in U$.

Da das Komplement einer abgeschlossenen Menge offen ist, folgt aus der Definition der Konvergenz die

Bemerkung 14.14.1. Sei A eine abgeschlossene Teilmenge von X und $(x_n)_{n \in \mathbb{N}}$ eine Folge in A, die gegen x_0 konvergiert. Dann gilt $x_0 \in A$.

Definition 14.14.5. Sei X ein topologischer Raum und $f \colon X \to \overline{\mathbb{R}}$.

(1) f heißt *unterhalbstetig* (bzw. *oberhalbstetig*), wenn für jedes $r \in \mathbb{R}$ die Menge $\{x \in X \mid f(x) \leq r\}$ (bzw. $\{x \in X \mid f(x) \geq r\}$) abgeschlossen ist.

(2) Eine Teilmenge K von X heißt *folgenkompakt*, wenn jede Folge in K eine gegen ein Element aus K konvergente Teilfolge besitzt.

Bemerkung 14.14.2. In metrischen Räumen stimmt Kompaktheit mit Folgenkompaktheit überein (siehe [W1] S. 192).

Satz 14.14.1 (Satz von Weierstraß). *Sei K eine nichtleere kompakte oder folgenkompakte Teilmenge eines topologischen Raumes X und $f: K \to \mathbb{R}$ eine unterhalbstetige Funktion. Dann besitzt f in K eine Minimallösung.*

Beweis. a) Sei K folgenkompakt, und sei eine Folge $(x_n)_{n \in \mathbb{N}}$ in K gegeben mit $f(x_n) \to \inf f(K) =: \alpha$. Sei $(x_{n_i})_{i \in \mathbb{N}}$ eine gegen $\overline{x}$ konvergente Teilfolge und $r > \alpha$. Es existiert ein $n_0 \in \mathbb{N}$, so dass für alle $n_i \geq n_0$ gilt: $f(x_{n_i}) \leq r$. Da $\{x \in X \mid f(x) \leq r\}$ abgeschlossen ist, folgt $f(\overline{x}) \leq r$. Damit gilt für alle $r > \alpha : f(\overline{x}) \leq r$, d. h. $\overline{x}$ ist eine Minimallösung von f auf K.

b) Sei K kompakt und $(r_n)_{n \in \mathbb{N}}$ eine Folge in $\mathbb{R}$ mit $r_n \to \inf f(K)$ und $r_n > \inf f(K)$. Angenommen, f besitzt in K keine Minimallösung. Dann gilt: $\forall x \in X \; \exists n(x) \in \mathbb{N} : f(x) > r_{n(x)}$.

Da f unterhalbstetig ist, ist die Menge $U_x := \{y \in X \mid f(y) > r_{n(x)}\}$ offen und $\{U_x \mid x \in X\}$ eine offene Überdeckung von K, die eine endliche Teilüberdeckung $\{U_{x_j} \mid j \in \{1, \ldots, m\}\}$ besitzt. Für $\overline{r} := \inf\{r_{n(x_j)} \mid j \in \{1, \ldots, m\}\}$ folgt der Widerspruch

$$f(x) \geq \overline{r} > \inf f(K) \quad \text{für alle } x \in K. \qquad \square$$

Die Existenz von Lösungen konkreter Aufgaben bekommt man durch geeignete Wahl der im Satz vorkommenden Topologie.

14.15 Satz von Ky Fan

Der folgende Satz von Ky Fan verallgemeinert die Minimaxsätze von v. Neumann (1937), Ville (1938) und Kneser (1952).

Satz 14.15.1 (Ky Fan). *Sei Y ein kompakter topologischer Raum, X eine nichtleere Menge und $f: X \times Y \to \mathbb{R}$ F-konkav-konvex. Für alle $x \in X$ sei $f(x, \cdot): Y \to \mathbb{R}$ unterhalbstetig. Dann besitzt (X, Y, f) einen Spielwert.*

Es soll nun eine von Kindler [Ki] stammende Verallgemeinerung des Satzes bewiesen werden.

Satz 14.15.2. *Sei Y ein topologischer Raum, und es existiere ein $x_0 \in X$ und ein $\beta > \sup_X \inf_Y f$ derart, dass $\{y \in Y \mid f(x_0, y) \leq \beta\}$ kompakt ist. Ferner sei $f: X \times Y \to \mathbb{R}$ F-konkav-konvex, und für alle $x \in X$ sei $f(x, \cdot): Y \to \mathbb{R}$ unterhalbstetig. Dann besitzt (X, Y, f) einen Spielwert.*

Beweis. Angenommen, es existiert ein $\gamma \in \mathbb{R}$ derart, dass $\sup_X \inf_Y f < \gamma < \inf_Y \sup_X f$ gilt. Dann kann man γ auch so wählen, dass $\{y \mid f(x_0, y) \le \gamma\}$ kompakt ist. Für ein $x \in X$ sei

$$B_x := \{y \mid f(x, y) > \gamma\}.$$

Die Familie der Mengen $\{B_x \mid x \in X\}$ bildet eine offene Überdeckung von Y. Die kompakte Menge $B_{x_0}^c = \{y \mid f(x_0, y) \le \gamma\}$ besitzt dann eine endliche Überdeckung $B_{x_1}, \ldots, B_{x_m}$. Damit ist $B_{x_0}, B_{x_1}, \ldots, B_{x_m}$ eine endliche Überdeckung von Y. Für $A := \{x_0, x_1, \ldots, x_m\}$ folgt

$$\gamma \le \inf_Y \sup_A f.$$

Da f bzgl. X F-konkav ist, gilt

$$\sup_X \inf_Y f \ge \sup_{\tilde{A}} \inf_{\tilde{Y}} \tilde{f}.$$

Mit Satz 14.15.1 folgt

$$\gamma > \sup_X \inf_Y f \ge \sup_{\tilde{A}} \inf_{\tilde{Y}} \tilde{f} = \inf_{\tilde{Y}} \sup_{\tilde{A}} \tilde{f} \ge \inf_Y \sup_A f \ge \gamma,$$

ein Widerspruch.   □

14.16   Eine Charakterisierung von Minimax-Lösungen mit rechtsseitiger Richtungsableitung

Der Ansatz aus Satz 3.18.6 lässt sich auf Funktionen übertragen, die bei Minimax-Aufgaben (siehe Abschnitt 14.6) entstehen. Es gilt der

Satz 14.16.1. *Sei X ein folgenkompakter topologischer Raum und K eine konvexe Teilmenge eines Vektorraumes Y. Ferner sei $f : X \times K \to \mathbb{R}$ derart, dass*

a) *$\forall x \in X$ ist $f(x, \cdot) : K \to \mathbb{R}$ konvex (bzw. konkav),*

b) *$\forall y \in K$ ist $f(\cdot, y) : X \to \mathbb{R}$ oberhalbstetig (bzw. unterhalbstetig).*

Dann gilt für $g(y) := \max_{x \in X} f(x, y)$ (bzw. $h(y) := \min_{x \in X} f(x, y)$) und alle $z \in K$:

$$g_+'(y, z - y) = \max\{D_+^2 f(x, y; z - y) \mid x \in X \text{ und } f(x, y) = g(y)\}$$

(bzw.

$$h_+'(y, z - y) = \min\{D_+^2 f(x, y, z - y) \mid x \in X \text{ und } f(x, y) = h(y)\}).$$

Hierbei ist $D_+^2 f(x, y; z - y)$ die rechtsseitige Ableitung der Funktion $f(x, \cdot)$ an der Stelle y in Richtung $z - y$.

Beweis. Sei $u := z - y$. Dann gilt

$$\lim_{\alpha \downarrow 0} \frac{\max_{x \in X} f(x, y + \alpha u) - g(y)}{\alpha}$$

$$= \max_{x \in X} \left\{ \lim_{\alpha \downarrow 0} \frac{f(x, y + \alpha u) - f(x, y) + f(x, y) - g(y)}{\alpha} \right\}$$

$$= \max\{ D_+^2 f(x, y; z - y) \mid x \in X \text{ und } f(x, y) = g(y) \}. \qquad \square$$

Bemerkung. Man kann in Satz 3.18.6 die Betragsfunktion durch eine konvexe Funktion $g: \mathbb{R} \to \mathbb{R}$ ersetzen. Für die Funktion $f: C(T) \to \mathbb{R}$ mit $f(x) := \max_{t \in T} g(x(t))$ gilt:

Sind $h, x \in C(T)$ und g in $g^{-1}(f(x))$ differenzierbar, dann ist

$$f_+'(x, h) = \max\{ h(t) g'(x(t)) \mid t \in T \text{ und } g(x(t)) = f(x) \}.$$

Sei g_1 wie in Abschnitt 14.10. Aus dem Satz zusammen mit Satz 4.2.1 (Charakterisierungssatz) bekommen wir die folgende Charakterisierung.

Satz 14.16.2 (Charakterisierungssatz). *Sei A ein folgenkompakter topologischer Raum und B eine konvexe Teilmenge eines Vektorraumes. Sei $f: A \times B \to \mathbb{R}$ in der ersten Komponente oberhalbstetig und in der zweiten konvex. Genau dann ist $b_0 \in B$ eine Minimallösung von $g_1: B \to \mathbb{R}$, wenn*

$$\max\{ D_+^2 f(a, b_0, b - b_0) \mid a \in A \text{ und } f(a, b_0) = g_1(b_0) \} \geq 0$$

für alle $b \in B$ gilt.

14.17   Minimaxsätze für Lagrange-Funktionen

Die Minimaxsätze sollen nun zur Herleitung von dualen Optimierungsaufgaben benutzt werden. Als Auszahlungsfunktion soll die Lagrange-Funktion dienen. Es gilt der

Satz 14.17.1. *Sei E ein reflexiver Banachraum, K eine abgeschlossene konvexe Teilmenge von E, $h: K \to \mathbb{R}$ konvex und stetig, und für ein $\beta > \inf h(K)$ sei die Niveaumenge $\{ k \in K \mid h(k) \leq \beta \}$ beschränkt. Ferner sei (Z, P) ein geordneter normierter Raum, P abgeschlossen, $G: K \to Z$ P-konvex, und für alle $z^* \in P^*$ sei $\langle G(\cdot), z^* \rangle: K \to \mathbb{R}$ stetig. Dann gilt*

$$\inf\{ h(x) \mid x \in K, G(x) \leq_P 0 \} = \sup_{z^* \geq 0} \inf_{x \in K} \{ h(x) + \langle G(x), z^* \rangle \}.$$

Beweis (unter Benutzung der schwachen Topologie siehe [HS]). Es soll der Satz 14.15.2 benutzt werden. Sei $X = P^*$ der duale Kegel von P, $Y = K$, und als die Auszahlungsfunktion $f: P^* \times K \to \mathbb{R}$ soll die Lagrange-Funktion genommen werden, d. h.

$$f(z^*, k) = h(k) + \langle G(k), z^* \rangle.$$

Da P abgeschlossen ist, gilt (siehe Abschnitt 14.10):

$$\inf\{h(k) \mid k \in K, G(k) \leq_P 0\} = \inf_{k \in K} \sup_{z^* \geq 0} \{h(k) + \langle G(k), z^* \rangle\}.$$

Da h stetig und konvex ist, folgt für $z_0^* = 0$ die schwache Kompaktheit der Menge $\{k \in K \mid f(z_0^*, k) \leq \beta\} = \{k \in K \mid h(k) \leq \beta\}$. Denn sie ist eine konvexe, abgeschlossene und nach Voraussetzung beschränkte Teilmenge eines reflexiven Banachraumes.

Nach dem Trennungssatz 11.3 ist K Durchschnitt von Halbräumen und somit schwach abgeschlossen. Außerdem ist K in einer abgeschlossenen Kugel enthalten, die im reflexiven Raum X schwach kompakt ist. Damit ist auch K schwach kompakt. Die Funktion $f(\cdot, y)$ ist für alle $y \in K$ konkav, und für alle $z^* \in P^*$ ist $f + \langle G(\cdot), z^* \rangle$ konvex, stetig, und damit schwach unterhalbstetig. Denn nach Satz 11.5.1 mit Bemerkung 11.5.1.5 ist sie als Supremum von affinen Funktionen darstellbar, und nach der Definition der schwachen Topologie sind die affinen Funktionen schwach stetig.   □

Bemerkung 14.17.1. Eine Verallgemeinerung des Satzes erhält man, wenn die Forderung der Reflexivität durch die Forderung „E ist ein Dualraum" und die Stetigkeit durch die schwach*-Unterhalbstetigkeit (siehe [HS]) ersetzt wird.

Bemerkung 14.17.2. Sind die Voraussetzungen des Satzes erfüllt, so entspricht die Existenz von Lagrange-Multiplikatoren der Lösbarkeit der dualen Aufgabe

$$\sup\{\varphi(z^*) \mid z^* \geq 0\}$$

mit

$$\varphi(z^*) := \inf_{x \in K} \{h(x) + \langle G(x), z^* \rangle\}.$$

Da die Funktion $\varphi: z^* \to \overline{\mathbb{R}}$ schwach* oberhalbstetig ist (Infimum von schwach* stetigen Funktionen), würde die Beschränktheit der Niveaumengen die Lösbarkeit garantieren.

14.18   Infinite konvexe Optimierung

Es soll jetzt anstelle einer linearen Zielfunktion eine konvexe Funktion $g: X \to \mathbb{R}$ angenommen werden. Mit den Voraussetzungen und Bezeichnungen aus Abschnitt 14.1 bekommen wir die Aufgabe:

$P_1)$ $\qquad\qquad\qquad$ Minimiere $g(x)$ auf $\{x \mid Ax \geq_P b\}$.

Aus der Definition der konjugierten Funktion g^* (siehe Kapitel 12) folgt, dass die Aufgabe:

D$_1$)   Maximiere $\langle b, y^* \rangle - f^*(A^* y^*)$ auf P^*

eine zu P$_1$) schwach duale Aufgabe ist.

Denn es gilt:

$$\inf\{g(x) \mid Ax \geq_P b\} = \inf_{x \in X} \sup_{y^* \in P^*} [g(x) + \langle b - Ax, y^* \rangle]$$

$$\geq \sup_{y^* \in P^*} \inf_{x \in X} [g(x) + \langle b - Ax, y^* \rangle]$$

und

$$\varphi(z^*) := \inf_{x \in X} [g(x) + \langle b, y^* \rangle - \langle x, A^* y^* \rangle] = \langle b, y^* \rangle - g^*(A^* y^*).$$

Aus Satz 13.3.1 und Abschnitt 14.17 folgt

Satz 14.18.1. *Es gelte:*

a) *Es existiert ein $x_1 \in X$ derart, dass $Ax_1 - b \in \text{Int}(-P)$*
   oder

b) *X ist reflexiv und $f : X \to \mathbb{R}$ konvex, stetig und $f(x) \overset{\|x\| \to \infty}{\longrightarrow} \infty$.*

Dann sind P$_1$) und D$_1$) zueinander dual.

Als Beispiel wollen wir eine Approximationsaufgabe in den Räumen $L^p(T, \Sigma, \mu)$ ($p > 1$) betrachten. Ist $T = [a, b]$ und μ das Lebesgue-Maß, so besitzt der natürliche Kegel $Q := \{y \in L^p \mid y \geq 0 \ \mu\text{-f.ü.}\}$ keine inneren Punkte. Die Bedingung a) ist also nicht erfüllbar.

Die Aufgabe lautet: Sei X ein reflexiver Raum, $b \in L^p(T, \Sigma, \mu)$ und $A : X \to L^p(T, \Sigma, \mu)$ eine stetige lineare Abbildung. Man finde eine Element minimaler Norm in der Menge $\{x \in X \mid Ax \geq_Q b\}$, oder äquivalent:

P$_0$)   Minimiere $\|x\|^2 / 2$ auf $\{x \mid Ax \geq_Q b\}$.

Da hier die Voraussetzung b) des Satzes erfüllt ist, gilt die

Folgerung. *Die Aufgabe:*

D$_0$) $\text{Maximiere } \left\{ \langle b, y^* \rangle - \dfrac{\|A^* y^*\|^2}{2} \right\}$ *auf*
             $\{y^* \in L^q(T, \Sigma, \mu) \mid y^* \geq 0 \ \mu\text{-f.ü.}\}$

ist zu P$_0$) dual.

14.19   Semiinfinite konvexe Optimierung

Unter semiinfiniten konvexen Optimierungsaufgaben verstehen wir Probleme, bei denen eine konvexe reellwertige Funktion endlich vieler Variablen unter Berücksichtigung beliebig vieler linearer Nebenbedingungen minimiert wird. Dafür können wir den Rahmen aus Abschnitt 14.18 (bzw. 14.1) benutzen, indem $X = \mathbb{R}^n$ gesetzt wird (siehe auch [HZ]). Bezeichnen wir die Bilder der Einheitsvektoren e_i, $i \in \{1, \ldots, n\}$, unter A mit u_i (d. h. $u_i := Ae_i$), so kann man schreiben:

$$Ax = \sum_{i=1}^{n} x_i u_i.$$

Für die linearen Funktionale $y^* \in Y^*$ gilt:

$$\langle Ax, y^* \rangle = \left\langle \sum_{i=1}^{n} x_i u_i, \ y^* \right\rangle = \sum_{i=1}^{n} x_i \langle u_i, y^* \rangle.$$

Damit ist die duale Abbildung $A^* : Y^* \to \mathbb{R}^n$ durch

$$y^* \mapsto (\langle u_1, y^* \rangle, \ldots, \langle u_n, y^* \rangle)$$

beschrieben.

Für die Approximationsaufgabe aus Abschnitt 14.18 lautet z. B. die duale Aufgabe für $X = \mathbb{R}^n$ und die euklidische Norm $\| \cdot \|$ (siehe Abschnitt 13.1 Beispiel 1):

$$\tilde{D}_0) \qquad \text{Maximiere} \quad \left[\langle b, y^* \rangle - \frac{1}{2} \sum_{i=1}^{n} \left(\int_T u_i y^* d\mu \right)^2 \right] \quad \text{auf}$$

$$\{ y^* \in L^q(T, \Sigma, \mu) \mid y^* \geq 0 \ \mu\text{-f.ü.}\}.$$

Kapitel 15

Eine Anwendung in der Testtheorie

Das Lemma von Neyman-Pearson

15.1 Testfunktion

Um Entscheidungen zu fällen, ist es nützlich, Annahmen oder Vermutungen über die in Frage kommenden Grundgesamtheiten zu machen. Derartige Annahmen, die richtig oder falsch sein können, bezeichnet man als statistische Hypothesen. Sie sind in der Regel Behauptungen über die Wahrscheinlichkeitsverteilungen der Grundgesamtheiten.

Sei (Ω, Σ, P) ein Wahrscheinlichkeitsraum, (S, Λ) ein Messraum, und sei $\xi \colon \Omega \to S$ eine stochastische Variable (d. h. eine (Σ, Λ)-messbare Funktion).

Unter der *Verteilung von ξ* versteht man die Abbildung

$$P_\xi \colon \Lambda \to [0, 1], \quad A \mapsto P_\xi(A) := P(\xi^{-1}(A)).$$

Ist die Verteilung von ξ unbekannt und bezeichnet $\mathcal{P}$ die Menge der in Frage kommenden Verteilungen von ξ auf Λ, so kann man die Hypothesen diskutieren, dass die gesuchte Verteilung einer Teilmenge $\mathcal{P}_0$ von $\mathcal{P}$ oder deren Komplement $\mathcal{P}_1 := \mathcal{P} \setminus \mathcal{P}_0$ angehört. Die Aussage, dass die Verteilung der Menge $\mathcal{P}_0$ angehört, wird *Nullhypothese H_0* genannt; die Aussage, dass die Verteilung der Menge $\mathcal{P}_1$ angehört, heißt *Gegenhypothese H_1*.

Unter einer *Testfunktion* wird eine Abbildung

$$\varphi \colon S \to \{0, 1\}$$

verstanden. Hierbei bedeute für eine Realisierung $s \in S$ der Wert $\varphi(s) = 0$ eine Entscheidung zugunsten H_0 und $\varphi(s) = 1$ eine Entscheidung zugunsten H_1. Die so aufgestellte Regel wird *Test* genannt.

Eine Testfunktion $\varphi \colon S \to \{0, 1\}$ ist als $\{0, 1\}$-wertige Funktion eine Treppenfunktion auf S. Die durch φ auf 1 abgebildete Teilmenge $K_\varphi := \varphi^{-1}(\{1\})$ von S, also die Menge aller derjenigen Stichprobenrealisationen, die zu einer Entscheidung für H_1 führen, heißt *das kritische Gebiet des Tests*, wenn $K_\varphi \in \Lambda$ ist.

Da die Wahl einer Testfunktion nicht willkürlich erfolgen soll, werden mit Hilfe der folgenden Begriffe Optimalitätskriterien nach Neyman-Pearson formuliert.

Die Funktion

$$g_\varphi \colon \mathcal{P} \to [0, 1], \quad P \mapsto g_\varphi(P) := P(K_\varphi)$$

heißt *Gütefunktion* des Tests. $g_\varphi(P)$ gibt die Wahrscheinlichkeit an, H_0 abzulehnen, wenn die unbekannte Wahrscheinlichkeitsverteilung gerade P ist.

Das *Signifikanzniveau α eines Tests* φ ist die Zahl

$$\alpha := \sup\{g_\varphi(P) \mid P \in \mathscr{P}_0\}.$$

Die Hypothese H_i, $i \in \{0, 1\}$, heißt genau dann *einfach*, wenn das zugehörige $\mathscr{P}_i$ einelementig ist.

Bei einfacher Nullhypothese mit $\mathscr{P}_0 = \{P_0\}$ ist das Signifikanzniveau α des Tests gerade $\alpha = g_\varphi(P_0) = P_0(K_\varphi)$. Hierbei spricht man von einem *Fehler 1. Art*, der die Wahrscheinlichkeit beschreibt, H_0 abzulehnen, obwohl H_0 richtig ist.

Der Fehler 1. Art ist als Unterscheidungsmerkmal nicht ausreichend, da die Testfunktion $\varphi = 0$ („man lehnt nie ab") stets zu einem verschwindenden Fehler 1. Art führt. Trifft H_1 zu und entscheidet man sich für H_0, so macht man einen „Fehler 2. Art". Ist dabei H_1 einfach mit $\mathscr{P}_1 = \{P_1\}$, so hat der *Fehler 2. Art* gerade den Wert $1 - g_\varphi(P_1) = P_1(S \setminus K_\varphi)$.

15.2 Ein Optimalitätskriterium

Da es viele kritische Gebiete zu einem vorgegebenen Signifikanzniveau geben kann, interessiert man sich für diejenigen, bei denen der Fehler 2. Art minimal wird. Dieses Optimalitätskriterium geht auf Neyman und Pearson zurück.

Seien im Folgenden die Nullhypothese H_0 und die Gegenhypothese H_1 einfach. Ein *bestes kritisches Gebiet* für den Test von H_0 gegen H_1 zum Signifikanzniveau α ist ein solches, bei dem der Fehler 2. Art minimal ist.

Das wichtige Lemma von Neyman-Pearson gibt eine einfache hinreichende Bedingung für das Vorliegen eines besten kritischen Gebietes an.

Es sollen nun spezielle Wahrscheinlichkeitsverteilungen auf dem $\mathbb{R}^n$ betrachtet werden. Als σ-Algebra wird hier die Borelsche σ-Algebra $\mathscr{B}$ verwendet, welche von den n-dimensionalen Intervallen erzeugt wird.

Eine Wahrscheinlichkeitsverteilung $P: \mathscr{B} \to [0, 1]$ besitzt genau dann eine *Dichte*, wenn eine Lebesgue-integrierbare Funktion $g: \mathbb{R}^n \to \mathbb{R}_{\geq 0}$ derart existiert, dass für alle $A \in \mathscr{B}$ gilt:

$$P(A) = \int_A g(x)dx.$$

Lemma 15.2.1 (Lemma von Neyman-Pearson). *Seien P_0, P_1 Wahrscheinlichkeitsverteilungen mit den Dichten $g_0, g_1: \mathbb{R}^n \to \mathbb{R}_{\geq 0}$. Die einfachen Hypothesen H_0, H_1 seien:*

$$H_0 : P = P_0; \quad H_1 : P = P_1.$$

Bei vorgegebenem Signifikanzniveau α ist ein $K \in \mathscr{B}$ ein bestes kritisches Gebiet, wenn es eine Konstante $\lambda \in \mathbb{R}$ derart gibt, dass für alle $x \in K$

$$\lambda \cdot g_0(x) \leq g_1(x)$$

und für alle $x \in \mathbb{R}^n \setminus K$

$$\lambda \cdot g_0(x) \geq g_1(x)$$

gilt.

Als Beispiel soll das Testen des Erwartungswertes von normalverteilten Zufallsvariablen behandelt werden.

Seien $\xi_1, \ldots, \xi_n : \Omega \to \mathbb{R}$ unabhängige stochastische Variable, die identisch verteilt sind und die Dichte

$$g : \mathbb{R} \to \mathbb{R}_{\geq 0}, \quad s \mapsto g(s) := \frac{1}{\sqrt{2x}} e^{-(s-\mu)^2/2}$$

für ein $\mu \in \mathbb{R}$ haben, d. h. $\xi_1, \ldots, \xi_n$ sind $(\mu, 1)$-normalverteilt.

Es werden jetzt die Hypothesen $H_0 : \mu = 0$; $H_1 : \mu = 1$ unter Beobachtung der Stichprobenfunktion $(\xi_1, \ldots, \xi_n) : \Omega \to \mathbb{R}^n$ getestet, deren Dichte bekanntlich

$$g_\mu : \mathbb{R}^n \to \mathbb{R}_{\geq 0}, \quad x \mapsto g_\mu(x) := \left(\frac{1}{2\pi}\right)^{n/2} \prod_{i=1}^{n} e^{-(x_i-\mu)^2/2}$$

ist.

Um ein bestes kritisches Gebiet K zum Signifikanzniveau α zu finden, wird nach dem Lemma von Neyman-Pearson zunächst ein $\lambda \in \mathbb{R}$ gesucht, für das gilt:

$$\lambda \leq \frac{g_1(x)}{g_0(x)} = \left(\prod_{i=1}^{n} e^{-(x_i-1)^2/2}\right) \Big/ \left(\prod_{i=1}^{n} e^{-x_i^2/2}\right)$$

$$= \prod_{i=1}^{n} e^{(x_i-\frac{1}{2})} = e^{\Sigma_{i=1}^{n} x_i - \frac{1}{2}n} = e^{n\overline{x} - \frac{n}{2}},$$

wobei $\overline{x} := \frac{1}{n} \sum_{i=1}^{n} x_i$ sei. Logarithmieren liefert

$$\overline{x} \geq \frac{\ln(\lambda) + \frac{n}{2}}{n} =: C.$$

Um λ zu bestimmen, soll nun die Signifikanzniveaubedingung benutzt werden. Es gilt

$$\alpha = P_0(K) = P_0(\{x \in \mathbb{R}^n \mid \overline{x} \geq C\}).$$

Sei $\overline{\xi} := \frac{1}{n} \sum_{i=1}^{n} \xi_i : \Omega \to \mathbb{R}$ und $\overline{P}_0$ die Verteilung von $\overline{\xi}$. Dann ist C so zu bestimmen, dass $\overline{P}_0([C, \infty)) = \alpha$ ist. Da $\xi_1, \ldots, \xi_n$ unter der Hypothese H_0 $(0, 1)$-normalverteilt sind, ist $\overline{\xi}(0, \frac{1}{\sqrt{n}})$-normalverteilt. Damit gilt für den Fehler 1. Art:

$$\alpha = \sqrt{\frac{n}{2\pi}} \int_C^\infty e^{-\frac{nt^2}{2}} dt = \frac{1}{\sqrt{2\pi}} \int_{C\sqrt{n}}^\infty e^{-\frac{\tau^2}{2}} d\tau,$$

woraus sich C mit Hilfe einer Tafel der Standard-Normalverteilung bestimmen lässt.

Ist z. B. $\alpha = 0,05$ und $n = 30$, so ist $C \approx \frac{1,65}{\sqrt{30}} \approx 0,3$.

Sei $\overline{P}_1$ die Verteilung der stochastischen Variablen $\overline{\xi}$. $\overline{\xi}$ ist unter der Hypothese $H_1(1, \frac{1}{\sqrt{n}})$-normalverteilt, da $\xi_1, \ldots, \xi_n$ nun $(1, 1)$-normalverteilt sind. Somit gilt für den Fehler 2. Art:

$$1 - P_1(K) = 1 - \overline{P}_1([C, \infty)) = \overline{P}_1((-\infty, C))$$

$$= \sqrt{\frac{n}{2\pi}} \int_{-\infty}^{C} e^{-\frac{n(t-1)^2}{2}} dt = \frac{1}{\sqrt{2\pi}} \int_{-\infty}^{\sqrt{n}(C-1)} e^{-\frac{\tau^2}{2}} d\tau.$$

Für $\alpha = 0,05$ und $n = 30$ ergibt sich als Fehler 2. Art $1 - P_1(K) \approx 0,0001$.

15.3   Das Fundamentallemma von Neyman-Pearson

Das folgende Lemma, das von Neyman und Pearson bewiesen wurde [Stat. Res. Memoirs, 1 (1936), 1–37], ist von fundamentaler Bedeutung für das Testen von statistischen Hypothesen.

Lemma 15.3.1. *Seien* $f_1, \ldots, f_{m+1}$ *Borel-messbare Funktionen auf* $\mathbb{R}^n$ *mit* $\int_{\mathbb{R}^n} |f_i(x)| dx < \infty$ *für alle* $i \in \{1, \ldots, m+1\}$*, und seien* $c_1, \ldots, c_m \in \mathbb{R}$*. Sei* $\mathcal{S}$ *die Menge aller Borel-messbaren Teilmengen* S *von* $\mathbb{R}^n$ *mit*

$$\int_S f_i(x) dx = c_i \quad \text{für alle } i \in \{1, \ldots, m\}.$$

Sei $\mathcal{S}_0$ *die Menge aller* $S_0 \in \mathcal{S}$ *mit*

$$\int_{S_0} f_{m+1}(x) dx \geq \int_S f_{m+1}(x) dx \quad \text{für alle } S \in \mathcal{S}.$$

Ist $S \in \mathcal{S}$*, und gibt es* $k_1, \ldots, k_m \in \mathbb{R}$ *mit*

$$f_{m+1}(x) \geq k_1 f_1(x) + \ldots + k_m f_m(x) \quad \text{für alle } x \in S$$

und

$$f_{m+1}(x) \leq k_1 f_1(x) + \ldots + k_m f_m(x) \quad \text{für alle } x \in \mathbb{R}^n \setminus S,$$

so ist $S \in \mathcal{S}_0$*.*

Um einen Beweis zu führen, sollen hier die Sätze über Lagrange-Multiplikatoren benutzt werden. Die Konstanten $k_1, \ldots, k_m$ werden dabei als Lagrange-Multiplikatoren interpretiert. Die Fragestellung lässt sich dann in folgender Weise erweitern, wobei eine Menge S durch ihre *Indikatorfunktion*

$$I_S(t) := \begin{cases} 1 & \text{für } t \in S \\ 0 & \text{sonst} \end{cases}$$

ersetzt wird.

Satz 15.3.1. *Sei* (Ω, Σ, μ) *ein Maßraum, und seien* $(m + 1)$ μ-*integrierbare Funktionen* $f_1, \ldots, f_{m+1} \colon \Omega \to \mathbb{R}$ *gegeben. Für ein* $c = (c_1, \ldots, c_m) \in \mathbb{R}^m$ *und* $m \in \mathbb{N}$ *sei* $\mathcal{S}$ *die Menge aller* Σ-*messbaren Funktionen* $x \colon \Omega \to [0, 1]$ *mit*

$$\int_\Omega x f_i \, d\mu = c_i, \quad i \in \{1, \ldots, m\}.$$

Sei $\mathcal{S}_0$ *die Menge aller* $x_0 \in \mathcal{S}$ *mit*

$$\int_\Omega x_0 f_{m+1} \, d\mu \geq \int_\Omega x f_{m+1} \, d\mu \quad \text{für alle } x \in \mathcal{S}.$$

Existiert ein $S \in \Sigma$ *derart, dass* $I_S \in \mathcal{S}$ *ist, und gibt es* $\alpha_1, \ldots, \alpha_m \in \mathbb{R}$ *mit*

$$f_{m+1}(t) \geq \sum_{i=1}^{m} \alpha_i \, f_i(t) \quad \text{für } t \in S \ \mu\text{-f.ü.}$$

und

$$f_{m+1}(t) \leq \sum_{i=1}^{m} \alpha_i \, f_i(t) \quad \text{für } t \in \Omega \backslash S \ \mu\text{-f.ü.},$$

so ist $I_S \in \mathcal{S}_0$.

Bemerkung. Ist $\Omega = \mathbb{R}^n$, so ergibt sich hieraus das Lemma von Neyman-Pearson. Der Satz lässt sich auch auf diskrete Verteilungen anwenden. Als μ nimmt man dann das Zählmaß.

Beweis von Satz 15.3.1. Sei $Q := \{x \colon \Omega \to [0, 1] \mid x \text{ ist } \Sigma\text{-messbar}\}$. Dann ist Q eine konvexe Teilmenge des Vektorraumes aller Σ-messbaren Funktionen von Ω nach $\mathbb{R}$. Die Menge $\mathcal{S}_0$ ist die Menge der Minimallösungen der Funktion $F \colon Q \to \mathbb{R}$

$$x \mapsto F(x) := -\int_\Omega x f_{m+1} \, d\mu$$

auf der Menge $\mathcal{S}$. Hinreichend dafür, dass ein $x_0 \in \mathcal{S}$ in $\mathcal{S}_0$ liegt, ist nach Satz 4.5.1 (Lagrange-Lemma) die Existenz eines Vektors $\alpha \in \mathbb{R}^m$ für den x_0 eine Minimallösung der Funktion $L_\alpha \colon Q \to R$

$$x \mapsto L_\alpha(x) := -\int_\Omega x f_{m+1} \, d\mu + \sum_{i=1}^{m} \alpha_i \left[\int_\Omega x f_i \, d\mu - c_i \right]$$

auf Q ist. Nach dem Charakterisierungssatz 4.2.1 für Minimallösungen konvexer Funktionen ist dies genau dann der Fall, wenn für alle $x \in Q$ gilt:

$$0 \leq L_\alpha'(x_0, x - x_0) = -\int_\Omega (x - x_0) f_{m+1} \, d\mu + \sum_{i=1}^{m} \alpha_i \int_\Omega (x - x_0) f_i \, d\mu$$

d. h.

$$\int_\Omega (x - x_0) \left(\sum_{i=1}^m \alpha_i f_i - f_{m+1} \right) d\mu \geq 0. \tag{$*$}$$

Für $x_0 := I_S$ ist $(*)$ erfüllt. □

Mit analogem Beweis erhalten wir auch den folgenden

Satz 15.3.2. *Auf einem Messraum (Ω, Σ) seien $(m + 1)$ endliche, signierte Maße $P_1, \ldots, P_{m+1}$ gegeben, und seien $c_1, \ldots, c_m \in \mathbb{R}$. Sei $\mathscr{S}$ die Menge aller Σ-messbaren Funktionen $x \colon \Omega \to [0, 1]$ mit*

$$\int_\Omega x \, dP_i = c_i, \quad i \in \{1, \ldots, m\}.$$

Sei $\mathscr{S}_0$ die Menge aller $x_0 \in \mathscr{S}$ mit

$$\int_\Omega x_0 \, dP_{m+1} \geq \int_\Omega x \, dP_{m+1} \quad \text{für alle } x \in \mathscr{S}.$$

Gibt es $\lambda_1, \ldots, \lambda_m \in \mathbb{R}$ und ein $x_0 \in \mathscr{S}$ derart, dass für alle Σ-messbaren Funktionen $x \colon \Omega \to [0, 1]$ gilt:

$$\int_\Omega (x - x_0) d \left(P_{m+1} - \sum_{i=1}^m \lambda_i P_i \right) \leq 0,$$

so ist $x_0 \in \mathscr{S}_0$.
Ist ferner $S \in \Sigma$ derart, dass

1) *die Indikatorfunktion I_S ein Element aus $\mathscr{S}$ ist,*

2) *S der Positivteil einer Hahn-Zerlegung (siehe [HSt] S. 305) von Ω bzgl. des signierten Maßes $P_{m+1} - \sum_{i=1}^m \lambda_i P_i$ ist.*

Dann ist $I_S \in \mathscr{S}_0$.

15.4 Existenz von besten Tests

Definition 15.4.1. Jede Indikatorfunktion aus $\mathscr{S}$ heißt ein *Test*. Ein Test x_0 heißt *bester Test* genau dann, wenn für alle Tests x gilt:

$$\int_\Omega x_0 \, dP_{m+1} \geq \int_\Omega x \, dP_{m+1}.$$

Will man nun die Existenz eines besten Tests nachweisen, muss man an die Maße $P_1, \ldots, P_{m+1}$ zusätzliche Forderungen stellen.

Sind z. B. $P_1, \ldots, P_{m+1}$ endliche Maße auf $\mathbb{R}^n$ mit Dichten, so lässt sich der Satz von Ljapunow (siehe [Li]) anwenden. Sei P das Vektormaß $(P_1, \ldots, P_{m+1})$. Nach dem Satz von Ljapunow ist $M := \{\xi \in \mathbb{R}^{m+1} \mid$ Es gibt eine Borelmenge S von $\mathbb{R}^n$ mit $\xi = (P_1(S), \ldots, P_{m+1}(S))\}$ eine abgeschlossene, beschränkte und konvexe Teilmenge von $\mathbb{R}^{m+1}$. Ist die Restriktionsmenge in dem verallgemeinerten Lemma von Neyman-Pearson nichtleer, so schneidet die Gerade $G = \{(c_1, \ldots, c_m, \alpha) \mid \alpha \in \mathbb{R}\}$ die Menge M. $G \cap M$ ist eine Strecke, und in den Endpunkten werden die minimalen und maximalen Werte angenommen.

Die analoge Argumentation lässt sich auch für nicht-atomare Maße $P_1, \ldots, P_{m+1}$ durchführen, da der Satz von Ljapunow auch für solche Maße gilt.

Definition 15.4.2. Die Elemente von $\mathcal{S}$ heißen *verallgemeinerte (randomisierte) Tests*. Die Elemente von $\mathcal{S}_0$ heißen *beste verallgemeinerte (randomisierte) Tests*.

15.5   Existenz von besten verallgemeinerten Tests

Um einen Existenzbeweis führen zu können, seien $P_1, \ldots, P_{m+1}$ Wahrscheinlichkeitsmaße und H der Hilbertraum

$$H := \left\{x \colon \Omega \to \mathbb{R} \mid x \quad \text{ist } \Sigma\text{-meßbar und} \quad \sum_{i=1}^{m+1} \int_\Omega x^2 dP_i < \infty\right\}$$

mit dem Skalarprodukt

$$\langle x, y \rangle := \sum_{i=1}^{m+1} \int_\Omega xy \, dP_i.$$

Sei $Q := \{x \colon \Omega \to [0, 1] \mid x \text{ ist } \Sigma\text{-messbar}\}$.

Offensichtlich ist Q eine Teilmenge von H, da die Maße P_i als endliche Maße vorausgesetzt waren, denn für $x \in Q$ ist

$$\sum_{i=1}^{m+1} \int_\Omega x^2 dP_i \leq \sum_{i=1}^{m+1} \int_\Omega 1 \, dP_i =: \alpha^2 < \infty.$$

Q ist sogar eine Teilmenge der abgeschlossenen Kugel $\overline{K}(0, \alpha)$. Die linearen Funktionale

$$\Phi_i \colon H \to \mathbb{R}, \quad x \mapsto \Phi_i(x) := \int_\Omega x \, dP_i, \ i \in \{1, \ldots, m+1\}$$

sind stetig. Somit ist $\mathcal{S}$ als Durchschnitt von Q mit abgeschlossenen Hyperebenen und abgeschlossenen Halbräumen selbst abgeschlossen und konvex. Nach Satz 12.4.1 von Mazur-Schauder besitzt Φ_{m+1} auf $\mathcal{S}$ eine Minimallösung, womit im Falle einer nichtleeren Restriktionsmenge $\mathcal{S}$ die Existenz eines besten verallgemeinerten Tests sichergestellt ist.

Lemma 15.5.1. *Seien H, Q und $P_1, \ldots, P_{m+1}$ wie oben. Ein Element $x \in Q$ ist genau dann ein Extremalpunkt von Q in H, wenn x eine Indikatorfunktion ist.*

Beweis. Sei $x \in Q$ und $\mu := \sum_{i=1}^{m+1} P_i$. Ist x eine Indikatorfunktion und $x_1, x_2 \in Q$, so folgt aus $\frac{x_1 + x_2}{2} = x$ direkt $x_1 = x = x_2$. Also ist x ein Extremalpunkt. Ist x keine Indikatorfunktion, so existiert eine Menge $T \in \Sigma$ so, dass $\mu(T) > 0$ und für alle $t \in T$ gilt: $x(t) \in (0, 1)$. Dann gibt es auch ein α mit $0 < \alpha < \frac{1}{2}$ und ein $T_0 \in \Sigma$ mit $\mu(T_0) > 0$ derart, dass für alle $t \in T_0$ gilt: $x(t) \in (\alpha, 1 - \alpha)$. Setzt man für $t \in \Omega$:

$$y_1(t) := \begin{array}{ll} x(t) - \alpha, & t \in T_0 \\ x(t), & t \notin T_0 \end{array}, \qquad y_2(t) := \begin{array}{ll} x(t) + \alpha, & t \in T_0 \\ x(t), & t \notin T_0 \end{array},$$

so ist $\frac{y_1 + y_2}{2} = x$ und $y_1 \neq y_2$. x ist also kein Extremalpunkt. $\qquad\square$

Aus diesem Lemma folgt der

Satz 15.5.1. *Für nicht-atomare Maße $P_1, \ldots, P_{m+1}$ ist jeder beste Test ein bester verallgemeinerter Test.*

Beweis. Sei $C \in \Sigma$ derart, dass $x_0 := I_C$ ein bester Test ist, d. h., für alle Tests x gilt:

$$\int_\Omega x_0 dP_{m+1} \geq \int_\Omega x \, dP_{m+1}.$$

Wir betrachten die lineare Abbildung

$$A: H \to \mathbb{R}^{m+1}, \quad x \mapsto A(x) := \left(\int_\Omega x \, dP_1, \ldots, \int_\Omega x \, dP_{m+1} \right).$$

Bezeichne $\mathcal{F}$ die Menge aller Indikatorfunktionen in H. Da die Maße nicht-atomar sind, ist nach dem Satz von Ljapunow (siehe [Li]) $A(\mathcal{F})$ eine kompakte, konvexe Teilmenge von $\mathbb{R}^{m+1}$. Für die Menge Q gilt nach dem Satz von Krein-Milman $Q = \overline{\text{Conv}}(\mathcal{F})$ (siehe [Kö]). Also gilt $A(\mathcal{F}) = A(Q)$. Da ein bester Test der Endpunkt der Strecke $A(\mathcal{F}) \cap \{(c_1, \ldots, c_m, \alpha) \mid \alpha \in \mathbb{R}\}$ mit maximalem α ist und ein bester verallgemeinerter Test den Endpunkt von $A(Q) \cap \{(c_1, \ldots, c_m, \alpha) \mid \alpha \in \mathbb{R}\}$ mit maximalem α liefert, gilt die Behauptung. $\qquad\square$

15.6 Notwendige Bedingungen

Es soll nun untersucht werden, unter welchen Voraussetzungen die Existenz der im verallgemeinerten Lemma von Neyman-Pearson auftretenden Koeffizienten $\lambda_1, \ldots, \lambda_m$ impliziert wird. Die Existenz dieser Koeffizienten stellte im verallgemeinerten Lemma von Neyman-Pearson eine hinreichende Bedingung für das Vorliegen eines besten Tests dar.

Die Sätze über Lagrange-Multiplikatoren liefern hier eine notwendige und hinreichende Bedingung.

Zu Anfang werden die verallgemeinerten Tests betrachtet. Es ergibt sich der folgende Satz.

Satz 15.6.1. *Auf einem Messraum* (Ω, Σ) *seien* $m + 1$ *endliche, signierte Maße* $P_1, \ldots, P_{m+1}$ *gegeben, und seien* $c_1, \ldots, c_m \in \mathbb{R}$. *Sei* $\mathcal{S}$ *die Menge aller* Σ*-messbaren Funktionen* $x \colon \Omega \to [0,1]$ *mit*

$$\Phi_i(x) := \int_\Omega x \, dP_i = c_i, \quad i \in \{1, \ldots, m\}.$$

Sei $\mathcal{S}_0$ *die Menge aller* $x_0 \in \mathcal{S}$ *mit*

$$\int_\Omega x_0 \, dP_{m+1} \geq \int_\Omega x \, dP_{m+1} \quad \textit{für alle } x \in \mathcal{S}.$$

Ist $(c_1, \ldots, c_m)$ *ein relativ innerer Punkt des Bildes von* $(\Phi_1, \ldots, \Phi_m)$ *von*

$$Q = \{x \colon \Omega \to [0,1] \mid x \text{ ist } \Sigma\text{-meßbar}\},$$

so sind für ein $x_0 \in \mathcal{S}$ *folgende Aussagen äquivalent:*

1) $x_0 \in \mathcal{S}_0$, *d. h.,* x_0 *ist ein bester verallgemeinerter Test.*

2) *Es existieren* $\lambda_1, \ldots, \lambda_m \in \mathbb{R}$ *mit*

$$\int_\Omega (x - x_0) d \left(P_{m+1} - \sum_{i=1}^{m} \lambda_i P_i \right) \leq 0$$

   für alle $x \in Q$.

Beweis. Dass „2)$\Rightarrow$1)" gilt, besagt gerade der Satz 15.3.1.

1)$\Rightarrow$2): Da die Menge Q konvex, $\Phi := (\Phi_1, \ldots, \Phi_m)$ eine lineare Abbildung von dem linearen Raum der beschränkten Funktionen von Ω nach $\mathbb{R}$ ist und die Optimierungsaufgabe einen endlichen Wert besitzt, lässt sich unter den angegebenen Voraussetzungen Lemma 13.5.1 anwenden. Es besagt, dass $\lambda_1, \ldots, \lambda_m \in \mathbb{R}$ derart existieren, dass für $f(x) := -\int_\Omega x \, dP_{m+1}$ gilt:

$$\inf\{f(x) \mid x \in Q \text{ und } \Phi(x) = c\} = \inf \left\{ f(x) + \sum_{i=1}^{m} \lambda_i (\Phi_i(x) - c_i) \mid x \in Q \right\}.$$

Der Charakterisierungssatz für konvexe Optimierungsaufgaben liefert wie im Beweis von Satz 15.3.1 die Behauptung. $\qquad\square$

Zusatz 1. Eine Indikatorfunktion $I_C \subseteq \mathcal{S}$ einer Menge $C \in \Sigma$ ist genau dann ein bester verallgemeinerter Test, wenn $\lambda_1, \ldots, \lambda_m \in \mathbb{R}$ derart existieren, dass C der Positivitätsteil einer Hahn-Zerlegung von Ω bzgl. des Maßes $P_{m+1} - \sum_{i=1}^m \lambda_i P_i$ ist.

Beweis. Es genügt zu zeigen, dass für alle $\lambda_1, \ldots, \lambda_m \in \mathbb{R}$ die folgenden Aussagen gleichwertig sind:

(i) $\forall x \in Q : \int_\Omega (x - I_C) d \left(P_{m+1} - \sum_{i=1}^m \lambda_i P_i \right) \leq 0$,

(ii) C ist der Positivitätsteil einer Hahn-Zerlegung von Ω bzgl. $P_{m+1} - \sum_{i=1}^m \lambda_i P_i$.

(ii)$\Rightarrow$(i) ist direkt einzusehen.

Es wird die Kontraposition von „(i)$\Rightarrow$(ii)" gezeigt. Ist C kein Positivitätsteil einer Hahn-Zerlegung von Ω bzgl. $\mu := P_{m+1} - \sum_{i=1}^m \lambda_i P_i$, so existiert eine Teilmenge $C_0 \in \Sigma$ von C mit $\mu(C_0) < 0$. Für $x := I_{C \setminus C_0} \in Q$ ist $x - I_C = -I_{C_0}$, also $\int_\Omega (x - I_C) d\mu = -\mu(C_0) > 0$; dies ist die Negation von (i). □

Zusatz 2. Sind die Maße $P_1, \ldots, P_{m+1}$ nicht-atomar, so ist eine Indikatorfunktion I_C einer Menge $C \in \Sigma$ genau dann ein bester Test, wenn $\lambda_1, \ldots, \lambda_m \in \mathbb{R}$ derart existieren, dass C der Positivitätsbereich einer Hahn-Zerlegung von Ω bzgl. des Maßes $P_{m+1} - \sum_{i=1}^m \lambda_i P_i$ ist.

Für Maße, die eine Dichte bzgl. des Lebesgue-Maßes besitzen, ergibt sich der Satz von Dantzig und Wald (siehe [D-W]).

15.7 Eine duale Aufgabe

Das Problem der Bestimmung eines besten (verallgemeinerten) Tests ist eine restringierte Optimierungsaufgabe. Der Ansatz von Neyman-Pearson entspricht der Lagrange-Methode. Mit Hilfe der Lagrange-Dualität kann man zu diesem Problem eine duale Aufgabe beschreiben.

Denn aus Satz 13.8.1 folgt der

Satz 15.7.1. *Sei* (Ω, Σ, μ) *ein Maßraum und seien* $(m+1)$ *μ-integrierbare Funktionen* $f_1, \ldots, f_{m+1} : \Omega \to \mathbb{R}$ *gegeben. Für ein* $c = (c_1, \ldots, c_m) \in \mathbb{R}^m$ *sei* $\mathcal{S}$ *die Menge aller* Σ-*messbaren Funktionen* $x : \Omega \to [0, 1]$ *mit*

$$F_i(x) := \int_\Omega x f_i \, d\mu = c_i, \quad i \in \{1, \ldots, m\}.$$

Sei $\mathcal{S}_0$ *die Menge aller* $x_0 \in \mathcal{S}$ *mit*

$$\int_\Omega x_0 f_{m+1} \, d\mu \geq \int_\Omega x f_{m+1} \, d\mu \quad \text{für alle } x \in \mathcal{S}.$$

Ist $(c_1, \ldots, c_m)$ *ein relativ innerer Punkt des Bildes unter* $(F_1, \ldots, F_m)$ *von* $Q := \{x : \Omega \to [0, 1] \mid x \ \Sigma\text{-meßbar}\}$, *und* $\mathcal{S}$ *nicht leer, so gilt:*

1) *Es existiert ein bester verallgemeinerter Test x_0.*

2) *Es existieren $\alpha_1, \ldots, \alpha_m \in \mathbb{R}$ derart, dass für die Funktion*

$$F_\alpha := -F_{m+1} + \sum_{i=1}^{m} \alpha_i [F_i - c_i]$$

gilt:

$$-F_{m+1}(x_0) = \inf_{x \in \mathscr{S}} (-F_{m+1}(x)) = \inf_{x \in Q} F_\alpha(x) = \sup_{\alpha \in \mathbb{R}^n} \inf_{x \in Q} F_\alpha(x).$$

Man kann jetzt leicht den Wert von $g(\alpha) := \inf_{x \in Q} F_\alpha(x)$ ausrechnen. Es gilt:

$$g(\alpha) = \inf_{x \in Q} \left\{ \int_\Omega x \left[\sum_{i=1}^{m} \alpha_i f_i - f_{m+1} \right] d\mu - \sum_{i=1}^{m} \alpha_i c_i \right\}$$

$$= - \left\{ \int_\Omega \left[f_{m+1} - \sum_{i=1}^{m} \alpha_i f_i \right]_+ d\mu + \sum_{i=1}^{m} \alpha_i c_i \right\}.$$

Damit bekommen wir die zueinander dualen Aufgaben:

P)   Minimiere $-F_{m+1}(x)$ unter den Nebenbedingungen
            $F_i(x) = c_i, \ i \in \{1, \ldots, m\}, \ x \in Q,$

und die nichtrestringierte Aufgabe in $\mathbb{R}^m$:

D)   Maximiere $- \left\{ \int_\Omega \left[f_{m+1} - \sum_{i=1}^{m} \alpha_i f_i \right]_+ d\mu + \sum_{i=1}^{m} \alpha_i c_i \right\}$

            über $\alpha \in \mathbb{R}^m$.

Bei der Behandlung dieser Aufgabe kann man ähnlich wie bei der $L^1(\mu)$-Approximation (siehe Abschnitt 8.2.3) vorgehen.

Anhang A

Mengenkonvergenz

In diesem Abschnitt soll die in diesem Text benutzte Kuratowski-Konvergenz von Mengen mit der Hausdorff-Konvergenz verglichen werden. Wir führen zunächst den Hausdorff-Abstand bzw. die Hausdorff-Konvergenz ein und stellen einige wohlbekannte Aussagen über diese Begriffe zusammen.

Definition A.1. Sei (X, d) ein metrischer Raum und $A, B \subset X$ nichtleere Teilmengen. Der *Hausdorff-Abstand* der Mengen A und B wird durch

$$d_H(A, B) := \max \left\{ \sup_{y \in B} d(A, y), \ \sup_{x \in A} d(x, B) \right\}$$

definiert, wobei $d(x, C) = d(C, x) := \inf_{c \in C} d(x, c)$.

Lemma A.1. *Seien (X, d), A, B wie oben. Dann gilt:*

$$d_H(A, B) = \inf\{\lambda \in \mathbb{R}^+ \cup \{\infty\} \mid A \subset U_\lambda(B) \text{ und } B \subset U_\lambda(A)\},$$

wobei $U_\lambda(C) := \{x \in X \mid d(x, C) \leq \lambda\}$.

Der Beweis folgt unmittelbar aus Definition A.1.

Satz A.2. d_H *ist Pseudo-Metrik auf der Menge aller nichtleeren Teilmengen eines metrischen Raumes.*

Beweis. Es ist zu zeigen:

a) $A \neq \emptyset : d_H(A, A) = 0$,

b) $A, B \neq \emptyset : d_H(A, B) = d_H(B, A)$,

c) $A, B, C \neq \emptyset : d_H(A, B) \leq d_H(A, C) + d_H(C, B)$.

a) und b) sind offensichtlich.

Zu c): Es gilt:

$$\forall x \in A \ \exists z \in C : d(x, z) \leq d_H(A, C)$$

und

$$\forall z \in C \ \exists y \in B : d(z, y) \leq d_H(C, B).$$

Hieraus folgt zusammen mit der Dreiecksungleichung:

$$\forall x \in A \, \exists y \in B : d(x, y) \le d(x, z) + d(z, y)$$
$$\le d_H(A, C) + d_H(C, B).$$

Dann gilt aber auch:

$$\sup_{x \in A} d(x, B) \le d_H(A, C) + d_H(C, B).$$

Analog zeigt man:

$$\sup_{y \in B} d(A, y) \le d_H(A, C) + d_H(C, B).$$

Zusammen ergibt dies die Behauptung.   □

Satz A.3. *Die Beschränkung von d_H auf die Menge aller abgeschlossenen, beschränkten und nichtleeren Teilmengen eines metrischen Raumes ist eine Metrik.*

Beweis. Seien A, B beschränkte, abgeschlossene und nichtleere Teilmengen eines metrischen Raumes (X, d). Wegen Satz A.2 bleibt $d_H(A, B) < \infty$ und $(d_H(A, B) = 0 \Rightarrow A = B)$ zu zeigen. Beide Eigenschaften folgen direkt aus Lemma A.1.   □

Wegen der Sätze A.2 und A.3 wird d_H als *Hausdorff-Metrik* bzw. *Hausdorff-Pseudo-Metrik* bezeichnet. Wir sind nun in der Lage, einen Konvergenzbegriff für Folgen abgeschlossener, beschränkter und nichtleerer Mengen zu definieren.

Definition A.2. Seien A_n für $n \in \mathbb{N}$ und A abgeschlossene, beschränkte und nichtleere Teilmengen eines metrischen Raumes X. Dann heißt die Folge $(A_n)_{n \in \mathbb{N}}$ *Hausdorff-konvergent* gegen A (oder $(A_n)_{n \in \mathbb{N}} \overset{H}{\longrightarrow} A$), falls $d_H(A_n, A) \to 0$.

Die folgende Bemerkung zeigt, dass man die *Kuratowski-Konvergenz* mit der punktweisen Konvergenz der Abstandsfunktionen beschreiben kann.

Bemerkung A.1. Seien A_n für $n \in \mathbb{N}$ und A Teilmengen eines metrischen Raumes. Dann gilt:

$$A_n \to A \iff d(x, A_n) \to 0 \; \forall x \in A \quad \text{und} \quad \liminf d(x, A_n) > 0 \; \forall x \notin A.$$

Beweis. Da $\underline{\lim} A_n \subset \overline{\lim} A_n$ gilt, genügt es zu zeigen:

a) $A \subset \underline{\lim} A_n \Leftrightarrow d(x, A_n) \to 0 \quad \forall x \in A$,

b) $\overline{\lim} A_n \subset A \Leftrightarrow \liminf d(x, A_n) > 0 \quad \forall x \notin A$.

Zu a): „$\Rightarrow$": Sei $x \in A$. Dann gilt nach Voraussetzung auch $x \in \underline{\lim} A_n$, d. h.

$$\exists N \in \mathbb{N} \ \forall n > N \ \exists x_n \in A_n : x = \lim x_n.$$

Wegen der Stetigkeit der Abstandsfunktion gilt dann auch

$$d(x, x_n) \to 0$$

und daher

$$d(x, A_n) = \inf_{x_n \in A_n} d(x, x_n) \to 0.$$

„$\Leftarrow$": Sei $x \in A$. Nach Voraussetzung gilt dann $d(x, A_n) \to 0$. Es existiert dann eine Folge $x_n \in A_n$ mit $d(x, x_n) \to 0$, d. h. $x = \lim x_n$, also $x \in \underline{\lim} A_n$.

Zu b): „$\Rightarrow$": Sei $x \notin A$ und $\lim_n \inf d(x, A_n) = 0$. Dann existiert eine Teilfolge (A_{n_i}) mit $d(x, A_{n_i}) \overset{i \to \infty}{\longrightarrow} 0$. Damit existieren $x_{n_i} \in A_{n_i}$ mit $0 \leq d(x, x_{n_i}) \leq d(x, A_{n_i}) + \frac{1}{n_i} \overset{i \to \infty}{\longrightarrow} 0$. Das impliziert die Konvergenz der Folge (x_{n_i}) gegen x. Dies führt zu dem Widerspruch $x \in \overline{\lim}_n A_n \subset A$.

„$\Leftarrow$": Sei $x \in \overline{\lim} A_n$. Dann existiert $x_{n_k} \in A_{n_k} : x = \lim x_{n_k}$. Es gilt nun

$$0 \leq \liminf d(x, A_n) \leq \lim_k d(x, x_{n_k}) = d(x, \lim x_{n_k}) = 0.$$

Damit gilt $\liminf d(x, A_n) = 0$, also nach Voraussetzung $x \in A$. $\qquad\square$

Wir wollen nun die Kuratowski-Konvergenz von Mengenfolgen mit der Hausdorff-Konvergenz vergleichen. Man zeigt leicht, dass aus der Hausdorff-Konvergenz die Kuratowski-Konvergenz immer folgt.

Satz A.4. *Sei $(A_n)_{n \in \mathbb{N}}$ eine Folge abgeschlossener, beschränkter und nichtleerer Teilmengen des metrischen Raumes X und A eine nichtleere, abgeschlossene und beschränkte Teilmenge von X. Dann gilt:*

$$A_n \overset{H}{\longrightarrow} A \Rightarrow A_n \longrightarrow A.$$

Beweis. Zunächst einige äquivalente Umformungen:

$$A_n \overset{H}{\longrightarrow} A \quad \Leftrightarrow \quad d(A_n, A) \to 0$$

$$\Leftrightarrow \quad \lim \max\{\sup_{x \in A} d(A_n, x), \ \sup_{y \in A_n} d(y, A)\} = 0$$

$$\Leftrightarrow \quad \begin{array}{l} \lim \sup_{x \in A} d(A_n, x) = 0 \quad (1) \\ \text{und} \\ \lim \sup_{y \in A_n} d(y, A) = 0. \quad (2) \end{array}$$

Nun soll Bemerkung A.1 benutzt werden. Nach (1) konvergieren die Abstandsfunktionen auf A sogar gleichmäßig. Sei $x \notin A$ und $d(x, A) =: r > 0$, und sei $B := \{x \in X \mid d(x, A) \leq \frac{r}{2}\}$.

Aus der Dreiecksungleichung folgt $d(x, B) \geq \frac{r}{2}$. Da $A_n \subset B$ für große n gilt, folgt

$$\liminf d(x, A_n) \geq \liminf_n d(x, B) \geq \frac{r}{2} > 0. \qquad \square$$

Die Umkehrung von Satz A.4 ist im allgemeinen falsch. Aber im endlich-dimensionalen Fall können wir die Umkehrung beweisen. Es gilt der

Satz A.5. *Sei X ein endlich-dimensionaler normierter Vektorraum, $(A_n)_{n \in \mathbb{N}}$, A abgeschlossene, nichtleere und gleichmäßig beschränkte Teilmengen von X (d. h. es ist $\bigcup_{n=1}^{\infty} A_n$ beschränkt). Dann gilt*

$$A_n \longrightarrow A \;\Leftrightarrow\; A_n \xrightarrow{H} A.$$

Beweis. Sei $A_n \to A$ und $d(A_n, A) \not\to 0$. Dann existiert ein $\epsilon > 0$ und eine Teilfolge $(A_k)_{k \in K}$ von $(A_n)_{n \in \mathbb{N}}$, so dass für alle $k \in K$ gilt:

$$d(A_k, A) = \max \left\{ \sup_{x \in A} d(x, A_k), \; \sup_{x \in A_k} d(x, A) \right\} > \epsilon. \qquad \text{(A.1)}$$

Fall I) Für eine Teilfolge $(A_l)_{l \in L}$ ist $\sup_{x \in A} d(x, A_l) > \epsilon$. Dann existiert zu jedem $l \in L$ ein $x_l \in A$ mit $d(x_l, A_l) \geq \frac{\epsilon}{2}$, d. h.

$$\inf_{y \in A_l} d(x_l, y) \geq \frac{\epsilon}{2} \quad \text{für alle } l \in L. \qquad \text{(A.2)}$$

A ist beschränkt und abgeschlossen. Damit besitzt $(x_l)_{l \in L}$ eine gegen ein $\overline{x} \in A$ konvergente Teilfolge. Wegen $\underline{\lim}_n A_n = A$ gibt es eine Folge $(y_m \in A_m)_{m \in M}$ mit $\lim_{m \in M} y_m = \overline{x}$, was mit $d(x_m, y_m) \leq d(x_m, \overline{x}) + d(\overline{x}, y_m)$ im Widerspruch zu (A.2) steht.

Fall II) Für eine Teilfolge $(A_l)_{l \in L}$ ist $\sup\{d(x, A) \mid x \in A_l\} > \epsilon$. Dann existiert zu jedem $l \in L$ ein $x_l \in A_l$ mit $d(x_l, A) \geq \frac{1}{2}\epsilon$. $(A_n)_{n \in \mathbb{N}}$ ist gleichmäßig beschränkt. Damit besitzt $(x_l)_{l \in L}$ eine gegen ein x^* konvergente Teilfolge $(x_m)_{m \in M}$. Wegen $\lim A_n = A$ ist $x^* \in A$. Dies führt zu dem Widerspruch

$$\frac{1}{2}\epsilon \leq d(x_m, A) = \inf\{d(x_m, x) \mid x \in A\} \leq d(x_m, x^*),$$

da die rechte Seite mit $m \to \infty$ gegen 0 konvergiert. $\qquad \square$

Für konvexe Mengen gilt das

Lemma A.2. *Sei X Banachraum und $(A_n)_{n \in \mathbb{N}}$ eine Folge konvexer nichtleerer Teilmengen von X, für die die Folge der Abstandsfunktionen punktweise konvergiert. Dann ist A_n konvergent, und es gilt:*

$$\lim A_n = \{x \in X \mid \lim d(x, A_n) = 0\} =: A.$$

Beweis. Sei $f = \lim d(\cdot, A_n)$ und $a \in A$. Sei $a_n \in A_n$, so dass $\|a_n - a\| \leq d(a, A_n) + \frac{1}{n} \xrightarrow{n \to \infty} f(a) = 0$, d. h. $a \subset \underline{\lim} A_n$. Sei andererseits $\lim a_{n_k} = x_0$, $a_{n_k} \in A_{n_k}$.
$\{d(\cdot, A_n)\}_1^\infty$ ist eine Familie konvexer, stetiger Funktionen, die punktweise konvergiert. Nach 9.3 Folgerung ist die Konvergenz stetig, d. h. $0 = d(a_{n_k}, A_{n_k}) \to f(x_0)$.
Damit ist $f(x_0) = 0$, d. h. $x_0 \in A$. Dies bedeutet $\overline{\lim} A_n \subset A$. $\qquad\square$

Satz A.6. *Sei X ein endlich-dimensionaler normierter Vektorraum, A_n für $n \in \mathbb{N}$ und A abgeschlossene nichtleere konvexe Teilmengen von X. Dann gilt:*

$$A_n \to A \Leftrightarrow d(\cdot, A_n) \xrightarrow{\text{punktweise}} d(\cdot, A).$$

Beweis. „$\Rightarrow$": Sei $x \in X$ und $a_n \in A_n$ mit $\|a_n - x\| \leq d(x, A_n) + \frac{1}{n}$, und sei (a_{n_j}) eine konvergente Teilfolge von $(a_n)_{n \in \mathbb{N}}$ (diese existiert, da $\dim(X) < \infty$ und $\sup_{n \in \mathbb{N}} d(x, A_n) < \infty$) mit $\lim a_{n_j} = \bar{a}$. Wegen $\overline{\lim} A_n = A$ ist $\bar{a} \in A$. Weiter gilt

$$d(x, A_{n_j}) \geq \|a_{n_j} - x\| - \frac{1}{n_j} \longrightarrow \|\bar{a} - x\| \geq d(x, A).$$

Damit ist $\liminf d(x, A_n) \geq d(x, A)$.
    Sei andererseits $\epsilon > 0$ und $\|a_0 - x\| \leq d(x, A) + \epsilon$, $a_0 \in A$. Wegen $\underline{\lim} A_n = A$ existiert $a_n \in A_n$ mit $a_n \to a_0$. Es gilt nun:

$$d(x, A_n) \leq \|x - a_n\| \to \|x - a_0\| \leq d(x, A) + \epsilon$$
$$\Rightarrow \limsup d(x, A_n) \leq d(x, A).$$

„$\Leftarrow$": Folgt sofort aus Lemma A.2. $\qquad\square$

Anhang B

Kontraktionssatz. Gewöhnliche Differentialgleichungen

B.1 Kontraktionssatz

In diesem Abschnitt sind wir an Fixpunkten von Abbildungen eines vollständigen metrischen Raumes X (siehe Definition 5.1.3) in sich interessiert. Dabei heißt ein Punkt $x \in X$ ein *Fixpunkt* der Abbildung $A: X \to X$, falls gilt:

$$x = Ax. \tag{B.1}$$

Definition B.1. Sei $x_0 \in X$. Die Folge $x_0, x_1 = Ax_0, x_2 = Ax_1, \dots$

$$x_n = Ax_{n-1} \quad \text{für } n \in \mathbb{N}$$

bezeichnen wir als *Iterationsfolge mit dem Anfangselement x_0*.

Mit $C([a, b], \mathbb{R}^n)$ bezeichnen wir den normierten Raum $\{x: [a, b] \to \mathbb{R}^n \mid x \text{ stetig}\}$ ausgestattet mit der Norm $\|x\| := \max_{a \leq t \leq b} \|x(t)\|$ (der $\mathbb{R}^n$ mit euklidischer Norm versehen). Es gilt der

Satz B.1. *Der Raum $C([a, b], \mathbb{R}^n)$ ist vollständig.*

Beweis. Sei $(x_n)_{n \in \mathbb{N}}$ eine Cauchyfolge in $C([a, b], \mathbb{R}^n)$. Dann existiert zu jedem $\varepsilon > 0$ ein $n_0 \in \mathbb{N}$ derart, dass für alle $n, m \geq n_0$ und alle $t \in [a, b]$ gilt:

$$\|x_n(t) - x_m(t)\| \leq \varepsilon. \tag{B.2}$$

Insbesondere ist an jeder Stelle $t \in [a, b]$ die Folge $(x_n(t))_{n \in \mathbb{N}}$ eine Cauchyfolge, die in $\mathbb{R}^n$ ($\mathbb{R}^n$ ist vollständig) gegen ein $x_0(t)$ konvergiert. Dies definiert eine Funktion $x_0: [a, b] \to \mathbb{R}^n$, gegen die die Folge $(x_n)_{n \in \mathbb{N}}$ zunächst punktweise konvergiert. Nach (B.2) ist für $n \geq n_0$ und alle $t \in [a, b]$

$$\|x_n(t) - x_0(t)\| = \lim_{m \to \infty} \|x_n(t) - x_m(t)\| \leq \varepsilon,$$

d. h. die Konvergenz ist gleichmäßig auf $[a, b]$.

Die Grenzfunktion $x_0: [a, b] \to \mathbb{R}^n$ ist stetig. Denn sei $t_0 \in [a, b]$. Aus der Stetigkeit von x_{n_0} in t_0 folgt die Existenz eines $\delta_\varepsilon > 0$ derart, dass $|t' - t_0| < \delta_\varepsilon$ die Ungleichung $\|x_{n_0}(t_0) - x_{n_0}(t')\| \leq \varepsilon$ impliziert. Es gilt also für alle t' mit $|t' - t_0| < \delta_\varepsilon$:

$$\|x_0(t') - x_0(t_0)\| \leq \|x_0(t') - x_{n_0}(t')\| + \|x_{n_0}(t') - x_{n_0}(t_0)\|$$

$$+ \|x_{n_0}(t_0) - x_0(t_0)\| \leq \varepsilon + \varepsilon + \varepsilon = 3\varepsilon. \qquad \square$$

Definition B.2. Eine Abbildung $A\colon X \to X$ eines metrischen Raumes (X, d) in sich heißt *Kontraktion*, falls ein $\alpha \in \mathbb{R}$ mit $0 \leq \alpha < 1$ existiert, so dass für alle $x, y \in X$ gilt:

$$d(Ax, Ay) \leq \alpha d(x, y). \tag{B.3}$$

α heißt *Kontraktionszahl*.

Satz B.2 (Banachscher Fixpunktsatz). *Sei (X, d) ein vollständiger metrischer Raum, und sei $A\colon X \to X$ eine Kontraktion mit der Kontraktionszahl α. Dann besitzt A genau einen Fixpunkt. Sei $x_0 \in X$ beliebig. Dann konvergiert die Iterationsfolge $(x_n)_{n \in \mathbb{N}} = (Ax_{n-1})_{n \in \mathbb{N}}$ gegen den Fixpunkt $\overline{x}$ und für alle $n \in \mathbb{N}$ gilt die a-priori Abschätzung*

$$d(x_n, \overline{x}) \leq \frac{\alpha^n}{1 - \alpha} d(x_0, x_1) \tag{B.4}$$

sowie die a-posteriori-Abschätzung

$$d(x_n, \overline{x}) \leq \frac{\alpha}{1 - \alpha} d(x_n, x_{n-1}). \tag{B.5}$$

Beweis. Aus (B.3) folgt für $n \in \mathbb{N}$ und $k \in \mathbb{N}$ mit $k < n$:

$$d(x_n, x_{n+1}) = d(Ax_{n-1}, Ax_n) \leq \alpha d(x_{n-1}, x_n)$$

$$\leq \alpha^2 d(x_{n-2}, x_{n-1}) \leq \ldots \leq \alpha^k d(x_{n-k}, x_{n-k+1}). \tag{B.6}$$

Aus der Dreiecksungleichung folgt für alle $p \in \mathbb{N}$:

$$d(x_n, x_{n+p}) \leq d(x_n, x_{n+1}) + d(x_{n+1}, x_{n+2}) + \ldots + d(x_{n+p-1}, x_{n+p}). \tag{B.7}$$

Mit (B.6) ist

$$d(x_n, x_{n+p}) \leq (\alpha^n + \alpha^{n+1} + \ldots + \alpha^{n+p-1}) d(x_0, x_1)$$

$$= \frac{\alpha^n - \alpha^{n+p}}{1 - \alpha} d(x_0, x_1) \tag{B.8}$$

und

$$d(x_n, x_{n+p}) \leq (\alpha + \alpha^2 + \ldots + \alpha^p) d(x_{n-1}, x_n) = \frac{\alpha - \alpha^{p+1}}{1 - \alpha} d(x_{n-1}, x_n). \tag{B.9}$$

Damit ist $(x_n)_{n \in \mathbb{N}}$ eine Cauchy-Folge, die in dem vollständigen metrischen Raum (X, d) gegen ein $\overline{x} \in X$ konvergiert. Da jede Kontraktion stetig ist, folgt

$$A(\overline{x}) = A(\lim_{n \to \infty} x_n) = \lim_{n \to \infty} A(x_n) = \lim_{n \to \infty} x_{n+1} = \overline{x},$$

d. h. $\overline{x}$ ist ein Fixpunkt von A. Das ist der einzige Fixpunkt von A. Denn seien $\overline{x}$ und x Fixpunkte von A. Wegen $\alpha < 1$ und

$$d(\overline{x}, x) = d(A\overline{x}, Ax) \leq \alpha d(\overline{x}, x)$$

folgt $d(\overline{x}, x) = 0$, also $\overline{x} = x$.

Der Grenzübergang für $p \to \infty$ bei festem n in den Ungleichungen (B.8) und (B.9) liefert die Abschätzungen (B.4) und (B.5). $\square$

Bemerkung. Die Kontraktionseigenschaft von A kann im Kontraktionssatz nicht ersetzt werden durch die schwächere Forderung: $d(Ax, Ay) < d(x, y)$ für alle $x, y \in X$. Denn sei $X = \mathbb{R}_{\geq 0}$, und für $x \in X$ sei $Ax := x + \frac{1}{1+x}$. Für alle $x, y \in X$ mit $x \neq y$ gilt:

$$|Ax - Ay| = \left| x - y - \frac{x - y}{(1 + x)(1 + y)} \right| = |x - y| \left| 1 - \frac{1}{(1 + x)(1 + y)} \right| < |x - y|,$$

aber A besitzt offenbar keinen Fixpunkt.

Beispiel 1. Sei $X = \mathbb{R}$, $f : \mathbb{R} \to \mathbb{R}$ differenzierbar und $|f'(x)| \leq \alpha < 1$ für alle $x \in R$. Dann besitzt f einen Fixpunkt, gegen den jede Iterationsfolge konvergiert.

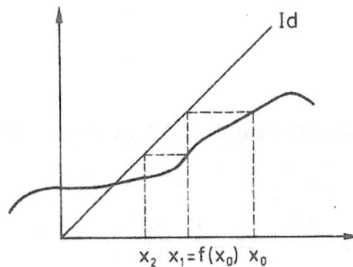

Beispiel 2. $X = (C[0, \frac{1}{2}], \|\cdot\|_{\max})$. Die Integralgleichung

$$y(t) = 1 + \int_0^t y(s)ds \quad \text{für } t \in [0, \tfrac{1}{2}] \tag{$*$}$$

besitzt in $C[0, \frac{1}{2}]$ eine Lösung. Denn die Abbildung $A : C[0, \frac{1}{2}] \to C[0, \frac{1}{2}]$ mit $(Ay)(t) := 1 + \int_0^t y(s)ds$ ist eine Kontraktion, und nach Satz B.1 ist $(C[0, \frac{1}{2}], \|\cdot\|_{\max})$ vollständig.

Die Kontraktionseigenschaft folgt aus

$$\|Ay - Ax\| = \max_{0 \le t \le \frac{1}{2}} |Ay(t) - Ax(t)|$$

$$= \max_{0 \le t \le \frac{1}{2}} \left| \int_0^t y(s)ds - \int_0^t x(s)ds \right|$$

$$\le \max_{0 \le t \le \frac{1}{2}} \left| \int_0^t |y(s) - x(s)| \, ds \right|$$

$$\le \max_{0 \le t \le \frac{1}{2}} \{|y(t) - x(t)|\} \int_0^{\frac{1}{2}} 1 ds = \frac{1}{2} \|y - x\|.$$

Sei $x_0 := 0$ ein Anfangselement der durch A erzeugten Iterationsfolge. Dann gilt:

$$x_1(t) = A(0) = 1,$$

$$x_2(t) := A(1)(t) = 1 + t,$$

$$x_3(t) = (Ax_2)(t) = 1 + \int_0^t (1 + s)ds = 1 + t + \frac{t^2}{2}.$$

Für $n \in \mathbb{N}$ ist $x_{n+1}(t) = 1 + t + \frac{t^2}{2} + \ldots + \frac{t^n}{n!}$. Nach Kontraktionssatz ist die Exponentialfunktion die einzige Lösung von $(*)$.

B.2 Systeme von Differentialgleichungen erster Ordnung

Sei $n \in \mathbb{N}$, $G \subset \mathbb{R} \times \mathbb{R}^n$, $f = (f_1, \ldots, f_n) \colon G \to \mathbb{R}^n$. Es wird eine auf einem Intervall J differenzierbare Funktion $\varphi = (\varphi_1, \ldots, \varphi_n) \colon J \to \mathbb{R}^n$ mit folgenden Eigenschaften gesucht:

a) Der Graph von φ ist in G enthalten.

b) Für alle $x \in J$ gilt:

$$\varphi'(x) = f(x, \varphi(x)),$$

oder äquivalent:

$$\varphi_1'(x) = f_1(x, \varphi_1(x), \ldots, \varphi_n(x))$$
$$\vdots$$
$$\varphi_n'(x) = f_n(x, \varphi_1(x), \ldots, \varphi_n(x)).$$

Diese Aufgabe wird mit

$$y' = f(x, y) \tag{B.10}$$

bezeichnet und *Differentialgleichungssystem* erster Ordnung genannt. Eine Funktion φ, die a) und b) erfüllt, heißt eine Lösung von (B.10).

Wird eine Lösung von (B.10) gesucht, die zusätzlich an der festen Stelle $x_0 \in J$ den vorgegebenen Wert y_0 annimmt, so sprechen wir von einem *Anfangswertproblem* (kurz: AWP) in G.

Lemma B.1 (Jensensche Ungleichung für Integrale). *Sei $[a, b]$ ein kompaktes Intervall in $\mathbb{R}$ und $g_i : [a, b] \to \mathbb{R}$ integrierbar für $i \in \{1, \ldots, n\}$. Sei $\Phi : \mathbb{R}^n \to \mathbb{R}$ konvex und $\int_a^b g(t)dt := (\int_a^b g_1(t)dt, \ldots, \int_a^b g_n(t)dt)$. Dann gilt*

$$\Phi\left(\frac{\int_a^b g(t)dt}{b-a}\right) \leq \frac{\int_a^b \Phi(g(t))dt}{b-a}.$$

Insbesondere gilt für jede Norm $\|\cdot\|$ in $\mathbb{R}^n$:

$$\left\|\int_a^b g(t)dt\right\| \leq \int_a^b \|g(t)\|dt. \qquad (*)$$

Beweis. Sei $\{t_0, t_1, \ldots, t_m\}$ die äquidistante Zerlegung von $[a, b]$. Als konvexe Funktion ist $\Phi : \mathbb{R}^n \to \mathbb{R}$ stetig (siehe Satz 3.6.2). Es gilt also

$$\Phi\left(\frac{\int_a^b g(t)dt}{b-a}\right) = \Phi\left(\lim_{n\to\infty}\frac{1}{(b-a)}\sum_{i=1}^n g(t_i)\frac{b-a}{n}\right)$$

$$= \Phi\left(\lim_{n\to\infty}\frac{1}{n}\sum_{i=1}^n g(t_i)\right)$$

$$= \lim_{n\to\infty}\Phi\left(\frac{1}{n}\sum_{i=1}^n g(t_i)\right)$$

$$\leq \lim_{n\to\infty}\left(\frac{1}{n}\sum_{i=1}^n \Phi(g(t_i))\right)$$

$$= \frac{1}{(b-a)}\int_a^b \Phi(g(t))dt.$$

Aus der positiven Homogenität der Norm folgt $(*)$. $\square$

Es gilt folgende Existenz- und Eindeutigkeitsaussage:

Satz B.3. *Sei $f : [a, b] \times \mathbb{R}^n \to \mathbb{R}^n$ stetig und genüge in $[a, b] \times \mathbb{R}^n$ der folgenden Lipschitz-Bedingung: Es existiert ein $L > 0$, so dass für alle $x \in [a, b]$ und alle $\hat{y}, \overline{y} \in \mathbb{R}^n$ gilt:*

$$\|f(x, \hat{y}) - f(x, \overline{y})\| \leq L\|\hat{y} - \overline{y}\|.$$

Dann gibt es genau eine Funktion $\varphi\colon [a, b] \to \mathbb{R}^n$, die das Anfangswertproblem

$$y' = f(x, y), \quad \varphi(a) = y_0 \tag{B.11}$$

für ein vorgegebenes $y_0 \in \mathbb{R}^n$ löst.

Beweis. Genau dann ist φ eine Lösung von (B.11), wenn

$$\varphi(x) = y_0 + \int_a^x f(s, \varphi(s))ds \quad \text{für alle } x \in [a, b] \tag{B.12}$$

gilt. Sei in $C([a, b], \mathbb{R}^n)$ die folgende Norm gewählt:

$$u = (u_1, \ldots, u_n) \to \|u\|_L := \max_{a \leq t \leq b} \{\|u(t)\| e^{-2Lt}\}.$$

Mit dieser Norm ist der Raum $C([a, b], \mathbb{R}^n)$ vollständig. Denn es gilt für alle $g \in (C[a, b], \mathbb{R}^n)$:

$$e^{-2Lb} \max_{a \leq x \leq b} \|g(x)\| \leq \|g\|_L \leq e^{-2La} \max_{a \leq x \leq b} \|g(x)\|.$$

Damit ist genau dann eine Folge Cauchy-Folge bzgl. der Norm $\|\cdot\|_L$, wenn sie eine Cauchy-Folge bzgl. der Maximum-Norm ist. Nach Abschnitt B.1 ist $(C([a, b], \mathbb{R}^n), \|\cdot\|_L)$ vollständig. Die Abbildung

$$A\colon C([a, b], \mathbb{R}^n) \to C([a, b], \mathbb{R}^n)$$

sei durch

$$(Ay)(x) := y_0 + \int_a^x f(s, y(s))ds$$

erklärt. Für alle $x \in [a, b]$ und alle $u, v \in C([a, b], \mathbb{R}^n)$ gilt nach Lemma:

$$\|(Au)(x) - (Av)(x)\| = \left\| \int_a^x [f(t, u(t)) - f(t, v(t))]dt \right\|$$

$$\leq \int_a^x \|f(t, u(t)) - f(t, v(t))\|dt$$

$$\leq \int_a^x L\|u(t) - v(t)\|dt$$

$$= \int_a^x L\|u(t) - v(t)\|e^{-2Lt}e^{2Lt} dt$$

$$\leq L \max_{a \leq t \leq b} \{\|u(t) - v(t)\|e^{-2Lt}\} \int_a^x e^{2Lt} dt$$

$$\leq \frac{L}{2L}\|u - v\|_L e^{2Lx}.$$

Damit folgt

$$\max_{a \leq x \leq b} \{e^{2Lx} \|(Au)(x) - A(v)(x)\|\} = \|Au - Av\|_L \leq \frac{1}{2} \|u - v\|_L.$$

Aus dem Kontraktionssatz folgt die Behauptung.   □

B.3   Existenz- und Eindeutigkeitssatz für stückweise stetig differenzierbare Funktionen

Für die Anwendungen in der Steuerungstheorie brauchen wir eine Erweiterung der Fragestellung auf stückweise stetig differenzierbare Funktionen. Die optimalen Steuerungen erweisen sich manchmal als Impulssteuerungen (Bang-Bang-Funktionen), und die dazugehörigen Trajektorien (Umlaufbahnen) sind dann nur stückweise differenzierbar (siehe Bild).

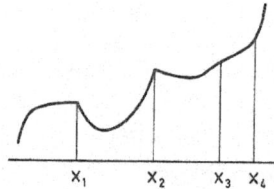

Im Bild sind die Stellen $\{x_i\}_1^3$ die Zeitpunkte, in denen das zu steuernde Objekt Impulse erhält.

Definition B.3. Sei $a, b \in \mathbb{R}$ mit $a < b$. Eine Funktion $g: [a, b] \to \mathbb{R}$ heißt *stückweise stetig*, falls eine Zerlegung $\{a = t_0 < t_1 \ldots < t_m = b\}$ von $[a, b]$ existiert, so dass g für $i = 1, \ldots, m$ auf (t_{i-1}, t_i) stetig und auf $[t_{i-1}, t_i]$ stetig fortsetzbar ist. Eine Funktion $h: [a, b] \to \mathbb{R}^n$ heißt *stückweise stetig differenzierbar*, falls h stetig ist und eine Zerlegung $\{a = t_0 < t_1 < \ldots < t_m = b\}$ existiert, so dass h in $[t_{i-1}, t_i]$ für $i = 1, \ldots, m$ stetig differenzierbar ist.

Es sei nun $f: [a, b] \times \mathbb{R}^n \to \mathbb{R}$ eine Funktion, die folgende Eigenschaft besitzt:
Es existiert eine Zerlegung $Z := \{a = x_0 < x_1 < \ldots < x_m = b\}$ derart, dass für alle $i = 1, \ldots, m$ die Funktion $f|_{(x_{i-1}, x_i) \times \mathbb{R}^n}$ eine stetige Fortsetzung auf $[x_{i-1}, x_i] \times \mathbb{R}^n$ besitzt, d. h. es existiert eine stetige Funktion $\overline{f}_i: [x_{i-1}, x_i] \times \mathbb{R}^n \to \mathbb{R}$ mit $\overline{f}_i(z) = f(z)$ für alle $z \in (x_{i-1}, x_i) \times \mathbb{R}^n$.

Die Aufgabe lautet:

Es wird eine stückweise stetig differenzierbare Funktion $\varphi: [a, b] \to \mathbb{R}^n$ gesucht, so dass für alle $x \in [a, b] \backslash Z$, in denen φ stetig differenzierbar ist, gilt

S) $\varphi'(x) = f(x, \varphi(x))$ und $\varphi(a) = y_0$

für ein vorgegebenes $y_0 \in \mathbb{R}^n$.

Satz B.4. *Die Funktion $f: [a, b] \times \mathbb{R}^n \to \mathbb{R}$ genüge zusätzlich der folgenden Lipschitz-Bedingung: Es existiert ein $L > 0$, so dass für alle $x \in [a, b] \backslash Z$ und alle $\hat{y}, \overline{y} \in \mathbb{R}^n$ gilt: $\| f(x, \hat{y}) - f(x, \overline{y}) \| \leq L \| \hat{y} - \overline{y} \|$. Dann ist S) eindeutig lösbar.*

Beweis. Es soll zunächst die Existenz einer Lösung bewiesen werden. Nach Abschnitt B.2 existiert genau eine stetig differenzierbare Funktion $\varphi_1: [a, x_1] \to \mathbb{R}^n$, die das AWP

$$y' = f(x, y), \quad \varphi_1(a) = y_0$$

löst. Mit Abschnitt B.2 bekommt man sukzessive für $i = 2, \ldots, m$ die eindeutig bestimmten differenzierbaren Funktionen $\varphi_i: [x_{i-1}, x_i] \to \mathbb{R}^n$, die das AWP

$$y' = f(x, y), \quad \varphi_i(x_{i-1}) = \varphi_{i-1}(x_{i-1}), \quad i = 1, \ldots, m$$

lösen. Die Funktion φ mit $\varphi(x) := \varphi_i(x)$ für $x \in [x_{i-1}, x_i]$ ist eine Lösung von S).

Sei nun ψ eine Lösung von S) und $Z_1 = \{a = t_0 < t_1 < \ldots < t_l = b\}$ eine Zerlegung von $[a, b]$ derart, dass ψ für $i = 1, \ldots, l$ in $[t_{i-1}, t_i]$ stetig differenzierbar ist. In dem Intervall $[a, \min\{t_1, x_1\}]$ muss nach Abschnitt B.2 $\psi = \varphi$ gelten. Wie oben kann man die Gleichheit $\psi = \varphi$ sukzessive in jedem Teilintervall der gemeinsamen Zerlegung $Z \cup Z_1$ beweisen. Damit ist φ die einzige Lösung von S). $\qquad \square$

B.4 Lineare DGL-Systeme für stückweise stetig differenzierbare Funktionen

Es sollen die folgenden Aufgaben betrachtet werden.

Sei J ein Intervall in $\mathbb{R}$ und für $i = 1, \ldots, n$, $j = 1, \ldots, n$ seien $b_i, a_{ij}: J \to \mathbb{R}$ auf jedem kompakten Teilintervall von J stückweise stetig. Es wird eine Funktion $\varphi = (\varphi_1, \ldots, \varphi_n): J \to \mathbb{R}^n$ gesucht, die in jedem kompakten Teilintervall von J stückweise stetig differenzierbar ist und für die

$$\varphi_1'(x) = a_{11}(x)\varphi_1(x) + \ldots + a_{1n}(x)\varphi_n(x)$$
$$\vdots$$
$$\varphi_n'(x) = a_{n1}(x)\varphi_1(x) + \ldots + a_{nn}(x)\varphi_n(x)$$

in allen Punkten $x \in J$ gilt, in denen

$$A := \begin{pmatrix} a_{11} & \cdots & a_{1n} \\ \vdots & & \vdots \\ a_{n1} & \cdots & a_{nn} \end{pmatrix} : J \to \mathbb{R}^{n \times n}$$

stetig und φ stetig differenzierbar ist.

Diese Aufgabe wird mit

$$
\begin{aligned}
y_1' &= a_{11}(x)y_1 + \ldots + a_{1n}(x)y_n \\
&\vdots \\
y_n' &= a_{n1}(x)y_1 + \ldots + a_{nn}(x)y_n
\end{aligned}
$$

bezeichnet und ein *homogenes lineares Differentialgleichungssystem* genannt, in Matrizenschreibweise:

$$
y' = A(x)y, \quad \text{wobei} \quad A(x) = \begin{pmatrix} a_{11}(x) & \ldots & a_{1n}(x) \\ \vdots & & \vdots \\ a_{n1}(x) & \ldots & a_{nn}(x) \end{pmatrix}. \tag{B.13}
$$

Analog wird für

$$
b = \begin{pmatrix} b_1 \\ \vdots \\ b_n \end{pmatrix}
$$

die Aufgabe

$$
y' = A(x)y + b(x) \tag{B.14}
$$

erklärt (die Gleichung wird in den gemeinsamen Stetigkeitsstellen von A und b gefordert, in denen die Funktion differenzierbar ist) und ein *inhomogenes lineares DGL-System* genannt.

Vereinbarung. Wenn weiter nicht spezifiziert, so wird im Text unter der Norm einer Matrix stets die *Frobenius-Norm* verstanden, d. h.

$$
\|(c_{ij})_{n\times n}\| := \left(\sum_{i,j=1}^{n} c_{ij}^2 \right)^{1/2}.
$$

Aus der Cauchy-Schwarzschen Ungleichung folgt das

Lemma B.2. *Sei C eine $n \times n$ Matrix und $x \in \mathbb{R}^n$. Dann gilt für die euklidische Norm in $\mathbb{R}^n$:*

$$
\|Cx\| \le \|C\|\,\|x\|.
$$

Beweis.

$$
\|Cx\|^2 = \sum_{i=1}^{n} \left(\sum_{j=1}^{n} c_{ij}x_j \right)^2 \le \sum_{i=1}^{n} \left[\left(\sum_{j=1}^{n} c_{ij}^2 \right) \left(\sum_{j=1}^{n} x_j^2 \right) \right] = \|x\|^2 \cdot \|C\|^2. \quad \square
$$

Satz B.5. *Sei $J \subset \mathbb{R}$ ein Intervall. Dann gibt es zu jedem $x_0 \in J$ und $y_0 \in \mathbb{R}^n$ genau eine Lösung $\varphi \colon J \to \mathbb{R}^n$ von* (B.14) *mit $\varphi(x_0) = y_0$.*

Beweis. Sei K ein kompaktes Teilintervall von J. Sei $f(x, y) := A(x)y + b(x)$. Dann genügt f in K einer Lipschitz-Bedingung. Denn es gilt mit Lemma für $y, \overline{y} \in \mathbb{R}^n$:

$$\|f(x, \hat{y}) - f(x, \overline{y})\| = \|A(x)\hat{y} - A(x)\overline{y}\| = \|A(x)(\hat{y} - \overline{y})\|$$

$$\leq \|A(x)\| \|\hat{y} - \overline{y}\| \leq L\|\hat{y} - \overline{y}\|,$$

wobei $L := \sup_{x \in K} \|A(x)\| < \infty$ ist.

Das Supremum ist hier endlich. Denn es gibt nach Definition eine Zerlegung $\{t_0, \ldots, t_n\}$ von K derart, dass für alle $j = 1, \ldots, m$ die Abbildung $\|A\| \colon (t_{i-1}, t_i) \to \mathbb{R}$ auf $[t_{i-1}, t_i]$ stetig fortsetzbar ist. Das Intervall J kann als Vereinigung einer Folge $(K_n)_{n \in \mathbb{N}}$ von kompakten Intervallen mit $K_{n+1} \supset K_n$ dargestellt werden. Somit folgt die Existenz- und Eindeutigkeit der Lösung auf ganz J. $\square$

Als nächstes wollen wir zeigen, dass die Menge der Lösungen von (B.13) einen n-dimensionalen Vektorraum bildet. Es gilt der

Satz B.6. *Sei L_H die Menge aller Lösungen $\varphi \colon J \to \mathbb{R}^n$ von* (B.13) *auf J. Dann ist L_H ein n-dimensionaler Vektorraum. Außerdem gilt: Für ein k-Tupel von Lösungen $\varphi_1, \ldots, \varphi_k \in L_H$ sind die folgenden Aussagen äquivalent:*

 a) *Die Funktionen $\varphi_1, \ldots, \varphi_k$ sind linear unabhängig.*

 b) *Es existiert ein $x_0 \in J$, so dass die Vektoren $\varphi_1(x_0), \ldots, \varphi_k(x_0)$ linear unabhängig sind.*

 c) *Für jedes $x \in J$ sind die Vektoren $\varphi_1(x) \ldots \varphi_k(x)$ linear unabhängig.*

Beweis. L_H ist ein Teilraum des Vektorraumes $X := \{u \colon J \to \mathbb{R}^n\}$. Seien $\alpha, \beta \in \mathbb{R}$ und $\varphi, \psi \in L_H$. Es ist $0 \in L_H$ und für $u = \alpha\varphi + \beta\psi$ gilt (in den gemeinsamen Differenzierbarkeitsstellen von φ und ψ):

$$u' = (\alpha\varphi + \beta\psi)' = \alpha\varphi' + \beta\psi' = \alpha A\varphi + \beta A\psi = A(\alpha\varphi + \beta\psi) = A \cdot u,$$

d.h. $u \in L_H$. Die Folgerungen c)$\Rightarrow$b) und b)$\Rightarrow$a) sind offensichtlich. Es bleibt a)$\Rightarrow$c) zu zeigen:

Seien $\varphi_1, \ldots, \varphi_k$ linear unabhängig, und für ein $x_0 \in J$ seien die Vektoren $\varphi_1(x_0), \ldots, \varphi_k(x_0)$ linear abhängig, d.h. es gibt Zahlen $\lambda_1, \ldots, \lambda_k$, die nicht alle gleich Null sind und für die gilt:

$$\lambda_1\varphi_1(x_0) + \lambda_2\varphi_2(x_0) + \ldots + \lambda_k\varphi_k(x_0) = 0.$$

Für die Funktion $\varphi := \lambda_1\varphi_1 + \ldots + \lambda_k\varphi_k \in L_H$ gilt $\varphi(x_0) = 0$. Nach Satz B.4 (Eindeutigkeit der Lösung) muss $\varphi = 0$ sein. Dies ist ein Widerspruch zu der linearen Unabhängigkeit von $\varphi_1, \ldots, \varphi_k$, und a)$\Rightarrow$c) ist gezeigt.

Die Dimension von L_H ist n. Denn sei $x_0 \in J$ beliebig gewählt, und seien $e_1, \ldots, e_n$ die Einheitsvektoren in $\mathbb{R}^n$. Nach Satz B.4 existieren $\overline{\varphi}_1, \ldots, \overline{\varphi}_n \in L_H$ mit $\overline{\varphi}_i(x_0) = e_i$. Aus der Äquivalenz von b) und a) folgt die lineare Unabhängigkeit von $\overline{\varphi}_1, \ldots, \overline{\varphi}_n$. Also ist $\dim L_H \geq n$. Andererseits ist $\dim L_H \leq n$. Denn es kann keine $n + 1$ linear unabhängigen Vektoren $\psi_1, \ldots, \psi_{n+1}$ in L_H geben, weil sonst an jeder Stelle x_0 die Vektoren $\psi_1(x_0), \ldots, \psi_{n+1}(x_0)$ linear unabhängig in $\mathbb{R}^n$ sein müssten. $\square$

Bemerkung B.1. Satz B.4 folgt auch, dass alle Funktionen aus L_H in den gemeinsamen Stetigkeitsstellen von A und b stetig differenzierbar sind.

Definition B.4. Unter einem *Lösungsfundamentalsystem* der Differentialgleichung (B.13) ($y' = A(x)y$) versteht man eine Basis $(\varphi_1, \ldots, \varphi_n)$ des Vektorraumes L_H. Werden die Funktionen $\varphi_i = \left(\begin{smallmatrix} \varphi_{1i} \\ \varphi_{ni} \end{smallmatrix} \right)$ als Spaltenvektoren einer Matrix

$$\Phi := \begin{pmatrix} \varphi_{11} & \cdots & \varphi_{1n} \\ \vdots & & \vdots \\ \varphi_{n1} & \cdots & \varphi_{n,n} \end{pmatrix}$$

geschrieben, so heißt Φ eine *Lösungsfundamentalmatrix* von (B.13).

Bemerkung B.2. Seien $\varphi_1, \ldots, \varphi_n : J \to \mathbb{R}^n$ Lösungen von (B.13). Nach Satz B.6 sind $\varphi_1, \ldots, \varphi_n$ genau dann linear unabhängig, wenn ein $x_0 \in J$ existiert mit $\det \Phi(x_0) \neq 0$.

Bemerkung B.3. Ist $(\varphi_1, \ldots, \varphi_n)$ ein Lösungsfundamentalsystem, so ist jede Lösung von (B.13) darstellbar als

$$\varphi = c_1 \varphi_1 + \ldots + c_n \varphi_n$$

mit einem $c = (c_1, \ldots, c_n) \in \mathbb{R}^n$.

Beispiel 1.

$$\begin{pmatrix} y_1' = -wy_2 \\ y_2' = wy_1 \end{pmatrix}, \quad w \in \mathbb{R}, \quad \text{bzw.} \quad \begin{pmatrix} y_1' \\ y_2' \end{pmatrix} = \begin{pmatrix} 0 & -w \\ w & 0 \end{pmatrix} \begin{pmatrix} y_1 \\ y_2 \end{pmatrix}. \quad (*)$$

Dann ist

$$\varphi_1(x) = \begin{pmatrix} \cos wx \\ \sin wx \end{pmatrix}, \quad \varphi_2(x) = \begin{pmatrix} -\sin wx \\ \cos wx \end{pmatrix} \quad \text{bzw.} \quad \begin{pmatrix} \cos wx & -\sin wx \\ \sin wx & \cos wx \end{pmatrix}$$

ein Fundamentalsystem (bzw. eine Fundamentalmatrix) von $(*)$.

Wir betrachten nun die inhomogene Gleichung (B.14)

$$y' = A(x)y + b(x).$$

Es gilt der

Satz B.7 (Lösungsmenge des inhomogenen linearen DGL-Systems). *Sei J ein Intervall und seien $A(x)$, $b(x)$ wie bei (B.14). Sei L_H die Lösungsmenge der homogenen DGL*

$$y' = A(x)y$$

und L_I der Lösungsraum der inhomogenen DGL

$$y' = A(x)y + b(x).$$

Sei $\varphi_0 \in L_I$. Dann gilt:

$$L_I = \{\varphi_0 + \varphi \mid \varphi \in L_H\} = \varphi_0 + L_H.$$

Beweis. Sei $\psi \in L_I$. Es ist

$$(\psi - \varphi_0)' = \psi' - \varphi_0' = (A\psi + b) - (A\varphi_0 + b) = A(\psi - \varphi_0),$$

d. h. $\psi - \varphi_0 \in L_H$ und damit $\psi \in L_H + \varphi_0$. Sei nun $\psi_0 = \varphi_0 + \varphi$ mit $\varphi \in L_H$. Dann gilt

$$\psi_0' = \varphi_0' + \varphi' = A\varphi_0 + b + A\varphi = A(\varphi_0 + \varphi) + b = A\psi_0 + b,$$

d. h. $\psi_0 \in L_I$. $\qquad\square$

Wir nehmen jetzt an, dass ein Fundamentalsystem für (B.13) bekannt ist. Für die Lösungsmenge L_I des inhomogenen Gleichungssystems (B.14) braucht nach Satz B.7 nur eine Lösung $\varphi_0 \in L_I$ bekannt zu sein. Diese kann man, wie im Falle $n = 1$, mit der Variation der Konstanten erhalten.

Man versucht eine Funktion $c \colon J \to \mathbb{R}^n$ zu finden, so dass z mit $z(x) = \Phi(x)c(x)$ für alle $x \in J$ eine Lösung von (B.14) ist, d. h.

$$z'(x) = \Phi'(x)c(x) + \Phi(x)c'(x) = A(x)\Phi(x)c(x) + \Phi(x)c'(x)$$
$$= A(x)\Phi(x)c(x) + b(x).$$

Nach Satz B.6 ist für alle $x \in J$ die Matrix $A(x)$ invertierbar. Dies führt zu der DGL

$$c'(x) = \Phi^{-1}(x)b(x),$$

die die Lösungen

$$c(x) = \int_{x_0}^{x} \Phi^{-1}(t)b(t)dt + \text{const.}$$

besitzt.

Wir erhalten den

Satz B.8. *Sei* Φ *eine Fundamentalmatrix des homogenen Differentialgleichungs-systems* $y' = A(x)y$. *Dann ist*

$$\varphi(x) = \Phi(x)\Phi^{-1}(x_0)y_0 + \Phi(x) \int_{x_0}^{x} \Phi^{-1}(s)b(s)ds$$

eine Lösung des inhomogenen AWP

$$y' = A(x)y + b(x), \quad \varphi(x_0) = y_0.$$

Beispiel 2. Sei $h: \mathbb{R} \to \mathbb{R}$ durch $h(x) = \begin{cases} 1 & \text{für } x \geq 0 \\ 0 & \text{für } x < 0 \end{cases}$ erklärt. Wir betrachten das Anfangswertproblem:

P)
$$\begin{aligned} y_1' &= -wy_2 + h(x) \\ y_2' &= wy_1 + h(x) \end{aligned} \qquad y(0) = 0.$$

Eine Fundamentalmatrix des homogenen Systems ist (siehe Beispiel 1)

$$\Phi(x) = \begin{pmatrix} \cos wx, & -\sin wx \\ \sin wx, & \cos wx \end{pmatrix}.$$

Nach Satz B.8 erhalten wir eine Lösung von P) durch

$$\varphi(x) = \Phi(x) \int_0^x \Phi^{-1}(s)b(s)ds, \quad \text{wobei} \quad b(s) = \begin{pmatrix} h(s) \\ h(s) \end{pmatrix} \quad \text{ist.}$$

Es gilt:

$$\Phi^{-1}(s) = \begin{pmatrix} \cos ws, & \sin ws \\ -\sin ws, & \cos ws \end{pmatrix},$$

$$\Phi^{-1}(s)b(s) = \begin{pmatrix} h(s)\cos ws + h(s)\sin ws \\ -h(s)\sin ws + h(s)\cos ws \end{pmatrix}$$

sowie

$$\int_0^x \Phi^{-1}(s)b(s)ds = \begin{cases} \begin{pmatrix} \frac{1}{w}(\sin wx - \cos wx + 1) \\ \frac{1}{w}(\cos wx + \sin wx - 1) \end{pmatrix} & \text{für } x \geq 0 \\ 0 & \text{für } x < 0 \end{cases}.$$

Die eindeutige Lösung von P) kann also folgendermaßen beschrieben werden:

$$\varphi(x) = 0 \quad \text{für } x < 0$$

und

$$\varphi(x) = \begin{pmatrix} \cos wx & -\sin wx \\ \sin wx & \cos wx \end{pmatrix} \begin{pmatrix} \frac{1}{w}(\sin wx - \cos wx + 1) \\ \frac{1}{w}(\cos wx + \sin wx - 1) \end{pmatrix}$$

$$= \frac{1}{w} \begin{pmatrix} \cos wx \sin wx - \cos^2 wx + \cos wx - \sin wx \cos wx - \sin^2 wx + \sin wx \\ \sin^2 wx - \sin wx \cos wx + \sin wx + \cos^2 wx + \cos wx \sin wx - \cos wx \end{pmatrix}$$

$$= \frac{1}{w} \begin{pmatrix} \sin wx + \cos wx - 1 \\ \sin wx - \cos wx + 1 \end{pmatrix} \quad \text{für } x \geq 0.$$

B.5   Stetige Abhängigkeit der Lösungen

Gesucht ist eine Lösung φ eines AWP:

$$y' = f(x, y), \quad y(x_0) = y_0, \quad G \subset \mathbb{R}^{n+1}, \quad f : G \to \mathbb{R}^n. \tag{$*$}$$

Der Anfangszustand sei nicht genau bekannt (Messfehler). Sei $\overline{y}_0$ eine Annäherung für y_0 mit der Genauigkeit γ, d. h. für ein $\gamma \geq 0$ gelte

$$\|y_0 - \overline{y}_0\| \leq \gamma.$$

Die folgenden Fragen sollen behandelt werden.

I) Sei ψ eine Lösung von

$$y' = f(x, y), \quad y(x_0) = \overline{y}_0.$$

Wie kann man den Fehler

$$\|\varphi(x_1) - \psi(x_1)\|$$

an der Stelle $x_1 (x_1 > x_0)$ abschätzen?

II) Mit numerischen Methoden wird bei der vorgegebenen Genauigkeit $\varepsilon > 0$ eine angenäherte Lösung z von $y' = f(x, y)$, $y(x_0) = \overline{y}_0$ mit

$$\|z'(x) - f(x, z(x))\| \leq \varepsilon \quad \text{für alle } x \in [x_0, x_1]$$

berechnet. Wie gut lässt sich der Fehler

$$\|\varphi(x) - z(x)\|, \quad x > x_0$$

abschätzen?

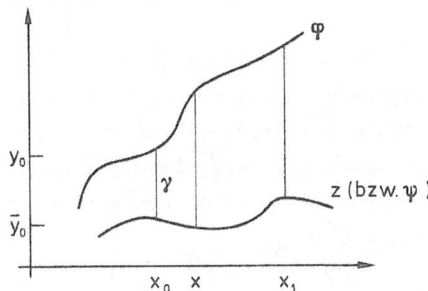

III) In $(*)$ wird f durch eine Annäherung g ersetzt und das AWP $y' = g(x, y)$, $y(x_0) = y_0$ gelöst. Wie kann man die Güte der so berechneten Näherung abschätzen?

Das zentrale Mittel für die Untersuchungen dieses Abschnitts ist das

Lemma B.3 (Gronwall-Lemma). *Sei* $u : [x_0, x_1] \to \mathbb{R}$ *stetig und erfülle für alle* $x \in [x_0, x_1] \subset \mathbb{R}$ *die folgende Integralungleichung:*

$$u(x) \le \gamma + \int_{x_0}^{x} (\alpha u(t) + \beta) dt, \tag{B.15}$$

wobei $\alpha, \beta, \gamma \in \mathbb{R}$ *mit* $\alpha > 0$ *gegebene Konstanten sind. Dann gilt für alle* $x \in [x_0, x_1]$ *die Ungleichung*

$$u(x) \le \frac{\beta}{\alpha}(e^{\alpha(x-x_0)} - 1) + \gamma e^{\alpha(x-x_0)}. \tag{B.16}$$

Beweis. Die Integralgleichung

$$y(x) = \gamma + \int_{x_0}^{x} (\alpha y(t) + \beta) dt \quad \text{für alle } x \in [x_0, x_1]$$

ist äquivalent zu dem AWP

$$y' = \alpha y + \beta, \quad y(x_0) = \gamma. \tag{B.17}$$

Die Lösung von (B.17) ist

$$\varphi(x) = \gamma e^{\alpha(x-x_0)} + \frac{\beta}{\alpha}(e^{\alpha(x-x_0)} - 1).$$

Die Funktion $f : [x_0, x_1] \times \mathbb{R} \to \mathbb{R}$ mit $(x, y) \mapsto \alpha y + \beta$ genügt der Lipschitz-Bedingung aus Abschnitt B.2 (mit der Konstante $L = \alpha$). Nach dem Existenz- und Eindeutigkeitssatz (s. Satz B.3) konvergiert die Picard-Iteration für eine beliebige stetige Anfangsfunktion gleichmäßig gegen φ. Wir nehmen u als die Anfangsfunktion v_0. Für die dazugehörige Iterationsfolge $(v_n)_{n \in \mathbb{N}_0}$ gilt für alle $n \in \mathbb{N}$

$$v_n \le v_{n+1}.$$

Dies kann man mit der vollständigen Induktion beweisen. Aus (B.15) folgt für alle $x \in [x_0, x_1]$:

$$n = 0: \qquad v_0(x) = u(x) \le \gamma + \int_{x_0}^{x} (\alpha u(t) + \beta) dt = v_1(x).$$

$$n \Rightarrow n + 1: \qquad v_{n+1}(x) = \gamma + \int_{x_0}^{x} (\alpha v_n(t) + \beta) dt.$$

Mit Induktionsvoraussetzung ist also

$$v_{n+1}(x) \leq \gamma + \int_{x_0}^{x} (\alpha v_{n+1}(t) + \beta) dt = v_{n+2}(x).$$

Damit gilt $u = v_0 \leq \lim_{n \to \infty} v_n = \varphi$. $\square$

Definition B.5 (ε-Lösung). Für $G \subset \mathbb{R}^{n+1}$ und $f \colon G \to \mathbb{R}^n$ betrachten wir die DGL:

$$y' = f(x, y). \tag{B.18}$$

Eine Funktion $z \colon I \to \mathbb{R}$ heißt ε-*Lösung* (oder approximative Lösung) von (B.18), wenn gilt:

a) Graph $z \subset G$.

b) z ist differenzierbar, und es gilt für alle $x \in I$:

$$\|z'(x) - f(x, z(x))\| < \varepsilon.$$

Satz B.9 (Satz über stetige Abhängigkeit der Lösungen). *Sei $G \subset \mathbb{R} \times \mathbb{R}^n$, $f \colon G \to \mathbb{R}^n$ sei stetig und genüge auf G der Lipschitz-Bedingung $\|f(x, y_1) - f(x, y_2)\| \leq L\|y_1 - y_2\|$. Ferner sei $\varphi \colon [x_0, x_1] \to \mathbb{R}^n$ eine Lösung des AWP*

$$y' = f(x, y), \quad y(x_0) = y_0$$

und $z \colon [x_0, x_1] \to \mathbb{R}^n$ eine ε-Lösung von $y' = f(x, y)$. Ist $\|z(x_0) - \varphi(x_0)\| \leq \gamma$, so gilt für alle $x \in [x_0, x_1]$ die Abschätzung:

a)
$$\|\varphi(x) - z(x)\| \leq \gamma e^{L(x-x_0)} + \frac{\varepsilon}{L}(e^{L(x-x_0)} - 1)$$

bzw.

b)
$$\|\varphi(x) - z(x)\| \leq (\gamma + (x_1 - x_0)\varepsilon) e^{L(x-x_0)}.$$

Beweis. Es gilt für $x \in [x_0, x_1]$:

$$\varphi(x) - z(x) = (\varphi(x_0) - z(x_0)) + \int_{x_0}^{x} [f(t, \varphi(t)) - z'(t)] dt.$$

Mit Lemma B.1 ist

$$\|\varphi(x) - z(x)\| \leq \|\varphi(x_0) - z(x_0)\| + \int_{x_0}^{x} \|f(t, \varphi(t)) - z'(t)\| dt$$

$$\leq \gamma + \int_{x_0}^{x} \|f(t, z(t)) - z'(t)\| dt + \int_{x_0}^{x} \|f(t, \varphi(t)) - f(t, z(t))\| dt$$

$$\leq \gamma + \int_{x_0}^{x} (\varepsilon + L\|\varphi(t) - z(t)\|) dt$$

$$\leq \gamma + (x_1 - x_0)\varepsilon + \int_{x_0}^{x} L\|\varphi(t) - z(t)\| dt.$$

Das Gronwall-Lemma, angewandt auf die vorletzte Ungleichung mit $u(x) := \|\varphi(x) - z(x)\|$, $\alpha = L$ und $\beta = \varepsilon$, liefert a). Die Anwendung auf die letzte Ungleichung (mit $\gamma = \gamma + (x_1 - x_0)$, $\alpha = L$ und $\beta = 0$) liefert b). $\quad\square$

Folgerung B.1 (Stetige Abhängigkeit von den Anfangswerten). *Seien f und φ wie im Satz. Ist dann $(\varphi_n)_{n \in \mathbb{N}}$ eine Folge von Lösungen der DGL $y' = f(x, y)$ mit $\varphi_n(x_0) \to \varphi(x_0)$, so folgt*

$$\max_{x \in [x_0, x_1]} \|\varphi_n(x) - \varphi(x)\| \overset{n \to \infty}{\longrightarrow} 0,$$

d. h. φ_n konvergiert gleichmäßig auf $[x_0, x_1]$ gegen φ.

Folgerung B.2. *Seien G, f, φ wie im Satz. Ferner sei $g : G \to \mathbb{R}^n$ eine Näherung für f und $\psi : [x_0, x_1] \to \mathbb{R}^n$ eine Lösung der DGL $y' = g(x, y)$. Dann gilt für $h := g - f$:*

$$\|\varphi(x) - \psi(x)\| \leq \|\varphi(x_0) - \psi(x_0)\| e^{L(x-x_0)} + \frac{1}{L} \sup_{x \in [x_0, x_1]} \|h(x, \psi(x))\| (e^{L(x-x_0)} - 1)$$

bzw.

$$\|\varphi(x) - \psi(x)\| \leq (\|\varphi(x_0) - \psi(x_0)\| + (x_1 - x_0) \sup_{x \in [x_0, x_1]} \|h(x, \psi(x))\|) e^{L(x-x_0)}.$$

Beweis. Es gilt

$$\|\psi'(x) - f(x, \psi(x))\| = \|g(x, \psi(x)) - f(x, \psi(x))\| = \|h(x, \psi(x))\|.$$

Damit ist für $\varepsilon := \sup_{x \in [x_0, x_1]} \|h(x, \psi(x))\|$ die Funktion ψ eine ε-Lösung von $y' = f(x, y)$. Aus dem Satz folgt die Behauptung. $\quad\square$

Anhang C

Das Lemma von Zorn

Eine Menge M heißt *geordnet*, wenn auf M eine Relation $\leq$ erklärt ist, so dass für alle $x, y, z \in M$ gilt: $x \leq x$ (Reflexivität), $x \leq y$ und $y \leq x \Rightarrow x = y$ (Antisymmetrie), $x \leq y$ und $y \leq z \Rightarrow x \leq z$ (Transitivität).

Eine Kette ist eine geordnete Menge, so dass für alle $x, y \in M$ entweder $x \leq y$ oder $y \leq x$ gilt.

Ist F eine Teilmenge von M, so heißt $x \in M$ eine *obere* (bzw. *untere Schranke* von F, falls für alle $y \in F$ gilt $y \leq x$.

Lemma C.1 (Lemma von Zorn). *Sei* $(M \leq)$ *eine geordnete Menge. Jede Kette* $K \subset M$ *besitze eine obere Schranke. Dann hat* M *ein maximales Element, d. h. es gibt ein* $a \in M$, *so dass für kein* $x \in M$ *gilt* $a < x$.

Das Lemma von Zorn ist äquivalent zum sogenannten Auswahlaxiom: Sei Λ eine Menge, und sei jedem $\lambda \in \Lambda$ eine nichtleere Menge M_λ zugeordnet. Dann existiert eine Abbildung $\varphi \colon \Lambda \to \bigcup_{\lambda \in \Lambda} M_\lambda$ mit $\varphi(\lambda) \in M_\lambda$.

Anhang D

Verallgemeinerungen in topologischen Vektorräumen

Die normierten Räume wurden in diesem Text als der theoretische Rahmen für Optimierungsaufgaben gewählt, aber die meisten behandelten Sätze lassen sich auf topologische Vektorräume verallgemeinern.

Definition D.1. Seien X, Y topologische Räume und $x \in X$. Eine Abbildung $f \colon X \to Y$ heißt *stetig in x*, falls jedes Urbild einer Umgebung von $f(x)$ eine Umgebung von x ist. f heißt *stetig*, falls f in jedem Punkt aus X stetig ist.

Seien $X_1, \ldots, X_n, Y$ topologische Räume. Eine Abbildung $f \colon X_1 \times \ldots \times X_n \to Y$ heißt *stetig* in $(x_1, \ldots, x_n)$, falls zu jeder Umgebung V von $f(x_1, \ldots, x_n)$ Umgebungen U_i von x_i (in X_i), $i = 1, \ldots, n$, existieren, so dass

$$f(U_1 \times \ldots \times U_n) \subset V.$$

Ein topologischer Raum heißt *separiert* (Hausdorffsch), falls je zwei verschiedene Punkte disjunkte Umgebungen besitzen.

Definition D.2 (siehe [Kö] S. 148). Ein Vektorraum heißt ein *topologischer Vektorraum*, wenn auf X eine separierte Topologie erklärt ist, so dass gilt:

a) $A \colon X \times X \to X$ mit $(x, y) \mapsto A(x, y) := x + y$ ist stetig,

b) $S \colon \mathbb{R} \times X \to X$ mit $(\alpha, x) \mapsto S(\alpha, x) := \alpha x$ ist stetig.

Die Forderung der Stetigkeit der Addition und der skalaren Multiplikation nennt man auch Verträglichkeit der Topologie mit den linearen Operationen.

Für einen topologischen Vektorraum X mit der Topologie τ wird ebenfalls die Bezeichnung (X, τ) benutzt.

Die für uns wichtigste Klasse der topologischen Vektorräume ist die Klasse der normierten Räume.

Definition D.3. Ein topologischer Vektorraum heißt *lokalkonvex*, falls jede Nullumgebung eine offene konvexe Nullumgebung enthält.

Bei den Sätzen aus der folgenden Aufzählung sind die Beweise so geführt worden, dass man in den Sätzen statt „normierter Raum" einfach „topologischer Vektorraum" schreiben kann:

Satz 3.3.3, Satz 9.1.1, Satz 9.1.2, Folgerung 11.1.1, Satz 11.2.1, Satz 11.2.1, Satz 11.3.1, Lemma 11.4.1, Satz 11.5.1, Satz 11.5.3, Satz 11.5.5, Satz 13.5.1, Satz 13.8.1, Lemma 14.4.1.

Analog kann man in der folgenden Aufzählung von Sätzen die Bezeichnung „metrischer Raum" durch „topologischer Raum" ersetzen (kompakt = folgenkompakt): Satz 3.15.1, Satz 3.18.1, Satz 3.18.2, Satz 3.18.4, Satz 3.18.5, Satz 10.1.1, Satz 10.1.2, Satz 10.2.1, Satz 10.3.1.

Entsprechend kann „normierter Raum" durch „lokalkonvexer Raum" ersetzt werden in Satz 11.4.1, Satz 12.1.2, Satz 12.1.3, Satz 12.1.4.

In den Sätzen über gleichgradige Stetigkeit und gleichmäßige Beschränktheit (siehe Kapitel 9) kann man statt eines Banachraumes einen topologischen Vektorraum der zweiten Baireschen Kategorie nehmen (siehe [K2]).

Lemma D.1. *Jede nichtleere kompakte konvexe Teilmenge S eines lokalkonvexen Raumes hat einen Extremalpunkt.*

Beweis. Sei $\mathcal{M}$ die Menge der Extremalmengen von S. $\mathcal{M} \neq \emptyset$, denn $S \in \mathcal{M}$. Auf $\mathcal{M}$ wird durch die Relation $\subseteq$ eine Halbordnung definiert. Sei $\mathcal{M}' \neq \emptyset$ eine Kette in $\mathcal{M}$ (siehe Kapitel C Anhang). Da S kompakt ist, hat $\mathcal{M}'$ einen nichtleeren kompakten Durchschnitt $D := \bigcap\{M \mid M \in \mathcal{M}'\}$. D ist konvex und abgeschlossen, und jede offene Strecke in S, die einen Punkt aus D enthält, liegt ganz in D (sie liegt für alle $M \in \mathcal{M}'$ ganz in M), d. h. D ist untere Schranke von $\mathcal{M}'$ in $\mathcal{M}$. Nach dem Lemma von Zorn (siehe Anhang C) besitzt $\mathcal{M}$ ein minimales Element M_0. Es bleibt zu zeigen, dass M_0 aus nur einem Element besteht. Angenommen M_0 enthält zwei verschiedene Punkte x, y, dann ist auch $[x, y] \subset M_0$. Nach dem strikten Trennungssatz in Abschnitt 11.4 existiert ein $f \in X^* \backslash \{0\}$ mit $f(x) \neq f(y)$, d. h. f ist nicht konstant auf $[x, y]$. Sei $\gamma := \sup\{f(x) \mid x \in M_0\}$ und $M_0' := \{x \in M_0 \mid f(x) = \gamma\} = M_0 \cap f^{-1}(\gamma)$. Da f nicht konstant ist auf M_0, ist M_0' eine echte Teilmenge von M_0. Nach Lemma 14.4.1 ist M_0' eine Extremalmenge von M_0 und somit nach Bemerkung 14.4.4 auch von S – ein Widerspruch zur Minimalität von M_0. $\qquad\square$

Beispiele. 1) Sei c_0 der lineare Raum aller gegen Null konvergenten Folgen reeller bzw. komplexer Zahlen versehen mit der Norm $\|x\|_\infty := \sup\{|x_i| \mid i \in \mathbb{N}\}$. Dann besitzt die abgeschlossene Einheitskugel K von c_0 keinen Extremalpunkt. Ist $x = (x_i)_{i \in \mathbb{N}} \in c_0$ mit $\|x\|_\infty = 1$, so ersetze man eine Koordinate x_k mit $|x_k| < 1$ durch $x_k + \varepsilon$ bzw. $x_k - \varepsilon$, wobei ε genügend klein gewählt wird. Dann liegt x zwischen den beiden so entstehenden Punkten von K.

2) Sei T ein kompakter metrischer Raum und $C[T]$ der Raum aller stetigen reellwertigen Funktionen auf T versehen mit der Maximum-Norm. Dann gilt: Die Extremalpunkte der Einheitskugel $K^* = \{f \in C^*[T] \mid \|f\| \leq 1\}$ von $C^*[T]$ sind gerade die Punktfunktionale, d. h. $f \in E_p(K^*)$ genau dann, wenn $f = \pm \delta_t$ mit $\delta_t(x) := x(t)$ für alle $x \in C[T]$ (siehe [DS] S. 441).

Satz D.1 (Satz von Krein-Milman). *Jede konvexe kompakte Teilmenge S eines lokalkonvexen Raumes ist die abgeschlossene konvexe Hülle ihrer Extremalpunkte, d. h.*

$$S = \overline{\mathrm{Conv}(E_p(s))} = \overline{\mathrm{Conv}(E_p(S))}.$$

Beweis. Sei $B := \overline{\mathrm{Conv}\, E_p(S)}$, dann ist $S = B$ zu zeigen. $B \subset S$ ist klar, denn der Abschluss einer konvexen Menge ist konvex (siehe Abschnitt 3.3.1). Angenommen es existiert ein $x_0 \in S$ mit $x_0 \notin B$. Dann gibt es nach dem strikten Trennungssatz (siehe Abschnitt 11.4) ein stetiges lineares Funktional f mit

$$f(x) < f(x_0) \quad \text{für alle } x \in B.$$

Sei nun $\gamma := \sup\{f(x) \mid x \in S\}$, dann enthält $f^{-1}(\gamma) \cap S$ mit Lemma und Bemerkung 4 in Abschnitt 14.4 einen Extremalpunkt y von S. Dies ist aber ein Widerspruch zu $f(B) < f(x_0)$, denn es folgt $\gamma = f(y) < f(x_0) \le \gamma$. $\qquad\square$

Zum Abschluss beweisen wir noch eine Verallgemeinerung des Satzes von Alaoglu-Bourbaki für Familien konvexer Funktionen, wobei die Produkttopologie und der Satz von Tychonoff (ein beliebiges Produkt kompakter Mengen ist kompakt) als bekannt vorausgesetzt werden (siehe [Sch]).

Sei X ein topologischer Raum, R der Raum der stetigen reellwertigen Funktionen auf x und $Y_x := \mathbb{R}$ für $x \in X$. Wir definieren

$$\eta: R \to \prod_{x \in X} y_x, \quad f \mapsto (f(x))_{x \in X}.$$

η ist offenbar injektiv, d. h. wir können vermöge η den Raum R als Teilraum von $\prod_{x \in X} Y_x$ auffassen.

Definition D.4. Die Einschränkung der Produkttopologie (induzierte Topologie) auf R heißt die *Topologie der punktweisen Konvergenz auf R.*

Satz D.2 (Satz von Alaoglu-Bourbaki für konvexe Funktionen). *Sei X ein topologischer Vektorraum, U eine offene, konvexe Teilmenge von X, g, h stetige Funktionen auf U mit $g(x) \le h(x)$ für $x \in U$ und $D := \{f: U \to \mathbb{R} \mid f$ konvex, stetig; $g(x) \le f(x) \le h(x), x \in U\}$. Dann ist D kompakt in der Topologie der punktweisen Konvergenz im Raum der stetigen reellwertigen Funktionen.*

Beweis. Für $f \in D$ gilt: $g(x) \le f(x) \le h(x)$ für alle $x \in U$. Sei $E_x := \{\lambda \in \mathbb{R} \mid g(x) \le \lambda \le h(x)\} \subset \mathbb{R}$. Dann ist E_x kompakt für alle $x \in U$, und nach dem Satz von Tychonoff (siehe [Kö]) ist $\prod_{x \in U} E_x$ kompakt. Es gilt

$$\eta(D) \subseteq \prod_{x \in U} E_x.$$

Es genügt also zu zeigen, dass $\eta(D)$ eine abgeschlossene Teilmenge von $\prod_{x \in U} E_x$ ist, d. h. für $f \in \overline{\eta(D)}$ gilt $f \in \eta(D)$.

Sei also $f \in \overline{\eta(D)}$, dann können wir f als Abbildung von U in $\mathbb{R}$ interpretieren. Es bleibt zu zeigen:

1) f ist konvex.

2) $g(x) \leq f(x) \leq h(x)$ für alle $x \in U$.

3) f ist stetig.

Seien $x, y \in U$ und $\lambda \in [0, 1]$ und

$$
O := \left\{ k \in \prod_{x \in U} E_x \mid |f(\lambda x + (1 - \lambda)y) - k(\lambda x + (1 - \lambda)y)| < \varepsilon, \right.
$$

$$
\left. |f(x) - k(x)| < \varepsilon \text{ und } |f(y) - k(y)| < \varepsilon, \ \varepsilon > 0 \right\}.
$$

Dann ist O eine offene Teilmenge bzgl. der Produkttopologie als Schnitt dreier offener Mengen.

$O \neq \emptyset$, da $f \in O$. Da $f \in \overline{\eta(D)}$, existiert ein $k \in O \cap \eta(D)$, d. h. k ist konvex und $g(x) \leq k(x) \leq h(x)$.

Es folgt

$$
f(\lambda x + (1 - \lambda)y) - \lambda f(x) - (1 - \lambda)f(y)
$$
$$
\leq f(\lambda x + (1 - \lambda)y) - k(\lambda x + (1 - \lambda)y) + \lambda k(x)
$$
$$
+ (1 - \lambda)k(y) - \lambda f(x) - (1 - \lambda)f(y)
$$
$$
\leq \varepsilon + \lambda \varepsilon + (1 - \lambda)\varepsilon = 2\varepsilon,
$$

und damit die Konvexität von f. Aus $g(x) \leq k(x) \leq h(x)$ und $k \in O$ folgt:

$$
f(x) \leq k(x) + \varepsilon \leq h(x) + \varepsilon \quad \text{und} \quad f(x) \geq k(x) - \varepsilon \geq g(x) - \varepsilon
$$

und damit 2).

Aus 1) und 2) folgt mit Abschnit 9.1 die Stetigkeit von f und damit 3). $\square$

Ist X ein normierter Raum und $g \equiv -1, h \equiv 1$, so folgt der

Satz D.3 (Satz von Alaoglu-Bourbaki). *Die Einheitskugel des Dualraumes X^* ist in der Topologie der punktweisen Konvergenz (schwach* Topologie) kompakt.*

Literaturverzeichnis

[A]   Akhieser, N.I.: Vorlesungen über Approximationstheorie. Akademie Verlag, Berlin, 1953

[Am]   Amann, H.: Gewöhnliche Differentialgleichungen. De Gruyter, Berlin, New York, 1983

[BBBB]   Barlow, R.E.; Bartholomew, D.J.; Bremner, J.M.; Brunk, H.D.: Statistical Inference under Order Restrictions. John Wiley & Sons, New York, 1972

[Ba]   Bauer, H.: Wahrscheinlichkeitstheorie, 4. Auflage. De Gruyter, Berlin, New York, 1991

[BP]   Barbu, V.; Precupanu, Th.: Convexity in Banach Spaces. Sijthoof and Northoof, Bukarest, 1978

[BS]   Behnke, H.; Sommer, F.: Theorie der analytischen Funktionen einer komplexen Veränderlichen. Springer-Verlag, Berlin, Heidelberg, 1965

[B]   Berkovitz, L.D.: Optimal Control Theory. Springer-Verlag, 1974

[Ber]   Bernoulli, Joh.: Abhandlungen über Variationsrechnung. Ostwald's Klassiker der exakten Wissenschaften Nr. 46, Wilhelm Engelmann, Leipzig, 1894

[Be]   Bertsekas, D.P.: Constrained Optimization and Lagrange Multiplier Methods. Academic Press, 1982

[BCh]   Best, M.J.; Chakravarti, N.: Active set algorithms for isotonic regression; A unifying framework. Math. Program. 47 (1990), 425–439

[Bl]   Bland, R.G.: New finite pivoting rules for the simplex method. Mathem. of Operation Research 2 (1977), 103–107

[BM]   Brechtgen-Manderscheid, U.: Einführung in die Variationsrechnung, Wissensch. Buchgesellschaft, Darmstadt, 1983

[BO]   Blum, E.; Oettli, W.: Mathematische Optimierung. Springer-Verlag, 1975

[Bo]   Boltyanskii, V.G.: Mathematical Methods of Optimal Control. Holt, Rinehart and Winston, Inc., 1971

[Bol]   Bolza, O.: Vorlesungen über Variationsrechnung. B.G. Teubner, Leipzig, Berlin, 1909

[Br]   Brøndsted, A.: Conjugate Convex Functions in Topological Vector Spaces. Mat. Fys. Medd. Dan. Vid. Selsk 34(2) (1964), 1–27

[C1]   Carathéodory, C.: Variationsrechnung, B.G. Teubner, 1935

[C2]   Carathéodory, C.: Variationsrechnung und partielle Differentialgleichungen erster Ordnung: Variationsrechnung, herausgegeben, kommentiert und mit Erweiterungen zur Steruerungs- und Dualitätstheorie versehen von R. Klötzler, B.G. Teubner, 1994

[Ch]   Cheney, E.W.: Introduction to Approximation Theory. McGraw-Hill, 1966

[Cr]   Craven, B.D.: Mathematical Programming and Control Theory. Chapman and Hall, London, 1978

[D]   Dantzig, G.B.: Lineare Programmierung und Erweiterungen. Springer-Verlag, 1966

[DW]   Dantzig, G.B.; Wald, A.: On the fundamental Lemma of Neyman and Pearson. Ann. Math. Statistics 22 (1951), 87–93

[DFS]   Dantzig, G.B.; Folkman, J.G.; Shapiro, N.: On the Continuity of the Minimum Set of a Continuous Function. J. Math. Anal. Appl. 17 (1967), 519–548

[Ds]   Descloux, J.: Approximation in L_p and Tchebycheff approximation. SIAM J. Appl. Math., 11 (1963), 1017–1026

[Di]   Dieter, U.: Optimierungsaufgaben in topologischen Vektorräumen I. Dualitätstheorie. Zeitschrift für Wahrscheinlichkeitstheorie und verw. Gebiete 5 (1966), 89–117

[Die]   Dieudonné, J.: Foundations of Modern Analysis. Academic Press, New York, London, 1960

[DSW]   Dolecki, S.; Salinetti, G.; Wets, R.J.B.: Convergence of functions: equi discontinuity. Trans. Amer. Math. Soc. 276 (1983), 409–430

[DS]   Dunford, N.; Schwartz, J.: Linear Operators. Part I: General Theory. Interscience Publ., New York, 1958

[Dy]   Dyer, P.: The Computation and Theory of Optimal Control. Academic Press, New York, London, 1970

[E]   Epheser, H.: Vorlesung über Variationsrechnung. Vandenhoeck & Ruprecht, Göttingen, 1973

[EL]   Endl, K.; Luh, W.: Analysis II, Studien-text. Akademische Verlagsgesellschaft, 1976

[Eu]   Euler, L.: Methode Curven zu finden, denen eine Eigenschaft im höchsten oder geringsten Grade zukommt. 1744, s. Ostwald's Klassiker der exakten Wissenschaften, Nr. 46, Wilhelm Engelmann, Leipzig, 1894

[F1]   Floret, K.: Weakly Compact Sets. Springer-Verlag, Lect. Not. in Math. 801, 1980

[F2]   Floret, K.: Maß- und Integrationstheorie. Teubner Studienbücher, B.G. Teubner, Stuttgart, 1981

[Fo]   Forster, O.: Analysis I+II. rororo vieweg Mathematik, Reinbek bei Hamburg, 1977

[Fr]   Frank, W.: Mathematische Grundlagen der Optimierung. R. Oldenbourg Verlag München, Wien, 1969

[FNS]   Fučik, S.; Nečas, J.; Souček, V.: Einführung in die Variationsrechnung. Teubner-Texte zur Mathematik, 1977

[Fu]   Funk, P.: Variationsrechnung und ihre Anwendung in Physik und Technik. Springer-Verlag, 1962

[GSp]   Gessner, P.; Spremann, K.: Optimierung in Funktionenräumen. Lecture Notes in Econ. and Math. Sys. 64 Springer-Verlag, 1972

[GW]   Gessner, P.; Wacker, H.: Dynamische Optimierung. Carl Hanser Verlag München, 1972

[GH]   Giaquinta, M.; Hildebrandt, S.: Calculus of Variations I, II. Springer-Verlag, 1996

[Gi]   Girsanov, I.V.: Lectures on Mathematical Theory of Extremum Problems. Lecture Notes in Economics and Mathematical Systems 67, Springer-Verlag, 1972

[GS]   Glashoff, K.; Schulz, R.: Über die genaue Berechnung der L_1-Approximierenden. J. Approximation Theory 25 (1979), 280–293

[GG]   Glashoff, K.; Gustafson, S.A.: Einführung in die lineare Optimierung. Wiss. Buchgesell., Darmstadt 1978

[GL]   Granas, A.; Liu, Fêng-Chê: Coincidences for set-valued maps and Minimax inequalities. Math. Pures Appl. (9)65 (1986) no. 2, 119–148

[Gw]   Gwinner, J.: Nichtlineare Variationsungleichungen mit Anwendungen. Haag & Herchen, Frankfurt/Main 1978

[Ha]   Hansohm, J.: Vektorwertige Orliczräume und Projektionsverfahren zur Lösung restringierter Optimierungsprobleme. Dissertation Kiel, 1978

[Har]   Harms, D.: Optimierung von Variationsfunktionalen. Dissertation Kiel, 1983

[He1]   Hestenes, M.: Calculus of Variations and Optimal Control Theory. John Wiley & Sons, Inc., New York, London, Sydney, 1966

[He2]   Hestenes, M.R.: Optimization Theory. John Wiley, 1975

[HZ]   Hettich, R.; Zencke, P.: Numerische Methoden der Approximation und semi-infiniten Optimierung. Teubner Studienbücher, B.G. Teubner, Stuttgart, 1982

[HSt]   Hewitt, E.; Stroberg, K.: Real and Abstract Analysis. Springer-Verlag, 1969

[Hil]   Hilbert, D.: Gesammelte Abhandlungen, Band III. Mathematische Probleme S. 290–330, Springer-Verlag, 1970

[HS]   Hirzebruch, F.; Scharlau, W.: Einführung in die Funktionalanalysis. B.I. Hochschultaschenbücher, Band 296, B. I, 1971

[Ho]   Holmes, R.B.: A Course on Optimization and Best Approximation. Lecture Notes in Math. 257, Springer-Verlag, 1972

[IT]   Ioffe, A.D.; Tichomirov, V.M.: Theorie der Extremalaufgaben. VEB Deutscher Verlag der Wissenschaften, Berlin, 1979

[I]   Irle, A.: Minimax theorems under convexity conditions – a survey. Bayreuther Mathematische Schriften, 1980

[J]   Jänich, K.: Topologie. Springer-Hochschultext, Springer-Verlag, 1980

[Jay]   Jaynes, E.T.: Information Theory and Statistical Mechanics I. Physical Review Vol. 106 Nr. 4 (1957) 620–630

[Je]   Jensen, J.L.W.V.: Sur les fonctions convexes et les inégalités entre les valeurs moyennes. Acta Math. 30 (1906), 175–193

[Ka]   Kall, P.: Mathematische Methoden des Operation Research. Teubner Studienbücher, 1976

[Ke]   Kelley, J.L.: General Topology. Van Nostrand, 1957

[KA]   Kantorovitsch, L.W.; Akilow, G.P.: Funktionalanalysis in normierten Räumen. Akademie Verlag, Berlin 1964

[Ki]   Kindler, J.: Minimaxtheoreme und das Integraldarstellungsproblem. Manuscripta Math. 29 (1979), 277–294

[Kl]   Klingbeil, E.: Variationsrechnung, Wissenschaftsverlag Mannheim, 1977,
            2. Auflage 1988

[Kl1]   Klötzler, R.: Die Konstruktion geodätischer Felder im Großen der in der
            Variationsrechnung mehrfacher Integrale, Ber. Verh. Sachs. Akad. Wiss.
            Leipzig 104, 1961, 84 ff.

[Kl2]   Klötzler, R.: Mehrdimensionale Variationsrechnung, Deutscher Verlag der
            Wiss., Berlin, 1969, Reprint Birkhäuser

[KK]   Knobloch, H.W.; Kappel F.: Gewöhnliche Differentialgleichungen. B.G.
            Teubner Stuttgart, 1974

[Kö]   Köthe, G.: Topologische lineare Räume I. Springer-Verlag, 1966

[Ko]   Korovkin, P.P.: Linear Operators and Approximation Theory. Hindustan
            Publishing Corporation (India), Delhi, 1960

[K1]   Kosmol, P.: Über Approximation stetiger Funktionen in Orliczräumen.
            Journ. of Approx. Theory 8 (1973), 67–83

[K2]   Kosmol, P.: Optimierung konvexer Funktionen mit Stabilitätsbetrachtun-
            gen. Dissertationes Mathematicae CXL, 1976

[K3]   Kosmol, P.: On Stability of Convex Operators, in: Optimization and Ope-
            rations Research. Lect. Not. in Econom. and Math. Systems 157, 173–179,
            Springer-Verlag, 1978

[K4]   Kosmol, P.: Zweistufige Lösungen von Optimierungsaufgaben, in: Mathe-
            matische Systeme in der Ökonomie (hrsg. von M.J. Beckmann, W. Eich-
            horn, W. Krelle), 329–337, Athenäum 1983

[K5]   Kosmol, P.: Bemerkungen zur Brachistochrone. Abh. Math. Univ. Sem.
            Hamburg 54 (1984), 91–94

[K6]   Kosmol, P.: Methoden zur numerischen Behandlung nichtlinearer Glei-
            chungen und Optimierungsaufgaben. Teubner Studienbücher, Stuttgart,
            1989

[K7]   Kosmol, P.: Regularisation of optimization problems and operator equati-
            ons. Lecture Notes in Econom. and Math. Syst. 117, 161–170, Springer-
            Verlag, 1976

[K8]   Kosmol, P.: Script zur Vorlesung „Approximationstheorie". Ausgearbeitet
            von K. Schulze-Thomsen, Kiel 1986

[K9]   Kosmol, P.: Eine Auswertung der Lindelöf-Konstruktion. Berichtsreihe des
            Mathematischen Seminars der Universität Kiel No. 08-4, 2008

[K10] Kosmol, P.: Über den Rotationskörper größten Volumens bei vorgegebener Länge des Meridians. Berichtsreihe des Mathematischen Seminars der Universität Kiel No. 08-5, 2008

[K11] Kosmol, P.: Dido-Aufgaben und Brachistochrone. Berichtsreihe des Mathematischen Seminars der Universität Kiel No. 09-1, 2009

[K12] Kosmol, P.: Vorlesungsskript zur Vorlesung Variationsrechnung. Mathematisches Seminar der Universität Kiel, 2006

[K13] Kosmol, P.: Variationsrechung – Methode der punktweisen Minimierung. Manuskript, Mathematisches Seminar der Universität Kiel, 2009

[K14] Kosmol, P.: Die Kettenlinie und die Dido-Aufgabe. Mathematischer und Naturwissenschaftlicher Unterricht 5 (2009), 273–277

[K15] Kosmol, P.: Über Anwendungen des Matrixfreien Newtonverfahrens. Berichtsreihe des Mathematischen Seminars der Universität Kiel No. 05-17, 2005

[KMW1] Kosmol, P.; Müller-Wichards, D.: Pointwise Minimization of supplemented Variational Problems; Colloquium Mathematicum, Vol. 101, No 1, 2004 (pp. 25–49)

[KMW2] Kosmol, P.; Müller-Wichards, D.: Homotopic Method for Semi-infinite Optimization; J. of Contempory Mathematical Analysis, National Academy of Sciences of Armenia, Vol. XXXVI, No 5, 2001 (pp. 35–51)

[KMW3] Kosmol, P.; Müller-Wichards, D.: Stability for Families of Nonlinear Equations; Isvetia NAN Armenii. Mathematika 41, No 1, 2006 (pp. 49–58)

[KMW4] Kosmol, P.; Müller-Wichards, D.: Optimierung in Orlicz-Räumen, Manuskript, Universität Kiel, 2009

[KMW5] Kosmol, P.; Müller-Wichards, D.: Strong Solvability in Orlicz Spaces; J. of Contempory Mathematical Analysis, Vol. 44, No 5, 2009 (pp. 271–304)

[KP1] Kosmol, P.; Pavon, M.: Lagrange lemma and the optimal control of diffusions: Differentiable multipliers. Proceedings of the 31st CDC-IEEE conference IEEE control systems society, Tuscon AZ, December (1992) (pp. 2037–2042)

[KP2] Kosmol, P.; Pavon, M.: Lagrange approach to the optimal control of diffusions, Acta Applicandae Mathematicae, (1993) 32, 101–122

[KP3] Kosmol, P.; Pavon, M.: Lagrange lemma and the optimal control of diffusions II: Nonlinear Lagrange functionals, Systems and Control Letters (1995), 24, 215–221

[KP4]   Kosmol, P.; Pavon, M.: Solving optimal control problems by means of general Lagrange functionals, Automatica 37 (2001), 907–913

[KW]   Kosmol, P.; Wriedt, M.: Starke Lösbarkeit von Optimierungsaufgaben. Mathematische Nachrichten 83 (1978), 191–195

[Kr1]   Krabs, W.: Optimierung und Approximation. Teubner Studienbücher, 1975

[Kr2]   Krabs, W.: Stetige Abänderung der Daten bei nichtlinearer Optimierung und ihre Konsequenzen. Operations Research Verfahren XXV, 1976

[Kr3]   Krabs, W.: Einführung in die Kontrolltheorie. Wissenschaftliche Buchgesellschaft Darmstadt, 1978

[K-R]   Krasnoselskii, M.A.; Rutickii, Ya.B.: Convex Functions and Orlicz Spaces. Groningen, 1961

[K-G]   Krotov, V.F.; Gurman, V.I.: Methods and Problems of Optimal Control, Nauka, Moscow, 1973 (in Russian)

[Ku]   Kuga, K.: Brouwer's Fixed Point Theorem: An Alternative Proof. SIAM J. Math. Anal. 5 (1974), 393–397

[Kur]   Kuratowski, K.: Topologie I, II. Warszawa, 1952

[KS]   Kwakernaak, H.; Sivan, R.: Linear Optimal Control Systems. John Wiley & Sons, Inc., Canada, 1972

[LR]   Landers, D.; Rogge, L.: The natural median. Ann. Probab. (1981), 1041–1042

[LM]   Lee, E.B.; Markus, L.: Foundations of Optimal Control Theory. John Wiley & Sons, Inc., New York, London, Sydney, 1967

[LP]   Levitin, E.S.; Poljak, B.T.: Constrained Minimization Methods. Zh. Vychisl Mat. nat. Fiz 6.5 (1966), 787–823 (U.S.S.R. comp. math. and math. physics)

[Le]   Lewy, H.: Über direkte Methoden in der Variationsrechnung und verwandte Fragen. Math. Annalen 98 (1928)

[Li]   Lindenstrauss, J.A.: A short proof of Liapunoff's convexity theorem. J. Math. Mech. 15(6) (1966), 971–972

[Lo]   Lorentz, G.G.: Bernstein Polynomials. Mathematical Expositions No. 8, Toronto 1953

[Lu]   Luenberger, D.G.: Optimization by Vector Space Methods. John Wiley, 1969

[Ma]   Mangasarian, O.L.: Unconstrained Methods in Nonlinear Programming.
            SIAM-AMS Proceedings, Vol. 9 (1976), 169–184

[McS]   McShane, E.J.: Integration. Princeton University Press, 1947

[M]   Moreau, J.J.: Fonctions convexes duales et points promimaux dans un es-
            pace hilbertien. C.R. Acad. Sci., Paris, 255 (1963), 2897–2899

[MW]   Müller-Wichards, D.: Über die Konvergenz von Optimierungsmethoden in
            Orliczräumen. Dissertation, Kiel, 1976

[Mz]   Merz, G.: Splines, in: D. Laugwitz: Überblicke Mathematik 7, 115–165,
            B.I. Mannheim, Wien, Zürich, 1974

[N]   Newton, J.: Principia philosophiae naturalis, Buch II, Sect. VII, Prop. XX-
            XIV, Scholium, 1686

[O]   Opitz, O.: Lehrbuch für Ökonomen, Oldenbourg, München, 2004

[Pa1]   Pallas, G.: Gleichgradige Stetigkeit von Familien konkav-konvexer Funk-
            tionen. Math. Nachricht. 115 (1984), 331–335

[Pa2]   Pallas, G.: Differenzen konvexer Funktionen. Dissert. Kiel, 1981

[Pe]   Peressini, A.L.: Ordered Topological Vector Spaces. Harpers Ser. in Mod.
            Math., 1967

[Pon]   Ponstein, J.: Approaches to the theory of optimization. Cambridge Univer-
            sity Press, 1980

[Ps]   Pschenitschny, B.N.: Notwendige Optimalitätsbedingungen. Oldenburg
            Verlag, München, Wien, 1972

[Q]   v. Querenburg, B.: Mengentheoretische Topologie. Springer-Verlag 1979

[R]   Rack, H.J.: Extremalpunkte in der Einheitskugel des Vektorraumes der tri-
            gonometrischen Polynome. Elemente der Mathematik 37

[R-S-Z]   Rauhut, B.; Schmitz, N.; Zachow, E.-W.: Spieltheorie. Teubner Studienbü-
            cher, 1979

[Ri]   Rice, J.R.: Approximation of Functions: Vol. I and II, Addison Wesley
            Publishing Company, 1964 und 1969

[Ro]   Rockafellar, T.R.: Convex Analysis. Princeton, New Jersey 1970

[Ro2]   Rockafellar, T.R.: Extension of Fenchel's Duality Theorems for Convex
            Functions. Duke Math. J. 33 (1966), 81–90

[Rol]   Rolewicz, S.: Funktionalanalysis und Steuerungstheorie. Springer-Verlag,
            1976

[Roy]   Royden, H.L.: Real Analysis. Macmillan, New York, 1963

[Ru]   Rudin, W.: Principles of Mathematical Analysis. McGraw-Hill, 1966

[Sa]   Sauer, P.: Theorie und Berechnung bester Approximationen in nicht-
              normierten Orliczräumen. Dissertation, Kiel, 1978

[Schr]   Schrijver, A.: Theory of Integer Programming. John Wiley & Sons, 1986

[Sch]   Schubert, H.: Topologie. B.G. Teubner 1975

[SS]   Schmeißler, G.; Schirmeier, H.: Praktische Mathematik. De Gruyter, Ber-
              lin, New York, 1976

[Sg]   Sagan, H.: Introduction to the Calculus of Variations. McGraw-Hill, 1969

[Sh]   Shapiro, H.S.: Topics in Approximation Theory. Lect. Notes in Math. 187,
              Springer-Verlag, 1971

[Si]   Singer, J.: Best Approximation in Normed Linear Spaces by Elements of
              Linear Subspaces. Springer-Verlag, 1970

[Sp]   Sposito, V.: Minimizing the sum of absolute deviations. Angewandte Sta-
              tistik und Ökonometrie, Heft 12, Göttingen: Vandenhoek Ruprecht, 60,
              1978

[St]   Sturm, N.: Die Momentenmethode von Markov in der semiinfiniten Op-
              timierung. Diplomarbeit, Mathematisches Seminar der Univ. Kiel, 1976
              (erschienen bei Schwarzenbek, 1978)

[Str]   Strauss, A.: An Introduction to Optimal Control Theory. Lect. Notes in Op.
              Res. and Math. Ec. 3, Springer-Verlag, 1968

[StW]   Stoer, J.; Witzgall, C.: Convexity and Optimization in Finite Dimensions I.
              Springer-Verlag, 1970

[St2]   Stoer, J.: The convergence of matrices generated by rank-2 methods from
              the restricted β-class of Broyden. Numer. Math. 44 (1984), 37–52

[Te]   Taschenbuch der Mathematik, Teubner 2003

[Th]   Thomsen, H.H.: Gleichgradige Stetigkeit von Funktionenfamilien mit An-
              wendungen bei mehrstufigen Optimierungsaufgaben. Diplomarbeit, Math.
              Sem. d. Univ. Kiel, 1983

[Tr]   Trautman, J.: Variational Calculus with Elementary Complexity. Springer,
              New York, 1995

[Ts]   Tsenov, I.V.: Some questions in the theory of functions. Mat. Sbornik 28
              (1951), 473–478 (Russian)

[Tu]   Turett, B.: Fenchel-Orlicz spaces. Diss. Math. 181, 1980

[V]   Valentine, F.A.: Konvexe Mengen. BI Hochschultaschenbücher 402, B.I. Mannheim, 1968

[Wa]   Walter, W.: Gewöhnliche Differentialgleichungen. Heidelberger Taschenbücher, Band 110, Springer-Verlag, 1972

[Wei]   Weierstraß, K.: Mathematische Werke von Karl Weierstraß. Siebenter Band. Vorlesungen über Variationsrechnung. Akademische Verlagsgesellschaft, Leipzig, 1927

[We]   Werner, J.: Optimization Theory and Applications. Vieweg, Braunschweig, Wiesbaden, 1984

[We]   Werner, H.: Vorlesungen über Approximationstheorie. Lect. Notes in Math. 14, Springer-Verlag, 1966

[WS]   Werner, H.; Schaback, R.: Praktische Mathematik II. Springer-Verlag, Hochschultext, 1979

[WZ]   Wheeden, R.L.; Zygmund, A.: Measure and Integral. M. Dekker, Pure and Applied Mathematics, Nr. 43, New York, Basel, 1977

[W1]   Wloka, J.: Funktionalanalysis und Anwendungen. De Gruyter, Berlin, 1971

[W2]   Wloka, J.: Partielle Differentialgleichungen. Teubner, 1982

[Z]   Zeidler, E.: Nonlinear Functional Analysis and its Applications III. Springer-Verlag, 1984

Spezielle Symbole und Abkürzungen

AOS	Aufgabe der optimalen Steuerung (vgl. Abschnitt 5.3.1)
$A^\top$	transponierte Matrix
$C(U, V), C(U),$	Räume der stetigen Funktionen (vgl. Abschnitt 3.1)
$C[a, b]^n = C([a, b], \mathbb{R}^n),$	
$C^{(1)}, C^{(k)}$	Räume der stetig differenzierbaren Funktionen (vgl. Abschnitt 3.10)
CK(A)	konvexe Kegelhülle von A
Conv	konvexe Hülle
$\det(A)$	Determinante von A
$d(x, y)$	Metrik, Abstand von x zu y; $d(x, Y) = \inf\{d(x, y) \mid x \in Y\}$
dom(f)	Endlichkeitsbereich von f
$E_p(S)$	Extremalpunkte von S
$f'(x, z)$	Richtungsableitung von f an der Stelle x in Richtung z
$f'_+(x, z), f'_-(x, z)$	rechtsseitige bzw. linksseitige Richtungsableitung
$f'(x, \cdot)$	Gâteaux-Differential von f in x
$f'(x) = DF(x)$	Fréchet-Differential von f in x
$\dot{x}$	Ableitung von x
Int(K)	Inneres von K
$\overline{K}$	Abschluss von K
$K(x, r)$	Kugel um x mit Radius r
l^1, l^p, l^∞	Folgenräume (vgl. Abschnitt 3.7)
$L^1, L^2, L^\infty, L^\Phi$	Funktionenräume (vgl. Abschnitt 5.1.10)
$\underline{\lim}, \overline{\lim}$	bei reellen Folgen: unterer (lim inf) bzw. oberer (lim sup) Limes
$x_n \xrightarrow{n \to \infty} x$	die Folge $(x_n)_{n \in \mathbb{N}}$ konvergiert gegen x
$\lim_{n \to \infty} M_n,$ $\underline{\lim}_n M_n, \overline{\lim}_n M_n$	Grenzwert von Mengenfolgen (vgl. Abschnitte 3.18 und 9.4)
ln	natürlicher Logarithmus
$L(X, Y)$	der Raum aller stetigen linearen Abbildungen von X nach Y
MZ	Minimalzeitproblem (vgl. Abschnitt 5.3.12)
o. B. d. A.	ohne Beschränkung der Allgemeinheit
$\mathbb{R}$	reelle Zahlen; $\mathbb{R}_+ = \mathbb{R}_{\geq 0} = \{x \in \mathbb{R} \mid x \geq 0\}$; analog für $\mathbb{R}_{>0}, \mathbb{R}_{<0}$

$\overline{\mathbb{R}}$	$= \mathbb{R} \cup \{-\infty, \infty\}$
RS, $RCS^{(1)}$, $RS^{(1)}$	Funktionenräume (vgl. Abschnitt 5.2.15)
QAOS	quadratische Aufgabe der optimalen Steuerung (vgl. Abschnitt 5.3.8)
$\text{sign}(x)$	Vorzeichen von x, wobei sign $(0) = 0$
$\text{span}\{\ldots\}$	von $\{\ldots\}$ aufgespannter Vektorraum
X^*, P^*	Dualraum bzw. dualer Kegel
X', P'	algebraischer Dualraum bzw. algebraisch dualer Kegel
$\mu(A)$, $\sigma(A)$	das Maß der Menge A
[x,y],[x,y),(x,y),(x,y]	Verbindungsstrecken
$\langle x, y \rangle$	Skalarprodukt oder Dualitätsklammer
$\|\cdot\|$	Norm
$|\cdot|$	Betrag oder Determinante
$\geq_P$	Ordnungsrelation bzgl. des Kegels P (vgl. Abschnitt 9.5.1)
$h(x)_+$	$= \begin{cases} h(x), & \text{falls } h(x) \geq 0 \\ 0, & \text{sonst} \end{cases}$
$h(x)^2_+$	$= (h(x)_+)^2$
$A - B$	$= \{a - b \mid a \in A,\ b \in B\}$
$A - b$	$= \{a - b \mid a \in A\}$
$A \Rightarrow B$	aus A folgt B
$\Leftrightarrow$	logische Äquivalenz
$\square$	Ende des Beweises
$:=$	definierende Gleichheit
$\exists$, $\nexists$	es existiert, es existiert nicht
$\forall$	für alle
$A \subset B$	A ist Teilmenge von B
$A \setminus B$	$= \{x \in A \mid x \notin B\}$(Differenz der Mengen A und B)
A^C	Komplement von A
$|A|$	Anzahl der Elemente von A, falls A endlich ist und ∞ sonst
$\emptyset$	leere Menge
$F : A \to B$	Abbildung F von A nach B
$F|_D$	Restriktion von F auf $D \subset A$
$x \mapsto F(x)$	dem Element x wird $F(x)$ zugeordnet
$A \times B$	$= \{(a,b) \mid a \in A,\ b \in B\}$ (Kartesisches Produkt der Mengen A und B)
$\to$, $\downarrow$, $\uparrow$	konvergiert, konvergiert monoton von oben, bzw. unten

Index

www.ingramcontent.com/pod-product-compliance
Lightning Source LLC
Chambersburg PA
CBHW060955210326
41598CB00031B/4833